目　　录

中国国家标准汇编

498

GB 26230～26252

（2010年制定）

中国标准出版社　编

中国质检出版社
中国标准出版社
北　京

图书在版编目（CIP）数据

中国国家标准汇编：2010年制定. 498：GB 26230～26252/
中国标准出版社编. —北京：中国标准出版社，2011
ISBN 978-7-5066-6493-6

Ⅰ. ①中… Ⅱ. ①中… Ⅲ. ①国家标准-汇编-中国-2010
Ⅳ. ①T-652.1

中国版本图书馆CIP数据核字(2011)第187757号

中国质检出版社
中国标准出版社 出版发行
北京市朝阳区和平里西街甲2号(100013)
北京市西城区三里河北街16号(100045)
网址:www.spc.net.cn
总编室:(010)64275323 发行中心:(010)51780235
读者服务部:(010)68523946
中国标准出版社秦皇岛印刷厂印刷
各地新华书店经销
*
开本 880×1230 1/16 印张 36.5 字数 1 011 千字
2011年12月第一版 2011年12月第一次印刷
*
定价 220.00 元

出 版 说 明

1.《中国国家标准汇编》是一部大型综合性国家标准全集。自1983年起，按国家标准顺序号以精装本、平装本两种装帧形式陆续分册汇编出版。它在一定程度上反映了我国建国以来标准化事业发展的基本情况和主要成就，是各级标准化管理机构，工矿企事业单位，农林牧副渔系统，科研、设计、教学等部门必不可少的工具书。

2.《中国国家标准汇编》收入我国每年正式发布的全部国家标准，分为“制定”卷和“修订”卷两种编辑版本。

“制定”卷收入上一年度我国发布的、新制定的国家标准，顺延前年度标准编号分成若干分册，封面和书脊上注明“20××年制定”字样及分册号，分册号一直连续。各分册中的标准是按照标准编号顺序连续排列的，如有标准顺序号缺号的，除特殊情况注明外，暂为空号。

“修订”卷收入上一年度我国发布的、修订的国家标准，视篇幅分设若干分册，但与“制定”卷分册号无关联，仅在封面和书脊上注明“20××年修订-1,-2,-3,……”字样。“修订”卷各分册中的标准，仍按标准编号顺序排列(但不连续)；如有遗漏的，均在当年最后一分册中补齐。需提请读者注意的是，个别非顺延前年度标准编号的新制定的国家标准没有收入在“制定”卷中，而是收入在“修订”卷中。

读者配套购买《中国国家标准汇编》“制定”卷和“修订”卷则可收齐上一年度我国制定和修订的全部国家标准。

3.由于读者需求的变化，自1996年起，《中国国家标准汇编》仅出版精装本。

4.2010年我国制修订国家标准共2846项。本分册为“2010年制定”卷第498分册，收入国家标准GB 26230～26252的最新版本。

中国标准出版社

2011年8月

出版说明

ICS 35.100
L 79

中华人民共和国国家标准

GB/T 26230—2010

信息技术　系统间远程通信和信息交换　无线高速率超宽带媒体访问控制和物理层接口规范

Information technology—Telecommunications and information exchange between systems—MAC-PHY Interface for wireless high rate ultra wideband

(ISO/IEC 26908:2007, Information technology—Telecommunications and information exchange between systems　MAC-PHY Interface for ISO/IEC 26907, MOD)

2011-01-14 发布　　2011-05-01 实施

中华人民共和国国家质量监督检验检疫总局
中国国家标准化管理委员会　发布

前　言

本标准修改采用 ISO/IEC 26908:2007《信息技术　系统间远程通信和信息交换　ISO/IEC 26907 的 MAC-PHY 接口》。

本标准与 ISO/IEC 26908:2007 相比存在技术差异，这些差异涉及的条款已通过在其外侧页边空白位置的垂直单线(|)进行了标示。

本标准依据 GB/T 1.1—2000 以及 GB/T 20000.2—2001 起草。

本标准的附录 A、附录 B 为资料性附录。

本标准由全国信息技术标准化技术委员会提出并归口。

本标准主要起草单位：中国电子标准化研究所、深圳市海思半导体有限公司、东南大学、北京邮电大学、西电捷通无线网络通信有限公司、复旦大学、香港应用科学技术研究所。

本标准主要起草人：刘培、徐平平、卓兰、郭楠、彭晓明、邹卫霞、张向东、黄振海、叶凡、毕光国、王银芳、胡亚楠、刘亮、丁泉龙、周正、安南德、陈宝善、林志伟、方祖圆、铁满霞、肖跃雷。

信息技术　系统间远程通信和信息交换　无线高速率超宽带媒体访问控制和物理层接口规范

1　范围

本标准规定了 GB/T 26229 中所规定的 PHY 层与 MAC 层的实现之间的接口。

本标准适用于固定的、便携的、移动的设备，这些设备主要工作在有限的个人空间(10 m 左右)，提供最高可达 480 Mbit/s 的传输速率。

2　一致性

GB/T 26229 中 PHY 和 MAC 的实现是通过实现本标准所规定的接口来保持与本标准一致的。

3　规范性引用文件

下列文件中的条款通过本标准的引用而成为本标准的条款。凡是注明日期的引用文件，其随后所有的修改单(不包括勘误的内容)或修订版本均不适用于本标准，然而，鼓励根据本标准达成协议的各方研究是否可使用这些文件的最新版本。凡是不注明日期的引用文件，其最新版本适用于本标准。

GB/T 26229—2010　信息技术　系统间远程通信和信息交换　无线高速率超宽带媒体访问控制和物理层规范(ISO/IEC 26907:2007,MOD)

4　术语和定义

GB/T 26229—2010 界定的术语和定义适用于本标准。

5　符号约定

所有浮点值只取四位十进制位。

信号前的感叹号指示信号是低电平有效。

6　缩略语

BM	突发脉冲方式	(Burst Mode)
CCA	空闲信道评估	(Clear Channel Assessment)
CRC	循环冗余码	(Cyclic Redundancy Code)
FCS	帧校验序列	(Frame Check Sequence)
FFI	固定频率交织	(Fixed-Frequency Interleaving)
FRC	自由运行时钟	(Free Running Clock)
HCS	头部校验序列	(Header Check Sequence)
LQI	链路质量指示器	(Link Quality Indicator)

LSB	最低有效位	(Least-Significant Bit)
MAC	媒体访问控制	(Medium Access Control)
MBOA	多带 OFDM 联盟	(Multiband OFDM Alliance)
MIFS	最小帧间距离	(Minimum Interframe Space)
MSB	最高有效位	(Most-Significant Bit)
OFDM	正交频分调制	(Orthogonal Frequency Division Modulation)
PHY	物理层	(Physical Layer)
PLCP	物理层收敛协议	(Physical Layer Convergence Protocol)
PPM	百万分之一	(Parts per Million)
PT	前导符类型	(Preamble Type)
RSSI	接收信号强度指示器	(Received Signal Strength Indicator)
RX	接收或接收机	(Receive or Receiver)
SIFS	短帧间距离	(Short Interframe Space)
TF	时频	(Time-Frequency)
TFC	时频码	(Time-Frequency Code)
TFI	时频交织	(Time-Frequency Interleaving)
TX	发送或发射机	(Transmit or Transmitter)
UWB	超宽带	(Ultra Wideband)

7 概述

第 8 章定义了接口信号，以及它们的方向和功能。

第 9 章定义了接口参数和寄存器。它为 PHY 参数提供了一个推荐的映射，并为 PHY 寄存器提供了寄存器图，为寄存器访问提供了建立和保持定时。

第 10 章为接口上的数据交换定义了帧格式。

第 11 章是完整的接口操作理论，包括 PHY 状态和转换、复位和休眠协议、帧定时参考、前导符控制、单帧和突发方式操作的发送和接收操作以及接收错误例，最后是 CCA 的定义和管理接口协议。

本标准包含附录，附录 A 提供电气接口，附录 B 定义了管理标识符的格式。

8 接口信号描述

图 1 描述了 MAC-PHY 的信号接口。它由包括 8 位数据总线的数据接口、控制接口、CCA 接口和管理接口组成。数据接口从 MAC 接收数据和向 MAC 发送数据，根据 PHY 的状态采取不同操作。MAC 使用控制接口来控制 PHY 的运行状态，PHY 使用控制接口来指示 TX/RX 状态。CCA 接口用于空闲信道评估状态指示。管理接口用来访问 PHY 寄存器。

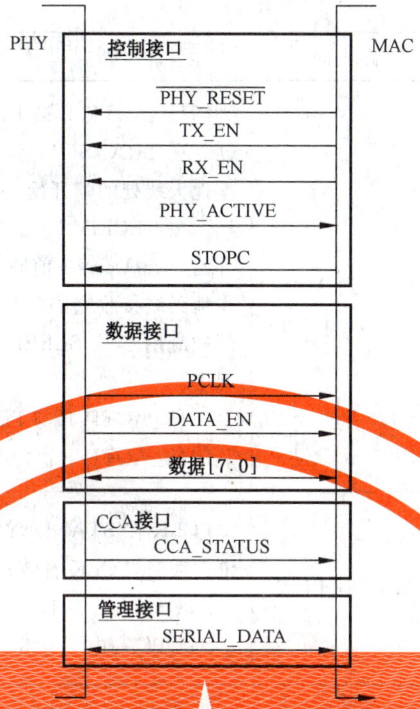

图1　PHY-MAC接口信号

表1、表2、表3和表4分别定义了在控制接口、数据接口、CCA接口和管理接口中的信号，表5总结了每个PHY状态中数据接口的操作方式。

8.1　接口信号定义

8.1.1　控制接口

表1　控制接口信号

信　号	宽度(位)	方　向	描　　述
!PHY_RESET	1	MAC到PHY	!PHY_RESET为PHY特定时间间隔PHYResetTime声明以清空所有PHY变量并重置PHY为其初始状态。在!PHY_RESET取消声明以及复位操作完成后，PHY向PM-MODE写入STANDBY并转换为STANDBY状态。 !PHY_RESET与PCLK异步。 !PHY_RESET低电平有效
TX_EN	1	MAC到PHY	TX_EN使PHY处于TRANSMIT状态(它的次要用法(与RX_EN一起)是当PHY时钟源因为节电而停止时，从SLEEP状态转换到STANDBY状态)。 除了在SLEEP状态之外，TX_EN与PCLK同步。 TX_EN高电平有效
RX_EN	1	MAC到PHY	RX_EN使PHY处于RECEIVE状态(它的次要用法(与RX_EN一起)是当PHY时钟源因为节电而停止时，从SLEEP状态转换到STANDBY状态)。 除了SLEEP状态之外，RX_EN与PCLK同步。 RX_EN高电平有效

表 1（续）

信　号	宽度(位)	方　向	描　　述
PHY_ACTIVE	1	PHY 到 MAC	PHY_ACTIVE 被 PHY 用作指示正在空中发送或是接收帧。在 TRANSMIT 状态时，PHY_ACTIVE 的上升沿指示本地天线处的帧开始，下降沿指示整个帧已经在空中发送完毕。在 RECEIVE 状态时，信号的上升沿指示检测到前导符开始(SyncDelay＋前同步域之前)，下降沿指示整个帧已经被本地天线接收完毕(PHYActiveDelay 之前)。PHY_ACTIVE 同样应用于从 SLEEP 状态和 RESET 状态退出的特殊情况中。 PHY_ACTIVE 与 PCLK 同步。 PHY_ACTIVE 高电平有效
STOPC (可选)	1	MAC 到 PHY	PCLK 在 STANDBY 状态下的开/关信号。当 STOPC 取消声明时，PCLK 有效；当 STOPC 声明时，PCLK 无效。 STOPC 与 PCLK 异步。 STOPC 高电平有效

8.1.2　**数据接口**

表 2　数据接口信号

信　号	宽度(位)	方　向	描　　述
PCLK	1	PHY 到 MAC	由 PHY 提供的接口时钟。接口信号与 PCLK 的上升沿同步(见附录 A)。 PCLK 的额定速率是 264 MHz
DATA_EN	1	PHY 到 MAC	在 TRANSMIT 状态时，PHY 使用该信号从 MAC 请求更多的数据。在 RECEIVE 状态时，它用于向 MAC 指示在 DATA[7：0] 总线上有有效数据。 DATA_EN 与 PCLK 同步。 DATA_EN 高电平有效
DATA[7：0]	8	双向	DATA[7：0]是一个 8 位宽的数据总线，它由 MAC 在 TRANSMIT 状态下驱动，并由 PHY 在包括 SLEEP 的其他状态下驱动。 DATA[7：0]由 PHY 或 MAC 驱动时均与 PCLK 同步。 DATA[7：0] 1 为高电平

8.1.3　**CCA 接口**

表 3　CCA 接口信号

信　号	宽度(位)	方　向	描　　述
CCA_STATUS	1	PHY 到 MAC	当通过 SERIAL_DATA 向 CCRE 寄存器写入的 MAC 发起 CCA 请求后，PHY 返回 CCA_STATUS。 CCA_STATUS 与 PCLK 同步。 CCA_STATUS 高电平有效

8.1.4 管理接口

表 4 管理接口信号

信 号	宽度(位)	方 向	描 述
SERIAL_DATA	1	双向	MAC 向 SERIAL_DATA 写入控制和地址位以发起寄存器访问。SERIAL_DATA 由 MAC 驱动进行写操作。读操作的控制和地址部分由 MAC 驱动,读操作的数据部分由 PHY 驱动。 SERIAL_DATA 与 PCLK 同步。 SERIAL_DATA 1 为高电平

8.2 PHY 操作状态

表 5 PHY 准备就绪状态

状 态	描 述
RESET	一种过渡状态,在该状态下配置参数被重置成默认值。 未定义 PCLK (见 11.11.1)
SLEEP	射频关闭。PCLK 关闭 (见 11.11.2)
STANDBY	射频关闭,PCLK 开启(除非声明 STOPC)。STANDBY 是比 SLEEP 更活动的状态
READY	部分射频开启,PCLK 开启
TRANSMIT	PHY Tx 路径与射频发送路径处于激活状态,PCLK 开启
RECEIVE	PHY Rx 路径与射频接收路径处于激活状态,PCLK 开启

9 寄存器

在寄存器中,定义为预留的位在读操作时应该忽略,写操作时设置为 0。

定义两组参数以允许 MAC 控制 PHY 的操作,并允许 PHY 向 MAC 提供信息。

——静态参数

这些参数对于给定的 MAC 和 PHY 的实例化是固定的。以 MAC-PHY 接口的定义为目的,它们被认为是常量,它们的值可以定义在给定的 PHY 数据单中,在系统实现中作为常量存储或由其他方法提供。静态参数如表 6 所示。

——动态参数

这些参数在系统运行时可以改变,并且对 PHY 的运行产生影响。它们应在 PHY 里作为寄存器实现,也能通过连续管理接口进行读和/或写操作(取决于特定参数)。这些动态寄存器如表 7 所示。

9.1 位排序和解释

除了有显式说明的地方,所有数据结构都按位顺序定义,如图 4 所示。

预留位在读操作时应该忽略,在写操作时设置为 0。

9.2 寄存器地址空间

PHY 有 256 个可编址 8 位寄存器(8 位地址,8 位数据),这些寄存器可分成 3 个区域:

由标准的本部分定义的动态寄存器区域:地址 00(h)~1F(h)

由标准的本部分定义的可选的静态参数区域:地址 20(h)~7F(h)

为厂商定义的厂商特定寄存器区域:地址 80(h)~FF(h)

9.3 静态参数定义

表 6 静态参数描述

寄 存 器	八位位组	定 义
SupportedRegDomains	2	支持的管理区域。如果支持，该位置为 1，否则置为 0。 第一个八位位组 位 区域 [2：0] 预留 [3] 欧洲区域 [4] 美国 [5] 加拿大 [6] 日本 [7] 韩国 第二个八位位组 位 区域 [7：0] 预留
SupportedDataRates	2	支持的数据速率组。如果支持，该位置为 1，否则置为 0。 位 支持的数据速率 [0] 53.2 Mbit/s [1] 预留 [2] 80 Mbit/s [3] 106.4 Mbit/s [4] 预留 [5] 160 Mbit/s [6] 200 Mbit/s [7] 320 Mbit/s [8] 400 Mbit/s [9] 480 Mbit/s [15：10]预留
NumChannelsSupported	1	支持的信道数目
SupportedDiversity	1	为分集提供的附加天线数目 [1：0] 附加接收天线的数目 [3：2] 预留 [5：4] 附加发送天线的数目 [7：6] 预留
SupportedChannels	1	支持的信道。如果支持，该位置为 1，否则置为 0。 位 支持的信道 [0] 支持第 1 频带组中的 TFC 信道 [1] 支持第 2 频带组中的 TFC 信道 [7：2]预留
TXPowerLevel	16	发送功率等级的阵列 阵列中从 0 到（TxPowerLevels-1）的每个元素都保持一个支持的发送功率。功率等级数据的格式是 PHY 厂商规定的。其他元素应设置为 0。 元素 0 应保持支持的最大发射功率

表 6（续）

寄　存　器	八位位组	定　　义
NumTxPowerLevels	1	支持的发射功率等级数目。允许的范围为(0..15)，0 表示仅有一个单独的固定功率等级。 [3：0] 等级数目（允许范围为 0..15) [7：4] 预留
SupportedPHYStates	1	支持的 PHY 状态。如果支持，该位置为 1，否则置为 0。 [0] SLEEP [1] STANDBY [2] READY [3] TRANSMIT [4] RECEIVE [7：5] 预留
PHYClockAccuracy	1	PHY 时钟的精确度。单位为 ppm
PHYResetTime	1	为 PHY 执行 RESET 操作，! PHY_RESET 应保持声明的时间间隔。单位 μs
WakeUpDelay	2	从 SLEEP 模式转变到 STANDBY 模式的时间。单位 0.5 μs
TurnOnDelay	2	从 STANDBY 模式到 READY 模式转变期间射频开启时间。单位 0.5 μs
TxDataDelay	1	在本地天线前导符结束前的时间周期，在此之前 PHY 不会声明 DATA_EN 以请求头部数据的第一个八位位组(见 11.4)。 单位 μs
TxDelay	2	从 TX_EN 上升沿到 PHY 将前导符波形的前沿发送到天线的延迟。单位 ns。
RxDelay	2	从 RX_EN 上升沿到 PHY 开始前导符获取处理的延迟。单位 ns
Tx2RxDwellTime	2	PHY_ACTIVE 取消声明（在 TRANSMIT 状态下）和 RX_EN 声明之间的最小时间间隔。单位 ns
Rx2TxDwellTime	2	RX_EN 取消声明和 TX_EN 声明之间的最小时间间隔。单位 ns
SyncDelay	2	从本地天线前导符波形中帧同步序列最后一个符号的结束到 PHY 声明 PHY_ACTIVE 之间的延迟。 注意：因为前导符与 PCLK 接收不同步，PHY 厂商宜在假设接收的前导和 PCLK 为最佳的前提下，在声明 PHY_ACTIVE 之前，以最短的时间提供该值。单位 ns
TxSetupTime	2	设定发送控制寄存器和声明 TX_EN 之间的最小时间。 单位 PCLK 周期
RxSetupTime	2	设定接收控制寄存器和声明 RX_EN 或取消声明 PHY_ACTIVE 之间的最小时间。 单位 PCLK 周期

表 6（续）

寄　存　器	八位位组	定　义
TxHoldTime	2	声明 TX_EN 和为下一帧改变发送控制寄存器之间的最小时间。 单位 PCLK 周期
RxHoldTime	2	RX_EN 声明或取消声明 PHY_ACTIVE 以及为下一帧改变接收控制寄存器之间的最小时间。 单位 PCLK 周期
PHYID	2	PHY 标识符，用于指定厂商，产品和版本。见附录 B 中的格式和编码
PHYVersion	1	支持的 GB/T 26229 PHY 标准版本。见附录 B 中的格式和编码
PHYActiveDelay	2	从本地天线所接收到的帧的最后一个符号的结束到取消申请 PHY_ACTIVE 之间的延迟。 注意：因为接收帧到达异步于 PCLK，因此 PHY 厂商宜在接收到的前导符和 PCLK 是最佳的假设前提下，在声明 PHY_ACTIVE 之前，以最短的时间提供此值。 单位 ns
CCAValidTime	1	MAC 设定 CCRE 为 1 之后的间隔，其后 PHY 宜对 CCA 测量结果进行响应。 单位 0.5 μs
MinPTChangeLength	1	与当前帧不同的下一帧的前导符类型的最小 MAC 帧有效负载长度。 固定值＝1 个八位位组
RangingSupported	1	测距支持 [0] 如果支持，该值置为 1，否则置为 0 [1] 支持 528 MHz 精度(必备的) [2] 支持 1 056 MHz 精度 [3] 支持 2 112 MHz 精度 [4] 支持 4 224 MHz 精度 [5] 支持 RANGINGTIMER [23：16] [6] 支持 RANGINGTIMER [31：24] [7] 预留
RANGING_ TRANSMIT_ DELAY	2	从产生测距参考信号(由前导符中的信道估计序列开始)，触发 RANGINGTIMER 捕捉，到该信号到达设备天线的时间。 单位 1/4 224 MHz——与 RANGINGTIMER 相同（见表 7）
RANGING_RECEIVE_ DELAY	2	从参考信号到达天线到 PHY 第一次检测到该信号的时间，触发 RANGINGTIMER 时钟捕捉。 单位 1/4 224 MHz——与 RANGINGTIMER 相同(见表 7)
ToneNullingSupported	1	是否支持 TN 技术 [0]　支持，该值设为 1，反之设为 0 [7：1]　预留

9.4 静态参数编码

如果静态参数值存储在 PHY 中，它们宜使用图 2 和图 3 中所示的地址和格式作为只读值实现。

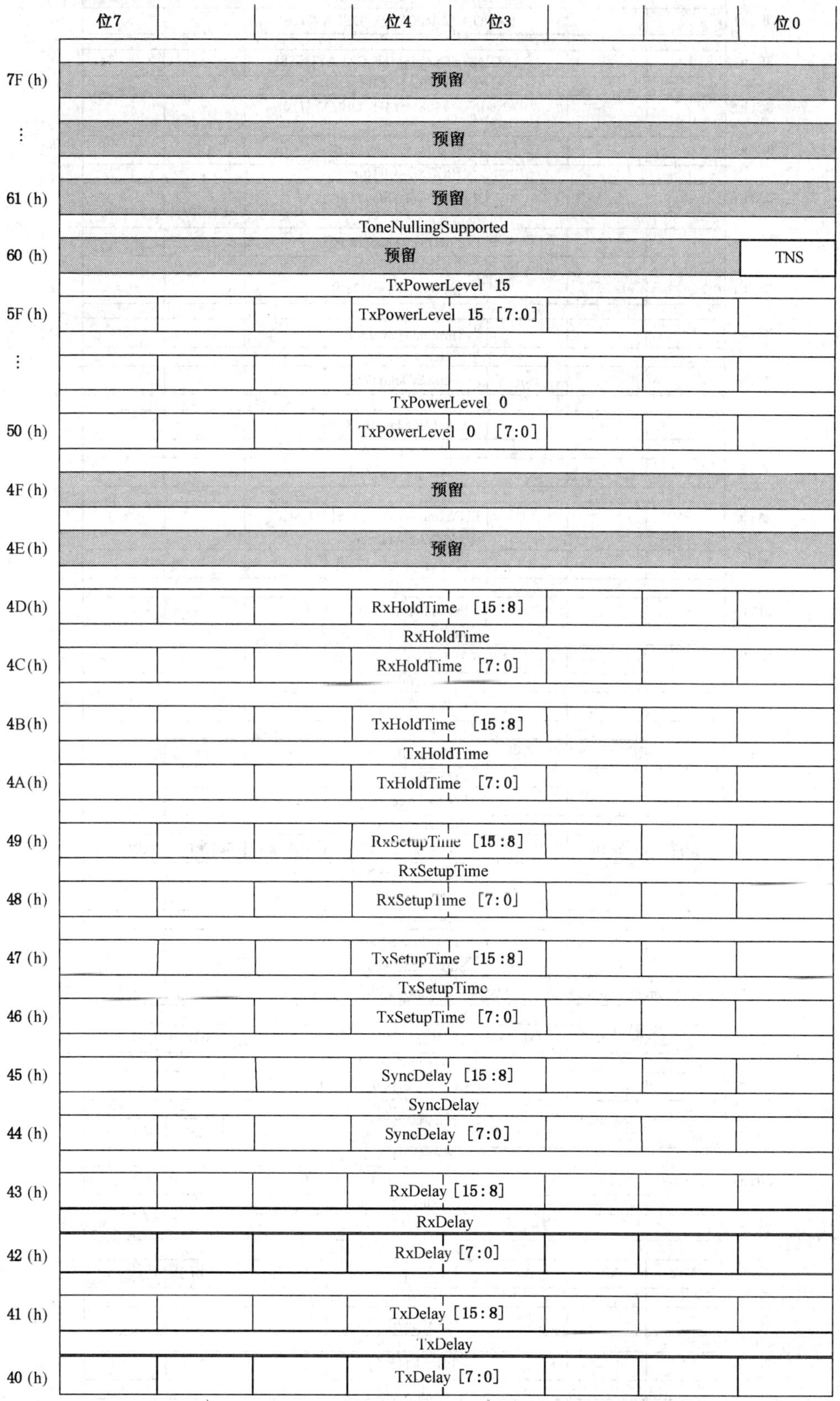

图 2 静态参数编码 40(h)～7F(h)

	位7			位4	位3			位0
3F(h)	RANGING_RECEIVE_DELAY[15:8]							
	RANGING_RECEIVE_DELAY							
3E(h)	RANGING_RECEIVE_DELAY[7:0]							
3D(h)	RANGING_TRANSMIT_DELAY[15:8]							
	RANGING_TRANSMIT_DELAY							
3C(h)	RANGING_TRANSMIT_DELAY[7:0]							
3B(h)	Rx2TxDwellTime[15:8]							
	Rx2TxDwellTime							
3A(h)	Rx2TxDwellTime[7:0]							
39(h)	Tx2RxDwellTime[15:8]							
	Tx2RxDwellTime							
38(h)	Tx2RxDwellTime[7:0]							
37(h)	TurnOnDelay[15:8]							
	TurnOnDelay							
36(h)	TurnOnDelay[7:0]							
35(h)	WakeUpDelay[15:8]							
	WakeUpDelay							
34(h)	WakeUpDelay[7:0]							
33(h)	PHYActiveDelay[15:8]							
	PHYActiveDelay							
32(h)	PHYActiveDelay[7:0]							
	TxDataDelay							
31(h)	TxDataDelay[7:0]							
	MiniPTChangeLength							
30(h)	MiniPTChangeLength[7:0]							
	CCAValidTime							
2F(h)	CCAValidTime[7:0]							
	PHYResetTime							
2E(h)	PHYResetTime[7:0]							
	PHYClockAccuracy							
2D(h)	PHYClockAccuracy[7:0]							
	RangingSupported							
2C(h)	预留	32 Bit	24 Bit	4 224 MHz	2 112 MHz	1 056 MHz	528 MHz	测距支持
	SupportedPHYStates							
2B(h)	预留			RECEIVE	TRANSMIT	READY	STANDBY	SLEEP
	NumTxPowerLevel							
2A(h)	NumTxPowerLevel[7:0]							
	SupportedChannels							
29(h)	预留						TFC BG2	TFC BG1
	SupportedDiversity							
28(h)	预留		TxDeversity[5:4]	预留			TxDeversity[1:0]	
	NumChannelsSupported							
27(h)	NumChannelsSupported[7:0]							
	SupportedDataRates2							
26(h)	预留						480 Mb/s	400 Mb/s
	SupportedDataRates 1							
25(h)	320 Mb/s	200 Mb/s	160 Mb/s	预留	106.67 Mb/s	80 Mb/s	预留	53.3 Mb/s
	SupportedRegDomain 2							
24(h)	预留							
	SupportedRegDomain1							
23(h)	MIC	ARIB	IC	FCC	ETSI	预留		
	PHYVersion							
22(h)	PHYVersion[7:0]							
21(h)	PHYID[15:8]							
	PHYID							
20(h)	PHYID[7:0]							

图3 静态参数编码 20(h)～3F(h)

9.5 动态寄存器定义

除了 CONTROL 寄存器中的 RDY 和 RANGINGTIMER 是只读的，动态寄存器范围内所有寄存器都是可由 MAC 进行读和写的。

注：尽管当前管理区域(CRD)寄存器既可读也可写，但终端用户不宜随意更改内容，一些管理区域在这方面可有严格的要求。

表 7 动态寄存器描述

地址	寄存器	读/写	说　明	初始值
00(h)	CONTROL	读/写(RDY 是只读的)	PHY 控制寄存器 [0] RDY——! PHY_RESET 的结果 0=初始化正常完成 1=初始化非正常完成 [1] 预留 [2] RNGEN 0=测距非使能 1=测距使能 [3] CCRE——CCA 请求 0=停止 CCA 估计 1=启动 CCA 估计 [7∶4] 预留	0(h)
01(h)	CRD	读/写	[2∶0] 预留 [7∶3] CRD——当前管理区域 每一个区域映射到寄存器的一个位，如下所述： 位　区域 3　欧洲地区 4　美国 5　加拿大 6　日本 7　韩国	0(h)
02(h)	TXCHAN	读/写	[5∶0] TXCH——下一发送帧的信道 [7∶6] TFC 偏移量 注：TXCH 编码为(2 位 信带组|4 位 双载波逻辑信道)(见 GB/T 26229—2010 中 11.2 信道号到频带和时频码之间的映射)	0(h)
03(h)	TXCTL	读/写	发送控制 [0] TXPT——下一个发送帧的前导符类型。 0=标准前导符 1=突发前导符 [1] 预留 [3∶2] TXANT——使用的发射天线。 值为 0..SupportedDiversity[5∶4]为： 00　标识发送天线 1 01　标识发送天线 2 10　标识发送天线 3 11　标识发送天线 4 [7∶4] TXPWR——发送功率等级的 TxPowerLevels 索引	0(h)

表 7（续）

地址	寄存器	读/写	说　明	初始值
04(h)	RXCHAN	读/写	接收信道 [5：0] RXCH——下一个接收帧的信道 [7：6] TFC 偏移量 (见 GB/T 26229—2010 中 11.2 信道号到频带和时频码之间的映射)	0(h)
05(h)	RXCTL	读/写	接收控制 [0]　RXPT——下一个接收帧的前导符类型 0=标准前导符 1=突发前导符 [1]　PTON (读/写) 0=PHY 不处理 PLCP 头部的 PT 位 1=PHY 处理 PLCP 头部的 PT 位 [3：2]　RXANT——使用的接收天线。 值 0..SupportedDiversity[1：0]为： 00 标识接收天线 1 01 标识接收天线 2 10 标识接收天线 3 11 标识接收天线 4 [7：4]　预留	0(h)
06(h)	PMMODE	读/写	[2：0] 功率管理模式。值为： 0　READY 1　STANDBY 2　SLEEP 3-7　预留 [7：3]　预留	1(h)
07(h)-0A(h)	RANGING-TIMER	读	测距计时器 (单位 1/4 224 MHz) [31：0] RANGINGTIMER—32 位测距计数器值 注意：该寄存器要求多路读操作(07(h)到 0A(h))来检索完整值	0(h)
0B(h)	CRDExtension	读/写	扩展作为管理区域的第 2 个字节 [7：0] 预留	0(h)
0C(h)-0D(h)	WTONEMAP-ADDRESS	读/写	TN 技术地址映射 [3：0] 地址——用来选择哪个 Tone Null 将被读取或写入 [7：4] 频带——用来选择哪个频带的 TN 技术映射表将被设置 [8] 复位——当被置为 1 时，将会把 WTONEMAPADDRESS[7：4]选定的频带的所有的 tone-nulling 映射值复位 [15：9]　预留 注意：每一次存取 WTONENULLDATA，[7：0]位自动递增，范围从 0b11011111 到 0b00000000	0(h)

表 7（续）

地址	寄存器	读/写	说　　明	初始值
0E(h)	WTONENU-LLDATA	读/写	tone-nulling 数据 [7：0] 由 WTONEMAPADDRESS 指定的 8 位 Tone Null 的值，对于 WTONENULLDATA 中的每一位 0＝子载波被置 0 1＝子载波不被置 0 注：每一次对该寄存器的读写操作将使得 WTONEMAPADDRESS 的位[7：0] 自动加 1	ff(h)

9.6 寄存器表

图 4 所示的是寄存器表，表中灰色部分表示预留部分。

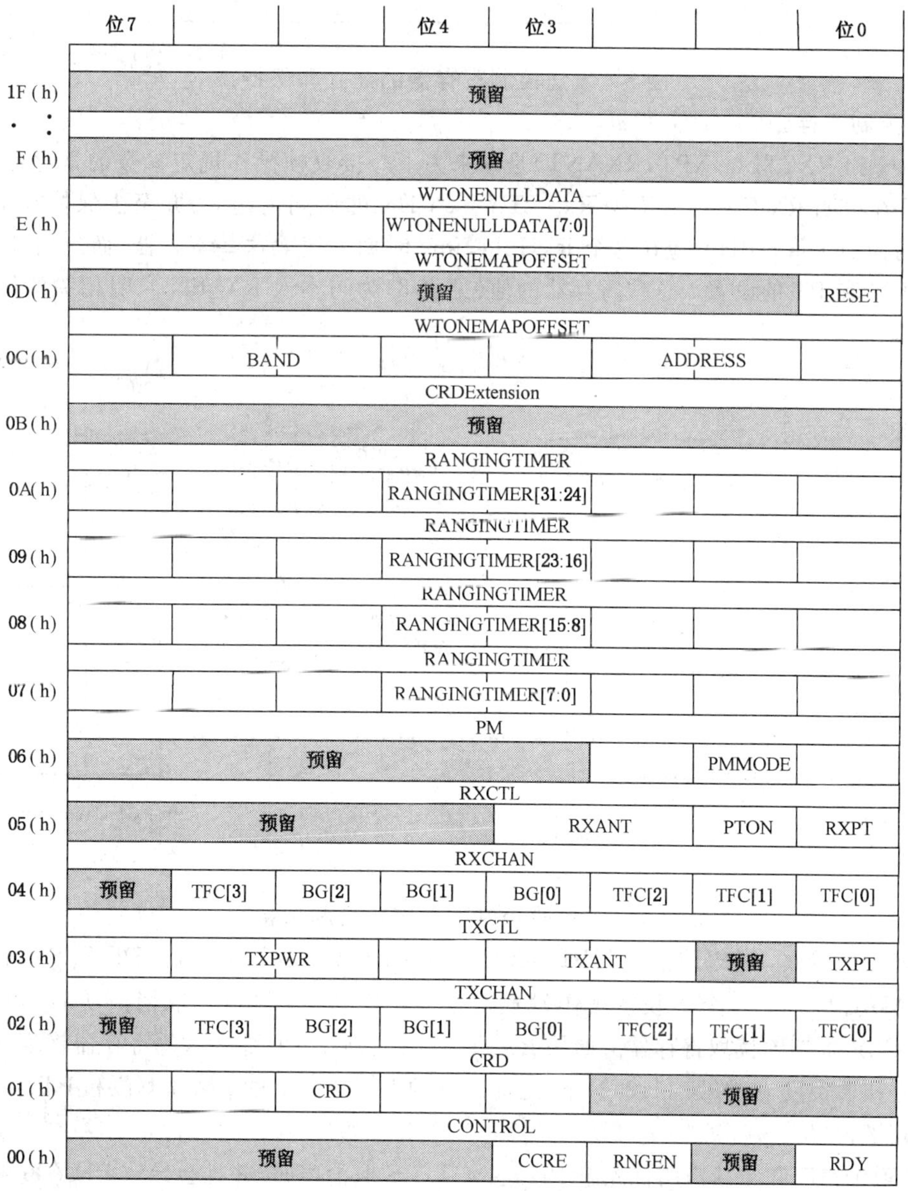

图 4　寄存器表

9.7 寄存器设置访问定时

9.7.1 发送控制寄存器

TXCHAN 和 TXCTL(TXPT,TXANT 和 TXPWR)是用来为下一发送帧操作规定参数的寄存器,见图 5。它们应由 MAC 在声明 TX-EN 之前至少 TxSetupTime 的 PCLK 周期内设定,并至少保持 TxHoldTime PCLK 周期内为稳定值。PHY 应在 TxHoldTime 周期内读取这些寄存器。这些寄存器的值控制与本次 TX_EN 声明相关的发送帧操作参数。

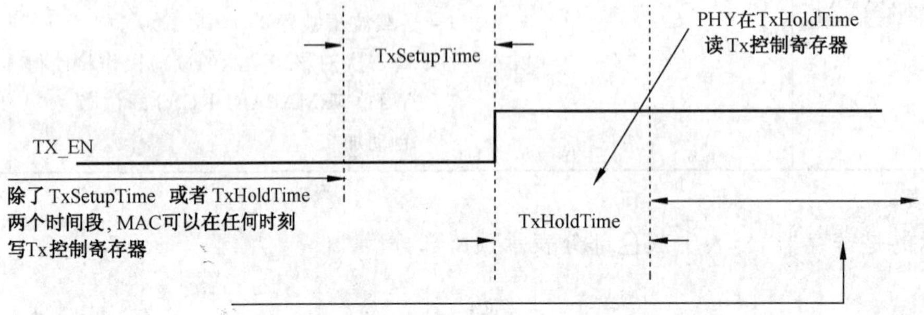

图 5 发送控制寄存器的建立和保持

9.7.2 接收控制寄存器

RXCHAN 和 RXCTL(RXPT,RXANT)是用来为下一接收帧操作规定参数的寄存器,见图 6。它们应由 MAC 在声明 RX-EN 之前至少 RxSetTime PCLK 的周期内建立,并至少保持在 RxHoldTime PCLK 周期内为稳定值。PHY 应在这个 RxHoldTime 时期内读取这些寄存器,而忽略任何 PTON 设置和之前的 BM 和 PT 的设置。这些寄存器的值(见表 8)为与本次 RX_EN 声明相关的接收帧操作控制参数。

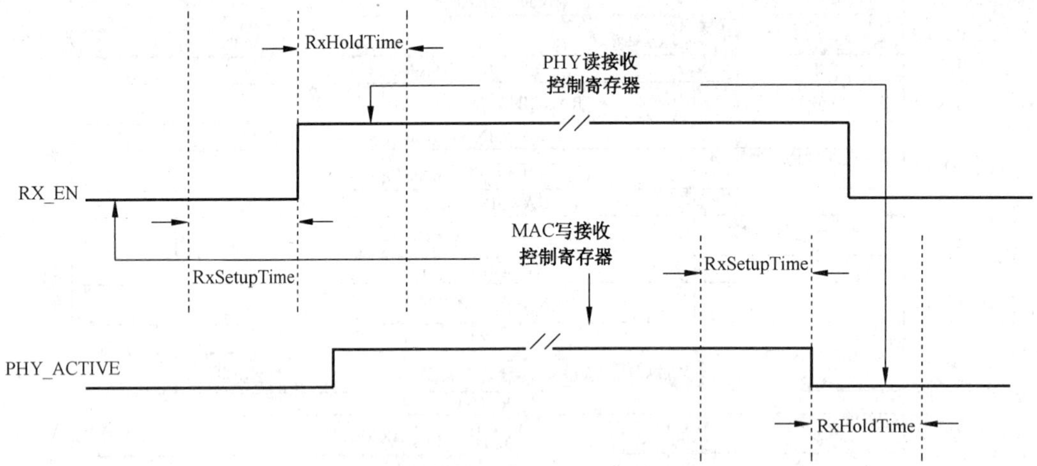

图 6 接收控制寄存器建立和保持

对于突发方式接收,在 PHY_ACTIVE 取消声明以指示帧接收结束之前至少 RxSetupTime PCLK 周期时间内 MAC 应为下一个接收帧操作设置寄存器。PHY_ACTIVE 取消声明后,PHY 应在 RxHoldTime PCLK 周期内读取寄存器。如果 RX_EN 没有取消声明,那么这些寄存器将为下一帧的接收控制参数。在接收突发方式(见 11.8.3)下,之前的帧的 PLCP 头部的 BM、PT 位和 PTON 可以不考虑 RXPT 寄存器的设置。

RX_EN 取消声明和重新声明优先于 PHY_ACTIVE 取消声明,并且会导致 PHY 覆盖从接收控制寄存器上读取的内部值。

表 8 寄存器访问参数值

参　　数	最小值（PCLK 周期）	最大值（PCLK 周期）
TxSetupTime	0	128
TxHoldTime	0	128
RxSetupTime	0	128
RxHoldTime	0	128

9.8 子载波凹陷(Tone-nulling)

在设备启动和正常运行的任何时刻，MAC 将传递 tone-nulling 信息给 PHY。WTONEMAPADDRESS 和 WTONENULLDATA 既不是发送控制器也不是接收控制寄存器，并且不需要双重缓存。对 tone-nulling 信息的写入由自动递增的地址指针和其中的数据共同完成。写 WTONEMAPADDRESS 寄存器时，把 PHY 的地址指针设置为指向第一个 tone 的数据访问地址。随后，当 PHY 的地址指针逐次递增的时候，对 WTONENULLADTA 寄存器的读/写将重新获取/更新 8 个子载波的子载波凹陷信息。设置位为 0 指示对应的子载波被置 0。

对于每一个频带子载波的排列顺序是{－64，…－1，0，1，…，63}，从最低的频带开始。整个 tone-nulling 映射表(见表 9)或者映射表中某个频带上的一部分可以使用 WTONEMAPADDRESS 中的位[8]的设置重设，位[7：4]标识包含重设 tone-nulling 信息的频带号。tone null 设为 1 指示它们将不被置 0。

表 9 Tone-Nulling 到 PHY 参数表

WTONEMAPADDRESS		频　率	
位[7：4] 频带	位[3：0] 地址	频带号	子载波
0b0000	0b0000	1	－64..－57
0b0000	0b0001	1	－56..－49
…	…	…	…
0b0000	0b1111	1	56..63
0b0001	0b0000	2	－64..－57
…	…	…	…
0b0010	0b0000	3	－64..－57
…	…	…	…
0b1101	0b0000	14	－64..－57

10 帧结构

根据 GB/T 26229，发送和接收数据均从最低有效位开始(第 0 个八位位组的位 0…第 0 个八位位组的位 7，第 1 个八位位组的位 0…第 1 个八位位组的位 7 等)。因此，PLCP 头部(见图 8)按 DATA[7：0]表示(见图 7)。

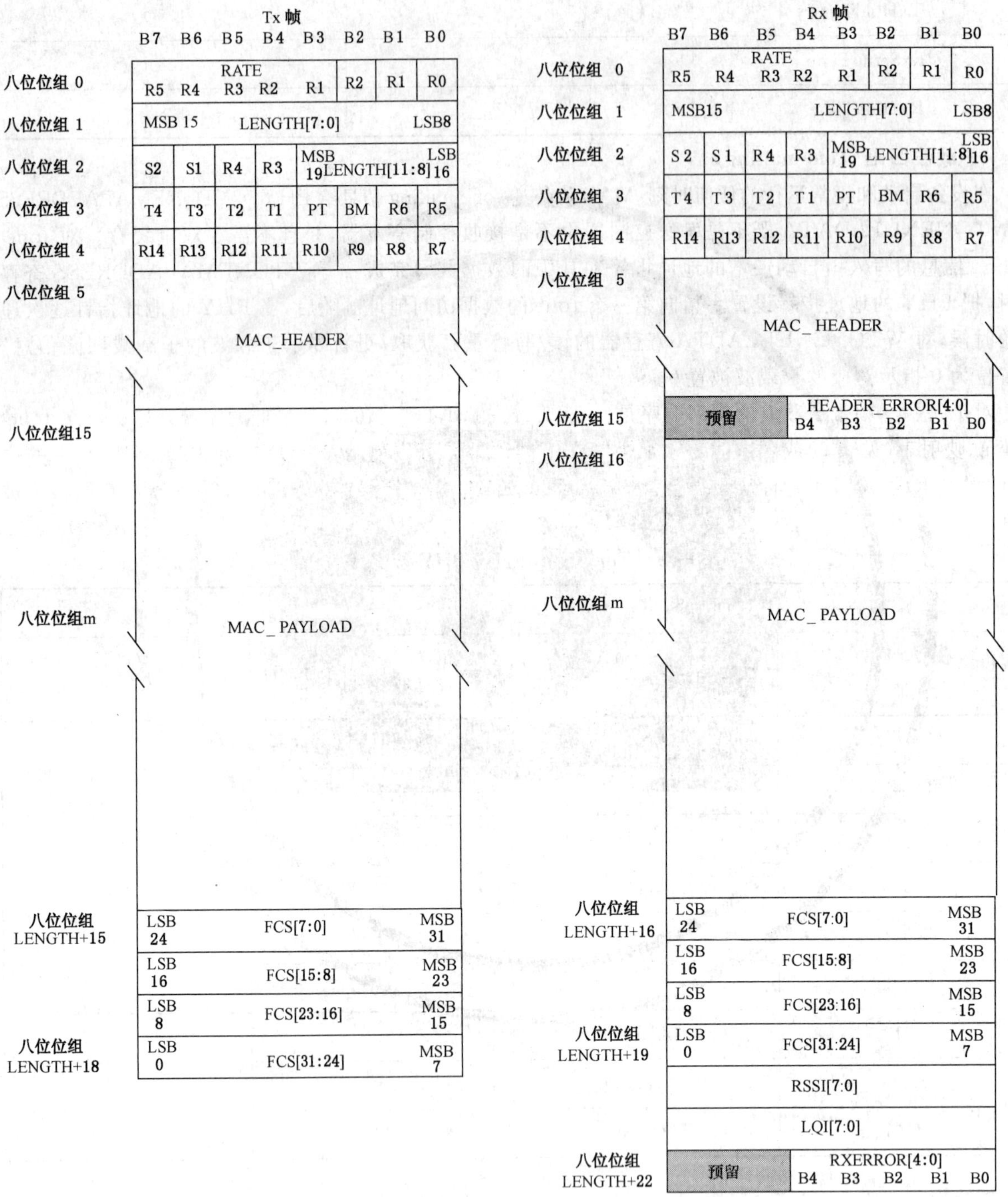

图 7　发送/接收状态帧结构

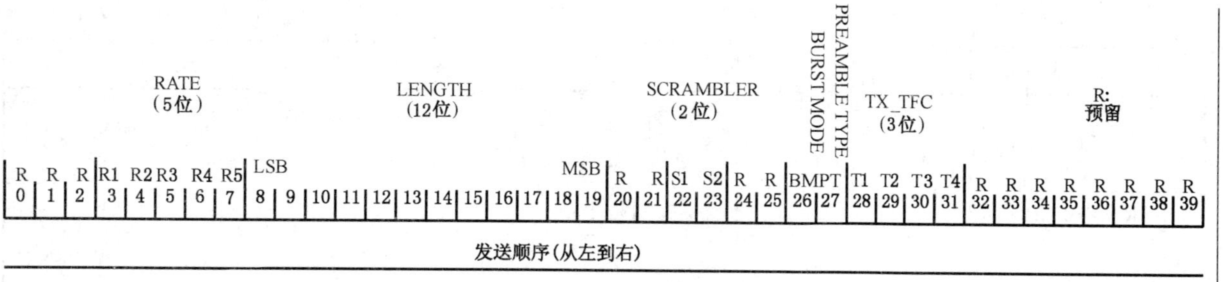

图 8　PLCP 头部格式

出现在 PLCP 中的 MAC_HEADER，MAC_PAYLOAD 和 FCS 在 GB/T 26229 中定义。按以上标准所定义，CRC 结果多项式的系数($a_{31}\cdots a_0$)：

$a_{31}x^{31}+a_{30}x^{30}+a_{29}x^{29}+a_{28}x^{28}+a_{27}x^{27}\cdots\cdots a_7x^7+a_6x^6+a_5x^5+a_4x^4+a_3x^3+a_2x^2+a_2x^2+a_1x+a_0$映射到 FCS 的位如图 9 所示，并出现在图 7 所示的 PLCP 中。

位：b31	b30	b29	…	b2	b1	b0
a0	a1	a2	…	a29	a30	a31

图 9　FCS 字段格式

当首先在 PLCP 出现的为最低有效八位位组(FCS[7：0])时，CRC 系数以 $a_{31}\cdots a_0$ 的顺序被发送出去。

之后的 TxFrame 控制位(见图 8)在所有发送帧中应由 MAC 设置，而在所有接收帧的 RxFrame 格式中，它应由 PHY 投递给 MAC：

——RATE 是发送 MAC 帧有效负载的数据速率，如果 LENGTH=0，RATE 应设置为“00000”；

——LENGTH 是除了 FCS 以外的 MAC 帧有效负载长度(以八位位组个数表示)，以八位位组表示。如果 LENGTH 为 0，则不出现 FCS 字段；

——在 PHY 初始化期间或任何！PHY_RESET 之后，SCRAMBLER(S1 和 S2)置为 0。对每一个从 MAC 发送到 PHY 的帧，MAC 以模为 4 增加在 SCRAMBLER 中设置的无符号二进制整数；

——根据 11.6 中规定的规则，应对所有发送帧设置 BM 和 PT；

——MAC 对所有发送帧中来自 TXCHAN(见表 7)的 TX_TFC(T1-T4)和 BG 进行设置。

表 10　TX 帧字段

<table>
<tr><th>字　段</th><th>位</th><th>说　明</th></tr>
<tr><td>R0，R1，R2，R3，R4，R5，R6，R7，R8，R9，R10，R11，R12，R13，R14</td><td>1</td><td>预留位
在 TRANSMIT 状态，预留位应置为 0</td></tr>
<tr><td>RATE</td><td>5</td><td>MAC 帧有效负载数据发送速率指示
<table><tr><th>速率 (Mbit/s)</th><th>R1-R5</th></tr><tr><td>53.2</td><td>00000</td></tr><tr><td>80</td><td>00001</td></tr><tr><td>106.4</td><td>00010</td></tr><tr><td>160</td><td>00011</td></tr><tr><td>200</td><td>00100</td></tr><tr><td>320</td><td>00101</td></tr><tr><td>400</td><td>00110</td></tr><tr><td>480</td><td>00111</td></tr><tr><td>预留</td><td>01000～11111</td></tr></table></td></tr>
</table>

表 10（续）

<table>
<tr><th>字　段</th><th>位</th><th>说　明</th></tr>
<tr><td>LENGTH</td><td>12</td><td>MAC 帧有效负载长度，以八位位组表示
12 位无符号二进制整型数 LSB 8，MSB 19</td></tr>
<tr><td>SCRAMBLER</td><td>2</td><td>扰频器初始化位 S1 和 S2</td></tr>
<tr><td>BM</td><td>1</td><td>突发脉冲模式位（该帧后的帧间距）
0＝正常模式（SIFS 或其他）
1＝突发脉冲模式（MIFS）
（注：SIFS＝pSIFS
MIFS＝pMIFS
如 GB/T 26229 中定义的那样）</td></tr>
<tr><td>PT</td><td>1</td><td>该帧之后的前导符类型
0＝标准前导符
1＝突发脉冲模式前导符</td></tr>
<tr><td>TX_TFC</td><td>4</td><td>发射机端所用的TF 码（T1-T4）
<table>
<tr><th>TF 码</th><th>T1-T4</th></tr>
<tr><td>1</td><td>1000</td></tr>
<tr><td>2</td><td>0100</td></tr>
<tr><td>3</td><td>1100</td></tr>
<tr><td>4</td><td>0010</td></tr>
<tr><td>5</td><td>1010</td></tr>
<tr><td>6</td><td>0110</td></tr>
<tr><td>7</td><td>1110</td></tr>
<tr><td>8</td><td>0001</td></tr>
<tr><td>9</td><td>1001</td></tr>
<tr><td>10</td><td>0101</td></tr>
<tr><td>11</td><td>1101</td></tr>
<tr><td>12</td><td>0011</td></tr>
<tr><td>13</td><td>1011</td></tr>
<tr><td>14</td><td>0111</td></tr>
<tr><td>预留</td><td>其他</td></tr>
</table></td></tr>
<tr><td>MAC_HEADER</td><td>80</td><td>MAC 帧头部</td></tr>
<tr><td>MAC_PAYLOAD</td><td>—</td><td>帧数据</td></tr>
<tr><td>FCS</td><td>32</td><td>帧 FCS</td></tr>
</table>

表 11　**RX 帧字段**

区　域	比特	描　述
R0，R1，R2，R3，R4，R5，R6，R7，R8，R9，R10，R11，R12，R13，R14，R15，R16，R17，R18	1	预留位 在 RECEIVE 状态，预留位应当被忽略
RATE	5	与 Tx 帧字段相同
LENGTH	12	与 Tx 帧字段相同
SCRAMBLER	2	扰码初始化位，在接收时应当被忽略

表 11（续）

区　　域	比特	描　　述
BM	1	突发方式位指示了这个接收帧之后的帧间距 0＝正常 IFS（取决于 MAC 内容） 1＝突发脉冲模式 IFS（MIFS） （注： SIFS＝pSIFS MIFS＝pMIFS 如 GB/T 26229—2010 中 11.3 的定义）
PT	1	该帧之后帧的前导符类型 0＝标准前导符 1＝突发前导符
TX_TFC	4	与 Tx Frame 字段相同
MAC_HEADER	80	与 Tx Frame 字段相同
HEADER_ERROR	5	即时头部错误报告。相应的位设为 1 以指示错误。 位 0：预留 位 1：预留 位 2：预留 位 3：UNSUPPORTED_RATE 位 4：HCS_ERROR 所有位＝0 表示“NO_ERROR”
MAC_PAYLOAD	—	与 Tx Frame 字段相同
FCS	32	与 Tx Frame 字段相同
RSSI	8	接收信号接收功率估计
RXERROR	5	RX 帧接收结果 每一位代表了错误的成因 位 0：PAYLOAD_ERROR 位 1：预留 位 2：预留 位 3：UNSUPPORTED_RATE 位 4：HCS_ERROR 所有位＝0 表示“NO_ERROR”
LQI	8	接收信号的质量估计

11　接口操作理论

11.1　概述

图 10 为简化了的 PHY 状态表。

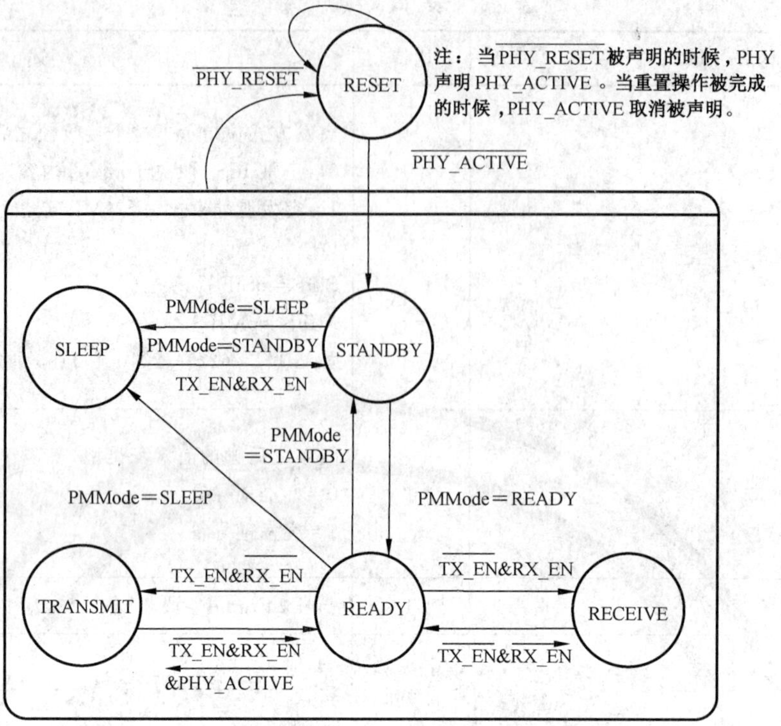

图 10 **PHY 状态转换表**

11.1.1 PHY 层复位协议

在任何时间和 PHY 的任何状态，包括最初电源启动后的状态，MAC 可以通过声明控制信号！PHY_RESET 强迫 PHY 进入 RESET 状态(见图 11)。PHY 通过声明 PHY_ACTIVE 或选择性的停止 PCLK 指示进入 RESET 状态。这种情况下！PHY_RESET 和 PHY_ACTIVE 的转换与 PCLK 是异步的。

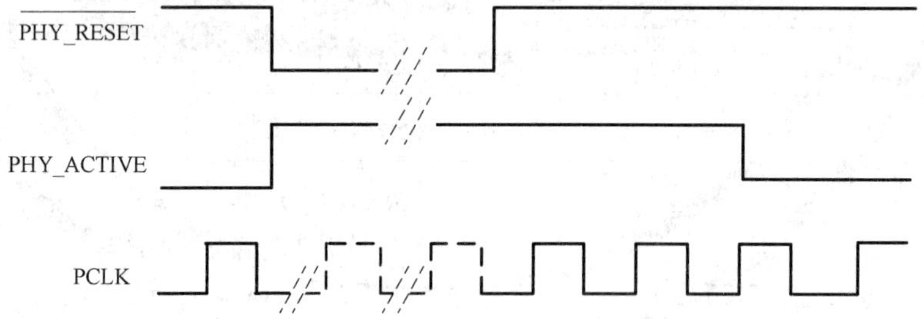

图 11 **PHY 复位协议**

在复位期间，PHY 驱动 CCA_STATUS，DATA_EN 和 DATA[7：0]为非活动值。MAC 驱动 RX_EN，TX_EN 和 SERIAL_DATA 为非活动值。PHY_ACTIVE 如上面所述被驱动。

MAC 保持！PHY_RESET 声明的时间至少为 PHY 特定时间间隔 PHYResetTime。！PHY_RESET 被取消声明之后，PHY 完成它的复位操作。当 PCLK 状态稳定(根据 PHY 特定状况)，PHY 取消对 PHY_ACTIVE 的声明指示转换到 STANDBY 状态。PHY 负责设置 PMMODE 为 STANDBY 并将 RDY 设为合适的值。如果 PHY 设定 RDY 以指示 RESET 操作非正常完成，则除了 RDY 以外的所有寄存器都是未定义的。

11.1.2 退出休眠状态

MAC 可以通过向 PMMODE 寄存器写 SLEEP 而使 PHY 进入 SLEEP 状态(见表 7)。在 SLEEP

状态期间，PHY 通过关闭不必要的功能减少能量消耗。但动态寄存器通过 SLEEP 保持内容不变，并在 PHY 返回 STANDBY 状态以后，假定动态寄存器的内容不变，见图 12。

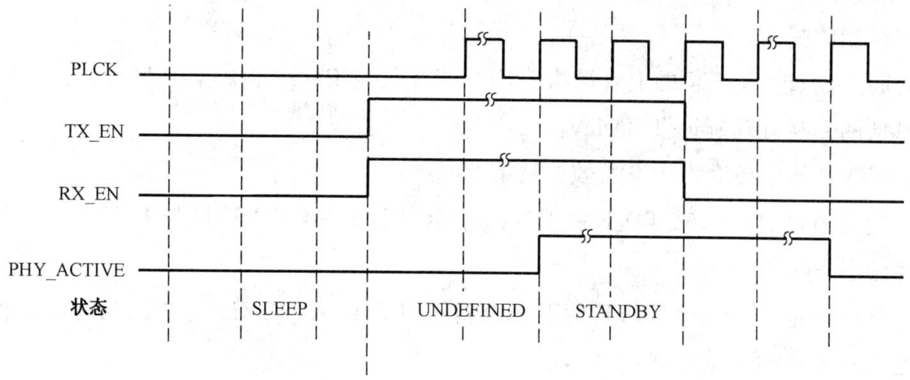

图 12 退出 SLEEP 协议

退出 SLEEP 状态由下列操作执行：

——MAC 声明 TX_EN 和 RX_EN；

——当 PHY 为 STANGBY 状态，它声明 PHY_ACTIVE 并且设定 PMMODE 为 STANDBY；

——当 MAC 检测到 PHY_ACTIVE 的上升沿，TX_EN 和 RX_EN 被取消声明；

——PHY 通过取消声明 PHY_ACTIVE 作为响应。

11.1.3 正常操作

通过写入 PHY 配置寄存器 PMMODE(见第 9 章)，MAC 控制 SLEEP，STANDBY 和 READY 3 种PHY 状态中任何 2 种之间的转换，但不控制从 SLEEP 状态开始的转换，这种转换需要特殊的操作，在 11.1.2 中描述。

当 PHY 未激活发送或接收时，它将处于 STANDBY 状态。为了准备进入激活的时间周期，MAC 必须首先通过写入配置寄存器 PMMODE 使 PHY 处于 READY 状态。在命令 PHY 进入 TRANSMIT 或者 RECEIVE 状态之前，MAC 必须使 PHY 进入 READY 状态至少 TurnOnDelay 微秒。在该延迟之后，TRANSMIT 或 RECEIVE 状态可以通过 MAC 声明 TX_EN 或 TX_EN 分别被初始化。PHY 通过取消声明相同信号而返回 READY 状态(完整的转换条件，见发送和接收章节)。一旦 PHY 返回 READY 状态，通过再次声明 TX_EN 或 TX_EN，MAC 可以初始化另一帧的发送或接收，或者它通过写入寄存器 PMMODE 而命令 PHY 返回 STANDBY 状态。

表 12 给出了 PHY 状态转换条件。

表 12 状态转换条件

转 换	TX_EN	RX_EN	PMMODE 寄存器写入
RESET→STANDBY	LOW	LOW	—
STANDBY→SLEEP	LOW	LOW	SLEEP
SLEEP→STANDBY	HIGH	HIGH	—
STANDBY→READY	LOW	LOW	READY
READY→SLEEP	LOW	LOW	SLEEP
READY→STANDBY	LOW	LOW	STANDBY
READY→TRANSMIT	上升沿	LOW	—
TRANSMIT→READY	下降沿	LOW	—
READY→RECEIVE	LOW	上升沿	—
RECEIVE→READY	LOW	下降沿	—

11.2 帧定时

由 MAC 提供精确帧定时(突发脉冲模式例外,见 11.7.3)以进行发送操作,由 PHY/MAC 提供精确帧定时以进行接收操作。

发送帧的起点通过 TX_EN 的上升沿指示,TX_EN 仅与 PHY 相关,但 PHY 固定为单帧传输和第一个突发传输帧的发送处理延迟 TxDelay。

PHY_ACTIVE 的下降沿指示发送帧的结束。

接收帧的起点通过 PHY_ACTIVE 的上升沿指示,PHY_ACTIVE 仅与 PHY 相关,但 PHY 将固定为接收处理延迟 SyncDelay。

接收帧的起点通过 PHY_ACTIVE 的下降沿指示,PHY_ACTIVE 仅与 PHY 相关,但 PHY 将固定为接收延迟 PhyActiveDelay。

11.3 测距支持

测距估计可由 PHY 选择支持。静态参数 RangingSupported 指示能力。如果支持测距,则传输和接收事件的定时可以通过 CONTROL[00h]动态参数寄存器中的 RNGEN 位[2]来控制。

支持测距的 PHY 必须提供一个多达 32 位的测距计数器,并通过参考测距计数器的频率来指示时间戳的精确性。

RNGEN 指示 PHY 是否应在传输和接收期间内,通过测距计数器设置 RANGINGTIMER 寄存器。

与这些时间戳相关的接口事件是:

——在本地天线处开始传输前导符,由声明 PHY_ACTIVE 指示。

——获得前导符,由接收期间声明 PHY_ACTIVE 指示。

PHY_ACTIVE 上的这些转换提供测距规程的支持,通过指示何时应检索测距时间戳,这些规程可以在 MAC 中或 MAC 之上来实现。但是,测距时间戳的值并不受与 PHY_ACTIVE 转换相关联的 PCLK 定时约束。GB/T 26229—2010 中 14.2 和 14.5 有测距时间戳参数的定义以及相关的校准参数 RANGING_TRANSMIT_DELAY 和 RANGING_RECEIVE_DELAY 的定义。

MAC 或高层功能对时间戳的处理在本标准的范围之外。GB/T 26229—2010 中 17.15 定义的两路时间传送距离测量机制使用下列 MAC-PHY 接口寄存器和参数:

——RANGINGTIMER;

——RangingSupported;

——RANGING_TRANSMIT_DELAY;

——RANGING_RECEIVE_DELAY;

——PHYClockAccuracy。

GB/T 26229—2010 中的附录 G 对计算进行了描述。

11.4 收发器延迟定义

图 13 和图 14 分别表示发送和接收情况的收发器延迟间隔原理。

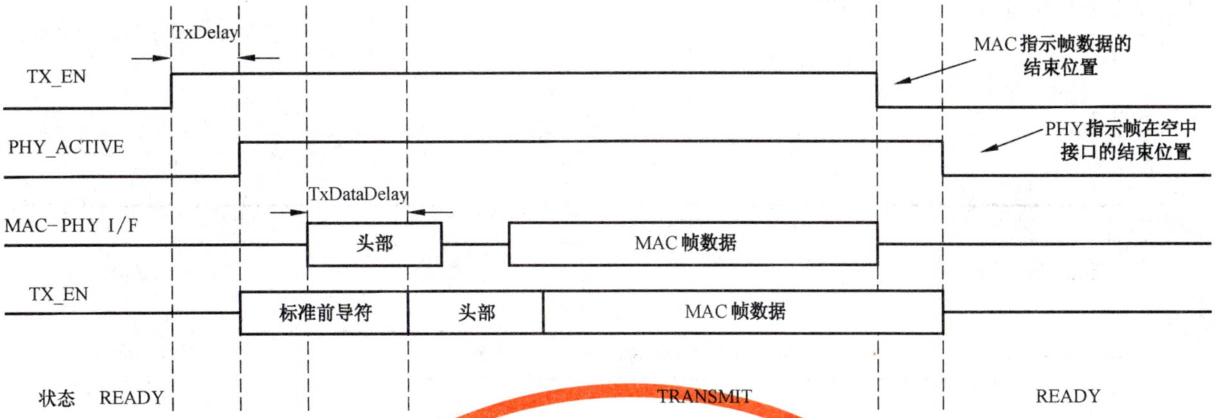

图 13 发送延迟间隔

TxDelay 是声明 TX_EN 和本地天线端出现第一个符号的前导符之间的时间间隔。

PHY 通过声明 DATA_EN 来请求头部数据，此操作不早于前导符结束之前 TxDataDelay 长度时间，如图 13 所示。TxDataDelay 从前导符的结尾向后测量，为 PHY 实现提供一个固定的，前导符独立的，头部处理间隔以及一个在 TX_EN 声明和第一个 DATA_EN 声明之间的固定间隔，该 DATA_EN 由 MAC 用来结束之前的帧处理。

在 DATA_EN 被声明之后的 2 个 PCLK 周期，MAC 必须提供有效数据给 DATA[7:0]。

PHY 在本地天线的该帧最后符号发送完毕之后的 PCLK 上升沿取消声明 PHY_ACTIVE。

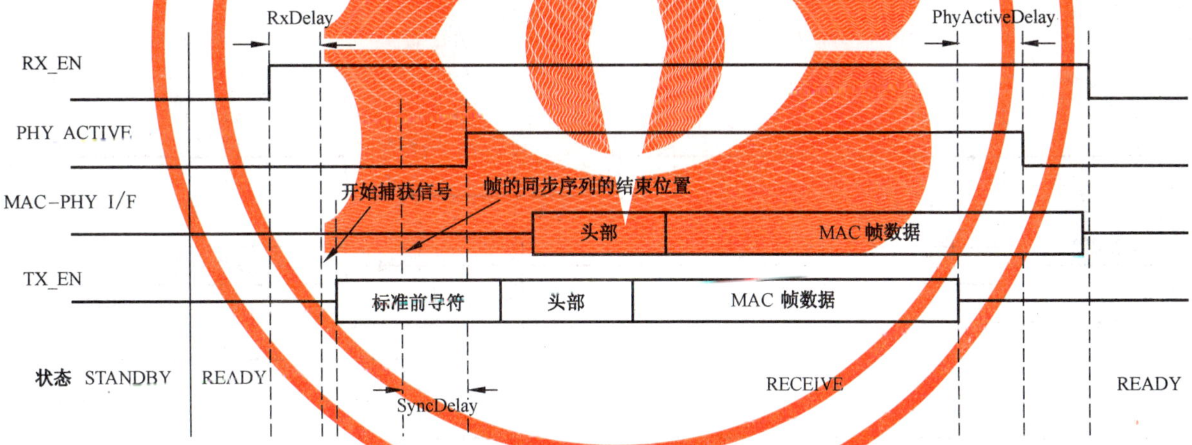

图 14 接收延迟时间间隔

RxDelay 是声明 RX_EN 与 PHY 开始前导符获得操作之间的时间间隔。

在前导符帧同步序列(信道估计序列之前)的最后符号末端到达本地天线之后，PHY 通过声明仅与 PHY 相关的 PHY_ACTIVE 提供帧定时的精确开始时间，但 PHY 固定的延迟 PHYActiveDelay。

在最后符号末端到达本地天线之后，PHY 通过取消声明只与 PHY 相关的 PHY_ACTIVE 提供帧定时的终点，但 PHY 固定的延迟 SyncDelay。PHYActiveDelay 补偿在 PHY 接收处理路径中的处理延迟。

如图 15 所示，PHYActiveDelay 可能与下一接收帧的前导符开始处交叠，但是必须允许 PHY_ACTIVE 在帧同步序列结束之前取消声明以允许获取被告知将要到达的帧。PHY 厂商有责任规定 PHYActiveDelay 的值，只有这样零长度帧才能满足这种情况。

帧定时的精确结束时间也可以从已知的帧定时的精确开始、前导符、PHY 头部和 MAC 帧数据结构、数据速率和符号编码计算得出。

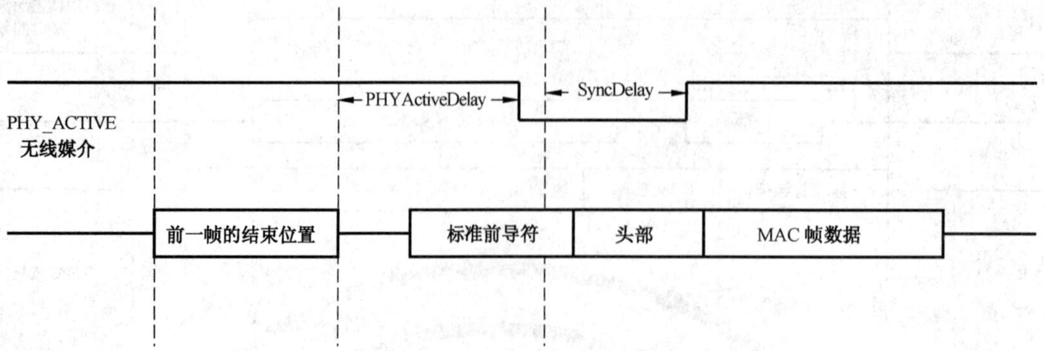

图 15 PHYActiveDelay 定时

11.5 收发器转换时间

11.5.1 RX-TX 转换时间

图 16 说明 RX-TX 转换时间，RX_EN 取消声明和 TX_EN 声明之间的最小时间间隔应该是一个固定的 PHY 特定值，Rx2TxDwellTime。应满足下面的不等式：

$$\text{PHYActiveDelay} + \text{Rx2TxDwellTime} + \text{TxDelay} < \text{pSIFS}$$

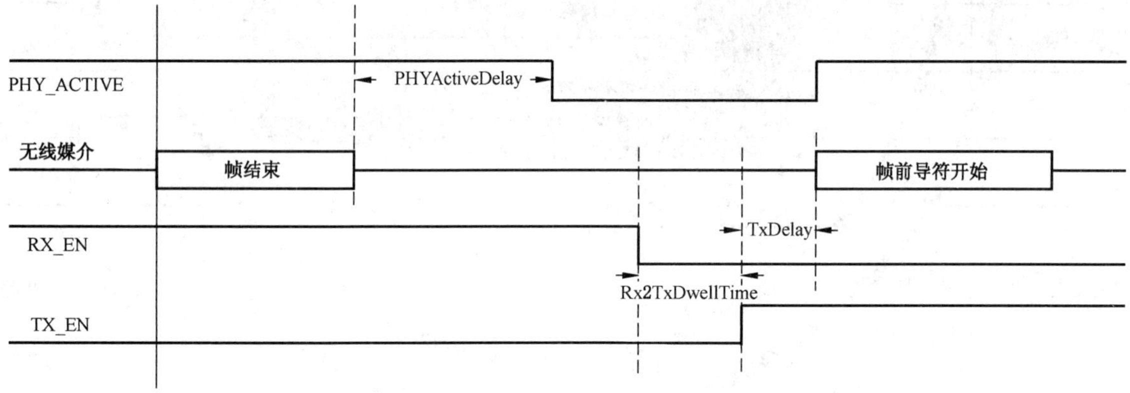

图 16 RX-TX 转换时间

11.5.2 TX-RX 转换时间

图 17 说明 TX-RX 转换时间，PHY_ACTIVE 取消声明(在 TRANSMIT 状态)和 RX_EN 声明之间的最小时间间隔应该是一个固定的 PHY 特定值，Tx2RxDwellTime。应满足下面的不等式：

$$\text{Tx2RxDwellTime} + \text{RxDelay} < \text{pSIFS}$$

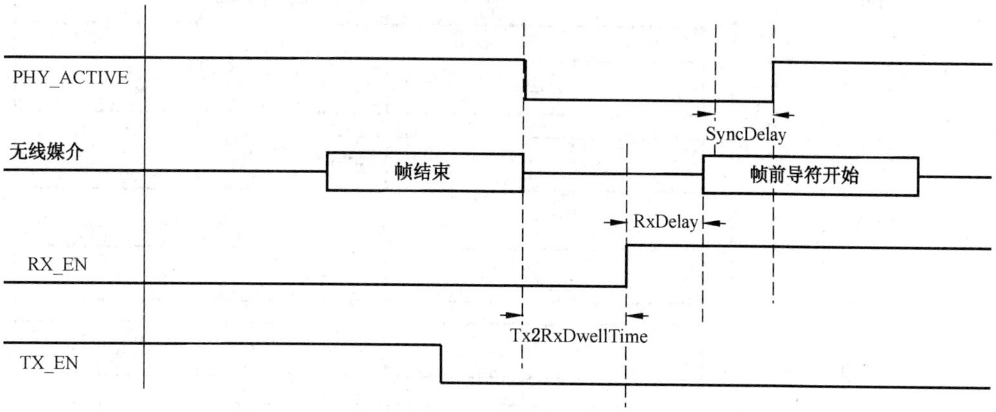

图 17 **TX-RX 转换时间**

11.6 前导符控制

11.6.1 单帧传输和接收

在每一个单帧传输中，应该使用标准前导符。

单帧发送 BM 应置零。

单帧发送 PT 应置零。

单帧接收时，接收器获得的前导符由寄存器 RXPT（RXPT 进行设置时，遵守接收的建立和保持时间，见 9.7.2）定义，指示标准前导符。

11.6.2 突发脉冲模式的传输

突发脉冲定义为一个 MIFS 间隔的离散序列帧（见 11.7.3）。突发脉冲传输时，PHY 确保帧间准确的 MIFS 定时。与每帧一起发送的前导符按下面的规则定义：

——对于突发脉冲模式帧传输，BM 应设置为 1。

11.6.2.1 200 Mbit/s 及以下的数据速率

对于 200 Mbit/s 或以下的数据速率，突发脉冲的所有帧应使用标准前导符。

——对于 200 Mbit/s 或以下的数据速率，PT 应置 0。

11.6.2.2 200 Mbit/s 以上的数据速率

对于 200 Mbit/s 以上的数据速率，突发脉冲的第一帧应使用标准前导符。突发脉冲的第二帧和随后的帧可使用突发脉冲前导符或者标准前导符。

如图 18 所示，突发脉冲传输以 PLCP 头部携带 BM=1 的帧（m）开始，正常情况下其前一帧（$m-1$）的 BM=0 并且 PT=0。

突发脉冲的第一帧（帧 m）以标准前导符发送。

突发脉冲的第二帧和随后的帧（$m+1,\cdots,n$）使用前面（$m,\cdots,n-1$）帧 PLCP 头部中 PT 定义的前导符类型发送。

突发脉冲的最后一帧被发送时，BM=0 并且 PT=0。

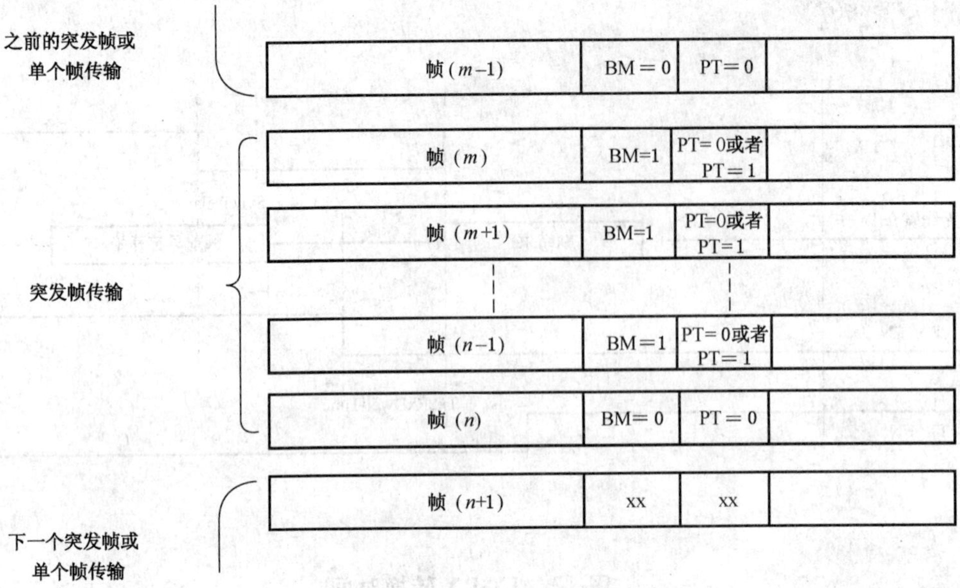

图 18 突发脉冲传输前导符的控制

11.6.3 突发脉冲模式的接收

在突发脉冲模式的接收时，MAC 保持在突发脉冲帧间 RX_EN 被声明。

在突发脉冲模式的接收期间，当 BM＝1 且寄存器 PTON 被置为 1 时 PT 的处理由 PHY 自动执行。

当寄存器 PTON 置 0 时，MAC 通过寄存器 RXPT 负责所有的接收前导符控制。

在接收到 BM＝0 的帧之后或在 RX_EN 被取消声明后不久，终止突发脉冲模式接收。

11.7 发送操作

这里有两个发送操作—单帧发送和突发脉冲模式发送。

单帧传输时，单帧从 MAC 传送到 PHY，空中定时由 TX_EN 状态和本地天线的 PHY 符号传输控制。单帧传输完成之后没有特定的操作。下一个操作可以是另一个发送、接收或转换为 STANDBY。

在突发脉冲模式发送时，帧序列每一帧之间存在显式关系。空中定时由 TX_EN 控制，仅对于第一帧的开始。随后的帧定时由突发脉冲模式期间的 PHY 维持。

11.7.1 数据总线所有权

在 TRANSMIT 状态，DATA[7：0]总线由 MAC 驱动。TX_EN 声明 12 个时钟之后，MAC 获得对 DATA[7：0]的控制。TX_EN 取消声明 8 个时钟之后，不论 PHY 是否通过声明 DATA_EN 请求数据，MAC 放弃控制。

11.7.2 单帧传输控制

MAC 完全控制单帧传输操作。对每一发送的帧，MAC 设置 PLCP 头部参数，如表 13 所示，TX 帧格式定义见图 7。

MAC 也设置发送控制寄存器，如表 14 所列，相关的建立和保持时间在图 5 中定义。

表 13 单帧发送参数

参　数	值	注　　释
SCRAMBLER	$\|(S1\cdots S2)+1\|_4$	S1&S2 被作为一个 2 位的无符号整型数来处理，并且对于从 MAC 发送到 PHY 的每一帧它将递增
BM	0	在单帧传输情况下 BM 永远设置为 0

表 13（续）

参　数	值	注　　释
PT	0	在单帧传输情况下 PT 永远设置为 0
TX_TFC	T1…T4	用于发送帧的 TFC 码
RATE	00000…00111	帧中的 MAC 帧有效负载部分数据编码速率。如果 LENGTH 值为 0，其值应设为 00000
LENGTH	0…4 095	帧中 MAC 帧有效负载部分的八位位组的个数

表 14　单帧发送的发送控制寄存器

寄 存 器	值	注　　释
TXCHAN	见 GB/T 26229 的 11.2	执行发送操作的信道
TXCTL-TXPT	0	单帧传输时前导符永远是标准前导符
TXCTL-TXANT	0.. SupportedDiversity[5∶4]	标识发送天线
TXCTL-TXPWR	0..NumTxPwrLevels-1	发送能量等级索引
CONTROL-RNGEN	0 1	如果 RangingSupported＝0，RNGEN 设置为 0 如果 RangingSupported＝1 RNGEN 设置为 0 以关闭 RANGINGTIMER 设置 RNGEN 设置为 1 以开启 RANGINGTIMER 设置

图 19 说明了单帧的传输，从 READY 状态开始。MAC 通过声明 TX_EN 同时保持 RX_EN 为低电平以开始传输。当 PHY 检测到 TX_EN 的上升沿时，它转换到 TRANSMIT 状态，打开射频发送路径并且开始发送 TXPT 定义的前导符，所使用的本地天线由 TXANT 定义，信道由 TXCHAN 定义。

TX_EN 声明的定时应在本地天线上名义上的帧定时之前 TxDelay 时间以补偿 PHY 发送进程延迟。

在 TRANSMIT 状态，PHY 完全控制数据流。在 PCLK 的上升沿，通过声明 DATA_EN 向 MAC 请求数据。8 个时钟周期后，MAC 必须驱动数据[7∶0]。

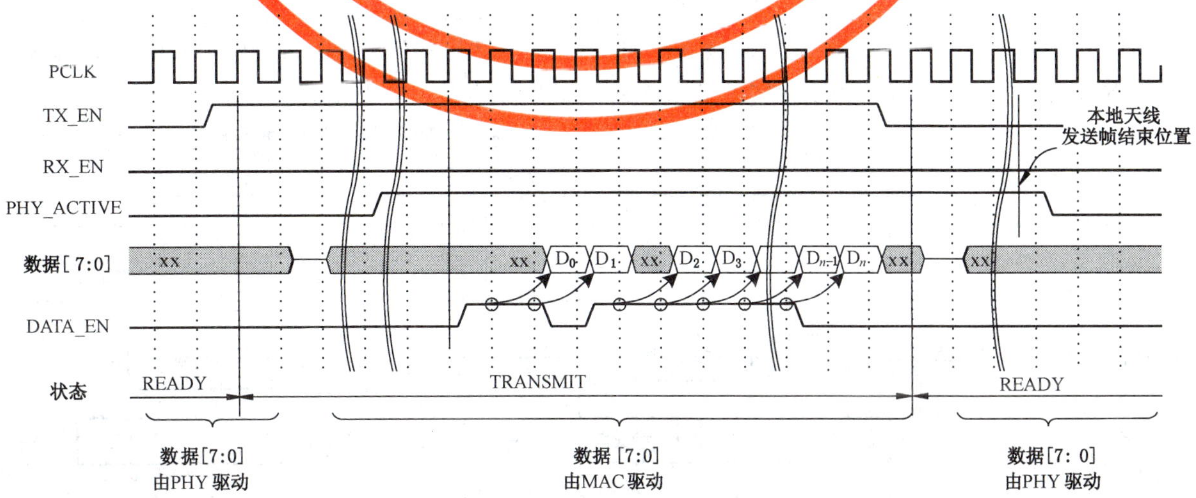

图 19　单帧发送定时

PHY 进行如下操作：

——本地天线前导符的第一个符号前沿传输之后，在 PCLK 的上升沿声明 PHY_ACTIVE。

——如果 RNGEN＝1，根据 RangingSupported 静态参数(见表 7)所定义的精度来设置测距参考信号中(如 GB/T 26229—2010 的 14.2 中定义的前导符的第一个信道预测序列的第一样本)的动态寄存器 RANGINGTIMER。

——考虑到 TxDataDelay 的情况下通过声明 DATA _EN，向 MAC 请求头部和有效负载数据(适当时)。

MAC 进行如下操作：

——通过 DATA_EN 上升沿，为来自 PHY 的每一请求，传送头部或有效负载数据(适当时)的一个八位位组。

——在帧 FCS 的最后一个八位位组(或 LENGTH 为 0 时的 MAC 头部)被传送给 PHY 之后，在 PCLK 周期的上升沿通过取消声明 TX_EN 来完成发送操作。

PHY 通过下列操作完成单帧发送操作：

——在本地天线最后符号的后沿传输完毕以后，在 PCLK 的上升沿取消声明 PHY_ACTIVE。

——转换回到 READY 状态。

每一帧的发送都要重复该规程。MAC 负责计算所有情况下帧定时的开始。

在 FCS 的最后一个八位位组(或 LENGTH 为 0 时的 MAC 头部)被传送给 PHY 之前(11.9)，通过取消声明 TX_EN，在任何时间 MAC 都可以夭折帧传输。

11.7.3 突发脉冲模式传输控制

突发脉冲是从同一源发送的 MIFS 间隔的帧序列。在突发脉冲模式传输中，MAC 控制突发脉冲模式帧序列中第一帧的定时。除了表 15 所列举的 PLCP 头部参数以外，第一帧完全按照单帧传输的方式来发送，如 11.7.2 中的描述。

表 15 唯一的突发方式 PLCP 头部参数

参数	值	注 释
BM	1	在突发脉冲模式序列的第一个帧中突发脉冲模式必须设置为 1
PT	0 1	PT＝0 当下一帧以标准前导符发送时 PT＝1 当下一帧以突发前导符发送时
LENGTH	1…4 095	帧中的 MAC 帧有效负载部分的八位位组的个数

如果 TX_EN 在图 20 所示的窗口内重新声明，则突发脉冲模式中后续帧传输的定时由 PHY 保持。TX_EN 在重新声明之前保持取消声明的最短持续时间应是 12 个 PCLK 周期。

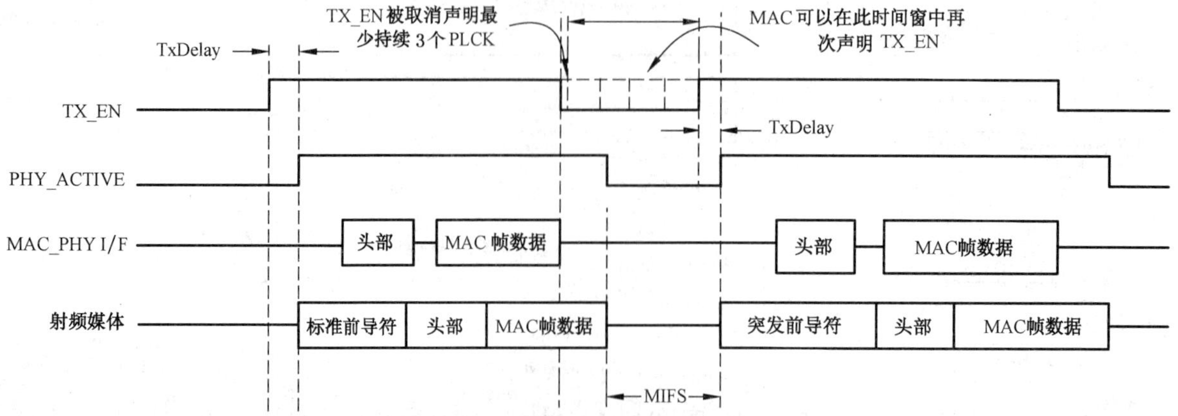

图 20 突发脉冲模式的传输

在此窗口中如果MAC重新声明TX_EN，PHY确保下一帧的前导符的第一个符号的开始恰好在前一帧的最后符号的结束之后的MIFS时间内出现在本地天线。MIFS时间间隔被定义为能使接收器从突发前导符保持同步的精确符号数。

突发脉冲传输时，在决定每个PLCP头部和MAC帧体(如果有)之前PHY发送哪一个前导符时，PT的值不考虑TXPT。

倘若TX_EN在图20定义的窗口中重新声明，在突发方式序列中，每一个随后的帧被作为单帧情况发送，除了表15中的PLCP头部参数和确保的MIFS时间间隔，直到序列中最后一个帧，此帧的PLCP参数与之前帧的PLCP参数不同，此帧的PLCP参数定义见表16。

表16 唯一最后帧PLCP参数

参　数	值	注　　释
BM	0	突发脉冲模式序列最后一帧中BM必须被设置为0
PT	0	突发脉冲模式序列最后一帧中PT必须被设置为0
RATE	00000…00111	帧的MAC帧有效负载部分的数据编码率。如果LENGTH为0，该值应设置为00000
LENGTH	0…4 095	帧中MAC帧有效负载部分的八位位组的个数 注：因为MIFS间隔不会在该帧之后使用，允许LENGTH为0的特殊情况。

11.7.4 突发脉冲模式发送纠错

如果TX_EN被重新声明：

——在MIFS之前，晚于TxDelay，但早于MIFS，在前一帧结束之后，则PHY的行为未定义；

——在前一帧结束之后比MIFS晚，PHY应夭折突发方式传输并且返回正常传输。TX_EN的下一次声明将被作为单帧传输或新突发脉冲模式发送的第一帧。

11.8 接收操作

11.8.1 数据总线所有权

在RECEIVE状态，DATA[7：0]总线由PHY驱动。在PCLK的上升沿被声明的DATA_EN的上升沿指示数据有效。

11.8.2 单帧接收控制

MAC通过RX_EN控制信号来控制帧接收操作。对于接收的每一帧，MAC设置表17所示的接收控制寄存器，参考图6中定义的建立和保持时间。PHY报告图7中所示的接收帧格式中所接收到的PLCP头部参数。

表17 单帧接收的接收控制寄存器

寄存器	值	注　　释
RXCHAN	见GB/T 26229 11.2	执行接收操作的信道
RXCTL-RXPT	0	如果PHY寻求获取标准前导符，则RXPT将被设置为0。单帧永远使用标准前导符进行发送
RXCTL-RXANT	0..SupportedDiversity[1：0]	标识接收天线
RXCTL-PTON	0 1	在单帧接收情况下PTON被忽略
CONTROL-RNGEN	0 1	如果RangingSupported=0，则RNGEN设置为0。 如果RangingSupported=1 RNGEN设置为0来关闭RANGINGTIMER设定。 RNGEN设置为1来开启RANGINGTIMER设定

单帧接收如图 21 所示，从 READY 状态开始。在保持 TX_EN 取消声明时，通过声明 RX_EN，MAC 命令 PHY 进入 RECEIVE 状态。

当 PHY 检测到 RX_EN 的上升沿时，它转换为 RECEIVE 状态，打开射频接收路径，等待 RxDelay 时间然后开始 RXPT 定义的前导符获取，使用的接收天线由 RXANT 定义，接收信道由 RXCHAN 定义。RxDelay 是射频接收路径的开启时间。

PHY 在帧接收期间，对数据流有完全控制。

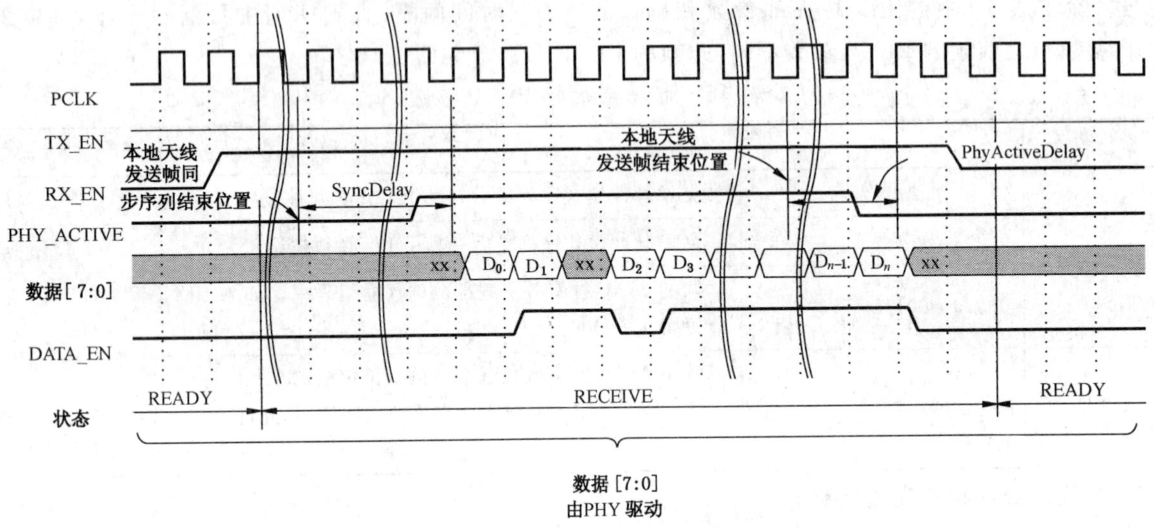

图 21　单帧接收定时图

PHY 进行下列操作：

——在 RX_EN 声明之后 RxDelay 时间，PHY 将寻求获得在指定的天线和信道上的指定前导符；

——通过 PHY 声明 PHY_ACTIVE 来通知前导符获取，如图 21 所示。天线中前导符（在信道估计序列之前）的帧同步序列的最后符号的尾部与 PHY_ACTIVE 的上升沿之间的延时仅与 PHY 相关，但固定地延时 SyncDelay；

——如果 RNGEN＝1，根据 RangingSupported 静态参数（见表 7）所定义的精度来设置测距参考信号（GB/T 26229—2010 的 14.2 中有说明）的动态寄存器 RANGINGTIMER；

——PHY 对接收符号进行解码并通过声明 DATA_EN 把 PLCP 头部传送给 MAC。在声明 DATA_EN 的每个 PCLK 上升沿，MAC 将一个八位位组数据读取进 RX 帧中；

——PHY 解释 PLCP 头部参数，计算头部校验和，并且与接收的 PLCP 头部中的 HCS 字段进行比较。PHY 在 HEADER_ERROR 中报告头部状态，如图 7 所示。

MAC 对 RX 帧字段进行下列操作：

——解释 HEADER_ERROR 参数。如果 HEADER_ERROR 中任意位被设置，则 MAC 应在不少于 3 个 PCLK 周期后通过取消声明和重新声明 RX_EN 来进行帧恢复。

- 如果头部校验验证失败，则根据 11.11.2.1 终止接收操作；
- 如果不支持 PLCP 头部有效负载速率，则根据 11.11.2.2 PHY 终止接收操作。

——解释 RX 帧字段的 LENGTH—MAC 帧有效负载的八位位组长度。MAC 使用此所需的参数以支持传送从 DATA[7：0]总线接收到的数据。

如果 HEADER_ERROR 报告无错误，MAC 继续进行接收操作，当 DATA_EN 被声明时，在每一个 PCLK 的上升沿传送一个八位位组的数据。在接收到 LENGTH 长度的八位位组后，MAC 将 4 个八位位组的 FCS 和 3 个八位位组的接收质量信息发送给接收帧并且处理剩余参数：

——RX 帧字段 FCS。MAC 根据它的特定 CRC 算法计算 FCS 并且将结果与 RX 帧 FCS 的值进行比较，以决定 MAC 帧有效负载数据的有效性；

——RX 帧字段 RSSI——接收信号强度指示。MAC 用此所需的值支持发送设备的链路；

——RX 帧字段 LQI——链路质量指示器。MAC 用此所需的值支持发送设备的链路；

——RX 帧字段 RXERROR——接收错误状态。MAC 解释 RXERROR 中的任何被设置的位来进行帧接收错误处理。

如果 PHY 检测到一个无法恢复的有效负载错误，根据 11.11.2.3 接收操作应被终止。

PHY 通过如下流程完成接收操作：

——在本地天线的包波形尾沿之后，在仅与 PHY 相关的但固定的延迟 PHYActiveDelay 时间，在 PCLK 的上升沿取消声明 PHY_ACTIVE。

MAC 通过如下流程完成接收操作：

——取消声明 RX_EN。PHY 保持 RECEIVE 状态直到 MAC 对 RX_EN 取消声明，在此时它转换回 READY 状态。

通过如 11.10 中所述取消声明 RX_EN，在完成之前可夭折一个帧接收。

11.8.3 突发方式接收控制

在突发方式接收时，在接收到一帧中 BM 置为 1 后，通过保持声明 RX_EN，接收 MAC 命令 PHY 执行连续帧接收。接收到 BM=1 的每一个帧以与单帧接收同样的方式进行处理，除非取消声明 RX_EN 来结束接收操作。帧符号定时由发射机决定，但是接收端 PHY 可以采用 PLCP 头部中 BM 和 PT 字段以提高接收性能。

如表 18 所示，突发方式只有一个接收控制寄存器。

表 18 唯一的突发方式接收寄存器

参数	值	注释
RXCTL-PTON	0 1	当 PTON=0，MAC 必须通过 RXPT 控制所有接收前导符的获取。 当 PTON=1，PHY 解释 BM=1 的 PLCP 头部中的 PT 字段

在接收到 BM=1 的帧之后，使用由 RXPT 指示(PTON=0)的前导符，或由 PT 指示(PTON=1)的前导符的帧结束的 MIFS 时间之后，PHY 准备接收一个新的前导符。

图 22 所示为 MIFS 间隔的突发方式接收帧序列。在 SyncDelay 和 PhyActiveDelay 延迟后通过声明和取消声明 PHY_ACTIVE，每一帧的定时都与单帧接收时的相同。

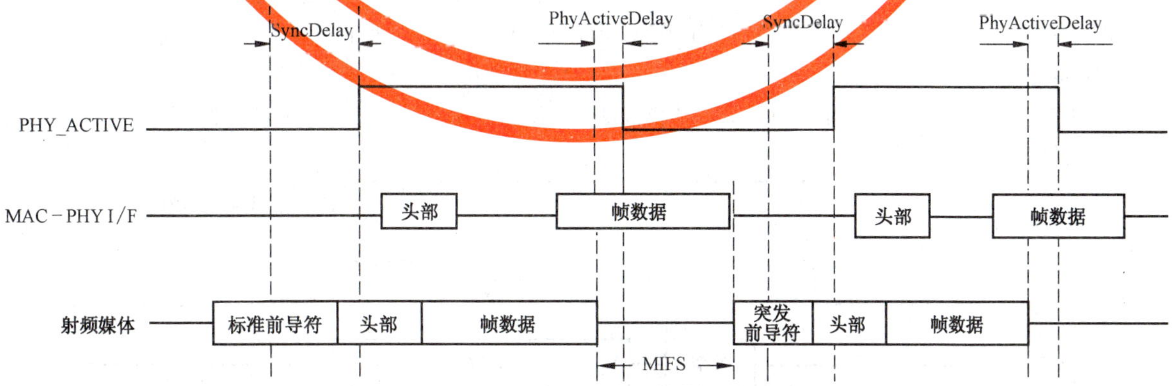

图 22 MIFS 突发方式接收

只要每一个接收帧携带的 BM=1，则 MAC 保持 RX_EN 声明并且 PHY 将继续执行获得和帧接收，每一次使用由先前接收的 PT 值或 RXPT 值(取决于 PTON 的设置)定义的前导符。

接收到 BM=0 的帧，突发方式将终止，MAC 取消声明 RX_EN 的方式与单帧接收时的相同。

11.8.4 突发方式接收纠错

在突发方式的任何时间，MAC 可以通过取消声明 RX_EN 从接收错误中恢复并且终止突发方式的接收。

11.8.5 零长度帧接收

图 23 表示零长度帧的接收和 HEADER_ERROR 八位位组之后的相关接收参数块（RSSI、LQI 和 RXERROR）。

接收参数不必要立即紧随在 HEADER_ERROR 八位位组之后，因为当投递接收参数块时，PHY 可以通过 DATA_EN 使用流动控制。

注：DATA_EN 总是用于证明 DATA[7：0]有效，因为在接收操作期间 PHY 保持全部的流控制。

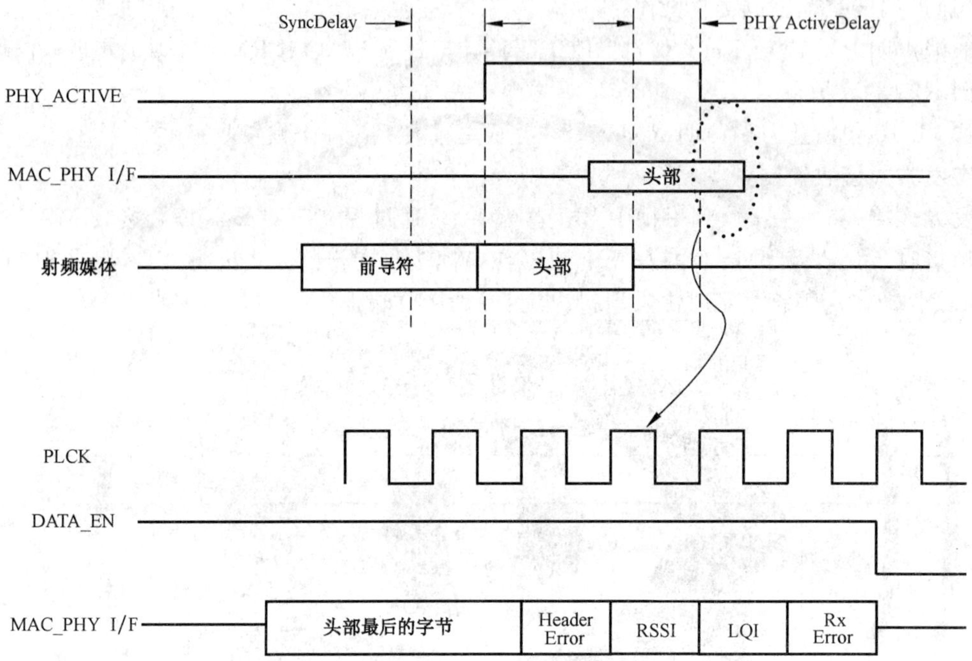

图 23 零长度帧接收

11.9 MAC 发送夭折

图 24 表示在传送 FCS 的最后字节给 DATA[7：0]总线之前，MAC 取消声明 TX_EN 时的接口操作。

一旦检测到 TX_EN 取消声明，PHY 应立即关闭到本地天线的路径，这样就没有多余的符号会被发送，但是在 PCLK 的上升沿 PHY_ACTIVE 取消声明和返回 READY 状态之前，需要必要的时间去缓存发送逻辑。

注：这里假定在本地天线处立即停止发送禁止模拟发送路径。PHY 通常需要额外时间在准备好重新正常操作前使数字传输路径复位。

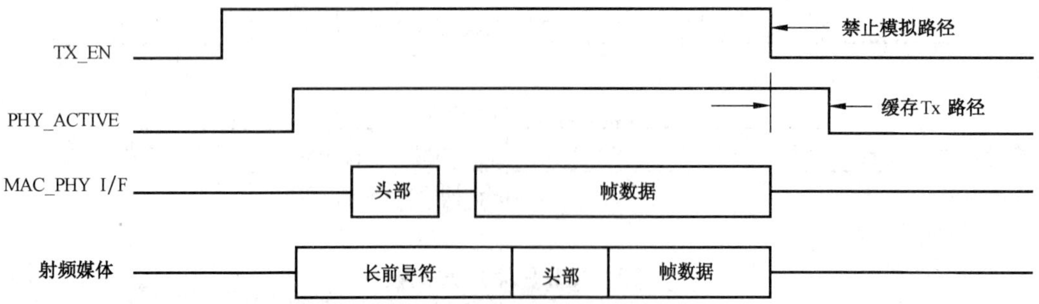

图 24 MAC 夭折发送

11.10 MAC 接收夭折

图 25 所示的是帧尾被本地天线接收之前，MAC 取消声明 RX_EN 时的接口操作。正常 RECEIVE 操作需要 RX_EN 被声明，直到在接收参数块(RXERROR)的最后一个八位位组被提供给 DATA[7：0]总线端的 MAC 和被 DATA_EN 证实有效。

——在声明 RX_EN 之后，任何时间 MAC 都可以通过取消声明 RX_EN 来夭折一个接收操作。

如果在最后一个八位位组传送之前的任意时间取消声明 RX_EN，则不论 PHY_ACTIVE 是否被声明，均会夭折以下操作：

——在检测到 RX_EN 取消声明之后的 264 个 PCLK 时钟周期里，PHY 应夭折接收操作，应停止将数据传送给 MAC，应显示将被 DATA_EN 证实的接收参数块并取消声明 PHY_ACTIVE(如果已经声明)。

——如果有 19 或更多个八位位组数据，包括 PHY 头部，MAC 头部和 HEADER_ERROR 由 PHY 投递，MAC 应考虑在这 264 个 PCLK 时钟周期内由 PHY 投递的最后 3 个八位位组作为接收参数块。

——其他情况，为夭折接收操作由 PHY 投递的所有数据无定义。

PHY_ACTIVE 取消声明以及接收参数块出现的次序没有特别规定但必须在 RX_EN 取消声明后的 264 个 PCLK 周期内完成。

对于突发方式宜注意一种特殊情况。如果在数据投递完成之前由声明 PHY_ACTIVE 告知下一帧的获取并且接收到当前帧的质量块，则取消声明 RX_EN 将夭折当前帧和下一帧的发送。

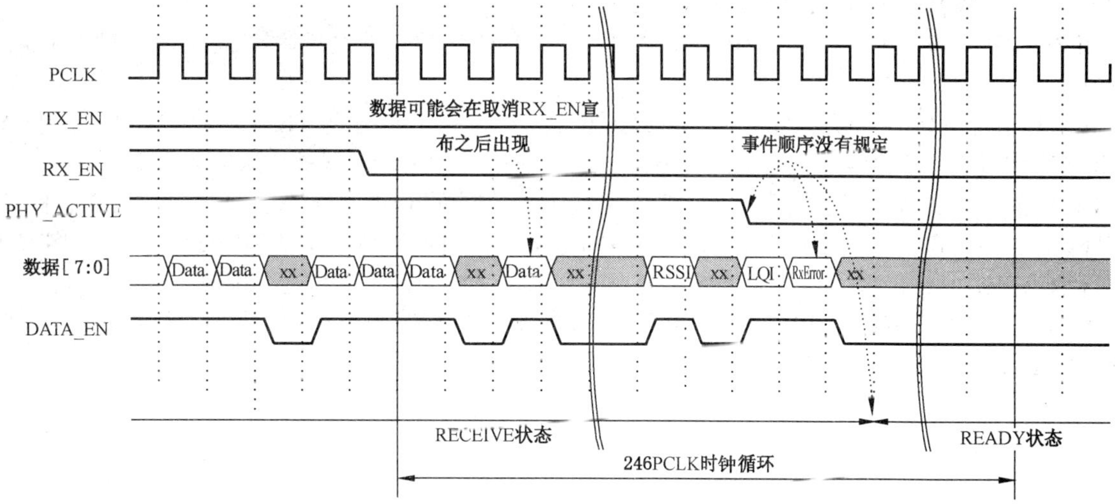

图 25 MAC 夭折的接收定时图

11.11 错误情况

11.11.1 发送错误情况

在发送操作期间会发生没有定义的错误情况。

11.11.2 接收错误情况

11.11.2.1 头部校验和错误

PHY 计算接收到的 PHY 头部的头部校验和并且将它和头部 HCS 字段中的值相比较。如果校验失败，则头部的内容不能得到信任——包括定义 MAC 帧有效负载字段长度的关键 LENGTH 参数。

在这种情况下，PHY 在接收帧数据结构中设置 HEADER_ERROR 位，然后 PHY 采取和接收到零长度帧一样的动作。

即使头部校验和验证失败，Rx 帧仍将包含以下内容：

——包括 RATE 和 LENGTH 的 PLCP 头部；

——MAC 头部；

——HEADER_ERROR 位；

——RSSI；

——LQI；

——RXERROR。

在检测到头部校验和失败后的适当时间间隔内 PHY 应取消声明 PHY_ACTIVE。在 HCS 错误情况下，源于 PHY_ACTIVE 取消声明的帧定时的尾部是不合法的。HEADER CHECKSUM ERROR 在 HEADER_ERROR 和 RXERROR 字段中都进行设置。

如果在 HCS 错误指示之后，MAC 维持 RX_EN 声明，PHY 将继续寻求获得使用相同前导符类型（在头部校验失败的帧中使用）的帧。

如果前导符类型需要复位（例如在获取突发前导符失败后，MAC 可以把前导符设置为标准前导符）MAC 宜取消声明 RX_EN，将 RXPT 置为一个合适的值，并通过重新声明 RX_EN 来重新启动 PHY 的获取操作。在丢失一帧后的重新获得时间由 MAC 负责决定，包括突发方式中中间帧的丢失。

11.11.2.2 不支持的数据速率

如果 PHY 和 MAC 头部中的数据值被 HCS 验证有效，但是一个或更多个参数被设置成不支持的值（例如数据速率），则如 11.11.2.1 中描述方式，PHY 设置接收帧数据结构中的 HEADER_ERROR 位并且进行零长度帧接收操作。

在检测到不支持的数据速率后，PHY 应在适当的时间间隔取消声明 PHY_ACTIVE，对 HEADER_ERROR 和 RXERROR 字段中的相应错误位进行设置。

11.11.2.3 无法恢复的检测出的有效负载错误

图 26 所示为当 PHY 在接收帧体时检测到一个无法恢复的错误之后，带来帧在被 PHY 夭折之后如何被表示。

在这种情况下，PHY 可以用 PLCP 头部的内容（它与一个良好的 HCS 一起被接收）。PHY 用 LENGTH 字段决定有多少八位位组的帧体仍要通过 DATA[7：0]总线被传送给 MAC。

PHY 在 DATA[7：0]总线上填充许多未定义值的八位位组，由 DATA_EN 许可完成接收帧操作。在 PHY 计数到 LENGTH 之后的 PHYActiveDelay 时间后，PHY_ACTIVE 在本地天线处的名义上的帧尾部取消声明（见图 26）。接收质量块被作为一个正常完成的接收操作进行传输。

PPHY 设置 RXERROR 中的 PAYLOAD_ERROR 位来声明丢弃接收。另外，未定义的八位位组填充通常会导致 MAC 的 FCS 校验失败。

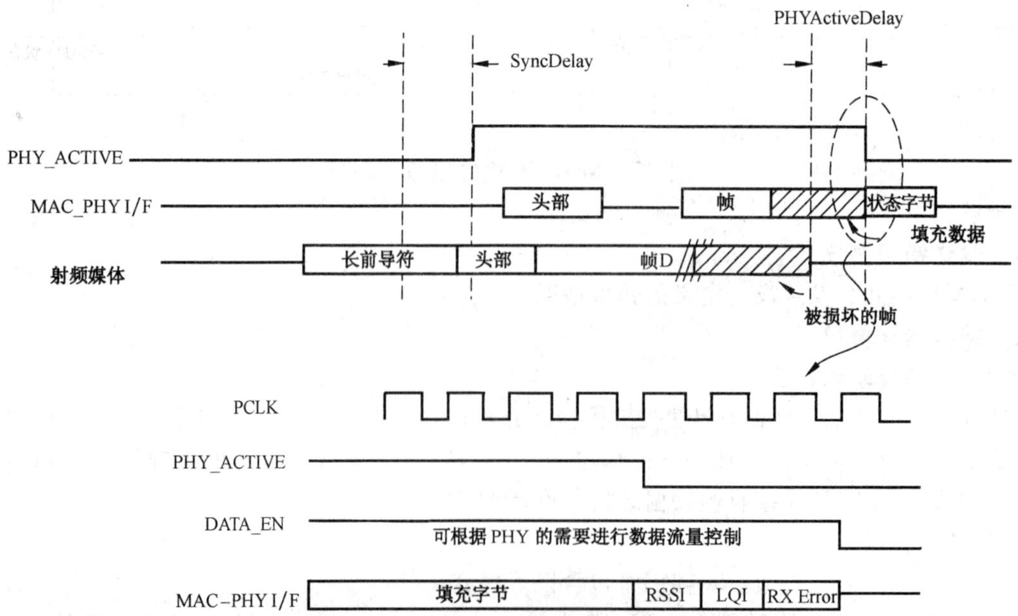

图 26 无法恢复的负载错误处理

11.12 空闲信道评估

CCA 接口被用作空闲信道评估情况指示。它由 SERIAL_DATA 信号和下列动态寄存器组成(见表 19)：

表 19 CCA 动态寄存器

地址	寄存器	位	字段	R/W	描　述	初始值
00(h)	CONTROL	3	CCRE	R/W	通过写入 CCRE MAC 通过 PHY 控制 CCA 估计。 0 停止 CCA 估计 1 开启 CCA 估计	0

因为测量间隔和检测阀值很大程度上依赖于估计电路的设计，所以在厂商特定寄存器区域可以提供其他的动态寄存器以增强控制 CCA 操作。

11.12.1 CCA 接口信号

图 27 和表 20 说明了 CCA 接口信号。

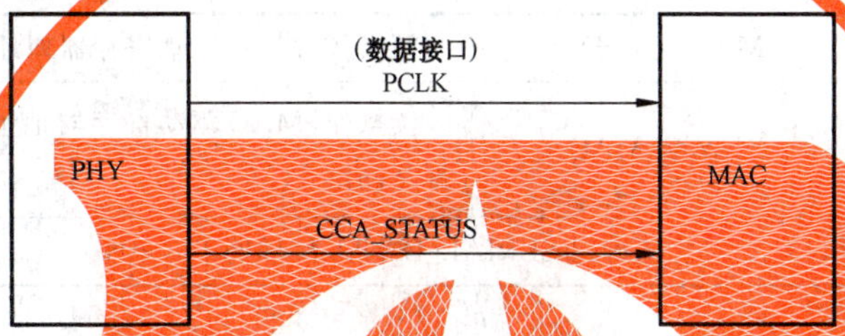

图 27 CCA 接口信号

表 20 CCA 接口信号

信　号　名	长　度	方　向	功　能
CCA_STATUS	1	PHY-MAC	CCA 状态。 0 表明无线媒体空闲。 1 表明媒体忙。

11.12.2 CCA 接口操作

通过管理接口 MAC 将 CONTROL 寄存器的 CCRE 字段设置为 1 来发起 CCA 测量(见图 28)。

根据实现独立的 CCA 估计算法，CCA STATUS 在 PHY 特定不变的时间间隔 CCAValidTime 后被驱动，并且只要 PHY 不是处于 TRANSMIT、STANDBY 或 SLEEP 状态它就是有效的。只要 CCRE 被设置为 1，估计就继续下去。

当不再需要 CCA 估计时，MAC 使用管理接口写一个 0 到 CCRE 中。

所有其他的 CCA 操作将依赖于厂商特定寄存器设置。

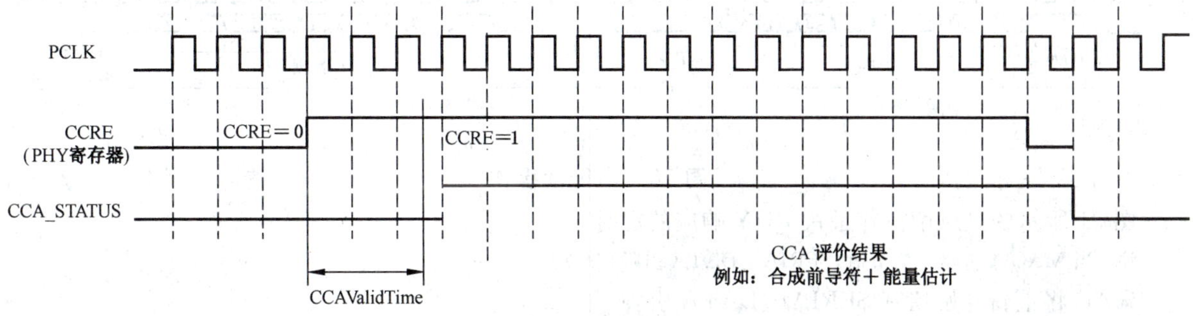

图 28 CCA 操作定时图

11.13 管理接口

11.13.1 管理接口信号

图 29 和表 21 给出了管理信号接口定义。

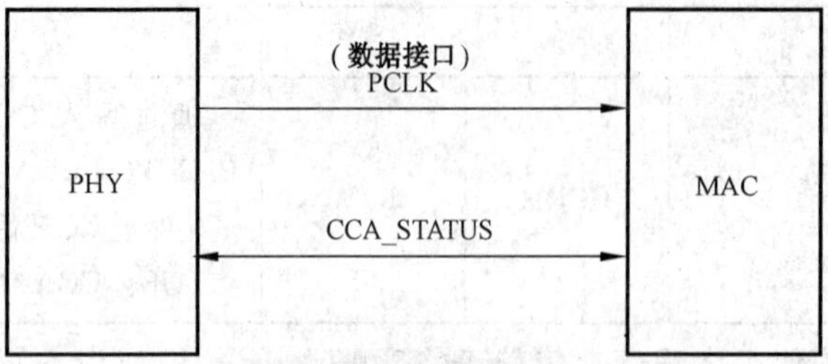

图 29 管理接口信号

表 21 管理接口信号定义

信　号	方　向	描　述
SERIAL_DATA	MAC 到 PHY	写操作,MAC 驱动寄存器地址和寄存器数据给 PHY
	PHY 到 MAC	读操作,MAC 驱动寄存器地址给 PHY,PHY 将寄存器数据驱动给 MAC
注:读或写操作过程以外,MAC 有责任确保 SERIAL_DATA 信号处于 0 电平。		

11.13.2 管理接口操作

11.13.2.1 读操作

对于串行读操作(见图 30),MAC 驱动事务的第一部分,包括 PHY 寄存器的地址。PHY 驱动事务的第二部分,包括请求的数据。不论是 MAC 还是 PHY 驱动管理接口,SERIAL_DATA 线上驱动的每一位总是与 PCLK 同步。

MAC 将驱动一个 1 作为 SERIAL_DATA 引脚上的第一位。第二位是 1,它指示一个读操作。MAC 驱动接下来的 8 位,这是 PHY 寄存器的地址。这允许 MAC 寻址最多达 256 个 PHY 配置寄存器。在 8 位地址后,MAC 驱动一个 0 以将 SERIAL_DATA 线设置为已知的状态。

从 MAC 停止驱动接口后的第二个 PCLK 开始,0 到 31 个 PCLK 周期的时间内 PHY 驱动 0 到 SERIAL_DATA 线上。

PHY 驱动 1 以指示数据的开始,后跟 8 个数据位。在释放 SERIAL_DATA 线以由 MAC 驱动之前,通过驱动一个以 0 结尾的位将 SERIAL_DATA 线置为已知的状态而完成该事务。

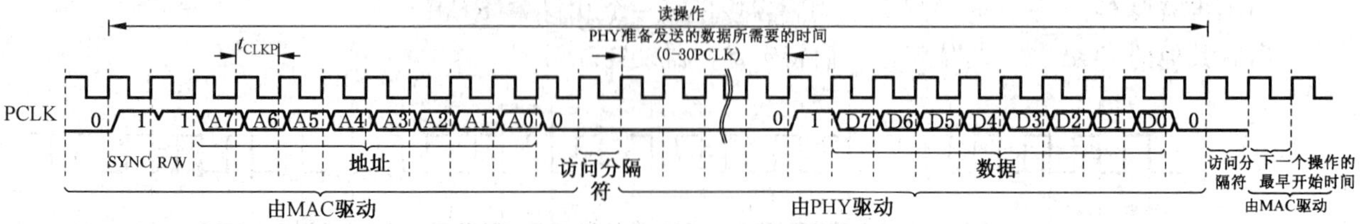

图 30 串行读操作

图 31 所示的是对读操作最快 PHY 响应的定时。

注:当 MAC 不再驱动信号时,SERIAL_DATA 引脚宜维持 0。

MAC 将重新开始控制 SERIAL_DATA 引脚。

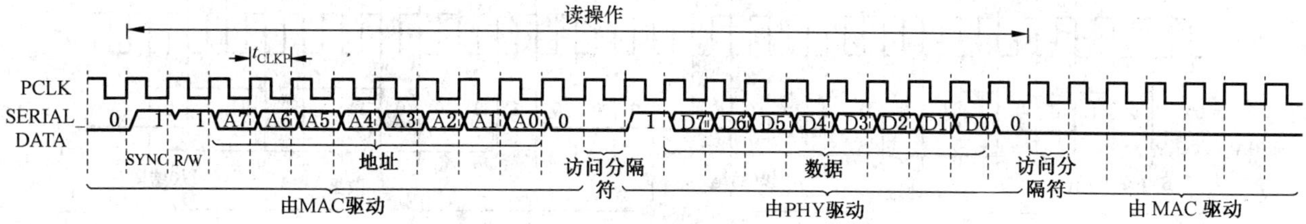

图 31 最快读响应

11.13.2.2 写操作

对串行写操作，MAC 驱动整个事务。MAC 在 SERIAL_DATA 引脚驱动的每一位都与 PCLK 同步(见图 32)。

MAC 将在 SERIAL_DATA 引脚送入一个 1 作为第一位。0 作为第二位指示写操作。接下来的 8 位是 PHY 地址位置。这允许 MAC 处理最多达 256 个八位位组的 PHY 配置寄存器。接下来的 8 位数据写入编址的 PHY 寄存器。在 8 位数据的尾部，MAC 将送入终止 0。一旦事务完成，MAC 停止驱动管理接口。

注：当 MAC 不再驱动信号时，SERIAL_DATA 引脚应仍保持为 0。

SERIAL_DATA 引脚将继续由 MAC 控制。

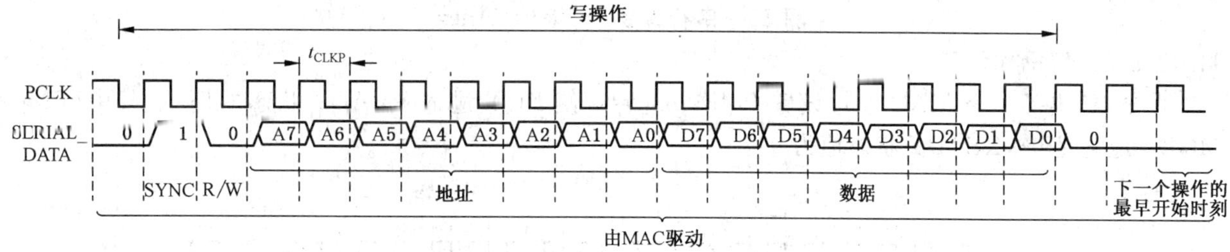

图 32 串行写操作

图 33 所示的是读操作后紧跟的写操作的最快定时。

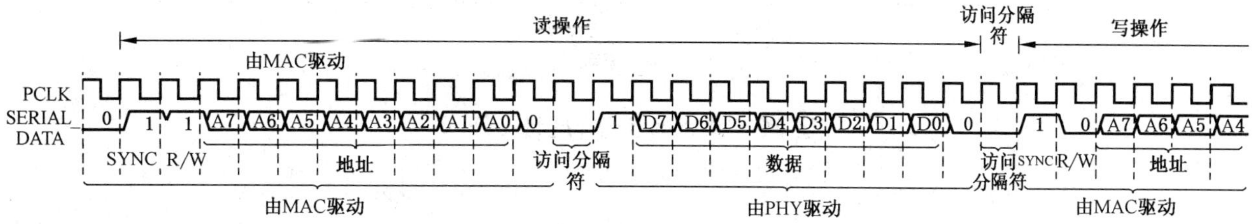

图 33 写操作后的读操作

11.13.3 举例

11.13.3.1 读操作例子

图 34 和图 35 给出 MAC 读取 PHYID(地址 0x20h 和 0x21h)的例子。PHYID 值为 1B86(16 进制)。在这个例子里，PHY 要用 4 个时钟周期使数据可用。

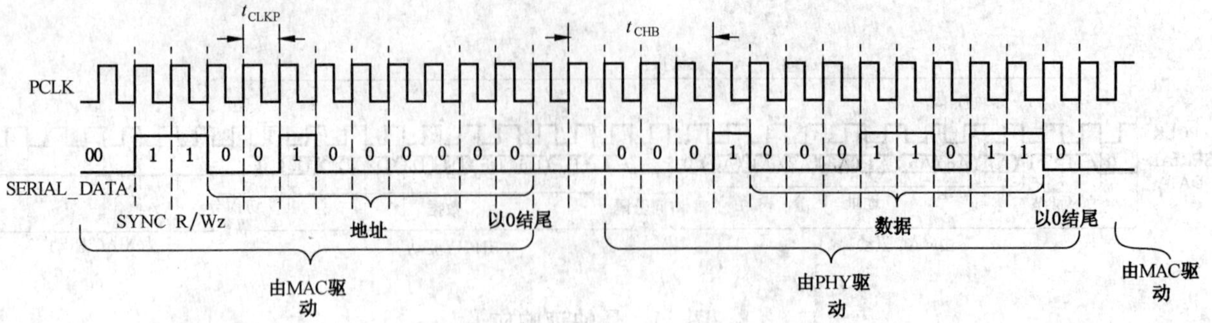

图 34　串行读例子，地址 20hex

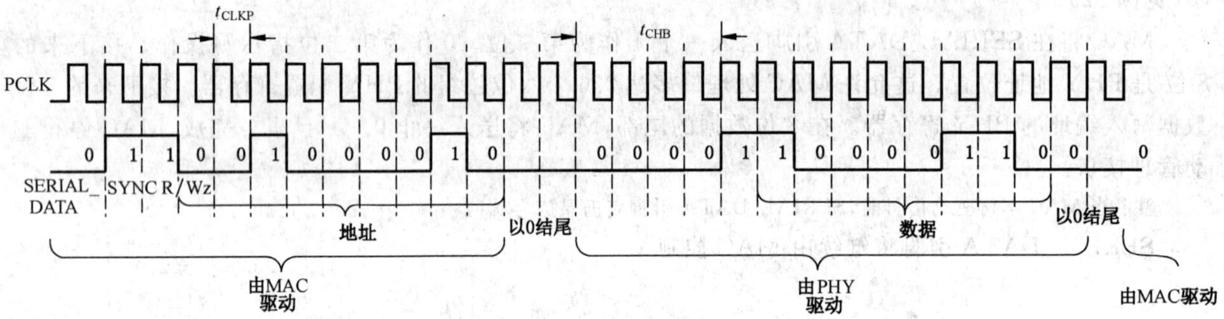

图 35　串行读例子，地址 21hex

11.13.3.2　写操作例子

图 36 给出了一个 MAC 通过设置 PMMODE＝0 使 PHY 进入 READY 状态的例子，其中（PMMODE 地址是 06，READY 状态值为 0）。

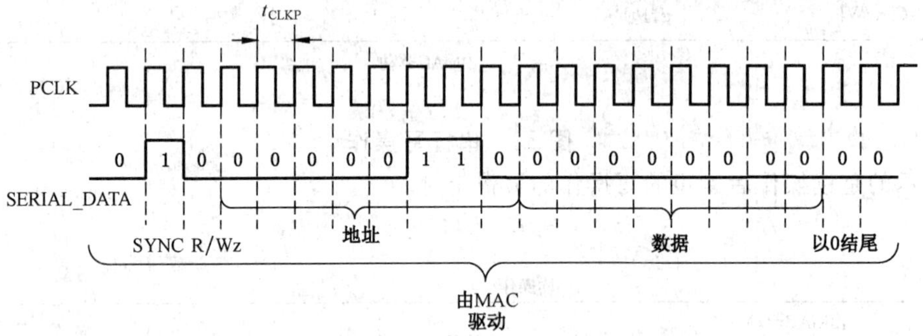

图 36　串行写例子，地址 06hex

附 录 A
（资料性附录）
电 气 规 范

A.1 I/O DC 要求

为了改善来自于不同厂商的 MAC 和 PHY 之间的互操作性，建议使用下面电压参数：

A.1.1 3.3 V DC 规范

表 A.1 给出了常规参数值的操作范围：

——V_{CC}：3.0 V～3.6 V；

——环境温度：0 ℃～70 ℃。

表 A.1 3.3 V 功能操作范围

	参数	描 述	条件	最小	最大	单位	注释
	V_{CC}	电源电压		3.0	3.6	V	
输入	V_{IH}	输入高电压		2	V_{CC}+0.5	V	1
	V_{IL}	输入低电压		−0.3	0.8	V	1
	I_{IL}	输入漏电流	$0<V_{in}<V_{CC}$	−10	+10	μA	2.3
	C_{IN}	输入引脚电容值			10	pF	
输出	V_{OH}	输出高电压	$I_{out}=-4$ mA	2.4		V	2
	V_{OL}	输出低电压	$I_{out}=4$ mA		0.4	V	2

A.1.2 1.8 V DC 规范

表 A.2 给出了常规参数值的操作范围：

——V_{CC}：1.65 V～1.95 V；

——环境温度：0 ℃～70 ℃。

表 A.2 1.8 V 功能操作范围

	参数	描 述	条件	最小	最大	单位	注释
	V_{CC}	电源电压		1.65	1.95	V	
输入	V_{IH}	输入高电压		1.2	V_{CC}+0.2	V	1
	V_{IL}	输入低电压		−0.2	0.7	V	1
	I_{IL}	输入漏电流	$0<V_{in}<V_{CC}$	−600	+600	μA	2.3
	C_{IN}	输入引脚容量			2	pF	
输出	V_{OH}	输出高电压	$I_{out}=-8$ mA	0.8 * V_{CC}	V_{CC}	V	2
	V_{OL}	输出低电压	$I_{out}=8$ mA	0	0.2 * V_{CC}	V	2

A.1.3 1.2 V DC 规范

表 A.3 给出了常规参数值的操作范围：

——V_{CC}：1.1 V～1.3 V；

——环境温度：0 ℃～70 ℃。

表 A.3　1.2 V 功能操作范围

	参数	描　述	条件	最小	最大	单位	注释
	V_{CC}	电源电压		1.1	1.3	V	
输入	V_{IH}	输入高电压		0.8	$V_{CC}+0.2$	V	1
	V_{IL}	输入低电压		−0.2	0.4	V	1
	I_{IL}	输入漏电流	$0<V_{in}<V_{CC}$	−120	+120	μA	2.3
	C_{IN}	输入引脚容量			2	pF	
输出	V_{OH}	输出高电压	$I_{out}=-4$ mA	$0.7*V_{CC}$	V_{CC}	V	2
	V_{OL}	输出低电压	$I_{out}=4$ mA	0	$0.3*V_{CC}$	V	2

注 1：以上是 DC 规范。在转换过程中输入可能超过 V_{IH}(max)和低于 V_{IL}(min)。

注 2：正电流定义为流入引脚的电流。

注 3：输入漏电流包括三态输出的双向缓冲 Hi-Z 输出漏电流。

A.2　MAC 和 PHY 定时规范

A.2.1　PHY 信号定时

建议使用 PHY 同步信号的下列定时：

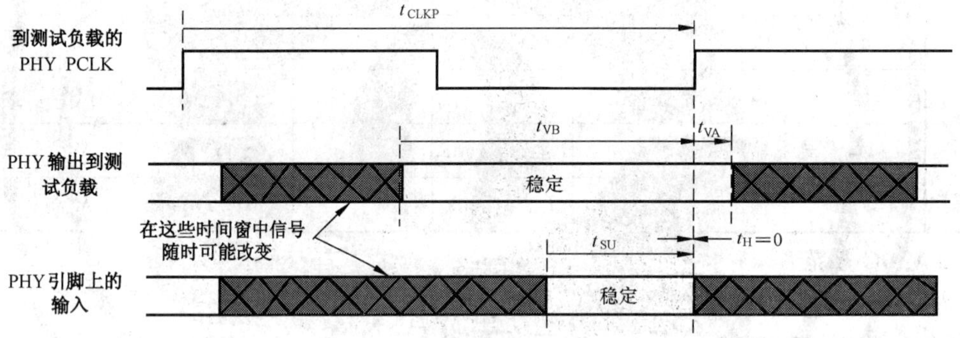

图 A.1　PHY 信号定时图

图 A.1 所示的是 PHY 信号的定时。输入和输出的定时规范考虑 PCLK 的上升沿，PCLK 驱动 10 pF的测试负载，上升沿在 $V_{meas}=1.4$ V 时测得。

输出定时由 PHY 引脚规定，10 pF 的负载，在 $V_{meas}=1.4$ V 时测量。

输入定时由 PHY 引脚规定，V_{IL}(最大)作为逻辑 0，V_{IH}(最小)作为逻辑 1。

除了在!PHY_RESET 和 STOPC 上的转变，所有转变都与 PCLK 的上升沿同步。

表 A.4 为 PHY 信号定时要求规定了值。

表 A.4　PHY 信号定时值

值	描　述	最　大	最　小
t_{CLKP}	PHY 时钟周期	—	15 ns
t_{VB}	在 PCLK 上升沿之前时间 PHY 输出数据有效	—	9 ns
t_{VA}	在 PCLK 上升沿之后时间 PHY 输出数据有效	—	1 ns
t_{SU}	建立时间，到 PCLK 上升沿	—	5 ns
t_H	保持时间，从 PCLK 上升沿	—	0 ns

A.2.2 MAC 信号定时

建议使用 MAC 同步信号的下列定时：

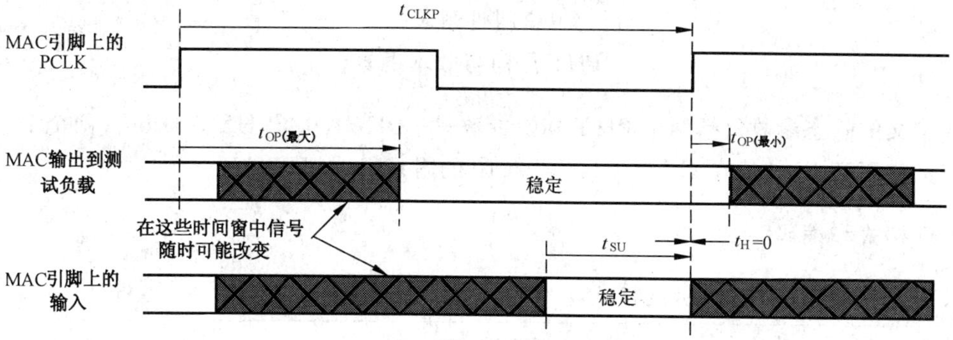

图 A.2 MAC 信号定时图

图 A.2 所示的是 MAC 的信号定时。输入和输出定时规的规定考虑 PCLK 的上升沿在 MAC 的引脚，V_{meas}=1.4 V。

输出定时由 MAC 引脚规定，10 pF 的负载，在 V_{meas}=1.4 V 时测量。

输入定时在 MAC 引脚规定，V_{IL}(最大)作为逻辑 0，V_{IH}(最小)作为逻辑 1。

除了在!PHY_RESET 和 STOPC 上的转变，所有转变都与 PCLK 的上升沿同步。

表 A.5 定义了 MAC 信号定时要求值。

表 A.5 MAC 信号定时值

值	描　述	最　大	最　小
t_{CLKP}	PHY 时钟周期	—	15 ns
t_{OP}	来自 PCLK 上升沿的 MAC 输出有效时间	6 ns	1 ns
t_{SU}	PCLK 上升沿的建立时间	—	5 ns
t_H	从 PCLK 上升沿开始的保持时间	—	0 ns

附 录 B
(资料性附录)
PHY 厂商与版本编号

在 9.3 定义的静态参数包括两个 PHY 标识参数——PHYID 和 PHYVersion。两个变量的格式和编码如下定义。厂商 ID 的值在 GB/T 26229—2010 的附录 C 中可以找到。

B.1 PHYID 格式和编码

图 B.1 所示的是 PHYID 参数的格式。

PHYID[15:8]	
产品制造码(位[15:11])	产品制造版本号(位[10:8])
PHYID[7:0]	
厂商 ID(位[7:0])	

图 B.1 PHYID 格式

PHYID 的第一个八位位组包含厂商 ID。PHYID 的第二个八位位组包含一个 5 位的产品制造码，后面是 3 位的产品制造版本号。产品制造码和版本号的编码是由厂商规定的。

B.2 PHYVersion 格式和编码

图 B.2 所示的是 PHYVersion 参数的格式。

PHY 版本[7:0]	
主版本号(位[7:4])	子版本号(位[3:0])

图 B.2 PHYVersion 格式

PHYVersion 参数包含一个 4 位的主版本号和一个 4 位的子版本号并声明 PHY 实现所符合的 GB/T 26229—2010 版本。

ICS 35.100.01
L 79

中华人民共和国国家标准

GB/T 26231—2010

信息技术 开放系统互连 OID 的国家编号体系和注册规程

Information technology—Open systems interconnection—National numbering system and registration procedures for object identifier (OID)

2011-01-14 发布　　　　2011-05-01 实施

中华人民共和国国家质量监督检验检疫总局
中国国家标准化管理委员会　发布

前　言

本标准的附录 A、附录 B 和附录 C 均为资料性附录。

本标准由全国信息技术标准化技术委员会提出并归口。

本标准起草单位:中国电子技术标准化研究所。

本标准主要起草人:徐冬梅、张晖、王聪。

引　言

本标准依据GB/T 17969.1《信息技术　开放系统互连　OSI登记机构的操作规程　第1部分：一般规程》制定。GB/T 17969.1规定了适用于开放系统互连环境(OSIE)范围内的客体(对象)注册规程、注册命名域的分层(级)结构等。

信息技术领域的标准化要求应在全球基础上定义无歧义、可标识的标准化信息客体(对象)。这些信息客体(对象)可由不同的组织进行定义，如：政府、ISO/IEC、ITU-T和商务机构等。信息客体(对象)表示各种各样的实际客体(对象)，如：人、信息处理系统、应用以及文档类型等。

为满足这种需求，国际标准化组织ISO建立了一种信息客体(对象)注册的分层结构(树)，这种结构在GB 17969.1中按此进行了规定。在这种结构中，"joint-iso-itu-t(2)"和"iso(1)"是分层结构的第一层节点，"国家成员体(参见ISO 3166)"节点位于第二层"iso(1)member-body(2)" 节点下；"国家"节点位于"joint-iso-itu-t(2)country(16)"节点下。我国的"国家成员体"节点和"国家"节点及其分支由国家OID注册机构进行管理。

在该分层结构下，信息客体(对象)由客体(对象)标识符(OID)唯一地进行标识，该OID由从分层结构(树)的根到叶子节点的部件组成。由于从根节点到每个节点在注册机构分配的值中是唯一的，故OID唯一。

国家OID注册中心负责对{iso(1) member-body(2) cn(156)}和{joint-iso-itu-t(2) country(16) cn(156) | chn(156)}节点及其分支节点进行注册、管理和维护。

信息技术 开放系统互连 OID的国家编号体系和注册规程

1 范围

本标准规定了OID的国家编号体系和注册规程，具体规定了：

a) OID编号体系；

b) OID命名语法；

c) OID注册机构的职责；

d) OID的注册规程。

本标准适用于OID的注册、管理和维护。

2 规范性引用文件

下列文件中的条款通过本标准的引用而成为本标准的条款。凡是注日期的引用文件，其随后所有的修改单(不包括勘误的内容)或修订版均不适用于本标准，然而，鼓励根据本标准达成协议的各方研究是否可使用这些文件的最新版本。凡是不注日期的引用文件，其最新版本适用于本标准。

GB/T 1988—1998 信息技术 信息交换用七位编码字符集(eqv ISO/IEC 646:1991)

GB/T 2659—2000 世界各国和地区名称代码(eqv ISO 3166-1:1997)

GB/T 4657 中央党政机关、人民团体及其他机构代码

GB/T 16262.1—2006 信息技术 抽象语法记法一(ASN.1) 第1部分：基本记法规范(ISO/IEC 8824-1:2002,IDT)

GB/T 16263.1—2006 信息技术 ASN.1编码规则 第1部分：基本编码规则(BER)、正则编码规则(CER)和非典型编码规则(DER)的规范(ISO/IEC 8825-1:2002,IDT)

GB/T 17969.1 信息技术 开放系统互连 OSI登记机构的操作规程 第1部分：一般规程(GB/T 17969.1—2000,eqv ISO/IEC 9834-1:1993)

GB/T 17969.3 信息技术 开放系统互连 OSI登记机构的操作规程 第3部分：ISO和ITU-T联合管理的顶级弧下的客体标识符弧的登记(GB/T 17969.3—2008,GB/T ISO/IEC 9834-3:2005,MOD)

3 术语和定义

下列术语和定义适用于本标准。

3.1 GB/T 16262.1—2006 的下列术语

客体(对象)标识符 object identifier (OID)

3.2 GB/T 17969.1 的下列术语

a) 辅(助)值 secondary value

b) 主值 primary value

3.3 GB/T 17969.3 的下列术语

RH名称树节点名称 RH-name-tree node name

3.4 附加术语和定义

3.4.1

字母数字值 alphanumeric value

由申请方提供的标识其组织的辅(助)值。

3.4.2

数字值 integer value

由注册机构分配的标识申请方的主值。

4 缩略语

ASN.1	抽象语法记法一	(Abstract Syntax Notation One)
RH 名称树	注册分层名称树	(Registration-Hierarchical-name-tree)
OID	对象(客体)标识符	(Object Identifier)
WAPI	无线局域网鉴别保密基础结构	(WLAN Authentication Privacy Infrastructure)
EDI	电子数据交换	(Electronic Date Interchange)

5 用于客体(对象)标识的数据元素

本标准定义了下列数据元素:

——客体(对象)标识符(OID)。

OID 有两种形式:数字值和字母数字值,由 RH 名称树上从树根到叶子结点全部路径值顺序组成,如:1.2.156 和 iso(1) member-body(2)cn(156)。数字值是一个非负整数;字母数字值是一个不少于 1 个字符并且不大于 100 个字符、首字符小写的可变长度字符串,同时该值在注册机构范围内是唯一的,字符串中的字母数字是 GB/T 1988—1998 范围中的字符。

注册机构提供以上两种方式的 OID:数字的和字母数字的。数字 OID 由注册机构分配,字母数字 OID 由申请者提供。这两种值是紧密联系的,它们均被捆绑到申请者申请的客体(对象)上。

申请者可单独申请数字 OID 的注册,或者同时申请数字和字母数字名称的注册。

如果初始申请者只申请数字 OID,将来可以再申请字母数字 OID,这个值将与前面注册的数字 OID 关联起来。一个字母数字 OID 仅与一个给定的数字 OID 关联。

OID 的应用实例见附录 A。

6 OID 编号体系

6.1 RH 名称树顶级 OID 分配

6.1.1 OID 顶级弧的主值、辅(助)值和管理机构见表 1。

表 1 OID 顶级弧

主值	辅(助)值	管理机构
0	itu-t	由 ITU-T 管理
1	Iso	由 ISO 管理
2	joint-iso-itu-t	由 ITU-T 和 ISO 联合管理

GB/T 16263.1—2006 要求根结点下仅有 3 个弧,其主值分别为 0、1 和 2。并规定值 0 和 1 的弧下最多可有 40 个子弧,其数字值从 0～39。

6.1.2 字母数字值 itu-t、iso 和 joint-iso-itu-t 可用作"NameForm"(见 GB/T 16262.1—2006,31.3)并标识相应的数字值。

6.1.3 字母数字值 ccitt 和 joint-iso-ccitt 分别是 itu-t 和 joint-iso-itu-t 的同义词。

6.2 ISO 管理的 OID 的分配

6.2.1 在 iso(1)下,规定了 4 个弧,它们的主值和辅(助)值分别见表 2。

表 2 iso (1)下的 OID 分配

主值	辅助(值)
0	standard
1	registration-authority
2	member-body
3	identified-organization

6.2.2 member-body(国家成员体)下的弧具有 GB/T 2659—2000 中规定的国家代码的整数值,“国家成员体”下的弧由相应的国家成员体管理。根据 GB/T 2659—2000,我国的国家代码为“156”,因此“1.2.156”下的弧由中国国家成员体管理,具体由国家 OID 注册中心负责。

6.3 ISO 和 ITU-T 联合管理的 OID 的分配

GB/T 17969.3—2008 规定了 ISO 和 ITU-T 联合管理的 OID 的注册规程,根据 GB/T 17969.3—2008 中的第 8 章,弧“2.16.156”由国家 OID 注册中心负责。

6.4 OID 国家编号体系

“1.2.156”及“2.16.156”下 OID 的分配方案如图 1 所示。

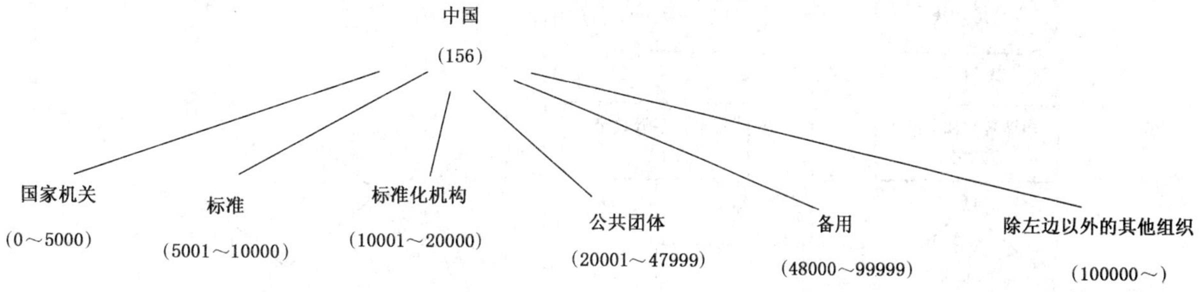

图 1 中国 OID 编号体系

图 1 中:

a) 国家机关:包括中央党政机关、人民团体及其他机构(参见 GB/T 4657 分配 OID 值)以及各省、自治区、直辖市人民政府。

b) 标准:包括国家标准、行业标准、地方标准三部分。OID 分配方案如下:
——国家标准:OID 为 5001(即 1.2.156.5001),其下分支按照国标号分配,如国标 GB/T 16262.1,其 OID 值为:1.2.156.5001.16262.1;
——行业标准:国务院有关行政主管部门发布的标准,具体分配见附录 A;
——地方标准:各省、自治区、直辖市发布的地方标准。OID 从 8000 开始分配。

c) 标准化机构:按照一定程序组织制定国家标准、行业标准、地方标准的合法的组织,如:标准化技术委员会、标准化协会、标准工作组。

d) 公共团体:国家机关下属的事业单位、科研院校以及社会团体等。

e) 除左边以外的其他组织:包括公司等组织。

7 规程

7.1 申请和注册规程

7.1.1 OID 的申请

7.1.1.1 一般信息

申请者可以申请下列形式的 OID:

a) 数字值和字母数字值——执行 7.1.2.2 和 7.1.2.3 中规定的规程;

b) 仅有数字值——执行 7.1.2.2 中规定的规程;或者

c) 仅有字母数字值(与以前注册的数字值关联)——执行 7.1.2.3 中规定的规程。

7.1.1.2 申请规程

a) 申请 OID 注册,申请者通过注册机构的网站(www.china-oid.org.cn)进行网上注册,同时将相关书面材料(书面材料清单参见附录 B)提交到注册机构;

b) 所注册的 OID 为两种形式的值:数字值和字母数字值。数字值由注册机构分配;字母数字值的申请是可选的,若需要,则由申请者提供字母数字值的建议;

c) 申请者可以同时申请上述两种方式 OID;

d) 申请者可以只申请数字形式 OID;

e) 已分配了数字值的组织可在以后申请关联的字母数字值。申请者应提交已申请的数字值信息和要注册的字母数字值的注册请求;

f) 如果一个组织要注册多个 OID,应提交多个申请。

7.1.2 OID 的注册

7.1.2.1 注册流程

注册流程如图 2 所示。

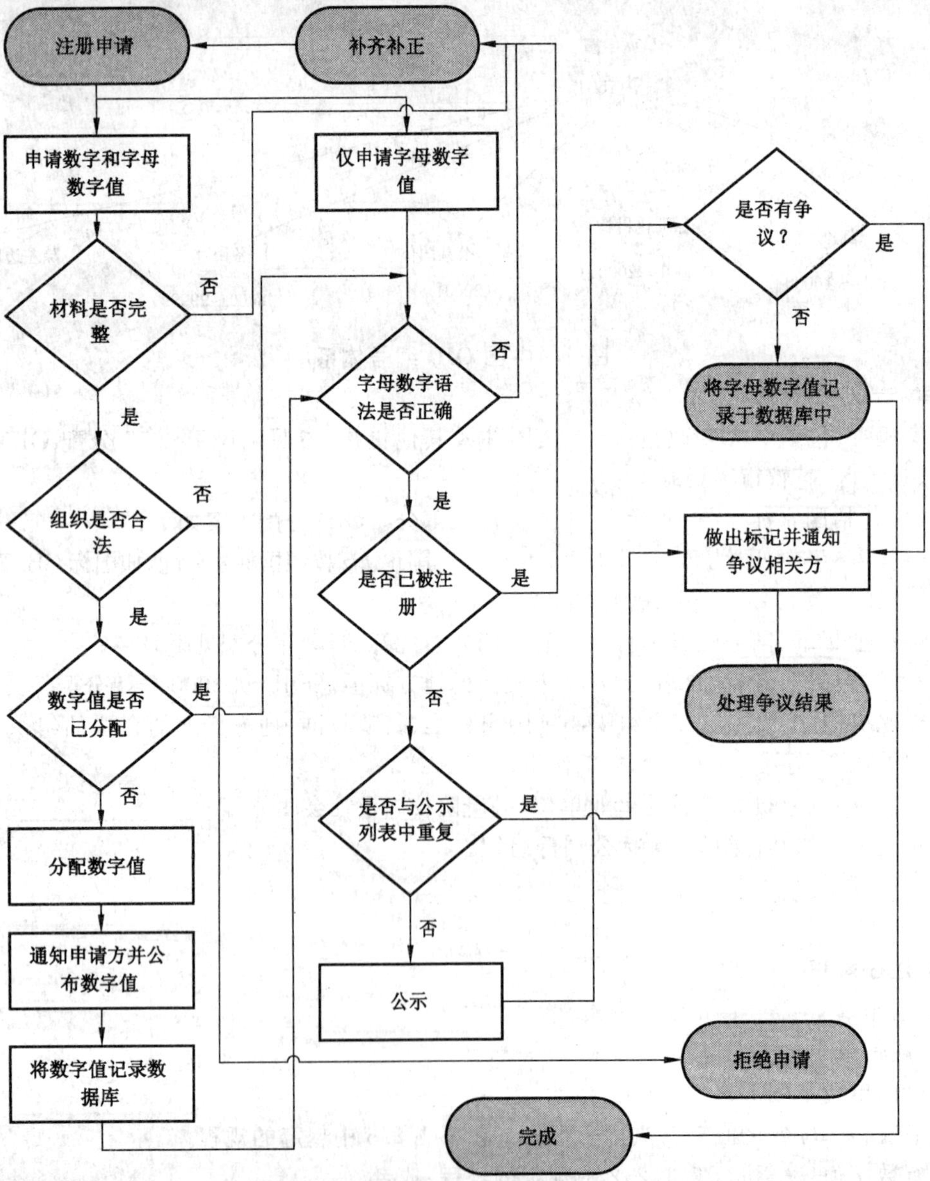

图 2 注册流程

7.1.2.2 **数字 OID 注册**

a) 申请者无须提供 OID，而是由注册机构按照第 5 章中的语法指定。该号码是唯一的，不能分配给其他申请者；

b) 申请者的注册信息以及分配的数字值将记录在注册数据库中；

c) 注册信息将在审查完毕后 10 个工作日内向申请者发出。

7.1.2.3 **字母数字 OID 注册**

a) 申请者提供想要的字母数字名称，如果这是后续申请(即先前已申请注册了数字值)，申请人应同时提供已注册的数字名称值；

b) 如果字母数字组织名称值不符合第 5 章中规定的要求，申请将被退回修改；

c) 提供的值将与数据库中记录的其他字母数字值对比，如果重复，申请将被拒绝；

d) 如果申请由于上述 b)、c)两条被拒绝，应及时通知申请人；

e) 申请者的注册信息以及分配的字母数字值将记录在注册数据库中；

f) 对所提供的字母数字组织名称值的发布通知将在 20 个工作日内发送给申请者。

7.1.2.4 **批准申请的准则**

a) 申请者应为根据特定立法规章运行的某个公司实体或其附属机构；

b) 申请的 OID 只可用于标识申请组织，不可用于为其他组织或机构分配子号码或者其他商业目的。

7.1.2.5 **拒绝申请国家 OID 的准则**

如果存在下列情况中的任何一种，申请国家 OID 应被拒绝：

a) 申请者不符合 7.1.2.4 中定义的准则。

b) 申请者属于 7.1.2.3 b)。

7.2 **争议规程**

7.2.1 **对争议的启动**

争议规程将在以下情况发生时由注册机构启动：

a) 信件。公示期期间，注册机构接到信件，公示中的字母数字组织名称受到质疑，争议以信件的形式来自利益相关的实体。信件中将指明公示中的字母数字组织名称有何争议，并指明该争议的正当理由；

b) 申请。如果注册机构收到了与正在公示中相同名称字母数字 OID 的注册申请，那么：

   1) 注册机构将通知该申请方此名称当前正在公示中，询问是否要启动争议规程。提交方有 10 d 的答复时间；

   2) 如果提交方愿意启动争议规程，按照 7.2 进行处理；

   3) 如果提交方不想启动争议程序，或者注册机构 10 个工作日内没有收到答复，注册申请将被退回。

7.2.2 **对争议的响应**

在收到 7.2.1 中定义的争议后，注册机构将：

a) 对公示中有争议的字母数字 OID 作出标记，注明争议启动的日期；同时

b) 通知争议相关各方，争议规程已经启动。

7.2.3 **未决的争议**

注册机构不参与争议的解决方案，直到争议在争议各方解决，再对争议字母数字 OID 采取进一步处理。

7.2.4 **争议解决**

当以书面的形式得到通知，解决方案已经被争议有关的各方接受，注册机构将考虑争议得到解决。

a) 如果被争议的初始申请方获胜，争议标记将从公示组织名称中删除，公示将按照图 1 注册流程

继续进行,公示期的结束日期不受影响;

b) 如果争议方获胜,注册机构将按照这个理由拒绝初始申请方,并将争议的字母数字 OID 从公示中删除;

c) 如果初始申请方和其他相关方收回争议的字母数字 OID,注册机构将从公示中删除争议的字母数字 OID;

d) 如果6个月内争议相关方没有达成一致解决方案,注册机构将从公示中删除争议的字母数字 OID,并将结果返回争议方,并拒绝初始申请方对争议的字母数字 OID 的申请。

7.3 OID 维护

7.3.1 记录

7.3.1.1 注册机构应维护一个包含了所有注册组织的数据库,包括数字形式和字母数字形式,以及相关注册信息。

7.3.1.2 注册机构按照6.4规定的编码体系向申请组织分配合适的数字 OID。

7.3.2 更改注册信息

7.3.2.1 在与一个注册的组织相联系的所有信息中,只有数字 OID、初始申请组织名称和地址以及注册的初始日期不应该进行更新。初始申请组织可提交字母数字 OID 值的更改请求。

7.3.2.2 初始申请组织如对注册的其他信息如联系人等相关信息进行更改,应及时通知注册机构。

7.3.3 注销注册信息

7.3.3.1 注册信息状态应在条目有效或删除时进行更新。

7.3.3.2 注册机构将对注册信息进行定期核实,当在某一注册弧下不期望进一步分配 OID 时,该 OID 将标记为删除(但仍保留)。标记为删除的弧的 OID 应不再用于新弧。

7.3.4 OID 备案

7.3.4.1 已申请 OID 的组织可在其业务范围内分配子号码,所分配的子号码应向国家 OID 注册中心备案。

7.3.4.2 OID 备案信息可通过 OID 注册网站查询。

8 注册机构的职责

注册机构的职责为:

a) 完全遵守本标准中规定的申请国家 OID 的编号体系和规程;

b) 定义处理注册事宜的内部流程,包括:

  1) 维持注册数据库的完整性和机密性的机制,包括合适的备份;

  2) 定义注册申请表,见附录A。

9 注册机构的信息

注册机构的信息见附录C。

附 录 A
（资料性附录）
OID 应用实例

基于 OID 是网络通信环境中标识客体（对象）唯一身份的标识符，因此 OID 具有“唯一标识”和“注册”两个特性。某个客体（对象）的 OID 一旦注册，它在世界范围内永久有效。OID 可广泛地标识某个组织、通信协议、标准中的某个模块、密码算法、数字证书以及文档格式等。随着信息技术在其他领域的广泛应用，OID 已广泛应用于 RFID、生物识别、网络管理、手机通信等技术中，OID 也应用于医学影像等其他领域。

A.1 OID 在 EDI 电子邮件系统中的应用

在 ISO/IEC 10021-9《EDI 电子邮件系统》中，将“EDIBodyPartType”定义为 OID 类型，用来标识“电子邮件报文的编码信息类型（即：客体（对象））”，有下列几种报文体格式：

- EDIFACT：ISO 646|Recommendation T.61|UNDEFINED OCTETS
- ANSIX12：ISO 646|Recommendation T.61|EBCDIC|UNDEFINED OCTETS
- UNTDI：ISO 646|Recommendation T.61|UNDEFINED OCTETS
- PRIVATE：UNDEFINED OCTETS
- UNDEFINED：UNDEFINED OCTETS

A.2 OID 在 WAPI 中的应用

A.2.1 利用 OID 标识算法，实现 WAPI 协议

WAPI 协议采用的公钥密码算法是椭圆曲线密码算法 ECC，其中签名算法的长度、配套使用的杂凑算法以及椭圆曲线参数均有多种选项，为了在运行环境、未来扩展以及算法选择上保持最大限度的灵活性，使用 OID 方式标识定义通信双方所使用的算法及其算法参数。同时，WAPI 协议采用的签名算法是国家密码管理局批准的基于 SHA-256 杂凑算法的 ECDSA-192 椭圆曲线数字签名算法，用 1(ISO).2(member-body).156(cn).11235(bwips).1(crypto).1(ECC).1(ECDSA192-with-SHA256) 来标识；用 1(ISO).2(member-body).156(cn).11235(bwips).1(crypto).1(ECC).2(curve).1(curve 1)来标识另一子项。

A.2.2 利用 OID 标识 WAPI 管理信息库（MIB），为网络管理系统提供可被管理的标准信息

MIB 是一个树状结构的数据库，管理客体（对象）是树中的叶子节点，它按照模块的形式组织，每个客体（对象）的父节点表示该客体（对象）属于上层的哪一个模块。而且 OSI 为树中的每个节点定义唯一的一个标识符，这样树中的每个节点都可以用从树根开始到目的节点的一串数字来表示，如 1.3.6.1.2.1.1 表示了 MIB II 中系统组子树，而 1.3.6.1.2.1.1.1.0 表示系统组中的系统描述客体（对象）。每个客体（对象）的一连串数字称为客体（对象）标识符 OID，相关的一组客体（对象）集合称为一个 MIB 模块。

在 GB 15629.11 标准中，定义了一个与 WAPI 协议相关的管理信息库，用 1.2.156.11235 的子项值 1(ISO).2(member-body).156(cn).11235(bwips).15629(GB 15629).11(GB 15629.11).1(GB 15629.11-mibs).1(GB 15629.11-wapi-mib)来标识，以方便网络管理系统对无线局域网设备进行管理，譬如设置 WAPI 是否启用、WAPI 启用时的鉴别方式、密码套件、超时时间、重传次数等参数，以及监视 WAPI 协议的运行状态，如重传计数、各种错误计数、端口状态、鉴别方式、密码套件等，为网络管理提供服务。

附　录　B
（资料性附录）
注册申请信息

本附录定义了注册机构所使用相关表格的信息内容。

B.1　注册申请

本表格应该包含或指出一些信息，该信息能够指导组织确定其注册要求和注册的适当性，并指导其提供所要求的信息。

申请者应该提供如下信息：

a)　申请组织的中英文名称；

b)　申请组织的中英文地址；

c)　申请组织联络人的名称、职务、邮政地址/电子信箱地址和电话/传真号码；

d)　若同时申请数字和字母数字 OID，则要求提供字母数字 OID 的申请建议；

e)　申请用途；

f)　对于字母数字 OID 权利声明；

g)　申请组织对其合格的声明；

h)　若这是一次对一个与之相关的字母数字 OID 的随后请求，则应该指出先前所指定的数字 OID。

B.2　拒绝

B.2.1　申请拒绝——不适合进行注册

本表格将包含如下信息：

a)　申请组织的名称；

b)　申请组织的地址；

c)　申请组织内的联络人的名称、邮政地址/电子信箱地址和电话/传真号码；

d)　所申请的字母数字 OID；

e)　拒绝原因。

B.2.2　申请拒绝 ——字母数字 OID 错误

本表格将包含以下信息：

a)　申请组织的名称；

b)　申请组织的地址；

c)　申请组织内的联络点的名称、邮政地址/电子信箱地址和电话/传真号码；

d)　所申请的字母数字组织名称值(若提供)；

e)　拒绝原因；

f)　分配的数字 OID。

B.3　公示信息

公示信息包括：

a)　申请组织的名称；

b)　申请组织的地址；

c)　申请组织内的联络人的名称、邮政地址/电子信箱地址和电话/传真号码；

d) 公示开始日期；

e) 公示结束日期；

f) 申请的字母数字 OID。

B.5 注册通告

B.5.1 数字 OID

本注册通告用来向申请者通知已被指定和注册的数字 OID,须由注册机构加盖公章。它应该包含下列信息：

a) 申请组织的名称；

b) 申请组织的地址；

c) 分配的数字 OID；

d) 注册员及注册日期；

e) 其他相关注意事项。

B.5.2 字母数字 OID

本注册通告用来向申请者通知已被注册的字母数字 OID,须由注册机构加盖公章。它应该包含下列信息：

a) 申请组织的名称；

b) 申请组织的地址；

c) 分配的字母数字 OID；

d) 注册员及注册日期；

e) 其他相关注意事项。

B.6 争议注意事项

提交争议包含如下信息：

a) 争议方和被争议方的名称；

b) 争议方和被争议方的地址；

c) 争议方和被争议方联络人的名称、邮政地址/电子信箱地址和电话/传真号码；

d) 争议的字母数字 OID。

B.7 申请更新注册信息

本申请用于更新注册条目。申请者必须提供如下信息：

a) 申请组织的名称；

b) 申请组织的地址；

c) 申请组织的联络人的名称、邮政地址/电子信箱地址和电话/传真号码；

d) 已注册的数字 OID；

e) 申请更新的信息项：

  1) 信息项的旧值；

  2) 信息项的新值。

附 录 C
（资料性附录）
注册机构信息

注册机构的信息如下：

机构名称：国家 OID 注册中心

地址：北京市 1101 信箱

（100007）

电话：010-84029193

传真：010-64007681

邮箱：oid@cesi.ac.cn

网址：www.china-oid.org.cn

参 考 文 献

［1］ GB 15629.11 信息技术 系统间远程通信和信息交换 局域网和城域网 特定要求 第11部分:无线局域网媒体访问控制和物理层规范.

［2］ ISO 3166 世界各国和地区名称代码.

［3］ ISO/IEC 10021-9 EDI电子邮件系统.

ICS 35.060
L 74

中华人民共和国国家标准

GB/T 26232—2010

基于J2EE的应用服务器技术规范

Technical specification of application server based on J2EE

2011-01-14 发布 2011-05-01 实施

中华人民共和国国家质量监督检验检疫总局
中国国家标准化管理委员会 发布

前　言

本标准的附录 A、附录 B、附录 C 和附录 D 为规范性附录，附录 E 为资料性附录。

本标准由全国信息技术标准化技术委员会提出并归口。

本标准起草单位：中国电子技术标准化研究所、北京东方通科技有限公司、山东中创软件商用中间件有限公司。

本标准主要起草人：李海波、邓万谦、冯惠、刘宗福、廖春香、陈志峰、孙静、李国伟。

引　言

为了方便地开发、部署、运行和管理 Intranet/Internet 上基于三层/多层结构应用，需要以基于组件的底层技术为基础，为企业级 Internet 应用组件的运行提供一个基础的支撑平台，即应用服务器。在本标准中，应用服务器系指基于 J2EE 规范开发的应用服务器。

应用服务器为业务系统提供构件化开发运行环境，屏蔽底层硬件、操作系统、数据库的差异，提供事务、安全、高性能、可扩展性、可管理性和可靠性保障，提高开发效率，从整体上降低开发、部署、运行和维护应用系统的成本。

J2EE 应用服务器基于现有的工业规范及各种安全方面的协议和标准，实现 J2EE 规范所规定的标准容器和服务，为构建多层、分布的企业级应用提供一个可靠、高效的开发、运行、部署和管理的平台。

与传统中间件相比，J2EE 应用服务器具有如下突出特点：

a) 涵盖了中间件的多个领域，包括事务中间件、消息中间件、数据处理中间件(对象关系映射)、安全中间件等。

b) 更多地以声明的方式获取中间件服务，如通过部署描述符控制事务边界、控制实体对象的持久化、改变安全属性等。声明型的中间件使得应用系统代码更易于编写和维护。

本标准参照 J2EE 1.3 规范和 J2EE 1.4 规范，并结合当前国内产品研发和实际应用需求而制定的。

基于J2EE的应用服务器技术规范

1 范围

本标准规定了基于J2EE的应用服务器的组成、功能要求、易用性要求、可靠性要求、可移植性要求及环境要求等。

本标准适用于基于J2EE的应用服务器的开发和使用。

2 规范性引用文件

下列文件中的条款通过本标准的引用而成为本标准的条款。凡是注日期的引用文件，其随后所有的修改单(不包括勘误的内容)或修订版均不适用于本标准，然而，鼓励根据本标准达成协议的各方研究是否可使用这些文件的最新版本。凡是不注日期的引用文件，其最新版本适用于本标准。

GB/T 11457—2006 信息技术 软件工程术语

Java 2 Platform Enterprise Edition Specification, 1.3-2001

Enterprise JavaBeans Specification, v2.0-2001

Java Servlet Specification, v2.3-2000

Java Server Pages Specification, v1.2-2000

Java Message Service Specification, v1.0.2b-1998

JavaMail API Design Specification, v1.2-2001

Java Transation API Specification, v1.0.1-1999

Java Transaction Service Specification, v1.0-1998

Java JDBC Data Access API Specification, v2.0-1998

Java Naming and Directory Interface Specification, v1.2-1999

Java API for XML Processing(JAXP) Specification, v1.0-2000

Java Authentication and Authorization Service Specification, v1.0-2000

Java API for XML Messaging, 1.1-2001

The SOAP with Attachments API for Java, 1.2-2004

Java APIs for XML-Based Remote Procedure Call, 1.0-2001

Web Services Description Language, 1.1-2001

Simple Object Access Protocol, 1.1-2000

Java Remote Method Invocation over Internet Inter-ORB Protocol, 2.3.1-2000

3 术语和定义、缩略语

3.1 术语和定义

GB/T 11457—2006中界定的以及下列术语和定义适用于本标准。

3.1.1

客户端小程序 applet

一种不能单独运行但可嵌入在其他应用程序中的小程序。

注：applet类应是任何嵌入在Web页中或用Java Applet Viewer查看的Applet的超类。Applet类提供了applet及其运行环境之间的标准接口。

3.1.2

CORBA 公用对象请求代理体系结构 Common Object Request Broker Architecture

由 OMG 制定的，用来定义分布式对象系统的标准。

3.1.3

事件监听器 event listener

Servlet 规范中规定的，用户可以编写的对会话状态变更等事件进行处理的软件。

3.1.4

EJB 企业级 JavaBeans Enterprise JavaBeans

一个用于开发和使用面向对象的、分布式的、企业级应用程序的组件体系结构，也是 J2EE 规范簇的重要组成部分。使用 EJB 体系结构编写的软件是可扩展的，面向事务的，多用户的和安全的。

3.1.5

过滤器 filter

用户可以编写的对 Web 请求进行过滤处理的软件。

注：本术语源自规范 Java Servlet Specification，v2.3-2000。

3.1.6

接口 interface

Java 语言中规定的一种特殊类，其中所有的方法只有声明，由具体的实现类提供实现。一个类可以实现多个接口。

3.1.7

IIOP 互联网对象请求代理间协议 Internet Inter-ORB Protocol

使 Java 程序可以和其他语言的 CORBA 实现互操作的协议。

3.1.8

JSP Java 服务器端页面 Java Server Pages

基于 Servlet 技术，用于创建动态页面内容的技术标准。

3.1.9

JTS Java 事务服务 Java Transaction Service

基于 CORBA 对象事务服务的，Java 中进行分布式事务管理的技术标准。

3.1.10

JTA Java 事务 API Java Transaction API

基于 JTS 的提供给应用程序、应用服务器、资源管理器调用的事务 API。

3.1.11

JMS Java 消息服务 Java Message Service

使用基于点到点(p2p)或者发布订阅(pub/sub)的交互方式来支持 J2EE 应用程序之间的异步通讯的消息服务。

3.1.12

JNDI Java 名字和目录服务接口 Java Naming and Directory Interface

Java 中使用目录和命名服务的规范，由 API 和 SPI 构成，使应用程序可以使用统一的 API 绑定和查找对象。

3.1.13

JAXP 处理 XML 的 Java API Java API for XML Processing

一种支持 XML 文档处理的 Java API，它使应用程序能够独立于特定的 XML 处理实现方式，对 XML 文档进行解析和转换。

3.1.14

RMI　远程方法调用　Remote Method Invocation

Java 中进行分布式编程的基础技术，可以让用户像调用本机上的对象那样访问远程对象。

3.1.15

系统　system

由一个或多个过程、硬件、软件、设施和人员组成的集合体，提供满足明确要求或目标的能力。

3.1.16

服务端小程序　servlet

用于响应和处理 Web 访问请求的软件。

3.2　缩略语

API　应用编程接口(Application Programming Interface)

BMP　Bean 管理的持久性(Bean-Managed Persistence)

CMP　容器管理的持久性(Container-Managed Persistence)

CMR　容器管理的关联(Container-Managed Relationships)

DTD　文档类型定义(Document Type Definition)

HTTP　超文本传输通信协议(Hypertext Transfer Protocol)

HTTPS　基于 SSL 的超文本传输通信协议(Hypertext Transfer Protocol over SSL)

JAAS　Java 认证和授权服务(Java Authentication and Authorization Service)

J2SE　Java 2 标准版(Java 2 Standard Edition)

J2EE　Java 2 企业版(Java 2 Enterprise Edition)

JDK　Java 开发工具包(Java Development Kit)

JDBC　Java 数据库连接(Java DataBase Connectivity)

JVM　Java 虚拟机(Java Virtual Machine)

OMG　对象管理组织(Object Management Group)

OTS　对象事务服务(Object Transaction Service)

POP3　邮局协议第三版(Post Office Protocol Version 3)

SMTP　简单邮件传送协议(Simple Mail Transfer Protocol)

SPI　服务提供者接口(Service Provider Interface)

SSL　安全套接层(Secure Sockets Layer)

XML　可扩展置标语言(Extentsible Markup Language)

4　应用服务器的架构和组成

本章描述了基于 J2EE 的应用服务器架构，对于架构的具体技术要求在第 5 章中给出。

4.1　基于 J2EE 应用服务器的架构

本标准定义的应用服务器由 Web 容器、EJB 容器、J2EE 服务接口、Web 服务器以及应用开发工具等组成。

本标准定义的应用服务器的架构如图 1 所示。

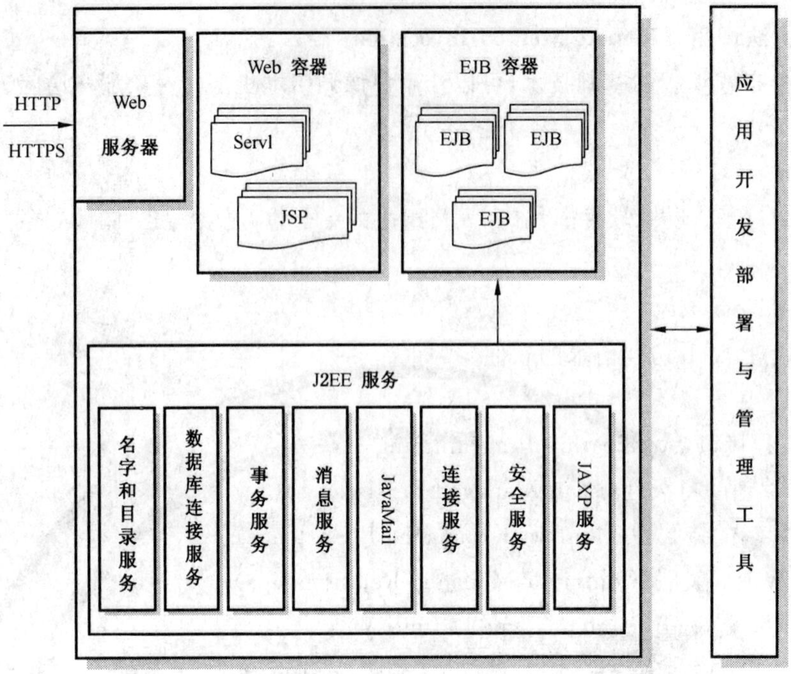

图 1 应用服务器架构

4.2 应用服务器的组成

4.2.1 Web 服务器

Web 服务器用于处理 HTTP 请求，可以提供静态文档服务和动态页面服务。

4.2.2 Web 容器

Web 容器是 Web 组件的运行和管理环境，Web 容器中运行 Servlet 组件、JSP 组件。Web 容器负责对 Servlet 组件、JSP 组件的生存周期和并发访问控制进行管理，并为组件运行提供访问 J2EE 服务的 API 接口，运行在 Web 容器里的组件通过这些 API 可以直接调用底层的 J2EE 服务。

4.2.3 EJB 容器

EJB 容器是 EJB 组件的运行和管理环境。EJB 容器负责 EJB 组件的生存周期管理、并发管理、事务管理、安全管理和资源管理等。EJB 组件封装了业务逻辑，具体负责进行业务处理。

EJB 容器支持 3 种类型的 EJB 组件：会话 Bean、实体 Bean 和消息驱动 Bean。其中，会话 Bean 主要用于实现客户的应用逻辑，处于多层应用的业务逻辑层；实体 Bean 是真实数据的抽象；消息驱动 Bean 专门用来处理与 Java 消息服务相关的消息请求。

运行在 EJB 容器里的 EJB 组件可以直接调用底层的 J2EE 服务。

4.2.4 J2EE 服务

4.2.4.1 名字和目录服务

名字和目录服务接口(JNDI)为应用程序提供了一个统一的接口来完成标准的目录操作，应用程序可以通过它访问各种目录服务。

4.2.4.2 数据库连接服务

数据库连接(JDBC)API 为访问不同类型的数据库提供了统一的途径，屏蔽了不同数据库的细节，具有平台无关性。

4.2.4.3 事务服务

事务服务(JTS)是 CORBA OTS 事务监控的 Java 实现。JTS 规定了事务管理器的实现方式，该事务管理器在高层支持 Java 事务 API(JTA)标准，在底层实现了 OMG OTS 规范的 Java 映射。

4.2.4.4 消息服务

消息服务(JMS)提供了一组接口,用于规范消息中间件的调用,实现了JMS接口的消息中间件既支持点对点的消息通信,也支持发布或订阅式的消息通信。

4.2.4.5 **JavaMail 服务**

JavaMail 服务允许应用程序通过 JavaMail API 收发电子邮件。

4.2.4.6 连接服务

提供对 HTTP、HTTPS、RMI 和 RMI-IIOP 的协议的连接支持。

4.2.4.7 安全服务

Java 认证和授权服务(JAAS)用两个步骤实现安全性:

a) 认证——对用户提供的认证信息(如用户名和密码)进行系统认证;

b) 授权——在被确认为合法用户后,系统根据用户的角色授予其相应的权限。

4.2.4.8 **JAXP 服务**

JAXP 是 Java 的 XML 解析 API。

4.2.5 应用开发、部署与管理工具

提供相应工具,方便用户开发、部署与管理应用。

5 功能要求

5.1 总则

本章规定了应用服务器的功能要求,附录 A 给出了与本章相关的 J2EE 规范列表。

5.2 **Web 容器**

Web 容器应支持 JSP 组件和 Servlet 组件。

5.2.1 **Servlet 组件支持**

5.2.1.1 **Servlet 规范的支持**

应用服务器应支持 Servlet 2.3 的全部功能,建议支持 Servlet 2.4 的过滤器和事件监听器的功能。

5.2.1.2 **Servlet 组件生存周期管理**

应用服务器应支持实现 javax.servlet.Servlet 接口的 Servlet 组件。

Servlet 组件的生存周期包括 Servlet 被加载和初始化、接收和响应请求、提供服务、最后被销毁的全过程,Servlct 组件的生存周期如图 2 所示。

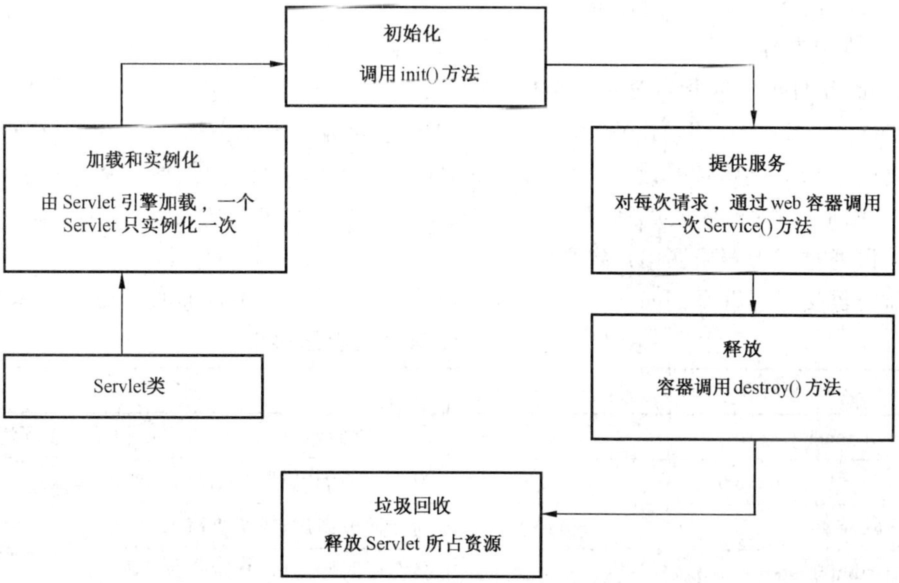

图 2 **Servlet 组件的生存周期**

应用服务器应符合如下 Servlet 组件的生存周期管理要求：

a) 加载和实例化 Servlet 组件：可以在应用服务器启动时加载，也可以在第一次请求 Servlet 服务时动态加载，加载方式可以在应用的部署描述符文件 web. xml(web. xml 文件的描述及其 DTD 见附录 B)中进行设置；

b) 初始化：Web 容器调用实例的 init()方法，该方法在 Servlet 的生存周期中只调用一次。Servlet 初始化参数可以在 web. xml 中定义，可以通过 ServletConfing 实例获得；

c) 服务：对来自客户端的请求，Web 容器将其传给 Servlet，容器会创建一个请求对象和一个响应对象，并调用实例的 service()方法。Service()方法根据不同的请求方式可能调用 doGet()、doPost()或其他方法；

d) 消毁：在消毁 Servlet 实例前，容器调用 Servlet 实例的 destroy()方法；

e) 生存周期事件支持，提供对 Servlet2. 3 规范所要求的生存周期事件特性的如下支持：

   1) 创建、终止(包括重新加载应用过程中应用的终止和创建)应用时，通知注册的 Servlet-ContextListener 对象；

   2) 添加、删除、修改(包括重新加载应用导致的)应用的属性时，通知注册的 ServletContex-tAttributeListener 对象；

   3) 会话创建和失效时，通知注册的 HttpSessionListener 对象；

   4) 添加、删除、修改会话的属性时，通知注册的 HttpSessionAttributeListener 对象。

建议支持 Servlet 2. 4 中的 ServletRequest Listener，可以用来管理和控制与 ServletRequest 动作有关的事件。

5.2.1.3 Servlet 过滤器支持

过滤器是一个特殊类型的 servlet 组件，它可以被添加到已有应用程序中而不需要重新编译该应用程序。它可以截获请求，操作 request 和 response 的内容，从而影响请求的行为。

应用服务器应支持 Servlet 规范 2. 3 中规定的过滤器功能。

a) init()方法，初始化过滤器；

b) destory()方法，注销过滤器；

c) doFilter()方法，在处理请求时被调用。

应用服务器宜支持 Servlet 规范 2. 4 中请求分发器，在 forward()或 include()方法调用过滤器时，可以根据用户设定的条件来决定过滤器是否起作用。

5.2.1.4 事件监听支持

一个 Servlet 组件可以被指定为一个事件监听，当一个生存周期事件发生时，或者是请求或会话的属性发生变化时，Servlet 组件可以被通知。即当创建、销毁 ServletContext 对象时，或向 ServletContext 中添加、删除或修改属性对象时，或 HttpSession 对象在创建、失效、超时时，或向 Http-Session 对象中添加、删除或修改属性对象时，用户都可以通过部署描述文件注册的监听器得到通知。应用服务器可以通过监听器回调用户定义的方法。

所有的监听器接口都继承 java. util. EventListener 类。Servlet 事件监听器接口如表 1 所示。

表 1 Servlet 组件事件监听器接口

监听器接口	通　　知
ServletContextListener	Servlet 环境的改变，比如环境初始化或环境将要被关闭
ServletContextAttributeListener	当 servlet 环境属性被增加、删除或替换
HttpSessionListener	当会话被创建、替换或销毁
HttpSessionAttributeListener	当会话属性被增加、删除或替换
HttpSessionBindingListener	当会话属性被绑定，解绑定时

Listener 类通常被用来在一个 Web 应用程序中作为跟踪会话的一种方式。例如一个监听器可以被设置为检查会话中的所有对象，以确定当会话超时或被设置为无效时是否需要任何动作，这样的会话可以打开数据库连接或回滚个别事务。

应用服务器应提供如下功能：

a) 解析 web.xml，加载 ServletContextListener 接口，ServletContextAttributeListener 接口，HttpSessionAttributeListener 接口，HttpSessionList 接口，HttpSessionBinding Listener 接口；

b) 创建和终止(包括重新加载应用过程中应用的终止和创建)应用时，通知注册的 ServletContextListener 接口；

c) 添加、删除、修改(包括重新加载应用导致的)应用属性时，通知注册的 ServletContextAttributeListener 接口；

d) 会话创建和失效时，通知注册的 HttpSessionListener 接口；

e) 添加、删除、修改会话属性时，通知注册的 HttpSessionAttributeListener 接口；

f) 绑定和解绑定会话属性时，通知注册的 HttpSessionBindingListener 接口。

应用服务器宜支持 Servlet 2.4 的事件监听器的 ServletRequestListener 接口和 ServletRequestAttributeListener 接口。这些监听器可以用来管理和控制与 ServletRequest 动作有关的事件。

5.2.1.5 会话管理支持

会话管理使得 Servlet 组件和其他服务器端应用能够在用户使用应用的过程中保存用户的状态。应用服务器通过为每个用户创建一个会话对象来维护用户状态。这些会话对象在服务器上存储和维护。当用户第一次对应用发送请求时，用户会话管理器分派一个新的会话对象和一个唯一的会话 ID。会话 ID 在随后的请求里，与会话对象匹配。然后会话对象作为请求部分传递到处理请求的 Servlet 组件。Servlet 组件可以给会话对象增加信息或从它们读取信息。用户空闲一段时间后，会话失效，会话管理器就取消相关的会话对象。

应用服务器应提供对会话的如下支持：

a) 支持创建、维持和删除会话；

b) 支持对会话的事件监控(HttpSessionAttributeListener)；

c) 支持会话中应用对象的创建和删除；

d) 提供会话超时的配置功能。

5.2.2 JSP 组件支持

JSP(Java Server Pages)是一种服务器端运行的 Web 组件，它是在 HTML 页面中包含了能够生成动态内容的可执行应用程序代码，是由 HTML 或 XML 以及 JSP 元素组成的模板语言。

5.2.2.1 JSP 规范支持

应用服务器应支持 JSP1.2 的全部功能，建议支持 JSP2.0 提供的 JSP 表达式语言、JSP fragment 和 Simple Tag 功能。

5.2.2.2 JSP 组件生存周期管理

应用服务器应符合如下 JSP 组件的生存周期管理要求：

a) 转化和编译：将 JSP 页面转化和编译成 Servlet 类；

b) 执行：按照 Servlet 生存周期管理执行。

5.2.2.3 JSP 语法支持

应用服务器应支持 JSP1.2 中规定的如下类型的 JSP 元素的转换：

a) 动作(Action)：JSP 特有的标记，主要用于支持 JavaBean；

b) 指令(Directive)：JSP 文本转换为代码过程中使用的控制信息；

c) 表达式语言(EL)元素：提供一个简单的类似于 JavaScript 的语言来访问 Java 对象；

d) 脚本元素：为 JSP 提供编程逻辑；

e) 注释元素类型:编制 JSP 逻辑。

JSP1.2 语法的具体内容见表 2。

表 2 JSP 语法

JSP 元素	语 法	解 释	
JSP Expression	〈%= 表达式 %〉	Expression 用于计算并用于输出	可使用的预定义的变量有 request,response,out,session,application,config,和 pageContext(在 Sriptlets 中也可使用)
JSP Scriptlet	〈% 代码 %〉	插入用于服务的代码	
JSP Declaration	〈!% 代码 %〉	属于 Servlet 部分的代码,但并不是服务方法	
JSP page Directive	〈%@ page att="val" %〉	指向 Servlet 引擎的路径	以下是其合法的属性(缺省值加粗斜体表示): import="***package. class***" contentType="***MIME-Type***" isThreadSafe="***true***|false" session="***true***|false" buffer="***size***kb|none" autoflush="***true***|false" extends="***package. class***" info="***message***" errorPage="***url***" isErrorPage="true|***false***" language="java"
JSP include Directive	〈%@ include file ="URL" %〉	当 JSP 页面被翻译成 Servlet 时将被包含进去的本地系统上的文件	这个 URL 应是相对的,当页面被请求时才用“jsp:include action”调入
JSP 注释	〈%-- 注释--%〉	当 JSP 转换为 Servlet 时将被忽略	〈-- 注释 --〉
The JSP:include Action	〈jsp:include page = "***relative URL***" flush="true"/〉	在页面被请求(Requested)时调入文件	如果要在页面被编译期间将文件包含进来,则使用上面所提到的 directive 来代替。注意:在一些服务器上(Servers),被包含的文件只能是 HTML 或 JSP,一般以文件的后缀名来判定
The jsp:use Bean Action	〈jsp:useBean att=val * /〉或 〈jsp:useBean att=val * 〉 ...... 〈/jsp:useBean〉	查找或生成一个 Java Bean	可能的属性是: id="***name***" scope="***page***|request|session|application" class="***package. class***" type="***package. class***" beanName="***package. class***"

表 2（续）

JSP 元素	语　法	解　　释	
The jsp:setProperty Action	〈jsp:setProperty att=val * /〉	设置 bean 的属性，通过明确的指定或使用 request 得到的参数	合法的属性： name="***beanName***" property="***propertyName***| * " param="***parameterName***" value="***val***"
The jsp:getProperty Action	〈jsp:getProperty name="***propertyName***" value="val"/〉	检索并输出 bean 的属性	
The jsp:forward Action	〈jsp:forward page="***relative URL***"/〉	将请求转发到另一个页面去处理	
The jsp:plugin Action	〈jsp:plugin attribute="value" * 〉〈/jsp:plugin〉	生成特定的浏览器的 OBJECT 或 EMBED 标签，用来明确运行 Applet 所使用的 JAVA 插件	

5.2.2.4 对 JSP 组件缺省对象的支持

应用服务器应支持 JSP 组件缺省对象，具体见表 3。

表 3　缺省对象

缺省对象名	含　义	类	范围	主要方法
request	用户端请求，此请求会包含来自 GET 或者 POST 请求的参数	Javax. servlet. ServletRequest 的子类	请求	getCookies、getHeader、getHeader、getMethod、getParameter、getServletPath、setAttribute、getServerName、getServerPort、getRemoteAddr、getRemoteHost、getProtocol
response	网页传回用户端的回应	Javax. servletServletResponse 的子类	页面	addCookie、addHeader、containsHeader、sendError、setHeader
pageContext	网页上下文，封装了与实现相关的特性	Javax. servlet. jsp. PageContext	会话	findAttribute、getAttribute、getAttributesScope、getAttributeNamesInScope、setAttribute
session	为请求客户端创建的会话对象	Javax. servlet. http. HttpSession	会话	getAttribute、getId、setAttribute
application	本 JSP 所在的应用程序	Javax. servlet. ServletContext	应用	getAttribute、getMimeType、getRealPath、setAttribute
out	用来传送响应信息的字符输出流	Javax. servlet. jsp. JspWriter	页面	Clear、clearBuffer、flush、getBufferSize、getRemaining
config	本 JSP 页面的 ServletConfig	Javax. servlet. ServletConfig	页面	getInitParameter、getInitParameterNames
page	页面，在 java 中引用时相当于 this	Java. lang. Object	页面	Clear、clearBuffer、flush、getBufferSize、getRemaining
exception	异常，仅在处理错误页面中引用	Java. lang. Throwable	页面	

5.2.2.5 对 Taglib 技术的支持

Taglib 指令用来说明要在 JSP 转换单元中使用的某些标记，能够将一个前缀 ID 与一个被 JSP 编译器所使用的标记位置相关联。Prefix 属性用来定义 JSP 编译器应用使用的标记前缀 ID，从而确定 JSP 中的那些标记属于外部标记库。标记 jsp，jspx，java，javax，servlet，sun 以及 sunw 都是预留的标记前缀 ID。URI 属性则用来解析 JSP 的 prefix 属性所确定的值，从而定义 Taglib 的位置。

应用服务器应支持自定义标记库 taglib 的使用，自定义标记处理类要实现 Tag 接口。

5.2.3 异常处理

应用服务器应对以下两类错误进行处理：

a) HTTP 异常处理分以下两种情况：
   1) HTTP 状态码：通过产生 HTTP 状态码和在配置描述符文件 web. xml 中设置 error-page，根据异常的 HTTP 状态码转到相应的 error-page 页面；
   2) 在检测到错误时，使用 HttpServletResponse. sendRedirect(String location)重定向到定制的页面；
b) Servlet 异常处理：
   通过捕获 Servlet 中的异常和在配置描述府文件 web. xml 中设置 error-page，根据异常转到 error-page 页面。

5.3 EJB 容器

5.3.1 EJB 规范支持

EJB2.0 规定了 EJB 编程 API、EJB 的部署描述符、EJB 组件运行环境和 EJB 组件的生存周期管理，并规定了容器管理的持久化和容器管理的事务、安全等功能。

应用服务器应支持 EJB2.0 的全部功能，建议支持 EJB2.1 中定义的 EJB 定时器服务功能和将 EJB 发布为 Web 服务的功能。

5.3.2 对 EJB 组件的支持

EJB 容器应支持 3 种类型的 EJB：会话 Bean，实体 Bean 和消息驱动 Bean。

5.3.2.1 对会话 Bean 的支持

EJB 容器应对会话 Bean 提供以下接口功能：

a) EJBHome 和 EJBObject 可用性——客户端(Servlet、jsp 和 EJB)可以通过 JNDI 成功查找到 EJB 的 Home 接口；
b) EJBLocalHome 和 EJBLocalObject 可用性——只能由位于同一 JVM 中的客户端(Servlet、jsp 和 EJB)通过 JNDI 成功查找到 EJB 的 Local Home 接口；
c) SessionContext 接口的所有方法；
d) javax. ejb. Handle 和 HomeHandle 接口的所有方法——EJB 容器应提供对会话 Bean 的全部事务属性支持，包括：Required、RequiresNew、Mandatory、Supports、NotSupported 和 Never；
   EJB 容器应支持有状态会话 Bean 的钝化和活化功能；
   EJB 容器应支持无状态会话 Bean 的实例池及配置功能。

5.3.2.2 对实体 Bean 的支持

EJB 容器应提供以下功能：

a) 支持 BMP 和 CMP 编程模型，支持 EJB2.0 所规定的编程接口；
b) 支持 EntityContext 接口的所有方法；
c) 容器管理的持久化，并支持所有主流数据库；
d) 实体 Bean 实例池及配置功能；
e) CMP 实体 Bean 的 cache 及配置功能；
f) 容器管理的事务支持。

5.3.2.3 对消息驱动 Bean 的支持

对消息驱动 BeanEJB 容器应提供以下功能：

a) EJB 容器集中管理所有的消息驱动 Bean 的实例；

b) EJB 容器异步调用消息驱动 Bean；

c) 支持 MessageDrivenContext 接口的所有方法；

d) 容器管理的事务支持；

e) 消息驱动 Bean 只能在一个 EJB 容器范围内存活，由容器管理消息驱动 Bean 的生命周期和环境。

消息驱动 Bean 根据所订阅消息的发布方式是主题方式，还是队列方式，提供：主题消息驱动 Bean 和队列消息驱动 Bean。

应用服务器应支持主题和队列类型的消息驱动 Bean，支持 EJB2.0 中关于消息驱动 Bean 的 API。

5.3.3 容器管理的事务

EJB 容器应允许用户通过声明的方式设置 EJB 方法事务属性来管理事务。

事务属性主要有 6 个，具体描述如下：

a) Required 事务属性——要求组件在事务内操作。如果调用客户提供了一个事务上下文，该事务上下文就被使用。否则，容器环境将为操作运行提供一个新的事务上下文，当操作完成时尝试提交事务。

b) RequiresNew 事务属性——当组件被激发时容器创建一个新的事务，并且当操作完成时尝试提交事务。由调用客户传播的任何事务将被挂起并且当操作完成后恢复。

c) Supports 事务属性——容器自己不会创建任何新的事务上下文用于组件在其中操作。但是，由调用上下文传播的任何事务上下文可以用于被调用的组件。组件的操作将会在被传播的事务上下文内传播。

d) NotSupported 事务属性——容器将不支持在一个事务上下文内的组件操作。由调用客户传播的任何事务上下文将被挂起并且当操作完成时被恢复。

e) Mandatory 事务属性——容器要求客户传播一个事务上下文用于被激活的组件操作。否则，将产生一个异常。

f) Never 事务属性——容器要求客户不传播一个事务上下文与被激活的组件一起使用。否则，将产生异常。这样组件可以管理自己的事务。

对 CMP 实体 Bean 组件接口中的方法，只允许使用 Required、RequiresNew、Mandatory3 种事务属性。

当使用容器管理事务时，开发者需要在 ejb-jar.xml(ejb-jar.xml 文件的描述及其 DTD 见附录 C)文件中使用 transaction-type 元素指定事务管理类型为容器管理事务，并在 Bean 的 assembly-descriptor 元素中，使用 container-transaction 元素对 EJB 方法的事务属性进行声明。

当在由 EJB 容器管理事务的 EJB 业务方法和消息驱动 Bean 的 onMessage()方法中试图访问和使用 javax.transaction.UserTransaction 接口时，EJB 容器应抛出异常。

5.3.4 容器管理的持久性

EJB 容器应支持容器管理的持久性。

为使实体 Bean 可以由 EJB 容器对持久性进行管理，需要在 ejb-jar.xml 中定义抽象模式的名字。这些名字可以通过使用 Enterprise JavaBean Query Language(EJB-QL)编写的查询语句进行引用。

注：抽象模式作为容器管理持久性的实体 Bean 部署描述的一部分，提供对实体 Bean 持久域和关系的定义。之所以称其为“抽象”模式，是为了与具体的底层数据存储的物理模式区分开来。例如，在关系型数据库中，物理模式由诸如表或列等结构构成。

5.3.5 容器管理的关联

容器管理的关联(CMR)定义了容器管理的实体 Bean 之间的关系。应用服务器的 EJB 容器在 CMR 方面应支持以下七种对应关系：

a) 单向一对一；

b) 单向一对多；

c) 单向多对一；

d) 单向多对多；

e) 双向一对一；

f) 双向一对多；

g) 双向多对多。

对上述关系中具有生存周期依赖关系的实体 Bean,应用服务器应提供级联删除功能。

注：级联删除是指当删除一个实体时,同时要删除与其具有生存周期依赖关系的实体 Bean。

5.3.6 EJB-QL 查询语言

EJB-QL 给出在 CMP 方式下,通过在 ejb-jar. xml 中编写 EJB-QL 来定义 CMP 实体 Bean 的 Finder()和 Select()方法,从而达到以声明的方式查询和检索实体 Bean 的目的。本标准要求应用服务器 EJB 容器支持 EJB 2.0 中规定的 EJB-QL 的语法。

5.3.7 定时器功能

EJB 容器提供定时时间回调的 EJBTimer 服务,为 EJB 组件提供可靠的事务关联的通知服务。定时通知可以发生在一个指定的时间、一个时间段之后或者指定的循环间隔。

EJB 组件通过 EJBContext 接口来访问该服务。

建议支持 EJB 2.1 的这个新增功能。

5.4 服务要求

5.4.1 HTTP 和 HTTPS 服务

5.4.1.1 HTTP 连接

HTTP(Hypertext Transfer Protocol)超文本传输通讯协议,是供应用访问 Web 组件使用的通讯协议。

应用服务器应提供对 HTTP1.0 和 1.1 的支持,以便客户能通过 HTTP 协议访问 Web 应用。

应用服务器应允许用户：

a) 设置 HTTP 访问端口:应用服务器监听 HTTP 请求的端口。取值范围 1～65 535,不可为空,应是整数；

b) 调整处理 Web 请求的最小线程数:取值范围 0～2 048,应是整数；

c) 调整处理 Web 请求的最大线程数:取值范围是最小线程数～2 048,应是整数；

d) 设置 Web 访问请求的等待队列大小:当所有的请求线程都在使用时,还能接受连接请求的队列长度。取值范围 0～2 147 483 647,应是整数；

e) 设置连接请求的超时时间:单位为毫秒,取值范围 0～2 147 483 647,应是整数；

f) 设置缓冲区大小:单位为字节,取值范围 0～2 147 483 647,应是整数。

5.4.1.2 HTTPS 连接

HTTPS(Hypertext Transfer Protocol over SSL)是超文本传输通讯安全协议,HTTPS 通讯协议使用 SSL 安全协议作为安全加密通道。

应用服务器应提供对基于安全传输协议(SSL)的 HTTPS 支持。应用服务器应允许用户：

a) 设置 HTTPS 访问端口:应用服务器监听 HTTPS 请求的端口。取值范围 1～65 535,不可为空，应是整数；

b） 调整处理 Web 请求的最小线程数：取值范围 0～2 048，应是整数；

c） 调整处理 Web 请求的最大线程数：取值范围最小线程数～2 048，应是整数；

d） 设置 Web 访问请求的等待队列大小：当所有的请求线程都在使用时，还能接受连接请求的队列长度。取值范围 0～2 147 483 647，应是整数；

e） 设置连接请求的超时时间：单位为毫秒；取值范围 0～2 147 483 647，应是整数；

f） 设置缓冲区大小：单位为字节，系统默认值为 2 048，取值范围 0～2 147 483 647，应是整数；

g） 配置证书。

5.4.1.3 虚拟主机

虚拟主机（Virtual Host）技术允许用户把一台计算机主机分成多台“虚拟”的主机，每一台虚拟主机都具有独立的域名和 IP 地址，具有完整的 Internet 服务器功能。

应用服务器应支持虚拟主机，并允许：

a） 为应用配置不同的虚拟主机；

b） 为虚拟主机配置访问控制策略。

5.4.1.4 与第三方 Web 服务器的连接

应用服务器应支持与第三方 Web 服务器集成，可以通过外置的 Web 服务器转发处理静态资源请求。

应用服务器应允许用户：

a） 配置与 Web 服务器的连接端口；

b） 调整处理 Web 请求的工作线程数；

c） 设置 Web 访问请求的等待队列大小；

d） 设置连接请求的超时时间；

e） 配置 SSL 支持。

5.4.2 名字和目录服务

名字和目录服务提供了对象的名字和对象引用之间的映射。名字和目录服务管理着一个命名空间，当创建对象时，对象的引用即被绑定到这个命名空间的一个名字上。客户方（或其他对象）可用相关的名字来检索并获得对象引用，从而方便的使用对象所提供的功能。

JNDI 名字和目录服务结构包括两组接口：JNDI API 和 JNDI SPI。Java 应用程序通过 JNDI API 访问各种命名目录服务。JNDI SPI 使得各种命名目录服务透明地加入到 JNDI 结构中，从而使 Java 应用程序能够通过 JNDI API 访问这些服务。

应用服务器应提供 JNDI 名字服务的实现，提供名字的绑定、查找和删除功能。应提供 InitialContext 功能接口的如下方法：

a） lookup(String)/lookup(Name)：提供查找功能；

b） bind(String)/bind(Name)：提供绑定功能，可以在当前上下文及其子上下文中绑定对象；

c） rebind(String)/rebind(Name)：提供重新绑定功能，可以在不存在的上下文中绑定对象，绑定的同时进行创建子上下文操作；

d） rename(String)/rename(Name)：提供已绑定对象的改名功能；

e） unbind(String)/unbind(Name)：提供解除绑定功能；

f） list(String)/list(Name)：显示当前 Context 中 bind 的对象；

g） listBindings(String)/listBindings(Name)：显示当前上下文中 bind 的对象的内容；

h） createSubcontext(String)/createSubcontext(Name)：提供新建上下文功能，可以一次新建多级上下文；

i) destorySubcontext(String)/destorySubcontext(Name):提供删除上下文功能。

5.4.3 消息服务

5.4.3.1 综述

JAVA 消息服务(JMS)规范定义了 Java 中访问消息中间件的接口。应用服务器实现了 JMS 接口,用户可以使用 JMS 接口访问应用服务器中的消息服务。

应用服务器应支持 JMS1.0.2b,建议支持 JMS1.1。在消息的生产和消费方面,应支持点对点模式和发布或订阅模式。

5.4.3.2 JMS 连接工厂和 JMS 目的地对象

应用服务器应提供如下的 JMS 连接工厂和 JMS 目的地对象:

a) JMS 连接工厂——JMS 规范中定义了 javax.jms.ConnectionFactory 接口,应用服务器负责实现该接口。应用服务器提供实现连接工厂的功能,它同时实现了 javax.jms.QueueConnectionFactory 和 javax.jms.TopicConnectionFactory 接口。无论是应用服务器内部的业务组件,还是应用服务器外部的客户程序,都可以通过 JNDI 查询到此连接工厂,并调用其上的工厂方法创建到队列或主题的连接;
b) JMS 目的地——JMS 规范中定义了 javax.jms.Destination 接口,应用服务器负责实现该接口。应用程序向该对象中发送消息或从中读取消息。消息服务实现了 JMS 规范中要求的两种目的地:队列和主题。队列用于处理点对点消息;主题用于处理发布或订阅的消息。

5.4.3.3 消息服务属性

应用服务器应支持配置消息服务的如下属性:

a) JMS 连接工厂——可创建和删除连接工厂;
b) JMS 目的地——可创建和删除队列和主题两种资源。

应用服务器应提供 JMS 消息的持久存储功能,在 JMS 消息服务因各种原因停止后,应保存未发送的 JMS 消息。当 JMS 消息服务重新启动后,应能够将上次未发送并保存下来的 JMS 消息继续发送。

5.4.3.4 标准的 JMS 消息服务

应用服务器宜支持通过配置方式接入标准的 JMS 消息服务。配置信息包括:

a) 类路径:路径或 JAR 文件名的列表,它们共同构成了资源提供程序类的位置;
b) 本机库路径:到任何本机库(.dll 的、.so 的)的可选路径;
c) 初始上下文工厂:JMS 提供程序的初始上下文工厂的 Java 类名;
d) 外部提供程序 URL:用于外部 JNDI 查找的 JMS 提供程序 URL。

5.4.4 事务服务

应用服务器通过自身的事务管理器提供事务服务。事务管理器是用来管理事务的功能模块,从上层来说,事务管理器要实现 Java 事务 API(JTA),而在底层要实现 OTS 规范的 Java 映射,即 Java 事务服务(JTS)。

JTA 为基于 Java 的应用程序、应用服务器和资源管理器进行交互规定了标准的接口。JTA 主要包括 JTA 事务管理、JTA 应用程序接口和 JTA XA 资源管理三类接口。

应用服务器应支持 JTS/JTA1.0 规范,并应提供以下功能:

a) 使应用程序能够控制事务边界和事务生存周期;
b) 使应用组件能够执行原子事务;
c) 关联全局事务和事务资源的能力;
d) 在多个资源管理器之间协调全局事务的完成;
e) 事务同步。

5.4.5 安全服务

5.4.5.1 JAAS

应用服务器基于JAAS(Java Authentication and Authorization Service)安全架构提供安全服务,以支持应用的认证和授权。

应用服务器应对JAAS1.0提供完整的支持,应允许用户使用JAAS架构开发定制的登录模块。

5.4.5.2 J2EE安全

应用服务器应支持J2EE安全,通过声明的角色控制对Web资源和EJB的访问。包括如下功能:

a) 可以通过部署描述文件web.xml和ejb-jar.xml来描述应用程序的安全需求,包括安全角色、认证要求和访问控制等;
b) 提供对安全域的定义和管理功能,通过安全域来定义用户角色,应支持基于文件、数据库的安全域;
c) 支持应用组件间安全上下文件的传递;
d) 提供安全上下文访问编程API,包括HttpServletRequest的isUserInRole和getUserPrincipal方法,EJBContext的isCallInRole和getCallerPrincipal方法;
e) 支持Web端安全认证方式,包括HTTP基本认证、基于FORM的认证和SSL认证。

5.4.6 数据库连接服务

应用服务器应支持企业应用通过数据库连接服务访问关系型数据库。应用服务器应通过JDBC 2.0扩展API,支持本地事务和XA事务连接以及提供数据库连接池功能。

应用服务器应提供如下服务配置功能:

a) 动态创建和删除数据库连接池;
b) 动态修改连接池的属性(用户名和口令、空闲超时、驱动类、连接URL、事务隔离级别、连接池大小、JDBC PreparedStatement缓存)。

应用服务器宜提供JDBC连接语句跟踪功能,提示并帮助用户关闭忘记关闭的语句和连接。

5.4.7 JavaMail服务

JavaMail是用于访问邮件服务器的API,应用程序可以使用这些API方便地与邮件服务通信。通过为邮件的会话、消息、传输和存储定义接口,JavaMail为Java程序员提供了容易使用的、可扩展的面向对象的实现,应用开发人员可通过JavaMail收发电子邮件或创建消息应用程序。

应用服务器应对JavaMail1.2提供完整的支持。应用服务器的Java Mail支持POP3和SMTP协议,并提供以JNDI方式访问MailSession的能力。

5.4.8 Web服务

应用服务器宜提供对Web服务的支持,包括:

a) 提供将无状态会话Bean编译、打包、发布为Web服务端点的能力;
b) 提供将普通java类编译、打包、发布为Web服务的能力,宜提供相应的工具支持;
c) 提供对Web服务组件的动态部署和管理功能;
d) 支持SOAP1.1协议、WSDL1.1协议。

5.5 开发及管理要求

5.5.1 开发工具

应用服务器宜提供在可视化集成开发环境下进行如下开发:

a) EJB组件的开发;
b) Web组件的开发;
c) 应用的打包、部署、调试、卸载。

5.5.2 应用要求

5.5.2.1 **Web 应用**

5.5.2.1.1 **综述**

Web 应用是一组可独立部署的 Web 组件。一个 Web 应用对应一个特殊的目录，它一般被打包和部署成 Web Archive(WAR)文件。

5.5.2.1.2 **Web 应用**

一个 Web 应用包含如下内容：

a) Servlet 的类文件和相关的类；

b) JSP 文件及其辅助类；

c) 静态文档(HTML、图片文件等)；

d) Applet 及其类文件；

e) Web 模块部署描述文件。

5.5.2.1.3 **Web 包结构**

应用服务器应提供对 Servlet 2.3 规定的 Web 应用包的支持，Web 应用的包结构如图 3 所示。

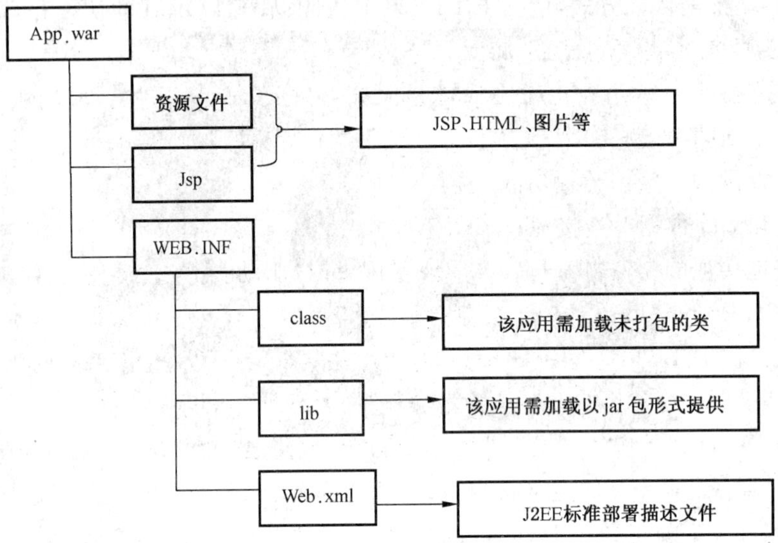

图 3 **Web 应用包结构**

包结构和 Web.xml 文件描述如下：

a) 包结构的描述

Web 应用 WAR 包或其展开目录形式中包括的目录、文件的说明如下：

1) 资源文件、jsp 目录：用来存放该 Web 应用所需 JSP、HTML、图片、样式等能直接通过浏览器访问的资源；

2) /WEB-INF/web.xml：符合 Servlet 2.3 规定的该 Web 应用的部署描述符文件；

3) /WEB-INF/lib：该 Web 应用需装载以 jar 包形式提供的类；

4) /WEB-INF/classes：该 Web 应用需装载未打包的类。

b) web.xml 文件的描述及其 DTD

web.xml 文件的描述及其 DTD 见附录 B。

5.5.2.1.4 **Web 应用互换性要求**

应用服务器应支持符合附录 D 的 web.xml 文件。

5.5.2.2 **EJB 应用**

应用服务器应支持 EJB 2.0 规定的 EJB 应用包，EJB 应用的包结构如图 4 所示。

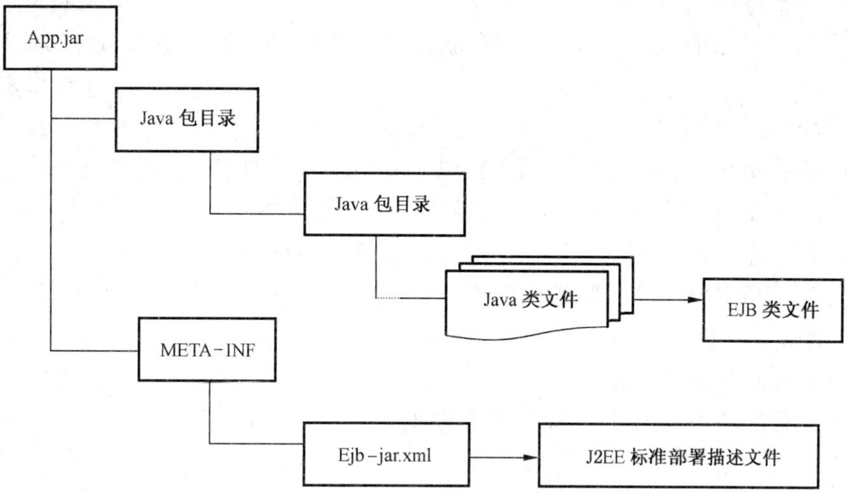

图 4 EJB 应用包结构

a) 包结构的描述

EJB 应用 JAR 包或其展开目录形式中包括的目录、文件的说明如下：

1) Java 包目录：包括该 EJB 应用中包括的 EJB 类文件；

2) /META-INF/ejb-jar.xml：符合 EJB 2.0 规定的 EJB 应用的部署描述符文件。

b) ejb-jar.xml 文件的描述及其 DTD。

c) ejb-jar.xml 文件的描述及其 DTD 见附录 C。

5.5.2.3 企业应用

应用服务器应支持企业应用，企业应用的包结构如图 5 所示。

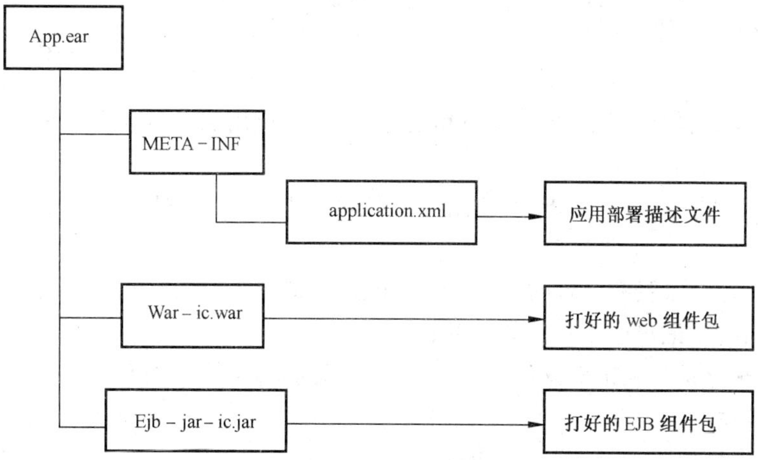

图 5 企业应用包结构

a) 包结构的描述

企业应用 EAR 包或其展开目录形式中包括的目录、文件的说明如下：

1) war-ic.war：该企业应用中包括的打好的 Web 组件包；

2) ejb-jar-ic.jar：该企业应用中包括的打好的 EJB 组件包；

3) /META-INF/application.xml：该企业应用的部署描述符文件。

b) application.xml 文件的描述及其 DTD。

c) application.xml 文件的描述及其 DTD 见附录 D。

5.5.3 应用的部署和卸载

应用服务器应支持对 Web 应用、EJB 应用、企业应用的部署与卸载。应支持 WAR 包、JAR 包、EAR 包及其展开目录形式的部署和卸载。应用服务器应支持在不中断系统运行的情况下动态部署和卸载应用的功能。

5.5.4 管理工具

管理工具是应用服务器必备的工具，用于提供对应用服务器的实时监控和动态管理。

a) 管理工具宜以 Web 方式提供，应具备但不限于以下功能：
   1) 安全控制功能（只有授权用户才能操作管理工具）；
   2) 配置 HTTP 和 HTTPS 通讯服务；
   3) 配置虚拟主机；
   4) 动态配置数据库连接池；
   5) 动态配置 JMS 连接工厂和 JMS 目的地；
   6) 动态配置安全域；
   7) 动态配置 Mail Session；
   8) 配置事务的超时时间；
   9) 应用组件部署和管理功能（支持应用组件的部署、解部署、重部署，支持远程上载部署，支持以展开目录方式部署 Web 应用和 EAR 应用）。

b) 建议支持以下功能：
   1) 动态监控 JNDI 名字空间；
   2) 动态监控 JMS 连接工厂；
   3) 动态监控数据库连接池的状态，包括当前连接数、已创建连接数、已关闭连接数、可用连接数、当前使用连接数、最大使用连接数；
   4) 动态监控 Web 应用的实时状态信息，包括运行时间、部署时间、总请求数、请求数达到最高峰状态的时间、最高访问量、当前访问量。

5.5.5 日志管理

5.5.5.1 综述

为了便于用户实时监控应用服务器和应用的运行情况，应用服务器应至少提供 4 种日志管理功能。

5.5.5.2 日志审计功能

应用服务器应提供日志审计功能，对应用服务器和应用的运行信息采用日志记录保存。日志种类主要分为两大类：

a) 服务器日志：包括服务器启动日志、运行日志、虚拟主机访问日志、集群日志；
b) 应用日志：主要记录应用相关的信息。

应用服务器应根据日志输出信息的内容和重要性级别，给出输出说明。

5.5.5.3 日志配置功能

应用服务器应提供如下的日志配置功能：

a) 可以配置日志文件名、日志输出的信息级别；
b) 可以通过配置方式为应用定制独立的应用访问日志。如为应用定义各功能模块可输出的日志信息内容，定义日志信息输出到指定的应用日志文件，允许为应用创建一个或多个应用日志文件。

5.5.5.4 日志查看功能

应用服务器应允许用户通过工具方便地查看当天或历史的日志信息。

5.5.5.5 日志保存功能

应用服务器应提供如下的日志保存功能：

a) 日志保存应考虑数据的累积影响。主要会发生数据累积的有如下种类日志:服务器运行日志、虚拟主机访问日志、集群日志和应用日志;
b) 要求对服务器日志采用日更新方式,每天开始时都会产生一个新的日志文件,同时在原日志文件名中加入日期进行备份;
c) 应用日志应支持日更新方式和按自定义大小滚入方式保存,按自定义大小滚入方式是指当日志达到预定义的大小时,会产生一个新的日志;
d) 应用访问日志可以按不同的时间段进行配置,如按日、周、月进行记录。

5.6 集群功能要求

应用服务器应提供如下集群功能:
a) 支持将同一个 Web 应用组件部署到多个不同的应用服务器实例上,组成集群;
b) 提供 Web 应用会话信息的内存复制或数据库共享功能,保证在需要的情况下不会因为一台服务器出现故障而丢失会话信息;
c) 提供前置的请求转发器,将外部请求转发到不同的服务器上;
d) 请求转发时应支持会话亲合,保证一个特定会话将总访问同一个服务器实例。

6 易用性要求

6.1 产品手册

应用服务器应提供完整的产品手册,保证产品手册与系统实际功能的一致性。
产品手册应准确、清楚、易于学习和掌握。应包含以下内容:
a) 产品介绍;
b) 产品安装说明;
c) 产品配置管理说明;
d) 应用开发说明;
e) 相关工具使用说明。

6.2 帮助功能

应用服务器应提供一定的帮助功能,以便于用户能够较快地掌握产品功能。

6.3 应用示例

应用服务器应至少提供以下方面的具有说明的应用示例包:
a) JSP 组件的使用;
b) Servlet 组件的使用;
c) 无状态会话 bean 的使用;
d) 有状态会话 bean 的使用;
e) bmp 实体 bean 的使用;
f) cmp 实体 bean 的使用;
g) 数据库连接池的使用。

6.4 安装和卸载

应用服务器的安装和卸载应符合如下要求:
a) 应用服务器应提供图形界面形式的安装和卸载程序,引导用户安装和卸载的全过程;
b) 应用服务器的安装和卸载若需要 Java 运行环境:若自带 Java 运行环境,其安装和配置若修改操作系统配置环境变量,应不影响其他应用程序的正常运行,否则应支持操作系统所提供的 Java 运行环境;
c) 应用服务器应支持在不中断系统运行的情况下相关系统服务的动态配置功能。

6.5 启动和停止

应用服务器应提供命令行方式启动和停止应用服务器。

6.6 界面设计

应用服务器的界面设计应直观、易懂。

7 可靠性要求

7.1 容错性

应用服务器应提供以下的容错功能：

a) 某个应用部署失败，不导致其他应用部署失败，不导致整个系统失效；

b) 某个应用运行故障，不导致其他应用运行故障，不导致整个系统失效；

c) 集群环境下，在单个节点失效的情况下，仍能提供持续服务。

7.2 易恢复性

应用服务器应提供以下的故障恢复能力：

a) 集群环境下，单个节点失效并重启后，在集群中能够自动重新提供服务；

b) 集群环境下，单个节点失效的情况下，提供服务的其他节点仍能访问该节点用户的 HTTP 会话信息；

c) 数据库出现故障后又恢复正常的情况下，应用服务器能保证数据源恢复可用，无须重启应用服务器；

d) 因掉电等原因导致系统失效，如果有未完成的事务，系统重启后能保证事务的一致性。

8 可移植性要求

应用服务器应支持在不对应用服务器进行任何修改的情况下，要求应用可以从一个应用服务器移植到另一个应用服务器上。

9 运行环境要求

9.1 体系架构

应用服务器应支持 32 位、64 位的计算环境。

9.2 操作系统

应用服务器应支持多种主流操作系统。

9.3 Java 运行环境

应支持 JDK 1.4 以上版本或中间件自带或操作系统提供的 JDK 版本。

附　录　A
（规范性附录）
J2EE 规范列表

应用服务器应支持或宜支持的 J2EE 规范见表 A.1。

表 A.1　J2EE 规范

应支持的 J2EE 标准	建议支持的 J2EE 规范
Java Server Pages Specification 1.2	Java Server Pages Specification 2.0
Java Servlet Specification 2.3	Java Servlet Specification 2.4
Enterprise JavaBeans Specification 2.0	Enterprise JavaBeans Specification 2.1
Java JDBC Data Access API Specification 2.0	Java JDBC Data Access API Specification 3.0
Java Message Service Specification 1.0.2b	Java Message Service Specification 1.1
Java Transaction Service Specification 1.0/Java Transation API Specification 1.0.1	
Java Naming and Directory Interface Specification 1.2	
Java Remote Method Invocation over Internet Inter-ORB Protocol 2.3.1	
Java Authentication and Authorization Service Specification 1.0	
Java API for XML Processing(JAXP) Specification 1.0	
JavaMail API Design Specification 1.2	
	Java API for XML Messaging 1.1
	The SOAP with Attachments API for Java 1.2
	Java APIs for XML-Based Remote Procedure Call 1.0
	Web Services Description Language 1.1
	Simple Object Access Protocol 1.1

附 录 B
（规范性附录）
web.xml 文件的描述及其 DTD

web.xml 是符合 Servlet 2.3 规范的 Web 应用部署描述符文件，位于 Web 应用的 WEB-INF 目录下，其对应的 DTD 文件是 web-app_2_3.dtd：

〈! ELEMENT web-app(icon?, display-name?, description?, distributable?,
context-param *, filter *, filter-mapping *, listener *, servlet *,
servlet-mapping *, session-config?, mime-mapping *, welcome-file-list?,
error-page *, taglib *, resource-env-ref *, resource-ref *, security-constraint *,
login-config?, security-role *, env-entry *, ejb-ref *, ejb-local-ref *)〉

本标准所述的 Web 应用的部署描述符文件中常用的元素列表见表 B.1。

表 B.1 web-app_2_3.dtd 常用元素

元 素	解 释
distributable?	指定这个 Web 应用可以被部署到一个分布式的 Servlet 容器中
context-param?	包含 Web 应用的 Servlet 环境的初始参数
filter *	过滤器 filter(icon?, filter-name, display-name?, description?, filter-class, init-param *)
filter-mapping *	代表一个过滤器的映射，指定了过滤器会对其产生作用的 URL 的子集。它应有一个〈filter-name〉子元素与能找到映射的过滤器的定义相对应 filter-mapping(filter-name, (url-pattern | servlet-name))
listener *	监听器，监听器定义放在 Servlet 定义开始之前 listener(listener-class)
servlet *	包含一个 servlet 的声明性数据，内嵌元素包括： servlet(icon?, servlet-name, display-name?, description?, (servlet-class | jsp-file), init-param *, load-on-startup?, run-as?, security-role-ref *) 其中 security-role-ref? 元素包含这个 Web 应用源代码中声明的一个安全角色引用。内嵌角色引用名 role-name 元素和真正的角色名链接 role-link 元素
servlet-mapping *	在 Servlet 和 url 模式间进行映射
session-config?	为该 Web 应用定义会话参数，包括会话超时时间（单位为秒(s)）
mime-mapping *	定义了文件扩展名与 mime 文件类型之间的映射
welcome-file-list?	定义欢迎文件列表
error-page *	包含一个错误代码或违例类型与 Web 应用中资源的映射
taglib *	用于描述一个 JSP 标记库
resource-env-ref *	包含 Web 应用的一个引用声明，这个引用指向与此 Web 应用环境的一个资源相关联的受管对象
resource-ref *	包括 Web 应用对一个外部资源的引用声明，如数据源
security-constraint *	用于为一个或多个 Web 资源集合指定相应的安全约束

表 B.1（续）

元素	解　　释
login-config?	用来设置身份鉴定的方法、使用域名以及表单登录机制所需的属性
security-role *	包含使用于 Web 应用中〈security-constriant〉元素的安全角色的声明
env-entry *	包含应用环境变量的声明
ejb-ref *	远程 ejb 引用
ejb-local-ref *	本地 ejb 引用

附　录　C
（规范性附录）
ejb-jar. xml 文件的描述及其 DTD

ejb-jar. xml 是符合 EJB 2.0 规范的 EJB 应用部署描述符文件，位于 EJB 应用的 META-INF 目录下，其对应的 DTD 文件是 ejb-jar_2_0. dtd：

〈! ELEMENT ejb-jar(description?, display-name?, small-icon?,
large-icon?, enterprise-beans, relationships?, assembly-descriptor?,
ejb-client-jar?)〉

本标准所述的 EJB 应用的部署描述符文件中常用的元素列表见表 C.1。

表 C.1　ejb-jar_2_0. dtd 常用元素

元　素	解　释
enterprise-beans	包含一个或多个 enterprise bean 的声明 enterprise-beans(session | entity | message-driven)
assembly-descriptor?	包含了应用的装配信息，应用的装配信息由以下部分组成：安全角色的定义，许可访问的方法的定义，容器管理的事务属性的定义 assembly-descriptor(security-role * , method-permission * , container-transaction * , exclude-list?)

附 录 D
（规范性附录）
application. xml 文件的描述及其 DTD

application. xml 是企业应用部署描述符文件，位于企业应用的 META-INF 目录下，其对应的 DTD 文件是 application_1_3. dtd：

〈！ ELEMENT application(icon?，display-name，description?，module＋，security-role＊)〉

本标准所述的企业应用的部署描述符文件中常用的元素列表见表 D. 1。

表 D. 1 application_1_3. dtd 常用元素

<table>
<tr><th>元 素</th><th>解 释</th></tr>
<tr><td>module＋</td><td>表示 J2EE 应用模块，主要为
module((connector | ejb | java | web)，alt-dd?)</td></tr>
<tr><td>security-role＊</td><td>包含安全角色的定义</td></tr>
</table>

附　录　E
（资料性附录）
Servlet API

Java Servlet API 是 J2EE 规范中定义的用于定义 Web 客户机和 Servlet 之间的标准接口。Java Servlet API 有两个包:javax. servlet 和 javax. servlet. http。javax. servlet 包含了支持普通协议无关的 Sevlet 的类;javax. servlet. http 包含了对 HTTP 协议的特别支持。

E. 1　Servlet

Servlet 接口定义了所有 Servlet 应实现的方法,其中主要有 Servlet 生存周期方法 init()、service()、destroy()。

用户可以通过继承 javax. servlet. GenericServlet 或 javax. servlet. http. HttpServlet 来实现 Servlet 接口。

E. 2　HTTPServlet,HttpServletResquest 与 HttpServletResponse

对 HTTPServlet,HttpServletResquest 与 HttpServletResponse 的描述如下:

a) HttpServletResquest 对象代表发送到 Servlet 的客户机请求。这个对象封装了从客户机到服务器的通信。它可以包含关于客户机环境的信息和任何要从 Servlet 发送到客户机的数据;
b) HttpServletResponse 对象代表从 Servlet 发回客户机的响应。

HttpServlet 的子类应至少重写一个方法。通常,Servlet 重写 doGet 或 doPost 方法。GET 请求是对 Web 页面的典型浏览器请求,它是在用户输入 URL 或使用链接时发送的。POST 请求是用户提交指定发送的 HTML 表单时生成的。HTTP POST 方法允许客户机一次将无限长度的数据发送到 Web 服务器,并且可以在发送时使用。其他方法如表 E. 1 所示。

表 E. 1　Servlet 方法

方　　法	描　　述
service()	实现了 Servlet 的最低级标准方法
doPut()	用于 HTTP PUT 请求
doDelete()	用于 HTTP DELETE 请求
init()和 destroy()	用于管理 Servlet 的使用期限
getservletInfo()	Servlet 用来提供自身信息的方法

E. 3　ServletContext

ServletContext 对象代表了 Servlet 的上下文环境,它从 Servlet 的角度定义了其所属的 Web 应用的视图。javax. servlet. ServletContext 接口提供了一个方法集,Servlet 可以使用这些接口与 Web 服务器进行通信。ServletContext 对象包含在 javax. servlet. ServletConfig 对象中,当 servlet 被初始化时,ServletContext 被提供给 servlet。

使用 ServletContext 对象,servlet 可以完成如下功能:

a) 设置和存储环境中其他 servlet 可以访问的属性;
b) 记录日志;
c) 得到指向资源的 URL 引用;
d) 得到分配给初始化参数的值,这些参数是与 servlet 相关的,而不是单独的请求;

e) 得到文件的 MIME 类型；

f) 得到 servlet 容器的信息。

一个 servlet 环境是与一个 Web 应用程序相关联的，并且被这个应用程序中的所有 Servlet 所共享。

E.4 HTTP Session

HTTP 是一个无状态的协议，为了建立有效的 Web 服务器应用，Servlet 引擎应能识别来自远程客户端的众多请求中哪些是属于同一客户端的。Java Servlet API 提供了一个简单的接口，允许 Servlet 引擎通过任何途径追踪一个用户的 Session。

HTTPSession 是一个基于 Cookie 或者 URL 改写机制的高级会话状态跟踪接口。javas. servlet. http. HttpSession 对象用来标识一个会话，并且可以通过使用 HttpServletRequest. getsession 方法得到。HTTPSession 对象包含的信息如表 E.2 所示，这些信息可以被用来标识会话。

表 E.2 通过 HTTP Session 对象访问的信息

访问方法	信息
getId()	唯一的会话标识符
getLastAccessedTime()	客户发送与这个会话关联的请求的最晚时间
getCreationTime()	会话创建的时间
getMaxInactiveInterval()	在客户端访问之间 servlet 容器保持这个会话开放的最大时间间隔
getAttribute()	绑定到这个会话上的对象
setAttribute()	绑定新的对象到这个会话
invalidate()	使支持 Servlet 容器的会话失效，从而收回分配给会话的资源

E.5 Cookies

Cookies 是服务器发送给浏览器的体积很小的纯文本信息，用户以后访问同一个 Web 服务器时浏览器会把它们原样发送给服务器。通过让服务器读取它原先保存的客户端的信息，网站能够为浏览者提供一系列的方便，例如在线交易过程中标识用户身份、安全要求不高的场合避免用户重复输入名字和密码、门户网站的主页定制、有针对性的投放广告。

要把 Cookie 发送到客户端，Servlet 先要用合适的名字和值创建一个或多个 Cookie，通过 cookie. setXXX 设置各种属性，通过 HttpServletResponse. addCookie 把 Cookie 加入应答头。

要从客户端读入 Cookie，Servlet 应该调用 HttpServletRequest. getCookies，getCookies 方法返回一个 Cookie 对象的数组。在大多数情况下，你只需要用循环访问该数组的各个元素寻找指定名字的 Cookie，然后对该 Cookie 调用 getValue 方法取得与指定名字关联的值。

用户可以查看或设置 cookie 的各种属性。cookie 的各种属性的设置如表 E.3 所示。

表 E.3 cookie 的各种属性的设置

方法	描述
getComment/setComment	获取/设置 Cookie 适用的域
getMaxAge/setMaxage	获取/设置 cookie 过期之前的时间，以秒计
getName/setName	获取/设置 Cookie 的名字
getPath/setPath	获取/设置 Cookie 适用的路径
getScure/setSecure	获取/设置一个 boolean 值，该值表示是否 Cookie 只能通过加密的连接(SSL)发送
getValue/setValue	获取/设置 Cookie 的值
getVersion/setVersion	获取/设置 Cookie 所遵从的协议版本

E.6 Servlet 请求转发

在开发应用过程中，有时需要将一个请求的处理转发给另一个 Servlet，或者要包含来自另一个 Servlet 针对此请求的输出。ResquestDispatcher 接口提供了一种达到上述目的的机制。

ServletContext 提供了两个方法：getRequestDispatcher 和 getNamedDispatcher 来获取 RequestDispatcher 实例。GetRequestDispatcher 以 Web 绝对路径为参数，getNameDispatcher 以 servlet 名为参数。

在 ServletRequest 中也提供了一个 getResquestDispatcher 方法可以获取 RequestDispatcher，与 ServletContext 中的同名方法不同的是此方法以 Web 相对路径为参数。

获取 ResquestDispatcher 对象后，就可以通过调用 RequestDispatcher 的 forward 或 include 方法对请求进行转发或包含处理的实现。

E.7 过滤器

过滤器部分的 API 主要包括 Filter、FilterConfig 和 Filterchain 接口。编写 Filter 需要实现 Filter 接口，其中最重要的方法是 doFilter。该方法传入的参数分别是 Request、Response 和 Filterchain 的实现对象。方法中进行的操作有：

a) 检查 Request Header；
b) 如果需要修改 Request，封装自己的 Request 对象；
c) 如果需要修改 Response，封装自己的 Response 对象；
d) 调用 Filterchain 中的下一个对象。如果当前的 Filter 是 Filterchain 中的最后一个，调用的下一个对象就是要访问的 Web 资源，调用的方法是 Filterchain 对象上的 doFilter。如果封装了 Resquest 或 Response 对象，调用时提供的 Request 和 Response 参数就是封装后的对象。当然，Filter 也可以不调用 Filter 链中的下一个对象，从而屏蔽请求；
e) 检查 ResponseHeader；
f) 如果处理过程出错，抛出异常。

除了 doFilter 以外，Filter 需要实现的方法还有 init 和 destroy。

E.8 生存周期事件

通过编写 Listener 实现相应 Listerner 接口，可以监听并响应 Web 应用中的多种生存周期事件，生存周期事件如表 E.4 所示。

表 E.4 生存周期事件

对　　象	事　　件	Listerner 接口类和事件类
Context	初始化和销毁	javax. servlet. ServletContextListener 和 ServletContextEvent
	属性添加、删除和替换	javax. servlet. ServletContextAttributeListener 和 ServletContextAttributeEvent
Session	创建、失效和超时	javax. servlet. servlet. http. HttpSessionListener 和 HttpSessionEvent
	属性添加、删除和替换	javax. servlet. Servlet. http. HttpSessionAttributeListener 和 HttpSessionBindingEvent

ICS 35.040
L 71

中华人民共和国国家标准

GB/T 26233—2010

信息技术　蒙古文类文字通用编辑软件的基本要求

Information technology—
Basic requirement for the Mongolian universal editor software

2011-01-14 发布　　2011-05-01 实施

中华人民共和国国家质量监督检验检疫总局
中国国家标准化管理委员会　发布

前　言

本标准由中华人民共和国工业和信息化部提出。

本标准由全国信息技术标准化技术委员会归口。

本标准起草单位：中国电子技术标准化研究所、内蒙古蒙科立软件有限责任公司、内蒙古社会科学院、内蒙古大学、内蒙古自治区蒙古语文工作委员会、新疆维吾尔自治区民族语言文字工作委员会、潍坊北大青鸟华光照排有限公司、北京北大方正电子有限公司、中国科学院软件研究所、内蒙古明安图互联网技术开发有限公司。

本标准主要起草人：白双成、何正安、呼斯勒、贺喜格都仁、佟嘉庆夫、吕建春、吕肖庆、代红、巩政、王伊拉勒图、阿荣塔娜、巴理嘉、魏明震、苏雅拉图、巴图赛恒、吴键、六月、斯日古楞、胡其图、木仁、岳耀明。

引　言

本标准起草中参考了蒙古文类文字 WPS Office、Microsoft Office、Open Office 等办公软件，并引用了这些软件的界面屏幕图。对此，起草人及发布机构只是从说明问题角度引用，同样不负责可能引起的版权使用事宜。

信息技术　蒙古文类文字通用编辑软件的基本要求

1　范围

本标准规定了蒙古文类文字通用编辑软件的基本要求，包括蒙古文类文字文本的显示、编辑操作、排版以及对蒙古文类文字处理软件的基本要求。

本标准适用于支持蒙古文类文字处理通用编辑器。

2　术语和定义

下列术语和定义适用于本标准。

2.1

书写方式　writing-mode

文字布局的概念，描述文字在媒体上的显现形式。

2.2

蒙古文类文字　Mongolian script

传统蒙古文、满文、锡伯文、托忒文等的同源文字。

2.3

蒙古文类文字通用编辑器　Mongolian universal editor

支持蒙古文类文字特性的通用编辑器。

2.4

蒙古文类文字多变体附加成分　Mongolian suffix

蒙古文类文字中分写的一种词缀，以名词格的词缀为主的，还包括名词复数和领属等词缀的一部分。

3　基本要求等级和书写方式类型

3.1　基本要求等级

本标准中基本要求分为三个等级：

a）一级要求：基本功能点；

b）二级要求：增强性功能点；

c）三级要求：点缀性功能点。

本标准所列的各项要求适用于不同用途的蒙古文类文字通用编辑软件，可根据软件的特点对要求功能点进行适当裁剪，但涉及本标准的功能点应按本标准要求执行。

3.2　书写方式类型

本标准中是描述字符与字符、行与行的顺序，主要包括以下四种：

a）字序为“从左到右”、行序为“从上到下”，例如英文、汉文、藏文等；

b）字序为“从右到左”、行序为“从上到下”，例如阿拉伯文和我国的维、哈、柯文等；

c）字序为“从上到下”、行序为“从右到左”，例如竖排汉文、日文等；

d）字序为“从上到下”、行序为“从左到右”，例如传统蒙古文、满文、锡伯文、托忒文等。

4 基本要求

4.1 一级要求

4.1.1 蒙古文类文字书写方式

蒙古文类文字书写方式是蒙古文类文字通用编辑软件应满足的要求。

蒙古文类文字通用编辑软件应支持蒙古文类文字的竖排方式。图1是从左到右、从右到左的两种书写方式。

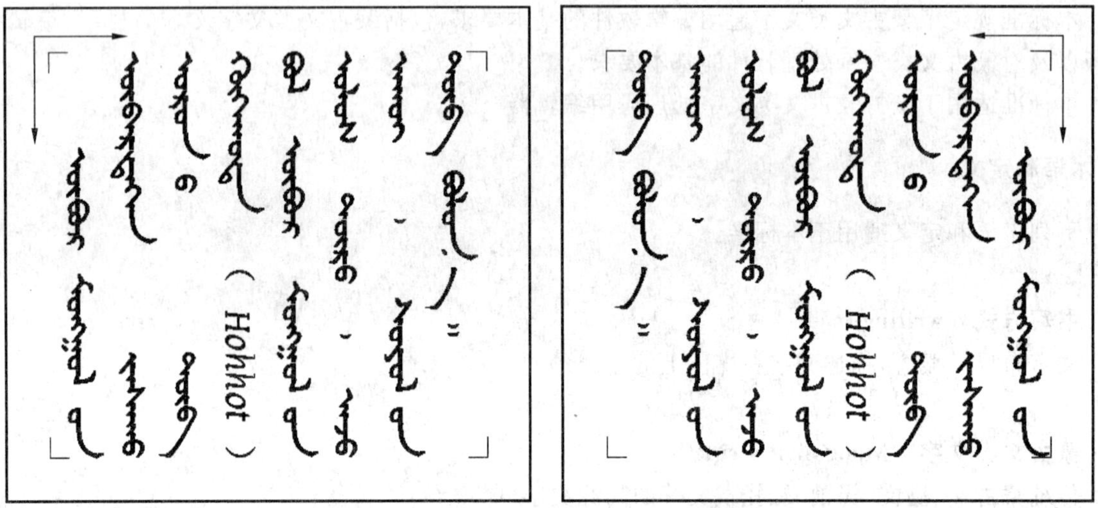

图1 从左到右、从右到左的书写方式

用户操作界面中,应提供“书写方式”的选项。蒙古文类文字“默认书写方式”应是:字序为“从上到下”、行序为“从左到右”的竖排版式。

4.1.2 文字段落格式要求

文字段落格式要求包括“对齐方式”、“缩进方式”、“段落间距”、“分页方式”和“词间距(空格)”等:

a) 对齐方式:支持上对齐、中对齐、下对齐、两端对齐和分散对齐等;

b) 缩进方式:上缩进、下缩进、首行缩进、悬挂缩进等;

c) 段落间距:段前、段后间距;

d) 分页方式:段前分页、段中不分页等;

e) 词间距(空格):词之间的距离应以半角空格字符为标准词字间距。符号、数字与词之间的距离同词与词之间的距离相一致。

4.1.3 蒙古文类文字字体和字号的默认设定

输入蒙古文类文字时,蒙古文类文字的字体默认设定应为“蒙古文类文字白体”,字号默认设定应为四号。

4.1.4 光标移动规则

光标移动应符合蒙古文类文字的拼音文字特点。

4.1.5 蒙古文类文字词边界分析

包括蒙古文类文字编辑特性、整词折行、标点符号禁则处理、数字符号保护、强制换行断词等。

蒙古文类文字词是以非蒙古文类文字字符、蒙古文类文字标点符号为边界的。

a) 编辑特性:双击选择的是词,三击选择的是行;

b) 整词折行:应按整词换行,不应在词中断开换行;

c) 标点符号禁则:

1) 行首禁则：文档中逗号（单点）、句号（双点）、四点号（相当于句号）、问号、叹号、问叹号（问号与叹号结合）、冒号、破折号（单线）及后单引号、后括号、后书名号等不能出现在行首；

2) 行末禁则：前单引号、前括号、前书名号等不能出现在行末；

d) 数字符号保护：数字、小数点、分数、百分比及各类数理化符号等不从中间切分；

e) 强制换行断词：在特定的环境中，不能遵守蒙古文类文字词整词折行规则，需要从蒙古文类文字词的中间位置断词换行的，首先应保护词内音节，即两个音节之间断词，其次应保护“强制合体字”，不应在“强制合体字”中两个或多个字符之间断词，见图 2。

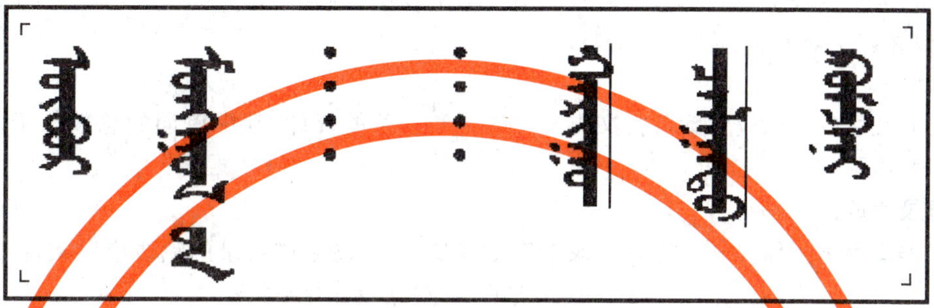

图 2 强制换行断词

4.1.6 日期时间格式

蒙古文类文字通用编辑软件应支持蒙古文类文字格式的日期时间。

4.1.7 模版规范

依据蒙古文类文字应用习惯提供蒙古文类文字的模版。

4.1.8 页眉页脚

蒙古文类文字文档中，页眉页脚可以出现在页的上下边，也可以出现在页的左右边，见图 3。

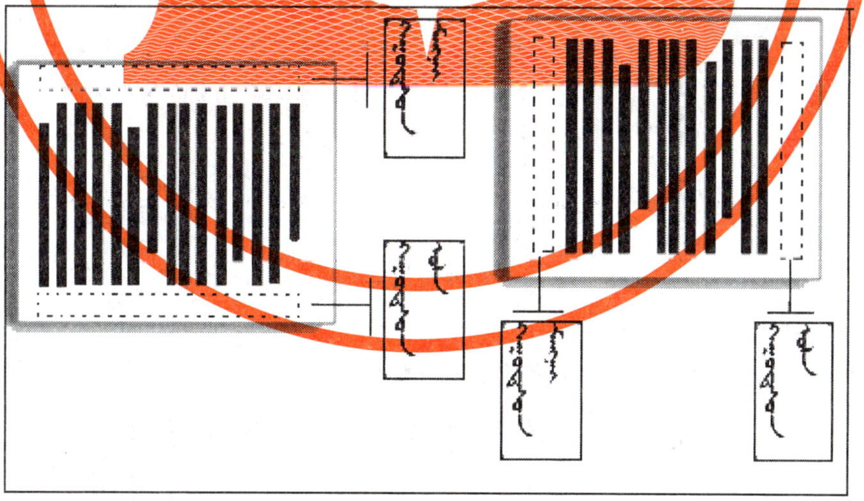

图 3 文档中页眉页脚的两种形式

4.1.9 页面方向

蒙古文类文字通用编辑软件的页面方向应符合蒙古文类文字的书写方式，默认设置为横向 A4 幅面纸。

4.1.10 换页方向

竖排时换页方向如图 4b）所示，横排时换页方向如图 4a）所示。

图 4 横排(上下换页)和竖排(左右换页)

4.1.11 页码规范

蒙古文类文字竖排中应有左右侧页码显示和上下显示页码。奇偶页页码设置为不同位置(双面打印时应重叠)等。

4.1.12 统计

蒙古文类文字的统计应包括蒙古文类文字单词和字符的统计,其中单词的总数等于蒙古文类文字词和分写多变体附加成分之和。

4.1.13 目录生成

蒙古文类文字通用编辑软件应有目录自动生成功能,自动生成目录的点线应以蒙古文的字脊为准,按中线对齐。对齐效果不应是图 5(右),而应是图 5(左)所示中线对齐。

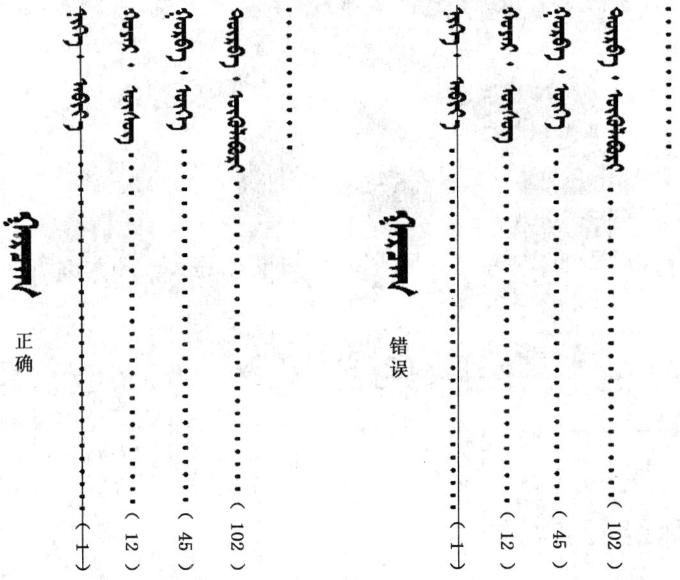

图 5 目录对齐效果

4.1.14 项目符号和编号

项目符号和编号中,应有蒙古文类文字数字,如图 6 所示。

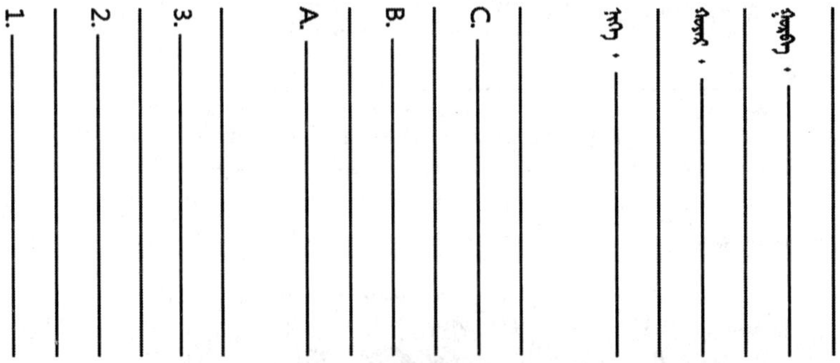

图 6 项目符号和编号

4.1.15 模糊查找

依据蒙古文类文字的形同音异的字符、音节进行模糊匹配。

4.1.16 修订功能及显示

蒙古文类文字通用编辑软件的修订功能及显示应符合蒙古文类文字的书写特点。气泡内的蒙古文类文字方向需要跟随原文档文字方向，气泡应放在页面空白处，如图 7 和图 8 所示。

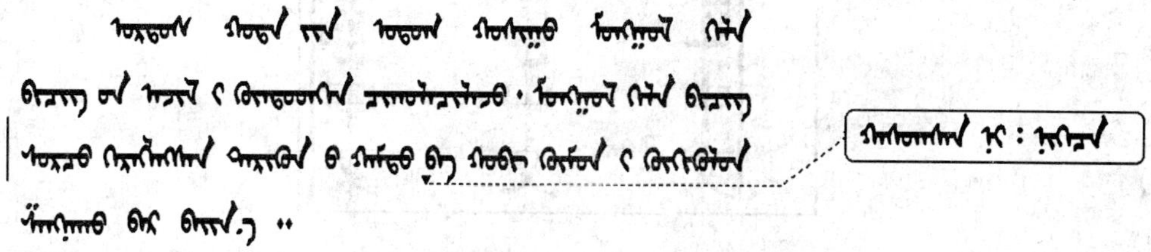

图 7 横排效果

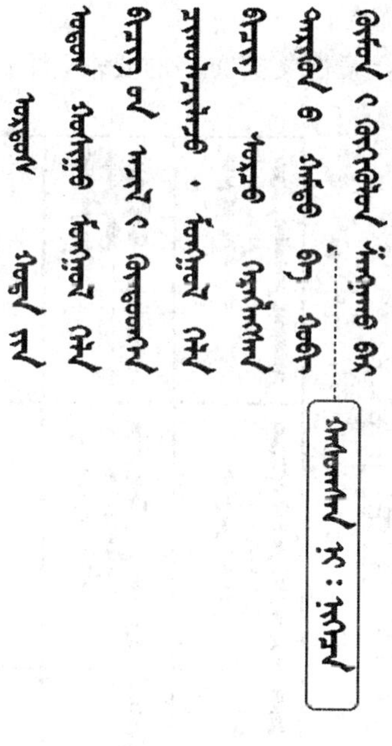

图 8 竖排效果

4.1.17 界面元素

蒙古文类文字通用编辑软件的界面元素应符合蒙古文类文字书写方式特点。

4.1.18 排版

a) 混合排版：在蒙古文类文字文档中出现西文、汉文等字符时，西文、汉文等应跟随蒙古文类文字的竖排版式。在西文、汉文等横排的文档中出现蒙古文类文字时，蒙古文类文字应跟随西文、汉文等的横排版式；

b) 蒙古文类文字文本行内的对齐：应以蒙古文类文字字脊为中线对齐，即居中，如图 9 所示。

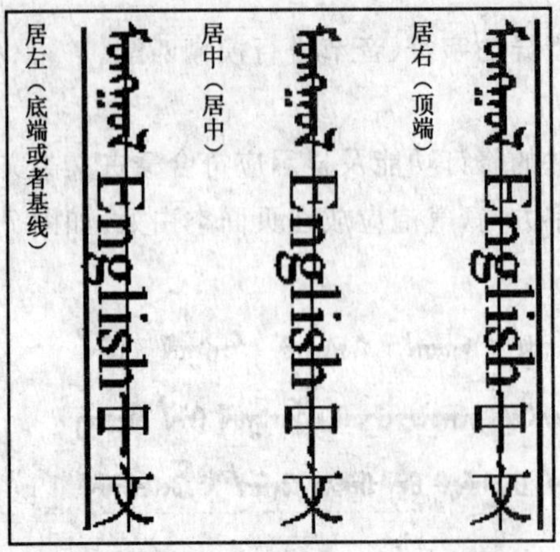

图 9　文本行内的默认对齐方式

4.1.19　文字表格的版式

文字表格需要支持蒙古文类文字的竖排。

a）　表元的方向：蒙古文类文字文档中若页面为竖排时，表元的默认排版方向为竖向。若页面为横排时，表元的默认排版方向为横向；

b）　表元的对齐：表元的对齐应符合蒙古文类文字的要求，图 10 为表元的九种对齐方式；

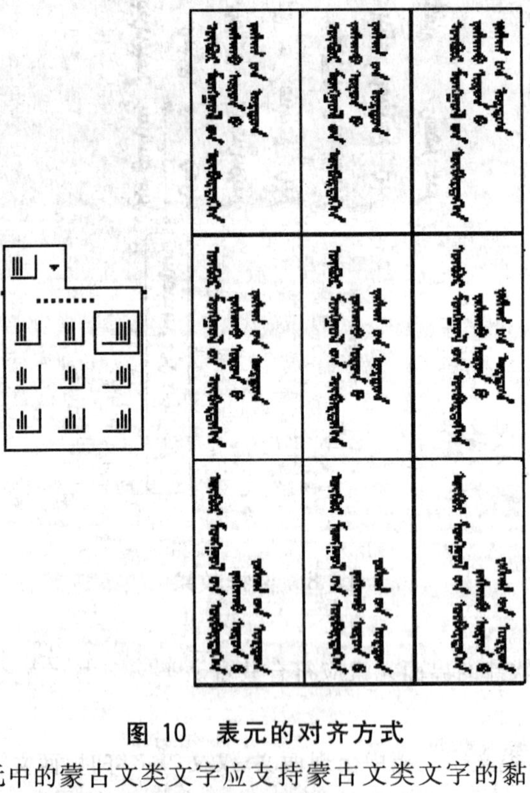

图 10　表元的对齐方式

c）　斜线表元：斜线表元中的蒙古文类文字应支持蒙古文类文字的黏着书写特点及遵守蒙古文类文字边界规则，如图 11 所示。

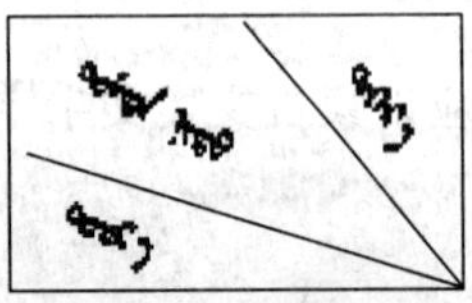

图 11　斜线表元

4.1.20 文字框的版式

文字框的版式应符合蒙古文类文字的黏着书写要求,并能够旋转。文字框内的文字也应跟着文字框旋转,如图 12 所示。

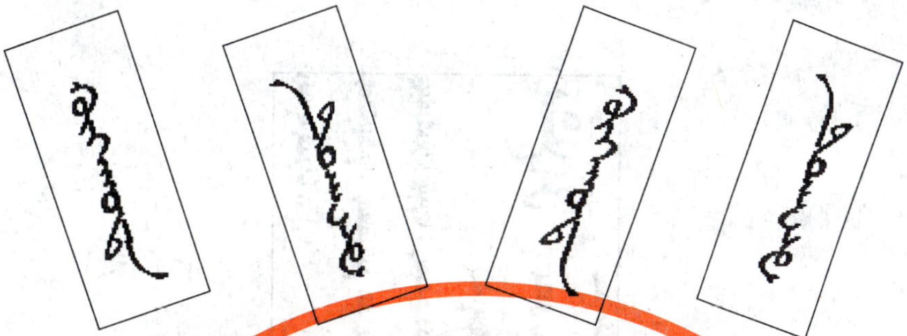

图 12 文字框的版式

4.1.21 字体修饰

蒙古文类文字通用编辑软件中的字体修饰应符合蒙古文类文字黏着书写特点。

4.1.22 符号(工具)栏

在符号(工具)栏中应有蒙古文类文字特定标点符号。

图 13 符号(工具)栏

4.2 二级要求

4.2.1 蒙古文类文字稿纸

竖排时应提供蒙古文类文字特有稿纸样式,如图 14 和图 15 蒙古文类文字稿纸。

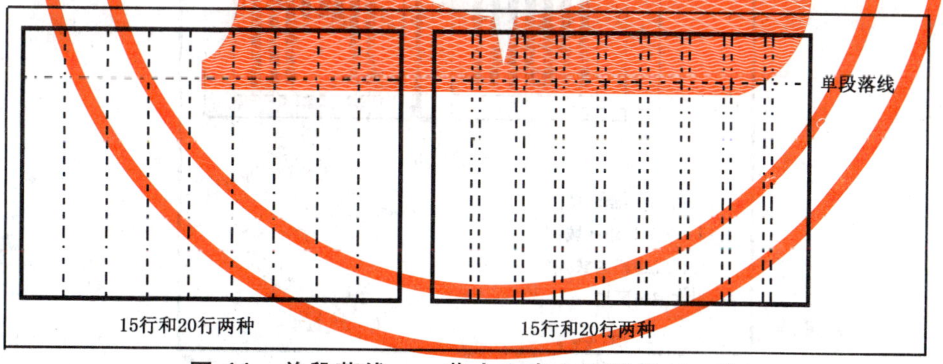

图 14 单段落线——蒙古文类文字稿纸(1∶5)

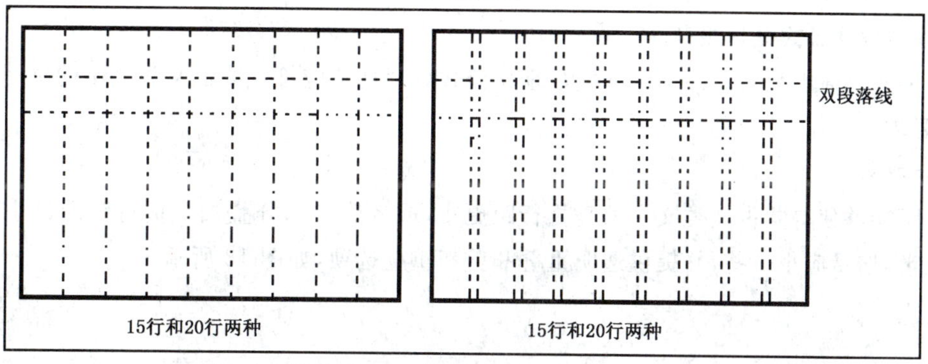

图 15 双段落线——蒙古文类文字稿纸(1∶1∶8)

4.2.2 首字下沉

对蒙古文类文字应调整为段首词放大下沉。可以选择段首字符下沉或段首词下沉。段首词放大下沉的效果如图 16 所示。

图 16 段首词下沉的效果

4.2.3 装订(线)区域

页面装订(线)区域,编辑时应显示一个虚拟框或线,如图 17 所示。

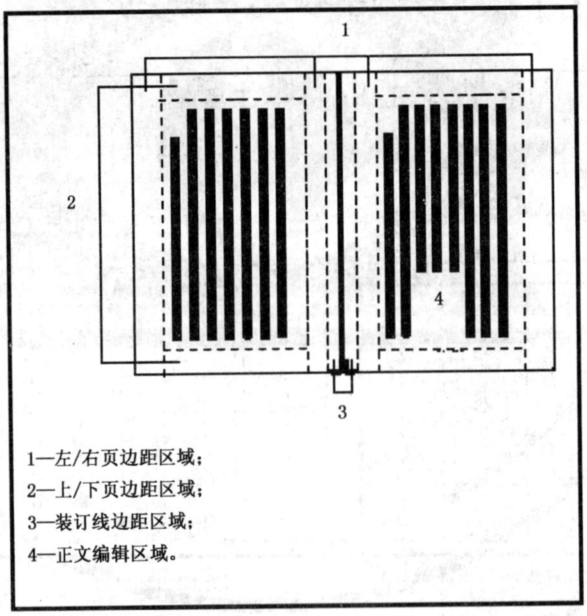

图 17 页面装订(线)区域

4.2.4 基础数理化公式处理规范

蒙古文类文字通用编辑软件中的基础数理化公式处理规范应符合蒙古文类文字的书写方式。

4.3 三级要求

4.3.1 行距要求

负的行距能够使得蒙古文类文字的竖排行距更小,或者能够部分叠加。负行距的最小绝对值为当前行宽的一半,增量应小一些,并提供透明重叠和剪切重叠选项,如图 18 所示。

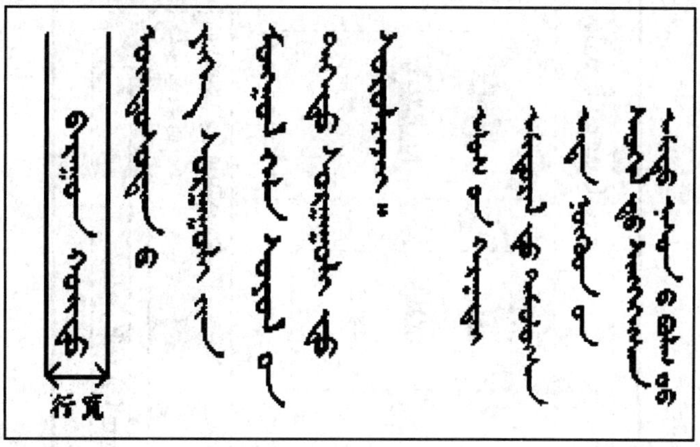

图 18　行距要求

提供的选项为透明重叠和剪切重叠。

4.3.2　界面资源

界面文字开发中应考虑语言切换问题，需要提供汉文/蒙古文类文字或者英文/蒙古文类文字切换形式。

4.3.3　符号插入对话框

符号插入对话框内，应支持蒙古文类文字字符的选择和输入。

a)　在“子集”下拉列表框中，添加“蒙古文类文字字符”选项；

b)　编码在 u1800～u18 AF 之间符号、字符及其他自定义蒙古文类文字字符等。

4.3.4　字体嵌入功能

蒙古文类文字通用编辑软件应提供字体嵌入功能。

5　演示文稿独有要求

5.1　一级要求

5.1.1　页面版式

文字显示的要求和“基本要求”类似，即文字从上到下，从左到右的显示及其对齐规则。页面版式中的文本框应符合蒙古文类文字本地数据(库)中定义要求。

a)　文字框的文字方向需要支持蒙古文类文字书写特点；

b)　表格的文字方向也需要支持蒙古文类文字书写特点；

c)　如果引用电子表格，则其图表支持蒙古文类文字书写特点。

5.1.2　版式

应有一定数量的蒙古文类文字特点版式，并且版式中的样式应符合蒙古文类文字特性，至少应包括如下版式：

a)　通用首页(领域、标题、副标题、单位、日期)

标题和副标题为上下结构的版式见图 19；标题和副标题为左右结构的版式见图 20。

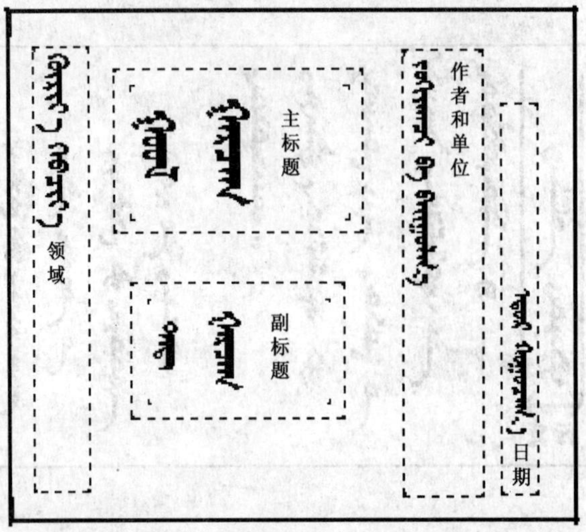

图 19　标题和副标题为上下结构

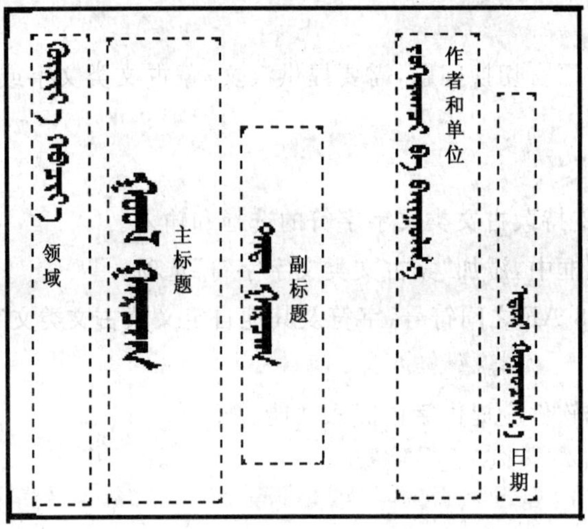

图 20　标题和副标题为左右结构

b)　稿件首页(主、副标题)

主标题在上、副标题在下的版式见图 21;主标题在左、副标题在右的版式见图 22。

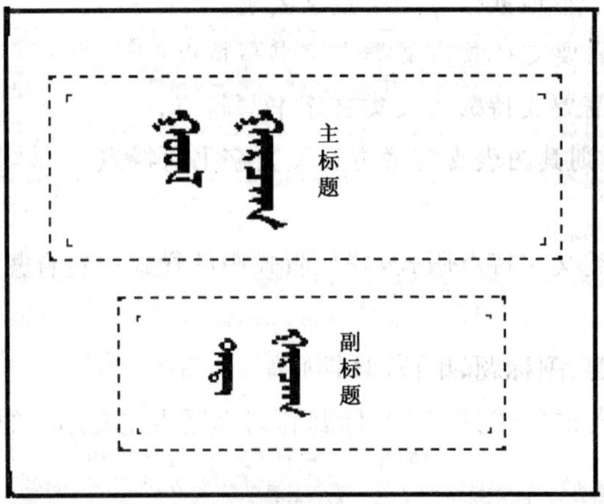

图 21　主标题在上、副标题在下

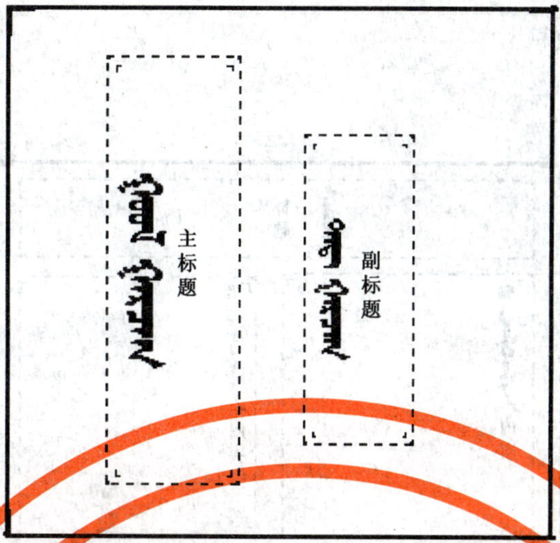

图 22　主标题在左、副标题在右

c)　标题—正文结构

标题在左、内容在右的版式见图 23；标题在上、内容在下的版式见图 24。

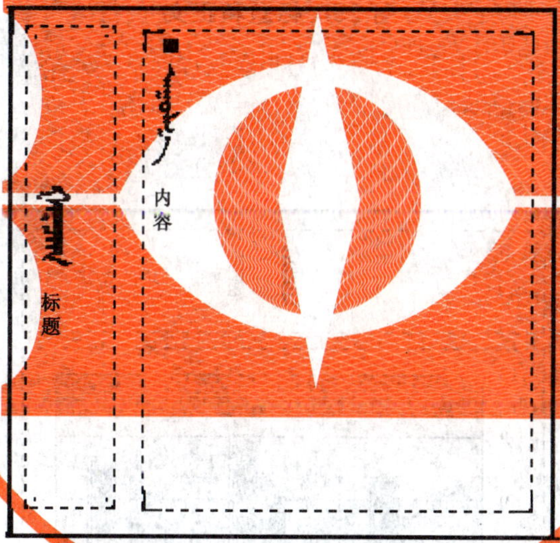

图 23　标题在左、内容在右

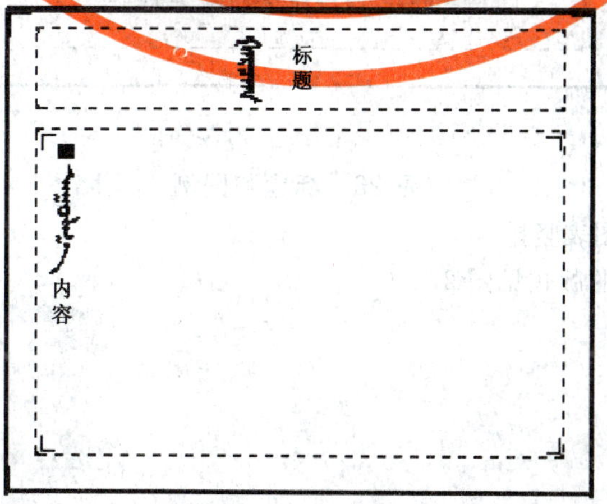

图 24　标题在上、内容在下

d） 标题—正文

标题和正文的版式见图 25。

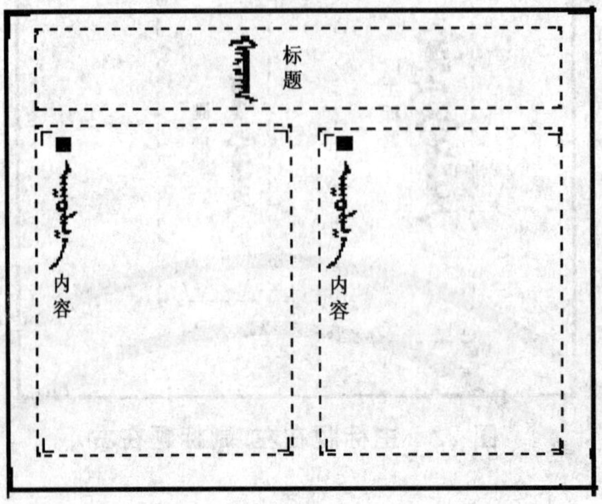

图 25 标题和正文

e） 标题—图例

标题和图例的版式见图 26。

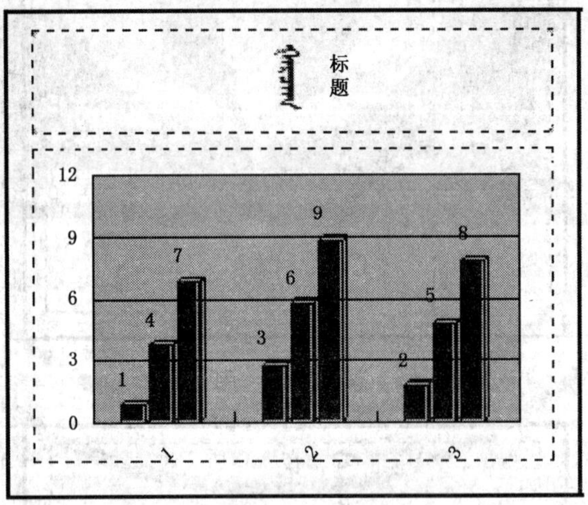

图 26 标题和图例

f） 标题—图例、正文图表竖排

标题、图例和正文竖排的版式见图 27。

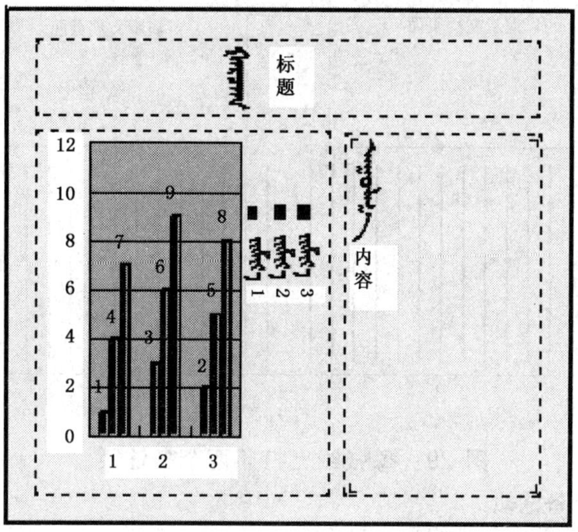

图 27　标题、图例和正文竖排

5.1.3　演示文稿的打印

蒙古文类文字通用编辑软件应提供演示文稿打印、备注页打印、大纲打印等功能。对备注页打印应符合蒙古文类文字的书写方式。

a）　每张纸上打印单个备注页

每张纸上打印单个备注页的样式见图 28。

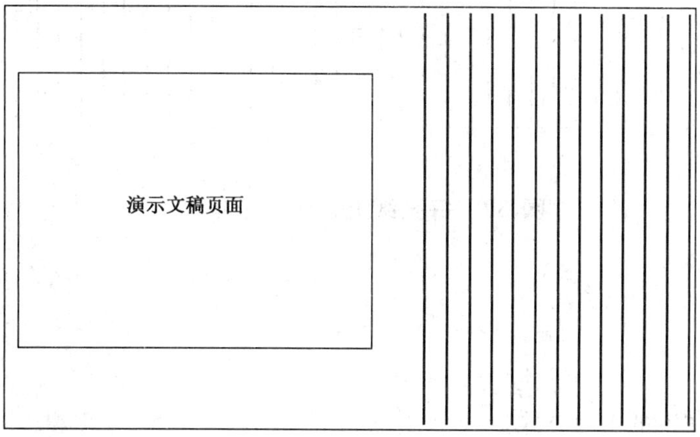

图 28　每张纸上打印单个备注页

b）　每张纸上打印两个备注页

每张纸上打印两个备注页的样式见图 29。

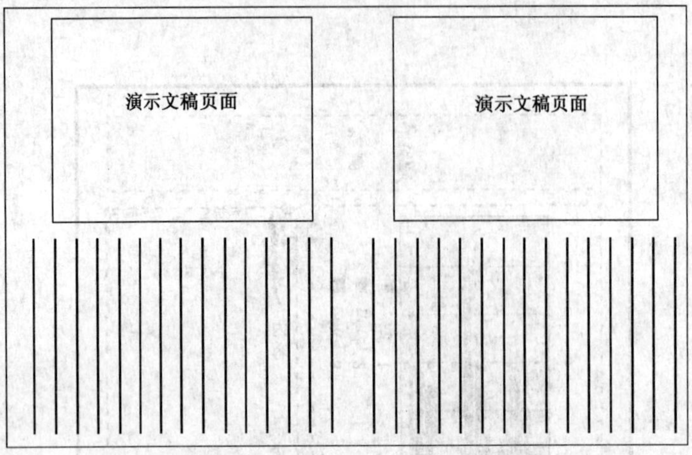

图 29 每张纸上打印两个备注页

c) 每张纸上打印三个备注页

每张纸上打印三个备注页的样式见图 30。

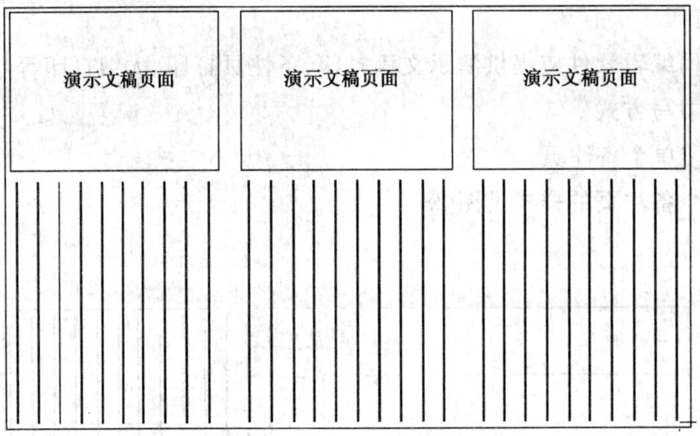

图 30 每张纸上打印三个备注页

6 电子表格独有要求

6.1 一级要求

6.1.1 表元要求

应支持蒙古文类文字的书写方式。

6.1.2 图表要求

图表的标题和样例应竖排，如图 31 所示。

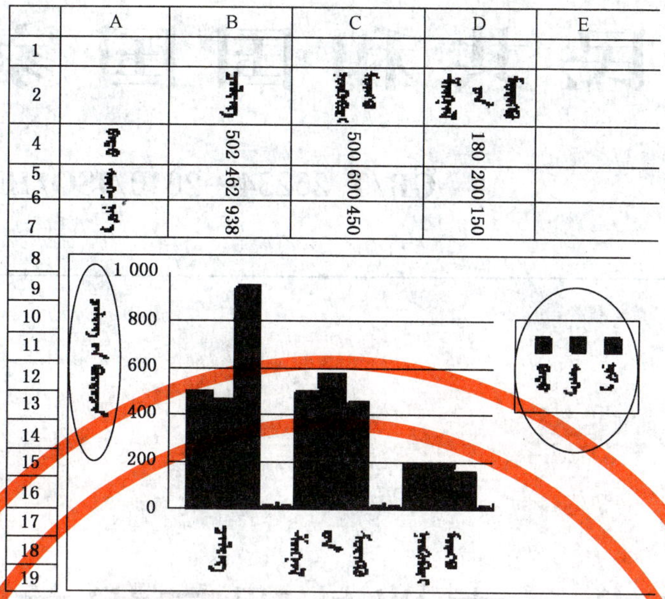

图 31 图表的标题和样例应竖排

ICS 35.240.30
L 67

中华人民共和国国家标准

GB/T 26234—2010/ISO/IEC 13673:2000

信息技术　文档处理与相关通信 标准通用置标语言(SGML) 系统的符合性测试

Information technology—
Document processing and related communication—
Conformance testing for standard generalized markup language (SGML) systems

(ISO/IEC 13673:2000,IDT)

2011-01-14 发布　　　　2011-05-01 实施

中华人民共和国国家质量监督检验检疫总局
中国国家标准化管理委员会　发布

前　言

本标准等同采用 ISO/IEC 13673:2000《信息技术　文档处理和相关通信　标准通用置标语言(SGML)系统的符合性测试》。根据 GB/T 1.1 的规定,本标准仅作如下编辑性修改:

——依据 GB/T 1.1—2000 修改了文本中项目编号;

——GB/T 1988—1998,GB/T 14814—1993 和 GB/T 15536—1995 等同采用国际标准,本标准对其引用不影响本标准等同采用国际标准。

本标准的附录 A 是规范性附录,附录 B 是资料性附录。

本标准由全国信息技术标准化技术委员会提出并归口。

本标准起草单位:中国电子技术标准化研究所、北京信息科技大学。

本标准主要起草人:方春燕、马楠、李幸、宋慧驹、袁媛、姜瑜涛、钟丽娜、吴倩、刘鑫、李文坤。

引　言

GB/T 14814—1993 (eqv ISO 8879:1986)和 ISO 8879:1988/A1:1988《信息处理　文本和办公系统　标准通用置标语言(SGML)》,定义了系统何时符合 SGML 系统。一个系统是否为符合 SGML 的系统取决于该系统的潜在用户和开发人员。然而,这是个复杂的决定过程。因此,本标准旨在开发测试套件以验证符合性。标准化测试套件的开发和使用确保了结果的一致性,并将测试的意义告知公众。本标准提供了下列形式:

——个体测试内容的指南;

——命名测试用例及其结构的严格约定;

——格式和注释约定;

——测试用例分类约定;

——测试套件文档编辑约定;

——用于 SGML 测试的参考应用(RAST)的定义,指明了 SGML 解析器如何解析测试;

——用于容量测试的参考应用(RACT)的定义,报告了解析器的容量计算;

——测试套件报告系统性能的约定。

本标准也指出了与相关标准 GB/T 15536:1995《信息处理　SGML 支持设施　SGML 文件交换格式(SDIF)》的符合性,SDIF 将 SGML 文档中的多个实体连接到单个对象,从而在 OSI 中进行交换。

本标准可用于 SGML 测试套件的开发,用于构建采用该测试套件评价的 SGML 系统,以及作为选择 SGML 工具过程的一部分,用于在测试套件上检测 SGML 系统的性能。

信息技术 文档处理与相关通信 标准通用置标语言(SGML) 系统的符合性测试

1 范围

为了验证SGML系统的符合性,本标准规定了测试套件的构造和使用。本标准有助于构建测试套件,有助于构建采用此类套件进行评估的SGML系统,作为选择SGML工具过程的一部分,有助于在测试套件上检测SGML系统的性能。

本标准具体包括:

——测试套件组成的准则,包括命名约定、文档编制约定以及应用的具体句法和特性的规范说明,这些约定方便了非SGML的自动处理,给测试的开发者或用户提供了方便。

注:非SGML处理的一个例子是按名称对测试分类。

——描述测试结果的标准形式,该结果指名了哪些通过测试或未通过测试。

——SGML测试参考应用(RAST)规范,解释所有置标以允许为遵循GB/T 14814—1993规范的文档进行机器比较。当标记、处理指令和数据被解析器识别时,RAST以标准的形式指明了如何恰当地替换参考、处理中的置标声明和被标记部分。RAST测试的信息大多数是由通用目的SGML解析器传递给应用程序,但一些解析器提供的额外信息并不会被测试。

——容量测试的参考应用规范(RACT),报告验证型解析器的容量计算。不管是否支持多种容量集,支持此应用的SGML系统要指出报告容量错误的能力。

——本测试规程的规范说明与SDIF数据流相关。

本标准适用于测试SGML实现和使用,其客观符合性准则在GB/T 14814—1993中定义。

注:在SGML系统的各个方面中,错误校正、错误信息的措词、应用结果和文档编制(包括系统声明)没有被本标准论及。

2 规范性引用文件

下列文件中的条款通过本标准的引用而成为本标准的条款。凡是注日期的引用文件,其随后所有的修改单(不包括勘误的内容)或修订版均不适用于本标准,然而,鼓励根据本标准达成协议的各方研究是否可使用这些文件的最新版本。凡不注日期的引用文件,其最新版本适用于本标准。

GB/T 1988—1998 信息技术 信息交换用七位编码字符集(eqv ISO 646:1991)

GB/T 14814—1993 信息处理 文本和办公系统 标准通用置标语言(SGML)(eqv ISO 8879:1986)

GB/T 15536—1995 信息处理 SGML支持设施 SGML文件交换格式(SDIF)(idt ISO 9069:1988)

ISO 8879:1986/A1:1988 信息处理 文本和办公系统 标准通用置标语言(SGML)补篇1

3 GB/T 14814—1993的优先级

本标准中任何条款和GB/T 14814—1993之间有任何差异,宜以后者为准。此外,未来有效的GB/T 14814—1993版本与本标准条款如果有矛盾,未来版的测试会被认为是符合本标准的。仅当差异依据有效GB/T 14814—1993版本已经解决。特别地,GB/T 1481的优先权将应用于第4章中的定义、第14章中的RAST以及附录A的ESIS。

本标准的附录A和其他部分之间可能存在内部不一致性，符合性测试套件的实现依赖于附录A规定。

4 术语和定义

下列术语和定义适用于本标准。

注：下列术语没有在GB/T 14814—1993中使用或定义。这些定义宜添加到GB/T 14814—1993的后续版本中，有关GB/T 14814—1993的优先次序将与第3章同时使用。

4.1

反常测试用例 anomalous test case

偏离一些常规测试要求的测试用例，因为被测SGML结构与这些要求不兼容。

4.2

应用模块 application modules

非管理解析器和实体的SGML系统组件。

4.3

有效版本 effective edition

标准的当前版本，包括任何补篇、附录，或其他修改。

4.4

元素结构信息集 element structure information set

包含元素结构的信息，这些元素结构由SGML置标描述(附录A定义了元素结构信息集)。

4.5

ESIS

元素结构信息集。

4.6

等同SGML文档 equivalent SGML documents

当解析等同DTDs和LPDs时，具有等同ESIS的SGML文档。

4.7

内部实体 internal entity

替换文本出现在实体声明中的实体。

4.8

字典顺序 lexicographic order

通过比较相邻字母决定的一种字符串排序。一个字符串出现在另一个的前面，如果它是第二个字符串的前缀，或者根据下列约定，在它们出现差别的第一个位置上，第一个字符串中的字母位置先于第二个字符串中字母。可打印的字符先于不可打印字符。一个可打印字符先于另一个可打印字符，如果第一个字符串的GB/T 1988—1998字符编号小于第二个字符的编号。尤其是，对于所有其他的可印字符，如果第一个先于第二个，则在4.14中的可印字符列表中也是第一个先于第二个。对于不可打印字符，如果文档字符集中若第一个字符的字符编号小于第二个字符的编号则第一字符先于第二个。

注：对于仅由可打印字符组成的字符串，其顺序与具体语法无关。

4.9

主要的SOO major SOO

测试套件中一些相关测试的客观陈述。

4.10

置标敏感的SGML应用 markup-sensitive SGML application

可作用于SGML置标和元素结构的SGML应用。

4.11

次要的 SOO　minor SOO

描述 SGML 语言的特定原则的客观陈述，区分一组相关测试中个体成员。

4.12

不可打印字符　nonprintable character

不是可打印字符的字符(见 4.14)。

4.13

常规测试用例　ordinary test case

这类测试用例，它遵循命名、组织和格式约定，这些约定在本标准中以条例形式列出并作为常规测试的要求(见反常测试用例)。

4.14

可打印字符　printable character

GB/T 1988—1998 中从 32 个位置到 126 个位置已规定的字符。这些字符由空字符和下列字符组成：

!“ ＃ ￥ % & ‘ ( ) * + , — . / 0 1 2 3 4 5 6 7 8 9 : ; 〈 = 〉? @ A B C D E F G H I J K L M N O P Q R S T U V W X Y Z [\ ] ^ _ ` a b c d e f g h i j k l m n o p q r s t u v w x y z { | } ～

4.15

RACT

容量测试的参考应用。

4.16

RAST

SGML 测试的参考应用。

4.17

容量测试的参考应用　Reference Application for Capacity Testing

报告容量计算的 SGML 应用(在第 15 章中定义)。

4.18

SGML 测试的参考应用　Reference Application for SGML Testing

报告 ESIS 信息的 SGML 应用(在第 14 章中定义)。

4.19

SOO

客观陈述。

4.20

客观陈述　statement of objective

在单个测试用例或一组相关测试中，对 SGML 语言某方面的简要描述。

4.21

结构控制的 SGML 应用　structure-controlled SGML application

SGML 应用仅操作 ESIS 信息和 SGML 声明的“APPINFO”参数。结构受控的应用只对由 SGML 置标描述的元素结构进行操作，而不操作置标本身。

4.22

测试用例(或测试)　test case(or test)

包含在测试套件中的 SGML 文档。

4.23

被测系统　tested system

SGML 系统，通过检查测试套件中测试用例产生的结果来评价。

4.24

测试套件　test suite

SGML 文档的编制集合，测试 SGML 系统以指出该系统是否符合 GB/T 14814—1993 规范。

5 SGML 测试套件的用法

由于 SGML 系统可能变化多样，没有一个单一的测试套件足以测试所有 SGML 系统符合 GB/T 14814—1993 要求的程度。一些 SGML 系统产生 SGML 文档，另一些处理 SGML 文档以获得多种结果，还有其他的既能读取也能产生 SGML 文档。一些系统仅限于处理带特定文档类型声明的文档，其他的系统能处理符合系统声明约束的任何文档。打算用于较为通用系统的测试套件包含不能被有更严格限制的系统来处理；用于受限制系统的测试套件不能充分地展示较为通用系统的容量。

注：SGML 特定套件指明处理 SGML 的 SGML 系统模块是否这样做是依据 GB/T 14814—1993 规范的。测试一个系统的 SGML 容量在其他方面并不指明其是否正确地执行期望的应用。

5.1 综合检查测试套件

SGML 测试套件应是全面的。一个通用目标的 SGML 测试套件将提供这样的测试，能揭示 SGML 语言各方面要求和支持可选特性的各个方面的符合性。同样，用于特定应用的测试套件应提供测试来探索用于此程序中的 SGML 语言的每个方面。

注：特定应用测试套件也许不能测试所有 SGML 要求的构造，也不能说明对于这些构造所使用的 SGML 解析器是否符合 GB/T 14814—1993 的要求。例如，如果应用恰巧没有使用任何测试套件，属性则不能被测试。因而，对于这样的应用程序，测试套件不能预测同样解析器构造的另一应用实现中属性的处理是否一致。

本标准定义了测试 SGML 系统的通用要求。希望在受限的环境中使用的测试套件，仅当要求与被测试的系统不兼容时，才会偏离这些要求。例如，使用其他约定限制文档类型声明的系统中，可不遵循选择通用标识符的约定。

验证 SGML 系统的测试套件将包含错误的测试用例以全面调查系统探测错误的能力。非有效的 SGML 系统能使用这样的测试套件测试，但对于不正确文档，其结果是不可预测的。

5.2 被测系统中 SGML 的角色

测试套件的使用方法取决于被测系统是否处理已存在的 SGML 文档或者产生 SGML 文档。

5.2.1 读取 SGML 的系统

对处理已存有 SGML 文档的系统，应通过检测综合测试套件中各个测试产生的结果来测试。然而，SGML 系统的多样性意味着这些结果可能有多种形式。因此，确定测试系统是否正确地处理测试用例不是唯一的方法。

本条余下部分讨论了评估测试套件结果的多种方式，此结果由生成 SGML 文档的系统产生。对于这些方式，RAST 提供了尽可能多的信息，这些信息只要有可能宜尽量使用。

5.2.1.1 评估 RAST

RAST(见第 14 章)是一个简单的 SGML 应用，用来验证解析器时元素结构信息集(ESIS)的识别能力。ESIS(见附录 A)是解析器和实现结构控制应用的其他程序组件之间交换的信息。RAST 以最少的附加信息反映了 SGML 文档的 ESIS，方法是使用相同具体语法，当且仅当两个文档具有相同的 ESIS，从两个 SGML 中获得的结果是一样的。在测试套件中对于每个文档，通过机器比较 RAST 结果来了解正确的 RAST 输出，支持 RAST 的 SGML 系统很容易被测试。

注：对 SGML 系统支持 RAST 不作要求。然而，提供用于构建 SGML 应用的软件开发环境的通用 SGML 系统宜方便实现 RAST。

5.2.1.2 用等效的文档比较

不支持 RAST 的 SGML 系统在某些范围内通过带有下列特性的结构控制程序能被测试：

——应用不限制在一个或多个特定文档类型定义；

——应用的输出是机器可读的(例如,它是计算机文件而不是打印的纸质文件或声音)。这些应用包括,例如计算文档中元素的数量或产生在文档内容中出现的唯一字的词汇列表。

测试规程论及在等效的集合而不是等同 SGML 文档上比较应用程序输出。对这类文档必须产生同样的输出。该准则不能单独论证系统是否符合 GB/T 14814—1993。例如为所有文档产生相同输出(相等或不等)的系统满足本标准。当应用程序为不相等文档产生不同结果时,会保留更多信息。注意,然而刚才描述的简单字列表应用程序不能满足更严格的约束,因为有可能是带有非常不同的元素结构的文档使用了相同词汇表。

注:由相同文档的集合组成的测试套件,它的实现者宜通过确认 RAST 为集合中的每个成员产生相同输出,检验每个集合的成员是否确实相等。

5.2.1.3 通过错误识别评价

验证 SGML 解析器的正确性在很大程度上能够被论证,如果解析器 a)报告无效的错误 SGML 文档和 b)报告符合的有效文档。这类测试能被完成,并与如何报告错误无关(可能包括可视的声音信号和错误信息)。然而,SGML 解析的一些方面,例如记录的结尾和默认属性值的正确解释的重要性,并不影响文档是否有效,从而不能以此方式测试。以此方式全面测试置标的最小限度也是非常困难的。此外,在报告有错误的文档是错误的情况下,系统不需要遵守;系统可能接受不正确的结构和错误解释的一些正确的置标。

5.2.1.4 其他评价形式

特殊应用的知识能被用来设计报告文档中全部或部分 ESIS 信息的特定系统的方法。报告的信息指出了被测系统的解析器对 GB/T 14814—1993 的符合性。

5.2.2 产生 SGML 的系统

通过读入 SGML 文档的系统处理代表性的输出测试产生 SGML 文档的系统。因此测试套件由产生全部输出文档集合的测试用例构成。

注:本规程展示了被测系统是否从测试用例中产生遵循 SGML 的文档;它不提供在其他方面输出是否正确的任何信息。

5.2.3 读入和产生 SGML 的系统

处理和生成 SGML 文档的系统可以看作读取 SGML 的系统和生成 SGML 的系统分别进行测试。依据输入和输出文档之间的关系,两文档之间的比较可能产生额外的结果。尽管这样的比较是依赖于应用程序的,但能够揭示出关于 SGML 符合性的信息。比较的一种形式是测试输入和输出是否是相等的 SGML 文档(通过 RAST 结果的字符对字符比较来完成)。这种比较是有用的,比如在测试能导入和导出 SGML 文档的文本编辑器时。像这样编辑器的 SGML 解析能通过在测试套件中导入每个测试,并能立即导出不可编辑的文档来测试;此结果宜是相等的文档。相似的,利用置标最小化的多种形式,用等同文档替换最小 SGML 文档的工具宜产生与输入相等的结果。对于一些应用程序,验证输入和输出是否等同可能是有用的。比较的其他形式取决于特定的应用。

5.2.4 使用 SGML 作为中间形式的系统

系统可能使用 SGML,尽管其原始输入和最终输出有一些其他形式。像这样的系统创建并处理一个 SGML 文档以获得另一个结果。依据执行情况,它可能测试另外的应用程序中内嵌的 SGML 解析器。此外,如果能保存中间的 SGML 文档,此系统可以看作产生 SGML 的系统来评价。在其他情况下,要求测试特定系统。

6 测试套件文档编制

本章描述的信息应包含在与测试套件相应的文档编制中。这些信息对于测试套件的所有潜在和实际用户来说都是可用的,应在系统被测试后的报告中重复出现。

6.1 通用文档编制

文档编制应包含下列内容:

——一个或多个标识符，如 GB/T 14814—1993 或 ISO 8879:1986/A1:1988 指明了用于准备测试套件的 GB/T 14814—1993 的有效版本；

——一个或多个标识符，如 ISO/IEC 13673:2000，指明了本标准的有效版本，用于准备测试套件的和任意 RAST 以及 RACT 的实现，用作产生由测试套件提供的那些应用程序的结果；

——如果文档不是英文则要翻译下列陈述：

测试套件能够通过提供系统在此失败的一个测试指出 SGML 系统是不符合的。然而，没有测试套件能证明 SGML 系统是完全符合的或者预测系统能获得未测试文档的结果；

——如果文档不是英语则要翻译下列陈述：

当被测系统产生的结果不是测试套件所期望的，此差异可能是测试套件或者测试 SGML 系统中错误导致；

——通过测试套件测试的 SGML 系统的类型描述。例如，描述指明测试套件是否限制在某个特定的应用。描述也标识本标准中不能观测的任意规定——例如，与应用文档类型声明不兼容的命名约定；

——指明测试套件是否探索 SGML 文档的验证和符合性；换言之，一些测试用例是否故意制作成错误的文档；

——文档字符集的描述，用于测试套件中的 SGML 声明的文档字符集参数的句法，如果需要，带描述性注释；

——所有可选的 SGML 特征列表由测试套件在详细语法中列出，该列表使用系统声明中的参量，如果需要，带描述性注释；

——所有可选 SGML 特征列表，不是由测试套件覆盖，结果不能预测被测系统在文档上使用这些特征的性能。在系统声明的特征用法参数的句法中提出此列表，如果需要，带描述性注释；

——具体句法的描述，包含测试套件中具体句法范围和支持系统声明参数的具体句法，如果需要，带描述性注释；

——容量集描述，包含测试套件中系统声明的容量集参数的句法，如果需要，带描述性注释；

——指明一些测试用例是否包括显式的 SGML 声明或者有隐式 SGML 声明的所有测试用例；

——指明测试套件对于各个测试是否伴随着 RAST 结果，假如这样；

——RAST 实现的系统声明用于产生结果。可能需要添加详细评价。系统声明将不应指明支持可选特性，除非实现能解释所有指导 RAST 处理那些特性(见 14.6.3，14.6.14，和 14.6.15)的处理指令。

注：理想情况下，RAST 的实现宜支持定位于测试套件中的所有字符集、多种具体句法、可选的特征以及多种容量集。因此当构造测试套件时，这样的实现可能不是可用的。然而，完全描述任何差异还是很重要的。

如果测试套件为不被 RAST 实现支持的可选特征提供测试用例，RAST 结果将不应提供这些特定测试；

——指明了产生结果的 RAST 的特定实现是否有能力产生错误的指示，#ERROR(见 14.6.2)；

——指出测试套件是否为单个测试提供 RACT 结果；

——在第 13 章列出每个目录中测试用例的数量，为此测试套件定义的任何新目录的识别，以及各个目录使用测试用例的数量。

6.2 测试用例文档编制

文档编制也将为每个测试包含对象陈述(SOO)。SOO 描述了在测试用例中描述的 SGML 语言的主要方面。SOOs 是简洁的陈述，可以是 GB/T 14814—1993 的直接引用语，可以来自句法产品、注释、指定的例子或者附录。测试的 SOO 作为注释出现在测试用例中。此外，对于在测试套件中所有测试的 SOO 应列在单独的报告里。SOO 报告允许单独浏览测试套件的范围和精度，而不检查测试用例本身。此文档应包括与每个 SOO 对应的测试用例名称。

当测试套件包括一个原则的多种变化，提取公共的原则到主要的 SOO，变化到次要的 SOO 可以增加 SOO 文档的可读性。在测试用例中 SOO 注释是关联的主要和次要的 SOO 的串联。主要 SOO 的一个例子是"序言以其他序言为开始"。关联的次要 SOO 可能是：

——其他序言可能是一个注释声明；

——其他序言可能是一个 S 分离器；

——其他序言可能是一个处理指令。

6.3 命名 SOO

每个 SOO，包括主要和次要的 SOO，应是 8 字符的名称。SOO 名称中的字母总是小写字母。每个 SOO 名称应由一个 3 字符唯一标识符和紧接着的 5 字符的条标识符组成。

在这唯一标识符中首字符是字母。如果字母是"g"、"p"或"i"，那么根据下列表格，测试应是符合性文档或错误的文档：

首字母	标识的测试
g	符合(或"好")的文档
p	错误序言
i	错误文档事例

可能使用任意其他首字母，但是本标准不指定其他字母的意义。

注：例如，在以上表格的任一分类有多个 SOO，而不是以特定字母开头。三个字符联合出现时，大型测试套件的实现者可能会定义额外的约定。实现者也可能使用不同的起始字母去避免与早期测试套件的唯一标识符重复。

唯一标识符的第二、三个字符可能是字母或数字，字符的选择与重要性无关。

本条中的标识符是 5-字符的编码，其指明了 GB/T 14814—1993 中定义待测 SGML 的主要方面的条款。每个字符是一个对应数值型的字母或数字。数字代表其本身；字母"a"相当于数字 10；"b"相当于 11，等。字母"z"用于大于 34 的所有数字。首字符识别本节，第二个字符识别子节，第三个识别子子节，第四个识别子子子节，最后数字识别段落。

节标题计数不是为了编号，其目的在于从语义上被要求从一行的开始处起就格式化的所有其他文本块被看作是段落。例如，每个句法的产品、注、注中的段落、交错的例子、列表项和列表标题都作为独立的段落计数。

在 GB/T 14814—1993 中对于相关更高顺序部分的测试，0 被用作更低顺序的条数字。例如，带有基于 10.4.2 中第二段的错误序言的文档测试，在"××"代表两个任意的字母或数字的地方，将会被命名为 p××a4202 的形式。

如果 SOO 没有与特定段落关联，段落数可能为 0。

正如第 6 章中提到，测试套件能识别基于 GB/T 14814—1993 的有效版本。这些信息需要解释条标识符。

当测试涉及到以数字定义的结构时，在条标识符中的前 3 个字符是 fig。(任何 GB/T 14814—1993 的后续版本不希望添加编号 15.18.16 的子子条，所有这些条标识符是唯一有效的。)第四个字符是数字计数(使用 1～9，a～z 编号方式描述)。如果相关，最后的数字标识在数字中的行，否则为 0。

注：SOO 的条款指定是主观的。例如，个体可能不同意测试是否主要调查 ATTLIST 声明或属性值的系统处理。

6.4 修订 SOO

由于测试套件会随时间被重新修订，SOO 名称应保持稳定。如果一个 SOO 被删除，它的名称可能不会被分配给新的 SOO。然而，SOO 的文本可能被修正。单个 SOO 可转换成有多种变化的主要 SOO，主要 SOO 可成为次要 SOO，次要 SOO 也可转化为主要 SOO 或者单个 SOO。此外，条标识符可能被修正。例如，SOO 作者可能初始关联 SOO，其涉及节定义的相关声明的属性值；在修订中，他可考虑使用带处理属性值规范的节来更准确识别 SOO。

7 测试类型

SOOs 和相应测试分成两大主要(可能重叠)组:

——规范化,用作测试系统遵守 SGML 标准;

——容量(Volume),用作测试实现的质量。

规范化范畴能进一步分成这样的 SOO 和测试:

——涉及到 SGML 的单一结构;

——涉及到 SGML 结构的单一联合。

对于规范化测试,SOO 经常是来自 GB/T 14814—1993 的引语或引语段落。

容量范畴能进一步分成这样的 SOO 和测试:

——训练具有规范化测试的多样性测试系统;

——扩展被测系统的容量(例如,在计算机系统上探索内存限制,最大整数大小等等)。

在这些组中,常规测试是那些符合本标准的命名、组织和格式化要求的测试。因为这些要求是与 GB/T 14814—1993 兼容的,但是有更多的限制。错误的 SGML 系统可能正确处理所有常规测试,但是不能处理其他 SGML 文档是合理的。因此,为了符合本标准,测试套件将至少包括一个非常规的测试,其偏离常规测试的每个要求。除了在故意违反 SOO 标识外,非常规测试应符合所有常规要求。

8 独立测试的通用要求

测试套件中的所有测试将满足下列要求:

——测试通过 SGML 语言主要部分寻址分类。然而,一个完整的 SGML 文档包含多种结构(例如,序言和文档实例)。依据测试的结构,测试可以被分成交替范畴的组。范畴的标准定义在第 13 章中提供。每次测试中的意见识别所有相关范畴。

——测试意见用作识别测试套件中密切相关的测试。例如,假设验证名称的最大长度的测试是可被接受的,如果名称包含过多字符,那么这样的验证是错误的。在每个测试的意见中宜提及其他测试。

——每个测试被识别为错误的 SGML 文档或符合的文档。

——一些测试设计用于验证系统没有产生特定的错误。写这类测试,产生错误的系统很可能将符合的文档解释为不符合性的文档或不符合的文档解释为符合的文档。

——在可能的范围内,不符合文档的测试至多包含一个错误。

——一些 SGML 实现使用单独的程序处理序言和文档实例。为了方便实现这类系统,测试通过是否训练序言或者文档实例进行分类。

——每个测试阐明了联合单个次要 SOO 的单个 SOO 或单个主要 SOO。然而,语言所指定方面的多个实例可能出现在单独的测试中。例如,为了说明用例(具有合适的命名规则)在通用标识符中没有意义,单个测试可能包括一些开始标记,在这些开始标记中相同标识符以小写字母、大写字母和混合大小写字母形式输入。

注:当测试打算说明一些不同 SGML 结构的衔接时,在 SOO 中标识为联合。这样,测试仍然说明了单个 SOO。

——最小化测试大小要去掉多余内容;用于测试用例的各个结构直接与被测 SGML 的主要方面相关。本方针不强制测试在可读性或全面性方面有极端要求。例如,因为 #PCDATA 定义为 0 或多个字符,满足各个 # PCDATA 实例的最小字符串是空字符串。然而,如果测试 SOO 相关的短语能实现 #PCDATA,那么测试将更具有可读性。

注:坚持这些方针通常是主观的。例如,个体可能不同意成对的特定测试是否宜看作密切相关的来评论。

9 测试用例命名约定

每个常规测试有一个 8 字符的名称,可能带 3 字符的后缀。测试名称与相应 SOO 的名称是相同的，其中名称在6.3中定义(如果测试基于成对的主要和次要SOO，则是次要SOO的名称)。当测试套件包含相等的文档时，测试名称将添加后缀。所有相等的文档有相同的8-字符名称和任意分配的不同后缀。

注：计算机系统中当文件通过名称和扩展名来识别时，可以在那些扩展名和后缀分别与测试用例名称一致的独立文件中方便地放置每个测试用例。

10 用于SGML名称和文字的要求

在一些环境下联合多个测试到单个文档中可以提高效率。因此，名称对于每个测试应是唯一的。名称也应指明命名对象的功能。同样地，文字也应指明它们的功能。为了达到这些目标，常规测试中的SGML名称和文字选择如下：

——每个名称或文字而非数字或数字记号，是以测试用例名称的3-字符唯一标识符开始的；

——仅小写字母，用于非保留名称和文字；

——测试文档元素与测试有相同的名称；

——在非文档元素的文字和名称上，唯一标识符后接着连字号和单字母编码来说明命名的结构和测试中的序列数。单字母编码是：

a——属性；

e——实体；

g——通用标识符；

i——唯一标识符；

l——链接集；

m——最小文字；

n——记法；

s——弱引用映射；

t——链接类型；

v——属性的取值；

x——混杂的。

遵循这些编码的序列数按其在测试用例中出现的次序分配，并且对于每个编码是唯一的。第一位零是序列数的前缀，如果需要，在测试中遵循给定编码的每个数字有相同的长度。

所以，使用两个实体、一个属性和十个取值，命名为p7b94402的测试用例通过p7b-v01命名了实体p7b-e1和p7b-e2，属性p7b-a1和取值p7b-v01。

注：尽管RAST以字典顺序产生属性信息，命名约定确定字典顺序通常相应于属性在相应ATTLIST声明中出现的顺序。字典和声明顺序的一致性简化了常规测试和RAST输出的手工比较。

命名约定不应用于与之不兼容的非常规测试。

注：例如，此命名模式不能用于测试：

——不是名称的名称记号；

——带与通用实体相同名称的参数实体；

——违反名称长度；以及

——在名称字符(非引用具体句法中的名称字符)的名称中使用多种具体句法。

11 用于测试字符串长度的约定

依赖字符串长度的常规测试在下列位置的字符串中放置当前字符串长度作为十进制整数：

——直接在每个RS字符之后；

——字符串中每十个字符；

——直接在每个RE字符之前。

RS 和 RE 字符包括在字符计数中。字符串长度的最后一个数字出现在指定位置。

注：例如，如果字符串超过十个字符长度，数字‘1’作为第九个字符出现，‘0’作为第十个字符出现。

如果字符展现 10-字符标志与记录标志的开始或结束交迭，或者紧邻前面的 10-字符标记，那么省略这 10-字符标志。注意这些要求应用于 SGML 源文档而不是 RAST 结果。

图 1 给出了字符串长度的例子。它展示了 240 字符长度的处理指令，包括每行开始的 RS 字符和每行结束的 RE 字符。

```
〈?
                3 ……. . . . . 10………….. 20 …………. . 30…………. . . 40 ……………. 50 …………… 60
                64……. . . . 70…………. 80………….. 90 …………. . 100………….. 110 …………. . 120
                125……. . 130 …………140…………. 150…………. 160 ………….. 170 …………. . 180
                185……. . . 190 …………200 ………… 210………… 220 ………….. 230………….. 240 〉
```

图 1　240 字符处理指令

12　源文档格式化约定

有关缩排、空白记录和注释用法的约定，提高了测试的可读性，方便读者浏览信息，并且简化了用户可能希望自动化执行的任务，例如：固定文档元素中通用标识符的位置可以便于提取。

因此，常规测试遵循下列给出的通用模式：

```
〈! DOCTYPE name [
〈! --范畴：
范畴 1
范畴 2
  .
  .
  .
--〉
〈! --
测试的简短描述，包括 SOO
--〉
declaration1
declaration2
  .
  .
  .
]〉
document instance
```

这样的测试例子如下：

```
〈! DOCTYPE g5i79413 [
〈! --范畴：
属性
--〉
〈! --
如果属性值类型是 CDATA(7.9.4.1 中第三段)，则说明空属性值文字。
--〉
〈! ELEMENT g5i79413 -- ANY〉
```

〈! ELEMENT g5i-g1 -- (#PCDATA)〉

〈! ATTLIST g5i-g1

g5i-g1 CDATA #IMPLIED〉

]〉

〈g5i79413〉

〈g5i-g1 g5i-a1=" "〉

〈\g5i-g1〉

〈\g5i79413〉

特别地：

——每个常规测试的首批记录按顺序包含记录第一个字符中的每个开始：

a) 文档类型声明的开始，通过 dso；

b) 注释声明的开始，由词“范畴：”说明；

c) 包含单个范畴名称的一个或多个记录，此处范畴名称在第 13 章描述(以大写字母、小写字母或混合型字母)；

d) 为意见声明的封闭定界符；

e) 第二个注释声明的开放分界符；

f) 包含测试的简要描述的一个或多个行。此描述以测试的 SOO 开始，包含关联的条和段落数。SOO 可能跟有额外的文本，用以解释测试中的元素、数据和其他构造如何支持由 SOO 描述的规则；

g) 用于注释声明的封闭定界符；

h) 包含文档类型声明子集的一个或多个记录，其中子集由多个声明组成；

i) 用于文档类型声明的封闭定界符；

j) 在下一个记录中开始的文档元素。

——在测试开始或结束没有空白或者是空记录。

——每个测试以记录结尾为结束。

——在置标声明中，GB/T 14814—1993 的句法产品中的 ps+通常由单个 SPACE 或在两边带单 SPACE 的意见来识别。为了避免一个记录长于 60 个字符，像 SPACE 这样的字符能被 RE 代替，在单个声明中连续的记录可能是交错的。不同于分隔两个声明的 RE，在 GB/T 14814—1993 的产品中，除非要求分隔符，否则对于 ps* 或 ds* 不会在常规测试中插入任何内容。

——每个置标声明从新记录的首字符开始。

为了方便在多计算机系统上处理，对于常规测试的额外格式化要求是记录限定在 60 个字符内。

当需要测试 SGML 的特定方面时，偏离常规测试要求的不规则测试是需要的。例如，全面的测试套件必须至少包含一个测试，其置标声明开始出现在除了记录的首字符外的任何地方。

13 测试范畴

正如在第 12 章中提到的，测试通过范畴来分类。下面列出一些范畴，并指出了它们是否涉及遵循系统的结构是必须支持或可选结构。特定测试套件可能除了下面列出的之外还定义了额外的类别：

ambiguous content model(可选)

anomalous test(必选)

attribute(必选)

capacity(必选)

character data(必选)

character reference(必选)

character set(可选)
comment(必选)
CONCUR(可选)
content model(必选)
data tag(可选)
default entity(必选)
delimiter-in-context(必选)
document instance(必选)
element(必选)
exception(必选)
explicit link(可选)
external identifier(必选)
FORMAL(可选)
general entity(必选)
Implicit link(可选)
Marked section(必选)
markup declaration(必选)
markup minimization(可选)
multicode syntax (可选)
non-SGML character(可选)
non-SGML data entity(必选)
notation(必选)
OMITTAG(可选)
optional report(可选)
parameter entity(必选)
processing instruction(必选)
prolog(必选)
quantity(必选)
rank(可选)
record boundary(必选)
replaceable character data(必选)
required or optional status of element(可选)
specific character data(可选)
SDIF(必选)
separator(必选)
SGML declaration(可选)
Short reference(可选)
SHORTTAG(可选)
simple link(可选)
SUBDOC(可选)
tag(必选)
unique ID(必选)
variant concrete syntax(可选)

14 SGML 测试的参考应用(RAST)

本章定义了 RAST。

注 1:正如第 3 章讨论的,RAST 和 GB/T 14814—1993 定义之间的冲突依据 GB/T 14814—1993 来解决,而 RAST 和 ESIS 定义之间的冲突依据 ESIS 来解决。

注 2:对特定文档应用 RAST 的结果仍为该文档本身,既不是 SGML 文档也不是交换格式。其惟一的目的是指明文档是否被正确解析。

注 3:SGML 文档按 GB/T 14814—1993 规定变化,使得 RAST 从多个等同的 SGML 文档中产生同样的结果。例如,对于两个除了下列一个或多个差异的相同 SGML 文档,RAST 会产生相同的输出:

——开始标签中属性规范以不同顺序出现;

——文档包含带属性规范的开始标签,属性规范中属性值规范恰好与默认值一致;其他文档忽略此属性规范;

——文档包含一个根据 GB/T 14814—1993 规范被忽略的 RE;其他文档忽略此 RE;

——文档使用忽略标签的最小限度;其他的不使用;

——文档使用弱引用;其他的不使用。

以上列表并不详尽。

14.1 测试文档的具体句法

设计 RAST 用于从 SGML 文档产生可读的结果,这些 SGML 文档使用核心具体语法、参考具体语法或是变化的具体语法,这些变化的具体语法仅在选择弱参考分隔符方面不同于参考具体语法。

RAST 也能够处理使用其他具体语法的文档。然而,对于一些语法而言,像出现以字符'/'和'&'作为名称起始字符使用时,人们理解结果可能会有困难。然而,对于机器比较而言,结果是合适的。

14.2 系统标识符

准备用于 RAST 测试的方法可能会随系统变化而不同。系统标识符会按特定系统的方式进行解释,RAST 实现不需要控制此解释。作为结果,测试中的系统标识符可能会随系统变化而手动进行改变。在系统标识符的显示值上,TAST 结果可以在合理范围内不同。

将存在问题的影响减到最小有两种途径:

——最小化合并系统标识符的测试数量;

——选择那些很可能在计算机系统上被广泛认可的标识符。

注:许多计算机系统接受遵循周期和三个字母范围的八个以上字母或数字组成的文件名。

14.3 指导 RAST 的处理指令

RAST 是对在 SGML 解析器和其余 SGML 系统上交换的信息进行操作。附件 A 列出了在各个方向上移动的信息。当信息从其他组件流向解析器时,RAST 从某些处理指令的系统数据决定信息内容。这些处理指令非常容易识别,这是因为其系统数据总是以字符 rast 开始。

特别地,RAST 使用处理指令来决定哪个文档类型声明和链接类型声明是活动的,以选择链接规则,决定是否解析 SGML 子文档实体。这些处理指令的格式和解释在 14.6.13、14.6.14 和 14.6.15 中给出。在产品中此格式的定义与 14.6 中用于定义 RAST 的记法一样。为了避免歧义,处理指令产品是通过字母来识别,代替用来标明定义 RAST 结果的产品的数字。

14.4 实现 RAST 的要求

实现 RAST 的 SGML 系统需要某些容量,这些容量超过了 GB/T 14814—1993 的要求。特别地,像这样的系统需要能够:

——以机器可读形式产生 RAST 结果;

——以字典顺序对字符串进行分类;

——为了测试某种可选特征、解释和作用处理指令,在 14.6.13、14.6.14 和 14.6.15 中定义了一些指令的解释和行为,这些指令是为了测试某些可选特征。

此外,RAST 结果以依赖系统的字符集来表达。在 14.6.2 中对 RAST 结果的定义中提及的所有字符,出现在相关具体句法中以字符串分隔,是相关具体句法的名称字符,出现在输入到 RAST 的文档中,或是在输入文档中小写字母对应的大写字母。

14.5 记法(注释)

正式描述 RAST 结果是在 GB/T 14814—1993 的产品记法变化中。每个产品中封装产品列表的方括弧先于相同的标记出现,这些产品使用定义的句法变量。另外,在相同标记后面的句法变量跟随在定义的产品数量之后,也封装在方括号中。

下面列出了本记法的终端:

——名称(Name),名称由被解析文档的具体句法定义(在"终端变量"的样式中展现,尽管其不是一个字符型);

注:如果具体句法允许,名称可能包含不可打印的字符。

——数据字符(Data Character),一个可打印字符;

——LE,输出行结尾的系统表示。LE 事实上可能与 RE 一样用作输入字符;

注:行结尾必须以系统依赖方式表现,从而允许 RAST 的表现能很容易地由人工检查和操作。

指导可选 SGML 特征(见 14.3 的描述)的 RAST 处理的处理指令另外还使用以下终端:

——字符串(String),SGML 字符的序列。

14.6 RAST 结果的句法

本条通过 RAST 结果的形式描述对 RAST 进行定义。

RAST 对文档结构的各个组件产生一行或多行。表示数据的行与表示置标的行清晰区分,且置标的各个类型是截然不同的。存在每个置标项结尾的 LE 意味着各个置标项和数据片段从新的一行开始。

14.6.1 RAST 结果中的大写字母和小写字母

RAST 从输入文档输出许多名称和字面值。第 10 章要求在测试用例中名称与文字中的许多字符是小写字母。在 GB/T 14814—1993 上下文中,要求小写字母替换为对应的大写字母,RAST 输出大写字母形式。

注:第 10 章的要求和大写字母替换允许 RAST 测试 SGML 命名规则的解释。

14.6.2 RAST 结果

```
[1] RAST result[11]=
    (processing instruction data[18]*,
    ((active link[26]*,
    Base document element[2]|
    Concurrent document element[33]+),
    Processing instruction data[18]*)|
    (("#ERROR"|"#RAST-PI-ERROR"),LE)
```

如果被解析的文档不是有效的 SGML 文档,RAST 产生单独的词#ERROR。在不是有效而是符合的 SGML 系统中,RAST 的实现不需要产生错误指示。RAST 实现在 14.6.13、14.6.14 和 14.6.15 中定义的解释处理指令,如果以 rast 开始的带系统数据的处理指令不满足 14.6.13、14.6.14 和 14.6.15 这三个子节之一的要求,此实现会产生#RAST-PI-ERROR。

注 1:实现 RAST 可能需要丢弃部分输出文件以便产生错误指示。

注 2:当 RAST 想要尚未提供的处理指令时,RAST 产生#RAST-PI-ERROR。

注 3:指明了在测试用例或 RAST 实现中的一个错误。#RAST-PI-ERROR 不宜出现在由测试套件提供的 RAST 结果中。

RAST 使用处理指令数据来呈现文档中出现的所有处理指令的系统数据,次序按照处理指令出现的顺序。RAST 报告这些处理指令,它们出现在优先于产生任何活动链接、基本文档元素或协作文档元素的序言中。同样地，在处理指令完成基本文档元素或最后协作文档元素之后，RAST 报告这些处理指令出现在 SGML 文档结尾。所有其他处理指令在基本文档元素或协作文档元素中报告（单个处理指令可能会在多个协作文档元素中报告）。

当识别了一个或多个活动文档类型时，RAST 至少产生一个协作文档元素。另外，RAST 产生基本文档元素，可能在一个或多个活动链接规范之后。活动链接的 RAST 用法在 14.6.14 中解释；协作文档元素在 14.6.15 中解释。

14.6.3 元素

[2] base document element[1]=
  document element[3]

[3] document element[2]=simple link
  information[28]*,parsed element[4]

[4] parsed element[3,5,33]=element start[6],
  parse content[5]*,element end[7]

[5] parsed content[4]=
  external entity[17]|parsed element[4]|
  processing instruction data[18]|
  data line[20]|internal sdata entity[19]|
  link set information[30]

[6] element start[4]= "[",Name,
  (LE,((attribute information[8]+,
  link information[29]?)|
  link information[29]))?,
  "]", LE

[7] element end [4]= "[/",Name,(LE, link set
  information[30])?, "]",LE

在 SGML 文档中的每个元素都通过解析的元素以 RAST 结果表示出来。文档元素、所有适当的子元素和所有包含的元素以相同方式表示。此表示法包括元素开始和元素结束，尽管元素输入是没要求带结束标签，是因为该元素已声明内容为 EMPTY 或含有指定的内容参考属性。

围绕元素已解析内容的元素开始和元素结束中，名称是所表示元素的通用标识符。结束元素结尾的结束括弧总是与元素名称出现在同一行。除非开始元素没有属性信息和链接信息，否则结束元素开始的括弧独立出现在一行上。

RAST 展现带解析内容的每个项目内容。它以与出现在解析文档中的相应信息的相同顺序报告解析内容项。

14.6.4 属性

RAST 报告元素 ATTLIST 声明中每个属性的信息。RAST 按照属性名称的字典顺序报告属性。此顺序不必是属性在文档实例中规定的顺序，但通常是属性列表中声明 ATTLIST 声明出现的顺序（见第 10 章）。

[8] attribute information[6,12,27,28,31,32]=
  Name, "=",LE,(("#IMPLIED",LE)|
  ((markup data[21]| internal sdata
  entity[19]) *(external in information[14]|
  entity information[9]+)?))

名称作为属性信息的一项，是被给出信息的属性。

名称属性项指明是哪个属性。为了没有指定的隐含属性，包含没有指定内容引用的属性，此属性信息是#IMPLIED。否则，值由置标数据和内部 sdata 实体的零或多个实例表示。后者仅出现在字符数据属性值的表示上。其他准则，属性的所有类型值是同样方式。

RAST 结果中的每个属性值的记法都带有外部 id 信息。

通用实体名称属性或通用实体名称列表属性的各个值遵循出现在属性值中的每个实体名称的实体信息。在有超过一个实体名称的地方，为不同实体名称给出实体信息，出现顺序与在属性值中出现实体名称的顺序一致。

注：属性值作为 SGML 解析器识别后的显示——在实体扩展之后，在合适的地方移除额外空间和字母的大小写转换。在由两个或多个名称、名称记号、数字、数字记号、实体名称、ID 引用或连续的记号构成的属性值中，通过空格分隔。

14.6.5 实体信息

```
[9]entity information [8]=
        (external entity information[10]|
        internal entity information[13]),
        "#END-ENTITU",LE
[10] external entity information[9,17]=
        ("#SUBDOC",LE,external id
        information[14],parsed
        subdocument[11]?)|
        ("#CDATA-EXTERNAL",LE,
        entity information details[12])|
        ("#SDATA-EXTERNAL",LE,
        entity information details[12])|
        ("#NDATA-EXTERNAL",LE,
        entity information details[12])
[11] parsed subdocument[10]=
        "#PARSED-SUBDOCUMENT",LE,RAST
        result[1]
[12] entity information details[10]=
        external id information[14],
        "#NOTATION=",Name,LE,external id
        information[14],attribute information[8]
[13] internal entity information[9]=
        ("#CDATA-INTERNAL",LE,
        markup data[21])|
        ("#SDATA-INTERNAL",LE, markup
        Data[21]*)
```

外部实体信息是否包括一个已解析子文档将在 14.6.3 中讨论。

在实体信息细节中，第一个外部 id 信息是为实体声明的，并且第二个是为记法声明的。当实体在内容中被引用时和当实体名称在通用实体名称属性或通用实体名称列表属性的值中出现时，RAST 会报告这些信息。

RAST 为每个属性报告属性信息，这些属性是为关联记法声明的。与开始标签属性一样，数据属性通过属性名称以字典顺序显示。

14.6.6 外部标识符

[14] external id information [8,10,12]=
(public identifier information[15],
system identifier information[16]?)|
system identifier information[16]|
("#SYSTEM",LE, "#NONE",LE))

[15] public identifier information[14]=
"#PUBLIC",LE,(markup
data[21]+|("#EMPTY",LE))

[16] system identifier information[14]=
"#SYSTEM",LE,(markup data[21]+|
("#EMPTY",LE))?

当RAST报告外部标识符有公共标识符时,RAST会产生公共标识符信息。如果外部标识符也有系统标识符,RAST也产生系统标识符信息。当报告的外部标识符没有公共标识符时,RAST会产生系统标识符信息。在公共标识符信息和系统标识符信息中,#EMPTY指明是空文字。在系统标识符信息中,RAST使用#NONE指明外部标识符既没有公共标识符也没有系统标识符(也就是说,外部标识符仅由保留名称SYSTEM组成)。

注1:RAST通过SGML解析器规范化显示公共和系统标识符的文字。例如,从公共标识符上删除额外空格。

注2:RAST为记法和外部数据实体报告任何公共和系统标识符,但不反映实体管理者对这些标识符的任何决议。如果SGML文档从不通过应用程序处理而通过RAST处理时,外部数据实体的没有意义的决议是需要的,例如仅用来测试SGML解析器的文档的用例。

14.6.7 外部实体

[17] external entity[5]= "[&",Name,LE,
External entity information[10], "]",LE

外部实体中的名称是引用通用实体的名称。

结束外部实体的结束括弧总是单独出现在一行。

14.6.8 处理指令

[18]processing instruction data [15]= "[?" ,(LE, data line[20]+)?, "]",LE

处理指令数据中的数据行包含SGML解析器可识别的处理指令文本。

结束处理指令数据的结束括弧单独出现在一行上,除非处理指令不包含任何文本。

注:RAST生成处理指令数据,甚至对这些在14.6.13、14.6.14和14.6.15中定义的处理指令,解释如何决定SUBDOC、LINK和CONCUR特征的处理。

14.6.9 数据

[19] internal sdata entity[5,8]= "#SDATA-TEXT",
LE,markup data[21] * , "#END-SDATA",LE

[20] data line[5,18]=("|",Data Character+,"|",
LE)| special character[22]

[21]markup data [8,13,15,16,19]=
("!",Data Character+,"!",LE)|
special character[22]

[22]special character [20,21]=("#RS",LE)|
("#RE",LE)|("#TAB",LE)|
("#",character number[23],LE)

[23] character number[22]=
nonnegative inteer[24]

[24] nonnegative integer [23,35,36,37,38,39,
40,41,42,43,44,45,46,47,48,49,50,
51]=
"0"|(non-zero digit[25],
("0"|(non-zero digit[25])*)

[25] non-zero digit [24]="1"|"2"|"3"|"4"|"5"|
"6"|"7"|"8"|"9"

常用作字符数的数字是十进制数字,其中不以0开头的数字代表一个字符。

14.6.10 数据的统一显示

RAST以统一方式显示所有下列数据值:

——#PCDATA内容;

——处理指令;

——属性值;

——特定字符数据实体的扩展;

——公共和系统标识符。

除了#PCDATA内容和处理指令外,所有上面的值都由惊叹号标志围绕,#PCDATA内容和处理指令是由竖线围绕。唯一不同之处是GB/T 14814—1993强制规定的可能会出现在每个上下文中数据上的限制,例如,公共标识符可能不包含记录结束。

14.6.11 内部SDATA实体

#PCDATA中的内部sdata实体或字符数据属性值不需要包含任何字符。如果出现多个邻近的特殊字符数据实体引用,RAST为每个引用产生一个内部sdata实体。

注1:当实体在内容中被引用而不是实体名称出现在通用实体名称或通用实体名称列表的属性值中时,规定的字符数据实体的文本以不同的形式表现。在第一个样例中文本被多行围绕,这些行包含#SDATA-TEXT和#END-SDATA且在第二个#SDATA-INTERNAL和#END-ENTITY中。

注2:对可出现在SGML上下文文档中的SDATA实体不出现在ESIS中,因此不会被RAST报告,例如,在声明值不是CDATA属性的属性值文字中。

14.6.12 数据字符

RAST显示的数据字符如下:

——可打印字符总是作为数据字符出现。字符编码,例如用于表示字母“A”,总是显示为“A”,甚至在不可能表示字母“A”的特殊字符数据中;

——用于表示记录开始、记录结束和制表符的字符编码总是分别以#RS、#RE和#TAB出现在不同行上,甚至在特殊字符数据中。此制表符作为#TAB报告,而不管其是否在SGML声明中声明为函数字符;

注:由于不像其他数据字符,这些表示不是由竖线或惊叹号标志包围的,这些字符的出现不同于数据字符的序列,这些序列碰巧拼成这些编码的其中之一。

——所有其他字符由数字字符表示。

注:以上要求仅适用于数据字符。所有字符在名称中自表示。特别地,RAST表示非打印字符而不是通过字符数字表示当它们作为数据字符出现时的记录开始、记录结束和制表符,它们出现在名称中时直接输出这些字符。

RAST在单行输出上从不超过60个数据字符,超过60个连续数据字符的序列会拆分成多行。除了最后一行,每行严格包含60个数据字符(加上一行所需的任何字符)。特别地,当超过60个连续数据字符出现时,RAST产生数据行或置标数据的多个实例。

每行数据包含一些数据字符;即,当元素内容为空或字符数据属性值没有字符时,RAST不产生数据行。

注:使用惊叹号标志而不是竖线为置标内出现的数据划界。此约定应用于属性值、特殊字符数据实体、系统和公共标识符,为RAST结果的读者清晰区分置标内数据和其他数据。

14.6.13 SGML子文档实体1)

[a] parse subdocument="rast-parse-subdoc:",("yes"|"no")

解析子文档处理指令指明了用于SGML子文档实体的下列外部实体信息是否包括一个解析的子文档。当RAST遇到解析子文档处理指令时,RAST将自己添加到保存的解析子文档处理指令的列表结尾处。当出现SGML子文档实体的引用,或当出现SGML子文档实体名称作为通用实体名列表属性中的通用实体名称属性值或记号时,RAST在列表开始处移除解析子文档的处理指令。如果处理指令为no,或者如果列表为空,RAST不在实体的外部实体信息中输出解析子文档。如果处理指令为yes,那么RAST输出一个解析子文档。

属性值中的SGML子文档实体名称按RAST报告它们的顺序被处理。特别地,如果元素有两个通用实体名属性和两者值都是SGML子文档实体的名称,RAST使用第一个可用的解析子文档处理指令去决定是否为属性的取值报告解析子文档,此属性的名称在字典顺序中先于其他属性。如果通用实体名列表属性的取值包含多个记号,这些记号是SGML子文档实体的名称,RAST将解析子文档处理指令应用到在属性值顺序出现的记号上。

如果可用的处理指令为SGML子文档实体指定为yes,那么此实体不是有效的SGML文档,RAST输出#ERROR作为实体文档的结果;换言之,RAST并不会简单地输出错误指示无效子文档作为解析子文档。另外,如果实体包含带有以rast开始的系统数据的处理指令,这类实体并不满足本条、14.6.14或14.6.15的要求,RAST输出#RAST-PI-ERROR作为整个文档的结果。

14.6.14 链接

本条描述了RAST怎样报告SGML的可选链接特征。

14.6.14.1 与链接特征一起使用的处理指令

[b] active lpd="rast-active-lpd:", Name, (",", Name) *

[c] link rule selection ="rast-link-rule:", String

rast解释第一个活动的lpd或活动的dtd(见14.6.15)的处理指令后在文档中显示。活动的lpd处理指令中的每个名称是能使之活动的链接类型声明。如果具体句法的命名规则为通用名称指定大写字母替换,Name中的所有字母必须以大写字母形式出现。

注:当命名规则指定大写字母替换时,在链接类型声明中,带小写字母的Name必须在处理指令中全部以大写字母形式出现。在处理指令上本要求允许RAST处理测试,包含可选的链接特征,而不管在链接类型名称中字母是否以大写字母或小写字母出现。没有它,RAST的实现需要访问具体句法的命名规则以调查在GB/T 14814—1993指出的大写字母替换的SGML系统支持。因为命名规则不包括在ESIS中,处理指令中上述要求在任意特殊的基于ESIS的SGML系统中增加了实现RAST的可行性。

下列情形是错误的,会引起RAST输出的#RAST-PI-ERROR作为整个文档的结果:

——处理指令出现在基本文档类型声明的开始之后;

——活动lpd中的名称在序言中不是链接类型声明的链接类型名称;

——在活动lpd中相同的字符串在多个名称中使用;

——处理指令列表中有比SGML声明允许的更多的活动名称;

——显式或隐式链接规范中的源文档类型名称不是基本文档类型声明。

链接规则选择出现在文档实例中。它说明了当下一个元素开始时,链接属性的值用于选择链接规则。特别地,RAST选择的链接规则至少有一个其解释的属性,如果属性不是字符数据,在链接规则选择中记号的取值是字符串。

1) 回顾14.3,为了出现在测试用例的处理指令,产品通过字母标识,以区分通过定义RAST结果的数字标识的产品。

相邻链接规则选择的序列为下列连续元素指明了链接属性。当测试用例包含省略开始标签的序列时，像这样的序列是有用的。

下列情形是错误的，会引起 RAST 输出＃RAST-PI-ERROR 作为整个文档的结果：

——在带多个可用的链接规则的元素之前，没有给出链接规则选择；

——多个规则，或没有规则，至少有一个解释和标记值是字符串的属性。

14.6.14.2 活动链接

[26] active link [1]＝ "＃ACTIVE-LINK＝",Name,
LE,("＃INITIAL",LE,
result element specification[27]＋)?,
"＃END-ACTIVE-LINK",LE

[27] result element specification [26,30]＝ "[",
Name,LE,attribute information[8]＋, "]",
LE

RAST 为每个活动链接类型声明产生活动链接。活动链接中的名称是活动链接类型声明。在结果元素规范中此名称是结果元素的通用标识符。如果出现，＃INITIAL 说明链接规则的结果元素规范，这里规则的源元素规范隐含在初始链接集中。如果有多个活动链接，它们以相同顺序出现，作为出现在活动 lpd 处理指令中的链接名；结果元素规范以名称的字典顺序出现。

14.6.14.3 简单链接信息

[28] simple link information [3]＝
"＃SIMPLE-LINK＝",Name,LE,
attribute information[8]＊,
"＃END-SIMPLE-LINK",LE

在文档元素开始处的简单链接信息中，RAST 为每个活动的简单链接报告链接类型名称和属性信息。简单链接信息数据以链接类型名称在活动 lpd 处理指令中出现的顺序出现。

注：RAST 为每个活动的简单链接都生成活动的链接和简单链接信息。

14.6.14.4 链接信息

[29] link information [6]＝(link set information[30],
link rule information[31]?)|
link rule information[31]

[30] link set information [29]＝
"＃LINK-SET-INFO",LE,
result element specification[27]＋

[31] link set information[29]＝ "＃LINK-RULE",
LE,attribute information[8]＊,
Link resulf[32]?

[32] link result [31]＝ "＃RESULT＝",((Name,LE,
attribute information[8]＊)|
("＃IMPLED",LE))

如果有当前链接集，RAST 把链接信息包含到元素开始中。如果当前链接集有隐含了源元素规则的链接规则，链接信息包含链接集信息。在这种情况下，规则在结果元素规范中按名称的字典顺序列出。

如果开始元素是在当前链接集中用于链接规则的关联元素类型，RAST 报告链接规则信息。任何属性信息报告选择规则的链接属性，选择规则决定在 14.6.14.1 中描述。

如果活动链接是一个显式链接，链接结果包含在链接规则信息中。它给出了带有任意结果属性的结果元素规范。

RAST 在元素结尾中报告链接集信息，尽管当前在元素后面的链接集有隐含源元素规范的链接规则。在链接集规则中，如果指定的链接集有链接规则，其中规则的源元素规范是隐含的，那么 RAST 也在链接集使用声明后面报告链接集信息。

14.6.15 并发

[d] active dtd="rast-active-dta：",Name,
  (",",Name) *

[33] concurrent document element[1]=
  "#CONCUR=",Name,LE,
  parsed element[4]]

RAST 解释第一个活动的 dtd 或活动的 lpd(见 14.6.14)的处理指令后在文档中显示。活动的 dtd 处理指令的每个名称是要使之活动的文档类型声明。如果具体句法的命名规则为通用名称指明大写字母替换，名称中的所有字母必须以大写字母形式出现。下列情况是错误的：

——处理指令出现在基本文档类型声明的开始之后；

——活动的 dtd 中的名称不是序言中的文档类型声明的文档类型名称；

——SGML 声明不允许所有指定的文档类型声明是活动的。

如果它使用活动的 dtd 处理指令，代替基本文档元素，RAST 为每个活动文档类型声明产生一个并发的文档元素，产生的顺序以它们的名称在活动的 dtd 处理指令中出现的顺序为准。在每个并发文档元素中的名称是关联活动文档类型声明的名称。

15 容量测试的参考应用(RACT)

为了测试 SGML 的容量约束符合性，测试套件能包含一个文档，其影响到在 GB/T 14814—1993 中定义的每个容量和几乎不能超越它的其他内容。验证解析器必须正确地处理第一个文档并在第二个文档上报告错误。然而，这样的测试由于两个原因很难创建使用参考容量集。首先，参考容量集有较大约束，因此仅能测试大文档。其次，参考容量集中的所有容量都是相同的。不存在超越任何其他容量而不超过“TOTALCAP”的。不要求能定义不同容量集验证和符合 SGML 系统去定义不同的容量集。因此定义 RACT 以提供评估此 SGML 解析方面的可选方法。RACT 为 SGML 文档发布了有效的分析容量计算。和 RAST 一样，对解析器能否支持 RACT 不做要求。

RACT 为每个容量产生一行，以 GB/T 14814—1993 的图 5 中(其定义了参考容量集)给定的顺序。此行由容量名称、单个空间及在该文档此范畴中使用的容量点的数量组成。

RACT 正式定义如下，和 14 节中使用相同记法。注意 LE 和非负整数在第 14 章中定义。与 GB/T 14814—1993 中一样，SPACE 表示空间字符。

[34] RACT result =totalcap[35],entcap[36],
    entchcap[37],elemcap[38],grpcap[39],
    exgrpcap[40],exnmcap[41],attcap[42],
    attchcap[43],avgrpcap[44],notcap[45],
    notchcap[46],idcap[47],idrefcap[48],
    mapcap[49],lksetcap[50],lknmcap[51]

[35] totalcap[34]= "TOTALCAP",SPACE,
    nonnegative integer[24],LE

[36] entcap[34]= "ENTCAP",SPACE,
    nonnegative integer[24],LE

[37] entchcap[34]= "ENTCHCAP",SPACE,
    nonnegative integer[24],LE
[38]elemcap[34]= "ELEMCAP",SPACE,
    nonnegative integer[24],LE
[39]grpcap[34]= "GRPCAP",SPACE,
    nonnegative integer[24],LE
[40] exgrpcap[34]= "EXGRPCAP",SPACE,
    nonnegative integer[24],LE
[41]exnmcap[34]= "EXNMCAP",SPACE,
    nonnegative integer[24],LE
[42] attcap[34]= "ATTCAP",SPACE,
    nonnegative integer[24],LE
[43] attchcap[34]= "ATTCHCAP",SPACE,
    nonnegative integer[24],LE
[44] avgrp[34]= "AVGRPCAP",SPACE,
    nonnegative integer[24],LE
[45] notcap[34]= "NOTCAP",SPACE,
    nonnegative integer[24],LE
[46]notchcap[34]= "NOTCHCAP",SPACE,
    nonnegative integer[24],LE
[47]idcap[34]= "IDCAP",SPACE,
    nonnegative integer[24],LE
[48] idrefcap[34]= "IDREFCAP",SPACE,
    nonnegative integer[24],LE
[49] mapcap[34]= "MAPCAP",SPACE,
    nonnegative integer[24],LE
[50] lksetcap[34]= "IKSETCAP",SPACE,
    nonnegative integer[24],LE
[51] lknmcap[34]= "LKNMCAP",SPACE,
    nonnegative integer[24],LE

每个非负整数值是文档中指定容量点的数量。

16 测试套件报告

本章描述了如何报告使用测试套件测试 SGML 系统的结果。此处描述的信息应与第 6 章描述的文档编制相结合。

使用特定测试套件测试的特定 SGML 系统的性能不能由单一的得分或数量进行恰当报告。这样的任何尝试可能的结果是在系统符合性上获一个低分,这些系统没有实现在测试套件中重复测试的可选特性。此外,对一些必要结构没有需求的 SGML 用户,可能倾向去选择一个这样的系统,该系统没有正确实现必要的结构以利于系统符合性而不提供用户打算使用的可选特征。因此,测试套件的执行结果以下列描述形式报告:

——本报告列出了下列每个测试范畴:

——在该范畴中的测试数量。

——如果测试系统包括一个验证解析器,列出该范畴的测试数量,测试套件和测试系统:

——同意是符合的文档；

——同意是错误的文档；

——不同意符合或错误。

——如果测试套件和测试系统都支持 RAST、在符合文档范畴中的测试数字，及为此由测试系统产生 RAST 结果：

——与测试套件提供的一致；

——与测试套件提供的不一致；

——不能与测试套件提供的比较，因为仅有 RAST 两者之一支持用在测试中的可选特征。

——如果测试套件和测试系统都支持 RACT，在 RACT 结果由测试系统生成的范畴中测试数量：

——与测试套件提供的一致；

——与测试套件提供的不一致。

——测试套件和测试系统产生不同的结果的测试名称。

——所有测试范畴的成对比较，构造依据测试开始处的范畴注释。每个测试范畴与其他各个范畴对比是通过计算都出现在注释中的范畴的测试数量。此信息帮助报告的读者确定结果的重要性。例如，假设测试系统已正确实现了结构 x，但是错误地解释了结构 y。如果 x 的所有测试碰巧也与 y 相关，系统和测试套件产生不同结果的高计数可能提示在 x 实现中出现问题。关于 x 和 y 测试的交迭信息，却告知用户问题可能存在于后一类中。

注：实际中，测试套件可能在 RAST 的两个或多个实现的关联中开发。对于每个测试都宜产生相同的结果。如果不是这种情况，那么测试套件的实现者不能决定哪个结果是正确的，所有差异应被测试套件区分。此文档编制应清楚地鉴别提供多个结果的测试。

17 测试 SDIF 数据流

评估 SDIF 系统价值的测试套件应要全面。包括 SDIF 测试的通用目标 SGML 测试套件将探究 GB/T 15536—1995 每个方面的符合性。测试套件在约束一个使用 SDIF 的特定 SGML 应用时，应提供测试去探究与应用程序相关的 SDIF 的各个方面。每个测试 SDIF 的通用目标 SGML 测试套件应测试创建来自独立实体的 SDIF 数据流和分隔到多个实体的 SDIF 数据流。按顺序应用这些操作宜使得原始实体重新创建，与此同时，协调实体声明的异常可能有不同的系统标识符。

附 录 A
（规范性附录）
GB/T 14814—1993 元素结构信息集(ESIS)

本附录描述了蕴含在 GB/T 14814—1993 中的元素结构信息集(ESIS)。

注：第 3 章提供了关于 GB/T 14814—1993 应用的冲突说明。

本附录列举了两类 SGML 应用(因此有两类符合 SGML 的应用)：

a) 结构控制 SGML 应用仅操作在由 SGML 置标描述的元素结构而从不操作置标本身；

b) 敏感置标 SGML 应用能表现在活动的 SGML 置标和元素结构信息上。示例包括敏感 SGML 编辑工具和置标验证工具。

信息集通过实现结构控制应用程序起作用，被称为“元素结构信息集”(ESIS)。ESIS 包括元素结构本身的特性以及其他信息。ESIS 蕴含在 GB/T 14814—1993 中，但没有明确的定义。本附录的目的是提供明确的定义。

ESIS 对于 SGML 符合性测试具有特殊重要性，因为两个 SGML 文档是相同的，如果当它们被解析关于同样的 DTDs 和 LPDs 时，其 ESIS 是相同的。所有结构控制应用程序必须对所有相同 SGML 文档产生同样的结果。相反，不是所有敏感置标应用程序均会从相等文档产生同样的结果。(例如，程序打印注释声明或计算被省略结束标记的数量)。

ESIS 信息在 SGML 解析器和实现结构控制应用程序的 SGML 系统之间交换，尽管实现可能选择“连接”到一些 ESIS，比如属性的名称。结构控制应用程序除了 ESIS 提供的信息外，不需要其他序言知识。

实现结构控制应用程序的系统仅需要作用于 ESIS 信息和 SGML 声明的 APPINFO 参数。

注 1：本要求并不禁止解析器提供相同接口给结构控制和置标敏感的应用，该应用包括非 ESIS 信息(例如，日期)，和/或源自 ESIS 的信息(例如，开放元素列表)。

注 2：遵循 SGML 系统的文档编制支持用户开发和结构控制的应用程序，宜使应用程序开发者意识到此要求。像这样的系统宜推动符合本要求，其通过非 SGML 从接口到应用程序来区分 ESIS 信息。GB/T 14814—1993 的 15.3.5 中注 1 仅用于结构控制的应用程序。

下列 ESIS 描述中，信息被看作可用于解析文档中的特殊点是可取的。这些识别不宜解释为这种需求，信息事实上在那一点进行交换——所有或部分信息可能已在其他点上交换了。类似地，发生交换的方式(例如，函数调用的数字)和形式没有约束。

ESIS 描述包括关联所有 SGML 可选特征的信息。当给定的特征没有被使用时，相关的信息就不会出现在文档中。除非另外指出，ESIS 信息从解析器传输到应用程序。

ESIS 信息应用于单个解析文档实例。因此，如果当前实例被解析时，那么必须识别可用的文档类型名称。当在一系列活动链中解析中间实例时，本要求同样适用。

ESIS 信息包括识别下列事件，和传递每个指定信息：

a) 初始化

——应用程序必须告知 SGML 解析器的活动文档类型、活动链接类型，或者仅发生在相关基本文档类型中的解析过程。

b) 文档实例集的开始

——对于每个活动 LPD，用于初始链接集的链接类型名和链接集信息，见下面的 m)。

c) 仅文档元素的开始

——对于每个活动简单链接，用于链接属性的链接类型名和属性信息，见下面的 j)。

d) 任何元素的开始

——通用标识符；

——用于开始标记的属性信息；

——对于每个可适用的链接规则，用于链接属性的属性信息；

——应用程序必须告知 SGML 解析器选择了哪个可适用的链接规则；

——对于选定的链接规则，用于结果元素的结果 GI 和属性信息；

——如果元素有关联链接集，则是链接集信息。

e) 任何元素的结束，包括声明为空的元素

——通用标识符；

——链接集信息，是在元素(包括处理任何相关“#POSTLINK”参数)后立即出现的链接集。

注：如果元素为空，ESIS 并不指出为什么为空；那是因为多种情形：其是否声明为空，或是否有显式内容引用发生，或是否仅发生包含没有数据字符、子元素或其他内容。

f) 文档实例集的结束

注：处理指令能在文档元素的结束和文档实例集的结束之间发生。

g) 处理指令

——系统数据。

h) 链接集使用声明

——链接集信息。

i) 数据

——包括无忽略字符(例如，记录开始)；

——包括仅重要记录结束，其没有指明决定如何有意义。通过字符引用输入的字符不以任何方式区分。指定的实现意味着可用于代表字节联合，应用程序不能直接接受此字节联合。

注 1：像这种字节联合可能是那些通过字符引用输入的非 SGML 字符，但是否一致并不重要。

注 2：非 SGML 字符直接发生在源文本中，其字节联合可能已被标记为错误，所以不能将它看作数据。

j) 属性信息

——所有属性值必须报告并关联它们的属性名称；

注 1：例如，解析器能够提供带值的属性名称，或者提供按次序排列的值，对应此前已提供的名称列表。

注 2：在做记号的属性值中，记号的顺序应像原始说明的那样保存。

——每个未指定的隐式属性必须得到标识；

注：例如，解析器能够明确标识这些属性，或者能够允许应用程序来决定，通过比较已标识的特定属性值和此前提供的属性名称列表来实现。

——这里应不指明属性值是否为默认值；

——在属性说明列表中指定属性顺序不在 ESIS 范围内；

——通用实体名称属性值包括实体名称和实体文本。实体本身并不能看作已被引用；

注：应用程序能够使用系统服务来解析实体，但这样解析超出了当前文档的内容。

——对于记法属性，属性值包括记法名称和记法标识符；

——对于 CDATA 属性，解决在属性值文字上引用 SDATA 实体。替换文本与周围文本相区别，标识为单独的 CDATA 实体；

——对于 CDATA 属性，解决在属性值文字上引用 CDATA 实体。替换文本不能与周围文本相区别。

k) 引用内部实体

——传给应用程序的信息取决于实体类型：

SDATA：替换文本，标识为单独的 SDATA 实体。

PI:替换文本,标识为处理指令,而非实体。

——其他引用不会传递给应用程序。

注:在出现引用的内容中解析替代文字,能在传递的其他 ESIS 信息中得到结果。

l) 引用外部实体

传递给应用程序的信息取决于实体类型:

——对于数据实体,传递实体名称和实体文本。如果命名了记法,数据属性的记法名称、记法标识符和属性信息也要传递;

——对于 SGML 文本实体,不会给应用程序传递任何信息;

注 1:在出现引用的内容中解析替代文字,能在传递的其他 ESIS 信息中得到结果。

——对于 SUBDOC 实体,传递实体名称和实体文本。应用程序要求在出现引用的地方解析子文档实体。

注 2:解析子文档实体会导致其他 ESIS 信息被解析。子文档实体的文档实例集的结束指明后面的 ESIS 信息应用于子文档实体引用的元素。

m) 链接集信息

——所有链接规则的源元素说明都是隐式的。

附　录　B
（资料性附录）
测试和 RAST 结果的样本

本附录包括几个典型的测试用例及其 RAST 结果。这些例子阐明了常规测试和 RAST 输出。

B.1　典型的符合文档

下面是典型的符合文档测试：

```
〈! DOCTYPE g01b2404  [
〈! --范畴：
      元素
      置标声明
      前言
--〉
〈! --
#PCDATA 是主要内容记号(11.2.4 中，第四段，产品 129)。
--〉
〈! ELEMENT g01b2404 -- (g01-g1)〉
〈! ELEMENT g01-g1 -- (#PCDATA)〉
]〉
〈g01b2404〉
〈g01-g1〉
parsed character data
〈/g01-g1〉
〈/g01b2404〉
```

RAST 结果是：

```
[G01B2404]
[G01-G1]
[parsed character data]
[/G01-G1]
[/G01B2404]
```

B.2　错误序言

下面是典型的带错误序言文档的测试：

```
〈! DOCTYPE p01b2201 [
〈! --范畴：
    元素
    置标声明
    前言
--〉
〈! --
忽略标记最小化，包括开始标签最小化和结束标签最小化(11.2.2 中，第一段，产品 122)。
```

```
-->
〈! ELEMENT p01b2201 -- (p01-g1)〉
〈! ELEMENT p01-g1 —(#PCDATA)〉
]〉
〈p01b2201〉
〈p01-g1〉
〈/p01-g1〉
〈/p01b2201〉
```

RAST 结果是：

```
#ERROR
```

B.3 隐式属性

下面列子显示了隐式属性的处理：

```
〈! DOCTYPE g02b3407 [
〈! --范畴：
    属性实例
-->
〈! --
默认值#IMPLIED 意味着属性是隐式属性(11.3.4 中,第七段)。
-->
〈! ELEMENT g02b3407 -- (g02-g1) +〉
〈! ELEMENT g02-g1 — (#PCDATA)〉
〈! ATTLIST g02-g1 g02-a1 NAME #IMPLIED〉
]〉
〈g02b3407〉
〈g02-g1 g02-a1="g02-v1"〉
Impliable attribute specified.
〈/g02-g1〉
〈g02-g1〉
Impliable attribute omitted.
〈/g02-g1〉
〈/g02b3407〉
```

RAST 产生如下：

```
[G02B3407]
[G02-G1
G02-A1=
! G02-V1!
]
|Impliable attribute specified.|
[/G02-G1]
[G02-G1
G02-A1=
#IMPLIED
```

]
|Impliable attribute omitted.|
[/G02-G1]
[/G02B3407]

B.4 通用实体名称属性

数据实体名称的用法作为通用实体名称属性的取值在下面测试用例中说明：

〈! DOCTYPE g0379431 [
〈! --范畴：
属性
文档实例
外部标识符
通用实体
记法
--〉
〈! --
通用实体名称属性值是数据实体的名称(7.9.4.3 中，第一段)。
--〉
〈! ELEMENT g0379431 -- (g03-g1+)〉
〈! ELEMENT g03-g1 --EMPTY〉
〈! ATTLIST g03-g1 g03-a1 ENTITY #IMPLIED〉
〈! NOTATION g03-n1 SYSTEM "g03-x1"〉
〈! ATTLIST #NOTATION g03-n1 g03-a2 NAME #IMPLIED
g03-a3 NAME #IMPLIED〉
〈! ENTITY g03-e1 SYSTEM "g03-x2" NDATA g03-n1
[g03-a2="g03-v1" g03-a3="g03-v2"]〉
〈! ENTITY g03-e2 SDATA "g03-x3"〉
]〉
〈g0379431〉
〈g03-g1 g03-a1="g03-e1"〉
〈g03-g1 g03-a1="g03-e2"〉
〈/g0379431〉

RAST 产生：

[G0379431]
[G03-G1
G03-A1=
! g03-e1!
#NDATA-EXTERNAL
#SYSTEM
! g03-x2!
#NOTATION=G03-N1
#SYSTEM
! g03-x1!

```
G03-A2=
! G03-V1!
G03-A3=
! G03-V2!
#END-ENTITY
]
[/G03-G1]
[G03-G1
G03-A1=
! g03-e2!
#SDATA-INTERNAL
! g03-x3!
#END-ENTITY
]
[/G03-G1]
[/G0379431]
```

B.5 链接

假设 SGML 声明说明 LINK EXPLICIT YES,考虑下面 SGML 文档:

```
〈? rast-active-lpd:G04-T1〉
〈! DOCTYPEg04c2203 [
〈! --范畴:
      属性
      文档实例
      外部链接
      处理指令
--〉
〈! --
结果属性规范出现在显式链接规则中(12.2.2 中,第三段,产品 167)。
--〉
〈! ELEMENT g04c2203 -- (g04-g1+)〉
〈! ELEMENT g04-g1 -- ENPTY〉
]〉
〈! DOCTYPE g04-g2 [
〈! ELEMENT g04-g2 -- (g04-g3|g04-g4) * 〉
〈! ELEMENT g04-g3 --EMPTY〉
〈! ELEMENT g04-g4 --EMPTY〉
〈! ATTLIST g04-g3 g04-a1 NAME #IMPLIED〉
〈! ATTLIST g04-g4 g04-a2 NAME #IMPLIED〉
]〉
〈! LINKTYPE g04-t1 g04c2203 g04-g2 [
〈! ATTLIST g04-g1 g04-a3 NAME #IMPLIED〉
〈! LINK #INITIAL
```

```
g04-g1 [g04-a3="g04-v1"] g04-g3 [g04-a1="g04-v2"]
g04-g1 [g04-a3="g04-v3"] g04-g3 [g04-a2="g04-v4"]
〉
]〉
〈g04c2203〉
〈? rast-link-rule:G04-V3〉
〈g04-g1〉
〈/g04c2203〉
```

RAST 输出显示如下：

```
[ ?
|rast-active-lpd: G04-T1|
]
#ACTIVE-LINK=g04-T1
#END-ACTIVE-LINK
[G04C2203]
[ ?
|rast-link-rule: G04-V3|
]
[G04-G1
#LINK-RULE
G04-A3=
! G04-V3!
#RESULT=G04-G4
G04-A2=
! G04-V4!
]
[/G04-G1]
[?
|rast-link-rule: G04-V1|
]
[G04-G1
#LINK-RULE
G04-A3=
! G04-V1!
#RESULT=G04-G3
G04-A1=
! G04-V2!
]
[/G04-G1]
[/G04C2203]
```

B.6 并发

带有 SGML 声明指明 CONCUR YES，下列文档指出不同文档类型的文档实例可以同时出现：

```
〈? rast-active-dtd:G0577003,G05-G2〉
〈! DOCTYPE g0577003 [
〈! --范畴:
      并发
      文档实例
      处理指令
--〉
〈! --
不同文档类型的文档实例可以同时出现(7.7中,第三段)。
--〉
〈! ELEMENT g0577003 -- (g05-g1) +〉
〈! ELEMENT g05-g1 -- (#PCDATA)〉
]〉
〈(g0577003) g0577003〉
〈(g05-g2) g05-g2〉
〈(g0577003) g05-g1〉
〈(g05-g2) g05-g3〉
one
〈/(g05-g2) g05-g3〉
〈(g05-g2) g05-g3〉
two
〈/(g0577003) g05-g1〉
〈(g0577003) g05-g1〉
three
〈/(g05-g2) g05-g3〉
〈(g05-g2) g05-g3〉
four
〈/(g05-g2) g05-g3〉
〈/(g0577003) g05-g1〉
〈/(g05-g2) g05-g2〉
〈/(g0577003) g0577003〉
```

RAST 报告如下:

```
[?
|rast-active-dtd: G0577003, G05-G2|
]
#CONCUR=G0577003
[G0577003]
[G05-G1]
|one|
#RE
|two|
[/G05-G1]
[G05-G1]
```

```
|three|
#RE
|four|
[/G05-G1]
[/G0577003]
#CONCUR=G05-G2
[G05-G2]
[G05-G3]
|one|
[/G05-G3]
[G05-G3]
|two|
#RE
|three|
[/G05-G3]
[G05-G3]
|four|
[/G05-G3]
[G05-G2]
```

B.7 SUBDOC

考虑这样一个 SGML 声明，其说明了 SUBDOC YES 数字，其中数字至少为 1，下列文档阐明了 SGML 子文档实体的测试：

```
〈! DOCTYPE g06a5504 [
〈! --范畴：
    属性
    外部标识符
    通用实体
    处理指令
    SUBDOC
--〉
〈! --
```

SUBDOC 实体类型指明实体是 SGML 子文档实体(10.5.5 中，第四段)。这些实体能用于实体引用，其名称可能作为记号出现在通用实体名称或通用实体名称列表属性中。

```
--〉
〈! ELEMENT g06a5504 -- ANY〉
〈! ELEMET g06-g1 --EMPTY〉
〈! ATTLIST g06-g1 g06-a1 ENTITY #REQUIRED〉
〈! ENTITY g06-g1 SYSTEM "g06-x1" SUBDOC〉
]〉
〈g06a5504〉
〈? rast-parse-subdoc yes〉
&g06-e1;
```

```
〈? rast-parse-subdoc yes〉
〈g06-g1 g06-a1="g06-e1"〉
〈/g06a5504〉
```

假设系统标识符“g06-x1”标识如下实体：

```
〈! DOCTYPE g06-g2 [
〈! ELEMENT g06-g2 -- ANY〉
]〉
〈g06-g2〉
〈/g06-g2〉
```

RAST 报告如下：

```
[G06A5504]
[?
| rast-parse-subdoc yes |
]
[&G06-E1
#SUBDOC
#SYSTEM
! g06-x1!
#PARSED-SUBDOCUMENT
[G06-G2]
[/G06-G2]
]
[?
| rast-parse-subdoc yes |
]
[G06
G06-A1=
! g06-e1!
#SUBDOC
#SYSTEM
! g06-x1!
#PARSED-S UBDOCUMENT
[G06-G2]
[/G06-G2]
#END-ENTITY
]
[/G06]
[/G06A5504]
```

ICS 35.040
L 71

中华人民共和国国家标准

GB/T 26235—2010

信息技术 信息处理用蒙古文词语标记

Information technology—Mongolian word and expression marks for information processing

2011-01-14 发布 2011-05-01 实施

中华人民共和国国家质量监督检验检疫总局
中国国家标准化管理委员会 发布

前　言

本标准是依据《现代蒙古语》(1964)等语法著作为基础，规定了信息处理用的蒙古文词语标记。

本标准由全国信息技术标准化技术委员会提出并归口。

本标准起草单位：中国电子技术标准化研究所、内蒙古大学、内蒙古师范大学、内蒙古教育出版社、内蒙古自治区蒙古语文工作委员会、北京北大方正电子有限公司、潍坊北大青鸟华光照排有限公司。

本标准起草人：那顺乌日图、何正安、青格乐图、确精扎布、六十三、淑琴、贺喜格都仁、唐英敏、吕建春、阿荣塔娜。

信息技术 信息处理用蒙古文词语标记

1 范围

本标准规定了信息处理用蒙古文词语标记,只包括某种语文现象或单位的标记符号。

本标准适用于蒙古文的各种语料库、词汇集-词典、语文知识库等。

2 术语和定义

下列术语和定义适用于本标准。

2.1

蒙古文信息处理 Mongolian information processing

用计算机对蒙古文形、音、义等信息进行输入、排序、存储、输出、统计、提取等。

2.2

标记单位 tagging unit

蒙古文信息处理中使用的词汇、词法、正字法及其他单位,如单词、复合词、固定词、习用语、成语、缩略语、构形附加成分、连接元音、字母、数字、标点符号等。

2.3

词类 word class

词的语法分类,根据词法形态、句法功能、语义特征划分出来的类。

2.4

不确定词 ambiguous word

无法确定词性的词或词素,包括:

a) 无法确定词性的同形兼类词(如没有上下文环境的形式);

b) 不能单独使用的复合词成分,如 üy(üy olan),tomsi(tog_a tomsi ügey),say(gaǰar say ügey),xu(xu luubang);

c) 形容词最高级形式:ub(ub ulagan),xab(xab xar_a)等。

2.5

复合词 compound word

由两个实词(有时也包括辅助意义的词)组成,语法和词汇上都构成一个单位的固定短语。

2.6

固定词 fixed word

由一个实词和一个虚词组成,连用成型且未转义的固定短语。

2.7

习用语 habitual usage

由一个转义形容词和一个实词组成,主谓结构且表达一个词汇意义的固定短语。

2.8

成语 idiom

由 3 个或 3 个以上词组成,充当一个句子成分的固定短语。

2.9

缩略语 abbreviation

专有名词或常用语的简略形式。

2.10

构形附加成分　morphological forms

只增加语法意义的词法形态。

2.11

连接元音　connective vowel

辅音结尾的词干后，加接以“S，G，N，M，R，L，Y”辅音开头的附加成分时，词干后增加的元音或音节。

2.12

标记　tag

对文本中标记单位的类别进行标注的代码。

3　标记的范围

本标准包括词类、复合词、固定词、习用语、成语、缩略语、构形附加成分、连接元音、字母、数字、标点符号等的标记。

4　标记的级别及命名方法

4.1　第一级标记的命名方法

用大写英文字母标记第一级。如：

A（来自 adjective）：形容词

S（来自 sula）：语气词

4.2　第二级标记的命名方法

用小写英文字母标记第二级。如：

Qn（来自 noun）：名量词

Qc（来自čag）：时间量词

Qv（来自 verb）：动量词

4.3　第三级标记的命名方法

用数字标记第三级。如：

Fa0：形容词级附加成分的原级

Fa1：形容词级附加成分的比较级

4.4　第四级标记的命名方法

用数字标记第四级。如：

Fa11：形容词级附加成分的比较级 1

Fa12：形容词级附加成分的比较级 2

5　词语标记代码

本词语标记代码分为词类标记代码、构形附加成分标记代码、其他标记代码。以下是词语标记内容。

注：表中右上角的数字表示该项所包含的附加成分或连接元音数；-：代表与词干分写的附加成分；...：代表任意成分。为了简化分类，将“动态词尾”放在“连接元音”部分。

5.1　词类标记代码

词类标记代码见表 1。

表 1 词类标记代码

序号	语文现象/单位	标记代码			词类名称	代码说明
		第一级	第二级	第三级		
1		N			名词	noun
2			Ne		普通名词	eng
3	sirege			Ne1	可数名词	
4	usu			Ne2	不可数名词	
5			Nt		专有名词	tusxay
6	batusüxe			Nt1	人名	
7	xöxexota			Nt2	地名	
8	öbör monggol-un yexe surgaguli			Nt3	机构名	
9	dagur			Nt4	其他专有名词	
10		A			形容词	adjective
11	yexe		Ac		性质形容词	činar
12	olǰatay		Ax		关系形容词	xaričag_a
13	moritu		Ai		区别形容词	ilgaxu
14	nige	M			数词	numeral
15		Q			量词	quantity
16	ǰüsüm		Qn		名量词	noun
17	ǰil		Qc		时间量词	čag
18	daxin		Qv		动量词	verb
19		O			时位词	oron
20	dooraxi		On		名词性时位词	noun
21	emünetü		Oa		形容词性时位词	adjective
22	inagsi		Od		副词性时位词	adverb
23		R			代词	pronoun
24	bi		Rb		人称代词	bey_e
25	egün		Rj		指示代词	ǰigaxu
26	xamig_a		Ra		疑问代词	asaguxu
27	öber		Ro		返身代词	öber
28	yamarba		Rx		范围代词	xüriy_e
29	xen čü		Rt		不定代词	todorxay
30	ǰarim		Ri		区别代词	ilgaxu
31	inggi,tege		Rv		动作代词	verb
32		V			动词	verb
33			Ve		普通动词	eng
34	ǰalgamǰila			Ve1	及物动词	

表 1（续）

序号	语文现象/单位	标记代码			词类名称	代码说明
		第一级	第二级	第三级		
35	tačigina			Ve2	不及物动词	
36	tege		Vt		代动词	tölögen
37	xemen		Vx		联系动词	xolboxu
38			Vz		助动词	“助动词”的 z
39	irexü			Vz1	第一类助动词	
40	bay			Vz2	第二类助动词	
41	xabur	T			时间词	time
42		D			副词	adverb
43	neng,masi		Dx		程度副词	xiri
44	xaya,daruy		Dc		时间副词	čag
45	xag_a,balba		Db		状态副词	bayidal
46	nasi,emün_e		Do		地点-方向副词	oron
47	tung tang		Dd		摹拟副词	daguriyaxu
48	ünexer		Dq		情态副词	排列
49	lab	H			情态词	排列
50		U			摹拟词	dürsülexü
51	gilas gilas		Ub		状态摹拟词	bayidal
52	ser ser		Ud		声响摹拟词	dagu
53		G			后置词	排列
54	metü,sig		Ga		比较后置词	adalidxaxu
55	tursi,dagus		Gc		时间后置词	čag
56	dagaw,tal_a		Go		地点方向后置词	oron
57	bolgan,büri		Gx		范围后置词	xüriy_e
58	tula,bolxor		Gs		原因后置词	šiltagan
59	tölöge		Gj		目的后置词	ǰorilg_a
60	xürtel_e		Gb		限定后置词	排列
61	garuy		Gg		估量后置词	排列
62	tuxay		Gt		论述后置词	tuxayilaxu
63	tutum,tusum		Gd		递进后置词	dabsiguraxu
64	xamtu		Gm		共同后置词	xamturaxu
65		S			语气词	sula
66	üü		Sa		疑问语气词	asaguxu
67	yum		Sb		肯定语气词	batulaxu
68	bisi		Su		否定语气词	ügeyisxexü

表 1（续）

序号	语文现象/单位	标记代码			词类名称	代码说明
		第一级	第二级	第三级		
69	la		Sx		强调语气词	xüčü
70	bije		St		猜测语气词	tösögelexü
71	bol		Sd		提示语气词	排列
72	mini		Sf		返身语气词	“返身”的 f
73	ǰa		Sj		允许语气词	ǰöbsiyerexü
74	ma		Sg		给予语气词	ög
75	ču		Sq		欠缺语气词	“欠缺”的 q
76	a		Sh		呼叫语气词	“呼叫”的 h
77	bile		Ss		叙述语气词	state
78	basa		Sc		重复语气词	排列
79		C			连接词	conjunction
80	ba		Cj		并列连接词或式	ǰergečegülxü
81	-bar baraxu ügey … basa		Ca		递进连接式	axigulxu
82	buyu		Cz		选择连接词或式	排列
83	xu-ača bisi … bisi		Cd		对立连接式	排列
84	xarin		Cr		转折连接词或式	ergixü
85	xerbe … bol		Cb		假定连接式	bolǰoxu
86	učir ni		Cv		原因连接词	učir
87	tegebel		Cx		归纳连接词	xuriyangguyilaxu
88	xedüy … bol tedüy		Cc		进层连接式	排列
89		I			感叹词	interjection
90	xa		Is		情感感叹词	sedxilge
91	ma		Id		叫唤感叹词	dagudaxu

5.2 构形附加成分标记代码

构形附加成分标记代码见表 2。

表 2 构形附加成分标记代码

序号	构形附加成分	标记代码				构形附加成分名称	代码说明
		第一级	第二级	第三级	第四级		
1		F				构形附加成分	suffix
2			Fp			数范畴	plural
3				Fp1		数范畴 1	
4	-nar^{2}				Fp11		
5	nar^{2}				Fp12		
6	-ud^{2}			Fp2		数范畴 2	

表 2（续）

序号	构形附加成分	标记代码				构形附加成分名称	代码说明
		第一级	第二级	第三级	第四级		
7	-nugud^{2}			Fp3		数范畴 3	
8	čud^{2}			Fp4		数范畴 4	
9	čuul^{2}			Fp5		数范畴 5	
10	d			Fp6		数范畴 6	
11	s			Fp7		数范畴 7	
12			Fc			格范畴	case
13	零形式			Fc0		主格	
14				Fc1		属格	
15	零形式				Fc10	属格 0	
16	-yin^{5}				Fc11	属格 1	
17	u^{4}				Fc12	属格 2	
18	ay^{2}				Fc13	属格 3	
19				Fc2		与格	
20	零形式				Fc20	与格 0	
21	-du^{4}				Fc21	与格 1	
22	-dur^{4}				Fc22	与格 2	
23	-_a^{2}				Fc23	与格 3	
24	da^{2}				Fc24	与格 4	
25	du^{2}				Fc25	与格 5	
26	dur^{2}				Fc26	与格 6	
27				Fc3		宾格	
28	零形式				Fc30	宾格 0	
29	-yi^{2}				Fc31	宾格 1	
30	yi				Fc32	宾格 2	
31				Fc4		从格	
32	零形式				Fc40	从格 0	
33	-ača^{2}				Fc41	从格 1	
34	ča^{2}				Fc42	从格 2	
35	-dača^{4}				Fc43	从格 3	
36				Fc5		工具格	
37	-bar^{4}				Fc51	工具格 1	
38	bar^{2}				Fc52	工具格 2	
39				Fc6		共同格	

表 2（续）

序号	构形附加成分	标记代码				构形附加成分名称	代码说明
		第一级	第二级	第三级	第四级		
40	-tay^{2}				Fc61	共同格 1	
41	tay^{2}				Fc62	共同格 2	
42				Fc7		联合格	
43	-lug_a^{2}				Fc71	联合格 1	
44	lug_a^{2}				Fc72	联合格 2	
45	n			Fc8		定格	
46			Fx			领属范畴	xamiyadagulxu
47				Fx1		反身领属	
48	-ban^{4}				Fx11	反身领属 1	
49	ban^{2}				Fx12	反身领属 2	
50	- nayixan^{2}			Fx2		属格领属	
51				Fx3		与格领属	
52	-dagan^{4}				Fx31	与格领属 1	
53	dagan^{4}				Fx32	与格领属 2	
54	-yugan^{2}			Fx4		宾格领属	
55	-ačagan^{2}			Fx5		从格领属	
56	-tayigan^{2}			Fx6		同格领属	
57			Fa			形容词级范畴	adjective
58	零形式			Fa0		原级	
59				Fa1		比较级	
60	xan^{2}				Fa11	比较级 1	
61	btur^{2}				Fa12	比较级 2	
62	bir				Fa13	比较级 3	
63	bor,bur,bür				Fa14	比较级 4	
64			Fm			数词变化形式	numeral
65	零形式			Fm0		基数词	
66	gad^{2}			Fm1		概数词	
67				Fm2		序数词	
68	dugar^{2}				Fm21	序数词 1	
69	daxi^{2}				Fm22	序数词 2	
70	dagči^{2}				Fm23	序数词 3	
71	gula^{2}			Fm3		集合数词	
72	ta^{2}			Fm4		次数词	
73			Fb			祈使式	bey_e

表 2（续）

序号	构形附加成分	标记代码				构形附加成分名称	代码说明
		第一级	第二级	第三级	第四级		
74				Fb1		第一人称	
75	y_a²				Fb11	第一人称 1	
76	sugay²				Fb12	第一人称 2	
77	su²				Fb13	第一人称 3	
78				Fb2		第二人称	
79	零形式				Fb20	第二人称 0	
80	gtun²				Fb21	第二人称 1	
81	garay²				Fb22	第二人称 2	
82	gači²				Fb23	第二人称 3	
83				Fb3		第三人称	
84	g				Fb31	第三人称 1	
85	tugay²				Fb32	第三人称 2	
86	gasay²				Fb33	第三人称 3	
87	gujay²				Fb34	第三人称 4	
88			Fs			陈述式	state
89				Fs1		过去时	
90	čay⁴				Fs11	过去时 1	
91	či²				Fs12	过去时 2	
92	čuxuy⁴				Fs13	过去时 3	
93	ba²				Fs14	过去时 4	
94	bay²				Fs15	过去时 5	
95				Fs2		现在将来时	
96	n_a²				Fs21	现在将来时 1	
97	muy²				Fs22	现在将来时 2	
98	mu²				Fs23	现在将来时 3	
99	nam²				Fs24	现在将来时 4	
100	yu²				Fs25	现在将来时 5	
101				Fs3		界限时	
102	l_a²				Fs31	界限时 1	
103	lug_a²				Fs32	界限时 2	
104	lay²				Fs33	界限时 3	
105			Fn			副动词	nöxöčel
106	ču⁴			Fn1		并列副动词	
107	gad²			Fn2		分离副动词	

表 2（续）

序号	构形附加成分	标记代码				构形附加成分名称	代码说明
		第一级	第二级	第三级	第四级		
108	n			Fn3		联合副动词	
109				Fn4		立刻副动词	
110	magča^{2}				Fn41	立刻副动词 1	
111	naran^{2}				Fn42	立刻副动词 2	
112	laran^{2}				Fn43	立刻副动词 3	
113				Fn5		跟随副动词	
114	xular^{2}				Fn51	跟随副动词 1	
115	xunar^{2}				Fn52	跟随副动词 2	
116	xul_a^{2}				Fn53	跟随副动词 3	
117	xun_a^{2}				Fn54	跟随副动词 4	
118				Fn6		前提副动词	
119	manǰin^{2}				Fn61	前提副动词 1	
120	man^{2}				Fn62	前提副动词 2	
121	maǰin^{2}				Fn63	前提副动词 3	
122				Fn7		假定副动词	
123	bal^{2}				Fn71	假定副动词 1	
124	basu^{2}				Fn72	假定副动词 2	
125				Fn8		让步副动词	
126	bač u^{2}				Fn81	让步副动词 1	
127	yač u^{2}				Fn82	让步副动词 2	
128	tal_a^{2}			Fn9		迎接副动词	
129				FnA		目的副动词	
130	xar^{2}				FnA1	目的副动词 1	
131	xuy_a^{2}				FnA2	目的副动词 2	
132	r_a^{2}				FnA3	目的副动词 3	
133				FnB		趁机副动词	
134	ngg_a^{2}				FnB1	趁机副动词 1	
135	ngguta^{2}				FnB2	趁机副动词 2	
136	gsagar^{2}			FnC		延续副动词	
137	run^{2}			FnD		准备副动词	
138	ngxan^{2}			FnE		情感副动词	
139			Ft			形动词	temdeg
140				Ft1		表示时间	
141	gsan^{2}				Ft11	表示时间 1	

表 2（续）

序号	构形附加成分	标记代码				构形附加成分名称	代码说明
		第一级	第二级	第三级	第四级		
142	xu^2				Ft12	表示时间 2	
143	xuy^2				Ft13	表示时间 3	
144				Ft2		表示体	
145	dag^2				Ft21	表示体 1	
146	g_a^2				Ft22	表示体 2	
147	$gaduy^2$				Ft23	表示体 3	
148				Ft3		表示特征	
149	mar^2				Ft31	表示特征 1	
150	m_a^2				Ft32	表示特征 2	
151	gči^2				Ft33	表示特征 3	
152	$gusitay^2$			Ft4		表示值得、应当	
153	xuyiča^2			Ft5		表示程度或者可能性	
154			Fd			名动词	排列
155	$ltay^2$			Fd1		名动词 1	
156	l-tay^2			Fd2		名动词 2	
157				Fd3		名动词 3	
158	l-ügey				Fd31		
159	lgüy				Fd32		
160	lg_a-tay^2			Fd4		名动词 4	
161	lg_a-ügey^2			Fd5		名动词 5	
162	lta-tay^2			Fd6		名动词 6	
163	lta-ügey^2			Fd7		名动词 7	
164	$sitay^2$			Fd8		名动词 8	
165	si-tay^2			Fd9		名动词 9	
166	si-ügey			FdA		名动词 A	
167			Fe			态范畴	xe̱b
168	零形式			Fe0		自动态	
169				Fe1		使动态	
170	gul^2				Fe11	使动态 1	
171	lg_a^2				Fe12	使动态 2	
172	g_a^2				Fe13	使动态 3	
173				Fe2		被动态	
174	gda^2				Fe21	被动态 1	
175	da^4				Fe22	被动态 2	

表 2（续）

序号	构形附加成分	标记代码				构形附加成分名称	代码说明
		第一级	第二级	第三级	第四级		
176	ldu²			Fe3		同动态	
177	lča²			Fe4		互动态	
178	čag_a⁴			Fe5		众动态	
179			Fi			体范畴	排列
180	零形式			Fi0		普通体	
181	sxi			Fi1		暂短体	
182				Fi2		完成体	
183	čix_a²				Fi21	完成体 1	
184	či				Fi22	完成体 2	
185	gatax_a²			Fi3		请求完成体	
186	ǰana²			Fi4		瞬间体	
187			Fh			附属	排列
188				Fh1		附属 1	
189	-xi				Fh11		
190	xi				Fh12		
191				Fh2		附属 2	
192	-xin				Fh21		
193	xin				Fh22		
194	-daxi⁴			Fh3		附属 3	
195	-xini			Fh4		附属 4	
196	-duni⁴			Fh5		附属 5	

5.3 其他标记代码

其他标记代码见表 3。

表 3 其他标记代码

序号	语文现象/单位	标记代码				类别名称	代码说明
		第一级	第二级	第三级	第四级		
1		E				字母	temdeg
2	ᠠ,ᠡ		Em			蒙古文字母	monggol
3	文字,language		Eg			非蒙古文字母	gadagadu
4			Et			数字	tog_a
5	᠐,᠑,᠒			Et1		蒙古文数字	
6				Et2		阿拉伯数字	
7	1,2,3				Et21	阿拉伯数字 1	

表 3（续）

序号	语文现象/单位	标记代码				类别名称	代码说明
		第一级	第二级	第三级	第四级		
8	①,②,③				Et22	阿拉伯数字 2	
9	(1),(2),(3)				Et23	阿拉伯数字 3	
10				Et3		罗马数字	
11	Ⅰ Ⅱ Ⅲ				Et31	罗马数字 1	
12	ⅰ ⅱ ⅲ				Et32	罗马数字 2	
13	damǰig ügey	J				固定词	排列
14		K				成语	排列
15	ündege darugsan sibagu sig		Kn			名词性成语	noun
16	dalan bul č irxay-ban togalaxu		Kv			动词性成语	verb
17	ö mo ye surgaguli	L				缩略语	排列
18		W				标点	排列
19			Wp			标点符号	punctuation
20	∶ ⋮			Wp1		蒙古文标点符号	
21	. …			Wp2		非蒙古文标点符号	
22	∑ ※		Wu			其他符号	universal
23		X				习用语	xebsil
24	xalagun čimege		Xn			名词性习用语	noun
25	nidün-dü xalagun		Xa			形容词性习用语	adjective
26		Y				复合词	排列
27	ǰul ǰirgal		Yn			复合名词	noun
28	sayin sayixan		Ya			复合形容词	adjective
29	eyimü teyimü		Yr			复合代词	pronoun
30	emün_e xoyin_a		Yo			复合时位词	oron
31	magtan sayisiyaxu		Yv			复合动词	verb
32	yab čab		Yd			复合副词	adverb
33		Z				连接元音	排列
34			Zv			连接元音	vowel
35	u^{2}			Zv1		连接元音 1	
36	a^{2}			Zv2		连接元音 2	
37			Zs			连接音节	syllable
38	gü			Zs1		连接音节 1	
39	bü			Zs2		连接音节 2	

表 3（续）

序号	语文现象/单位	标记代码				类别名称	代码说明
		第一级	第二级	第三级	第四级		
40	du			Zs3		连接音节 3	
41	ye			Zs4		连接音节 4	
42	n		Zx			动态词尾（xödelxü ündüsü）	xödelxü
43	üy	P				不确定词	排列

ICS 35.080
L 77

中华人民共和国国家标准

GB/T 26236.1—2010/ISO/IEC 19770-1:2006

信息技术　软件资产管理
第1部分:过程

Information technology—Software asset management—Part 1:Processes

(ISO/IEC 19770-1:2006,IDT)

2011-01-14 发布　　2011-05-01 实施

中华人民共和国国家质量监督检验检疫总局
中国国家标准化管理委员会　发布

前　言

GB/T 26236 在《信息技术　软件资产管理》的总标题下，分为如下两部分：

第 1 部分：过程；

第 2 部分：标签。

本部分是 GB/T 26236 的第 1 部分。

本部分等同采用 ISO/IEC 19770-1:2006《信息技术　软件资产管理　第 1 部分：过程》。由于正文中出现了与相关标准的关系说明，因此相对于 ISO/IEC 19770-1:2006 而言，做了编译性修改，增加了参考文献一章。

本部分由全国信息技术标准化技术委员会提出并归口。

本部分起草单位：中国电子技术标准化研究所、上海计算机软件开发中心。

本部分主要起草人：李海波、冯惠、付淑云、王有志、韩红强、郑红。

引　　言

制定 GB/T 26236 的本部分的目的是，使一个组织能够证明其按标准进行软件资产管理，以满足公司治理要求并确保对信息技术服务管理的有效支持。本部分旨在与 ISO/IEC 20000 密切配合并提供有力支持。软件资产管理(Software Asset Manage,SAM)中的良好惯例会带来下列各种利益，而且可认证的良好惯例应使管理层和其他组织信赖这些过程的适宜性，并会在很高的可信度上达到期望的利益：

a) 风险管理：软件资产管理应便于业务风险管理，这些风险包括：
   1) 信息技术服务中断的风险；
   2) 信息技术服务质量降低的风险；
   3) 违反法律法规方面的风险；
   4) 由上述情形之一引起的公众形象受损的风险。
b) 成本控制：软件资产管理应便于下列各方面的成本控制：
   1) 降低软件和相关资产的直接成本，例如通过安排大宗合同以便在谈判中得到更好价格，以及通过可重新部署旧的许可证而避免购买新的许可权；
   2) 由于有更好的可利用信息而使与供方协商的时间减少、成本降低；
   3) 通过改进财务控制而降低成本，例如通过更完善的发票核对和更精确的预测和预算；
   4) 通过确保所需过程是有效和高效的，降低管理软件和相关资产的基础设施成本；
   5) 降低极受 SAM 过程的质量影响的支持性成本，包括信息技术范围内的直接影响及最终用户方面的间接影响。
c) 竞争优势：软件资产管理应通过以下措施帮助组织获得竞争优势：
   1) 由于信息可用性更加完备和更加透明而使决策质量更高(例如随着数据质量的改善，可更快更可靠地作出有关信息技术采购和系统开发的决定)；
   2) 能够利用新的系统和功能，以快速响应市场机遇或需求；
   3) 提供的信息技术更切合业务需求，从而确保所有的用户都能获得合适的软件和应用系统；
   4) 当发生业务并购或拆分时，能够更快地处理相应的 IT 问题；
   5) 通过将信息技术问题减少而提高员工积极性及顾客的满意度。

信息技术　软件资产管理
第1部分：过程

1　范围

1.1　目的

GB/T 26236 的本部分为软件资产(SAM)用的一整套过程建立了基线。

1.2　适用领域

本部分适用于软件资产管理过程，各类组织均能通过实施本标准获得直接利益。GB/T 26236.2 为软件资产管理数据提供了规范，要求软件制造商(外部的和内部的)和工具研发方加以实施，以获得应有的全部利益。

本部分是一项供组织实施的标准。未来版可能提供一种与 ISO/IEC 15504-2 中的要求相匹配的评估框架。

本部分适用于任何规模、任何地区的所有组织。该部分仅能应用于法人实体或法人实体的各部门。

注：对组织范围的确定已作为*软件资产管理的公司治理过程*的组成部分进行了文档化。

本部分也适用于已将软件资产管理过程外包的组织，该组织负责与外包组织一起表明一直保持符合性不变。

本部分能适用于所有的软件和相关资产而不论软件的性质如何。例如，既能适用于可执行软件(应用程序、操作系统、实用程序等)，又能适用于不可执行软件(字型、图片、音视频、模板、字典、文档、数据等)。

注：软件资产范围的定义(软件类型应包括在范围内)要包含在 SAM 策划过程的 SAM 计划中。只要定义不含糊，组织可以以任何合适的方式定义它，例如所有软件、所有程序软件、在特定平台上的所有软件，或指定厂商的软件。

下列形式的软件资产包括在本部分的范围之内：

a)　软件使用权，反映的是完全所有权(如组织内部开发的软件系统)和许可证(如大多数外部软件，不论是商业软件或是开源软件)；

b)　使用的软件，其中包含软件(包括由软件制造商和开发者提供的最初软件、软件构建版以及已安装和执行的软件)的知识产权价值；

c)　存放软件副本的介质。

注：从财务会计的角度来看，这是最基本的类别；a)类可认为是一种资产，即使后来可完全注销。商业软件如果没有合适的许可证，b)类则可视为随商业软件实际带来的负债(而不是资产)。本部分认为 b)、c)两类以及 a)类都是正当的受控资产。许可证可具有簿记价值，但是，在用软件尤其应具有商业价值并需按商业资产对待。

在此范围内的相关资产是需要使用或管理软件的所有其他资产。不要求使用或管理软件的这些相关资产的任何特性均超出此范围。表1提供了这些资产的示例。

表1　适用于本部分的非软件相关资产示例

资产类型	适　用　性	示　　例
硬件	适用于具有使用和管理范围内软件资产特征的硬件资产	对能存储、执行或以其他方式使用软件的设备的物理库存；处理器数目或处理能力；硬件是否能够胜任现场许可(site licensing)的计算

表 1（续）

资产类型	适用性	示例
硬件	不适用于不具有使用和管理范围内软件资产特征的硬件资产	硬件的成本和折旧，预防性维护的重新开始日期
其他资产	适用于具有要求使用或管理范围内软件资产特征的其他资产	明确管理员的人员姓名，在此基础上分发许可证的人员总数
	不适用于不具有使用或管理范围内的软件资产特征的其他资产	其他人事信息

1.3 局限

本部分并没有按照所要求符合的过程结果的方法或规程来详述软件资产管理过程。

本部分没有规定一个组织实施 SAM 应当采取步骤的顺序，所描述的过程的顺序也没有隐含这种顺序。唯一相关的定序是由内容和周境所要求的。例如规划应在实施之前。

本部分并没有按照名称、格式、显式内容和记录介质详述文档的编制。

本部分不期望与任何组织的方针、规程和标准或国家的法律法规有冲突。任何这类冲突都必须在使用本部分之前加以解决。

2 符合性

2.1 预期用法

本部分的要求全部包含在第 4 章的各个结果部分。任何符合性声称均如 2.2 所描述的那样，是指满足本部分规定要求的完全符合性，包括对所有外包过程的规定。对于个别的协议，正如 2.3 所述，也可能有选择地采用结果部分，但是，事后不能声称符合本部分。

2.2 完全符合性

完全符合性是指以结果作为证据表明本部分的所有要求均已满足。

2.3 协议依从性

本部分可用于帮助在供需双方之间达成协议，在这种情况下，能从本部分中选出某些条款，经修改或不经修改纳入协议。此时，双方有必要使协议达到对本部分的依从性而不是符合性。

注 1：供方协议通常规定组织的控制范围，例如覆盖法人实体的所有下属机构，这意味着，如果有意促成这种协议，就需要建立与此相称的 SAM 范围。

注 2：ISO/IEC 的版权扩展到本部分的全部或其各组成部分。不过，对于上述条款中的特定使用，不需得到版权许可。

3 术语和定义

下列术语和定义适用于本部分。

3.1

基线 baseline

对某一配置项（见 3.2），在其生存周期的某一特定时间，正式定名或固定下来并经正式批准的任何媒体上的版本。[GB/T 8566 中也有此定义]

3.2

配置项 configuration item

CI 设计成作为单个实体管理的硬件、软件或兼有硬软件的项或聚集。

注：配置项在复杂度、规模和类型上变化很大，从包括硬件、软件和文档在内的整个系统，到单一模块或一个硬件小组件。

3.3

公司董事会或等价实体　corporate board or equivalent body

在最高层对主持或管控一个组织承担法律职责的个人或一组人。

3.4

确定的主版本　definitive master version

对某一软件，用于安装该软件并制作分发副本的版本。

3.5

分发副本　distribution copy

为了安装到其他硬件上而由软件确定的主版本制作的副本（驻留在例如服务器上或光盘之类的物理介质上）。

3.6

有效的完全许可权　effective full license

对于软件，允许完全使用该软件的许可权。

注：一个有效的许可权由一个或多个基本许可权组成。

示例：对某一软件产品第1版的基本的完全许可权，加上对该软件产品升级到第2版的基本升级许可权，合并成为对其第2版的有效的完全许可权。

3.7

本地SAM责任人　local SAM owner

在SAM负责人（3.11）下属组织的任意层次的个人，其被确定为负责组织某一部分的SAM。

3.8

人员　personnel

拟代表组织履行职责的任何个人（包括官员、雇员及合同方）。

3.9

规程　procedure

为执行一个活动或过程所规定的方式。

注：当把规程规定为一个结果时，所产生的交付件通常将规定必须做什么，由谁来做以及按什么顺序来做。这是一个比过程更加详细的规范层次。

3.10

过程　process

将输入转换为输出的相互关联的一组活动。

注：当把过程规定为一个结果时，所产生的交付件通常将规定输入和输出，并对期望的活动进行总的描述。不过并不要求像规程那样详细。

3.11

SAM责任人　SAM owner

在组织高层明确为对SAM负责的个人。

3.12

软件资产管理　software asset management

SAM对一个组织内的软件资产的有效的管理、控制和保护。

3.13

软件头标　software header

对某一软件文件，为便于管理而嵌入在该文件本身的信息。

注：软件头标是软件标签信息这一更具普遍性的类别之内的一种信息类型。

3.14

软件标签　software tag

便于软件管理的软件文件或软件包的信息，其中有些信息可留在软件头标之内。

3.15

基本许可权　underlying license

按照原始购置或获得的许可权使用软件——通常能与购置记录直接相联系。

注：基本许可权可带有一些相关条件，要求这种许可与另一种许可权或多种许可权一起使用，以便形成有效的完全许可权。

4　软件资产管理(SAM)过程

4.1　总则

4.1.1　SAM 的定义以及与服务管理的关系

软件资产管理是对组织内的软件资产进行有效的管理、控制和保护。

本部分所定义的软件资产管理过程，与 ISO/IEC 20000 中定义的 IT 服务管理密切配合并对其提供有力支持。

4.1.2　SAM 过程概述

图 1 给出 SAM 过程的概念框架，并将过程划分为以下 3 大类：

a)　SAM 组织管理过程；

b)　核心 SAM 过程；

c)　SAM 与基本过程接口。

这些过程在 4.2～4.7 中进一步详细描述。

SAM 组织管理过程

4.2　SAM 的控制环境
SAM 的公司治理过程　SAM 的角色和职责　SAM 的方针、过程和规程　SAM 能力

4.3　SAM 的策划和实施过程
SAM 的规划　SAM 实施　SAM 监督与评审　SAM 持续改进

核心 SAM 过程

4.4　SAM 的库存过程
软件资产标识　软件资产库存管理　软件资产控制

4.5　SAM 的验证和依从性过程
软件资产记录验证　软件许可权授予的依从性　软件资产安全依从性　SAM 符合性验证

4.6　SAM 的运作管理过程和接口
SAM 关系和合同管理　SAM 财务管理　SAM 服务级别管理　SAM 安全管理

SAM 与基本过程接口

4.7　SAM 与生存周期过程的接口
变更管理过程　软件开发过程　软件部署过程　问题管理过程
获取过程　软件发布管理过程　事件管理过程　退役过程

图 1　SAM 过程的框架

4.1.3　结果、活动和接口

本部分采用标题、目标和结果这 3 种过程元素进行编写。本部分未包括可用于取得这些结果的行动。

本部分所规定的结果设计得易于评估，但没有指出产生这些结果所需活动的广度。例如，在软件

*资产库存管理*过程中的库存维护在逻辑上要求数据确认活动，尽管本部分并未将其作为一种结果加以援引。（对于数据的完整性，本部分是通过*SAM 的确认和依从性过程*得以确保的。）

最重要活动是与其他过程的接口活动。例如，当购置（或“获得”）一个软件资产时，要达到的目标是“软件和相关资产*获取过程*的目标就是确保这些资产以受控方式获得并予以记录。”这一过程，以及很多其他过程，都要求调用*软件资产库存管理*过程，以便记录数据并在所要求的领域等方面加以确认。另一个实例是在*软件资产控制*过程中创建基线。这一过程由*软件开发过程和软件发布管理过程*调用。本部分的目的不是要说明这类细节，但为了获得既定目标，隐含的要求这些活动或接口。

4.2 SAM 控制环境

4.2.1 总则

*SAM 控制环境*的目标是建立和维护其他 SAM 过程在其中实施的管理体系。

*SAM 的控制环境*组成如下：

a) SAM 公司治理过程；

b) SAM 角色和职责；

c) SAM 的方针、过程和规程；

d) SAM 能力。

4.2.2 SAM 公司治理过程

4.2.2.1 目标

*SAM 公司治理过程*的目标是确保软件资产管理的职责在公司董事会或等价实体的层面得到承认，并且规定适当的机制以确保职责的正当履行。

注：该过程可视为公司 IT 全面监管的一部分。

4.2.2.2 结果

*SAM 治理过程*的实施将使组织能证实：

a) 本部分要求有一个明确的公司声明，内容包括：

  1) 包含在此范围内的法律实体或其一部分；

  注：在界定组织的范围时，要考虑的一个因素是组织范围内已存在的软件合同。

  2) 对上述实体或其各部门承担全面公司治理职责的特定机构或个人。

  注：这种特定的机构或个人，以下称为“公司董事会或等价实体”。

b) 对软件和相关资产的公司治理的职责得到公司董事会或等价实体的正式承认。

c) 有关于组织使用软件和相关资产的公司治理法规或指南，在使用的所有国家均已确定并以文件记录下来，且至少每年评审一次。

d) 将与软件、相关资产以及管理规定的减缓办法三者关联的风险评估文档化，至少每年更新一次，并经法人或等同法人批准，这种评估至少覆盖以下内容：

  1) 未依从法规的风险；

  注：这有可能指比如人事软件使用监督的隐私保护；个人持有的 SAM 记录的数据保护；以及行业特定的（例如在制药行业的）要求。

  2) 未依从许可权授予规定的风险；

  3) 由于信息技术基础设施的问题所造成的运行中断风险，这可能是 SAM 不适当导致的；

  4) 由于 SAM 的不适当导致许可权和其他信息技术支撑成本花费过高的风险；

  5) 与软件和相关资产的分散式对集中式管理办法关联的风险；

  注：与集中式管理办法相比，分散式管理办法有可能更难以达到节约成本的目标，可能面临更高的风险，例如未依从许可权规定。

  6) 在不同国家运行时，考虑到依从本地文化和实施办法所带来的风险。

e) SAM 的管理目标由公司董事会或等价实体批准，至少每年评审一次。

4.2.3 SAM 角色和职责

4.2.3.1 目标

*SAM 角色和职责*过程的目标是确保对软件和相关资产的角色和职责已明确定义和维护，并使可能受到影响的人员了解。

注：这些角色和职责应特别包括与法规或公司治理要求相联系的任何内容。

4.2.3.2 结果

*SAM 的角色和职责*过程的实施将使组织能证实：

a) 对整个组织的软件和相关资产的公司治理负责的 SAM 责任人的角色，由公司董事会或等价实体明确界定和批准。对于整个组织指派的职责包括：
   1) 提出 SAM 的管理目标；
   2) 监督 SAM 计划的制定；
   3) 为实施经批准的 SAM 计划获得资源；
   4) 按 SAM 计划交付结果；
   5) 确保所有本地的 SAM 责任人正确地履行职责，且组织的所有部门均由 SAM 责任人或本地 SAM 责任人所覆盖，且之间无冲突。

b) 将公司治理软件和相关资产的本地角色和职责记录在案，并分配给特定人员。每个人负责一部分，职责如下：
   1) 为实施 SAM 计划获得资源；
   2) 按 SAM 计划交付结果；
   3) 采取和实施必要的方针、过程和规程；
   4) 准确地维护软件和相关资产的记录；
   5) 对软件资产的采购、部署和控制，确保得到管理和技术两方面批准；
   6) 管理合同、供方关系及内部客户关系；
   7) 对改进的需求加以明确并实施。

c) 将这些职责传达给组织中与 SAM 有关的所有部分，就像通告组织范围和本地的其他方针那样。

4.2.4 SAM 方针、过程和规程

4.2.4.1 目标

*SAM 方针、过程和规程*过程的目标是确保组织维护明确的方针、过程和规程，以便对 SAM 进行有效的策划、运行和控制。

4.2.4.2 结果

*SAM 方针、过程和规程*过程的实施使组织能证实：

a) 有一种结构化方法来建立、评审、批准、颁布并控制与 SAM 相关的方针、过程、规程及相关文档，使得总能够确定一套完整的文档，确定每个文件的有效版本，并确定适用于不同类型的软件及相关资产的文件。

注：通常，这会成为一个组织为其整套方针、过程和规程而采用的一揽子办法的组成部分，且对于 SAM 并不是唯一性的。

b) 本部分所要求的方针、过程和规程文档，按该部分的过程分类或带有对这些分类的相互参照加以组织。

c) 对方针的制定、批准和颁布至少覆盖：
   1) 对于软件和相关资产的法人管辖的个人和团体的职责；
   2) 对个人使用公司软件以及有关资产的任何限制；
   3) 符合法律法规的要求，包括版权和数据保护；

4) 任何采购要求(例如公司协议的使用,或仅从声誉好的或经批准的供方处购买);

5) 无论购置与否,对批准软件安装或使用的任何要求;

6) 违反这些方针所牵涉的惩罚。

d) 采用以下方式之一将方针和规程通知到所有人员:

1) 在新员工刚开始工作时,传达到每个人。每年对所有员工至少传达一次;

2) 对新员工开始工作时的传达或每年至少一次的传达,要求得到员工反馈肯定性确认;

3) 员工随时都可获取。

注:文档可以是任何形式或介质。并可以与其他文档联合发布,例如包括人事保密要求的联合政策声明。

4.2.5 SAM 能力

4.2.5.1 目标

*SAM 能力过程*的目标是确保具有适当的 SAM 能力和专业技术,并正在应用。

4.2.5.2 结果

SAM 能力过程的实施将使组织能证实:

a) 每年至少评审一次负有 SAM 职责的人员的培训和认证,并做好记录和更新,包括:

1) SAM 概况;

2) 对在用软件的软件制造商的许可。

b) 每年至少评审一次,以确定软件制造商的"许可权证明"的构成。

c) 具有 SAM 管理职责的人员接受 SAM 和有关许可权的培训,包括初次培训和正式的年度继续教育。

注:在可用的情况下,也推荐个人认证。

d) 每年至少评审一次,以查明依从其许可权,软件制造商要提供哪些额外的指导。

4.3 SAM 策划和实施过程

4.3.1 总则

*SAM 的策划和实施过程*的目标是确保有效、高效地达到 SAM 的管理目标。

本领域中的过程原则上对应于 GB/T 19001 中的"策划-实施-检查-处置"(Plan-Do-Check-Act)过程。

*SAM 策划和实施过程*包括:

a) 对 SAM 进行的策划;

b) SAM 的实施;

c) 对 SAM 的监督和评审;

d) 对 SAM 的持续改进。

4.3.2 SAM 策划

4.3.2.1 目标

*SAM 策划*过程的目标是确保进行适当的准备和规划,从而有效、高效地实现 SAM 的目标。

4.3.2.2 结果

*SAM 的策划*过程的实施将使组织能证实:

a) 制定 SAM 管理目标,并提交公司董事会或等价实体批准,且至少每年更新一次。

b) 制定 SAM 的实施和交付计划,并将其编成文档,每年至少更新一次,计划中包括:

1) 范围陈述("软件资产范围")明确,其中描述所包含的软件类型;相关资产的覆盖范围,本部分要求的最低限度范围之外的任何相关资产;以及与其他组织或系统的任何接口或要求;

2) 明确说明范围内资产所要求的方针、过程和规程;

3) 清晰阐述对 SAM 的管理、审核和改进的办法,包括适当时支持过程的自动化;

4） 说明标识、评估和管理与所界定的管理目标相关的重大问题和风险拟采用的办法；

5） 定期活动的进度表和职责，包括起草管理报告和进行验证及依从性活动；

6） 资源的标识，包括实施 SAM 计划所需的预算；

7） 按照 SAM 计划对跟踪完成情况进行绩效测量，包括对资产管理记录准确性的目标测量。

注：应实施适当的自动化，以确保过程高效或不易出错，且避免完全无法实施。

c） 该计划由公司董事会或等价实体批准。

4.3.3 SAM 实施

4.3.3.1 目标

*SAM 实施*过程的目标是全面达到 SAM 的目标，实现 SAM 计划。

4.3.3.2 结果

*SAM 实施*过程将使组织能证实：

a） 具有收集（包括从本地 SAM 责任人处收集）影响 SAM 全年计划的变更、问题和风险信息的机制；

b） 由 SAM 责任人起草 SAM 计划进展详情的定期情况报告（每季度至少一次），以便向公司董事会或等价实体报告；

c） 对已发现的任何变化及时采取后续行动并做记录。

4.3.4 SAM 监督与评审

4.3.4.1 目标

*SAM 监督与评审*过程的目标是确保 SAM 的管理目标正在实现。

4.3.4.2 结果

*SAM 监督和评审*过程的实施将使组织能证实：

a） 正式评审每年至少一次：

1） 评估 SAM 的管理目标和 SAM 计划是否正在实现；

2） 对照 SAM 计划中与 SAM 相关的服务级别协议中规定的绩效测度，总结绩效；

注：涵盖 SAM 要求的服务级别协议可能比 SAM 本身涵盖面更广。

3） 提供对 *SAM 的符合性验证*过程的调查结果的总结；

4） 在上述基础上就以下两方面进行总结：

i） 由 SAM 相关的管理层批准的政策，是否已经在本部分定义的组织范围内有效传播；

ii） 经管理层批准的与 SAM 相关的过程和规程，是否已经在本部分定义的组织范围内有效实施；

5） 总结任何已发现的例外以及由于上述原因可能需要采取的措施；

6） 在软件和相关资产服务规定下，标识改进机会；

7） 为了可持续的适当性、完备性和正确性，考虑是否需要评审方针、过程和规程。

b） SAM 责任人正式批准有关报告、将决策和为此采取的措施文档化，并抄报公司董事会或等价实体。

c） 定期评审（每年至少一次）是否以成本效益最大的方式对软件及相关资产进行部署，并提出可能的改进建议。

4.3.5 SAM 持续改进

4.3.5.1 目标

*SAM 持续改进*过程的目标是确保在使用软件及相关资产，以及 SAM 自身过程中，识别改进的机会，合理时采取行动。

4.3.5.2 结果

*SAM 持续改进*过程的实施将使组织能证实：

a) 具有收集和记录全年来自各种渠道提出 SAM 改进的机制。

b) 对改进建议进行定期评审、排定优先次序并经批准，并纳入 SAM 的实施和改进计划。

4.4 SAM 库存过程

4.4.1 总则

*SAM 的库存过程*的目标是为软件和相关资产创建并维护所有存储和记录，并提供数据管理功能，确保对其他 SAM 过程中的软件和相关资产的整体控制。

*SAM 的库存过程*不仅是 SAM 的基础，也是所有配置管理的基础。配置管理超出了 SAM 的范围，因为前者不仅覆盖所有的信息技术资产（不仅是软件和相关资产），也覆盖了非信息技术资产以及所有这些资产之间的关系。在涵盖所有 IT 服务管理项目的周境中，*SAM 库存过程*被认为是配置管理的一部分。

*SAM 库存过程*包括：

a) 软件资产标识；

b) 软件资产库存管理；

c) 软件资产控制。

4.4.2 软件资产标识

4.4.2.1 目标

*软件资产标识过程*的目标是确保选出必要的资产类别并进行分组；并按适当的特性定义，以便能有效、高效地控制软件和相关资产。

4.4.2.2 结果

*软件资产标识过程*的实施将使组织能证实：

a) 对拟控制的资产的类型及与其关联的信息正式定义，并考虑下列方面：

1) 利用已建立的选择准则选出拟管理的项，再进行分组、分类和标识，以确保在其全生存周期内可管理、可跟踪；

注：对业务和人身、财产造成重大伤害的资产以及高风险资产，需要排定优先次序，并可在更详细的水平上进行控制。

2) 拟管理的项包括：

i) 能安装和运行软件的所有平台；

ii) 软件确定的主版本和分发副本；

iii) 软件构建版和发布版（原始版本和分发副本）；

iv) 所有已安装的软件；

v) 软件不同版本；

vi) 补丁和升级版；

vii) 许可权，包括基本许可权和有效的完全许可权；

viii) 许可权证明文档；

ix) 有关软件资产的合同（含限制性规定），包括硬拷贝的和电子版的；

x) 上述各款的物理或电子存储区；

xi) 许可权模式。

3) 软件应是可管理的，这包括对应于软件制造商或开发商发布的特定产品的文件和程序包两种形式；

4) 对所有资产，所需的基本信息有：

i) 唯一性标识符；

ii) 名称或描述；

iii) 位置；

iv) 管理人(或所有者);

v) 状态(例如;测试与生产状态;开发或构建状态);

vi) 类型(例如软件、硬件或设施);

vii) 版本(若适用时)。

注:数据确认需求也可被定义为此过程的一部分。

b) 对存储和库存备有登记簿,使信息的存储和类型清晰明了,只有在复制信息能追溯到明确的源记录时才允许复制。

4.4.3 软件资产库存管理

4.4.3.1 目标

*软件资产库存管理*过程的目标是确保软件资产的物理载体得到正确存储;并确保所有资产和配置项的特性所需数据在整个生存周期中正确的记录。同时还提供关于软件资产和相关资产的信息,以支持其他业务过程的有效性和效率。

4.4.3.2 结果

*软件资产库存管理过程*的实施将使组织能证实:

a) 开发、批准和发布了资产库的维护和管理的方针和规程,其中包括访问控制库存的物理或电子版的方针和规程:

1) 防止非授权的访问、变更或者损坏;

2) 提供灾难恢复的手段。

b) 库存清单包括:

1) 能安装或运行软件资产的所有平台;

2) 所有已授权安装的软件,表明其为i)能单独得到许可权或授权部署的程序包和版本;ii)软件更新与补丁的状态;以及所有的安装平台;

3) 持有的基本许可权和有效的完全许可权。

注:不要求将基本许可权与有效的完全许可权的库存在物理上隔离,但要求能将两者区分开来。

c) 库存清单和对应的物理与电子存储有:

1) 软件(确定的主版本和分发副本);

2) 软件构建版和发布版本(原始版本和分发副本);

3) 与软件资产有关的合同(含硬拷贝的和电子版的);

4) 许可证证明文档。

d) 存在库存或其他明确定义的库存机制,以确定任何许可权的使用,以便根据准则(而不是软件安装)确定任何许可权的用法;

注:这些要求取决于所用软件的许可权模式。例如,有可能包括组织的特定部门的人员总数等计量数字;满足规定准则的个人计算机的总数;访问服务器资源的用户数或终端数;处理器数;以及处理器的能力。

e) 签署协议书以确保以上所列资源的持续可用性。

f) 所产生的每份库存报告都有明确描述,其中包括数据源的标识、目的和详细细节。

4.4.4 软件资产控制

4.4.4.1 目标

*软件资产控制*过程的目标是对软件资产、对软件和相关资产的变更提供控制机制,同时维护变更状态和批准的记录。

4.4.4.2 结果

*软件资产控制*过程的实施将使组织能证实:

a) 对软件和相关资产的变更维持有审核记录,包括在状态、位置、管理员和版本等方面的变更。

b) 制定、批准和发布了开发、维护和管理软件版本、图像/构造版和发布版的方针和规程。

c) 制定、批准和发布了相应方针和规程，要求在软件发布到实际环境之前，规定资产的基线以便以后根据实际部署进行检查。

4.5 SAM 验证和依从性过程

4.5.1 总则

*SAM 验证和依从性过程*的目标是发现和管理所有 SAM 的方针、过程及规程中的异常，包括许可证使用权。

*SAM 验证和依从性过程*对组织来讲是一项很重要的功能。这些过程不是指软件制造商所进行的审核，尽管两者相似。为保证整个 SAM 过程以及依赖于其的 IT 服务管理过程正常运作，需要定期实施*该过程*。

*SAM 验证和依从性过程*组成如下：

a) 软件资产记录验证；

b) 软件许可的依从性；

c) 软件资产安全性的依从性；

d) SAM 的符合性验证。

4.5.2 软件资产记录验证

4.5.2.1 目标

*软件资产纪录验证*过程的目标是确保记录准确和完整地反映认为有必要记录的内容。另一方面确保记录内容未经批准不可以变更。

4.5.2.2 结果

*软件资产记录验证*过程的实施将使组织能证实：

a) 制定、批准和颁布软件资产记录验证过程的规程，内容包括：
   1) 至少每季度核对一次每个平台安装的软件与已授权安装的软件是否一致，并报告发现的异常情况；
   2) 对于硬件库存及其位置至少每半年验证一次，并报告发现的异常情况；
   3) 对于软件程序(确定的主版本和分发副本)的库存至少每半年验证一次，并报告发现的异常情况；
   4) 对于软件构建(原始版本和分发副本)的库存至少每半年验证一次，并报告发现的异常情况；
   5) 对许可权证明文档的物理存储每年至少验证(含对真实性)一次，并报告发现的异常情况；
   6) 至少每年评审一次基本许可证以及以其为基础的得到的有效许可证，确保存在必要的基本许可证并确定不会重复计算数量。
   7) 对与软件资产有关的合同文档的物理存储，就其完备性至少每年验证一次，并报告发现的异常情况；
   8) 对合同库存清单每年至少验证一次，并报告发现的异常情况；
   9) 对上述标识出的任何偏差或重大问题采取后续纠正行动，并形成文档。

4.5.3 软件许可的依从性

4.5.3.1 目标

*软件许可权的依从性*过程的目标是，确保组织使用其他人拥有的所有软件及相关资产的知识产权有合适的许可证，且在符合期限和条件的情况下正当办理许可证并使用。

4.5.3.2 结果

*软件许可权的依从性*过程的实施将使组织能证实：

a) 制定、批准和发布软件许可的依从性过程的规程，内容包括：
   1) 至少每季度核对一次拥有的有效许可证与软件使用所需的许可证之间的一致，要考虑到许可证要求是由每个许可证期限和条件决定的；

注：许可证要求由库中版本决定，而不是由安装副本决定，例如服务器访问权限。

2） 出现不符合方面的问题要及时记录、分析并确定其根本原因；

3） 对后续行动排出优先次序并予以执行。

4.5.4 软件资产安全的依从性

4.5.4.1 目标

*软件资产安全的依从性*过程的目标是确保依从与使用软件及相关资产有关的安全要求。

4.5.4.2 结果

*软件资产安全的依从性*过程的实施将使组织能证实：

a） 对照方针对实际做法每年至少评审一次。

注：这里应包括对软件确定的主版本和分发副本的访问控制；以及由用户或用户组规定的安装与使用权。

b） 对评审中标识的任何偏差采取后续行动，并形成文档。

4.5.5 SAM 符合性验证

4.5.5.1 目标

*SAM 符合验证*过程的目标是确保继续保持对本部分的要求的符合性，包括对所要求的方针和规程的符合性。

4.5.5.2 结果

*SAM 符合性验证*过程的实施将使组织能证实：

a） 为验证对本部分的依从性要求，制定、批准和颁布了方针和规程，以确保根据本部分规定的所有要求，以样本为基础，每年至少验证一次。这里应包括验证该组织对其他 SAM 过程所实施规程满足本部分为那些规程所规定的要求。

b） 备有文档证据以表明：

1） 上述验证规程正在进行；

2） 采取纠正性后续行动直到成功地找到所有异常情况。

4.6 SAM 运作管理过程和接口

4.6.1 总则

*SAM 的运作管理过程和接口*的目标是执行运作管理功能，这对全面实现 SAM 的目标和效益是必不可少的。

*SAM 的运作管理过程和接口*包括：

a） SAM 关系与合同管理；

b） SAM 财务管理；

c） SAM 服务级别管理；

d） SAM 安全管理。

4.6.2 SAM 的关系和合同管理

4.6.2.1 目标

*SAM 关系和合同管理*过程的目标是管理与其他组织的关系（包括内部的和外部的），以确保提供无缝的优质 SAM 服务，并管理软件及相关资产和服务的全部合同。

注：*SAM 的关系和合同管理*与 SAM 的服务级别管理通常紧联在一起运作，因为服务级别通常定义为有助于管理这样的关系。

4.6.2.2 结果

*SAM 关系和合同管理*过程的实施将使组织能证实：

a） 制定、批准和颁布有关管理与提供软件及相关资产和服务的供方之间关系的方针和规程，内容包括：

1） 定义供方管理的职责，使受指派的个人负起管理每个供方的职责；

2） 对软件或相关服务的供给进行招标；确保该过程包括对 SAM 的要求（含服务级别管理、安全控制、发布和变更管理）的考虑；

3） 对供方表现、绩效和问题至少每半年进行一次正式评审并编制文档，对任何拟采取的行动，记录结论和决定。

b） 制定、批准和颁布了管理客户方关系的方针和规程，内容包括：

1） 就软件、相关资产和服务对管理客户方业务关系的职责加以定义；

2） 对客户和业务的当前和未来软件的基本要求每年至少正式评审一次；

3） 对服务提供方的表现、客户满意度、绩效和问题每年至少正式评审一次，对拟采取的任何行动，记录结论和决定。

c） 制定、批准和颁布了管理合同的方针和规程，内容包括：

1） 确保当签署合同时，合同的细节记录在正在使用的合同管理系统中；

注：合同管理系统可以是组织内部研发的手工或电子系统，可用于管理和控制合同。

2） 以安全方式持有所有已签署合同的文档副本，并将其存在文档管理系统中；

注：当安装第三方软件时，作为选项，这种系统可以电子方式，将接受的限制性规定包括在内。

3） 对软件、相关资产和服务的所有合同，在合同期满之前，每半年至少评审一次并文档化，对任何拟采取的行动，记录结论和决定。

4.6.3 SAM 的财务管理

4.6.3.1 目标

*SAM 的财务管理*过程的目标是对软件和相关资产编制预算和建立会计制度；确保财务报告、财税计划和计算（例如所有者的全部成本和投资回报）所需的相关财务信息随时可以获得。

注：*SAM 的财务管理*不包括收费。在实际中，许多组织都涉及到软件、相关资产和服务的收费问题。然而，由于收费是一种可选的活动，因此本部分未予覆盖。在遇有收费情形时，建议由有关各方完整定义收费的机制，并且要使各方都理解。

4.6.3.2 结果

*SAM 的财务管理*过程的实施将使组织能证实：

a） 就管理软件和相关资产有关的财务信息的定义与有关各方达成一致，并按照资产类型记录。

注：财务管理中采用的资产类型如果与 SAM 中的资产类型不相同，则应与后者的类型一致或建立映射。

b） 建立获取软件资产（外部的或内部的）、相关支持和基础设施成本的正式预算。

c） 就软件资产和相关支持及基础设施成本的实际支出额，对照预算说明原因。

d） 有关软件资产的价值（含历史成本和折旧成本）的财务信息文件要随时可以获得。

e） 实际支出额，每季度对照预算至少正式评审一次，对拟采取的任何行动，记录结论和决定。

4.6.4 SAM 的服务级别管理

4.6.4.1 目标

*SAM 的服务级别管理*过程的目标是定义、记录和管理与 SAM 相关的服务级别。

4.6.4.2 结果

*SAM 的服务级别管理*过程的实施将使组织能证实：

a） 为 SAM 范围内履行的服务制定和批准了服务级别协议和保障协议；内容包括：

1） 明确定义与软件的获取、安装、移动以及软件资产和相关资产的变更有关的服务，并与有关各方以及相应的服务级别目标和工作量特性达成一致；

2） 对与 SAM 有关的客户和用户的责任和职责进行定义，或者参照服务级别协议。

注：覆盖 SAM 要求的服务级别协议有可能比 SAM 本身覆盖得多。

b） 对照 SAM 的目标定期（每季度至少一次）报告实际工作量和服务级别，并把出现不符合事项的原因形成文档。

c) 由有关各方对照 SAM 的服务级别定期评审(每季度至少一次)绩效,若采取行动,记录结论和决定。

4.6.5 SAM 的安全管理

4.6.5.1 目标

*SAM 的安全管理*过程目标是在 SAM 的所有活动中对信息安全实施有效管理并支持与 SAM 有关的审批要求。

注:ISO/IEC 17799 对信息安全管理提供了指南。经过 ISO/IEC 17799 认证的组织应满足本标准这一部分中的安全要求。

4.6.5.2 结果

*SAM 的安全管理*过程的实施将使组织能证实:

a) 对 SAM 的所有资源的安全与访问限制,包括软件的物理与电子存储、软件构建版和发布版,均制定了正式的方针并经批准。

b) 规定了访问控制,包括物理控制和逻辑控制,以加强对 SAM 方针的审批要求。

c) 要有证明这些规定的访问控制正在实际实施的文件证明。

4.7 SAM 与生存周期过程接口

4.7.1 总则

*SAM 与生存周期过程接口*应与 GB/T 8566 在 SAM 周境中的主要生存周期过程以及 ISO/IEC 20000 大体一致。本部分的目标是对这些生存周期过程规定 SAM 要求。

*SAM 与生存周期过程接口*由对下列生存周期过程的要求组成:

a) 变更管理过程;

b) 获取过程;

c) 软件开发过程;

d) 软件发布管理过程;

e) 软件部署过程;

f) 事件管理过程;

g) 问题管理过程;

h) 退役过程。

4.7.2 变更管理过程

4.7.2.1 目标

关于软件和相关资产的*变更管理过程*的目标是确保对 SAM 有影响的所有变更均以一种受控的方式评估、批准、实施和评审,并且要符合所有备案要求。

注:关于软件和相关资产的*变更管理过程*与*软件资产控制*过程有密切联系,并提供了对软件和相关资产作出变更的控制机制。

4.7.2.2 结果

*变更管理过程*的实施将使组织能证实:

a) 有正式的变更管理过程,内容包括:

1) 标识和记录所有影响软件、相关资产或服务或者 SAM 过程的变更请求;

2) 对影响软件、相关资产或服务或者 SAM 过程的变更请求评估其可能影响,排定优先次序,并要经过责任管理部门的批准;

3) 实施经批准的变更请求过程时要与被批准的内容相一致;

4) 记录所有影响软件、相关资产或服务或者 SAM 过程的变更;

5) 成功或失败的变更要以文件记录并定期评审。

4.7.3 获取过程

4.7.3.1 目标

关于软件和相关资产的*获取过程*的目标是以可控制的方式获得这些资产并正确记录。

4.7.3.2 结果

*获取过程*的实施将使组织能证实：

a) 对提供软件服务定义了标准的体系结构，并以此作为偏离标准的判据。

b) 定义标准软件配置，并以此作为偏离那些标准的判据。

c) 对软件资产和相关资产的申请和订购制定了方针和规程，并正确授权和颁布，内容包括：

1) 如何规定要求；

2) 所要求的管理和技术部门的批准；

3) 使用与重新部署已有的许可权；

4) 如果软件在报告和支付前部署，则要记录未来的购买要求。

d) 对有关软件和相关资产的收据处理功能制定了方针和规程，并正确授权和颁布，内容包括：

1) 处理发票，包括订单的对帐和副本的保留，这是许可证的管理的需要；

2) 确保安全保管所有购买的许可证收据和许可证有效证明；

注：这里可以要求核对许可权证明的真实性，即核对其并非是伪造的，特别是当许可权证明不是直接从有关软件的制造商处收到的情形。

3) 处理介质(物理介质和电子副本)，包括对内容的验证、记录保持和妥善保管。

4.7.4 软件开发过程

4.7.4.1 目标

关于软件和相关资产的*软件开发过程*的目标是确保其在考虑 SAM 的要求的情况下开发。

4.7.4.2 结果

*软件开发过程*的实施将使组织能证实：

a) 软件开发有正式过程，确保已考虑到以下内容：

1) 标准的体系结构和标准的配置；

2) 许可权约束和依赖。

b) 软件开发有正式的过程，确保软件产品置于软件资产控制之下。

4.7.5 软件发布管理过程

4.7.5.1 目标

关于软件和相关资产的*软件发布管理过程*的目标是确保发布是以支持 SAM 的要求的方式进行规划并实施。

注：*软件发布管理过程*覆盖对软件和相关资产的规划和实际发布。*软件发布管理过程*与*变更管理过程*密切配合。

4.7.5.2 结果

*软件发布管理过程*的实施将使组织能证实：

a) 有正式的发布管理过程，确保：

1) 使用受控的验收环境构建并测试所有提议的发布，包括发布前的补丁；

注：本标准的这一部分没有规定创建或测试的详细要求。例如，它不要求所有需要生产商补丁的构建版都要重新创建并独立测试，尽管组织可以独立于本部分的规定提出这种要求。不过在通常情况下，预期任何变更或补丁都会在分发之前以某种方式进行测试。

2) 对发布的频率和类型作出规划并与业务部门和客户达成一致，包括安全补丁发布的频率；

3) 计划的发布日期和交付内容要参照相关的变更需求和问题进行记录，并通知事件管理；

4) 软件和相关资产的发布要经过责任部门的批准；

5) 对发布的成败作记录并定期评审。

4.7.6 软件部署过程

4.7.6.1 目标

关于SAM的*软件部署过程*的目标是确保软件部署和重新部署以支持SAM要求的方式执行。

4.7.6.2 结果

软件部署过程的实施将使组织能证实：

a) 制定、批准和发布方针和规程来分发和安装软件，内容包括：
   1) 软件和相关资产的分发经责任部门的批准；
   2) 对任何部署，在部署不成功时都有退出规程或补救办法；
   3) 依从安全要求，包括对正分发的和安装后的软件访问；
   4) 对有关软件和相关资产的状态的所有变更均有准确及时的记录，包括资产管理员关系的任何变更以及为这些变更所作的审核跟踪；
   5) 通过文档控制来验证所部署的与授权部署的内容是否相同；
   6) 对部署的成败进行记录并定期评审。

4.7.7 事件管理过程

4.7.7.1 目标

关于软件和相关资产的*事件管理过程*的目标是对与这些资产有关的、进行中的事件进行监控并作出反应。

4.7.7.2 结果

*事件管理过程*的实施将使组织能证实：

a) 有正式的事件管理过程，内容包括：
   1) 对影响软件、相关资产或SAM过程的所有事件均有记录并按解决的优先次序进行分类；
   2) 所有这类事件均按照其优先次序加以解决，并将解决方案形成文档。

4.7.8 问题管理过程

4.7.8.1 目标

软件及相关资产的*问题管理过程*的目标是通过对事件原因的预先标识和分析，以及对基本问题的处置，确保软件资产是最近的，并且可运行的。

4.7.8.2 结果

*问题管理过程*的实施将使组织能证实：

a) 有正式的问题管理过程，内容包括：
   1) 对影响软件、相关资产或服务或者SAM过程的所有事件均有记录，并按其影响进行分类；
   2) 对高优先级和重复性的事件的基本原因进行分析并确定解决的优先次序；
   3) 将基本原因形成文档并通知给事件管理；
   4) 按问题的优先级加以解决，将解决方案形成文档并通知给事件管理。

4.7.9 退役过程

4.7.9.1 目标

软件和相关资产的*退役过程*的目标是按照公司的方针并满足记录的所有要求，从使用中撤除软件和相关资产，包括在适当情况下回收相关联的资产。

注：从使用中撤除未获得许可的软件通常并不解决许可证不足的问题，因为通过软件的使用，已经产生了许可的责任，应建立信赖关系，而不是对安装或初始使用进行控制。

4.7.9.2 结果

*退役过程*的实施将使组织能证实：

a) 对软件或安装软件的硬件的安全退役制定、批准和颁布方针和规程，以此确保：

1) 从退役硬件中撤除已部署的软件副本;
2) 对能重新部署的许可权和其他资产进行重新部署的标识;
3) 转让给其他方的所有资产(无论所指的其他方是有关的或是无关的,也不管如何转让,即出售或以其他方式),以正当方式办理,也就是考虑所有机密性、许可权授予或其他合同要求;
4) 正确处置不能重新部署的许可权和其他资产;
5) 将记录更新以反映上述变更,并对所作变更维持审核跟踪。

参 考 文 献

[1] ISO/IEC 15504-2 信息技术 过程评估 第2部分:执行评估
[2] ISO/IEC 20000 信息技术 IT服务管理
[3] GB/T 8566—2007 信息技术 软件生存周期过程(ISO/IEC 12207:1995,MOD)
[4] GB/T 19001—2008 质量管理体系 要求(ISO 9001:2008,IDT)

ICS 35.040
L 71

中华人民共和国国家标准

GB/T 26237.1—2010

信息技术　生物特征识别数据交换格式　第1部分：框架

Information technology—Biometric data interchange formats—Part 1：Framework

(ISO/IEC 19794-1：2006，MOD)

2011-01-14 发布　　2011-05-01 实施

中华人民共和国国家质量监督检验检疫总局
中国国家标准化管理委员会　发布

前　言

GB/T 26237《信息技术　生物特征识别数据交换格式》拟分为下列 12 个部分：

——第 1 部分：框架；

——第 2 部分：指纹细节数据；

——第 3 部分：指纹型谱数据；

——第 4 部分：指纹图像数据；

——第 5 部分：脸形图像数据；

——第 6 部分：虹膜图像数据；

——第 7 部分：签字/签名时序数据；

——第 8 部分：指纹型骨架数据；

——第 9 部分：血管的生物特征识别图像数据；

——第 10 部分：手形轮廓数据；

——第 11 部分：处理过的签字/签名动态数据；

——第 12 部分：脸形特性数据。

本部分为 GB/T 26237 的第 1 部分。本部分使用重新起草法，修改采用 ISO/IEC 19794-1:2006《信息技术　生物特征识别数据交换格式　第 1 部分：框架》(英文版)。

本部分与 ISO/IEC 19794-1:2006 相比，修改了下列内容，并在相应条款的外侧页边空白处用单垂线标示：

a)　根据 GB/T 26238—2010《信息技术　生物特征识别术语》，本部分中的术语与《信息技术　生物特征识别术语》中的术语相重复的，采用其在《信息技术　生物特征识别术语》中的定义；不重复的，采用其在 ISO/IEC 19794-1:2006 中的定义。

b)　在规范性引用文件中添加了 ISO/IEC 19785-2《信息技术　公用生物特征识别交换格式框架　第 2 部分：生物特征识别注册机构的操作规程》，因为本部分中出现了该标准。

本部分的附录 A 是资料性附录。

本部分的某些内容有可能涉及专利，本部分的发布机构不应承担识别这些专利的责任。

本部分由全国信息技术标准化技术委员会提出并归口。

本部分起草单位：浙江维尔生物识别技术股份有限公司、中国电子技术标准化研究所。

本部分主要起草人：袁理、陆捷、王宇建、冯敬、金倩、耿力、应骏。

引　言

GB/T 26237 的本部分描述了定义生物特征识别数据交换格式的总体概念和要求。

符号和传输格式提供了平台独立性，并将内容定义与传输语法分离。GB/T 26237 的本部分定义了生物特征识别数据格式所适用的通用规则，即对各类型的生物特征识别数据格式的共同内容、意义和表示法的标准化都在此反映在 GB/T 26237 的具体各部分之中。

图 1 表明与生物特征识别有关的各标准化领域间的层次关系。符合 GB/T 26237 生物特征识别数据交换格式的生物特征数据是生物特征识别互操作性的核心。生物特征识别格式框架，如 ISO/IEC 19785(CBEFF)在生物特征数据的外层。由于生物特征数据属敏感数据且会受到攻击，在互操作环境中必须使用密码保护。诸如轮廓、安全评估和性能等生物特征识别特性也扮演着重要的角色。生物特征识别接口是促进生物特征识别组件易集成性和易使用性的要素。推荐使用一致的生物特征识别术语来描述生物特征识别技术。根据社会的和司法的要求，部署使用生物特征验证或身份识别应用程序。

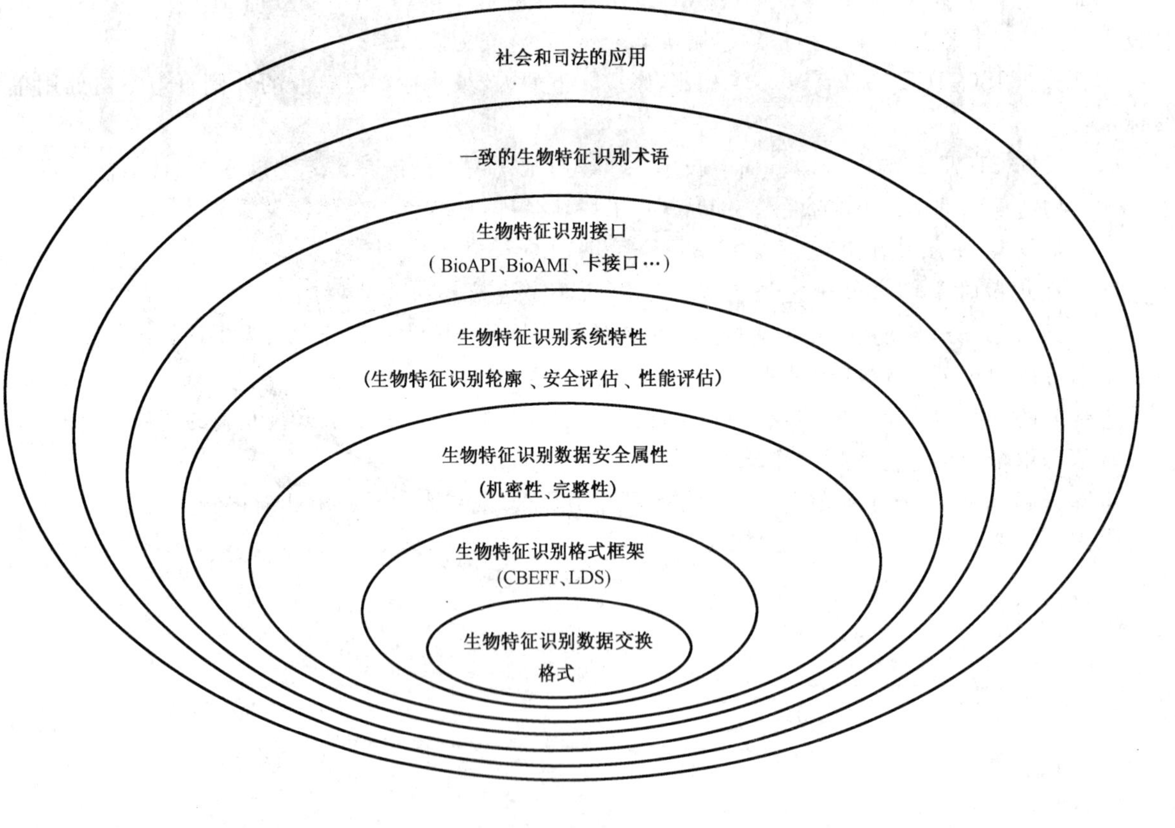

图 1　生物特征识别标准化领域通用层次关系模型

信息技术　生物特征识别数据交换格式
第1部分：框架

1　范围

GB/T 26237 的本部分规定：

——生物特征识别数据结构的用法概述；

——生物特征识别数据结构的类型；

——生物特征识别数据结构的命名思想；

——格式类型的编码方案。

生物特征识别数据包含但并不限于指纹细节点、指纹型谱、指纹图像、人脸图像、虹膜图像和签名行为数据。

2　规范性引用文件

下列文件中的条款通过 GB/T 26237 的本部分的引用而成为本部分的条款。凡是注日期的引用文件，其随后所有的修改单(不包括勘误的内容)或修订版均不适用于本部分，然而，鼓励根据本部分达成协议的各方研究是否可使用这些文件的最新版本。凡是不注日期的引用文件，其最新版本适用于本部分。

ISO/IEC 7816-11:2004　识别卡　集成电路卡　第 11 部分：基于生物特征识别方法的身份验证

ISO/IEC 19785-1　信息技术　公用生物特征识别交换格式框架　第 1 部分：数据元素规范

ISO/IEC 19785-2　信息技术　公用生物特征识别交换格式框架　第 2 部分：生物特征识别注册机构的操作规程

ISO/IEC 19785-3　信息技术　公用生物特征识别交换格式框架　第 3 部分：实体格式规范

3　术语和定义

下列术语和定义适用于本部分。

3.1

生物特征识别(的)　biometric(adj.)

生物特征(的)

与生物特征识别领域有关的。

3.2

生物特征识别　biometrics

基于个体的行为特征和生物学特征，对该个体进行的自动识别。

注：“个体”限指人。

3.3

生物特征识别算法　biometric algorithm

指示生物特征识别系统解决指定问题的指令序列。

注：生物特征识别算法由有限步骤组成，主要由生物特征识别系统软件使用，用于决定生物特征验证数据或身份识别数据和生物特征模板是否匹配。

3.4

生物特征行为数据　biometric behavioural data

由用户的动态行为产生的生物特征数据。

示例：由写字、说话或打字产生的数据。

3.5

生物特征数据 biometric data

处于任何处理阶段的生物特征样本或生物特征样本的聚集、生物特征参考、生物特征项或生物特征特性。

注：生物特征数据不必从属于一个特定的个体，例如，通用背景模型。

3.6

生物特征项 biometric feature

从生物特征样本中提取的，用于比对的数值或标记。

注1：生物特征项是一次完成的生物特征项提取的输出。

注2：这一术语的使用宜与其在模式识别和数学领域的使用相一致。

注3：生物特征项集也可被看作是一个最终的生物特征样本。

3.7

生物特征项数据单元 biometric feature data unit

提取的特征数据的最小单个单元。

示例：指纹细节点数据。

3.8

生物特征项提取 biometric feature extraction

应用于生物特征样本的过程，目的是分离并输出可重复性和辨别性的数值或标记，它们可与从其他生物特征样本提取的数据作比对。

注1：应用于生物特征样本的过滤器并不是生物特征项本身，但是应用于这些样本的过滤器的输出也许是其生物特征项。例如，特征脸不是生物特征项。

注2：可重复性意味着同一生物特征数据主体产生的生物特征样本输出之间存在不大的差异。

注3：可辨别性意味着不同生物特征数据主体产生的生物特征样本输出之间存在很大的差异。

注4：生物特征项提取可产生错误信息或空向量。

3.9

生物特征身份识别 biometric identification

身份标识的过程。

注：上面定义中的"身份标识"，是指基于生物特征识别的身份标识。

3.10

生物特征身份识别数据 biometric identification data

用于与几个生物特征识别模板进行比对的，在身份识别过程中获得的数据。

3.11

生物特征图像数据 biometric image data

由用户生理学的(即静态的)生物特征项的表示产生的预处理生物特征数据，并以空间坐标系统中像素点的方式呈现。

示例：指纹图像数据。

3.12

生物特征信息 biometric information

特征项提取所需的信息以及构造生物特征验证或身份识别数据的生物特征识别系统的数据格式化成分。

3.13

生物特征模板 biometric template

参考的生物特征项的集合。

已存储的生物特征项的集合，可直接与探针生物特征样本的生物特征项进行比对。

注1：生物特征参考包括图像或其他被采集的生物体特征样本，它的原始、增强或压缩形式都不是生物特征模板。

注2：生物特征项一般不被看作是生物特征模板，除非它们被储存用作参考。

3.14

生物特征样本 biometric sample

先于生物特征项提取，且从生物特征采集子系统获得的模拟的或数字的生物识别特征的表示。

3.15

生物特征识别系统 biometric system

基于个体的行为特征和生物学特征的自动识别系统。

3.16

生物特征识别类型 biometric type

生物特征识别技术的类型。

示例：指纹。

3.17

生物特征验证 biometric verification

验证的过程。

注：上面定义中的验证，是指基于生物特征识别的验证。

3.18

生物特征验证数据 biometric verification data

在验证过程中获取的、用于与生物特征模板比对的数据。

3.19

注册 enrollment

从个体采集生物特征数据、进行后续处理并存储代表个体身份的生物特征模板的过程。

3.20

生物特征中间样本 intermediate biometric sample

生物特征中间样本处理过程输出的生物特征样本。

示例：可能为了生物特征项提取而将生物特征中间样本增强；为了紧凑存储的目的，而将生物特征中间样本压缩。

3.21

匹配 matching

对生物特征数据和先前存储的生物特征模板进行比对，并得出相似得分的过程。

注：依据相似度得分是否超过给定阈值，做出接受或拒绝的判定。

3.22

最终生物特征样本 processed biometric sample

适用于进行比对的生物特征样本。

3.23

原始生物特征样本 acquired biometric sample; raw biometric sample

通过生物特征识别采集设备直接从个体获得的生物特征样本。

4 缩略语

API	应用程序接口
BDB	生物特征数据块
CBEFF	公用生物特征识别交换格式框架
IBIA	国际生物特征识别工业协会
LDS	逻辑数据结构
SB	签名块
SBH	标准生物特征数据头

5 一般生物特征识别系统

5.1 一般生物特征识别系统概念图

鉴于应用和技术的多样性，很难对生物特征识别系统进行概括。但是，所有这些系统都有很多共同的元素。生物特征样本是通过传感器从一个对象那里获得。传感器的输出被发送给一个处理器，该处理器提取可区分的但可重复测量的样本（特征项），同时弃掉其他成分。提取的特征可作为“模板”存储在数据库内，或者同某个指定的模板、多个模板或数据库中所有模板进行比对以决定是否存在匹配。根据样本特征和模板之间匹配的相似度做出身份声明的判定。

图2说明在一个一般生物特征识别系统中的信息流动过程，显示出一般生物特征识别系统是由数据采集、信号处理、存储、匹配和判定子系统组成的。图2也阐明了注册以及验证和身份识别系统的操作。本部分的后续条款中对每个子系统进行更详细地描述。应当注意，在真实的生物特征识别系统中，图2中的概念组成部分可能不存在或者不直接与物理组成部分相对应。

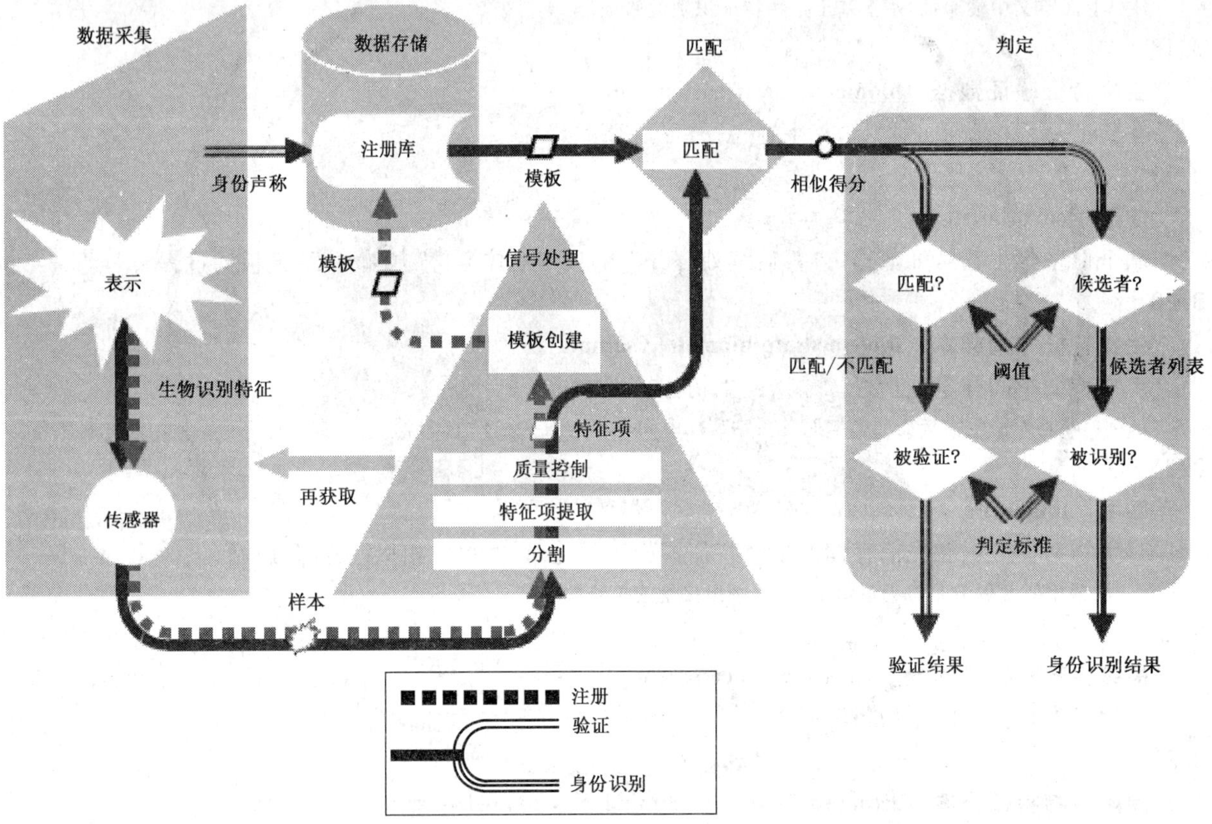

图2 一般生物特征识别系统组成

5.2 一般生物特征识别系统的概念组成部分

5.2.1 数据采集子系统

数据采集子系统收集呈现给生物特征识别传感器的一个对象的生物识别特征的图像或者信号，并且把图像/信号作为生物特征样本输出。

5.2.2 传输子系统

传输子系统（在图2中未画出，在生物特征识别系统中不总是表现出来或明显地表现出来）将在不同的子系统间传输生物特征样本、生物识别特征和（或）生物特征模板。它们可以通过标准生物特征识别数据交换格式传输。生物特征样本可以在传输前被压缩和（或）加密，并且在使用前被解压缩和（或）

解密。由于传输中的噪声和压缩/解压缩过程中的损失,生物特征样本在传输中可能被改变。建议采用加密技术来保护存储和传输的生物特征数据的真实性、完整性和机密性。

5.2.3 信号处理子系统

信号处理子系统从生物特征样本中提取个性化的特征项。这个过程包括定位接收的样本中的对象生物识别特征的信号(称为分割过程)、特征项提取和质量控制。质量控制确保提取的特征项是可区分的和可重现的。如果质量控制拒绝收到的生物特征样本,那么可返回到数据采集子系统重新收集生物特征样本。

在注册时,信号处理子系统由提取的生物特征项创建一个模板。通常,注册过程需要个体生物识别特征的多个表示,有时模板仅由特征项组成。

5.2.4 数据存储子系统

模板被存储到数据存储子系统中的注册数据库内。每个模板与注册对象的细节相关。应当注意,模板在被存储到注册数据库之前,可被重新格式化成生物特征数据交换格式。模板可以被存储在生物特征采集设备内部、便携的介质(例如,智能卡)中、本地的个人电脑或服务器中、或中心数据库中。

5.2.5 匹配子系统

在匹配子系统中,特征项被用于和一个或多个模板相比对,相似得分被传送给判定子系统。相似得分表示被比对的特征项与模板之间的符合程度。在某些情况下,特征项可能采取与存储的模板相同的形式。对于验证,对象注册的单个明确声明将输出单个的相似得分。对于身份识别,可以将多个或所有模板同特征项相比对,且每个比对都输出一个相似得分。

5.2.6 判定子系统

判定子系统使用一次或多次尝试产生的相似得分,为验证或身份识别事务提供判定结果。

在验证时,当相似得分超过规定的阈值时,则认为特征项与相比对的模板匹配。关于对象注册的声明需依据判定策略被验证,该过程可允许或要求多次尝试。

在身份识别时,当相似得分超过规定的阈值,或者当相似得分在从规定数值 k 产生的最高的 k 值之内,被注册者标识符或模板对于对象来说是一个潜在的候选者。在做出身份识别判定前,判定策略可允许或要求进行多次尝试。

注:从概念上讲,以对待单一系统的方式对待多生物特征识别系统是可能的,可以把生物特征识别样本/模板/相似得分的结合看作是单一的,如果适当,允许判定子系统进行相似得分融合或判定融合的操作。

5.2.7 管理子系统

管理子系统(未在图 2 中画出)依据相关的法律、司法和社会约束及要求来管理生物特征识别系统的策略、执行和使用。包括:

——在数据采集期间和(或)数据采集之后向对象提供反馈;

——要求对象的附加信息;

——生物特征模板和(或)生物特征识别交换数据的存储和格式化;

——根据判定和(或)评分的输出做出最终裁决;

——设置阈值;

——设置生物特征识别系统获取设置;

——控制操作环境和非生物特征数据的存储;

——为终端用户的隐私提供适合的安全措施;

——与利用生物特征识别系统的应用程序交互。

5.2.8 接口

生物特征识别系统可通过或不通过应用程序编程接口、硬件接口或协议接口(未在图 2 中画出)与外部应用程序或系统接口。

5.3 一般生物特征识别系统的功能

5.3.1 注册

注册时，系统处理相应对象的事务以实现注册模板的生成和存储。

注册通常包括：

——获取样本；

——分割和特征项提取；

——质量检查(可能因不适合创建模板而拒绝样本/特征项，并且要求进一步获取样本)；

——模板创建(可能需要来自多个样本的特征项)，可能转化成生物特征识别数据交换格式并存储；

——为确保注册结果可用，进行多次验证或身份识别尝试的测试；

——如果初始注册不满足要求，允许重复注册(取决于注册策略)。

5.3.2 验证

在验证时，系统处理相应对象的事务以对一个对象的注册做出肯定声称(例如，"我注册为对象××")。验证将接受或拒绝该声称。如果错误的声称被接受(错误接受)或正确的声称被拒绝(错误拒绝)，那么验证的判定结果将被认为有错。应注意，有些生物特征识别系统将允许单一的终端用户注册一个以上的生物识别特征(例如，虹膜系统可能允许终端用户注册两个虹膜图像，而指纹系统可让终端用户注册两个或更多指纹作为备份，以防有一个手指受损的情况)。

验证通常包括：

——获取样本；

——分割和特征项提取；

——质量检查(可能因不适合创建模板而拒绝样本/特征项，并且要求进一步获取样本)；

——将样本特征项与所声称身份的模板相比对产生一个相似得分；

——基于相似得分是否超过阈值做出样本特征项是否与模板相匹配的判断；

——根据判定策略，基于一次或多次尝试的匹配结果做出验证判定。

5.3.3 身份识别

身份识别时，系统处理相应对象的事务以找到对象注册的标识符。身份识别提供一个标识符候选者列表，该列表可能为空或只包含一个标识符。当对象被注册并且其注册的一个标识符在候选者列表中时，身份识别被认为是正确的。如果一个注册对象的标识符不在结果候选者列表中(假阴性身份识别错误)或一个非注册对象的处理产生一个非空的候选者列表(假阳性身份识别错误)，身份识别则被视为有错。

身份识别通常包括：

——获取样本；

——分割和特征项提取；

——质量检查(可能因不适合创建模板而拒绝样本/特征项，并且要求进一步获得样本)；

——与注册数据库里一些或所有的模板相比对，每一个比对产生一个相似得分；

——基于相似得分是否超过阈值并且(或者)在返回的最高值 k 内，判断每个匹配的模板是否是潜在的用户候选者标识符，并生成一个候选者列表；

——根据判断策略，基于候选者列表，通过一次或多次的尝试，做出身份识别判定。

6 生物特征识别数据交换格式的使用环境

生物特征识别数据交换的结构和内容取决于使用环境，它们可能是：

——提供所有必要信息的自包含数据结构；

——为 CBEFF 的生物特征数据块设计的数据结构，不包括在 CBEFF 标准生物特征数据头中出现的相同信息；

——在 ISO/IEC 7816-11 和 ISO/IEC 19785-3 中定义的、在生物特征信息模板中使用的数据结构；

——为卡上匹配设计的数据结构。

CBEFF 定义了支持多种技术的通用数据元素集合，它描述了由标准生物特征数据头(SBH)、生物特征数据块(BDB)和安全块(SB)组成的生物特征信息记录，如图 3 所示。生物特征数据块是 GB/T 26237 所定义的插入到生物特征数据交换格式中的结构单元。

标准生物特征数据头(SBH)	生物特征数据块 (BDB)	安全块(SB)

图 3　CBEFF 生物特征信息记录(来自：ISO/IEC 19785-1)

CBEFF 支持实体格式以满足具体应用环境的要求。在使用智能卡时，使用 ISO/IEC 7816-11 定义的数据结构和 ISO/IEC 19785-3 中与智能卡相关条款所定义的数据结构。

7　生物特征识别数据交换的使用概述

7.1　引言

在使用生物特征数据时，应考虑以下各条款中的说明。

7.2　自然可变性

在执行匹配操作时，验证数据和参考数据一般并不相同。由于这些数据依赖于许多因素，最细微的变化(如，手指的位移、旋转及变形)就可以导致数据的不同，因此不可能重复表现完全一样的数据。所以，有必要在定义生物特征识别数据结构的同时，定义例如公差这样一些参数。

7.3　老化和使用寿命

有的生物特征项(如，人脸图像或动态签名)会随着人年龄增长而发生改变。因此，详细说明生物特征参考数据主要的使用时期或如果适当，为其改编提供方法途径很重要。应用提供者所定义的有效期应小于或等于主要的使用时期。

7.4　注册条件

为获得好的匹配结果，详细说明有关生物特征参考数据的最低质量注册条件很重要，例如，最低细节点数量，或在图像数据中，指明最低焦距质量、对比度、分辨率等。

7.5　特征项提取算法

如果生物特征识别数据交换格式被指定在特征项层次上(例如，指纹细节点数据)，那么应当详细说明推导出这些特征项的方法，以易于互操作。即，不同执行的匹配结果应在允许的差异范围之内。

7.6　特征项匹配算法

如果生物特征识别数据交换格式被指定在特征项层次上(例如，指纹细节点数据)，那么应当详细说明生物特征验证数据与产生于注册过程的生物特征参考数据相比较的方法，以易于互操作。即，不同执行的匹配结果应在允许的差异范围之内。

7.7　采集设备类型标识

采集设备类型标识是针对用来获得生物特征样本的采集设备类型的一个唯一标识符。采集设备类型标识使用 2 个字节记录。全部为零的数值表示未报告采集设备类型标识。“未报告”的数值在某些应用中可能是不允许的。字段可能依据各自的应用要求由卖方决定。

7.8　多模式数据结构

如果使用多模式生物特征识别系统，在验证或身份识别过程中，可能会涉及 GB/T 26237 多个部分中规定的数据结构。

8 数据交换格式的处理层次

8.1 根据 ISO/IEC 19785-1 的处理层次

ISO/IEC 19785-1 所定义的生物特征数据处理层次如下：

——原始数据：由传感器发送的原始形式的数据；

——中间数据：对来自传感器的原始数据进行处理后形成的、尚不可用于匹配的数据。这些数据被称为图像数据或行为数据；

——最终数据：可用于匹配的数据，这些数据被称为特征项数据。

对于交换，如图 4 所示，中间数据(图像数据或行为数据)和特征项数据有着特殊关联。

附录 A 中示出了使用不同处理层次的生物特征数据的模式举例。

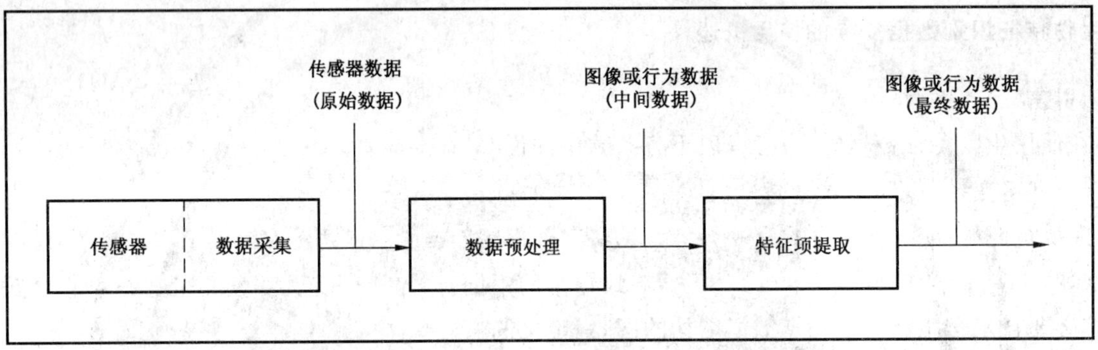

图 4 传感器数据、图像/行为数据和特征项数据

8.2 传感器数据

采集的生物特征数据受以下因素(部分或所有)的影响：

——潜在的生物特征项；

——向传感器呈现的生物特征项；

——传感器设备内(作为数据获取过程的一部分)的数据预处理；

——传感器和传感器设备的性能；

——环境条件(如：照明、背景噪声)。

通常不将传感器数据用于交换。

8.3 图像数据

在许多情况下，通过生物特征传感器发送的静态生物特征项的采集数据被施加二次抽样、测量、插值、压缩或其他处理以产生特征项的图像。做出的第一个重要规定涉及通用图像文件格式(如，BMP、TIFF、GIF、JPEG、JPEG-LS、JPEG2000)和压缩层次，压缩层次保证图像在所有的系统中均可读取。进一步规定关于图像采集过程的某些参数和对输出图像结果有重要影响的硬件参数，如，灰度级(例如，8 bit 或 16 bit)、图像分辨率、生物特征识别对象呈现的位置，以及图像采集过程时的照明条件。单色图像的每个像素使用 1 个或多个字节表示，以保证至少可提供 256 级灰度值。彩色图像的每个像素使用 3 个或 3 个以上字节表示，依次代表红、绿、蓝的强度。

8.4 行为数据

与采集诸如指纹这样的静态生理特征项的图像数据不同，行为生物特征项是由特定条件下的行为模式和生理特征项所构成的动态行为。对于行为生物识别特征，通用的获取方法是基于时间和频率分析。因此，标准化集中于这些方法的数据格式上。

8.5 特征项数据

特征项数据可由多个特征项数据单元组成。一个特征项数据单元可由多个数据元素组成，如，坐标和角度。特征项数据单元的结构和内容取决于生物特征识别类型。

8.6 生物特征识别数据结构的命名思想

数据结构的名称应当包含与如下数据相关的信息：

——图像数据，如，人脸图像数据；

——行为数据，如，签名行为数据；

——特征项数据。

由于对同类生物特征识别可以有不同的特征项数据结构，推荐使用命名表示出各自的特征，如，指纹细节点数据。

8.7 标准化生物特征识别数据格式的要求

生物特征识别数据格式的标准化旨在提供互操作，因此标准化的格式的数量应保持较少并可管理。在新的数据格式可以进入标准化的过程之前，应满足下列的限制条件：

——数据格式表示特征项提取和(或)匹配中可供选择的数学方法的基本数据；

——数据格式表示 GB/T 26237 未定义的、流行的、可供选择的数据；

——数据格式表示 GB/T 26237 还未涉及到的、已广泛使用的生物特征识别类型的数据；

——数据格式表示一个不同处理层次的、并在数据交换中已被广泛使用或将被广泛使用的数据；

——数据格式使得使用个体更高级处理层次的非标准数据格式的算法间的互操作成为可能；

——数据格式可以显著地减少已经标准化的数据格式的数据大小，并且适于卡上使用；

——数据格式可能被用于不同的生物特征识别类型，如，图像格式；

——数据格式将现存的格式组合而不增加大小；

——数据格式允许生物特征识别性能的增加(例如，提升错误率指标)。

9 多生物特征识别

多生物特征识别可分为 3 个子类：

——多模式—使用不同的生物特征识别类型，如，面部和指纹；

——多算法—对同一生物特征样本采用两种或多种不同的算法进行处理；

——多实例—至少使用同一生物特征识别类型的两个实例，如，同时使用左右眼的虹膜，或同时使用左右手指。

多生物特征识别可用于提升生物特征识别系统错误率方面的性能。

10 传感器要求

定义传感器要求应使传感器满足互操作。例如，这些要求包括：

——分辨率；

——大小；

——灰度范围或颜色范围；

——采集速率；

——光强度；

——信噪比。

11 格式所有者和格式类型

11.1 格式所有者

GB/T 26237 中定义的全部格式所有者是 ISO/IEC JTC 1/SC 37。ISO/IEC 19785-2 中提到的注

册机构 IBIA 所注册的 CBEFF 兼容的格式所有者标识符是"0101"。

11.2 格式类型

格式类型以特殊方式表示 GB/T 26237 中定义的特定生物特征识别数据结构。一种格式类型包含以 2 字节编码的格式标识符。该数值由 SC 37 指定并由 ISO/IEC 19785-2 中提到的注册机构登记。

附 录 A
（资料性附录）
匹配模式示例

GB/T 26237 中定义的数据交换结构依据其处理层次被用于下面模式示例中(见图 A.1、图 A.2、图 A.3)。

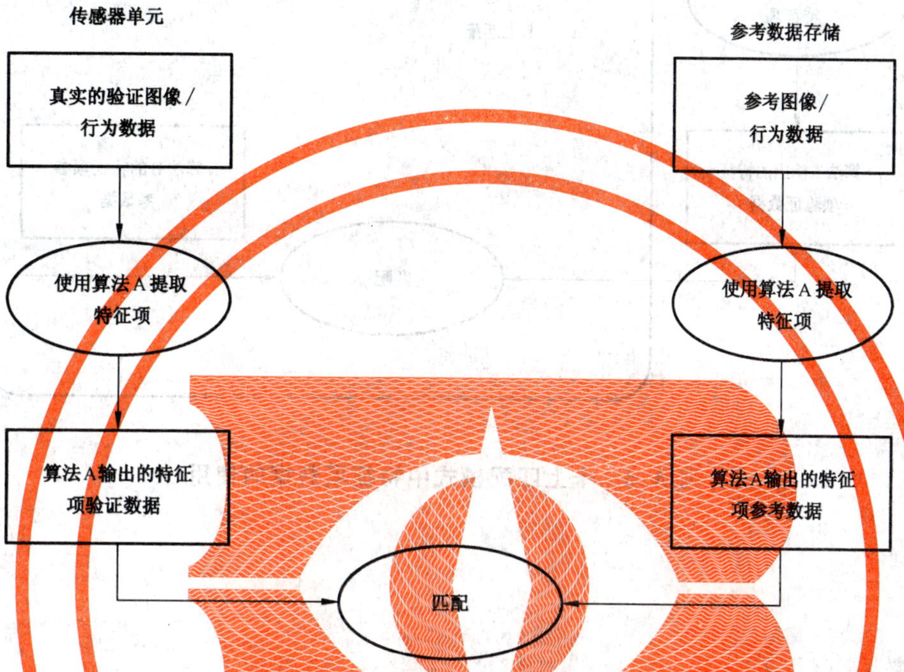

图 A.1 图像/行为数据的使用

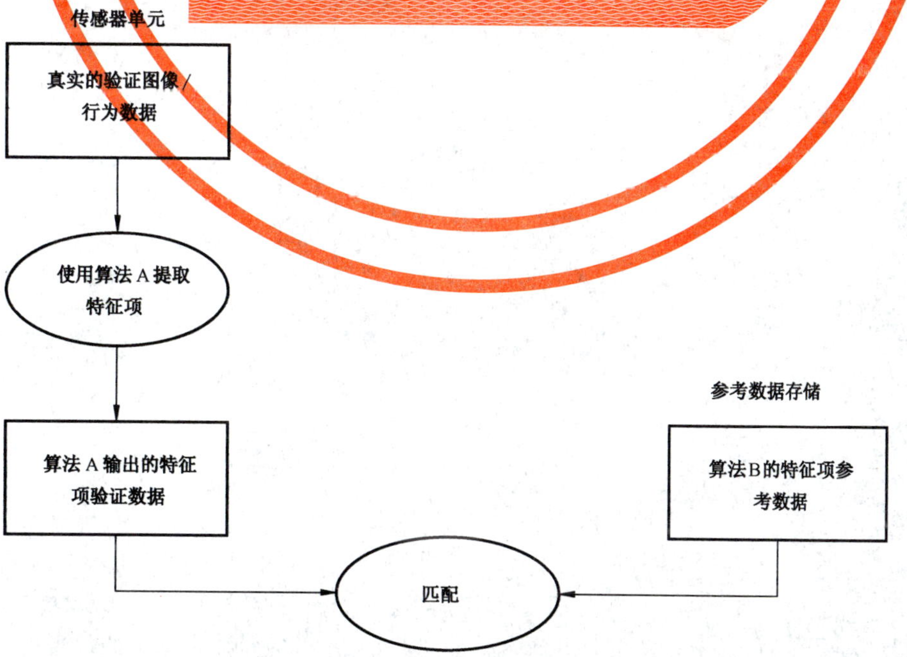

图 A.2 特征项数据的使用

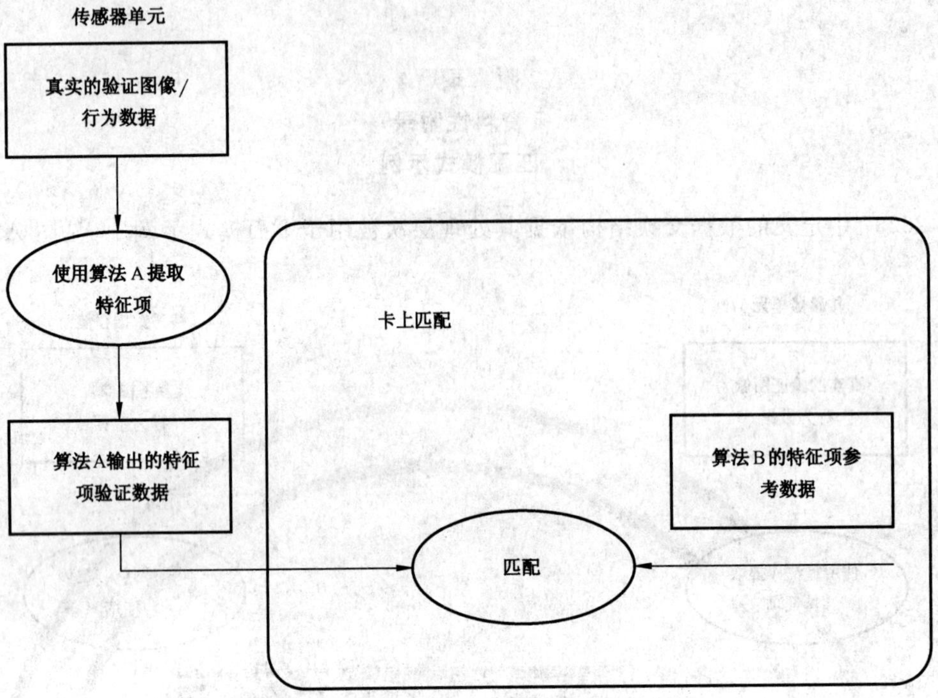

图 A.3 卡上匹配模式中特征项数据的使用

参考文献

［1］ ISO/IEC 15408(all parts), Information technology—Security techniques—Evaluation criteria for IT security

［2］ Common methodology for information technology security evaluation(CEM). Version 1.0, August 1999

［3］ Biometric Evaluation Methodology(BEM). Common Criteria Biometric Evaluation Methodology Working Group, Version 1.0, August 2002

［4］ ISO/IEC 19784(all parts), Information technology—Biometric application programming interface

［5］ GB/T 26237(所有部分) 信息技术 生物特征识别数据交换格式(ISO/IEC 19794(all parts), Information technology—Biometric data interchange formats)

ICS 35.040
L 71

中华人民共和国国家标准

GB/T 26238—2010

信息技术　生物特征识别术语

Information technology—Terminology for biometrics

2011-01-14 发布　　2011-05-01 实施

中华人民共和国国家质量监督检验检疫总局
中国国家标准化管理委员会　发布

前　言

本标准由全国信息技术标准化技术委员会提出并归口。

本标准起草单位：中国电子技术标准化研究所。

本标准主要起草人：袁理、王宇建、杨建军、冯敬。

信息技术　生物特征识别术语

1　范围

本标准规定了与人的识别相关的生物特征识别领域的常用术语及其定义，不包括形态特殊术语，从而规范本领域术语的使用。

本标准适用于生物特征识别各技术的分支领域，如生物特征识别系统、接口、设备和应用等，以及各领域及相关系统中的互操作和数据交换。

2　术语和定义

2.1　一般概念术语

2.1.1

生物特征识别（的）　**biometric**（adj.）

生物特征（的）

与**生物特征识别**领域有关的。

2.1.2

生物特征识别　**biometrics**

biometric recognition

基于个体的行为特征和生物学特征，对该个体进行的自动识别。

注："个体"限指人。

2.2　生物特征识别系统术语

2.2.1　一般生物特征识别系统术语

2.2.1.1

生物特征识别系统　**biometric system**

基于个体的行为特征和生物学特征进行自动识别的系统。

2.2.1.2

生物特征验证系统　**biometric verification system**

进行**生物特征验证**的系统。

2.2.2　生物特征识别系统中的数据术语

2.2.2.1　生物特征数据与非生物特征数据交叠的概念术语

2.2.2.1.1

生物特征数据库　**biometric database**

生物特征数据记录的数据库。

2.2.2.1.2

生物特征数据记录　**biometric data record**

包含**生物特征数据**的数据记录。

注：一个生物特征数据记录可能包括非生物特征数据。

2.2.2.1.3

生物特征注册数据记录　**biometric enrolment data record**

数据记录，属于**生物特征数据主体**并且包括**生物特征参考**。

注1：一个注册数据记录可能包括非生物特征数据。

注2：这种归属性不必明显表现在数据记录中。

2.2.2.1.4

生物特征注册数据库 biometric enrolment database

生物特征注册数据记录的数据库。

注：一个生物特征注册数据记录，包含一个或多个**生物特征参考**。可用作生物特征参考的数据库是生物特征注册数据库，不可用作生物特征参考的**生物特征数据**的数据库是**生物特征数据库**。

2.2.2.2 生物特征数据术语

2.2.2.2.1 一般生物特征数据术语

2.2.2.2.1.1

生物特征数据 biometric data

处于任何处理阶段的**生物特征样本**或生物特征样本的聚集、**生物特征参考**、**生物特征项**或**生物特征特性**。

注：生物特征数据不必从属于一个特定的个体，例如，通用背景模型。

2.2.2.2.2 与具体个体相关的生物特征数据术语

2.2.2.2.2.1

匿名生物特征数据 anonymized biometric data

有意与个体元数据不相关联的**生物特征数据记录**。

注：生物特征数据记录中的**生物特征数据**最终与个体保持相关。

2.2.2.2.2.2

生物识别特征 biometric characteristic

个体生物学的和行为的特征，该特征可被检测，并且可以从中提取有区别的、可重复的**生物特征项**，从而达到个体自动识别的目的。

注1：生物学的和行为的特征是身体各部分的物理特性，是身体产生的生理和行为过程，以及是上述过程的任意组合。

注2：有区别的并不必须意味着个性化。

示例：生物识别特征包括：指纹脊线结构、脸型、面部皮肤纹理构造、掌型、指形、虹膜结构、手部静脉血管结构、手掌脊状结构、视网膜图案，动态手写签名等。

2.2.2.2.2.3

生物特征数据块 biometric data block

BDB（缩略语）

具有定义格式的数据块，包括一个或多个**生物特征样本**或**生物特征模板**。

注：此定义依据公用生物特征识别交换格式框架（CBEFF）。

2.2.2.2.2.4

生物特征项 biometric feature

从**生物特征样本**中提取的，用于**比对**的数值或标记。

注1：生物特征项是一次完成的**生物特征项提取**的输出。

注2：这一术语的使用宜与其在模式识别和数学领域的使用相一致。

注3：生物特征项集也可被看作是一个最终的生物特征样本。

2.2.2.2.2.5

生物特征信息记录 biometric information record

BIR（缩略语）

包含一个或多个生物特征数据块、确认**生物特征数据块**格式的信息和可能的其他信息（如生物特征数据块是否加密等）的数据结构。

注：此定义依据公用生物特征识别交换格式框架（CBEFF）。

2.2.2.2.2.6

生物特征实例 biometric instance

生物特征样本或**生物特征项**的集合。

2.2.2.2.2.7

生物特征探针　biometric probe

输入到算法的、与**生物特征参考**数据进行**比对**的**生物特征数据**。

注：术语“比对”是指生物特征识别意义上的比对。

2.2.2.2.2.8

生物特征特性　biometric property

自动从**生物特征样本**中估计的或获得的**生物特征数据主体**的描述性属性。

示例：指纹可以依据其脊谷这种生物特征特性分为三类：弓型、箕型和环形。在人脸识别中，可能是对年龄和性别的估计。

2.2.2.2.2.9

生物特征参考　biometric reference

用于**比对**的、属于**生物特征数据主体**的一个或多个已存储的**生物特征样本**、**生物特征模板**或**生物特征识别模型**。

示例：护照上的人脸图像、身份证上的指纹细节特征点模板和数据库中的用于说话人识别的高斯混合模型。

注：生物特征参考的产生可能或隐或显都要借助于使用辅助数据，例如，通用背景模型。

2.2.2.2.2.9.1

生物特征识别模型　biometric model

依据**生物特征数据主体**，由**生物特征项**产生的已存储的函数。

注1：在**比对**过程中此函数应用于一个探针生物特征样本的生物特征项从而给出一个**比对得分**。

注2：该函数可通过训练得到。

注3：一个生物特征识别模型可能会涉及与生物特征项提取相似的中间处理过程。

示例：已存储的函数的例子有隐马尔可夫模型、高斯混合模型或人工神经网络。

2.2.2.2.2.9.2

生物特征模板　biometric template

参考的**生物特征项**的集合，已存储的生物特征项的集合，可直接与探针生物特征样本的生物特征项进行**比对**。

注1：**生物特征参考**包括图像或其他**被采集的生物体特征样本**，它的原始、增强或压缩形式都不是**生物特征模板**。

注2：生物特征项一般不被看作是生物特征模板，除非它们被储存用作参考。

2.2.2.2.2.10

生物特征样本　biometric sample

先于**生物特征项提取**，且从**生物特征采集子系统**获得的模拟的或数字的**生物识别特征**的表示。

2.2.2.2.2.10.1

生物特征采集样本　captured biometric sample

生物特征采集处理过程输出的**生物特征样本**。

2.2.2.2.2.10.2

生物特征中间样本　intermediate biometric sample

生物特征中间样本处理过程输出的**生物特征样本**。

示例：可能为了**生物特征项提取**而将生物特征中间样本增强；为了紧凑存储的目的，而将生物特征中间样本压缩。

2.2.2.2.2.11

未标识的生物特征数据　unidentified biometric data

目前尚不知道**生物特征数据主体**的**生物特征数据**。

2.2.2.2.3 与具体个体无关的生物特征数据术语

2.2.2.3 非生物特征数据术语

2.2.2.3.1

生物特征参考标识符 biometric reference identifier

指向注册数据库中一个**生物特征参考**的指针。

2.2.2.3.2

候选者 candidate

注册数据库中被用来确定与探针生物特征样本相似的一个**生物特征参考**的**生物特征参考标识符**。

注：候选者的确定可依据**比对得分**和/或排序。

2.2.2.3.3

候选者列表 candidate list

空集、一个或多个**候选者**的集合，该集合可以是中间的或最终的。

注：中间的候选者列表可由使用多种识别通道的**生物特征身份识别**系统产生。

2.2.2.3.4

候选者得分 candidate score

候选者的**比对得分**。

2.2.2.3.5

比对得分 comparison score

匹配得分(拒用)

通过**比对**得到的数值(或值集)。

注：比对得分高并不一定意味着更相似。

2.2.2.3.6

差距得分 distance score

相异度得分 dissimilarity score

随着相似度的增加而减少的**比对得分**。

2.2.2.3.7

相似得分 similarity score

随着相似度的增加而增加的**比对得分**。

2.2.2.3.8

比对判定 comparison decision

依据**比对得分**、包括**阈值**的判定策略以及其他可能的输入，确定探针生物特征样本和**生物特征参考**是否具有同一生物特征源。

注1：**匹配**是肯定的比对判定。

注2：**不匹配**是否定的比对判定。

注3：有时会给出“不可确定”这一判定信息。

2.2.2.3.9

匹配(名词) match (n.)

探针生物特征样本和**生物特征参考**来源于同一特征源的**比对判定**。

2.2.2.3.10

不匹配(名词) non-match (n.)

探针生物特征样本和**生物特征参考**来源于不同特征源的**比对判定**。

2.2.2.3.11

声称的身份 claimed identity

生物特征注册数据库中的**生物特征参考**，并对该生物特征参考已做出如下断言：某个**生物特征采集主体**是该参考的源。

2.2.2.3.12

生物特征识别应用判定 biometric application decision

在应用层上,基于生物特征识别过程结果而执行某一动作的决策。

注:生物特征识别应用判定可以在涉及**生物特征数据**和非生物特征数据两者的复杂策略基础上做出。

2.2.2.3.13

阈值 threshold

做出判定所依据的边界值(或值集)。

2.2.3 装置术语

2.2.3.1

生物特征采集装置 biometric capture device

收集**生物识别特征**信号并将其转换成**生物特征采集样本**的装置。

注1:信号可由生物识别特征产生,或在其他地方产生并且会受到生物识别特征的影响,例如,脸被入射光照亮。

注2:此装置可以是硬件的任何一部分(支持软件和固件)。

注3:生物特征采集装置可由若干部件组成,例如,发光源、一个或多个生物特征识别传感器等。

2.2.4 功能项术语

2.2.4.1 比对术语

2.2.4.1.1

生物特征搜索 biometric search

依据探针生物特征样本,检查**生物特征注册数据库**,以返回一个**候选者列表**或一个**比对判定**,说明该探针样本是否与一个或多个**生物特征参考**相匹配。

注1:输出的候选者列表或比对判定,都意味着一个策略的执行。

注2:生物特征注册数据库不必包含多个**生物特征数据主体**。

2.2.4.1.2

比对 comparison

估算、计算或测量**生物特征探针**与**生物特征参考**之间的相似度和相异度。

2.2.4.1.3

一对一比对 one-to-one comparison

一个**生物特征数据主体**的探针生物特征样本集与一个生物特征数据主体的**生物特征参考**的比较过程,以得出**比对得分**,可能会使用注册数据库中的一些附加数据。

注1:在多模态**生物特征识别系统**中,探针生物特征样本和生物特征参考可包含多个生物特征形态。

注2:一些一对一比对算法,即那些使用评分规整、cohort模型或似然比的算法,可要求一个生物特征数据主体的探针生物特征样本与多个生物特征数据主体的生物特征参考进行**比对**。然而,得出的比对得分是指一个生物特征数据主体的探针生物特征样本集与一个生物特征数据主体的生物特征参考之间的相似度,因此该过程被称为**一对一比对**。

2.2.4.1.4

一对多比对 one-to-many comparison

一个**生物特征数据主体**的探针生物特征样本集与多个生物特征数据主体的生物特征参考进行比较的过程,以得出一组**比对得分**。

注:"比较"是指生物特征识别语义下的比对。

2.2.4.1.5

一对多搜索 one-to-many search

针对多个**生物特征数据主体**的**生物特征参考**,搜索某个生物特征数据主体的探针生物特征样本集的过程,返回**候选者列表**或**比对判定**。

注1:上面定义中的"搜索"是指**生物特征搜索**。

注2:输出的候选者列表或比对判定,都意味着一个策略的执行。

2.2.4.1.6

阈(动词)　threshold(verb)

删除不能满足任一类型得分要求的、与**生物特征参考**相关联的标识符和/或探针生物特征样本标识符。

注:得分类型可以是质量得分、**比对得分**等。

2.2.4.2　**数据管理术语**

2.2.4.3　**数据采集术语**

2.2.4.3.1

生物特征采集处理过程　biometric capture process

从一个**生物识别特征**中收集或尝试收集信号并将其转换为一个**生物特征采集样本**的过程。

注1:信号可由生物识别特征产生,或在其他地方产生并且会受到生物识别特征的影响,例如,脸被入射光照亮。

注2:每个收集到的信号可源于不同的表示。

注3:生物特征采集处理过程可涉及单个**生物特征采集装置**。在其他系统中,采集可按时间和空间分布,按这种分布则采集过程会涉及多个生物特征采集装置。

2.2.4.3.2

生物特征识别采集子系统　biometric capture subsystem

生物特征采集装置以及执行**生物特征采集处理过程**所需要的子过程。

注:生物特征识别采集子系统可以只包括单个的生物特征采集装置。

示例:在某些系统中,为了将**生物识别特征**的信号转换为**生物特征样本**,系统可能包括多个组成部分,如照相机、照相纸、打印机、数字扫描仪,还有纸和墨。

2.2.4.4　**注册术语**

2.2.4.4.1

生物特征参考自适应　biometric reference adaptation

自动增量更新**生物特征参考**以防其性能退化。

注:例如,退化可能是由于**生物识别特征**、信道或传感器的微小变化。

2.2.4.4.2

重复注册检查　duplicate enrolment check

生物特征探针与注册数据库中的一些或所有的**生物特征参考**进行**比对**,以确定是否存在相似的生物特征参考。

2.2.4.4.3

注册　enrol

依据注册策略,生成并储存注册数据记录。

2.2.4.4.4

注册　enrolment

注册或正被注册的动作。

2.2.4.4.5

再注册　re-enrolment

为数据库中已**注册**的**生物特征数据主体**建立一个新的**生物特征参考**的过程。

注1:再注册需要新的**生物特征采集样本**。

注2:例如,当系统或**生物识别特征**发生大的变化而产生性能退化时,则需要**再注册**。

2.2.4.5　**信号处理术语**

2.2.4.5.1

获取　acquisition

为**比对**或**注册**,采集**生物特征样本**并创建**生物特征样本**、**生物特征项**和**生物特征识别模型**的过程。

注:除了采集过程,获取可包括分割、**生物特征项提取**、质量控制和其他预处理步骤。

2.2.4.5.2

生物特征项提取　biometric feature extraction

应用于**生物特征样本**的过程，目的是分离并输出可重复性和辨别性的数值或标记，它们可与从其他生物特征样本提取的数据作比较。

注1：应用于生物特征样本的过滤器并不是**生物特征项**本身，但是应用于这些样本的过滤器的输出也许是其生物特征项。例如，特征脸不是生物特征项。

注2：可重复性意味着同一**生物特征数据主体**产生的生物特征样本输出之间存在不大的差异。

注3：可辨别性意味着不同生物特征数据主体产生的生物特征样本输出之间存在很大的差异。

注4：生物特征项提取可产生错误信息或空向量。

2.2.4.5.3

生物特征中间样本的处理　intermediate biometric sample processing

针对**生物特征样本**、但不产生**生物特征项**的操作。

示例：生物特征中间样本的处理包括修剪、下采样、压缩、转换成数据交换格式标准以及图像增强。

2.3　交互术语

2.3.1

获取　acquire

成功完成一次**获取**(acquisition)的过程。

2.3.2

生物特征识别声称　biometric claim

生物特征采集主体是否为指定的或非指定的**生物特征参考**来源的声称。

注1：**生物特征识别系统**任一用户都可发出生物特征识别声称。

注2："身份的声称"常用来指这一概念。

注3：声称可是肯定的，即生物特征采集主体是已**注册**的；也可是否定的，即生物特征采集主体没有注册；特定的，即生物特征采集主体是否被注册为指定**生物特征被注册者**；或者是非特定的，即生物特征采集主体是否在生物特征被注册者这一集合或者子集合中。

注4：生物特征识别声称不必由生物特征采集主体发出。

注5：生物特征参考可以在数据库中、在卡里或分布于整个网络。

注6：生物特征识别声称应在生物特征识别系统范围内。

2.3.3

采集尝试　capture attempt

为了生成**生物特征采集样本**，预先确定的有关表示的数字/类型/长度。

注：采集尝试仅涉及**生物特征样本**，不涉及元数据的**获取**。

2.3.4

采集事务　capture transaction

为了从必须产生**生物特征参考**或探针生物特征样本集的**生物特征采集主体**中**获取**所有的**生物特征数据**，而进行的一个或多个**采集尝试**。

2.3.5

表示(也用于数据采集中)　**presentation** (also in Data capture family)

数据采集主体和**生物特征识别采集子系统**的交互，以获得**生物识别特征**的信号。

注：**生物特征采集主体**可不知道生物识别特征信号正在被采集。

2.3.6

验证尝试　verification attempt

为生物特征**比对**提供输入而做的**生物特征识别声称**和**采集尝试**。

2.3.7

验证事务　verification transaction

为响应**生物特征识别声称**而进行的一个或多个**验证尝试**。

2.4 人员术语

2.4.1 一般人员术语

2.4.1.1

辅助人员 attendant

直接与**生物特征采集主体**交互的**生物特征识别系统操作员**的代理人。

示例：监督**生物特征采集处理过程**并对**比对判定**采取行动的移民官员。

2.4.1.2

生物特征识别申请者 biometric applicant

申请**注册**到**生物特征注册数据库**中的个体。

注：生物特征识别申请者可能已注册，可能没注册过。

2.4.1.3

生物特征被注册者 biometric enrollee

生物特征数据被保存在**生物特征注册数据库**中的**生物特征数据主体**。

2.4.1.4

生物特征识别系统操作员 biometric system operator

在**生物特征识别系统**的管理中，执行相关策略和规程的人。

2.4.1.5

生物特征识别系统所有者 biometric system owner

对**生物特征识别系统**的获取、使用和运转负有全部责任的人。

2.4.1.6

声称者 claimant

发出声称的个体，该声称在生物特征识别中可被验证。

注：声称者不必是**生物特征数据主体**。

2.4.1.7

(生物特征识别系统的)用户 user (of a biometric system)

以任何方式与**生物特征识别系统**交互的人或组织。

注：当讨论与**生物特征识别系统**相关的一类特殊用户，会使用一类专门的术语。例如，**生物特征数据**被收集的用户称为**生物特征采集主体**。

2.4.2 主体术语

2.4.2.1

生物特征采集主体 biometric capture subject

对其进行**生物特征采集处理过程**的个体。

注：仅在生物特征采集的过程中，个体才作为生物特征采集主体。

2.4.2.2

生物特征数据主体 biometric data subject

其个性化的**生物特征数据**已在**生物特征识别系统**中的个体。

注：用"个性化的"这个词是为了将生物特征数据主体与那些用于创建生物特征识别算法的数据区别开来。提供生物特征数据但本身并不是生物特征数据主体的例子有：在发话人识别系统中对通用背景模型提供生物特征数据的个体，或者在人脸识别系统中对某一特征脸基础集提供生物特征数据的个体。

2.4.2.3

破坏性用户 subversive user

试图扰乱正确的和预定的系统策略的**生物特征识别系统**的用户。

示例：让未得到批准的主体进入系统的操作员、启动拒绝服务攻击的用户、允许未批准的功能蔓延的管理者、假冒注册用户的主体。

2.4.2.3.1

破坏性生物特征采集主体　subversive biometric capture subject

生物特征采集主体中的破坏性用户。

2.4.2.3.1.1

假冒者　impostor

试图与他人**生物特征参考**匹配的**破坏性生物特征采集主体**。

2.4.2.3.1.2

隐瞒身份者　identity concealer

试图避免与自己生物特征参考匹配的**破坏性生物特征采集主体**。

2.5　应用术语

2.5.1

鉴别　authentication

验证个体所声称的身份的动作。

注1：不应将**鉴别**(authentication)作为"**生物特征验证**(biometric verification)或者**生物特征身份识别**(biometric identification)"的同义词使用，使用生物特征识别(biometric recognition)会好一些。

注2：本词曾经主要被用作生物特别验证应用(biometric verification application)，生物特征验证功能(biometric verification function)的同义词，也被用作生物特征身份识别应用(biometric identification application)和生物特征身份识别功能(biometric identification function)的同义词。

2.5.2

身份标识(基于生物特征识别)　**identify** (biometrics)

对**生物特征注册数据库**进行的生物特征搜索，以便就某一个体查找并返回相应的**生物特征参考标识符**。

2.5.3

生物特征身份识别　biometric identification

身份标识的过程。

注：上面定义中的"身份标识"，是指基于**生物特征识别**的身份标识。

2.5.4

生物特征身份识别系统　biometric identification system

用于**生物特征身份识别**的系统。

2.5.5

验证(基于生物特征识别)　**verify** (biometrics)

通过生物特征的**比对**，证实一个**生物特征识别声称**。

注：确认的准则将取决于策略。

2.5.6

生物特征验证　biometric verification

验证的过程。

注：2.5.5定义中的验证，是指基于**生物特征识别**的验证。

2.6　性能术语

2.6.1

获取失败　failure to acquire

探针**获取**过程的失败。

注：导致获取失败的可能原因包括**生物特征样本**质量较差、算法的缺陷以及生物特征超出了系统识别范围。

2.6.2

获取失败率　failure to acquire rate

给定的探针**获取**集合中产生的失败**生物特征探针**的比例。

注1：实验者定义了哪些探针获取在集合中，也定义了认定获取失败的准则。

注2：获取是一个过程，所以该比例是失败的过程数量除以过程总数。

2.6.3

注册失败　failure to enroll

依据**注册**策略，不能生成和存储合格的**生物特征采集主体**的**注册数据记录**。

注：不合格的生物特征采集主体不予注册，不是注册失败。

2.6.4

注册失败率　failure to enrol rate

导致**注册失败**的生物特征**注册**事务的比例(不是因为非生物特征识别的原因导致的失败)。

注1：以生物特征采集事务数为分母会比以**生物特征采集主体**数为分母得到的值大。

注2：这一比例的分母是生物特征注册事务数，不包括由于非生物特征识别原因而没有完成的那些事务。

2.6.5

误匹配　false match

对来自不同**生物特征采集主体**的探针生物特征样本和**生物特征参考**产生了“**匹配**”的**比对判定**。

注：可以看出，这一定义考虑的只在主体层面上的，而不考虑特征层面上的。有时，探针生物特征样本与来自同一**生物特征数据主体**的不同**生物识别特征**的生物特征参考进行匹配的比对判定，被认为是一个误匹配。例如，当同一生物特征数据主体的不同手指的高尔顿脊进行**比对**时，做出的“匹配”判定。但是，对文本有关的说话人识别中的一个发错音的通行短语做出的“匹配”判定可能被认为是一个正确匹配。

2.6.6

误匹配率　false match rate

在**生物特征识别不匹配比对试验**中，**误匹配**的数量与全部**试验**数的比例。

注1：误匹配率的计算值取决于**比对**过程中的**阈值**和其他参数，以及定义生物特征识别不匹配比对试验的协议，尤其是对下面三者之间比对的处理：

——同卵双胞胎；

——不同个体的完全不同的**生物识别特征**，如脸型和高尔顿脊；

——同一个体的不同但相关的生物识别特征，如左右手型。

需要适当的考虑，见 ISO 19795-1。

注2：“全部的”指做出一个**比对判定**所需要的计算过程，即不能做出判定的不包括在内。

2.6.7

误不匹配　false non-match

对来自同一**生物特征采集主体**并属于同一**生物识别特征**的探针生物特征样本与**生物特征参考**做出的“**不匹配**”的**比对判定**。

注：可能需考虑生物特征采集主体可以承受多少错误行为后，才可判定探针生物特征样本和生物特征参考属于不同的生物识别特征。

2.6.8

误不匹配率　false non-match rate

在**生物特征识别匹配比对试验**中，**误匹配**的数量与全部**试验**数的比例。

注1：误不匹配率的计算值取决于**比对**过程中的**阈值**和其他参数，以及定义**生物特征识别匹配比对试验**的协议。

注2：“全部的”指做出**比对判定**所需要的计算过程，即不能做出判定的不包括在内。

2.6.9

试验　trial

性能测试的一个要素。

2.6.9.1

生物特征识别匹配比对试验　biometric match comparison trial

来自同一**生物特征数据主体**的同一**生物识别特征**的**生物特征样本**与**生物特征参考**进行的**比对**，作为性能测试部分。

注：生物特征识别匹配比对试验不完全模仿一个**生物特征采集主体**正试图不被识别的情况。

2.6.9.2

生物特征识别不匹配比对试验　biometric non-match comparison trial

来自不同**生物特征数据主体**的**生物特征样本**与**生物特征参考**进行的**比对**，作为性能测试部分。

注1：如果探针生物特征样本和来自同一生物特征数据主体的不同**生物识别特征**的生物特征参考的"**匹配**"**比对判定**被认为是**误匹配**，那么生物特征识别不匹配比对**试验**也包括这样的比对。

注2：生物特征识别不匹配比对试验不完全模仿生物特征识别虚假性验证试验。

注3：生物特征识别不匹配比对试验不必包含来自不同**生物特征采集主体**特征的生物特征样本与生物特征参考的所有可能的比对。

索　引

汉语拼音索引

W

X

Y

Z

英文对应词索引

A

B

C

D

E

F

V

ICS 35.080
L 77

中华人民共和国国家标准

GB/T 26239—2010/ISO/IEC 24744:2007

软件工程　开发方法元模型

Software engineering—
Metamodel for development methodologies

(ISO/IEC 24744:2007,IDT)

2011-01-14 发布　　2011-05-01 实施

中华人民共和国国家质量监督检验检疫总局
中国国家标准化管理委员会　发布

前　言

本标准使用翻译法等同采用 ISO/IEC 24744:2007《软件工程　开发方法元模型》(英文版)。

本标准的附录 A 和附录 B 是资料性附录。

本标准由全国信息技术标准化技术委员会(SAC/TC 28)提出并归口。

本标准起草单位:上海超算并行软件有限责任公司、复旦大学、中国电子技术标准化研究所。

本标准主要起草人:袁俊、吴毅坚、赵文耘、王宝艾、钱乐秋、何志峰、彭鑫、冯惠、王秀娟。

引　　言

开发方法可在基础元模型的语境中进行描述,但以相应的元模型定义这些方法的精确机制通常难以阐明,且不能涵盖所有的需要。例如,难以设计这样一种实践,该实践在允许定义构成方法的各元素的性质的同时,还能定义在应用这些方法时所创建的实体(如工作产品)。本标准介绍了软件工程开发方法元模型(SEMDM,Software Engineering Metamodel for Development Methodologies)。这是一种综合性的元模型;它利用了基于强类型概念定义方法的一种新途径。SEMDM 旨在基于信息的领域中定义方法。所谓基于信息的领域是以强烈依赖于信息管理和信息处理为表征的这样一些领域,如软件、业务或系统工程。SEMDM 将其他元建模途径的主要优点结合起来,并去除了其已知的不足,使方法中过程、建模以及人的方面达到无缝集成。附录 B 将其他元模型映射到 SEMDM 上,并提供了一个简要的问题大纲。

越来越多的标准中定义、使用或隐含了各种各样的方法,将每个方法中所用的概念协调起来非常值得。协调化的一个载体就是 SEMDM。对该元模型的符合性将确保以一致的途径、一致的概念和术语来定义每个方法。

软件工程　开发方法元模型

1　范围

本标准规定了软件工程开发方法元模型。该元模型为定义和扩展基于信息的领域(IBD)(例如软件、业务或系统)的开发方法建立了一个形式的框架,其中包括三个主要的方面:所遵循的过程,所使用和生成的产品,以及所涉及的人员和工具。

该元模型能用作定义和扩展任何 IBD 开发方法和任何关联的元模型的形式基础,并由方法工程师典型地用于承担此类定义和扩展任务中。

该元模型既不依赖于又不硬性限定 IBD 开发方法的任何特指途径,实际上是通用的,足以适应于任何特定的途径,例如面向对象、面向代理、基于构件的开发等。

1.1　目的

本标准遵循最小深度、甚丰富广度(包容了各种由单一途径难以处置的领域)的途径。因此,它仅包括那些较高级别的、跨各种各样应用领域的、真正通用的概念,比现有的其他元模型的抽象级别更高。SEMDM 的主要目的是交付一个高度通用的元模型,不会不必要地约束由此产生的方法,同时为创建丰富且具有表达能力的实例做好准备。

为了达到这个目标,SEMDM 纳入了来自多种元建模途径的理念,并加入了一些近期的研究成果(见参考文献[1]~[7])。这将促进:

a)　方法工程师之间、方法工程师与方法用户(即开发者)之间的沟通;

b)　来自先前存在的方法片段库中的多个方法的汇编;

c)　通过专门提供的扩展机制扩展标准元模型,来创建方法元模型;

d)　各个方法和关联的元模型的比较和集成;

e)　建模和方法支持工具的互操作性。

SEMDM 与一些已有的方法和元模型的关系在附录 B 中说明。

1.2　读者

由于 SEMDM 中许多类表述的是实践域(与方法域相对),可能看上去施行该方法的开发者会是该元模型的直接用户,但事实上并非如此。SEMDM 中对实践层元素建模的类,是为方法工程师建立实践域结构和行为服务,而不是在方法施行期间直接使用。只有方法元素,即方法工程师从元模型创建的类和对象,才在实践层由开发者使用,从而既支持创建"打包的"方法,又支持创建经裁剪的、特定项目的方法。

这里,"方法工程师"一词或指为特定目的创建方法的人,或指创建"打包的"方法、并把该方法作为"收缩包装的(shrink-wrapped)"过程产品的人。

2　符合性

依照本标准,可定义一个元模型,如果它:

a)　描述了该元模型中概念的范围,并涉及到第 7 章中所定义元素的范围;并且

b)　定义了该元模型中表述的以及本标准范围内的概念与本标准相应的元素之间的映射(即,其元素不能被意图相同、但构造不同的其他元素替换)。

依照本标准,可定义一个开发方法,如果它是由与本章(2 符合性)第一段定义相符的元模型生成的。

依照本标准,可开发一种开发工具或工程工具,如果它实现了与本章(2 符合性)第一段定义相符的元模型。如果该工具的目的涉及方法的创建,那么依照本标准,它还要实现必要的特征以使 8.1 中描述的机制对该工具的用户可用。如果该工具的目的涉及对元模型的扩展,那么依照本标准,它还要实现必要的特征以使 9.1 中描述的机制对该工具的用户可用。

注 1:据此定义的元模型没有必要一定包含第 7 章定义的所有元素——只有与上述元模型的目的相关的元素才是所要求的。

注 2:完全不必要显式地包含任何相关的工作产品种类或模型单元种类的详细的元模型,就能建立起对方法的符合性或对工具的符合性。只要定义从这些工作产品到 SEMDM 中 WorkProductKind 类和 ModelUnitKind 类的映射就足够了。

3 术语和定义

下列术语和定义适用于本标准。

注:本标准使用内部一致的核心概念集,尽可能与其他标准(如 GB/T 8566,ISO/IEC 15504 等)兼容。

3.1

基于信息的领域 information-based domain;IBD

将信息作为最有价值资产的活动领域。

注:这意味着信息创建、操纵和传播是基于信息的领域中最重要的活动。软件和系统工程、业务过程再工程和知识管理都是典型的基于信息的领域。

3.2

方法(学) methodology

在 IBD 开发工作期间要遵循的过程连同拟使用和生成的工作产品的规范,以及对所涉及的人和工具的考虑。

注:方法规定了拟执行的过程,通常是一组相关的活动、任务和/或技术,连同在每一时刻必须被操纵(创建、使用或修改)的工作产品以及由谁来操纵,其中有可能包括模型、文档和其他输入输出。而规定必须处置的模型又隐含着要定义应当用于构造该模型的基础构建块。

3.3

方法 method

方法(学)的同义词。

注:本标准通篇使用"方法(学)"这一术语,而在"方法工程师"或"方法片断"等常规词组中保留术语"方法"。

3.4

元模型 metamodel

用于定义方法的概念、关系和规则的规范。

3.5

实践 endeavour

贯穿于方法应用过程的始终,旨在交付某一产品或服务的 IBD 开发工作。

示例:项目、程序、基础设施职责都是实践的示例。

3.6

方法元素 methodology element

方法的简单组件。

注:通常,方法元素包括在应用该方法时能或必须使用哪些任务、活动、技术、模型、文档、语言和/或记法的规范。方法元素互相有关,构成了一个抽象概念网。典型的方法元素有"获取需求"、"为方法书写代码"(任务的种类)、"需求工程"、"高级别建模"(活动的种类)、"伪代码"、"依赖图"(记法)、"类"、"属性"(模型构建块的种类)、"类模型"、"类图"、"需求规约"(工作产品的种类)等。

3.7

实践元素 endeavour element

实践的简单组件。

注：在实践的执行期间，开发者创建一些实践元素，如任务、模型、类、文档等。实践元素的例子有“客户”、“发票”（类）、“名称”、“年龄”（属性）、“17号高级别类模型”（模型）、“系统需求描述”（文档）、“第2编码周期”、“第3编码周期”（任务）等。

3.8

生成 generation

由特指的元模型对方法进行定义和描述的动作。生成一个方法包括使用所选的元模型解释每种方法元素的结构位置和语义。因此，可能有哪些方法元素及其如何相关，都受这一元模型的约束。通常，方法工程师实施生成来生产一个完整的、可使用的方法。

3.9

方法施行 enactment

为某一特指目的应用方法的动作。实践是典型的方法施行。

注：施行一个方法包括使用已经生成的方法创建实践元素，并最终获得目标的IBD系统。因此，能创建哪些种类的实践元素及其如何相关，都受所使用方法的支配。通常，由技术经理与其他开发者一同实施方法施行。

3.10

方法工程师 method engineer

设计、构建、扩展和维护各种方法的人。

注：方法工程师通过生成、由元模型创建方法。

3.11

开发者 developer

为某一特定的作业（通常是一个实践）应用方法的人。

注：开发者通过方法施行应用方法。

3.12

强类型 powertype

另一类型（称为分区类型）的强类型，是如下的类型：其实例是该分区类型的子类型。这一定义在面向对象范型的语境中解释。例如，类TreeSpecies是类Tree的一个强类型，因为TreeSpecies的每一实例也是Tree的一个子类。

3.13

类对象 clabject

同时既是一个类又是一个对象的双重实体。

注：这一定义在面向对象范型的语境中解释。因为类对象的双重性质，所以它们展现出类的一面和对象的一面，并且在任何时刻都能以任何一面工作。强类型的实例通常被视为类对象，因为它们既是对象（因为它们是一个类型——强类型——的实例），又是类（分区类型的子类型）。

4 命名、图示和定义的约定及缩略语

4.1 命名、图示和定义的约定

SEMDM使用不同种类的、互为补充的手段来定义。这些手段有：

a） 定义——SEMDM的每一概念都使用自然语言定义。同时，给出一个描述，包括该概念出现的语境及其最具特色的性质。对每一概念都给出了示例；

b） 类图——SEMDM所关心的概念都形式化为类。因此，使用类图显示这些类及其属性和关系。通篇使用了UML1.4.2（即ISO/IEC 19501），但有某些值得注意的例外。首先，使用了专用记法来描绘强类型模式——由强类型和分区类型之间的一条虚线及强类型一端的一个实心

圆点组成。其次,使用了“空心菱形”来描绘整体-部分关系,而不对其次要特性作任何引用(参见参考文献[8]);

c) 文本表——包括了文本表来提供对属性和关系的附加描述;

d) 到其他方法的映射——SEMDM 中的每一概念与其他元建模途径中等价或类似的概念有关,这使得不同途径间的翻译更加容易。

这些手段是同时使用的。

这里提供了两个不同类型的类图。第 6 章所示的图,旨在给出 SEMDM 的结构全貌。设计这些图是为了给出元模型中主要的类和关系的基本思想,而并非详尽,即不显示元模型的每一个细节。另一方面,对元模型中每一个类,第 7 章都给出了一个类图。所讨论的类被画在中心,它周围环绕着与它最近的近邻。每一幅图,连同随附的属性和关系表,确实包含了所讨论的指定类的所有细节。

SEMDM 的基本观点是广泛覆盖方法定义中发现的所有重大问题,同时避免对最后得到的方法的不必要的结构约束。因此,在元模型中只提供属性和关联的最小集合。通过使用强类型模式实例化(见 8.1.2)和在元模型中使用强类型,能在方法域中轻易地添加属性和关联。

4.2 缩略语

IBD 基于信息的领域(information-based domain)

SEMDM 软件工程开发方法元模型(software engineering metamodel for development methodologies)

5 基本概念

元模型对规定用于定义方法的概念、规则和关系是有用的。尽管有可能不通过显式的元模型来描述方法,但将所考察方法的基础思想形式化,在检查方法一致性时或在计划扩展或修改该方法时仍是有价值的。一个好的元模型应当给出方法的所有不同的方面,即要遵循的过程,要生成的工作产品,以及那些使所有这些发生的责任者;而要规定必须开发的工作产品,其中也隐含着要定义构建这些工作产品的基本的建模构建块。

元模型经常被方法工程师用来构造或修改方法。而方法又在实践的语境中被开发者用来构造产品或交付服务。在该途径中,*元模型*、*方法*和*实践*构成了三个不同的专门经验域,同时这三个专门经验域对应到三个不同的抽象级别和三个不同的基础概念集。开发者在实践层的工作受到所使用的方法的约束和指导的同时,方法工程师在方法层的工作受到所选择元模型的约束和指导。传统上,这些“建模层”——在此称做“领域”——之间的关系被看作*instance-of* 关系。在这样的关系中,一层或一个领域中的元素是其下层或下方领域中某个元素的实例(图 1)。

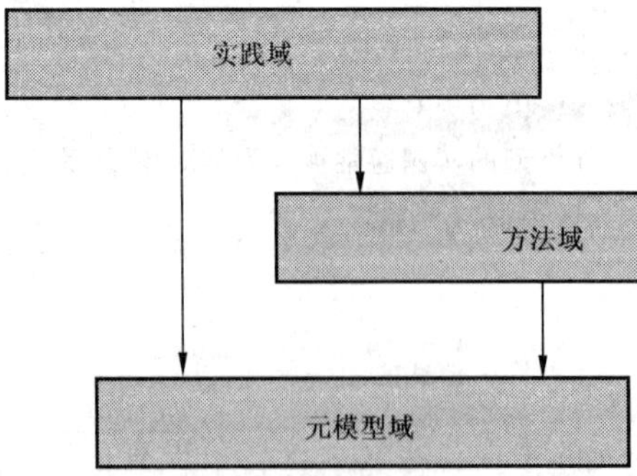

图 1 充当 SEMDM 语境的三个专门经验域,即领域

至于方法域,必须注意到在这一级别中可存在一个以上的“方法”,通过精化关系相互链接。例如,组织从一个元模型创建了全组织通用的方法,然后为每个特定的实践调整和定制上述方法;这是很常见的。在这样的情形下,两个类型的方法(整个组织的和特定实践的)同属于方法域,并且通过一个精化的关系连接起来(与 instance-of 相对)。也可能有超过两步精化的情况。

5.1 方法工程

根据上面提到的大多数元建模途径,SEMDM 接受了方法工程的思想(见参考文献[9,10]),将元模型定义为类的集合,从这些类能生成“方法块”,然后组装成一个可使用的方法[11]。然而,方法工程的手段主要用在过程领域中(因此经常使用“过程工程”这一名称),而 SEMDM 将它扩展到建模领域(见 5.2)。

5.2 双层建模

大多数元建模途径把元模型定义为开发者可以采用的建模语言、过程或方法的模型。遵循这个常规的途径,方法工程师用元模型中的类在方法域中创建实例(即对象),从而生成一个方法。然而,这些方法域中的*对象*经常被开发者当作类用于在*方法施行*期间创建实践域中的元素。这种显而易见的矛盾在任何一种已有的元建模途径中都没有解决,而 SEMDM 处置了这种矛盾并设想了一种能同时作为*方法*域和*实践*域的模型的元模型来解决这个矛盾。SEMDM 在提出元模型中实践域的一个严格模型的同时,还维护了高度的灵活性,允许方法工程师配置开发过程,并且在必要时处置建模重大问题。

5.3 强类型和类对象

为了支持 SEMDM 要求的这些特征,必须引入方法建模的两个新概念。首先,同时对方法域和实践域建模,使得元模型中产生了类对,用于表示在不同分类级别中的相同的概念。例如,元模型中的 Document 类,代表由开发者管理的文档,而元模型中的 DocumentKind 类,代表了可由开发者管理的不同*种类*的文档。注意 Document 代表了实践域中的概念(人们管理的文档),而 DocumentKind 代表了方法域中的概念(由方法描述的文档种类)。例如,ClassDiagram 这一概念是 DocumentKind 的一个实例,但实践域中一个给定的类图,有特定的作者和创建时间,则是 Document 的一个实例。而这两个类又通过分类关系相关,因为每个文档(实践域)是某一特定文档种类(在方法域中定义)的例子(实例)。两个类的这种模式——一个是另一个的“种类”——称作*强类型模式*,因为带有“种类”后缀的类(类名带有后缀“Kind”),是另一个类的强类型(强类型概念介绍见参考文献[12])。在本标准中,记号 Document/ * Kind 用于指通过强类型 DocumentKind 和分区类型 Document 形成的强类型模式。

同时,实践层元素必须是某些方法层元素的实例,并且方法层元素必须是元模型层元素的实例。这意味着(至少某些)方法域中的元素*同时*充当对象(因为它们是元模型类的实例)和类(因为实践层元素是它们的实例)。文献[13]描述了这种类-对象的混合概念,并命名为*类对象*。类对象既有类的一面也有对象的一面。在本标准中,类对象是用来从元模型中的强类型模式构造出*方法*的手段。这样,通过将类对象的对象一面变为强类型模式中强类型类的一个实例,并将类对象的类的一面变为强类型模式中分区类型的一个子类,一个强类型模式就可以“实例化”为一个类对象。例如,方法工程师想要在他构建的方法中支持需求规约文档,他就要(在方法域中)创建类对象 RequirementsSpecificationDocument,作为 DocumentKind 的实例和 Document 的子类。通过在*方法层*使用类对象,每一个需要在方法施行期间实例化的元素,通过一个适于实例化的类和一个适于通过工具进行自动操纵的对象来表示。

注意强类型类的一个给定的属性如何充当该强类型模式的*鉴别器*,这意味着该属性的唯一值将赋给这个强类型类的每一个实例,并且此同一值将用于命名分区类型的相应子类。例如,在 Document/ * Kind 强类型模式中,DocumentKind. Name 是鉴别器。这意味着 DocumentKind 的每个实例的 Name 属性将有唯一的值,并且它的关联类(Document 的子类型)将用该值命名。紧接着前一个例子,DocumentKind 的一个给定的实例,它的 Name=“ClassDiagram”,而 Document 的相应的子类将被称为 ClassDiagram。这样鉴别器属性就充当了类对象两个方面的粘合剂。

5.4 过程和产品的联合

大多数已有的元建模途径要么关注于方法的过程一面,要么关注于方法的建模一面(即产品)。然而,这些途径中的大多数都提供了一些连接点,用于“插入”成熟方法的(到当时为止未定义的)补充组件。SEMDM 更进了一步,它提供了一个完整的元模型,均匀地覆盖了方法的过程和建模方面。如果不这样做,就如同试图定义要实施的动作而不定义这些动作必须对哪些概念发生作用(过程焦点),或者定义要使用的概念而不知道该用这些概念做什么事情(建模焦点)。这种途径的优点是,允许在方法层为过程和由该过程生成的产品间的交互给出丰富的定义。

5.5 过程评估

通常，考察一个组织实施一个过程的成熟度或能力，是通过对方法施行赋予*能力*等级来测量的。SEMDM 采用了能力等级概念，并将其附加到工作单元种类上，用类 WorkUnitKind 的 MinCapabilityLevel 属性来表达。因此方法工程师可以轻而易举地建立每个工作单元种类被实施的最低的能力等级。尽管不同的评估方法和标准对能力等级有细微的差别(例子参见参考文献[14])，但下面的示例列表仍不失一般性，可适用于几乎所有情况：

a) 不完全(0 级)——组织无法成功执行过程；

b) 已实施(1 级)——过程成功地执行，但可能无法严格计划和跟踪；

c) 已管理(2 级)——过程是有计划的，且在实施中是受跟踪的；工作产品符合规定的标准和需求；

d) 已建立(3 级)——过程根据一个良定义的规约来实施，该规约可使用剪裁过的标准；

e) 可预测(4 级)——收集和分析过程实施的测度，导致对过程能力的定量的理解，并提高了预计实施的能力；

f) 优化(5 级)——通过定量反馈达到针对业务目标的持续过程改进。

6 SEMDM 引论

6.1 高级别抽象视图

从最抽象的视角来看，SEMDM 定义了两个类：MethodologyElement 和 EndeavourElement，分别表示方法域和实践域的基本建模元素。而 MethodologyElement 又特化为 Resource 和 Template，对应于在实践层原样使用的方法元素(即资源)和在实践层通过实例化使用的方法元素(即模板)[3]。由于 Template 是方法层所有元素的抽象类型，这些元素在实践层会有实例，而 EndeavourElement 是这些元素的抽象超类，因此这两个类形成了一个强类型模式，其中 Template 是超类型，EndeavourElement 是分区类型，Template. Name 是鉴别符。强类型模式和它们的用法在 5.3 中讨论。图形描绘见图 2。

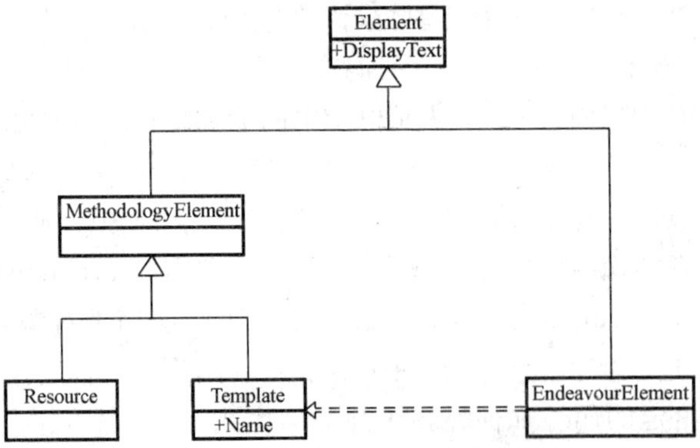

图 2 SEMDM 的高抽象视图

同时，定义顶层类 Element 来泛化 MethodologyElement 和 EndeavourElement，并且在必要时，能够跨方法域和实践域地为所有元素提供同构的处理方法。Element 的 DisplayText 属性给出描述每个实例的、适于展示给该实例最终用户的简短文本。

6.2 抽象视图和核心类

核心类分为三个簇：方法模板(特化自 Template)、方法资源(特化自 Resource)和实践类(特化自 EndeavourElement)。

Template 和 EndeavourElement 组成的强类型模式精化为更特殊的、由这两者的子类组成的强类型模式，即：StageKind 和 Stage(表示一次实践中一个受管理的时间片)；WorkUnitKind 和 WorkUnit(在一次实践中实施的或意图实施的作业)；WorkProductKind 和 WorkProduct(实践中关心的制品)；ProducerKind 和 Producer(有责任执行工作单元的行为主体)；以及 ModelUnitKind 和 ModelUnit(模型的原子组件)。图形描绘见图3。

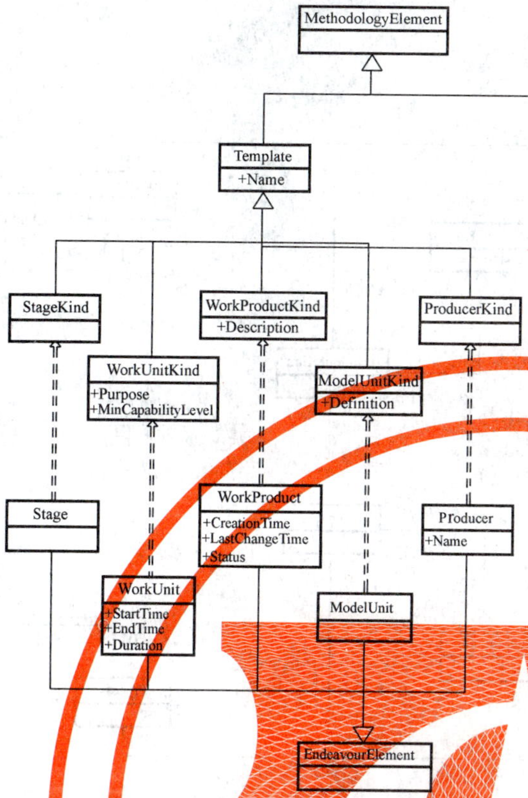

图3 SEMDM的抽象视图,显示了元模型中的核心类

同时,Resource特化为Language(模型单元种类的一个结构,关注于特定的建模视角),Notation(一个具体句法,通常是图形化的,能用于描绘以某些语言创建的模型),Guideline(指示方法元素如何使用),Constraint(在某个时间点成立或必须成立的条件),以及Outcome(成功实施工作单元的可观察的结果)。

6.3 过程类

强类型模式WorkUnit/＊Kind特化为Process/＊Kind(大粒度的,在给定的专门经验域内操作),Task/＊Kind(小粒度的,关注于为了达到给定目的必须做*什么*),以及Technique/＊Kind(小粒度的,关注于*如何*达到给定的目的)。

WorkUnitKind由目的和使之在实施时有意义的最小能力等级来表征,以一对多的形式与Outcome相关。因此能为每一种类的工作单元定义成果的集合。另外,WorkUnit/＊Kind与Task/＊Kind是整体-部分关系,因此能把工作单元或工作单元种类分别定义为任务或任务种类的汇集。这就为将工作单元递归地定义到需要的细节程度留有了余地。

由于独立的工作单元在特定的时间段(见下)内发生在实践域,因此类WorkUnit纳入了必要的属性来对此加以描述。然而,类WorkUnitKind仅仅是对必须做什么的规定,而不包含对任一特定的时间片的引用,故没有时间相关的属性。图形描绘见图4。

从时间方面看,Stage/＊Kind特化为StageWithDuration/＊Kind(一个实践中受管理的时间间隔)和InstantaneousStage/＊Kind(一个实践中受管理的时间点)。而StageWithDuration/＊Kind又特化为TimeCycle/＊Kind(以最终产品或服务的交付为目标)、Phase/＊Kind(以认知框架的转换为目标)和Build/＊Kind(以交付已有工作产品集合的一个增量版本为目标)。TimeCycle/＊Kind与Stage/＊Kind同样是整体-部分关系,为时间周期和其他阶段的递归组合留有余地。另一方面,Phase/＊Kind和Build/＊Kind也是整体-部分关系,这样任何构建或构建种类可链接到产生相应构建或构建种类的时段或时段种类。与此同时,StageWithDuration/＊Kind与Process/＊Kind关联,因此过程的时间一端可与作业一端合适的元素相关。图形描绘见图 5。

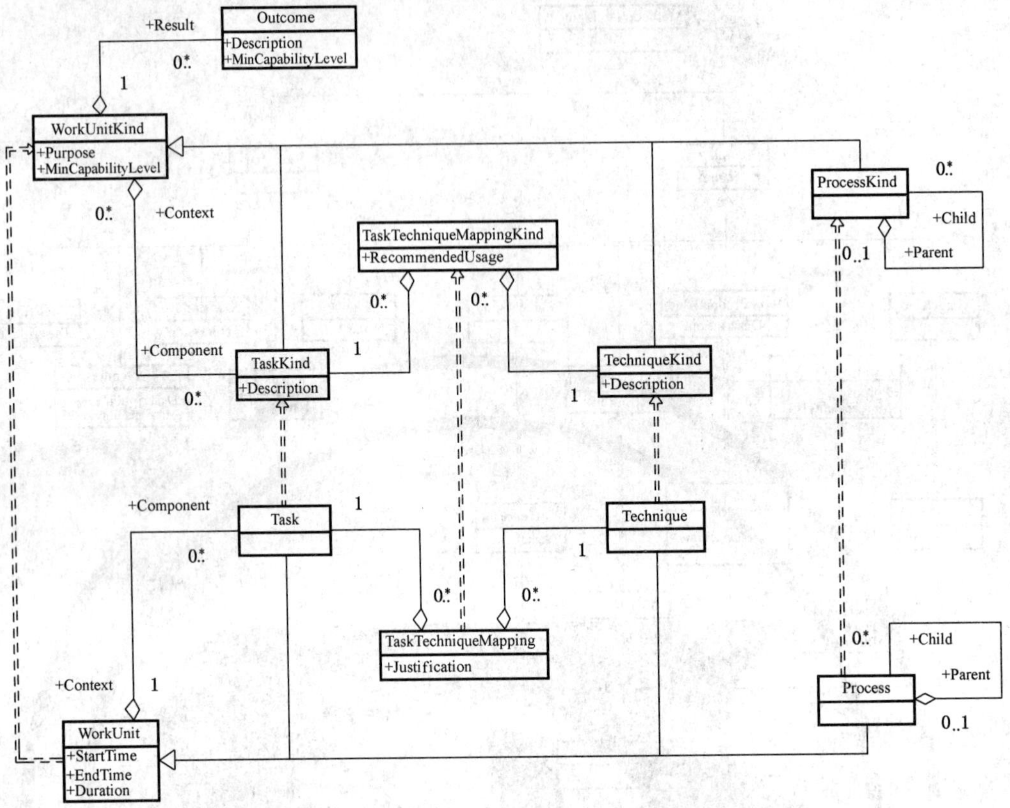

图 4　工作单元

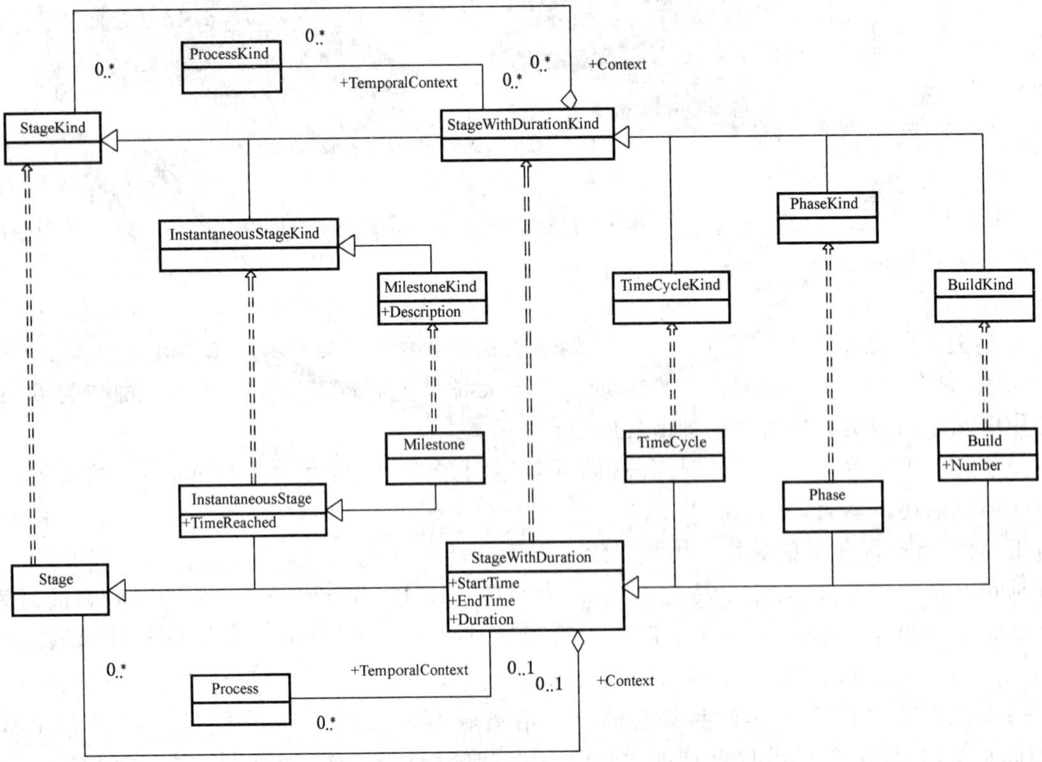

图 5　阶段

注：在 SEMDM 中以两种不同的方式达到时序和顺序。在高抽象层上，阶段种类允许方法学家定义方法的总体时间结构。从这个角度，阶段种类是可以装工作单元种类的"空的容器"，定义什么时候完成事情。然而在细节层上，时序和顺序不是显式地规定的，而是从关联到每一任务种类的动作种类的集合上浮现出来。任一给定的任务种类的动作种类确定了为了完成关联的任务，哪些种类的工作产品是必要的。因此，在方法施行期间的任一时间点上，都可通过观察已有工作产品池和与每个候选任务种类关联的动作种类，来确定"可执行"任务的集合。

6.4 生产者类

Producer/ * Kind 特化为 Role/ * Kind(生产者能承担的责任的汇集)，Tool/ * Kind(帮助另一生产者以自动的方式执行其责任的器具)，以及 Team/ * Kind(生产者的一个有组织的集合，一同关注于共同的工作单元)。Producer 有一个附加的子类 Person，允许在实践层考虑单个的人员。Producer/ * Kind 总是通过 WorkPerformance/ * Kind 与 WorkUnit/ * Kind 相关，从而可能在工作单元与被指派的和/或负责的生产者之间建立链接。图形描绘见图 6。

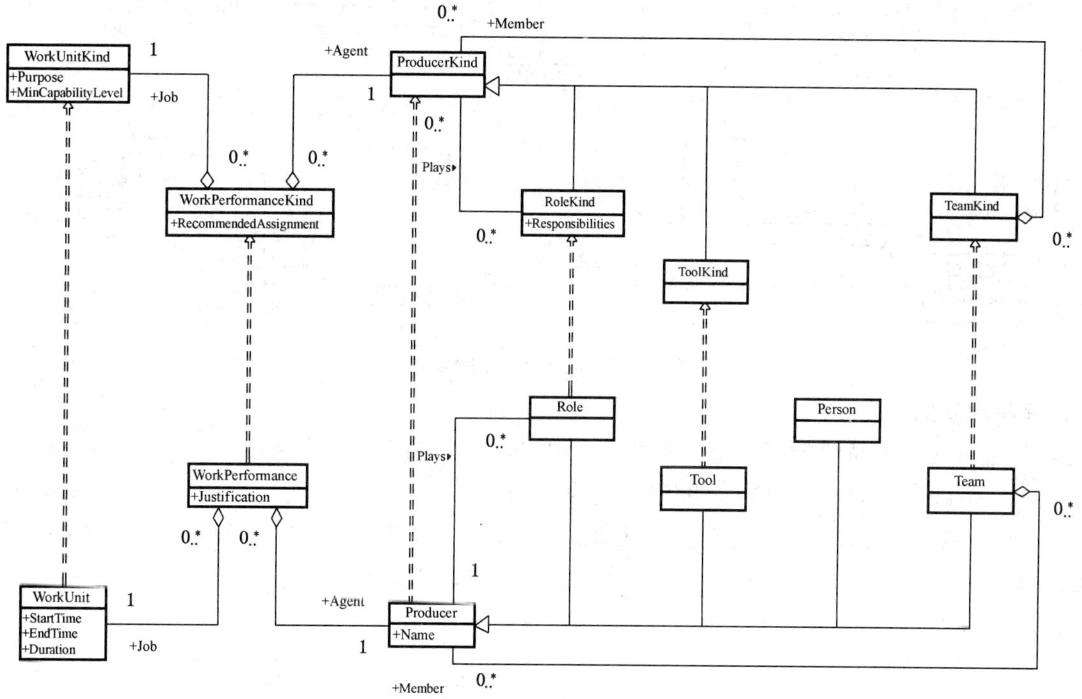

图 6 生产者

6.5 产品类

WorkProduct/ * Kind 有五种子类型：SoftwareItem/ * Kind，HardwareItem/ * Kind(实践所关心的软件片段或硬件单元)，Model/ * Kind(为了某个良好定义的目的，充当某个主体的替代品的该主体的抽象表示)，Document/ * Kind(现实片断的持久描绘)，以及 CompositeWorkProduct/ * Kind(其他元素的聚合)。尽管文档通常描绘模型，但它们也能描述其他关心的实体，甚至其他文档。事实上，Document/ * Kind 有一个到 WorkProduct/ * Kind 的关联来表示该事实。同样，Document/ * Kind 对自己也有递归的整体-部分关系，因此给定一个工作产品或工作产品种类，能相应地定义为其他工作产品或工作产品种类的汇集。图形描绘见图 7。

而 Model/ * Kind 又与 ModelUnitUsage/ * Kind 保持了整体-部分关系，这也关联到一个特定的 ModelUnit/ * Kind。这个关系链使得我们能够描述哪些模型单元用在哪些模型中，以及它们如何被使用。另外，每个 ModelUnitKind 总是定义在至少一个 Language 的语境下。共享同一模型单元种类的不同语言为系统内形成模型单元和模型的单一互联网络留有余地，而不是形成孤立隔离的不同模型。另外，ModelKind 和 Language 是通过一个关联直接链接的，这是为了支持如下情况：方法工程师希望规定某个模型种类使用哪种语言而不给出所组成的模型单元种类的详情。同样，Language 和 Notation 是关联的，表示不同的记法支持(或能描绘)不同的语言这一事实。最后，Notation 也和 DocumentKind 相关，表示每个文档种类采用至少一种记法。

注意 Language 和 ModelUnit/ * Kind 能生成任何所需的建模语言。

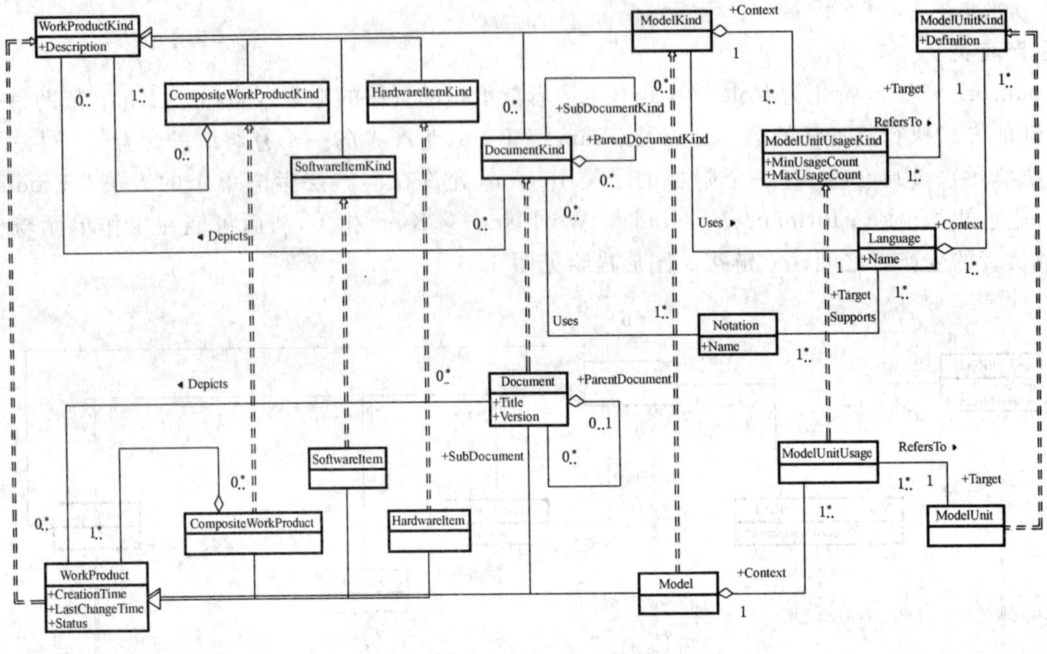

图 7　工作产品和建模类

6.6　过程和产品的连接

元模型中过程和产品两方面的交互通过强类型模式 Action/ * Kind 达到。一个 Action/ * Kind 总是在给定的 Task/ * Kind(过程端)实施，作用于给定的 WorkProduct/ * Kind(产品端)。ActionKind. Type 属性的值显示特定种类的动作是否创建、修改或只是读取指定种类的工作产品。注意某些任务种类可能不实施任何动作种类。图形描绘见图 8。

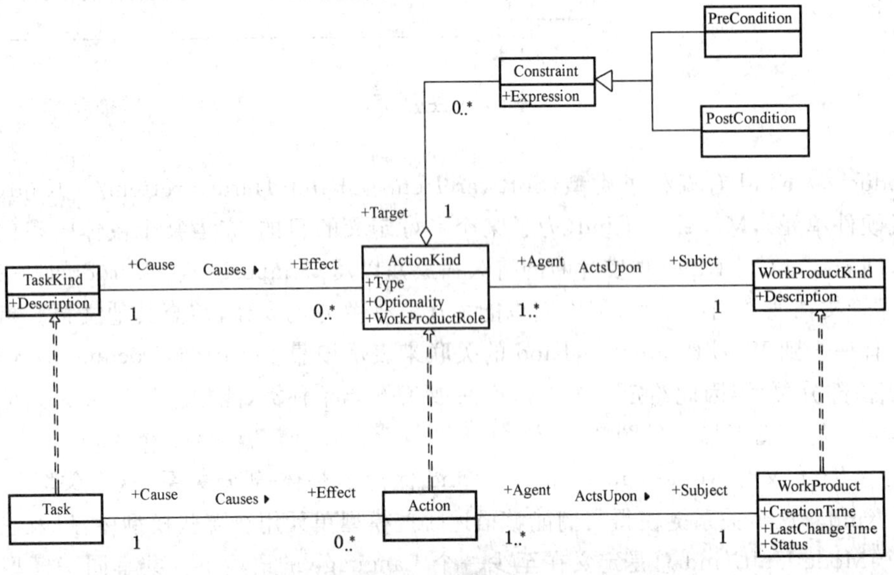

图 8　动作和约束

ActionKind 也与 Constraint 相关。Constraint 特化为 PreCondition(进行关联的动作前必须成立的条件)和 PostCondition(成功实施关联的动作后必定成立的条件)。

6.7 支持类

除了构建方法的必要的类以外,为了方便方法工程师使用 SEMDM,还有一些支持类。图形描绘见图 9。

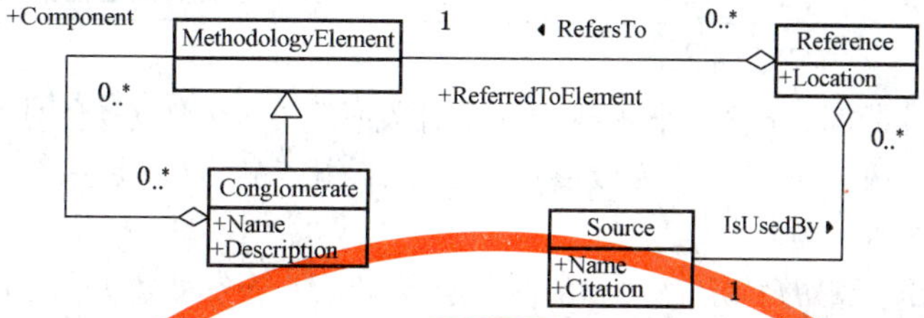

图 9　支持类

定义可复用方法片断的机制是必要的。定义 Conglomerate 类用于表示相关方法元素的汇集(即 MethodolotyElement 类的实例)。这些方法元素可由方法工程师定义,然后在不同的方法语境下复用。注意,Conglomerate 也是 MethodologyElement 的一个子类型,因此聚结可能递归组合。

同样,管理对文献源和最佳实践的引用的某些手段也是必要的。Source 类表示文献项或其他信息和经验的来源,这些是方法工程师在定义方法元素时可能想使用的。Reference 类充当 Source 和 MethodologyElement 之间的链接,这样就能在方法元素和源之间规定任何数目的链接。

7 元模型元素

7.1 类

在本条中,SEMDM 的类以字母顺序进行描述。对每个类,用斜体给出一个定义,后跟一段可选的描述。对每一个类还给出了一幅图,在元模型的直接近邻的语境中明示出正在定义的该类。然后列出该类的属性,对每个属性包括名称、数据类型和语义。属性的数据类型总是属于一种基本的简单类型(布尔型、整型、时间戳或字符串)或一种在 7.2 中定义的枚举类型。最后从类的视角列出该类涉及的关系,对每个关系包括:关系的名称(如果有),在所述关系中所述类扮演的角色(如果有),该类所关联的目标类,以及语义。

7.1.1 Action(动作类)

*动作是一个工作产品上的由某个任务实施的有用的事件。*动作表示如下事实:完成特定的任务需要特定的工作产品。

Action 是 EndeavourElement 的抽象子类。

这是一个与过程和产品相关的类。

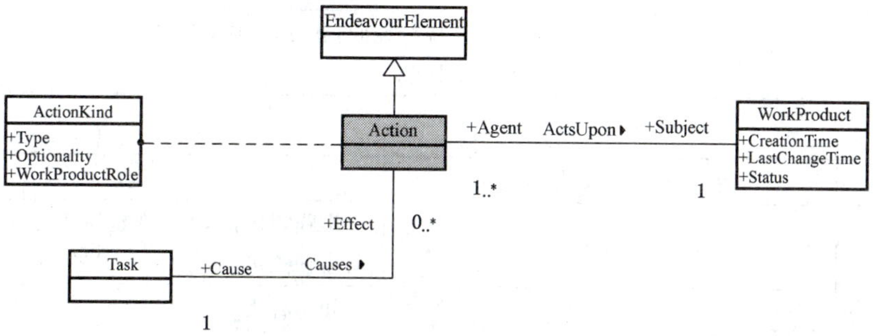

7.1.1.1 属性

这个类没有自身的属性。

7.1.1.2 关系

名　称	角色	相关类	语　义
IsClassifiedBy	无	ActionKind	实践域中的动作总是属于方法域中定义的某个动作种类
ActsUpon	Agent	WorkProduct	动作总是作用在工作产品上
无	Effect	Task	动作是某个特定任务的结果

7.1.1.3 示例

在一个软件开发项目期间，开发者小张执行一个开发任务（一个任务）会对源代码文件“Invoice. cs”（一个工作产品）做一些修改。上述的任务改变了上述的工作产品，这就是一个动作。

7.1.2 ActionKind（动作种类类）

动作种类是一个动作所属的特定种类，由一给定的动因（任务种类）、一给定的主体（工作产品种类）和一特定的用法类型来表征。动作种类描述了特定种类的任务如何使用特定种类的工作产品，包括这种用法的原始特征，即创建、修改等；可选性（关联种类的任务是否总是通过该动作种类选择使用关联种类的工作产品，或是否在某种程度上是可选的）；以及在运行关联的任务时这种工作产品种类所扮演的角色（可选）。最后一个特征在一个任务种类（通过动作种类）被多次链接到同一个工作产品种类时，能用于区分不同的工作产品。鉴于此，我们希望为每个动作种类标记不同的工作产品角色。

ActionKind 是 Template 的子类。

这是一个与过程和产品相关的类。

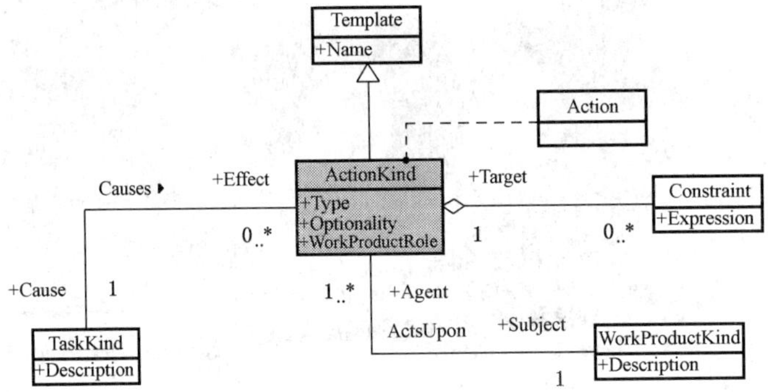

7.1.2.1 属性

名　称	类　型	语　义
Type	ActionType	关联的任务种类实施在关联的工作产品种类上的用法的原始特征。可能取值见 7.2.1
Optionality	DeonticValue	关联的任务种类作用于关联的工作产品种类上的强制程度。可能取值见 7.2.2
WorkProductRole	String	方法施行期间，在该种类的动作内，相关联种类的工作产品将扮演的角色

7.1.2.2 关系

名　称	角色	相关类	语　义
Classifies	无	Action	实践域中的动作总是属于方法域中定义的某个动作种类
ActsUpon	Agent	WorkProductKind	动作种类总是作用于一特定的工作产品种类的行为主体
无	Effect	TaskKind	动作种类总是一特定任务种类的结果
无	Target	Constraint	动作种类可受限于某些约束

7.1.2.3 示例

在一个给定的方法中，定义一个任务种类“确定业务概念”和一个工作产品种类“业务概念词典”。两者通过以下事实相关：“确定业务概念”类型的任务在执行时将会创建“业务概念词典”类型的工作产品。上述关系建模为一个动作种类，其中 Type=Create，Optionality=Mandatory。

7.1.3 **Build（构建类）**

*构建是一个持续性阶段，其主要目标是在已经存在的工作产品集的基础上交付一个增量版本。*构建经常用于实现增量的、迭代的时间周期。

Build 是 StageWithDuration 的抽象子类。

这是一个与过程相关的类。

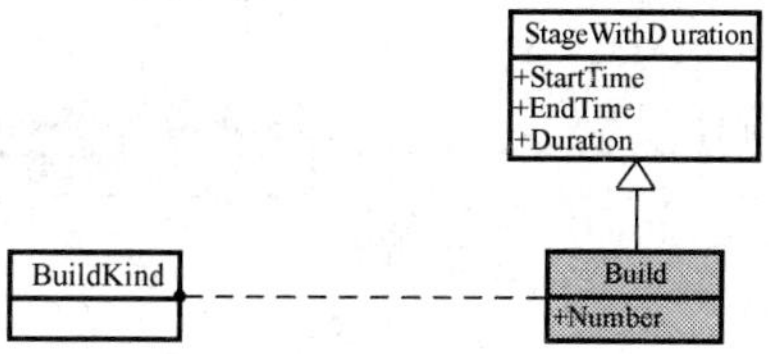

7.1.3.1 属性

名　　称	类型	语　　义
Number	String	构建的编号。根据定义，构建是增量的，因此强烈推荐用某种计数系统

7.1.3.2 关系

名　　称	角色	相关类	语　　义
IsClassifiedBy	无	BuildKind	实践域中的构建总是属于方法域中定义的某个构建种类

7.1.3.3 示例

在一个软件开发项目期间，小张的团队用了两周的时间去分析、实现和测试一些新的系统特征。在这两周之后，他们交付了最终的系统一个部分实现。一旦这些完成，他们就挑选了一些新的特征进行分析、建模、实现和测试，从而构建系统的一个增量版本。他们反复地这样做直到系统具有所有需要的特征。如小张的团队实施的，将特征的新的集合增量地纳入到系统中的每一短的时间跨度，都是一个构建。

7.1.4 **BuildKind（构建种类类）**

构建种类是*构建的一个特定种类，由其旨在生产的结果的类型来表征。*

BuildKind 是 StageWithDurationKind 的子类。

这是一个与过程相关的类。

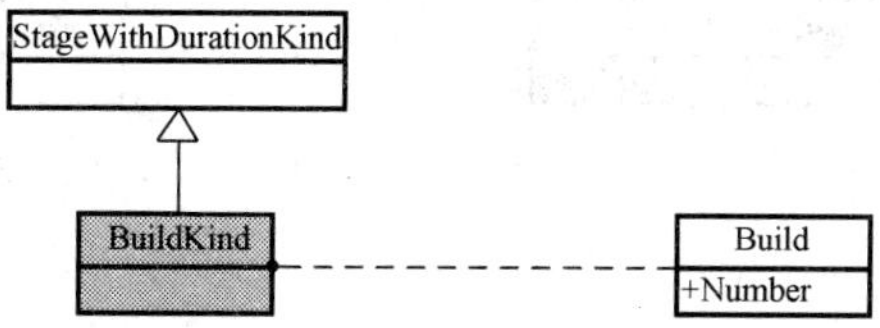

7.1.4.1 属性

这个类没有自身的属性。

7.1.4.2 关系

名　　称	角色	相关类	语　　义
Classifies	无	Build	实践域中的构建总是属于方法域中定义的某个构建种类

7.1.4.3 示例

在一个给定的方法中，定义一个构建种类“Construction Build”来表示如下事实：当施行所述方法时，为增量地构造产品，将实施一系列的构造构建。

7.1.5 **CompositeWorkProduct（组合工作产品类）**

组合工作产品是*由其他工作产品组合而成的工作产品*。

CompositeWorkProduct 是 WorkProduct 的抽象子类。

这是一个与产品相关的类。

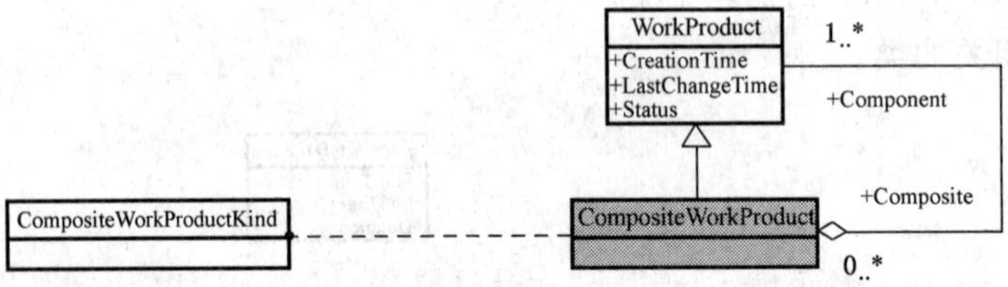

7.1.5.1 属性

这个类没有自身的属性。

7.1.5.2 关系

名　称	角色	相　关　类	语　义
IsClassifiedBy	无	CompositeWorkProductKind	实践域中的工作产品总是属于方法域中定义的某个组合工作产品种类
IsMadeOf	Composite	WorkProduct	一个组合工作产品是由一个或若干个工作产品构成的

7.1.5.3 示例

一个系统开发项目的终结时，硬件、软件、文档的复杂配置信息被交付给客户。每一个单独发布的工作产品都能被建模为一个硬件项、一个软件项或一个文档；交付给客户的完整的最终产品是一个组合工作产品。

7.1.6 **CompositeWorkProductKind（组合工作产品种类类）**

组合工作产品种类是*组合工作产品所属的特定的种类，由其各部分的工作产品种类来表征*。

CompositeWorkProductKind 是 WorkProductKind 的子类。

这是一个与产品相关的类。

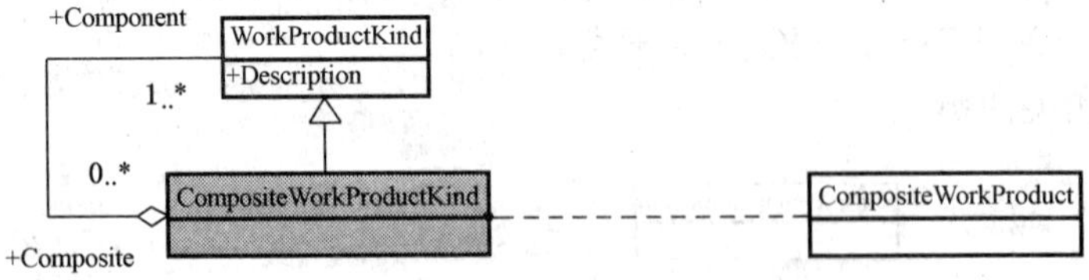

7.1.6.1 属性

这个类没有自身的属性。

7.1.6.2 关系

名　称	角色	相　关　类	语　义
Classifies	无	CompositeWorkProduct	实践域中的组合工作产品总是属于方法域中定义的某个组合工作产品类型
IsMadeOf	Composite	WorkProductKind	一个组合工作产品种类是由一个或若干个工作产品种类构成的

7.1.6.3 示例

在一个给定的方法中，完成一个项目后交付给客户的最终产品建模为一个组合工作产品种类。该组合包括软件和硬件项的种类及关联的文档的种类。

7.1.7 Conglomerate（聚结类）

聚结是*能复用于不同方法语境的相关方法元素的汇集*。聚结提供 SEMDM 中的基本的复用机制。

Conglogmerate 是 MethodologyElement 的子类。

这是一个支持类。

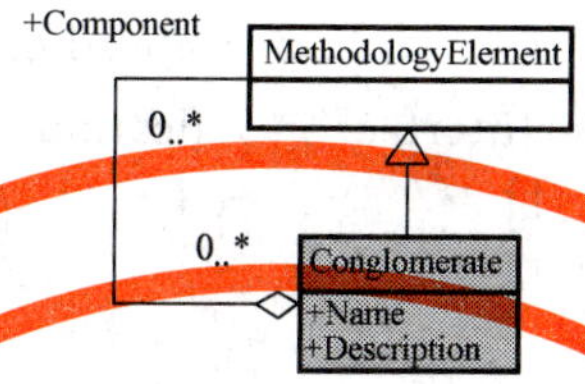

7.1.7.1 属性

名　　称	类　　型	语　　义
Name	String	聚结的名称
Description	String	聚结的描述信息，经常用来说明设计它的方法的语境

7.1.7.2 关系

名　　称	角色	相　关　类	语　　义
无	无	MethodologyElement	聚结由方法元素的汇集组成

7.1.7.3 示例

在一个给定的方法中，过程种类"质量保证"、文档种类"质量标准"和"质量报告"、团队种类"质量保证团队"归入名为"质量相关片段"的聚结，这样，方法学家就能在单一步骤中简单地将该聚结纳入一个定制的方法或从一个方法中移除该聚结。

7.1.8 Constraint（约束类）

一个约束是*在某个时间点上成立或必须成立的条件*。约束经常用来声明性地描述动作的进入和退出条件。

Constraint 是 Resource 的抽象子类，特化为 PreCondition 和 PostCondition。

这是一个与过程和产品相关的类。

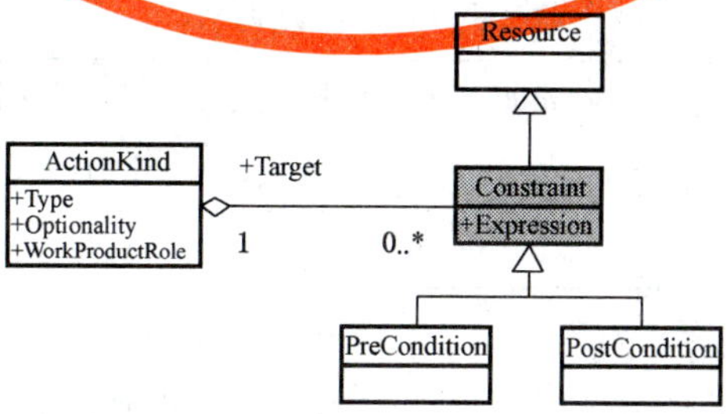

7.1.8.1 属性

名　　称	类　　型	语　　义
Expression	String	为了使约束成立，取值必须为真的表达式。注意，这是一个抽象的属性，因此不同的子类会附上不同的特定语义

7.1.8.2 关系

名　　称	角色	相　关　类	语　　义
无	无	ActionKind	一个约束总是描述一给定的动作种类

7.1.8.3 示例

在一个给定的方法中,定义了一个任务种类“Deliver user document”和一个工作产品种类“User Documentation”。两者通过以下事实相关:“Deliver user document”的任务在执行时使用“User Documentation”的工作产品。上述关系建模为一个 Type=ReadOnly 的动作种类。然而,方法工程师要捕获这样一个要求:用户文档仅在关联的“User Interface Specification”这个工作产品被批准后才交付。这通过创建一个约束:Expression=(UserInterfaceSpecification. WorkProductStatus is Approved)(前置条件)、并把该约束附加到上述动作上,可完成这一要求。这样,该动作只有在满足条件时才被允许执行。

7.1.9 Document(文档类)

文档是*对现实中一个片断的稳定持久的描绘*。文档经常表示模型,但也能表示其他的主体。

Document 是 WorkProduct 的抽象子类。

这是一个与产品相关的类。

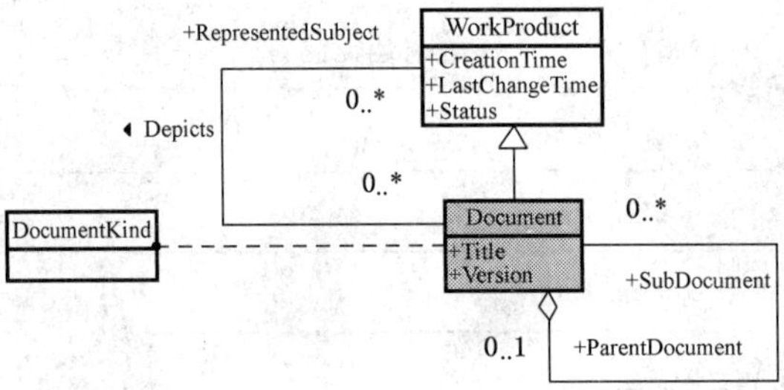

7.1.9.1 属性

名　　称	类　　型	语　　义
Title	String	文档的标题
Version	String	文档的版本标识。因为文档是被稳定持久的定义的,应该有版本的控制

7.1.9.2 关系

名　　称	角色	相关类	语　　义
IsClassifiedBy	无	DocumentKind	实践域中的文档总是属于方法域中定义的某个文档种类
无	ParentDocument	Document	文档可作为子文档的父辈
无	SubDocument	Document	文档可作为一些父文档的子文档
Depicts	无	WorkProduct	文档可描述一些工作产品

7.1.9.3 示例

为了组织一次代码审查,小李打印了待审查的代码和一份审查检查表。在审查期间,小李记录了代码中发现的缺陷,并把这些结果编辑成一个审查报告。待审查的代码、小李所用的审查检查表和审查报告都是文档。

7.1.10 DocumentKind(文档种类类)

文档种类是*文档的一个特定种类,由其结构、内容类型和目的来表征*。

DocumentKind 是 WorkProductKind 的子类。

这是一个与产品相关的类。

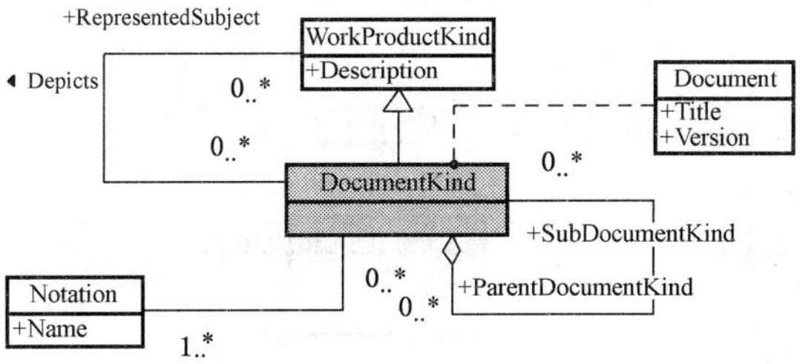

7.1.10.1　属性

这个类没有自身的属性。

7.1.10.2　关系

名　称	角色	相 关 类	语　　义
Classifies	无	Document	实践域中的文档总是属于方法域中定义的某个文档种类
无	ParentDocumentKind	DocumentKind	文档种类可作为子文档种类的父辈
无	SubDocumentKind	DocumentKind	文档种类可作为一些父文档种类的子文档种类
Depicts	无	WorkProductKind	文档种类可描述一些工作产品种类
无	无	Notation	文档种类使用某些给定的记法

7.1.10.3　示例

在一个给定的方法中，定义文档种类"System Requirements Specification"用于表示如下事实：所述方法被施行时，该种类的文档就会被创建或使用。

7.1.11　**Element**(元素类)

元素是*元模型所关心的实体*。由于 SEMDM 阐述方法域和实践域(见 5.2)，因此这些领域的任一实体都会被 SEMDM 建模从而表示为一个元素。

Element 是一个抽象类，特化为 MethodologyElement 和 EndeavourElement。

这是一个高级别的类。

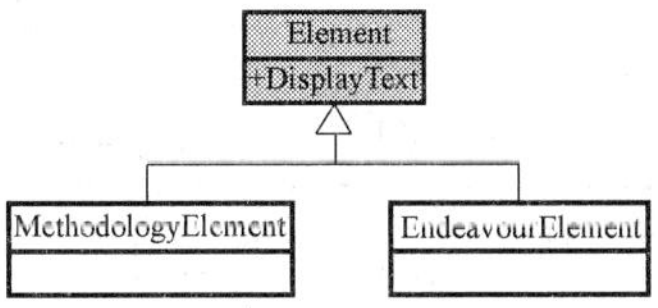

7.1.11.1　属性

名　称	类　型	语　　义
DisplayText	String	适于向该元素的最终用户显示的名称或描述。在元素的许多子类中，该属性的值由其他属性计算而来

7.1.11.2　关系

这个类没有自身的关系。

7.1.11.3　示例

这个类过于抽象，无法给出具体的例子。见 Element 的任一子类型的示例。

7.1.12　**EndeavourElement**(实践元素类)

实践元素是*属于实践域的元素*。开发者用方法创建的任一元素都由 EndeavourElement 表示。

EndeavourElement 是 Element 的抽象子类，特化为 Stage、WorkUnit、TaskTechniqueMapping、

Action、WorkProduct、ModelUnit、ModelUnitUsage、Producer 和 WorkPerformance。

这是一个高级别的类。

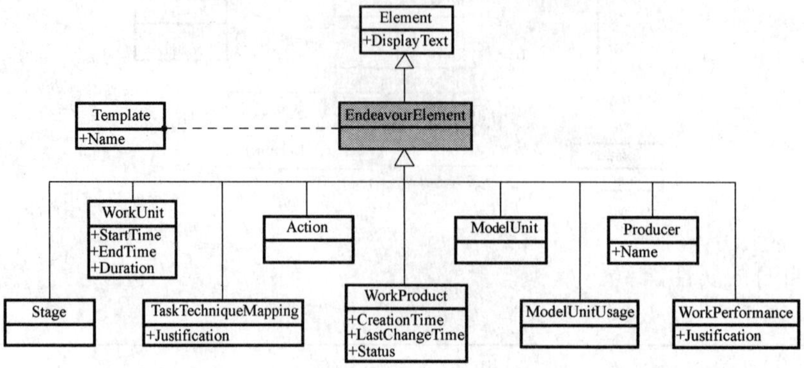

7.1.12.1 属性

这个类没有自身的属性。

7.1.12.2 关系

名　　称	角色	相关类	语　　义
IsClassifiedBy	无	Template	实践元素总是属于方法域中定义的某种模板

7.1.12.3 示例

这个类过于抽象，无法给出具体的例子。见 EndeavourElement 的任一子类型的示例。

7.1.13 Guideline（指南类）

指南是*在方法施行期间如何使用一组方法元素的指示*。

Guideline 是 Resource 的子类。

这是一个高级别的类。

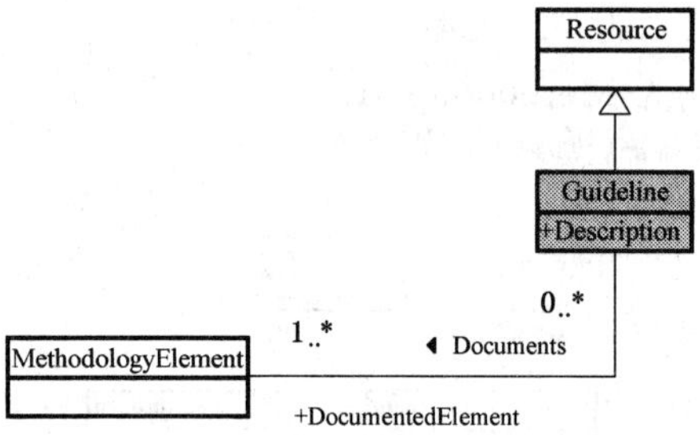

7.1.13.1 属性

名　　称	类　　型	语　　义
Description	String	关联的方法元素用法的描述

7.1.13.2 关系

名　　称	角色	相关类	语　　义
Documents	无	MethodologyElement	指南总是将某些方法元素编入文档

7.1.13.3 示例

在一个特定的面向代理的软件开发方法中，定义模型单元种类"Role"来表示代理在运行时可扮演的角色。由于在这个语境中的"角色"概念不同于面向对象方法中的"角色"，因此方法工程师决定创建一个指南解释在此特定方法中模型单元种类"Role"应如何使用，并将所述指南附加到所述模型单元种类中。

7.1.14 **HardwareItem(硬件项类)**

硬件项是*实践所关心的硬件单元*。

HardwareItem 是 WorkProduct 的抽象子类。

这是一个与产品相关的类。

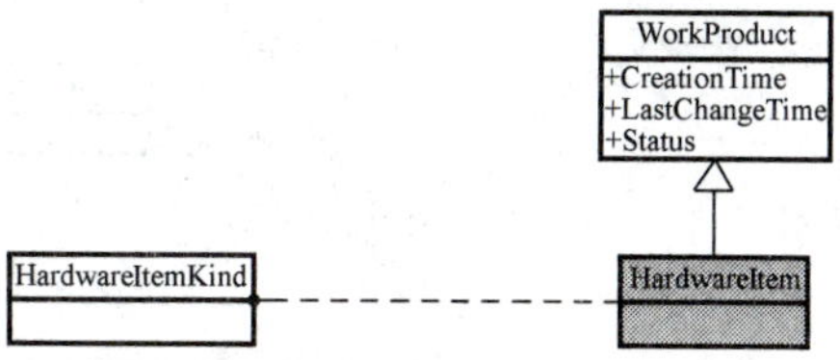

7.1.14.1 **属性**

这个类没有自身的属性。

7.1.14.2 **关系**

名　称	角色	相　关　类	语　义
IsClassifiedBy	无	HardwareItemKind	实践域中的硬件项总是属于方法域中定义的某个硬件项种类

7.1.14.3 **示例**

在一个信息技术基础设施部署项目期间,许多子网络通过路由器组织和互联。每个子网络和每个路由器都是一个硬件项。

7.1.15 **HardwareItemKind(硬件项种类类)**

硬件项种类是*硬件项的一个特定种类,由其机械和电子特性、要求和特征来表征*。

HardwareItemKind 是 WorkProductKind 的抽象子类。

这是一个与产品相关的类。

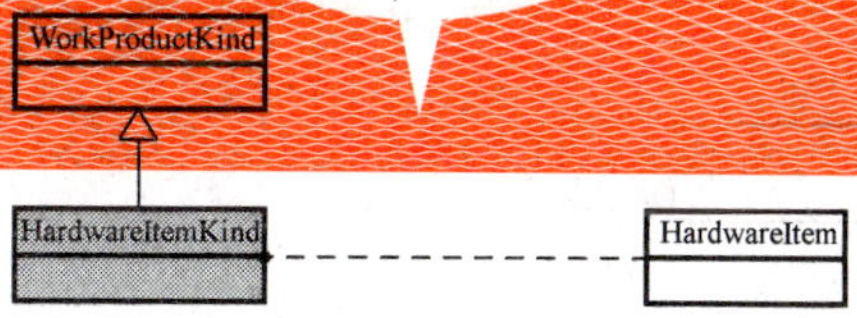

7.1.15.1 **属性**

这个类没有自身的属性。

7.1.15.2 **关系**

名　称	角色	相　关　类	语　义
Classifies	无	HardwareItem	实践域中的硬件项总是属于方法域中定义的某个硬件项种类

7.1.15.3 **示例**

在一个特定的系统开发方法中,定义硬件项种类"Network"来表示如下事实:所述方法在施行时,将会创建或使用该种类的硬件项。

7.1.16 **InstantaneousStage(瞬时阶段类)**

瞬时阶段是*在实践中一个受管理的时间点*。瞬时阶段通常与实践过程中具有重要意义的事件相对应。

InstantaneousStage 是 Stage 的抽象子类,特化为 Milestone。

它是一个与过程相关的类。

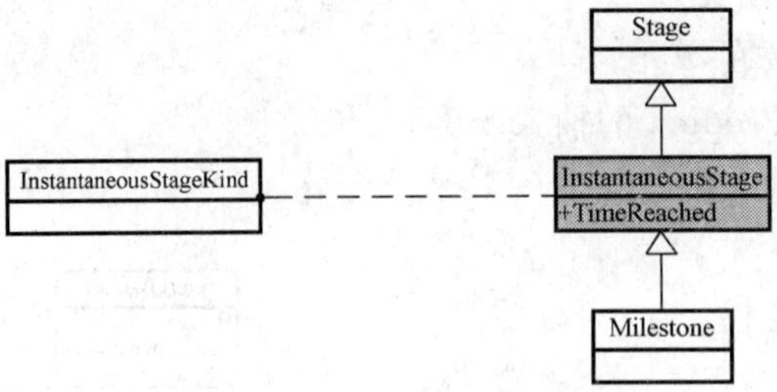

7.1.16.1 **属性**

名　　称	类　　型	语　　义
TimeReached	TimeStamp	到达瞬时阶段的时间点

7.1.16.2 **关系**

名　　称	角色	相　关　类	语　　义
IsClassifiedBy	无	InstantaneousStageKind	实践域的瞬时阶段总是属于方法域中定义的某个瞬时阶段种类

7.1.16.3 **示例**

在小张担任项目经理的某项目期间，系统定义时段即将完成。一旦系统被完全定义，系统构造时段就将开始。为了可以管理时段的转换，小张追踪系统定义达到完整且稳定的时间点，标记了上述转换。这个时间点就是一个瞬时阶段(精确的说，是一个里程碑)。

7.1.17 **InstantaneousStageKind(瞬时阶段种类类)**

瞬时阶段种类是*瞬时阶段的一个特定的种类，由其所表示的事件种类来表征。*

InstantaneousStageKind 是 StageKind 的抽象子类，特化为 MilestoneKind。

它是一个与过程相关的类。

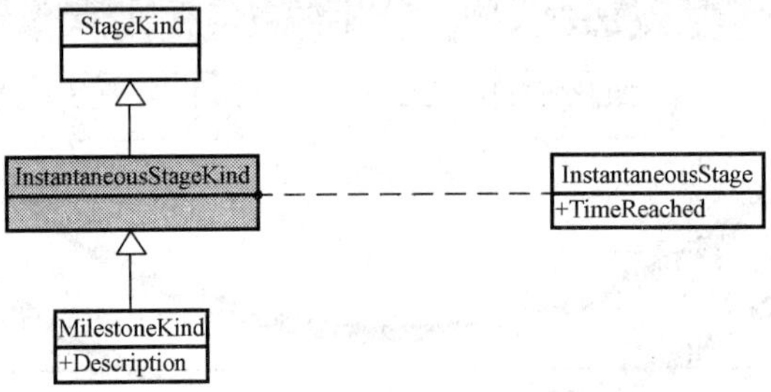

7.1.17.1 **属性**

这个类没有自身的属性

7.1.17.2 **关系**

名　　称	角色	相关类	语　　义
Classifies	无	InstantaneousStage	实践域中的瞬时阶段总是属于方法域中定义的某个瞬时阶段种类

7.1.17.3 **示例**

在一个给定的方法中，为了描述系统的定义和系统的构造之间的对比，定义了两个大的时段种类。这些种类的时段之间的转换需要通过管理时间点来标记，因此定义了“系统的定义完整并稳定”这种瞬时阶段种类(里程碑种类)来表示这一事实。

7.1.18 **Language(语言类)**

语言是*由关注一个特定建模视角的模型单元种类组成的一种结构*。这种定义和一般的对"语言"的定义是比较相称的,比如我们会把语言定义为"通过使用声音或常规符号进行交流的一种系统的手段"。在SEMDM的定义中,这些符号就是模型单元种类。语言经常关注于特定的抽象级别(如非形式视图,高级别的形式视图,详细的形式视图等)以及被建模主体的特定方面(如结构的,行为的,可视的等)。

Language是Resource的子类。

这是一个与过程相关的类。

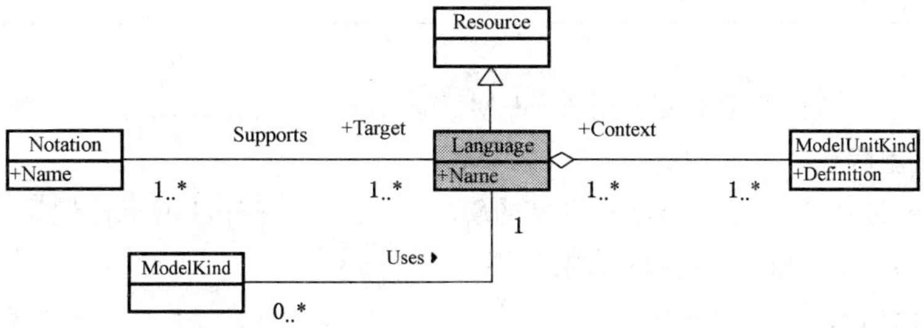

7.1.18.1 属性

名　　称	类　　型	语　　义
Name	String	语言的名称

7.1.18.2 关系

名　　称	角色	相关类	语　　义
无	Context	ModelUnitKind	语言总是由一些模型单元种类所构成的
无	Target	Notation	语言总是被至少一种记法作为目标,这种记法必须能够描述具有关联的模型单元种类的模型单元
无	无	ModelKind	语言可被一些模型种类使用

7.1.18.3 示例

在一个特定的软件开发方法中,详细的系统静态结构通过使用"类"、"属性"、"泛化"、"关联"这些面向对象的概念来表达。为此,方法工程师定义一种"类建模语言",这种语言包含了上述概念,以及它们的语义和彼此之间的关系。

7.1.19 **MethodologyElement(方法元素类)**

方法元素是*属于方法域的元素*。方法工程师在创建一个新的方法(或扩展一个现有的方法)时所创建的任一元素均由MethodologyElement来表示。

MethodologyElement是Element的抽象子类,特化为Resource、Template和Conglomerate。

这是一个高级别的类。

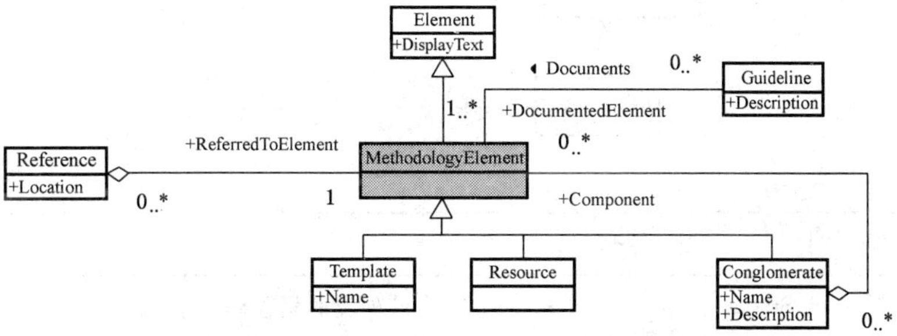

7.1.19.1 属性

这个类没有自身的属性。

7.1.19.2 关系

名　称	角色	相关类	语　义
无	Component	Conglomerate	方法元素可作为一些聚结的组件
无	DocumentedElement	Guideline	方法元素可根据指南被文档化
无	ReferredToElement	Reference	方法元素能通过引用被指向

7.1.19.3 示例

这个类过于抽象,无法给出具体的例子。见 MethodologyElement 的任一子类型的示例。

7.1.20 **Milestone(里程碑)**

里程碑是*在实施过程中标记某个重要事件的瞬时阶段*。里程碑可用于标记重要工作产品的交付。

Milestone 是 InstantaneousStage 的抽象子类。

这是一个与过程相关的类。

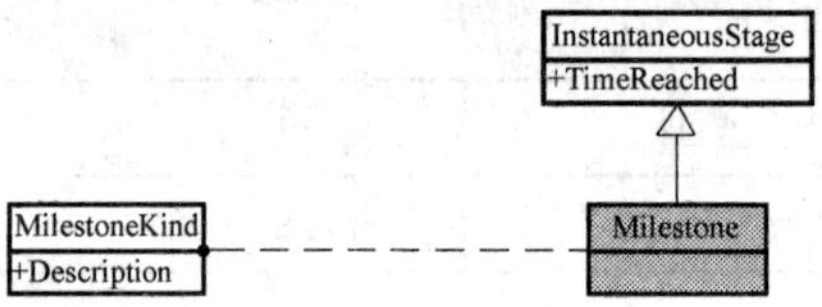

7.1.20.1 属性

这个类没有自身的属性。

7.1.20.2 关系

名　称	角色	相关类	语　义
IsClassifiedBy	无	MilestoneKind	实践域中的里程碑总是属于方法域中定义的某个里程碑种类

7.1.20.3 示例

在小张担任项目经理的某个项目期间,系统的定义时段即将完成。一旦系统被完全定义,系统构造时段就将开始。为了可以管理时段的转换,小张追踪了系统定义达到完整且稳定的时间点;该时间点标记了上述转换。这个时间点就是一个里程碑。

7.1.21 **MilestoneKind(里程碑种类类)**

里程碑种类是*里程碑的一个特定的种类,由其特定的目的和它所表示的事件种类来表征*。

MilestoneKind 是 InstantaneousStageKind 的子类。

这是一个与过程相关的类。

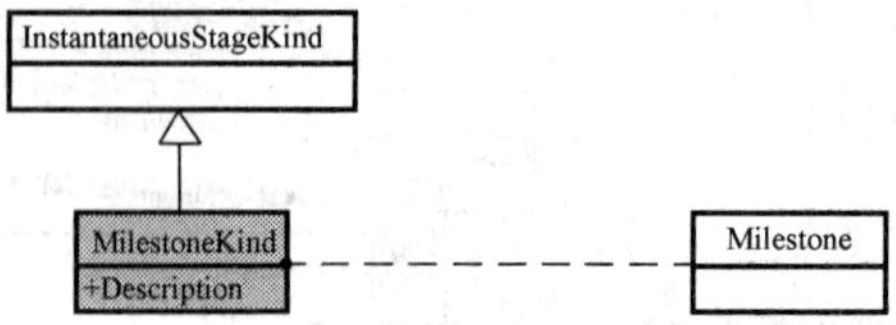

7.1.21.1 属性

名　称	类　型	语　义
Description	String	由该种类的里程碑所表示的事件的描述

7.1.21.2 **关系**

名　　称	角色	相关类	语　　义
Classifies	无	Milestone	实践域中的里程碑总是属于方法域中定义的某个里程碑种类

7.1.21.3 **示例**

在一个给定的方法中，为了描述系统定义和系统构建之间的对比，定义了两个大的时段种类。这两种时段之间的转换需要由一个具有特定语义的、受管理的时间点来标记，因此方法工程师定义了里程碑种类“系统的定义完整并稳定”来表示这一事实。

7.1.22 **Model(模型类)**

*模型是主体的一种抽象表示，为了某个良好定义的目的充当该主体的替代物。*注意模型是抽象制品，因此它们不是可见的，也不能被直接管理。文档是模型可感知、可传递的对应物。

Model 是 WorkProduct 的抽象子类。

这是一个与产品相关的类。

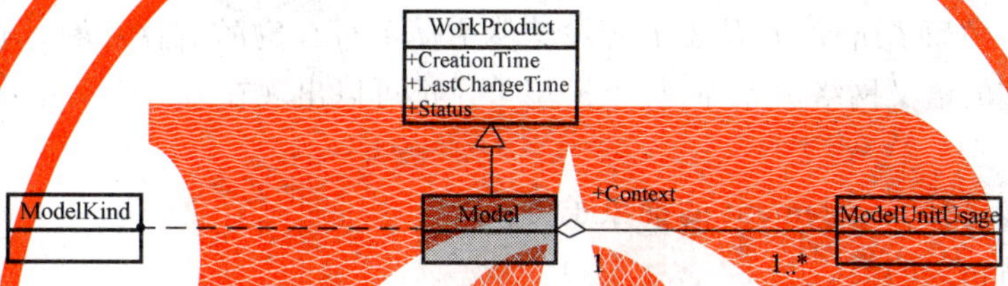

7.1.22.1 **属性**

这个类没有自身的属性。

7.1.22.2 **关系**

名　　称	角色	相关类	语　　义
IsClassifiedBy	无	ModelKind	实践域中的模型总是属于方法域中定义的某个模型种类
无	Context	ModelUnitUsage	模型是一些模型单元用法的语境

7.1.22.3 **示例**

在一个软件开发项目的需求过程期间，生成了一个候选类列表。之后，在高级别建模期间，该列表被精化，并确定了类。同时，类被充实，加入属性、泛化和关联信息。所得到的抽象构成物在项目中反复用于辅助其他任务，并根据每个时刻的需求在不同方面发生变化。这个构成物就是模型。

7.1.23 **ModelKind(模型种类类)**

模型种类是模型的一个特定的种类，由其关注点、目的及抽象级别来表征。

ModelKind 是 WorkProductKind 的子类。

这是一个与产品相关的类。

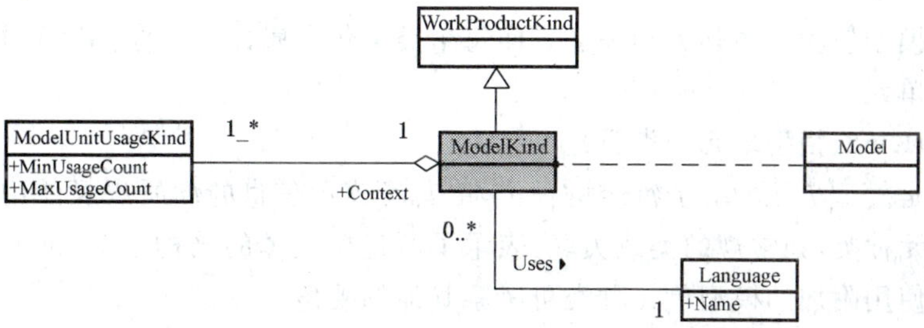

7.1.23.1 **属性**

这个类没有自身的属性。

7.1.23.2 **关系**

名　称	角色	相关类	语　义
Classifies	无	Model	实践域中的模型总是属于方法域中定义的某个模型种类
无	Context	ModelUnitUsageKind	模型种类定义为某些模型单元用法种类的语境
Uses	无	Language	模型种类使用某种语言

7.1.23.3 **示例**

在一个特定的软件开发方法中,需要同时描述待构建的软件系统的结构和行为。每次施行这个方法时,系统的结构将由结构模型表示,系统的行为由动态模型表示。为此,方法工程师定义了两个模型种类:“结构模型”和“动态模型”。

7.1.24 **ModelUnit(模型单元类)**

模型单元是*模型的原子组件,它代表了所被建模主体不可分割的信息片断*。通常将模型单元相互链接来构成包含模型的语义网络。此外,每个模型单元都可以出现在多个模型中,由此来实现模型的连接性。

ModelUnit 是 EndeavourElement 的抽象子类。

这是一个与产品相关的类。

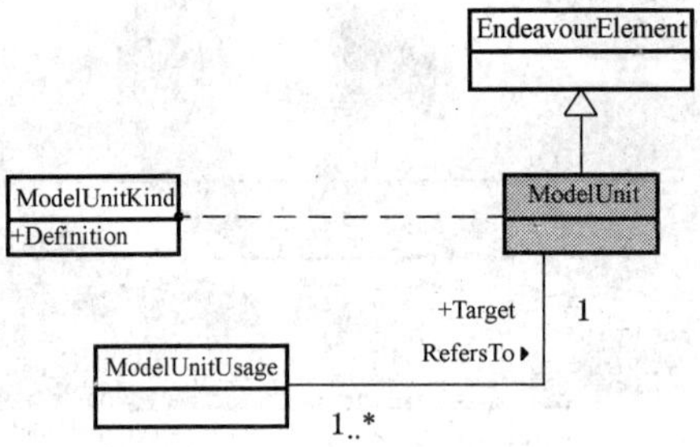

7.1.24.1 **属性**

这个类没有自身的属性。

7.1.24.2 **关系**

名　称	角色	相关类	语　义
IsClassifiedBy	无	ModelUnitKind	实践域中的模型单元总是属于方法域中定义的某个模型单元种类
无	Target	ModelUnitUsage	模型单元总是一个或多个模型单元用法的目标

7.1.24.3 **示例**

软件系统的类模型包含一系列类和关联。而每个类又包含属性和操作。模型中的每个类、关联、属性和操作都是模型单元。

7.1.25 **ModelUnitKind(模型单元种类类)**

模型单元种类是*模型单元的一个特定的种类,由其所表示信息的性质以及使用这种表述的意图来表征*。某些模型单元种类,如常规的类或关联,表示了所建模主体的结构方面,而其他如服务或操作则关注于行为方面。使用附加的模型单元种类可考察其他的视角。

ModelUnitKind 是 Template 的子类。

这是一个与产品相关的类。

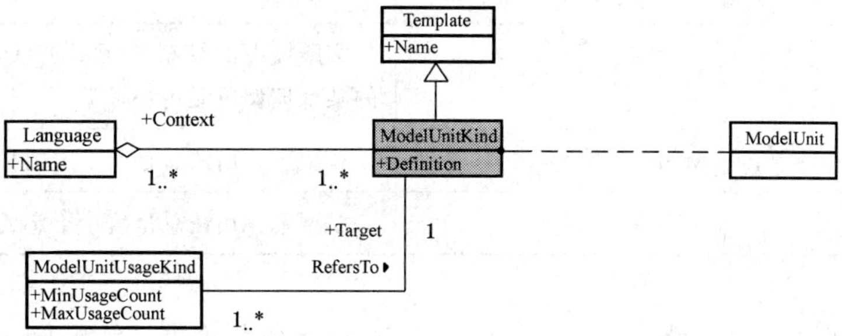

7.1.25.1 属性

名　　称	类　　型	语　　义
Definition	String	该模型单元种类的定义

7.1.25.2 关系

名　　称	角色	相关类	语　　义
Classifies	无	ModelUnit	实践域中的模型单元总是属于方法域中定义的某个模型单元种类
无	Target	ModelUnitUsageKind	模型单元种类总是一个或多个模型单元用法种类的目标
无	无	Language	模型单元种类是一种或多种语言的组件

7.1.25.3 示例

在一个特定的分布式系统开发方法中，我们期望可以同时使用面向对象和面向代理的方法。因此，使用这个方法的开发者将可以使用诸如“对象”和“类”的概念（典型的面向对象）对开发中的系统进行建模，同时他们也可使用“代理”和“消息”（典型的面向代理）。为了定义这些概念的精确语义以及它们彼此之间的关系，方法工程师引入了模型单元种类“Object”、“Class”、“Agent”和“Message”。

7.1.26 ModelUnitUsage（模型单元用法类）

模型单元用法是*给定模型中给定模型单元的特定用法*。多个模型往往会包含相同的模型单元，以达到被建模主体的所有表示之间的连接性。

ModelUnitUsage 是 EndeavourElement 的抽象子类。

这是一个与产品相关的类。

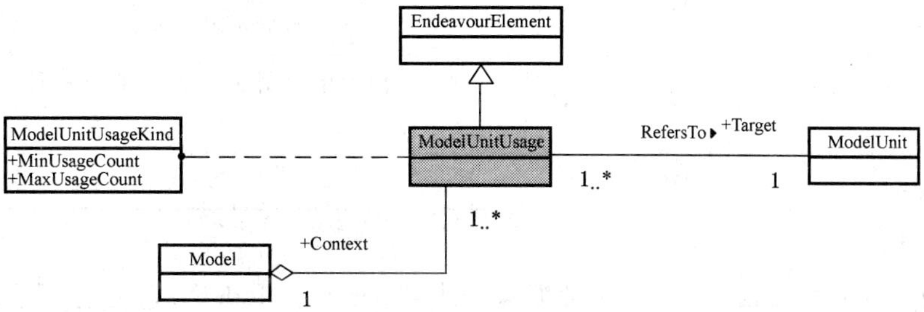

7.1.26.1 属性

这个类没有自身的属性。

7.1.26.2 关系

名　称	角色	相 关 类	语　义
IsClassifiedBy	无	ModelUnitUsageKind	实践域中的模型单元用法总是属于方法域中定义的某个模型单元用法种类
RefersTo	无	ModelUnit	模型单元用法总是与给定的模型单元相关
无	无	Model	模型单元用法总是属于给定的模型

7.1.26.3 示例

一个字处理系统的类模型包含名为 Document 和 Printer 的两个类。然后，小李为 Printer 类构造了一个状态图模型。类模型和 Printer 状态图模型都涉及 Printer 类。除此之外，类模型还涉及 Document 类，而 Printer 状态图模型涉及一些附加的模型单元。给定模型和给定模型单元之间的每一关系是一种模型单元用法。

7.1.27 **ModelUnitUsageKind**(模型单元用法种类类)

模型单元用法种类是*模型单元用法的一个特定的种类，由给定的模型种类对给定的模型单元种类的使用性质来表征。*

ModelUnitUsageKind 是 Template 的子类。

这是一个与产品相关的类。

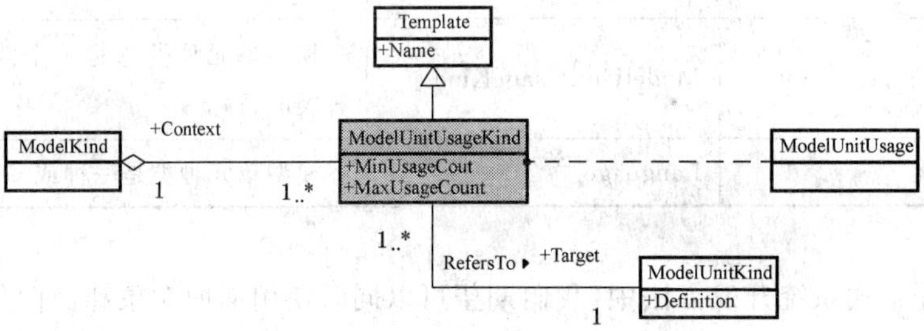

7.1.27.1 属性

名　称	类　型	语　义
MinUsageCount	Integer	可出现在关联种类的模型中关联种类的模型单元的最小数目
MaxUsageCount	Integer	可出现在关联种类的模型中关联种类的模型单元的最大数目

7.1.27.2 关系

名　称	角色	相关类	语　义
Classifies	无	ModelUnitUsage	实践域中的模型单元用法总是属于方法域中定义的某个模型单元用法种类
RefersTo	无	ModelUnitKind	模型单元用法种类总是与一种给定的模型单元种类相关
无	无	ModelKind	模型单元用法种类总是属于一种给定的模型种类

7.1.27.3 示例

在一个特定的软件开发方法中，存在两种模型种类："Service Model"，它描述了系统是如何满足用户请求给定服务的服务请求；以及"Class Model"，它描述了整个系统的详细结构。同时，存在下列模型单元种类："Class"、"Service"和"State"。为了获知这些种类的模型单元是如何被用在特定种类的模型中，方法工程师需要定义几种模型单元用法种类。首先，引入一个模型单元用法种类，使 Context＝

ClassModel,Target=Class,MinUsageCount=1,MaxUsageCount=n。这意味着类模型将会使用必需数量的类。其次,引入另一个模型单元用法种类,使 Context=ServiceModel,Target=Service,MinUsageCount=MaxUsageCount=1。这意味着每个服务模型都将描述且仅描述一个服务。附加的模型单元用法种类将会被类似地定义。

7.1.28 Notation(记法类)

*记法是一种具体句法,通常是图形化的,能用于描绘以某些语言创建的模型。*不同的记法可关注同种语言的不同方面,或支持一种以上的语言。

Notation 是 Resource 的子类。

这是一个与产品相关的类。

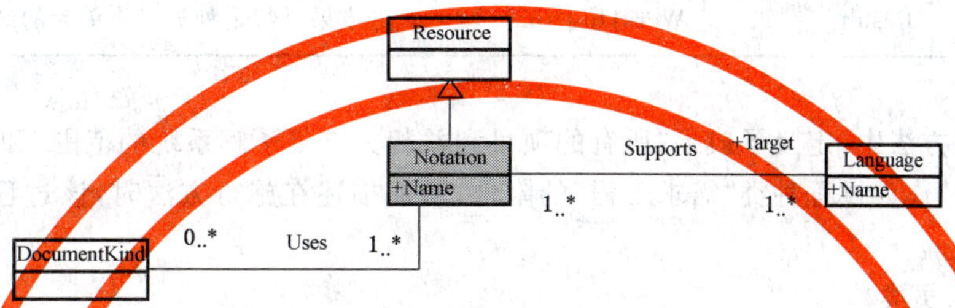

7.1.28.1 属性

名　称	类　型	语　义
Name	String	记法的名称

7.1.28.2 关系

名　称	角色	相关类	语　义
Supports	无	Language	一种记法总是至少支持一种语言
无	无	DocumentKind	一种记法可被某个文档种类使用

7.1.28.3 示例

在一个特定的软件开发方法中,系统的详细静态结构用"Class Modelling Language"表示,该语言涉及了诸如"Class"、"Attribute"和"Association"这些模型单元种类。为了在方法施行时表示这些概念的实例,需引入一种记法来支持上面提到的语言。因此,方法工程师定义了记法"Class Diagrams",其中 Target=ClassModellingLanguage。

7.1.29 Outcome(成果类)

*成果是给定种类的任何工作单元成功实施后的一种可观察的结果。*由于成果的出现定义了成功的执行,所以它们经常被用来评估工作单元的实施。一个不成功的工作单元可能呈现也可能不呈现出所定义的成果,而一个成功的工作单元,根据定义,会呈现所有的成果。

Outcome 是 Resource 的子类。

这是一个与过程相关的类。

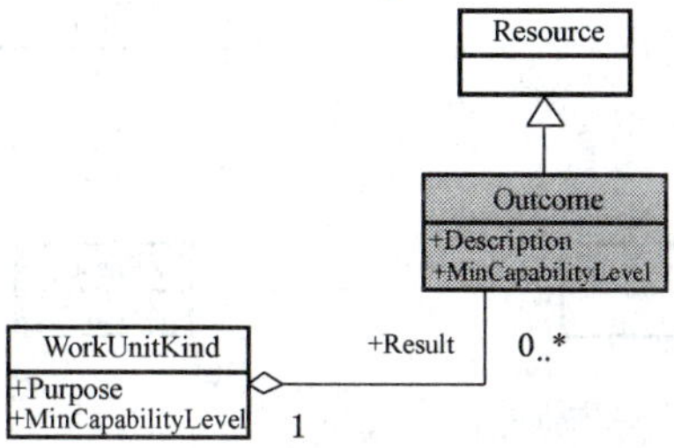

7.1.29.1 属性

名称	类型	语义
Description	String	可观察结果的描述
MinCapabilityLevel	Integer	可考虑成果的最低能力等级。能力等级低于该等级的方法施行不宜考虑该成果

7.1.29.2 关系

名称	角色	相关类	语义
无	Result	WorkUnitKind	成果是特定种类工作单元的结果

7.1.29.3 示例

在一个给定的方法中，定义了成果“所有的项目利益相关方都了解系统的范围”和“系统的需求规约已经创建并被批准”作为过程种类“需求工程”的附件，从而描述在施行方法时，该过程种类成功实施的预期结果。

7.1.30 **Person(人员类)**

人员是开发工作所涉及的单个的自然人。

Person 是 Producer 的子类。

这是一个与生产者相关的类。

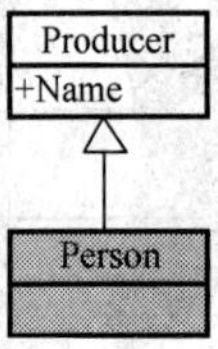

7.1.30.1 属性

这个类没有自身的属性。

7.1.30.2 关系

这个类没有自身的关系。

7.1.30.3 示例

在某个项目期间，小李带领着一个开发团队来构建一项产品。团队中的每一个开发者，连同小李，都是人员。

7.1.31 **Phase(时段类)**

时段是一个持续性阶段，其目标是在认知框架间的转换。时段通常向先前存在的一组工作产品中添加细节。

Phase 是 StageWithDuration 的抽象子类。

这是一个与过程相关的类。

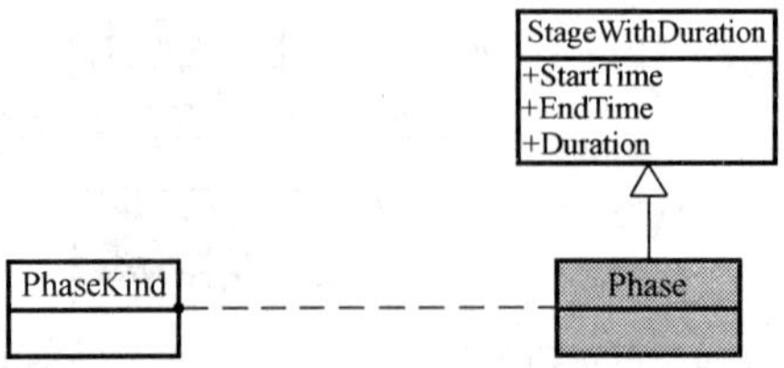

7.1.31.1 属性

这个类没有自身的属性。

7.1.31.2 **关系**

名　称	角色	相关类	语　义
IsClassifiedBy	无	PhaseKind	实践域中的时段总是属于方法域中定义的某个时段种类

7.1.31.3 **示例**

在一个开发项目期间，系统首先被定义，接着，在定义完成后，系统被增量地构造。这两个大的时间片都是时段。

7.1.32 **PhaseKind（时段种类类）**

时段种类是*时段的一个特定种类，由抽象级别及其要生产的结果的形式来表征*。

PhaseKind 是 StageWithDurationKind 的抽象子类。

这是一个与过程相关的类。

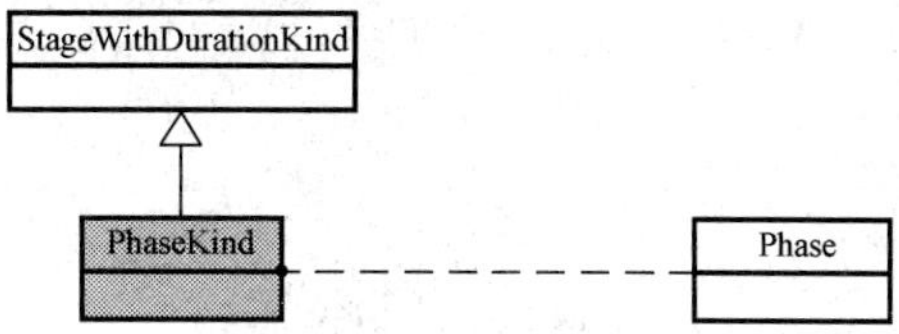

7.1.32.1 **属性**

这个类没有自身的属性。

7.1.32.2 **关系**

名　称	角色	相关类	语　义
Classifies	无	Phase	实践域中的时段总是属于方法域中定义的某个时段种类

7.1.32.3 **示例**

在一个给定的方法中，先定义要构建的产品，然后增量地构造。为此，方法工程师引入时段种类“系统定义”和“系统构造”。

7.1.33 **PostCondition（后置条件类）**

后置条件是*在关联种类的动作实施后能保证被满足的约束*。

PostCodition 是 Constraint 的子类。

这是一个与过程和产品相关的类。

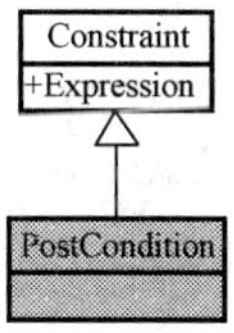

7.1.33.1 **属性**

这个类没有自身的属性。

7.1.33.2 **关系**

这个类没有自身的关系。

7.1.33.3 **示例**

在一个给定的方法中，定义了一个任务种类“签署需求”，以及一个工作产品种类“需求规约”。两者被这样一种事实相联系，“签署需求”种类的任务在执行时会把一个“需求规约”种类的工作产品改变为“Approved”状态。上述关系被建模为 Type＝Modify 的动作种类。然而，方法工程师想要描述签署需求意味着与此关联的“需求规约”工作产品的状态改变为“Approved”这个事实。通过创建 Expression＝(RequirementsSpecification. WorkProductStatus is Approved)的后置条件，并且将该约束附加到上面提到的动作上,可完成这一要求。这样,该任务的执行将保证所述条件被满足。

7.1.34 **PreCondition(前置条件类)**

前置条件是*在关联的种类的动作实施前必须被满足的约束*。

PreCodition 是 Constraint 的子类。

这是一个与过程和产品相关的类。

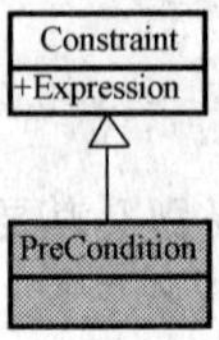

7.1.34.1 **属性**

这个类没有自身的属性。

7.1.34.2 **关系**

这个类没有自身的关系。

7.1.34.3 **示例**

在一个给定的方法中,定义了一个任务种类"交付用户文档",以及一个工作产品种类"需求规约"。两者被这样一种事实相联系,"交付用户文档"种类的任务在执行时将使用"用户文档"种类的工作产品。所述关系建模为 Type=ReadOnly 的动作种类。然而,方法工程师想要捕获这样一个要求:只有当关联的"用户界面规约"工作产品被批准后用户文档才被交付。通过创建 Expression=(UserInterfaceSpecification. WorkProductStatus is Approved)的前置条件,并且将该约束附加到上面提到的动作上,可完成这一要求。这样,该动作只有在所需的条件被满足后才会执行。

7.1.35 **Process(过程类)**

过程是*在给定的专门经验域内操作的大粒度的工作单元*。

Process 是 WorkUnit 的抽象子类。

这是一个与过程相关的类。

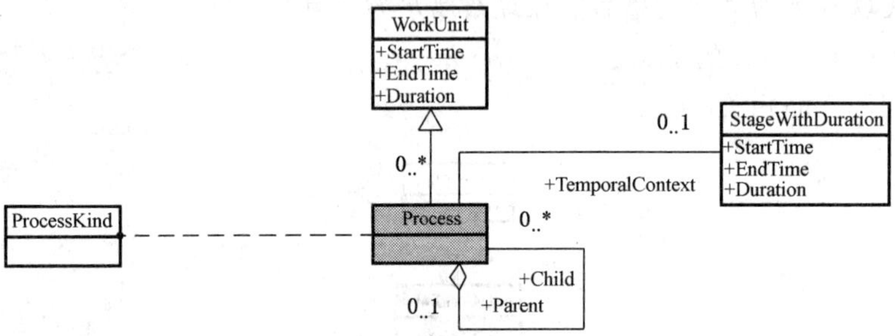

7.1.35.1 **属性**

这个类没有自身的属性。

7.1.35.2 **关系**

名　称	角色	相 关 类	语　义
IsClassifledBy	无	ProcessKind	实践域中的一个过程总是属于方法域中定义的某个过程种类
无	无	StageWithDuration	过程可在一个特定的持续性阶段中实施
无	ParentProcess	Process	一个过程可作为子过程的父辈
无	SubProcess	Process	一个过程可作为一些父过程的子过程

7.1.35.3 示例

在一个工程项目中，开发者小李带领团队负责质量保证。她必须保证这个项目中生产出的产品在任何时候都维持最低质量等级。像小李团队实施的这样一个被关注的作业是一个过程。

7.1.36 **ProcessKind(过程种类类)**

过程种类是*过程的一个特定种类，由其所出现的专门经验域来表征*。

ProcessKind 是 WorkUnitKind 的子类。

这是一个与过程相关的类。

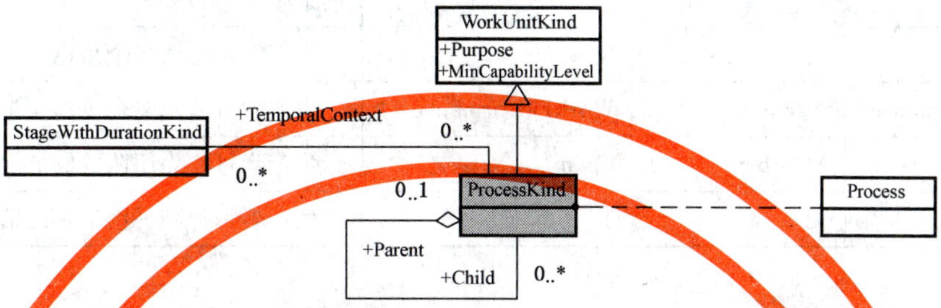

7.1.36.1 属性

这个类没有自身的属性。

7.1.36.2 关系

名　称	角色	相关类	语　义
Classsifies	无	Process	实践域中的一个过程总是属于方法域中定义的某个过程种类
无	无	StageWithDurationKind	过程种类能定义为在某些特定种类的持续性阶段中实施
无	ParentProcess-Kind	ProcessKind	一个过程种类可作为子过程种类的父辈
无	SubProcessKind	ProcessKind	一个过程种类可作为一些父过程种类的子过程种类

7.1.36.3 示例

在一个给定的方法中，定义“质量保证”过程种类来表示如下事实：当所述方法被施行时，必须有人担当质量保证的责任。

7.1.37 **Producer(生产者类)**

生产者是负责执行工作单元的行为主体。生产者通常是人或人员组，但也可以是工具。

Producer 是 EndeavourElement 的抽象子类，特化为 Person、Tool、Team 和 Role。

这是一个与生产者相关的类。

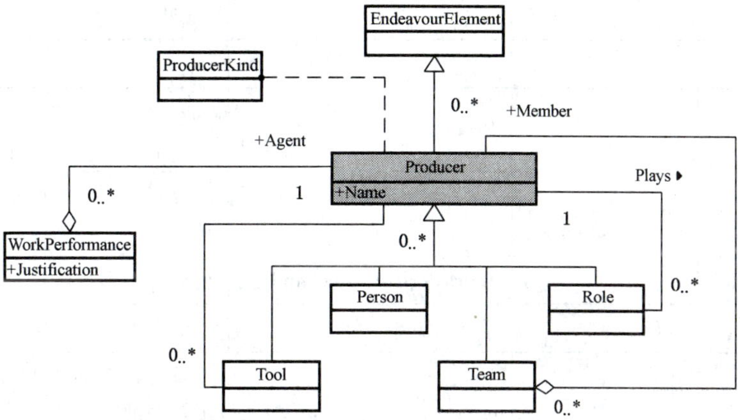

7.1.37.1 **属性**

名 称	类 型	语 义
Name	String	生产者的名字。这是一个抽象属性，生产者的不同子类可有不同的实现

7.1.37.2 **关系**

名 称	角色	相关类	语 义
IsClassifiedBy	无	ProducerKind	实践域中的生产者总是属于方法域中定义的某个生产者种类
Plays	无	Role	生产者可扮演多个角色
IsInvolvedInPerformance	Agent	WorkPerformance	生产者可涉及多个工作实施
无	Member	Team	生产者可作为团队的成员
IsAssistedBy	无	Tool	生产者可得到一组工具的辅助

7.1.37.3 **示例**

在某个软件开发项目期间，小张编写了一些源代码和少量 XML 规范。一个代码生成器工具读入这些规范并从中产生了一些附加代码。小张和这个工具都是生产者。

7.1.38 **ProducerKind(生产者种类类)**

生产者种类是*生产者的一个特定种类，由其专门经验域来表征*。

ProducerKind 是 Template 的抽象子类，特化为 ToolKind、TeamKind 和 RoleKind。

这是一个与生产者相关的类。

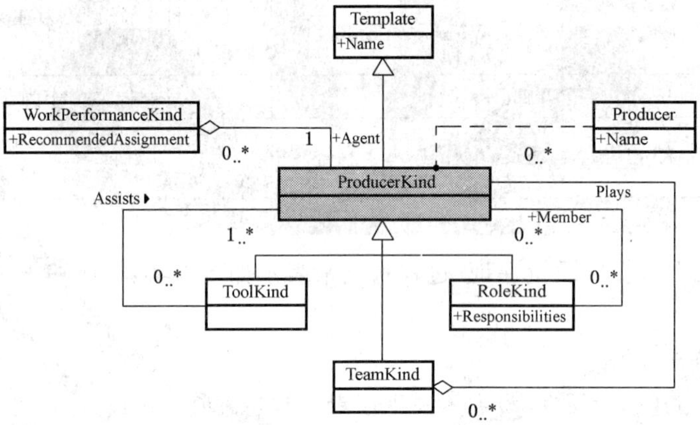

7.1.38.1 **属性**

这个类没有自身的属性。

7.1.38.2 **关系**

名 称	角色	相关类	语 义
Classifies	无	Producer	实践域中的生产者总是属于方法域中定义的某个生产者种类
Plays	无	RoleKind	生产者种类可被指派扮演多个角色种类
IsInvolvedInPerformance	Agent	WorkPerformanceKind	生产者种类可涉及一些工作实施种类
无	Member	TeamKind	生产者种类可作为团队种类的成员
IsAssistedBy	无	ToolKind	特定种类的生产者由某些特定种类的工具辅助

7.1.38.3 示例

在一个给定的方法中，定义了一个生产者种类"质量保证小组"(团队种类)，并且把它关联到一个指向"质量保证"过程种类的工作实施种类。这是为了表示如下事实：当所述方法被施行时，一组人员必须负责实施"质量保证"种类的工作单元。

7.1.39 **Reference(引用类)**

引用是*在给定的方法元素和给定的源之间的特定链接*。引用实现了 MethodologyElement 和 Source 之间的多对多的映射。

这是一个支持类。

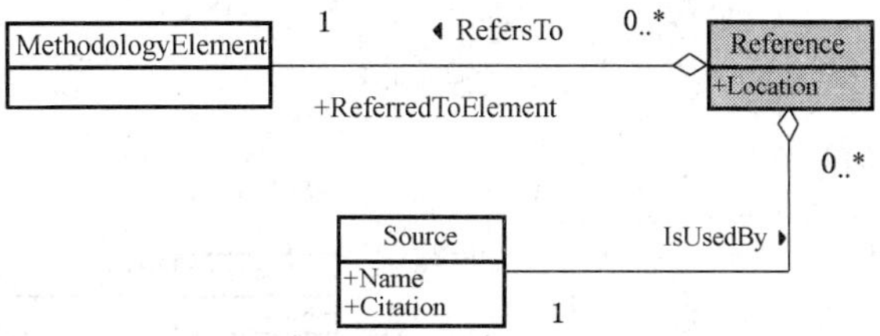

7.1.39.1 属性

名　　称	类　　型	语　　义
Location	String	与编入文档的元素有关的信息在关联源内的特定位置

7.1.39.2 关系

名　　称	角色	相关类	语　　义
RefersTo	无	MethodologyElement	引用指向一个给定的方法元素
Uses	无	Source	为该引用提供信息的源

7.1.39.3 示例

一个方法工程师决定将方法元素"Dialog Design"(技术种类)纳入方法片段库。由于在 Henderson-Sellers，Simons 和 Younessi 的书(源，称为"HendersonSellers98a")中对该技术的描述感兴趣，方法工程师决定为所述技术种类附上一个引用，在该源中精确定位该编入文档的元素。这通过创建一个 ReferredToElement＝DialogDesign，Source＝HendersonSellers98a，Location＝"182-188 页"的引用来达到。

7.1.40 **Resource(资源类)**

资源是*无需实例化过程、直接在实践层使用的方法元素*。在一次实践期间作为引用或指南的任何方法元素都由 Resource 来表示。

Resource 是 MethodologyElement 的抽象子类，特化为 Language、Notation、Constraint、Outcome 和 Guideline。

这是一个高级别的类。

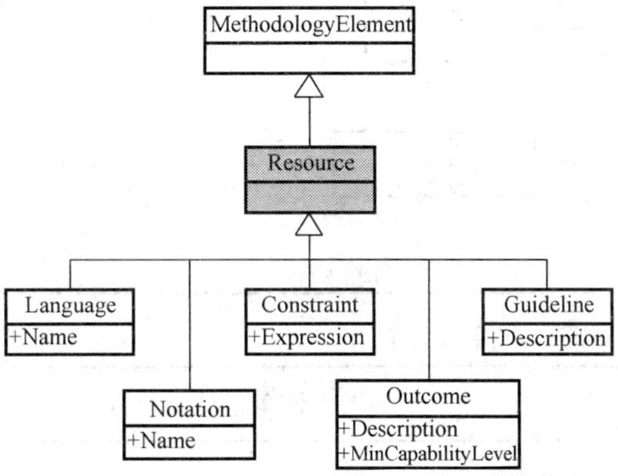

7.1.40.1 属性

这个类没有自身的属性。

7.1.40.2 关系

这个类没有自身的关系。

7.1.40.3 示例

这个类过于抽象，无法给出具体的例子。见 Resource 的任一子类型的示例。

7.1.41 **Role(角色类)**

角色是*生产者能承担的责任的汇集*。角色经常用于声明必须处置哪些责任，而不需决定这些责任如何被实现。

Role 是 Producer 的抽象子类。

这是一个与生产者相关的类。

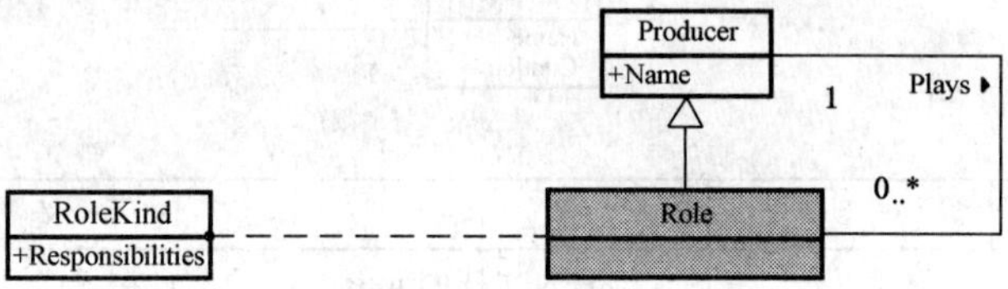

7.1.41.1 属性

这个类没有自身的属性。

7.1.41.2 关系

名　　称	角色	相　关　类	语　　义
IsClassifiedBy	无	RoleKind	实践域中的角色总是属于方法域中定义的某个角色种类
无	无	Producer	角色由一个给定的生产者扮演

7.1.41.3 示例

在某个项目期间，小李负责编写用户文档。小李在中途离开了这个项目，小张接手相同的责任。这些责任的集合(可被称为“技术编写人”)是一个角色。

7.1.42 **RoleKind(角色种类类)**

角色种类是*角色的一个特定种类，由所涉及的责任来表征*。不同的角色种类通常阐述不同的要求并且使用不同的技能。

RoleKind 是 ProducerKind 的子类。

这是一个与生产者相关的类。

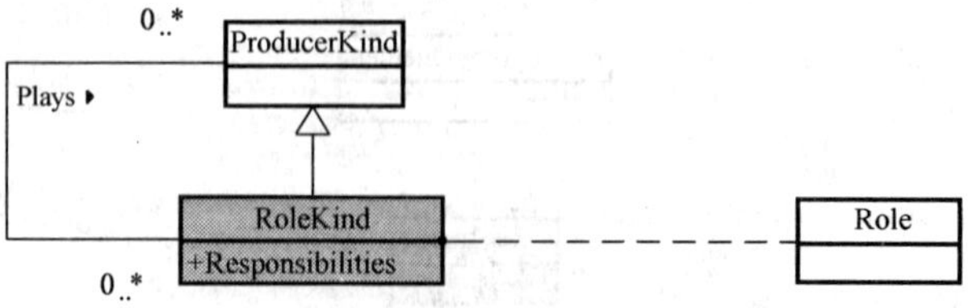

7.1.42.1 属性

名　　称	类　　型	语　　义
Responsibilities	String	该角色种类的责任

7.1.42.2 **关系**

名　　称	角色	相关类	语　　义
Classifies	无	Role	实践域的角色总是属于方法域中定义的某个角色种类
无	无	ProducerKind	角色种类定义为可能由不同的生产者种类扮演

7.1.42.3 **示例**

在一个给定的方法中，与客户保持密切联系是必要的。为此，方法工程师引入角色种类“客户联络人”，独立于任何特指的人员或组。

7.1.43 **SoftwareItem（软件项类）**

软件项是*实践所关心的软件片段*。

SoftwareItem 是 WorkProduct 的抽象子类。

这是一个与产品相关的类。

7.1.43.1 **属性**

这个类没有自身的属性。

7.1.43.2 **关系**

名　　称	角色	相　关　类	语　　义
IsClassifiedBy	无	SoftwareItemKind	实践域的软件项总是属于方法域中定义的某个软件项种类

7.1.43.3 **示例**

在一个软件开发项目期间，开发者团队（在一些工具的帮助下）生产可执行程序。小张生产在线帮助文件，而小李创建初始数据库转储。可执行程序、在线帮助文件和数据库转储都是软件项。

7.1.44 **SoftwareItemKind（软件项种类类）**

软件项种类是*软件项的一个特定种类，由其范围、需求和特征来表征*。

SoftwareItemKind 是 WorkProductKind 的子类。

这是一个与产品相关的类。

7.1.44.1 **属性**

这个类没有自身的属性。

7.1.44.2 **关系**

名　　称	角色	相　关　类	语　　义
Classifies	无	SoftwareItem	实践域的软件项总是属于方法域中定义的某个软件项种类

7.1.44.3 示例

在一个特定的系统开发方法中，定义软件项种类“操作系统”来表示如下事实：当所述方法被施行时，这个种类的软件项将有不同的使用方式。

7.1.45 **Source（源类）**

源是*信息、经验或最佳实践的来源*。方法工程师常用这个类表示书、文章或其他有助于跟踪元素相关信息的文档的来源。

这是一个支持类。

7.1.45.1 属性

名　称	类　型	语　义
Name	String	源的名称
Citation	String	源的正规引文，常与文献来源一起使用

7.1.45.2 关系

名　称	角色	目 标 类	语　义
IsUsedBy	无	Reference	一个源可能会被多个引用使用

7.1.45.3 示例

方法工程师决定将 Henderson-Sellers，Simons 和 Younessi 的书中提到的一些技术种类纳入一个方法片段库。出于对这本书上技术描述的兴趣，方法工程师决定创建一个源“HendersonSellers98a”(带有相应的引文)，并把它通过引用链接到上面描述的技术种类上。

7.1.46 **Stage（阶段类）**

阶段是*在实践中受管理的时间片*。

Stage 是 EndeavourElement 的抽象子类，特化为 StageWithDuration 和 InstantaneousStage。

这是一个与过程相关的类。

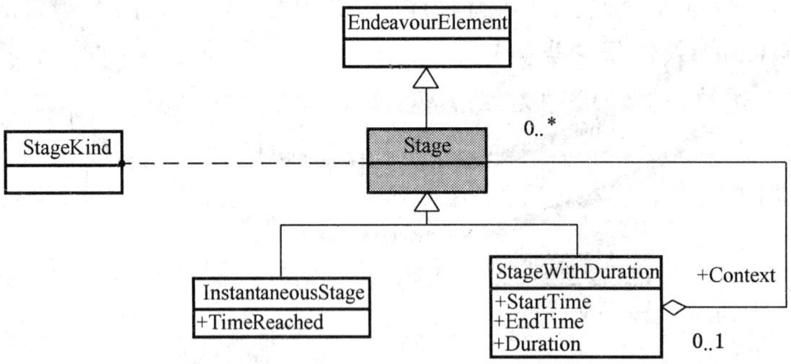

7.1.46.1 属性

这个类没有自身的属性。

7.1.46.2 关系

名　称	角色	目 标 类	语　义
IsClassifiedBy	无	StageKind	实践域内的一个阶段总是属于方法域中定义的某个阶段种类。
无	无	StageWithDuration	阶段可发生在一个持续性阶段之内。

7.1.46.3 示例

在某个项目期间,要生产的产品是先定义,再增量地构造。这两个受管理的时间片就是(持续性)阶段。为了管理定义和构造之间的转换,要考虑这两个时段之间的项目管理时间点。这个时间点是另一个(瞬时)阶段。

7.1.47 **StageKind(阶段种类类)**

阶段种类是*一个阶段的特定种类,由它所在实践域的抽象级别和它旨在生产的结果来表征。*

StageKind 是 Template 的抽象子类,特化为 StageWithDurationKind 和 InstantaneousStageKind。

这是一个与过程相关的类。

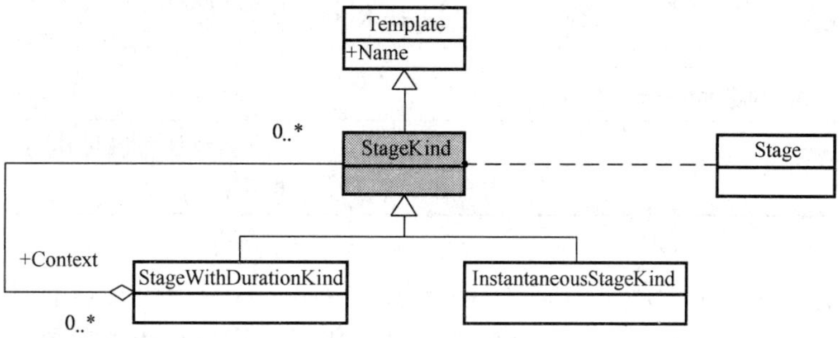

7.1.47.1 属性

这个类没有自身的属性。

7.1.47.2 关系

名　称	角色	目　标　类	语　　义
Classifies	无	Stage	实践域内的一个阶段总是属于方法域中定义的某个阶段种类
无	无	StageWithDurationKind	一个阶段种类可能发生在多个持续性阶段种类之内

7.1.47.3 示例

在一个给定的方法中,要生产的产品是先定义,再增量地构建。为此,方法工程师引入阶段种类"系统定义"和"系统构造"(时段种类),两者由阶段种类"系统的定义完整并稳定"(里程碑种类)分隔。

7.1.48 **StageWithDuration(持续性阶段类)**

持续性阶段是*在一次实践中受管理的时间间隔。*

StageWithDuration 是 Stage 的抽象子类,特化为 TimeCycle、Phase 和 Build。

这是一个与过程相关的类。

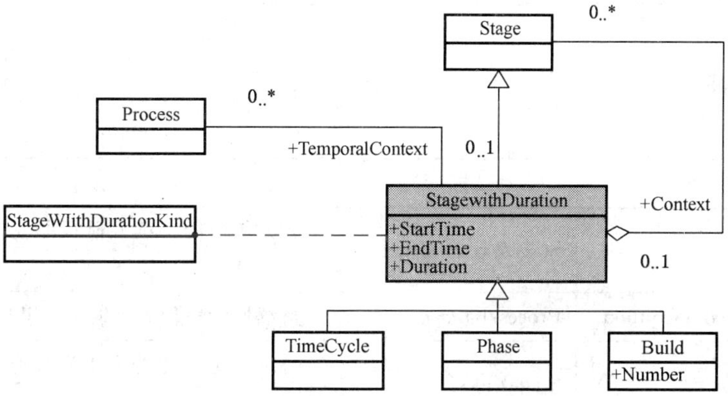

7.1.48.1 属性

名　　称	类　　型	语　　义
StartTime	Timestamp	持续性阶段的起始时间点
EndTime	Timestamp	持续性阶段的终结时间点
Duration	Timespan	起始时间和终结时间之间的时间间隔

7.1.48.2 关系

名　　称	角色	目　标　类	语　　义
IsClassifiedBy	无	StageWithDurationKind	实践域中的持续性阶段总是属于方法域中定义的某个持续性阶段种类
无	TemporalContext	Process	持续性阶段是发生一组过程的时间语境
无	Context	Stage	持续性阶段可作为一些其他阶段发生的语境

7.1.48.3 示例

在某个项目期间，要生产的产品是先定义，再增量地构建。这两个受管理的时间片是持续性阶段（时段）。为了增量地构建产品，在持续性构造阶段内又实施了一连串更小的阶段。每一个小阶段也都是一个持续性阶段（一个构建）。

7.1.49 StageWithDurationKind（持续性阶段种类类）

持续性阶段种类是*持续性阶段的某一特定种类，由在实践域内的抽象级别及其旨在生产的结果来表征。*

StageWithDurationKind 是 StageKind 的抽象子类，特化为 TimeCycleKind、PhaseKind 和 BuildKind。

这是一个与过程相关的类。

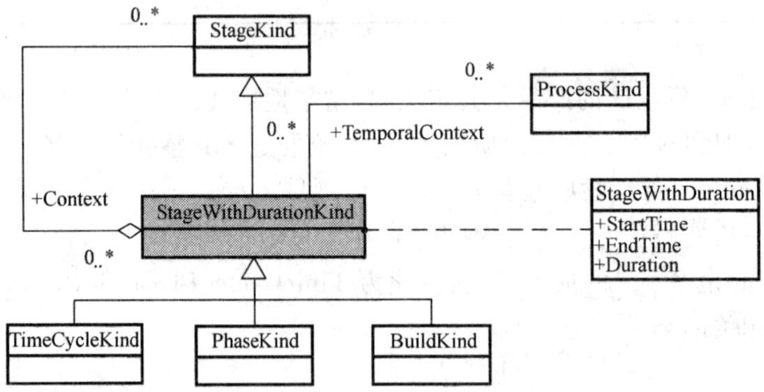

7.1.49.1 属性

这个类没有自身的属性。

7.1.49.2 关系

名　　称	角色	目　标　类	语　　义
Classifies	无	StageWithDuration	实践域中的持续性阶段总是属于方法类中定义的某个持续性阶段种类
无	TemporalContext	ProcessKind	持续性阶段种类是发生一组过程种类的当前语境
无	Context	StageKind	持续性阶段种类可作为其他一些阶段种类发生的语境

7.1.49.3 示例

在一个给定的方法中，要生产的产品是先定义，再增量地构造。为此，方法工程师引入持续性阶段种类“系统定义”和“系统构造”(时段种类)。

7.1.50 **Task(任务类)**

任务是为了达到给定的目的，关注于必须做什么的小粒度的工作单元。

Task 是 WorkUnit 的抽象子类。

这是一个与过程相关的类。

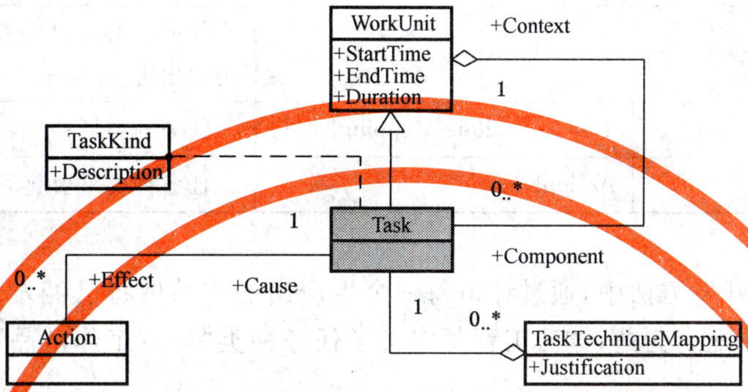

7.1.50.1 属性

这个类没有自身的属性。

7.1.50.2 关系

名　称	角色	目　标　类	语　　义
IsClassifiedBy	无	TaskKind	实践领域内的任务总是属于方法域定义的某个任务种类
无	Component	WorkUnit	任务总是发生在特定的工作单元中
无	无	TaskTechniqueMapping	任务可参与多个任务-技术映射
无	Cause	Action	任务可引起动作

7.1.50.3 示例

在一个软件开发项目期间，小李标识出了系统中的一些候选类，然后试图找到它们之间的关系，在此过程中更新类列表。最后小李给这些类定义了一些属性和操作。每个单独的工作都是一个任务。

7.1.51 **TaskKind(任务种类类)**

任务种类是任务的某一特定种类，由其在实践中的目的来表征。

TaskKind 是 WorkUnitKind 的子类。

这是一个与过程相关的类。

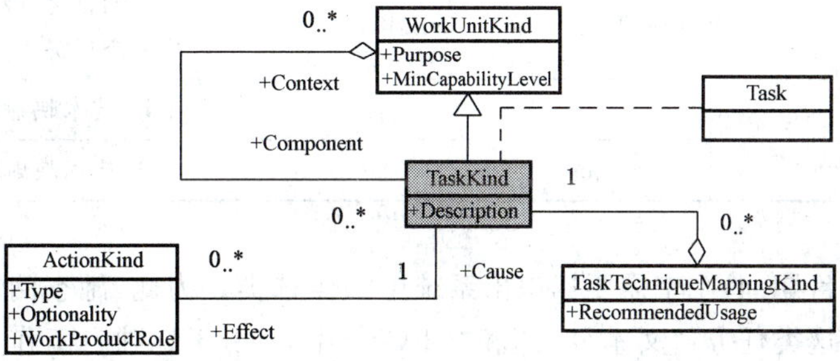

7.1.51.1 属性

名　称	类　型	语　义
Description	String	为达到目的要做些什么的描述

7.1.51.2 关系

名　称	角色	目 标 类	语　义
Classifies	无	Task	实践域中的任务总是属于方法域中定义的某个任务种类
无	Component	WorkUnitKind	任务种类定义为在某些特定的工作单元种类中出现
无	无	TaskTechnique-MappingKind	任务种类可参与多个任务-技术映射种类
无	Cause	ActionKind	任务种类可引起动作种类

7.1.51.3 示例

在一个特定的软件开发方法中，通过评审每一个生产出的产品后将已经发现的缺陷数与历史数据进行比较，来实施质量保证。为此，方法工程师定义了任务种类“评审工作产品”以及“将缺陷报告与历史数据进行比较”。

7.1.52 **TaskTechniqueMapping**（任务-技术映射类）

任务-技术映射是*给定任务和给定技术之间的用法关联*。任务-技术映射表示如下事实：在实践域内给定的技术被用于完成给定的任务。

TaskTechniqueMapping 是 EndeavourElement 的抽象子类。

这是一个与过程相关的类。

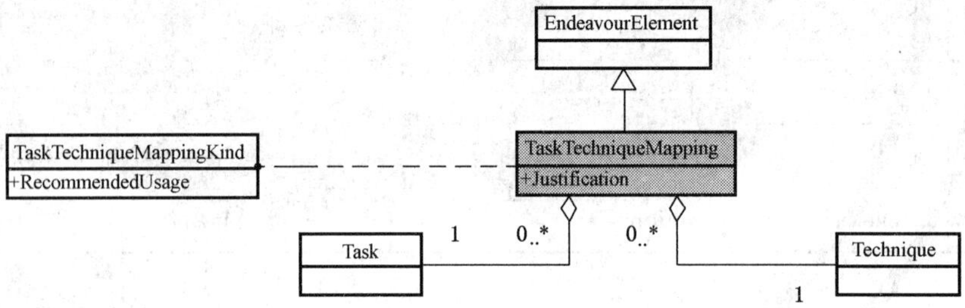

7.1.52.1 属性

名　称	Type	语　义
Justification	String	为何选择相关联技术以完成相关联任务的理由

7.1.52.2 关系

名　称	角色	目 标 类	语　义
IsClassifiedBy	无	TaskTechniqueMappingKind	实践域中的任务-技术映射总是属于方法域中定义的某个任务-技术映射种类
无	无	Task	一个任务-技术映射映射了一个特指的任务
无	无	Technique	一个任务-技术映射映射了一个特指的技术

7.1.52.3 示例

在一个软件开发项目期间，小李需要标识出系统中的候选类。为此，她查阅正在使用的方法，发现两种技术被推荐来完成这类任务：“文本分析”和“CRC 卡片”。由于她独自工作，因此她认为用文本分析法较好。在小李所实施的“标识类”任务与所选择的技术“文本分析”（连同小李决策的理由）之间的特定关系是一个任务-技术映射。

7.1.53 TaskTechniqueMappingKind(任务-技术映射种类类)

任务-技术映射种类是*任务-技术映射中一个特定的种类，由映射的任务种类和技术种类来表征*。

TaskTechniqueMappingKind 是 Template 的子类.

这是一个与过程相关的类。

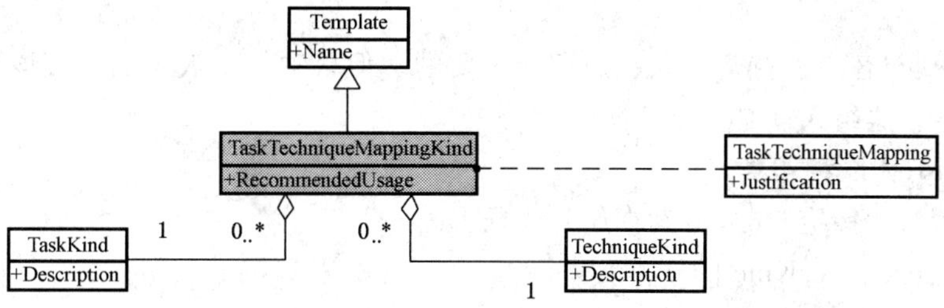

7.1.53.1 属性

名　称	Type	语　义
RecommandedUsage	DeonticValue	关联种类的技术在关联种类的任务中的推荐用法。可能值见 7.2.2

7.1.53.2 关系

名　称	角色	目　标　类	语　义
Classifies	无	TaskTechniqueMapping	实践域中的任务-技术映射，总是属于方法域中定义的某个任务-技术映射种类
无	无	TaskKind	一个任务-技术映射种类映射了一个特指的任务种类
无	无	TechniqueKind	一个任务-技术映射种类映射了一个特指的技术种类

7.1.53.3 示例

当施行某一软件开发方法时，"提取系统需求"种类的任务能通过与利益相关方访谈和(可选地)组建关注小组来实施。为此，方法工程师引入技术种类"利益相关方访谈"和"关注小组"，并将两者用上述任务种类、通过适当的任务 技术映射种类关联在一起，并分别将推荐用法赋值为 Recommended 和 Optional。

7.1.54 Team(团队类)

团队是*生产者的一个有组织的集合，一同关注于共同的工作单元*。

Team 是 Producer 的抽象子类。

这是一个与生产者相关的类。

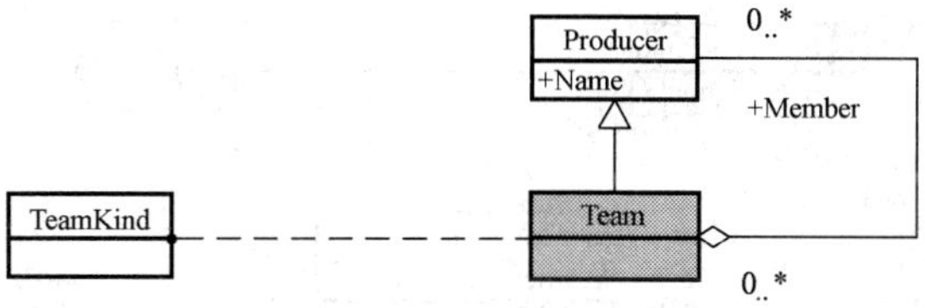

7.1.54.1 属性

这个类没有自身的属性。

7.1.54.2 关系

名　称	角色	目 标 类	语　义
IsClassifiedBy	无	TeamKind	实践域中的团队总是属于方法域中定义的某个团队种类
Context	无	Producer	一个团队由生产者构成

7.1.54.3 示例

在某一项目中，与客户保持密切联系是相当重要的。但单独一个人无法完成该任务，而需要组织一组人来处理该任务。这组人就是一个团队。

7.1.55 **TeamKind**(团队种类类)

团队种类是*团队的特定种类，由其责任来表征*。

TeamKind 是 ProducerKind 的子类。

这是一个与生产者相关的类。

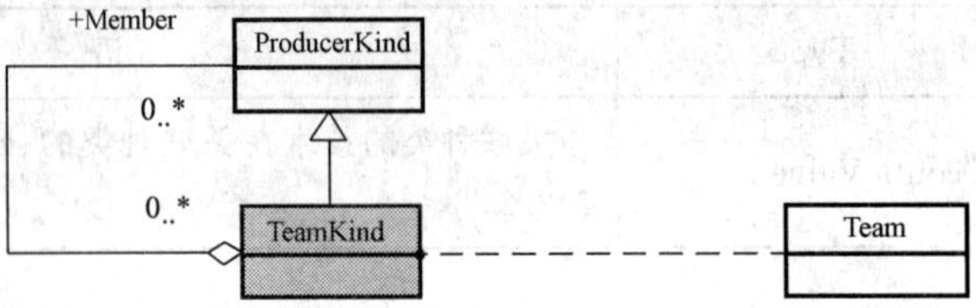

7.1.55.1 属性

这个类没有自身的属性。

7.1.55.2 关系

名　称	角色	目 标 类	语　义
Classfies	无	Team	实践域中的团队总是属于方法域中定义的某个团队种类
Context	无	ProducerKind	团队种类由生产者种类构成

7.1.55.3 示例

在某一个安全关键的软件开发方法中，质量保证需要由专门指定的独立开发人员组来实施。为此，方法工程师定义团队种类"质量保证团队"。

7.1.56 **Technique**(技术类)

技术是*关注于如何达到给定目的的一个小粒度工作单元*。

Technique 是 WorkUnit 的抽象子类。

这是一个与过程相关的类。

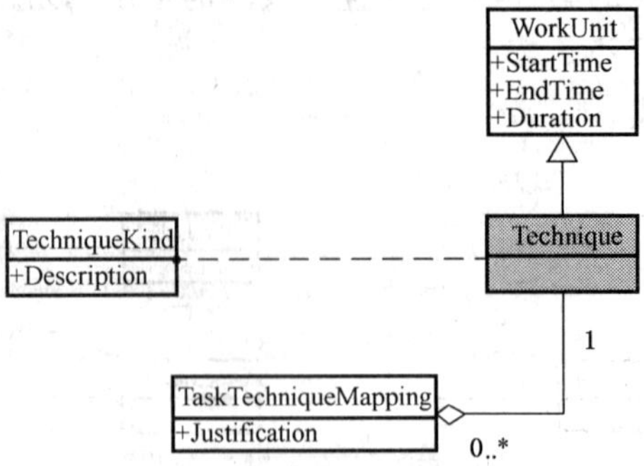

7.1.56.1 属性

这个类没有自身的属性。

7.1.56.2 关系

名　称	角色	目　标　类	语　义
IsClassfiedby	无	TechniqueKind	实践域中的技术总是属于方法域中定义某个技术种类
无	无	TaskTechniqueMapping	技术可以参与许多任务-技术映射

7.1.56.3 示例

在一个软件开发项目期间，小李需要标识出系统中的类。为了实施这个任务，她首先分析系统相关文档的文本，然后组织一个 CRC 卡会议，最后与她的同事进行头脑风暴试图找出更多类。这三种处理同一任务的不同途径就是技术。

7.1.57 **TechniqueKind(技术种类类)**

技术种类是*技术的一个特定种类，由其在实践中的目的来表征*。

TechniqueKind 是 WorkUnitKind 的子类。

这是一个与过程相关的类。

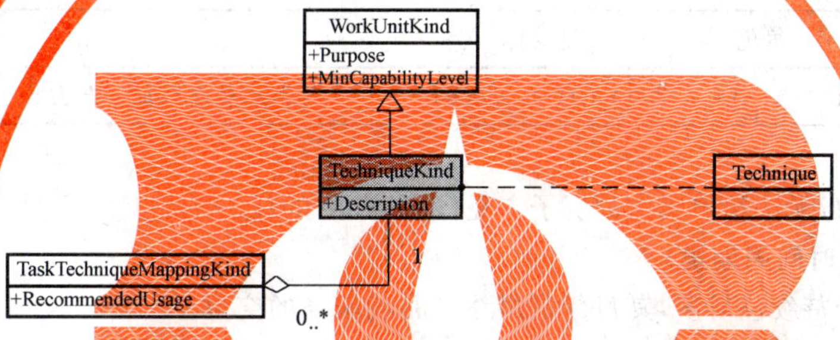

7.1.57.1 属性

名　称	类　型	语　义
Description	String	如何达到目的的描述

7.1.57.2 关系

名　称	角色	目　标　类	语　义
Classfies	无	Technique	实践域中的技术总是属于方法域中定义的某个技术种类
无	无	TaskTechniqueMappingKind	一个技术种类可参与多个任务-技术映射种类

7.1.57.3 示例

当施行某一软件开发方法时，“提取系统需求”种类的任务可通过利益相关方访谈或组建关注小组来实施。为此，方法工程师引入技术种类“利益相关方访谈”和“关注小组”，并将两者通过适当的任务-技术映射种类由上述任务种类关联在一起。

7.1.58 **Template(模板类)**

模板是一个*通过实例化过程在实践层中被使用的方法元素*。任一方法元素，在方法施行期间充当拟实例化为实践元素的类，都由 Template 表示。

Template 是 MethodologyElement 的抽象子类，特化为 StageKind、WorkUnitKind、TaskTechniqueMappingKind、ActionKind、WorkProductKind、ModelUnitKind、ModelUnitUsageKind、ProducerKind 和 WorkPerformanceKind。

这是一个高级别的类。

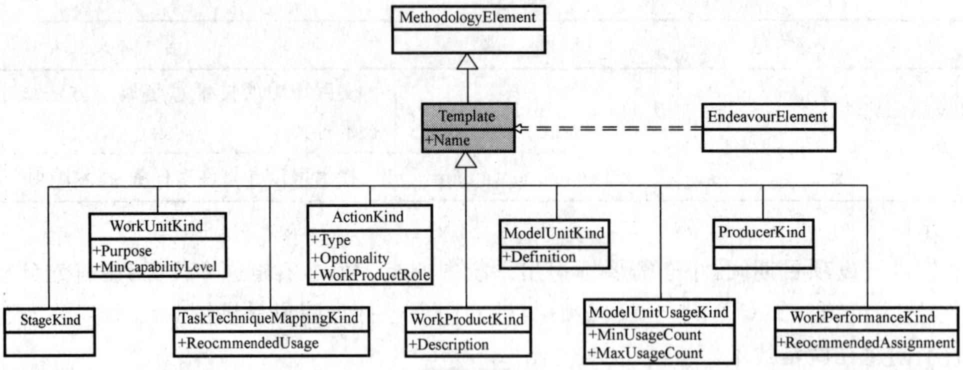

7.1.58.1 **属性**

名　称	类　型	语　义
Name	String	在方法施行期间将被实例化的类的名称

7.1.58.2 **关系**

名　称	角色	目　标　类	语　义
Classfies	无	EndeavourElement	实践元素总是属于方法域中定义的某种模板

7.1.58.3 **示例**

这个类过于抽象，无法给出具体的例子。见 Template 的任一子类型的示例。

7.1.59 **TimeCycle(时间周期类)**

时间周期是一个*持续性阶段，其目标是最终产品或服务的交付*。

TimeCycle 是 StageWithDuration 的抽象子类。

这是一个与过程相关的类。

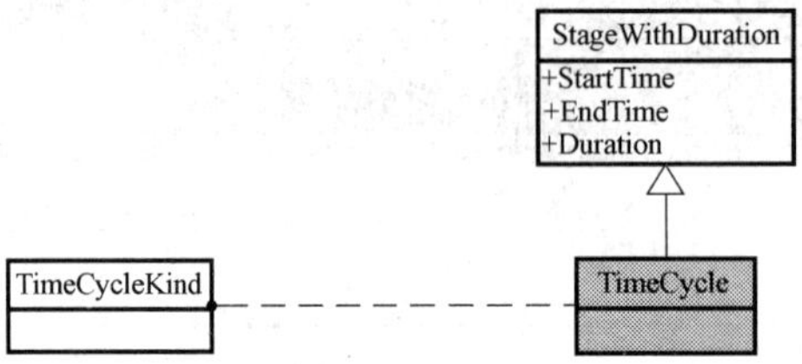

7.1.59.1 **属性**

这个类没有自身的属性。

7.1.59.2 **关系**

名　称	角色	相关类	语　义
IsClassifiedBy	无	TimeCycleKind	实践域中的时间周期总是属于方法域中定义的某个时间周期种类

7.1.59.3 **示例**

小张被委托开发并交付一个实验性的、具有重要战略意义的产品。他决定组织一个以产品为中心的项目，并且建立了一个研发流程作进一步研究。这其中每一个与时间相关的主要安排都是一个不同的时间周期。

7.1.60 **TimeCycleKind(时间周期种类类)**

时间周期种类是*时间周期的一个特定种类，由其旨在生产的成果类型来表征*。不同的时间周期种类通常被用来解释在实践特性和产品特性中的不同需要。

TimeCycleKind 是 StageWithDurationKind 的子类。

这是一个与过程相关的类。

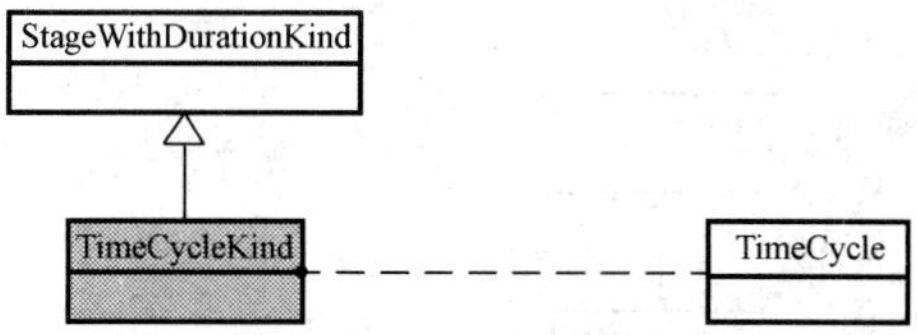

7.1.60.1 **属性**

这个类没有自身的属性。

7.1.60.2 **关系**

名　　称	角色	相关类	语　　义
Classifies	无	TimeCycle	实践域中的时间周期总是属于方法域中定义的某个时间周期种类

7.1.60.3 **示例**

当施行某一方法时，最终产品要么通过执行关注产品的项目来交付，要么通过在一段时间内维持研发流程来交付。为此，方法工程师引入时间周期种类“SpecificProject”和“ResearchLine”。两者都将组成不同的阶段种类。

7.1.61 **Tool(工具类)**

工具是*用来帮助另一个生产者以自动的方式执行其责任的器具*。

Tool 是 Producer 的抽象子类。

工具是一个与生产者相关的类。

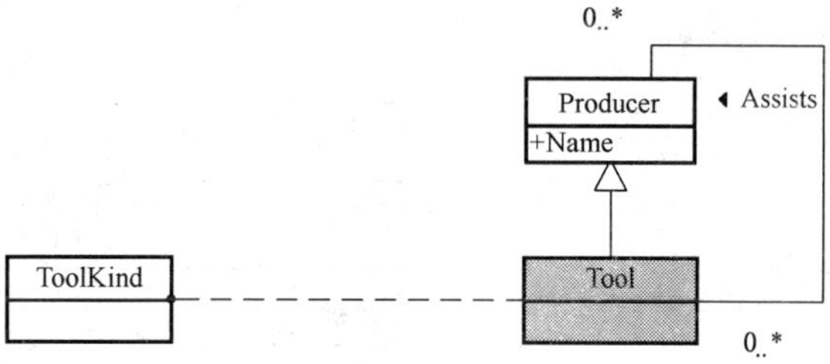

7.1.61.1 **属性**

这个类没有自身的属性。

7.1.61.2 **关系**

名　　称	角色	相　关　类	语　　义
IsClassifiedBy	无	ToolKind	实践域中的工具总是属于方法域中定义的某个工具种类
Assists	无	Producer	一个工具可辅助一组生产者

7.1.61.3 **示例**

在某个软件开发项目期间，小李写了一些代码并编译。接着她为这段代码自动创建单元测试桩模块，并且，在完成骨架桩模块后，她对她的代码进行了单元测试。代码编辑器、编译器和自动单元测试器都是工具。

7.1.62 **ToolKind(工具种类类)**

工具种类是*工具的一个特定种类，由其特征来表征*。不同的工具种类经常用于表示不同的产品，如图形编辑器、集成开发环境、缺陷跟踪系统、协作消息系统或代码生成器。

ToolKind 是 ProducerKind 的子类。

这是一个与生产者相关的类。

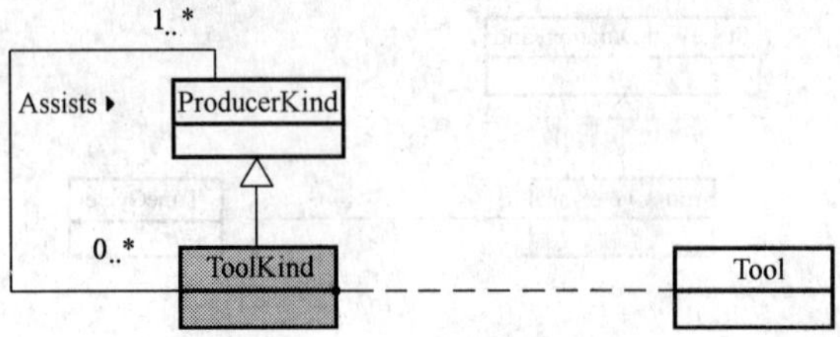

7.1.62.1 **属性**

这个类没有自身的属性。

7.1.62.2 **关系**

名　称	角色	相关类	语　义
Classifies	无	Tool	实践域中的工具总是属于方法域中定义的某个工具种类
Assists	无	ProducerKind	特定种类的工具可辅助某些特定种类的生产者

7.1.62.3 **示例**

在一个特定的软件开发方法中，能使用不同的工具种类。为此，方法工程师引入了工具种类“Compiler”、“.NET Compiler”(前者的一个子类型)和“Diagram Editor”。

7.1.63 **WorkPerformance(工作实施类)**

工作实施是*在特定的生产者和特定的工作单元之间的指派和责任的关联*。

WorkPerformance 是 EndeavourElement 的抽象子类。

这是一个与生产者和过程相关的类。

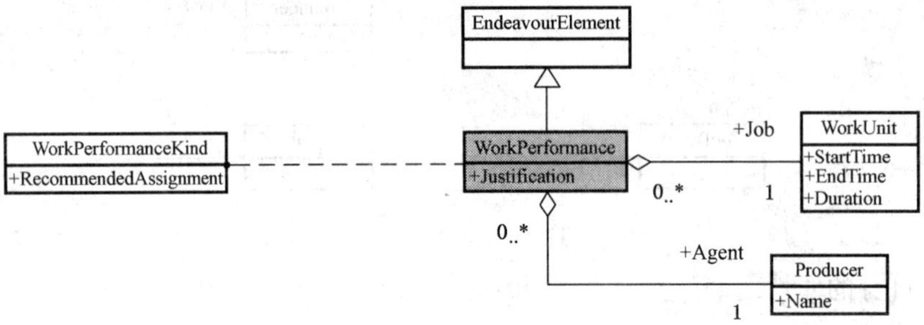

7.1.63.1 **属性**

名　称	类　型	语　义
Justification	String	关联的工作单元指派给关联的生产者的理由

7.1.63.2 **关系**

名　称	角色	相　关　类	语　义
IsClassifiedBy	无	WorkPerformance-Kind	实践域中的工作实施总是属于方法域中定义的某个工作实施种类
InvolvesWorkUnit	无	WorkUnit	一个工作实施包含一个特定的工作单元
InvolvesProducer	无	Producer	一个工作实施包含一个特定的生产者

7.1.63.3 示例

在某个项目期间，系统文档组被指派了为所开发系统创建用户手册的任务。这样的指派是一个工作实施。

7.1.64 WorkPerformanceKind（工作实施种类类）

工作实施种类是*工作实施的一个特定种类，由固有指派和责任关联的目的来表征*。

WorkPerformanceKind 是 Template 的子类。

这是一个与生产者和过程相关的类。

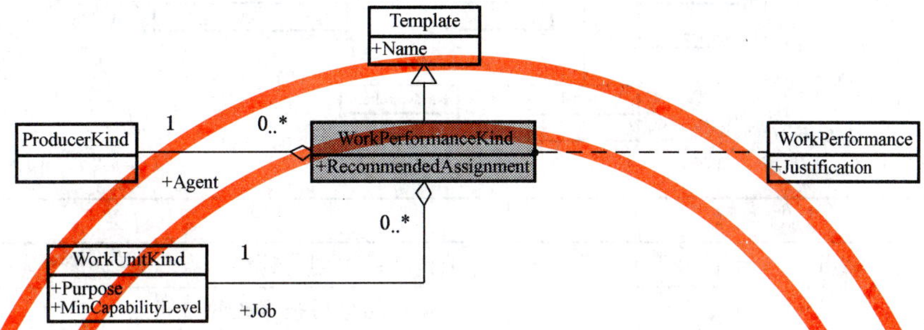

7.1.64.1 属性

名　　称	类　　型	语　　义
RecommendedAssignment	DeonticValue	关联种类的工作单元对关联种类的生产者的推荐指派。可能值见 7.2.2

7.1.64.2 关系

名　　称	角色	相关类	语　　义
Classifies	无	WorkPerformance	实践域中的工作实施总是属于方法域中定义的某个工作实施种类
InvolvesWork-UnitKind	无	WorkUnitKind	一个工作实施种类包含一个特定的工作单元种类
Involves-ProducerKind	无	ProducerKind	一个工作实施种类包含一个特定的生产者种类

7.1.64.3 示例

在一个给定的方法中，“质量保证”过程种类必须映射到“质量保证团队”这个团队种类，并且在较小的程度上映射到“开发团队”这个团队种类上。为了达到这个目的，方法工程师创建了两种和“质量保证”过程种类（同时也是一个工作单元种类）关联的工作实施种类：其中一个是和“质量保证团队”生产者种类关联，并且满足 RecommendedAssignment＝Recommended；另外一个是和“开发团队”生产者种类关联，并且满足 RecommendedAssignment＝Optional。

7.1.65 WorkProduct（工作产品类）

工作产品是*实践中所关心的制品*。工作产品通常是文档、物理实体或在实践期间创建、修改或引用（即使用过但未被修改的）的信息集合。

WorkProduct 是 EndeavourElement 的抽象子类，特化为 Document、Model、SoftwareItem、HardwareItem 和 CompositeWorkProduct。

这是一个与产品相关的类。

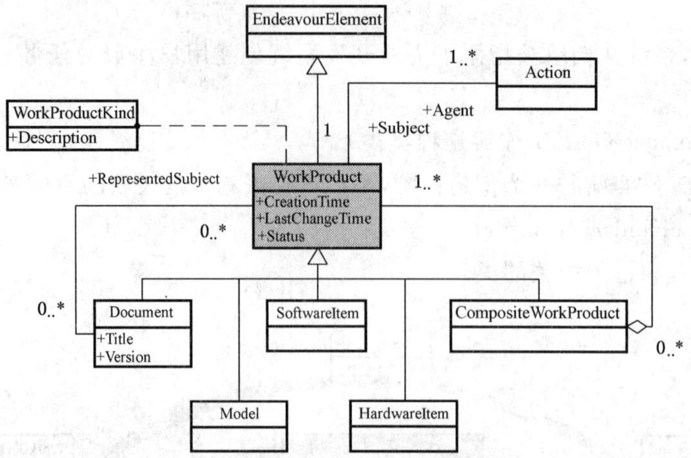

7.1.65.1 **属性**

名　称	类　型	语　义
CreationTime	Timestamp	工作产品被创建的时间点
LastChangeTime	Timestamp	工作产品最后被修改的时间点
Status	WorkPproductStatus	工作产品的成熟状态。可能值见 7.2.3

7.1.65.2 **关系**

名　称	角色	相关类	语　义
IsClassifiedBy	无	WorkProdcutKind	实践域中的工作产品总是属于方法域中定义的某个工作产品种类
无	Represented-Subject	Document	一个工作产品可由不同的文档描述
无	Subject	Action	一个工作产品总是一个或多个动作的主体
IsPartOf	Component	CompositeWork-Product	一个工作产品可以是任何数目的组合工作产品的一部分

7.1.65.3 **示例**

在某个项目期间,小张用客户提供的要求陈述写了一个需求规约。然后,该需求规约被其他开发者用作设计并构建最终系统的起点。用户的要求陈述、需求规约和最终系统都是工作产品。

7.1.66 **WorkProductKind(工作产品种类类)**

工作产品种类是*工作产品的一个特定种类,由其内容的性质以及其用法背后的意图来表征*。通常定义不同的工作产品种类来提供能应用到相应工作产品上的内容和/或表示“模板”。

WorkProductKind 是 Template 的抽象子类,特化为 DocumentKind、ModelKind、SoftwareItemKind、HardwareItemKind 和 CompositeWorkProductKind。

这是一个与产品相关的类。

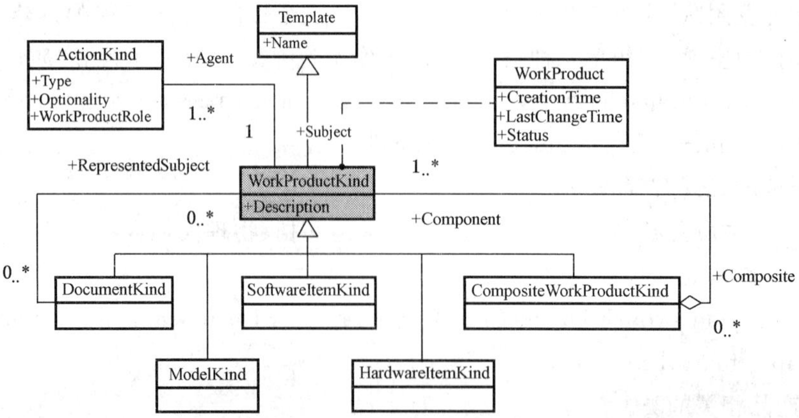

7.1.66.1 属性

名　　称	类　　型	语　　义
Description	String	对这类工作产品本身内容及表现形式(可选)的描述

7.1.66.2 关系

名　　称	角色	相　关　类	语　　义
Classifies	无	WorkProduct	实践域中的工作产品总是属于方法域中定义的某个工作产品种类
无	Represented-Subject	DocumentKind	工作产品种类可被不同的文档种类描述
无	Subject	ActionKind	工作产品种类总是一个或多个动作种类的主体
IsPartOf	Component	CompositeWork-ProductKind	工作产品种类可作为任何数目的组合工作产品种类的一部分

7.1.66.3 示例

在一个给定的方法中，定义工作产品种类“系统需求规约”(一个文档种类)来表示如下事实：当所述方法被施行时，该种类的工作产品将会被创建或使用。

7.1.67 WorkUnit(工作单元类)

工作单元是*在实践中实施或有意实施的作业*。

WorkUnit 是 EndeavourElement 的抽象子类，特化为 Task、Technique 和 Process。

这是一个与过程相关的类。

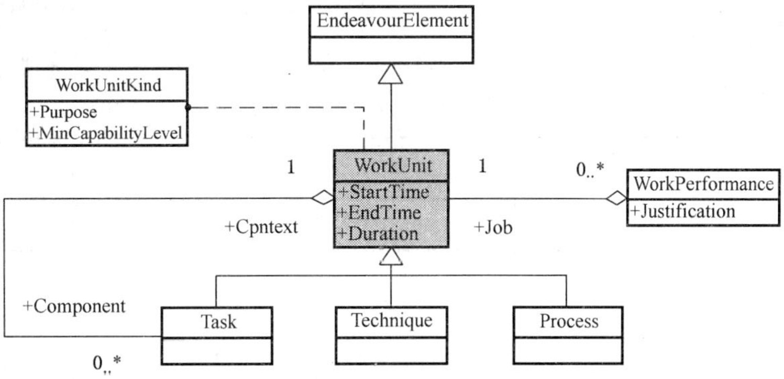

7.1.67.1 属性

名　　称	类　　型	语　　义
StartTime	Timestamp	工作单元开始的时间点
EndTime	Timestamp	工作单元结束的时间点
Duration	Timespan	开始时刻和结束时刻之间的时间跨度

7.1.67.2 关系

名　　称	角色	相　关　类	语　　义
IsClassifiedBy	无	WorkUnitKind	实践域中的工作单元总是属于方法域中定义的某个工作单元种类
无	Context	Task	一个工作单元总是一个给定任务的语境
IsInvolvedIn-Performance	Job	WorkPerformace	一个工作单元可参与多个工作实施

7.1.67.3 示例

在某个项目中,小李负责质量保证。为了达到这个目的,小李的团队对每个生成的产品进行评审,然后将找到的缺陷数目和历史数据进行比较。小李的总体责任(质量保证)是一个工作单元(过程),其小组实施的每一个独立工作块(评审工作产品并将缺陷报告和历史数据进行比较)也是一个工作单元(任务)。

7.1.68 **WorkUnitKind**(工作单元种类类)

工作单元种类是工作单元的一个特定种类,由其在实践中的目的来描述。

WorkUnitKind 是 Template 的抽象子类,特化为 TaskKind、TechniqueKind 和 ProcessKind。

这是一个与过程相关的类。

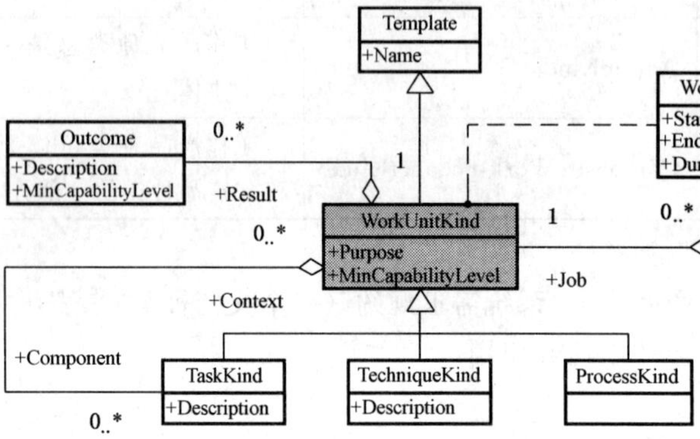

7.1.68.1 属性

名　　称	类　　型	语　　义
Purpose	String	在适当抽象级别描述的这种工作单元追求的目标
MinCapabilityLevel	Integer	使得执行该种类的工作单元有意义的最低能力等级。低于该能力等级的方法施行不宜考虑该工作单元种类

7.1.68.2 关系

名　　称	角色	相　关　类	语　　义
Classifies	无	WorkUnit	实践域中的工作单元总是属于方法域中定义的某个工作单元种类
无	Context	TaskKind	一个工作单元可作为不同任务种类的语境
IsInvolvedIn-Performance-Kind	Job	WorkPerformanceKind	一个工作单元可参与多个工作实施种类
无	无	Outcome	一个工作单元种类将获得一组成果

7.1.68.3 示例

在一个特定的软件开发方法中,质量保证是通过对每个生成的产品进行评审,然后将找到的缺陷数目和历史数据进行比较来实施的。为此,方法工程师定义了工作单元种类“质量保证”(过程种类)、“评审工作产品”和“将缺陷报告与历史数据进行比较”(两者都是任务种类)。

7.2 枚举类型

本条按照英文字母顺序,定义并描述了在元模型中的枚举类型。针对每一种枚举类型,用斜体字给出一个定义,接下来给出一个组成枚举类型的枚举值列表。对每一个枚举值,将给出其名称和语义。最后,选择性地给予注释。

7.2.1 **ActionType(动作类型)**

该枚举类型定义了*任务对工作产品用法的可能类型*。

枚举值有：

名　称	语　义
Create	特定种类的工作产品由特定种类任务的实施所创建。因此,关联的工作产品是关联的任务的输出
Modify	特定种类的工作产品由特定种类任务的实施所修改。因此,关联的工作产品是关联的任务的输入和输出
ReadOnly	特定种类的工作产品在特定种类任务的实施期间被引用,但不通过任何方式被修改。因此,关联的工作产品是关联的任务的输入
Delete	特定种类的工作产品被特定种类任务的实施所删除。因此,关联的工作产品是关联的任务的输入

7.2.2 **DeonticValue(义务值)**

该枚举类型定义了*一给定替代项的职责或义务的可能级别*。每当需要为给定的选择规定义务的不同级别时,将使用该枚举类型。

枚举值有：

名　称	语　义
Mandatory	该替代项是强制的。做不同的选择是不可能的
Recommended	该替代项是推荐的。做不同的选择是可能的,但建议不用
Optional	该替代项是可选的。没有支持或反对该替代项的特定的推荐项
Discouraged	该替代项是不鼓励的。选择它是可能的,但不推荐
Forbidden	该替代项是禁止的。选择该替代项是不可能的

7.2.3 **WorkProductStatus(工作产品状态)**

该枚举类型定义了*工作产品的可能的成熟状态*。

枚举值有：

名　称	语　义
Initial	工作产品被创建并且可存在一些内容,但某些片段可能丢失,并且信息可能不完整
Complete	工作产品包含了所有期待包含的片段,并且其内容也已完善
Accepted	工作产品已经通过了确定其满足可接受质量的必要的评审或确认机制
Approved	工作产品已经被正式批准

在实践期间创建的大多数工作产品将在初始的成熟度状态中初始化其生命周期,并将最终达到某个最终状态。依靠适用的质量保证机制,某些工作产品将到达接受状态,但未必在所有情况下都如此。只有某些必须经正式批准的工作产品才会达到批准状态。

从外部源进入实践的工作产品(即它们不是由实践创建的)可在必要时赋予一个状态。

8 元模型的采用

本章表述了合理使用 SEMDM 来生成开发方法的规则和指南。首先给出了一些必备的规则,然后提供了定义一个方法不同方面的参考指南。

8.1 用法规则

常规的元模型是由方法工程师通过实例化过程使用的，即方法工程师创建元模型中类的实例，对其属性赋值，并由类的关联形成链接。由于 SEMDM 纳入了强类型模式(见 5.3)和双层建模(见 5.2)的概念，因此常规的用法规则也要相应地调整。SEMDM 基本的应用规则有：

a) SEMDM 中的不涉及强类型模式的类(即资源类)以常规的实例化方式使用；

b) SEMDM 中的强类型模式以强类型模式实例化方式使用，即常规的实例化加上子类型化；

c) 枚举类型能通过增加子值进行扩展。

8.1.1 资源类的用法

由 Resource 特化的类，不管是直接的还是间接的，都是以常规的实例化方式使用。例如，方法工程师可以将类 Guideline 实例化为一个对象(即一个特定的指南)，以描述如何使用方法中的某个其他元素。

8.1.2 强类型模式的用法

强类型模式中的类*以强类型模式实例化*方式使用。这个机制仅仅是把常规的实例化和常规的子类型化组合起来，如下：

a) 在强类型模式中的强类型类被实例化为一个对象；

b) 在强类型模式中的分区类型子类型化为一个类，这个类可以通过增加属性和关联来进一步扩展。

从强类型模式实例化中产生的类-对象对包含了类对象的两个方面。事实上，实例化一个强类型模式得到的实体就是一个类对象。这种类对象存在于方法域中，为同一个概念提供了双重表示：一个对象，使得该概念从方法角度被管理，以及一个类，在方法施行期间由开发者实例化。每一个强类型模式都含有一个鉴别器，作为强类型类的一个属性。该属性在已实例化的对象中所取的值必须用来命名分区类型的子类。

例如，考虑强类型模式 Document/ * Kind。为了将它实例化来表示需求规约文档，DocumentKind 类(强类型)被实例化为一个对象，Document 类(分区类型)被子类型化为一个新的类。Document/ * Kind 的鉴别器是 DocumentKind. Name 属性；这意味着对象(DocumentKind 的实例)将为该属性取一个值，在这种情况下就是“RequirementsSpecificationDocument”。同时，Document 的子类必须命名为 RequirementsSpecificationDocument。这样，最终得到一个类和一个对象来表示需求规约文档的概念。从这点出发，方法工程师就可以自由地将附加的属性和关联纳入已经引入的 RequirementsSpecificationDocument 类中了。

必须指出的是，在强类型模式实例化期间，当强类型模式中的分区类型子类型化为一个类时，这种子类型化不一定是直接的，即在子类型化层次结构中能存在一个或多个中间类。例如，紧接着前一段的例子，一个类对象 SignedOffRequirementsSpecificationDocument 能通过实例化强类型模式 Document/ * Kind 引入，而将 RequirementsSpecificationDocument(而不是 Document)作为新类的父类型。这样，子类型化的语义就得以维持。

8.1.3 扩展枚举类型

元模型定义的枚举类型可以由方法工程师通过增加由已有值导出的新值来扩展。这样，导出的子值包含了关于其父值的子类型语义。例如，枚举类型 ActionType 的 Modify 值描述了实施特定种类的任务导致特定种类的工作产品被修改的动作。方法工程师可能想把 Modify 特化为 AddSections，其意义是对工作产品增加了新的部件，以及 RefineContents，其意义是工作产品中已有部分的内容被精化了。这两个值都是更通用的 Modify 值的特例。

8.2 用法指南

8.2.1 定义过程方面

方法的过程方面能使用 SEMDM 来定义，这通过对由 WorkUnit/ * Kind(来表达要做什么和如何做)和 Stage/＊Kind(来表达什么时候做)导出的强类型模式进行实例化来完成。同样,关于工作单元种类,还要对 Outcome 类实例化,并且能对 Guideline 类实例化从而为必要方法元素的用法提供支持。

8.2.2 定义生产者

涉及使用方法的生产者可以用 SEMDM 来定义,这通过对由 Producer/＊Kind 导出的强类型模式进行实例化来完成。同样,能对 Guideline 类实例化从而为必要的方法元素的用法提供支持。

8.2.3 定义产品方面

方法的产品和建模方面能用 SEMDM 来定义,这通过对由 WorkProduct/＊Kind(表达要创建或使用什么工作产品)、ModelUnit/＊Kind(定义在构造这些工作产品时要使用的建模构建块)以及 ModelUnitUsage/＊Kind(表达上述模型单元种类是怎样在已定义的模型种类中使用的)导出的强类型模式进行实例化来完成。同样,可对 Language 类实例化,从而将模型单元种类组织为相连的汇集,并且能通过对 Notation 类实例化来描述能描绘模型单元种类汇集的合适的记法。

同样,能对 Guideline 类实例化从而为必要的方法元素的用法提供支持。

8.2.4 链接过程、生产者和产品

方法中的过程、生产者和产品方面必须彼此相关。生产者可通过关联 ProducerKind 和 WorkUnitKind 的适当实例来链接到过程。产品可以通过实例化 Action/＊Kind 强类型模式和由 Constraint 导出的类来链接到过程。

同样,Guideline 类能被实例化从而为必要方法元素的用法提供支持。

9 对元模型的扩展

本章表述了扩展 SEMDM 的规则和指南。首先是一些必备的规则;然后提供了在何时如何扩展元模型的有益的参考信息。

9.1 扩展规则

尽管 SEMDM 可能覆盖了方法工程师用来创建方法的大多数概念域,但它仍提供了一些扩展机制以适用于“现有”SEMDM 不足以表达的情况。*元模型扩展*是一个由用户定义的元模型元素(称作*扩展元模型元素*)的集合,它们不是标准 SEMDM 的一部分。标准 SEMDM 里的元模型元素称作*标准元模型元素*。

这里有不同的方法来创建扩展元模型元素:

a) 新的类可以通过继承那些在 SEMDM 中但是不属于强类型模式的类来创建;

b) 新的强类型模式可以通过继承 SEMDM 中的强类型模式来创建;

c) 必要时可以增加属性和关联来扩展元模型元素;

d) 必要时可以创建枚举类型(以及附带的枚举值)。

9.1.1 创建新的类

*扩展类*能通过对 SEMDM 中不是强类型模式一部分的类进行子类型化来创建。例如,方法工程师能创建扩展类 ProgrammingLanguage 作为标准类 Language 的子类型。

对元模型中的类进行子类型化遵循以下面向对象的规则:

a) 新类名称的语义传达了新类和父类之间的子类型-超类型关系;

b) 如果父类不是抽象的,那么新类也不能是抽象的;

c) 新类从父类继承了所有的属性和关联参与者;

d) 对新类能增加附加的属性和关联(见 9.1.3)。

9.1.2 创建新的强类型模式

*扩展强类型模式*能通过对 SEMDM 中的强类型模式进行子类型化来创建。例如,方法工程师能创建一个扩展强类型模式 ElectronicDocument/＊Kind 作为标准强类型模式 Document/＊Kind 的子类型。

对一个强类型模式子类型化涉及:

a) 将分区类型子类型化为一个新的扩展类；

b) 将强类型子类型化为一个新的扩展类；

c) 将新创建的扩展类通过一个强类型模式关系链接起来。该强类型模式关系的方向与父类间强类型模式关系的方向相同。该强类型模式关系的鉴别器与在父类间强类型模式关系的鉴别器相同。

应用在对分区类型和强类型进行子类型化上的规则与在 9.1.1 中记载的规则是相同的。

9.1.3 增加属性和关联

属性和关联能被增加到扩展类中。例如，一个方法工程师能创建一个扩展强类型模式 ElectronicDocument/ * Kind 作为标准强类型模式 Document/ * Kind 的子类型，然后给 ElectronicDocument 增加一个 Filename 属性。

9.1.4 创建枚举类型和枚举者

若有必要，能创建*扩展枚举类型*。例如，一个方法工程师能创建一个扩展强类型模式 AssessedProcess/ * Kind 作为标准强类型模式 Process/ * Kind 的子类型，然后为 AssessedProcess 增加 AssessmentResult 属性。这个属性的类型被声明为枚举类型 ProcessAssessmetResult，并为该创建出来的枚举类型增加了*扩展枚举类型值* NotPerformed、Informal、Planned、Defined、Controlled 和 Optimized。

9.2 扩展指南

9.2.1 标准元模型的不变性

SEMDM 中的元素是不可变的，即在扩展元模型时它们不能被改变。这意味着(但不限于)：

a) 不能对标准类添加属性。只能对扩展类添加属性；

b) 不能添加涉及到标准类的关联。只能对扩展类添加关联；

c) 不能对标准枚举类型添加根枚举值；

d) 不能以任何方式改变或删除标准元模型元素。

9.2.2 元模型扩展的架构

正如在第 5 章解释过的，SEMDM 是在三层架构内构造的，其中的层被称为“领域”以不强调它们的层次结构。在这个语境中，元模型的扩展位于元模型领域和 SEMDM 中。这与元模型扩展是自包含的实体并完全分离于“标准的”SEMDM 这一事实并不矛盾。

附 录 A
（资料性附录）
实 用 示 例

本附录展示了如何使用 SEMDM 来创建一个叫做“SimpleMethod”的示例方法。该方法由组成该方法的类对象和对象描述。类对象由其类的一面（相应超类型的分区类型的子类型）来描述，包括属性和关系，而对象由它的值的集合描述。为了简单易懂起见，只创建这个方法的主要组件。

A.1 SimpleMethod 的描述

SimpleMethod 旨在应用于软件开发项目。它将支持一个简单的时间周期，该时间周期基于两个不同的时段：设计和构造。设计时段本质上是线性的，而构造是增量的。该方法将生产出简单的工作产品，即用况模型、类模型和每个类的状态/转换模型。

A.2 构造过程组件

第一个被实例化的强类型模式是 TimeCycle/＊Kind，因为它代表了所构造的整个时间周期。因此，创建了如下类对象（见表 A.1）：

表 A.1 TimeCycle/＊Kind 的实例

名 称	语 义
SimpleMethodTimeCycle	SimpleMethod 方法的时间周期

必须创建附加的元素来描述方法的主要时段种类，即设计和构造。这些种类的时段将会在 SimpleMethodTimeCycle 中实施（见表 A.2）：

表 A.2 Phase/＊Kind 的实例

名 称	语境 StageWithDuration/＊Kind	语 义
DesignPhase	SimpleMethodTimeCycle	设计时段，在项目的开始时以线性的形式实施
ConstructionPhase	SimpleMethodTimeCycle	构造时段，在设计时段后以增量的形式实施

因为构造是增量的，所以必须创建一个合适的构建元素（见表 A.3）：

表 A.3 Build/＊Kind 的实例

名 称	语境 StageWithDuration/＊Kind	语 义
ConstructionBuild	ConstructionPhase	一个构造构建

到现在为止创建的元素给出了该方法的时间结构。然而，为了用要完成的作业“填充”这个结构，必须定义工作单元。首先，引入一些过程种类（见表 A.4）：

表 A.4 Process/＊Kind 的实例

名 称	语境 StageWithDuration/＊Kind	目 的	最小能力等级
Requiements-Engineering	DesignPhase	确定和形式化系统的需求	1
SystemModelling	DesignPhaseConstructionBuild	定义系统结构和行为	1
Coding	ConstructionBuild	编写和测试系统代码	1
QualityAssurance	SimpleMethodTimeCycle	确保生成的产品依从最低质量标准	2

注意过程种类是如何和前面定义的持续性阶段种类链接以便把内容给与时间周期。

一些成果对定义某些过程种类的执行结果是必要的(见表 A.5):

表 A.5 Outcome 的实例

相关的 WorkUnit/ * Kind	语 义	最小能力等级
Requirements-Engineering	标识系统的需求,正式地加以描述,并经用户确认	1
Coding	类的源代码实现所要求的完整的功能	1
Coding	类的源代码经全面地单元测试	2

现在,必须定义一些任务种类来实现过程种类(见表 A.6、表 A.7):

表 A.6 Task/ * Kind 的实例

名 称	语境 WorkUnit/ * Kind	目 的	最小能力等级
ElicitRequirements	RequirementsEngineering	从用户获取需求并确认这些需求	1
ModelUseCases	RequirementsEngineering	把需求规范化为用况	1
IdentifyClasses	SystemModelling	确定组成系统结构的类以及它们之间的关系	1
DefineClassFeatures	SystemModelling	定义类的属性和操作	1
DefineClassBehavior	SystemModelling	用状态和状态的改变来定义每个类的行为	1
WriteCode	Coding	编写代码	1
UnitTestCode	Coding	对一个完全编码的类实施单元测试	2

表 A.7 任务种类的定制属性

类	属性名	类型	语义
WriteCode	LanguageUsed	string	用来编写代码的编程语言

注意任务种类 WriteCode 除了从 Task 继承属性外,是如何拥有定制属性 LanguageUsed 的。

最后,必须定义技术种类来实现这些任务种类(见表 A.8、表 A.9):

表 A.8 Technique/ * Kind 的实例

名 称	被 Task/ * Kind 使用	目 的	最小能力等级
Interviewing	ElicitRequirements	从用户那里获得预定问题的回答	1
FocusGroups	ElicitRequirements	通过交互讨论深入地研究一个话题	1
TextualAnalysis	IdentifyClasses	标识出文本中描述的关键概念和行为	1
CRCCards	IdentifyClasses	通过使用 CRC 卡进行角色扮演来找到缺失的和冗余的类	1

表 A.9 TaskTechniqueMapping/ * Kind 的实例

映射 Task/ * Kind	映射 Technique/ * Kind	推荐用法
ElicitRequirements	Interviewing	Recommended
ElicitRequirements	FocusGroups	Optional
IdentifyClasses	TextualAnalysis	Mandatory
IdentifyClasses	CRCCards	Optional

A.3 构造生产者组件

通过合适的工作实施定义下列生产者种类并指派到合适的工作单元种类(见表 A.10、表 A.11):

表 A.10 Role/ * Kind 的实例

名　称	指派到 WorkUnit/ * Kind	责　任
DomainExpert	RequirementsEngineering	领域专家角色
Developer	RequirementsEngineering SystemModelling Coding	负责设计、编写代码,同时也做单元测试的软件开发者

表 A.11 Tool/ * Kind 的实例

名　称	指派给 WorkUnit/ * Kind	责　任
IDE	Coding	用于编写和调试代码的集成开发环境

A.4 构造产品组件

由于 SimpleMethod 要创建用况模型和类模型,因此必须引入合适的模型种类和语言(见表 A.12、表 A.13):

表 A.12 Model/ * Kind 的实例

名　称	语　义
UseCaseModel	用况模型,类似于 UML1.4 中描述的用况模型
ClassModel	类模型,类似于 UML1.4 中描述的类模型
StateModel	状态模型,类似于 UML1.4 中描述的状态图

表 A.13 Language 的实例

名　称	语言使用	语　义
UserInteractionLanguage	UseCaseModel	适于描述系统和用户之间高级别交互的语言
ClassModellingLanguage	ClassModel	适于在类和属性方面描述系统结构的语言
StateModellingLanguage	StateModel	适于描述给定类的状态和转换的语言
OCL	ClassModel StateModel	UML1.4 中描述的 OCL

这些语言必须由模型单元种类来充实,以便构建合适的模型。为简单起见,我们将采用 UML1.4 的主要模型单元种类(见表 A.14):

表 A.14 ModelUnit/ * Kind 的实例

名　称	语境语言	语　义
Actor	UserInteractionLanguage	用况执行者
UseCase	UserInteractionLanguage	用况
ActorUseCaseAssociation	UserInteractionLanguage	执行者和用况之间的关联
IncludeRelationship	UserInteractionLanguage	两个用况之间的"包括"关系
ExtendRelationship	UserInteractionLanguage	两个用况之间的"扩展"关系
Class	ClassModellingLanguage StateModellingLanguage OCL	类

表 A.14（续）

名　称	语境语言	语　义
Attribute	ClassModellingLanguage OCL	属性
Operation	ClassModellingLanguage StateModellingLanguage OCL	操作
Association	ClassModellingLanguage	类间的关联
State	StateModellingLanguage	类的状态
Transition	StateModellingLanguage	两个状态间的转换

注意语言是如何共享通用的模型单元种类，以使得用这些语言开发的模型互相连接。

现在应定义模型单元种类的属性以及它们之间的关联，但为简单起见我们将省略该步骤。目标是要构造模型单元种类的一个可使用的汇集，如UML1.4中定义的模型单元种类的子集。

必须使用模型单元用法种类来指定不同模型种类中的模型单元种类的用法（见表A.15）：

表 A.15　ModelUnitUsage/ * Kind 的实例

语境 Model/ * Kind	目标 ModelUnit/ * Kind	最小用法数	最大用法数
UseCaseModel	Actor	1	n
UseCaseModel	UseCase	1	n
UseCaseModel	ActorUseCaseAssociation	1	n
UseCaseModel	IncludeRelationship	0	n
UseCaseModel	ExtendRelationship	0	n
ClassModel	Class	1	n
ClassModel	Attribute	0	n
ClassModel	Operation	0	n
ClassModel	Association	0	n
StateModel	Class	1	1
StateModel	State	1	n
StateModel	Transition	0	n

最后，必须定义记法和其他工作产品种类（见表A.16、表A.17、表A.18）：

表 A.16　Notation 的实例

名　称	目标 Language	语　义
UML14	UserInteractionLanguage ClassModellingLanguage StateModellingLanguage OCL	UML1.4记法，用于图形化地描述概念
FreeText	UserInteractionLanguage ClassModellingLanguage StateModellingLanguage	自由文本，用于补充图形和注释源码

表 A.17 Document/＊Kind 实例

名　称	描述 WorkProduct/＊Kind	描　述
UseCaseDiagram	UseCaseModel	用况图，展示部分或完整的用况模型
ClassDiagram	ClassModel	类图，展示部分或完整的类模型
StateDiagram	StateModel	状态图，展示一个完整的状态模型
SystemSpecification	无	系统描述文档，包括合适的用况图、类图和状态图
UserManual	FinalSystem	用户手册

表 A.18 SoftwareItem/＊Kind 实例

名　称	描　述
FinalSystem	状态图，展示完整的状态模型

注意 SystemSpecification 文档种类是如何定义为其他文档种类的一个组合。

A.5 过程组件和产品组件的连接

方法的过程和产品两方面之间的连接是通过定义动作种类达到的(见表 A.19)：

表 A.19 Action/＊Kind 的实例

名　称	由 Task/＊Kind 实施	作用于 WorkProduct/＊Kind	类　型
ActionKind1	ElicitRequirements	UseCaseModel	Create
ActionKind2	ModelUseCases	UseCaseModel	Modify
ActionKind3	ModelUseCases	UseCaseDiagram	Create
ActionKind4	ModelUseCases	SystemSpecification	Create
ActionKind5	IdentifyClasses	UseCaseModel	ReadOnly
ActionKind6	IdentifyClasses	ClassModel	Create
ActionKind7	IdentifyClasses	ClassDiagram	Create
ActionKind8	IdentifyClasses	SystemSpecification	Modify
ActionKind9	DefineClassFeatures	ClassModel	Modify
ActionKind10	DefineClassFeatures	ClassDiagram	Modify
ActionKind11	DefineClassFeatures	SystemSpecification	Modify
ActionKind12	DefineClassBehaviour	ClassModel	Modify
ActionKind13	DefineClassBehaviour	ClassDiagram	Modify
ActionKind14	DefineClassBehaviour	StateModel	Modify
ActionKind15	DefineClassBehaviour	StateDiagram	Modify
ActionKind16	DefineClassBehaviour	SystemSpecification	Modify
ActionKind17	WriteCode	SystemSpecification	ReadOnly
ActionKind18	WriteCode	FinalSystem	Create
ActionKind19	UnitTestCode	SystemSpecification	ReadOnly
ActionKind20	UnitTestCode	FinalSystem	Modify

最后,定义一个前置条件来约束最重要的动作(见表 A.20):

表 A.20 PreCondition 实例

目标 Action/ * Kind	表 达 式	语 义
ActionKind18	SystemSpecification. Status= Accepted	在编写源代码之前,系统规约文档必须被接受

附 录 B
(资料性附录)
到其他元建模途径的映射

SEMDM 元模型旨在作为一种形式基础,为定义和扩展任何 IBD 开发方法及其相关元模型服务。因此,它只包括一些较高级别的概念,这些概念在广泛的应用领域中真正通用,并且比与特定方法关联的元模型有更高的抽象级别。

存在一些处理开发方法的多个方面的元模型,例如 OMG 的 SPEM 1.1[7]、ISO/IEC 19501(UML 1.4.2)[15]、OOSPICE 元模型、开放过程框架(OPF)元模型[2]和 LiveNet 元模型[4]。这些模型在某些相重叠的区域竞争,并且在某些方面相互补充。它们都有可供调节的力量和可被克服的弱点。

本附录说明了其他元建模和方法学途径中的概念如何映射到 SEMDM 中的较高级别的概念。对于每一所述途径,都会给出一张表格,将该特指途径中的概念映射到 SEMDM 中的概念。

B.1 OMG SPEM 1.1

因为 SPEM1.1 只处理方法的过程方面,没有合适的产品概念。另外,因为 SPEM 只是建模方法领域,它的大多数概念都映射到 SEMDM 的"种类"类。正在进行的 SPEM2 项目期望在这方面跟 SPEM1.1 类似,但由于 SPEM2 目前还在开发中因此不能作出保证。SPEM1.1 的详细内容参见参考文献[7]。

SPEM1.1	SEMDM	说 明
Activity	ProcessKind	SEMDM 的 ProcessKind 与 SPEM 的 Activity 相似
ActivityParameter	ActionKind	尽管有此名称,但 SPEM 中 ActivityParameter 被定义为 WorkDefinition 的一个参数而不是 Activity。SEMDM 的 ActionKind 虽然带有相关的含义,但它通过任务对工作产品的用法建模,作为一个第一级类,而不是定义为其他实体的"参数"的实体
Discipline	ProcessKind	SPEM 的 Discipline 中工作的主题划分能通过 SEMDM 的 ProcessKind 的层次结构来实现
External-Description	Element	SEMDM 的 Element.DisplayText 给出每个元素实例的名称或描述。在 SEMDM 中没有单独的类来描述元素
Goal	PostCondition	同 SPEM 的 Precondition 的注释
Guidance	Guideline	SEMDM 的 Guideline 的概念比 SPEM 的 Guidance 更特定。模板和技术在 SPEM 中作为 Guidance 的子类型,但在 SEMDM 中本身就是类
Iteration	BuildKind	虽然其名称看起来隐含了某种迭代性,但是 SPEM 并非如此定义 Iteration。SEMDM 的 BuildKind 可能是最相近的概念
LifeCycle	TimeCycleKind	相似的语义
Package	Conglomerate	在方法组件化语境中具有相似的语义(见本表中的 ProcessComponent)
Phase	PhaseKind	相似的语义

表（续）

SPEM1.1	SEMDM	说　明
Precondition	PreCondition	SPEM 把 Precondition 和 WorkDefinition 相关联，这使得前置条件位于很高级别，并因此导致其定义必定是抽象的。SEMDM 选择将 PreCondition 与 ActionKind 相关联，这样就能用更高的精确度来定义前置条件
Process	TimeCycleKind	SEMDM 中的过程是通过 TimeCycleKind 的一个实例及其关联的 StageKind、间接关联的 ProcessKind 和其他 WorkUnitKind 的集合来定义的
ProcessComponent	Conglomerate	相似的语义
ProcessPerformer	ProducerKind	相似的语义
ProcessRole	RoleKind	相似的语义
Step	TaskKind	SPEM 的 Step 是原子的，所以它是 SEMDM 的 TaskKind（至少从项目管理的观点看是的）
WorkDefinition	StageKind，WorkUnitKind	SPEM 混合了要做的工作的定义（由 SEMDM 的 WorkUnitKind 建模）和该工作的时间上的组织（SEMDM 的 StageKind）
WorkProduct	WorkProductKind	SPEM 中 WorkProduct 的定义是矛盾的[1)]，但是它看起来好像指一类在实践域中的工作产品的定义
WorkProductKind	WorkProductKind	同样的，SPEM 中 WorkProduct 的定义是矛盾的（见脚注 1）。如果脚注 1 所示的解释是正确的，那么 SPEM 的 WorkProductKind 是多余的，因为它与 SPEM 的 WorkProduct 是指同一个概念，但在不同的抽象级别

B.2　OOSPICE

由于 OOSPICE 只处理方法的过程方面，因此其中找不到合适的产品概念。同样的，与 SPEM 类似，OOSPICE 只对方法域建模，所以其大部分概念映射到 SEMDM 中的"种类"类。OOSPICE 的其他细节参见[1]。

OOSPICE	SEMDM	说　明
Domain	Conglomerate	OOSPICE 使用 Domain 类将过程组件分组为领域；使用 SEMDM 中的 Conglomerate 能达到相似的结果
Process	ProcessKind	相似的语义
Task	TaskKind	相似的语义
Technique	TechniqueKind	相似的语义
ProcessTaskMapping	WorkUnitKind，TaskKind	SEMDM 的 WorkUnitKind 和 TaskKind 之间多对多的整体-部分关系对任务和过程间的映射进行建模，这些映射在 OOSPICE 中由 ProcessTaskMapping 建模

1)　SPEM 说"一个工作产品或者制品是指由一个过程生产、消费、修改的任何东西。它可能是一段信息、一个文档、一个模型、源代码等等。"（[7]，7-2 页）。从这个定义可知，WorkProduct 属于实践层，从而很好地映射到 SEMDM 的 WorkProduct。然而，SPEM 继续说"一个 WorkProduct 描述在一个过程里生产的一个工作产品类。"（[7]，7-2 页）。这句跟前面的句子相矛盾，看起来意思是一个 WorkProduct 是方法层实体，映射到 SEMDM 的 WorkProductKind。SPEM 中的进一步描述看起来是指第二个意思。

表（续）

OOSPICE	SEMDM	说　明
TaskTechnique-Mapping	TaskTechnique-MappingKind	相似的语义
Outcome	Outcome	相似的语义
Action	ActionKind	相似的语义
Precondition	PreCondition	相似的语义
Postcondition	PostCondition	相似的语义
WorkProduct	WorkProductKind	相似的语义
Source	Source	相似的语义
Reference	Reference	相似的语义

B.3　OPEN

因为 OPEN 只处理方法的过程方面，它里面没有合适的产品概念。同样的，与 SPEM、OOSPICE 类似，OPEN 只对方法领域建模，所以它的大部分概念映射到 SEMDM 中的“种类”类。OPEN 的其他细节参见[2]。

OPEN	SEMDM	说　明
Activity	ProcessKind	相似的语义
Build	BuildKind	相似的语义
Cycle	TimeCycleKind	相似的语义
DirectProducer	RoleKind， TookKind， Person	相似的语义
IndirectProducer	TeamKind	相似的语义
Language	Language	相似的语义
Milestone	MilestoneKind	相似的语义
Phase	PhaseKind	相似的语义
Producer	ProducerKind	相似的语义
Stage	StageKind	相似的语义
Task	TaskKind	相似的语义
Technique	TechniqueKind	相似的语义
WorkPerformance	WorkPerformance	相似的语义
WorkProduct	WorkProductKind	相似的语义
WorkUnit	WorkUnitKind	相似的语义

B.4　LiveNet

由于 LiveNet 处理协作系统，不是一个方法元模型，因此只能映射少量概念。LiveNet 的其他细节参见[4]。

LiveNet	SEMDM	说　明
Action	TaskKind	相似的语义
Activity	ProcessKind	相似的语义
Artifact	WorkProductKind	相似的语义
EventRule	无	SEMDM 观点不是面向事件的,而是面向契约的;这看起来更适于定义方法
EventType	无	尽管 SEMDM 不像 LiveNet 定义的那样对事件进行建模,SEMDM 的 PreCondition 和 PostCondition 在一定程度上有着跟 LiveNet 里的 InitiationEvent 和 CompletionEvent 相关的语义。另外,SEMDM 的 InstantaneousStage/ * Kind 可以用于与 CompletionEvent 相似的目的
Group	TeamKind	相似的语义
Participant	Person	相似的语义
Role	RoleKind	相似的语义
View	DocumentKind	SEMDM 的 DocumentKind 可以定义为由其他 DocumentKind 组成,而 LiveNet 的 View 被定义为 Artifacts 的集合。语义是相似的
Workflow	无	虽然 SEMDM 不包含表示事件序列的类,但在一个 TimeCycleKind 内对 SEMDM StageKind 的特定安排可以传达相似的语义
WorkItem	WorkUnitKind	相似的语义
Workspace	无	这个概念与工具的用户界面相关,这超出了 SEMDM 的范围

B.5 ISO/IEC 12207 和 ISO/IEC 15288

因为 ISO/IEC 12207 和 ISO/IEC 15288 只处理方法的过程方面,它里面没有合适的产品概念。另外,它们不包括一个显式的元模型,只有一些主要概念使用的定义。ISO/IEC 12207 的其他细节参见[16],[17]。ISO/IEC 15288 的其他细节参见[18]。因为 SEMDM 本身不采取这两个标准里面的任何定义,所以仅可能有一些大致的映射。

ISO/IEC 12207 和 ISO/IEC 15288	SEMDM	说　明
Process	ProcessKind	相似的语义
Outcome	Outcome	相似的语义
Activity	ProcessKind, TaskKind	ISO/IEC 12207 和 15288 使用固定深度的过程/活动/任务分类法,而 SEMDM 则选择开放式的过程/过程/…/任务/任务/…的层次结构
Task	TaskKind	相似的语义;SEMDM 的 TaskKind 可以被用作表示一个简单任务(类似于 ISO/IEC 12207 和 15288 的 Task),或者表示一个分解成子任务的任务,这样就能保持跟上述 ISO/IEC 标准完全兼容,并且潜在地扩展了它们的能力
Note	Guideline	相似的语义

B.6　ISO/IEC 15504(SPICE)

因为ISO/IEC 15504只处理过程评估问题，它里面有非常少的过程概念，没有合适的产品概念。另外，它不包括一个明确的元模型，只有一些用到的主要概念的定义。ISO/IEC 15504的其他细节见[14]。

ISO/IEC 15504	SEMDM	说　明
Process	ProcessKind	相似的语义
Outcome	Outcome	相似的语义
Task	TaskKind	相似的语义

B.7　ISO/IEC 19501(UML 1.4.2)

因为ISO/IEC 19501(UML 1.4.2)只处理方法的建模方面，所以它里面没有合适的过程概念。因为它只建模方法域，它的大多数概念映射到SEMDM中的“种类”类。ISO/IEC 19501的其他细节参见[15]。

ISO/IEC 19501	SEMDM	说　明
ModelElement	ModelUnitKind	相似的语义
Model	ModelKind	通常是相似的语义。然而，ISO/IEC 19501倾向于把“模型”和“图表”的概念混合在一起，以至于ISO/IEC 19501的Model有时映射到SEMDM中更一般的WorkProductKind
Package	Conglomerate	在方法组件化的语境中有相似的语义
Comment	Guideline	相似的语义

参 考 文 献

[1] COTAR,2003. Object-oriented/Component-based development Software Process Improvement and Capability dEtermination (OOSPICE) Metamodel. Deliverable D5. 3_Metamodel. COTAR: Sydney.

[2] Firesmith,Donald G. and Henderson-Sellers,Brian. The OPEN Process Framework. OPEN. The OPEN Series. London:Addison-Wesley,2002.

[3] Gonzalez-Perez,Cesar and Henderson-Sellers,Brian. "Templates and Resources in Software Development Methodologies". Journal of Object Technology,2005. 4(4):173-190.

[4] Hawryszkiewycz,Igor. Designing Collaborative Business Systems. In IFIP 17th World Computer Congress,TC Stream on Information Systems: The e-Business Challenge. August 2002. Kluwer Academic Publishers,2002. 131-146.

[5] Henderson-Sellers,Brian and Gonzalez-Perez,Cesar. "A Comparison of Four Process Metamodels and the Creation of a New Generic Standard". Information and Software Technology,2005. 47 (1):49-65.

[6] —. The Rationale of Powertype-Based Metamodelling. In Second Asia-Pacific Conference on Conceptual Modelling. 30 January-4 February 2005. Australian Computer Science Communications vol. 7,number 6. Australian Computer Society,2005. 7-16.

[7] OMG. Software Process Engineering Metamodel Specificatio,version 1. 1. formal/05-01-06. Object Management Group,2005.

[8] Barbier,Franck;Henderson-Sellers,Brian;Le Parc-Lacayrelle,Annig;and Bruel,Jean-Michel. "Formalization of the Whole-Part Relationship in the Unified Modeling Language". IEEE Transactions on Software Engineering,2003. 29(5):459-470.

[9] Brinkkemper, Sjaak. "Method Engineering: Engineering of Information Systems Development Methods and Tools". Information and Software Technology ,1996. 38(4):275-280.

[10] Ralyté,Jolita and Rolland,Colette. An Assembly Process Model for Method Engineering. In 13th Conference on Advanced Information Systems Engineering (CAiSE). 6-8 June 2001. LNCS 2068. Springer-Verlag,2001:Berlin(Germany). 267-283.

[11] Henderson-Sellers,Brian. "Method Engineering for OO System Development". Communications of the ACM,2003. 46(10):73-78.

[12] Odell,James. "Power Types". Journal of Object-Oriented Programming,1994. 7(2):8-12.

[13] Atkinson,Colin and Kühne,Thomas. Meta-Level Independent Modelling. In International Workshop on Model Engineering at 14th European Conference on Object-Oriented Programming. 12-16 June,2000. 2000.

[14] ISO/IEC. Software Process Assessment - Part 1: Concepts and Vocabulary. ISO/IEC 15504-1:2004. International Organization for Standardization/International Electrotechnical Commission,2004. (《软件过程评估　第1部分:概念和词汇》).

[15] —. Unified Modeling Language (UML) version 1. 4. 2. ISO/IEC 19501:2005. International Organization for Standardization/International Electrotechnical Commission,2005. (《统一建模语言》).

[16] —. Software Life Cycle Processes. ISO/IEC 12207:1995. International Organization for Standardization/International Electrotechnical Commission, 1995. (《软件生存周期过程》. GB/T 8566—2007.).

[17] —. Software Life Cycle Processes, Amendment 2. ISO/IEC 12207:1995/Amd 2:2004. International Organization for Standardization/International Electrotechnical Commission, 2002. (《软件生存周期过程(第 2 修正案)》).

[18] —. System Life Cycle Processes. ISO/IEC 15288: 2002. International Organization for Standardization/International Electrotechnical Commission, 2002. (《系统生存周期过程》. GB/T 22032—2008.).

ICS 35.080
L 77

中华人民共和国国家标准

GB/T 26240—2010/ISO/IEC 26702:2007

系统工程　系统工程过程的应用和管理

**Systems engineering—
Application and management of the systems engineering process**

(ISO/IEC 26702:2007,IDT)

2011-01-14 发布　　　　2011-05-01 实施

中华人民共和国国家质量监督检验检疫总局
中国国家标准化管理委员会　发布

前 言

本标准使用翻译法等同采用ISO/IEC 26702:2007《系统工程 系统工程过程的应用和管理》(英文版),根据GB/T 1.1—2000的规定作了如下编辑性修改:

——由于GB/T 11457—2006《软件工程术语》的内容涵盖并多于IEEE Std 610.12—1990的内容,因此第2章规范化引用文件中将IEEE Std 610.12—1990替换为GB/T 11457—2006;

——ISO/IEC 26702:2007附录中多处以"IEEE Std 1220"(ISO/IEC 26702:2007采用自IEEE Std 1220)指代本标准,这些都被替换为"本标准";

——ISO/IEC 26702:2007的脚注2针对规范化引用中的IEEE标准说明IEEE标准的下载网址,在本标准中被删除,后续脚注3和4分别递进为脚注2和3;

——ISO/IEC 26702:2007的脚注5和6介绍ISO及ISO/IEC出版物的获取途径,在本标准中被删除;

——图13中相关的制品"需求基线"缺少表示方向的文字"From:",本标准中进行了补充;

——图14中"功能验证、设计验证、控制"活动按照箭头以及相关文字解释应该是"From:",本标准中进行了纠正。

本标准的附录A、附录B和附录C是资料性附录。

本标准由全国信息技术标准化技术委员会(SAC/TC 28)提出并归口。

本标准起草单位:上海超算并行软件有限责任公司、复旦大学、中国电子技术标准化研究所。

本标准主要起草人:袁俊、彭鑫、赵文耘、王宝艾、冯惠、何志峰、吴毅坚、钱乐秋、王秀娟。

系统工程　系统工程过程的应用和管理

1　综述

1.1　范围

本标准规定了一个系统整个生存周期中所涉及的各种多学科交叉任务，这些任务将利益相关方的要求、需求和约束转换为一个系统解决方案。本标准的目的是为商业、政府、军事和空间应用等系统的开发提供指导。相关信息适用于企业的内部项目，这类项目负责开发一套产品设计并且建立维持产品生存周期所需的生存周期基础设施。

本标准阐明了系统工程过程(SEP：Systems Engineering Process)及其在整个产品生存周期中应用的需求。本标准并未试图定义每个系统生存周期过程的实现，但涉及了与在产品开发早期以及整个过程中定义并建立支持性的生存周期过程相关的问题。此外，本标准没有涉及成功的产品开发宜加以考虑的那些大量的文化或质量要素。本标准关注于指导产品开发所必需的那些工程活动，同时保证产品被正确设计以使其能够在可承担的范围内被生产、拥有、操作、维护以及最终被处置，并不对健康和环境造成不适当的风险。

本标准的要求既适用于新产品又适用于已有产品的增量式改进，既可用于单一产品，例如卫星，又可用于面向消费者市场大量生产的产品。本标准的要求宜在每个特定的系统开发项目中有选择地加以应用。附录A对系统工程在企业环境中的角色进行了描述。

本标准的内容描述了一种集成的产品开发方法，该方法代表了下列技术工作的总和：

a)　理解产品使用可能所处的以及产品设计应该适应的环境和相关条件；

b)　按照功能和性能需求、质量要素、易用性、可生产性、可支持性、安全性以及环境影响定义产品需求；

c)　为提供产品生存周期支持所必需的生产、测试、分发、支持、培训以及处置定义生存周期过程。

1.2　目的

本标准的目的是为系统从最初的概念到开发、运行和处置的整个管理过程提供标准。如今，大量产品中都包含计算机以及相关软件，这使得将每个产品作为一个整体系统进行工程化管理的需要更加迫切。人、物理和软件部件都应该致力于整个系统性能的优化。

本标准可以与GB/T 22032—2008[3][1)]一起使用。与GB/T 22032—2008相比，本标准规定了更多的系统工程过程和管理要求的详细描述，完善或补充了GB/T 22032—2008中描述的过程活动。而GB/T 22032—2008则提供了额外的过程定义和指导，支持贯穿一个系统生存周期的系统工程过程的生存周期模型的定义和应用。

1.3　如何使用本标准

1.3.1　符合性

本标准中的规范性条款，即使用“应……”陈述的条款，是宣称符合本标准的必要条件。而那些使用“宜……”陈述的条款则属于推荐性的。希望宣称符合本标准的企业应通过实现所有的规范性条款定义和相应的规程来表明其与本标准的符合性。

1.3.2　推荐和剪裁

企业还宜将推荐选择及可选条款纳入他们的规程中，宜保证企业中的每个项目都遵照这些规程执行。

---

1)　方括号中的数字对应于参考文献中的文献序号。

第4章给出了在企业内或某个项目中实现系统工程的一些规范性条款和推荐。第4章中的规范条款包括企业方针和规程的制定和维护。描述贯穿整个项目生存周期的系统工程过程(SEP)应用的企业方针和规程,为企业SEP在特定项目中的应用提供了基础。因此,企业应该建立并维护这样的方针和规程。

第6章迭代地定义了SEP,从而定义系统产品和生存周期过程。因此,定义每一个子过程(如需求分析、功能分析等)的初始条款都包括一个"应……"的陈述,从而保证企业的SEP包括每个子过程以及子过程执行所需的任务。余下的子条款,如果是在一个子过程的定义中阐述的,则被推荐用来提供必要的灵活性,使得企业可以根据自己的目标以及典型的系统工程工作对这些子过程以及SEP中的任务定义进行调整。第6章描述了所推荐的企业SEP的项目剪裁方法,该方法将如第5章所描述的那样应用于任意一个特定的SEP项目迭代。

第5章开始的条款包括一个"应……"的陈述,从而保证项目在整个系统生存周期中都致力于SEP的应用。第5章余下条款描述了项目在一个典型的系统生存周期的每个阶段中应用SEP时通常都会执行的一些推荐和可选的活动。第5章中这些推荐和可选的活动宜由项目在为系统生存周期中任意一次SEP的特定迭代进行企业SEP剪裁时加以考虑。该方法为项目提供了应对不同系统开发层次所需的灵活性,还为项目在各个系统生存周期阶段应用SEP提供了适当的严格性。

1.3.3 系统范型

SEP的描述及其在整个生存周期中的应用要求用一种系统范型来辅助相关材料的陈述。用来支持该范型的术语在第3章中定义。随着企业和项目对该范型的熟悉,他们可以用更加熟悉的、适用于他们的产业或业务实践的术语来代替。该系统范型是本标准的基础,接下来的各子条款将对其进行描述以支持对该术语系统的不同使用。

从大的范围看,存在生物学系统、生态学系统、气候系统、太阳系等。因此,一个系统可以看作另一个更大的系统中的一个元素,而面临的挑战是理解系统的边界,这也是开发工作的关注点,以及该系统与其他系统之间的关系和接口。本标准的关注点是面向产品的系统,例如汽车、飞机或信息系统。

1.3.3.1 系统元素的层次

一个系统一般由相关的元素(子系统和部件)以及它们之间的接口组成。此外,元素还包括该元素的产品开发、生产、测试、分发、运行、支持或处置,或者培训其他人以适应在系统中的角色所需要的人。图1给出了组成一个系统的各种元素名的层次。这个通用的系统层次是本标准中的一个关键概念,因为它将系统体系结构、规约和制图树、系统分解结构(SBS)、技术评审以及配置基线联系到了一起。该系统层次中的许多元素自身根据典型定义也可以被认为是一个"系统",但实际上代表的是系统层次中的子系统。同样,生存周期过程表示的也是整个系统层次中的子系统。

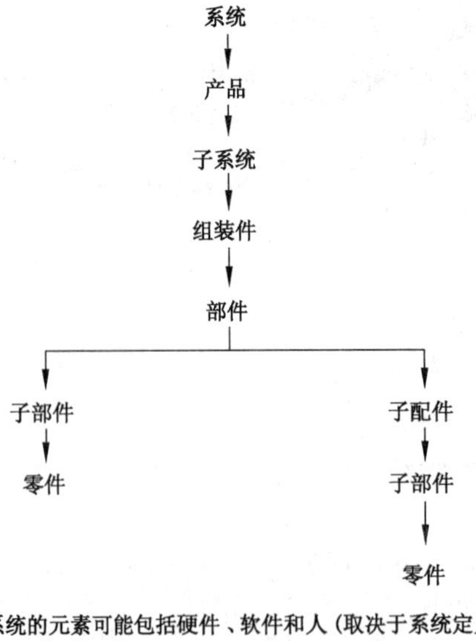

图1 系统中的元素层次

复杂部件表示由硬件、软件和/或人组成的系统元素，它们可以按照生存周期过程(如何设计、测试、生产、支持等都是已知的)进行识别，而特定领域的工程团队承担着复杂部件的开发职责。这是一种主观判断——复杂部件可能要求 SEP 的严格性或者可以很好地适应于部件开发团队。

人元素对于系统层次是必需的，可以出现在任何一级上。人元素在系统层次中没有标识出来，因为这个层次结构的目的是标识系统定义所需的系统元素，而人/系统集成问题宜根据人在系统的运行、生产、支持等过程中的角色来确定。

提供一个系统中的元素层次是为了说明系统可以由其他系统(子系统)组成，它们表示不存在现有设计方案或供方的复杂元素。子系统或复杂部件的层次数量取决于所开发的系统的复杂性。SEP 应用于系统层次中的每一级上，系统元素对其而言是一个无法识别出可用设计方案或现有生产商的复杂项。一个系统元素一旦被标识为一种硬件、软件或人元素，相应学科特定的设计方法学将被用来设计该系统元素。

1.3.3.2 构造块结构

一个系统的基本构造块如图 2 所示——系统、它的相关产品、支持这些产品所需的生存周期过程，以及构成产品的子系统。每个生存周期过程——开发、生产、测试、分发、运行、支持、培训，或处置——自身也像是一个系统，因为同样需要开发产品来满足各个生存周期过程的目标。例如要生产一个产品，生产是一个生存周期过程。与生产生存周期过程相关的产品包括特殊的装备、工具、设施，以及生产过程和规程。构成生存周期过程的产品也可能需要生存周期的支持，因为它们也需要开发、测试、生产、分发、运行、支持、培训，以及处置。

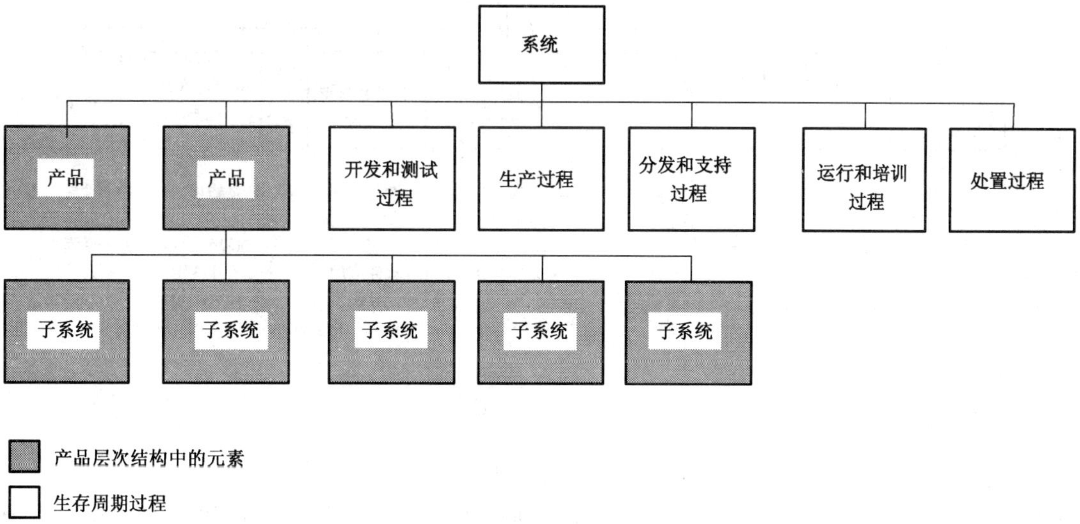

图 2 系统的基本构造块

1.3.3.3 产品及生存周期过程定义

图 3 描述了生存周期过程，包括 8 个基本功能过程，它们对于实现消费者总体满意度以及达到公众接受可能是必需的。一旦识别出一个生存周期过程的要求，这个生存周期过程就作为一个系统对待，而 SEP 将用来定义、设计和建立该生存周期过程以及支持产品和过程，使得该生存周期过程可以维持运行状态。8 个基本功能过程如下：

a) 开发　策划并执行将系统从利益相关方的要求转化为产品解决方案以及它们的生存周期过程所需的系统和子系统定义任务；

b) 生产　用于制作和装配工程化的测试模型、实验板、原型，以及产品解决方案及其生存周期过程产品的生产，所需的活动、任务和动作；

c) 测试：
   1) 为评价进行计划，或者基于功能体系结构或需求基线对合成产品，或基于需求基线对功能性体系结构进行评价所涉及的活动、任务和动作；
   2) 为评价产品解决方案及其生存周期过程以测量规约符合性或利益相关方满意度而进行的活动、任务和动作；

d) 分发　为了实现向用户、操作者或消费者的适当转移而进行的最初的产品运输、交付、装配、安装、测试以及产品出库而进行的活动、任务和动作；

e) 运行　与产品或一个生存周期过程的使用相关联的活动、任务和动作；

f) 支持　为维持运行而提供供应、维护、支持原料以及设施管理的活动、任务和动作；

g) 培训　获得并维持在整个系统生存周期中高效地实现系统的操作、支持以及处置而需要的知识、技能和能力所需的一系列可测量的活动、任务和动作(包括指令和所用的练习)。培训包括那些开发并被用来为所有需要的任务提供培训的工具、装置、技术、规程和材料；

h) 处置　为了保证毁坏的或无法修复的消费者、生存周期过程及其副产品的处置或循环使用符合所适用的环境规章和指示而进行的活动、任务和动作。

一个典型的系统由企业或供方/分包商开发的产品组成。每个供方/分包商都将其产品视为它的系统的一部分。购买这些产品以集成到更高一级系统的组织宜根据这些元素对于系统性能、功能和成本的影响程度，考虑将这些产品作为子部件、部件、复杂部件或子系统。

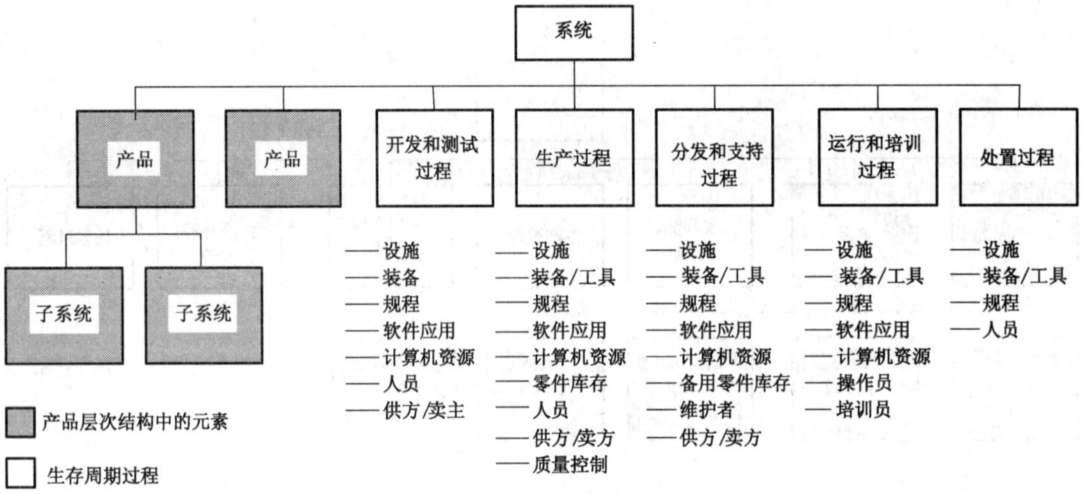

图 3　生存周期过程定义

为了理解人/系统集成的问题并且保证系统产品是可生产、可维护、可用的以及有效建立系统过程从而保证生产的质量等级并降低总体拥有成本，产品以及生存周期过程的设计宜按照操作人员、维护人员、生产人员、培训人员等将相关人员考虑为系统的一个元素。图 3 描述了与系统产品和过程相关的人员要素。运行过程包括产品的运行并且辅助标识操作规程以及人的认知和考虑，以保证系统的易用性。

系统元素的定义通过 SEP 的活动产生。第 6 章给出了该过程的详细描述。系统的每个开发层次中都将使用 SEP 以构成系统工程活动的结构，这些活动标识技术需求以及期望的系统行为并合成系统设计。

1.4　本标准的结构

本标准的结构如下：

——第 1 章给出本标准的范围、目的以及组织；

——第 2 章给出适用于本标准的规范性引用；

——第 3 章定义本标准所使用的术语以及缩略语；

——第 4 章介绍在一个企业中规划并实现有效的系统工程能力的要求；

——第5章给出在系统定义、子系统定义、生产和支持过程中应用SEP的一个描述；
——第6章给出开发产品解决方案及其支持生存周期过程所需要进行剪裁和执行的SEP详细任务；
——附录A讨论SEP作为负责在企业中建立产品设计和生存周期支持产品的总体技术工作；
——附录B给出一个帮助企业制定系统工程管理计划的模板；
——附录C讨论了本标准和GB/T 22032—2008［3］之间的一些关键区别；
——最后是参考文献。

2 规范性引用文件

下列文件中的条款通过本标准的引用而成为本标准的条款。凡是注日期的引用文件，其随后所有的修改单(不包括勘误的内容)或修订版均不适用于本标准，然而，鼓励根据本标准达成协议的各方研究是否可使用这些文件的最新版本。凡是不注日期的引用文件，其最新版本适用于本标准。

GB/T 11457—2006 信息技术 软件工程术语

3 术语和定义、缩略语

3.1 术语和定义

GB/T 11457—2006中界定的以及下列术语和定义适用于本标准。

3.1.1

需方 acquirer

从供方那里获得或获取产品或服务的利益相关方。

注1：针对需方的其他常用术语包括买主、顾客和买方。需方可能同时也是拥有者、用户或运行的组织。

注2：顾客的含义比需方、操作者或用户更为宽泛，包括了这些角色以及其他角色。

注3：根据GB/T 22032—2008［3］改写而成。

3.1.2

协定 agreement

对于相应条款和条件的相互认可，在此基础上建立起某种工作关系。

注：参见GB/T 22032—2008［3］。

3.1.3

分配 allocation

为硬件、软件或人指派一个功能或决定的决策。

注：分配可以只针对这二种系统元素类型中的一种或者某种结合做出，这种结合将在进一步的功能分解中解决。

3.1.4

基线 baseline

已经过正式评审和同意的一个规范或产品，它将作为进一步开发的基础，并只能通过正式的变更控制规程进行更改。

注：参见GB/T 22032—2008［3］。

3.1.5

约束 constraint

限制SEP的设计方案或实现并且是企业无法改变的一种限制或隐含的要求。

注：约束通常是不可分配的。

3.1.6

顾客 customer

接收产品的组织或人，例如消费者、客户、最终用户、零售商、受益人和购买方。

注1：顾客可以是组织内部或外部的。

注2：参见GB/T 19000—2000 [1]。

注3：顾客的含义比需方、操作者或用户更为宽泛，包括了这些角色以及其他角色。

3.1.7

设计体系结构　design architecture

一种设计元素的安排，为一个产品或生存周期过程提供设计方案从而满足功能体系结构和需求基线。

3.1.8

设计特性　design characteristic

属于一个产品或过程的某种可测量描述的设计属性或显著特征。

3.1.9

按成本设计　design to cost

使用成本目标使设计与成本目标相一致，包括产品的生产成本（按单位生产成本设计）和生存周期成本（按生存周期成本设计）。

注：成本目标宜与任何其他性能参数同等对待。

3.1.10

有效性分析　effectiveness analysis

针对一个设计方案能在多大程度上执行或操作期望运行场景的分析。

3.1.11

有效性评估　effectiveness assessment

根据生产、测试、分发、运行、支持、培训、环境影响、成本有效性和生存周期成本对设计方案的评价。

3.1.12

最终项　end item

识别为系统分解结构元素的一种实体（硬件装备、软件装备、数据、设施、材料、服务和/或技术）。

3.1.13

企业　enterprise

执行指定任务的组织。

注：当一个不相符的企业中的项目直接应用本标准时，所提到的"企业"都宜理解为该项目。

3.1.14

设施　facility

用于促进行动的执行的物理手段或装备，如建筑物、器械、工具。

注：参见GB/T 22032—2008 [3]。

3.1.15

功能体系结构　functional architecture

功能及其子功能和接口（内部及外部）的编排，其中定义了执行序列、控制流和数据流条件以及性能需求，以满足需求基线。

3.1.16

功能需求　functional requirement

标识一个产品或过程为了产生所需要的行为和/或结果所必须实现的一种陈述。

3.1.17

人因系统工程　human systems engineering

整个系统生存周期中所包含的与系统设计中人的因素（包括易用性、有效性测度、性能测度以及总体拥有成本）相关的活动，包括人力、人员、培训、人因工程、健康危害和安全问题的定义和综合。

3.1.18

集成资源库　integrated repository

一种用于存储所有与 SEP 有关信息的资源库，包括所有的数据、模式、模型、工具、技术管理决策、过程分析信息、需求变更、过程和产品度量以及权衡等。

3.1.19

接口规约　interface specification

对于两个或更多系统元素之间公共边界上基本功能、性能和设计需求及约束的描述。

注：包括人与硬件或软件之间的界面，以及人与人之间的接口。

3.1.20

生存周期　life cycle

由利益相关方意识到的某个要求开始，直到产品处置的整个系统或产品的演化。

3.1.21

生存周期成本　life cycle cost

在产品开发、生产、测试、分发、运行、支持、培训和处置中的总投资。

3.1.22

生存周期模型　life cycle model

与生存周期相关的过程和活动框架，同时也作为交流和理解的共同参考。

注：参见 GB/T 22032—2008 [3]。

3.1.23

MOE 有效性测度　measure of effectiveness

可以被需方用来测量对于技术工作所生产出的产品的满意度的一组度量指标。

3.1.24

MOP 性能测度　measure of performance

提供满足某种有效性测度所必需的设计要求的一种工程性能测度。

注：对于每种有效性测度一般都存在多个性能测度。

3.1.25

操作者　operator

对于系统功能有贡献以及利用知识、技能和规程来发挥作用的个人或组织。

注 1：操作者的角色和用户的角色可以同时或先后赋予同一个人或组织。

注 2：与知识、技能和规程相结合的单个操作者可以视为系统的一个元素。

注 3：顾客的含义比需方、操作者或用户更为宽泛，包括了这些角色以及其他角色。

注 4：根据 GB/T 22032—2008 [3]改写而成。

3.1.26

性能需求　performance requirement

标识一个功能的某种质量属性或者功能性需求必须实现的程度的可测量准则。

3.1.27

需求　requirement

标识一个产品或过程的运行、功能或设计特性或约束的一种陈述，该陈述必须是明确的、可测试的或可测量的，而且对于产品或过程可接受性（根据消费者要求或内部质量保障方针）是必要的。

3.1.28

规约　specification

一种按照需求（功能性、性能、约束和设计特性）以及每个需求的限定条件和规程充分描述一个设计元素或其接口的文档。

3.1.29

规约树　specification tree

一种由规约元素及其接口规约组成的层次结构，该结构标识出与待控制的系统配置中的设计元素相关的元素和规约。

3.1.30

阶段　stage

与系统描述或系统自身状态相关的系统生存周期中的一个期间。

注 1：阶段与系统生存周期中主进展和成果里程碑相关。

注 2：各阶段之间可能有重叠。

注 3：参见 GB/T 22032—2008 [3]。

3.1.31

利益相关方　stakeholder

在一个系统或其拥有满足自身要求和期望的特性中具有某种权利、份额或主张的一方。

注 1：利益相关方的含义比顾客、需方、操作者或用户更为宽泛，包括了这些角色以及其他角色。

注 2：根据 GB/T 22032—2008 [3]改写而成。

3.1.32

状态　state

在某个时间点上刻画一个功能/子功能或元素的行为的状况。

3.1.33

供方　supplier

就某种产品或服务的供应与需方达成协定的组织或个人。

注：参见 GB/T 22032—2008 [3]。

3.1.34

系统　system

一组或一系列相关的元素[人、产品(硬件和软件)及过程(设施、装备、材料和规程)]，其行为满足运行需要并且为产品生存周期的维持提供支撑。

3.1.35

系统体系结构　system architecture

产品的设计体系结构及其生存周期过程的组合。

3.1.36

系统分解结构　system breakdown structure

SBS

一种由元素、相关的生存周期过程及人员组成的层次结构，该结构用来分派开发团队、进行技术评审以及向实现项目目标所必需的各个任务进行工作划分和相关的资源分配。

注：SBS 可以作为成本跟踪和控制的基础。

3.1.37

系统有效性　system effectiveness

根据系统在预期的环境条件下如何运行以及系统在其生存周期中生产、测试、分发、运行、支持、培训以及处置的能力，对一个系统满足其预期运行用途的能力的一种测量。

3.1.38

权衡分析　trade-off analysis

根据性能、按成本设计目标以及生存周期质量要素对设计选项/可替换项的分析性评价。

3.1.39

用户 user

在系统使用期间从中获益的个人或团体。

注1：用户的角色和操作者的角色可以同时或先后赋予同一个人或组织。

注2：顾客的含义比需方、操作者或用户更为宽泛，包括了这些角色以及其他角色。

注3：根据 GB/T 22032—2008 [3]改写而成。

3.2 缩略语

BIT 内建测试(built-in test)

FAIT 制作、装配、集成和测试(fabrication, assembly, integration, and test)

FIT 缺陷隔离测试(fault-isolation test)

FMEA 失效模式和影响分析(failure modes and effects analysis)

IPT 集成的产品团队(integrated product team)

MOE 有效性测度(measure of effectiveness)

MOP 性能测度(measure of performance)

SBS 系统分解结构(system breakdown structure)

SEMS 系统工程主进度表(systems engineering master schedule)

SEP 系统工程过程(systems engineering process)

TPM 技术性能测度(technical performance measure)

4 总体要求

4.0 总则

企业应依照本标准规划、实施和控制一个集成的技术工作，以开发一个适应市场机会、特定利益相关方需求、企业目标和外部约束的整个系统解决方案。执行以下 a)到 f)项列出的活动对于达到这个目标一般都是必要的。

为了达到这个目标，企业宜：

a) 按照针对特定项目的剪裁，规划、实施以及管理一个完全集成化的技术工作，以满足本标准的总体要求；

b) 在系统的每一层次应用 SEP；

c) 在下列实施过程中控制进度：

  1) 每一层次开发之后的技术评审；

  2) 风险管理；

  3) 数据管理；

  4) 接口管理；

  5) 配置管理；

  6) 基于绩效的进度测量；

d) 生成模型和原型以支持权衡；

e) 生成集成数据包，确保产品可以被生产、测试、分发、操作、支持和适当地处置；

f) 在一个集成的资源库中捕获所有技术性活动的输出。

特定的要求和推荐在本标准的其他章中给出。

4.1 系统工程过程

如第5章描述的那样，企业应应用第6章以及图4中描述的 SEP 规范性条款来产生规约和基线以及相关产品。SEP 是一种通用的问题解决过程，提供了标识和演化系统的产品和过程定义的机制。SEP 应用于整个系统生存周期中所有与产品开发、验证/测试、生产、培训、运行、支持、分发、处置和人因系统工程相关的活动。图 4 描绘了 SEP 的子过程并且展示它们是如何迭代以产生一组一致的需求、功能安排和设计方案。SEP 的子过程、任务和活动在第 6 章详细描述。

4.2 系统工程的方针和规程

企业应开发和维护方针和规程以控制 SEP 的实施。这些方针和规程阐明了对于产品规划、实现和控制以及过程开发和人/系统集成的要求。这些方针和规程宜建立企业的系统工程范型,培训可以基于此范型并且项目特定的活动也可以根据这个范型剪裁和完成。企业方针和规程宜关注于:

a) 贯穿项目生存周期的 SEP 应用;

b) 系统工程管理计划的制定和批准;

c) 系统工程主进度表(SEMS)和系统工程详细进度表的制定和批准;

d) 集成数据包的制定和批准;

e) 监控并报告项目的技术进展;

f) 准备并实施技术评审;

g) 集成资源库的内容和维护;

h) 产品和过程的持续改进。

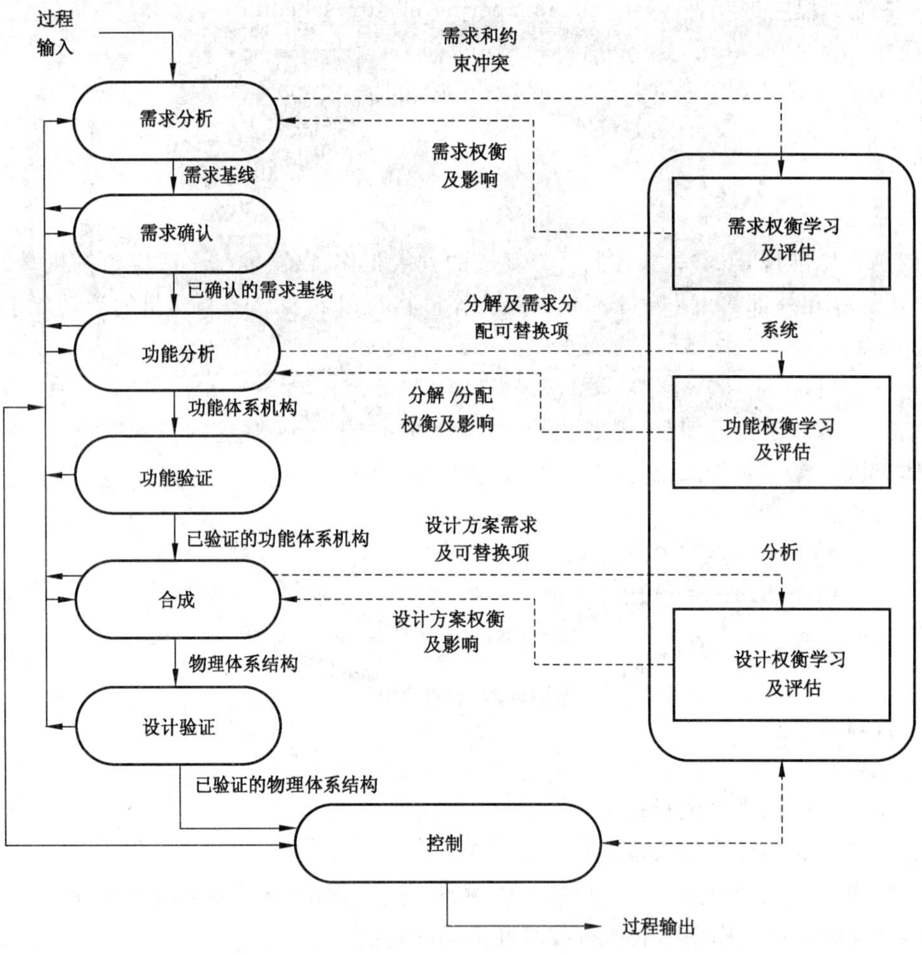

图 4 系统工程过程(SEP)

4.3 规划技术工作

项目应制定并实现用来指导项目达成其目标和适当结果所必需的技术计划和进度表。拥有项目授权和目标之后,项目宜建立一个工程计划、一个主进度表和一个详细进度表。工程计划宜是所有技术工作的主要计划文档，并且描述了对本标准经剪裁的应用。主进度表，一种基于事件的进度表，以及详细进度表，一种从主进度表导出的基于日程的进度表，宜覆盖产品的开发活动以及支持性的生存周期过程。主进度表和详细进度表可以合并为单个的工程进度表。项目宜建立起和下面各条相符的技术工作计划。

4.3.1 工程计划

工程计划应制定并在整个系统生存周期中进行更新以指导和控制项目的技术工作。工程计划宜反映一种负责涉及所有与满足生存周期需求相关因素的产品开发的集成化技术工作。工程计划宜反映附录B中识别出的内容，它给出了工程计划内容的通用大纲和描述。如果采取演化或增量式的开发策略，那么工程计划宜包含初始产品开发的策略以及增量的能力和/或技术增强的插入。

4.3.2 主进度表

主进度表宜制定并在整个系统生存周期中进行更新以建立关键事件、相关的重要任务以及确定重要任务完成的准则。一个正确设计的主进度表宜考虑到调度与任务相关的活动、资源的分配、预算编制、人员分配、任务开始和结束日期的建立以及事件完成准则。

4.3.3 详细进度表

详细进度表宜提供一种基于日程的活动、任务以及主进度表中关键事件的进度表。详细进度表宜被用来追踪技术工作的进展。详细进度表数据宜被用来构建事件、任务和活动的网络以确定工程工作的关键路径以及分析进度表的偏差。

4.3.4 技术计划

应制定技术计划以根据需要补充工程计划。宜按照所应用于的工程和技术专业领域制定技术计划，宜使用技术计划来按照计划测量技术进度。技术计划一般被制定用于风险管理、配置管理、技术评审、验证、计算机资源、生产、维护、培训、保密安全和人因系统工程。

4.4 开发策略

项目宜为开发系统及其能力探索开发策略(例如瀑布、增量、演化和螺旋模型)。改变或增强产品以及生存周期过程的能力宜设计到系统体系结构中，使得系统在它整个生存周期中的维持可以有成本效益的进行。这个设计属性宜在系统开发的早期建立[标识利益相关方需求或约束时(见6.1.1和6.1.2)]，从而为规划每个增量开发工作提供基础。演化式开发策略宜明确管理新技术引入、演化需求或增强产品能力的方法。

4.5 建模和原型化

项目宜确定并建立合适的模型、模拟和原型来支持分析和项目决策。典型的建模、模拟和原型化问题包括：需求定义、系统体系结构和设计的分析、所标识风险的缓解。这些模拟关注于确保最终产品满足市场要求、需求及约束。这个工作支持系统功能和性能特性、可生产性、可支持性、环境影响以及人因系统工程问题(例如可维护性、易用性、可操作性和安全性)的评估。

4.6 集成资源库

企业应在资源库中捕获相关设计数据以演化集成数据包，以及为技术信息的交换和复用提供共享资源。

4.6.1 数据

相关的数据包括：工程计划；进度表；技术计划；功能、物理以及系统体系结构；设计决策的基本原理；完成的权衡分析，包括建议以及影响；有效性评估及其结果；风险评估和处理选项；草图和制图；工程变更；规约树；规约和配置基线；运行环境；人力、人员、培训和人因工程需求和规约；归档数据；技术目标、需求、约束、接口和风险；SBS；设计模型；测试结果；度量；以及任何其他考虑到需求到功能和设计体系结构追踪性的数据。

4.6.2 工具

项目应维护工具版本与模型、分析结果和其他工具输出之间的追踪性，以确保重新生成支持SEP

的执行结果的能力。

4.7 集成数据包

项目应生成一个记载体系结构和设计信息的集成数据包以支持生存周期过程。这个集成数据包宜根据项目需要包括表1中定义的工程数据类型。集成数据包的初始内容宜在系统生存周期的早期定义，宜由4.7.1～4.7.4中标识的信息类型组成，并且宜随着SEP的每一次应用演化，从而为每个开发层次提供更多的细节。

4.7.1 硬件

集成数据包包括支持产品生产、装配和集成的技术设计信息。

4.7.2 软件

集成数据包包括支持软件需求、设计、源代码、验证和确认、构建指令、操作和维护的技术设计信息。

4.7.3 生存周期过程

集成数据包包括对于生存周期过程及特殊的装备规约和基线、软件代码清单、技术手册、技术计划、设施图以及与生产、验证、分发、运行、支持、培训和处置相关的特殊工具的技术设计信息。

4.7.4 人员

集成数据包包括支持支撑系统生存周期的人的角色定义的信息。实例产品包括人因系统工程计划、安全规约、人力、人员和培训文档；工作区布置图；接口设计规约和制图；操作顺序图；手工规程；以及模型、模拟或设计数据库。

表1 集成数据包内容

一个集成数据包包括但不限于下列项：
A. 硬件 1） 安排图——记载系统中主要的子系统或部件间的关系。 2） 装配图——记载构成装备或系统更高一个契约层次的所需的各部分及子装配的一种组合的关系。 3） 连接图——记载一个安装件或它的组成装置或部分的电气连接。 4） 构造图——记载构造或结构的设计。 5） 产品图——一种以一个项可以被开发或从商业市场上获得以满足规定需求的程度记载配置和配置限制、性能和测试需求、重量和空间需求、访问许可、管道和电缆连接、支持需求等的工程图。 6） 细节图——为图中描绘的子部件描述完整的最终项需求。 7） 立面图——记载构造和结构的垂直投影或者装备的剖面。 8） 工程图——一种通过图示或文字陈述或二者结合的方式揭示设计以及一个项的功能性终端产品需求或设计的工程文档。 9） 安装图——记载安装一个与所支撑的结构或关联项相关的项所必需的一般配置和完整信息。 10） 逻辑图——通过图形符号或记法的方式记载逻辑电路的序列和功能，以及运行、维护、测试和修理的序列流。 11） 数字控制图——记载一个项完整的设计和功能性工程和产品需求，以便于通过传送带控制方式进行生产。 12） 管道图——记载部件间通过管道、管线或软管的相互连接，以及必要时系统中的水流和气流的顺序流程。 13） 接线表——记载由表格数据和用来建立项内或项间线路连接的指令组成的一种书状制图。 14） 示意图——通过图形符号记载电气连接和一个特定的电路安排的功能。 15） 电线及电缆线束图——记载在一个特定配置中一组缚在一起的电线的路径，以简化安装。 16） 模型、模拟或设计数据库——提供前面1)到15)项所列的任意一项一种的物理的、分析的或数据式的表示
B. 软件 1） 软件设计文档——记载软件项体系结构、设计需求、实现逻辑以及提供一种支持手段的数据结构。 2） 软件源代码清单——记载表示“所构建”实现的实际的源代码指令

表 1（续）

C. 人员——记载在整个系统生存周期中操作、维护和支持系统的人的认知、身体和感觉特性，这些特性直接作用于或限制系统性能并且影响人机界面。 1) 人力、人员和培训文档——记载知识、技能和能力；培训需求；以及在整个系统生存周期中操作、维护和支持系统的人的易用性。 2) 工作区布置图——记载支持生存周期每个阶段的人与系统的主要子系统或部件间的关系。 3) 界面设计规约和图——记载支持系统生存周期的人与系统的任何方面之间所有的界面，包括人—人界面、人—硬件界面和人—软件界面。 4) 操作顺序图——记载在任务执行中随着时间推移，人与系统中其他子系统或部件间交互的一种图形化表示。 5) 规程——记载支持生存周期中每个阶段的人所执行的为了开发、生产、测试、分发、操作、支持和处置系统或其产品的动作，或者为了培训人来完成这些动作的动作。这些规程可以以操作顺序图、列表或表格的形式给出。 6) 安全规约——记载装备/系统的设计特征、性能规约以及在整个装备/系统生存周期操作有效性、时间和成本的约束内，减少导致伤亡的人或机器的错误或失效的可能性的培训
D. 生存周期过程 过程产品设计体系结构——记载与开发(系统工程和集成)、生产、验证、分发、支持、培训及处置相关的生存周期过程产品的设计体系结构。产品包括装备、软件、人、设施、过程和一个特定生存周期过程所必需的服务

4.8 规约树

项目应生成与适合于开发层次的设计体系结构相一致的规约树。规约树由规约元素和接口规约组成。接口规约记载交互元素之间的接口需求。系统接口规约定义了与外部系统、平台和产品之间的接口。子系统接口规约定义子系统间的接口，包括硬件—硬件、硬件—软件、软件—软件、人—人、人—硬件和人—软件等接口。定义了一个完全开发系统元素的各种规约如图 5 所示。由于项目通常在更高层系统中的一个元素上工作，图 5 反映了在系统周境下这个工作是如何呈现的。正如第 5 章描述的，规约树是自顶向下开发的。规约树的层数取决于生存周期的阶段。规约树的最低层依赖于设计元素的复杂度、以及决定与规约相关的产品的生产、购买或复用决策可以针对哪个层次作出。如果是在整个系统生存周期中支持系统的人，这个决策对具有适当知识、技能和能力的人员是否可用，或者需要执行何种层次的雇用、征募或培训。这可以是在子系统层或部件层以下的任何一层上。

4.9 制图树

项目应生成一个制图树以反映与设计体系结构中硬件元素相关的图。这个树宜与图 5 中的规约树相似。

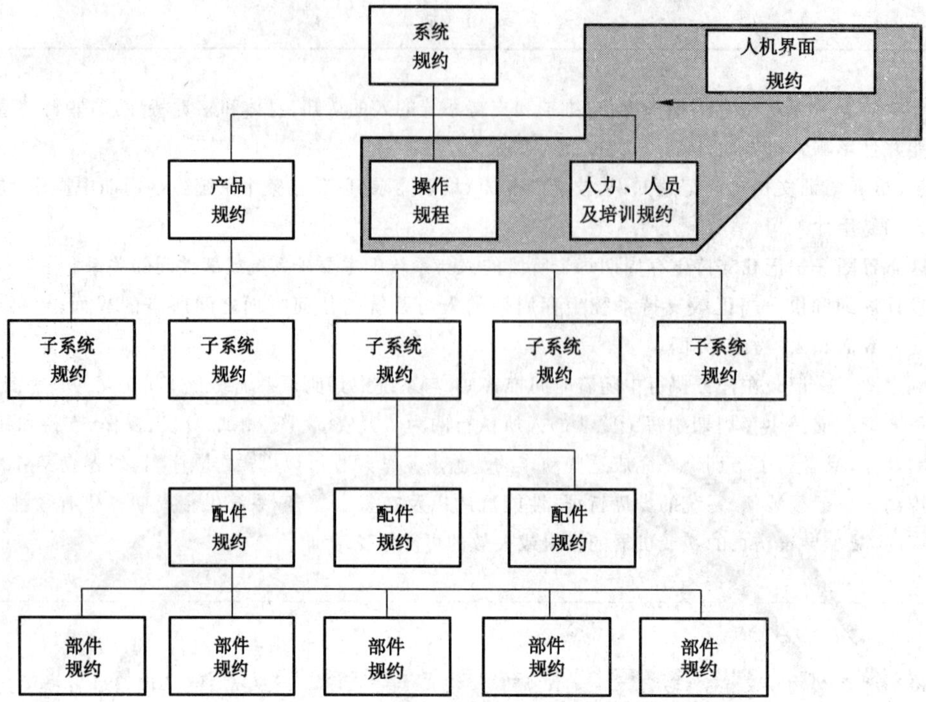

图 5 规约树

4.10 系统分解结构

项目应生成一个 SBS 以描述组成系统体系结构的产品和过程的层次。项目可以用 SBS 来制定及控制计划包并将把它们转换为工作包、确定工作包规模、配置管理、资源分配、需求变更追踪、接口控制、成本报告以及基于事件的进度表。生存周期过程被分配到产品、装配，如果需要的话还可以分配 SBS 的子装配以及支持生存周期的人。制定人力、人员和支持系统及其子系统和部件的人所需要的知识、技能、能力、易用性和培训的培训规约，以确保系统可以在其生存周期内被充分地操作和支持。生存周期过程可以根据需要在 SBS 的各个层次上定义，从而为产品元素提供生存周期支撑。组成一个典型的完全开发系统的 SBS 的各种系统元素和生存周期过程如图 6 所示。该图反映了系统开发的三个主要层次——系统定义、概要设计和详细设计——系统通过这些层次进行演化，就如第 5 章描述的那样。

4.11 系统工程工作的集成

项目将工程和业务专业的各种输入集成到系统工程工作中，以满足项目目标。

4.11.1 并行工程

企业或者项目宜集成产品及其相关的生存周期过程的并行设计。并行工程宜集成产品和过程开发以确保产品是可生产的、可用的和可支持的。宜使用计算机辅助工程工具来支持开发和生产，并且宜集成到集成资源库中。

4.11.2 集成团队

宜将集成团队考虑作为组织功效和有效性的主要方法。使用集成团队时，项目宜为 SBS 的特定元素分派团队。每一个团队宜为所分派系统元素制定所需要的计划文档(工程计划、主进度表等)；宜负责开发并满足与该元素相关的规约和基线；并且宜完成与该元素相关的任务陈述中所概括的工作，包括第 5 章的技术评审。

4.12 技术评审

为了评估技术进展，项目应进行评审，包括设计评审(例如系统、子系统、部件、生存周期过程、测试准备就绪、生产许可)和审核(例如功能性和设计配置)。通常，设计评审宜在 SEP 的每次应用结束时进行。每次评审宜完成以下部分：

a) 评估系统需求和分配以确保需求是无歧义的、一致的、完备的、可行的、可验证的以及到顶层系统需求是可追踪的；

b) 基于技术开发目标、SEMS事件、完成情况以及支持按期进展的经验分析和测试数据，评估设计成熟度；

c) 陈述与后续开发工作相关联的风险；

d) 评估在系统生存周期中维持产品所需的生存周期过程和基础设施；

e) 标识后续开发需要的资源；

f) 确定是否继续SEP的下一次应用、中断开发或者在继续开发工作之前采取纠正动作。

部件、子系统和系统设计评审宜在开发的每一层上进行。较低层次上的评审可能也是需要的，这取决于系统的复杂程度(见图6)。在设计评审期间，权衡分析和验证结果宜是可用的，从而证实设计决策。评审可能导致需要在SEP中迭代，以在开发活动进一步展开之前解决所标识的不足。宜进行部件、子系统和系统的功能和设计配置审查以确保支持文档满意地完成、针对每一个规约需求的合格性测试已经完成，并且所有的需求都得到满足。

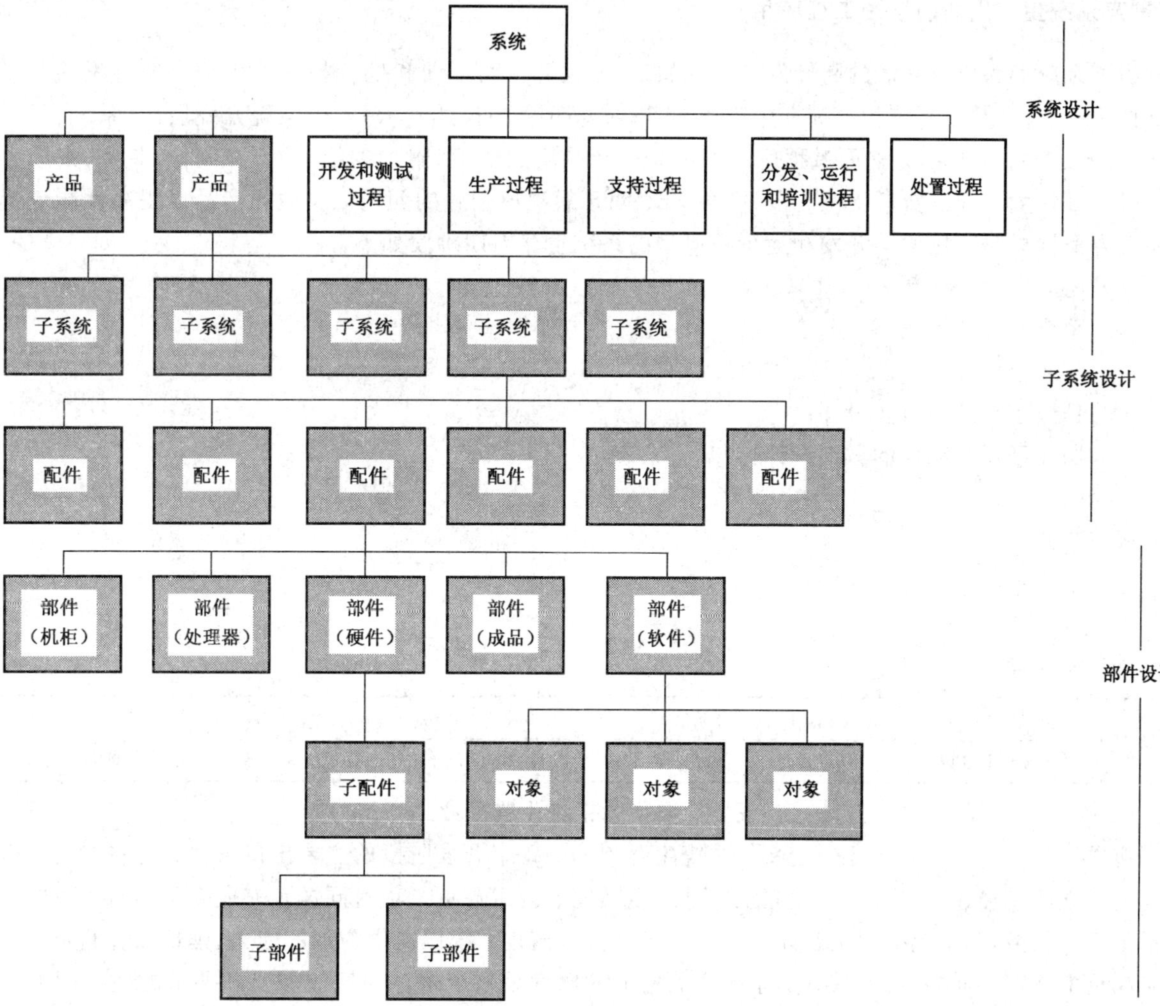

图6　系统分解结构

4.13　质量管理

企业和项目应对产品开发和生存周期过程应用质量管理规程。

4.14　产品和过程改进

为了在系统生存周期中以与企业目标一致的方式持续地改进产品和过程，企业和项目宜建立并维护产品和过程质量要素。

4.14.1 再工程

企业和项目宜探索改进现有产品和过程的方法。企业和项目宜捕获与每个开发工作和设计相关的设计数据、模式、工具和模型，从而为改进系统成本有效性及纠正不足而演化一个产品和过程。

注：再工程是在生产之后，通过修改来纠正设计不足或进行增量改进的系统改进过程。

4.14.2 自评估

企业宜维护一个自评估程序，从而确定它的系统工程实践的成熟度以涵盖第6章中SEP任务的应用。企业应用在自评估时获得的认识来改进产品、生存周期过程和企业系统工程实践。

4.14.3 汲取的教训

企业宜捕获在每个项目中汲取的教训并将它们适当地加入到企业培训中，以改进SEP的应用。汲取的教训为建立将来的系统开发工作、改进度量以及避免企业以前所承担的项目中遇到的问题提供了基础。

5 贯穿系统生存周期的系统工程应用

为了系统产品以及它们的与开发、生产、验证、分发、支持、培训和处置相关的生存周期过程的开发和支持，项目应在整个系统生存周期中应用SEP(在第6章中描述)。每一个系统开发层次(系统、子系统、部件)上应用SEP都为前面过程应用中定义的产品增加价值(附加的细节)。在制作、装配、集成和测试(FAIT)、生产和消费者支持阶段，应用SEP对于解决所报告的问题以及演化产品以提高性能或延长服务寿命同样是有用的。开发和运行中典型的系统生存周期阶段如下：

开发阶段

a) 系统定义；

b) 子系统定义：

  1) 子系统的概要设计；

  2) 子系统部件的详细设计；

  3) FAIT。

运行阶段

a) 生产；

b) 支持。

这些阶段在图7中描绘。

<table>
<tr><td rowspan="2">系统定义</td><td colspan="3">子系统定义</td><td rowspan="2">生产 / 支持</td></tr>
<tr><td>概要设计</td><td>详细设计</td><td>制作、装配、集成和测试(FAIT)</td></tr>
</table>

图7 典型的系统生存周期

项目宜满足如5.1至5.3中定义的系统生存周期的每个开发阶段的主要出口事件。这些主要的事件包括建立产品描述、完成规约、建立配置基线以及完成技术评审。项目同样宜完成5.4和5.5中描述的系统工程任务，其中包括纠正设计和过程不足/问题、演化系统以提供附加的能力、延长系统的寿命以及完成技术评审。此外，项目宜制定系统产品所需的以满足整个生存周期的需要和要求的生存周期过程。与生存周期过程制定相关的活动在5.6讨论。

5.1 系统定义阶段

项目宜执行系统定义阶段以建立系统定义，关注于满足运行需求所需的系统产品。这个阶段的主要事件宜包括系统、产品及子系统接口规约、系统及产品规约以及子系统的概要规约的完成；系统基线的建立；以及适合于系统定义阶段的技术评审的完成。系统定义期间产生的文档需要用来指导子系统开发。技术评审宜评价系统开发的成熟度以及进一步进行子系统定义的就绪程度。

5.1.1 **系统定义**

为了产生系统级的已确认需求基线、已验证的功能和设计体系结构、规约和系统基线、SBS以及已更新的工程和技术计划，项目如第6章所描述的那样应用SEP。需要完成的特定的活动在表2中列举。

表2 系统定义

建立系统定义 a) 选取系统概念 b) 建立初始的项目和技术计划 c) 缓解系统风险 d) 评估子系统风险 e) 标识子系统和子系统接口 f) 标识人/机界面问题 g) 定义生存周期质量要素 1) 可生产性 2) 可验证性 3) 易分发性 4) 易用性 5) 可支持性 6) 可培训性 7) 可处置性 8) 总的拥有成本 h) 为概要设计修订工程和技术计划
完成规约 a) 完成系统和产品接口规约 b) 完成系统和产品规约 c) 完成子系统接口规约 d) 完成子系统概要规约 e) 完成初步的人/机界面 f) 完成初步的人力、人员和培训
建立基线 a) 建立系统基线 b) 建立初步的子系统设计目标基线
完成技术评审 a) 完成可替代概念评审 b) 完成系统定义评审

5.1.1.1 **系统概念**

有先例的系统是指存在同类设计样例的系统，从而为建立设计体系结构、工程和技术计划、规约或者低风险的可选项提供指导。对伴随增量改进或演化成长产品的有先例系统的开发，项目宜精化所建立的系统定义和产品线策略来满足市场机会或订单。

无先例的系统是指不存在设计样例的系统，因而设计体系结构选项不受先前系统描述的约束。对概念尚未定义的无先例系统，项目宜创建并评价可能满足市场机会或订单的候选可选概念。在这个系统开发的第一个阶段中，宜为进一步的系统定义选取一个或多个备选概念。宜对每个备选系统相关的风险进行评估，包括风险识别和量化。另外，项目宜完成每个可行的可选项的系统和产品概要规约，以及系统和产品接口规约和一个系统基线。

5.1.1.2 **初始的工程计划**

项目宜为系统生存周期建立必需的工程和技术计划，包括：

a) 确定系统定义进度评估的活动完成准则；

b) 各系统工程活动之间的技术资源分配。

对于有先例的系统，工程计划、主进度表和详细进度表针对完整的开发生存周期制定，带有当前阶段的大部分细节。对于无先例的系统，工程计划、主进度表和详细进度表随着系统开发制定和演化。适当时宜为生产、后勤、计算机资源、保密安全性、安全性、可靠性和可维护性以及培训制定相关的技术计划。工程和技术计划明确系统产品的开发以满足运行功能，以及需用来满足系统级开发、生产、测试、分发、支持、培训和处置功能的生存周期过程的制定。

5.1.1.3 子系统和子系统接口

项目宜标识每个产品的子系统，并且定义子系统之间的设计和功能接口需求以及相应的性能需求和设计约束。系统产品功能性和性能需求宜在子系统间进行分配，以保证从系统产品到它们各自子系统、以及从子系统到它们的父产品的需求追踪性。

5.1.1.4 标识人/机界面问题

项目宜标识人和产品或子系统间的界面需求。界面需求包括性能、负载、设计约束和易用性。

5.1.1.5 生存周期质量要素

项目宜定义影响系统满足可生产性、测试、易分发性(包装、搬运、运输、存储、安装和迁移)、易用性、可支持性、易培训性和可处置性这些下游需求的能力的系统生存周期质量要素。系统生存周期质量要素宜以一种确保质量要素追踪性得到维护的方式在产品以及子系统之间进行分解和分配。

5.1.1.6 修订的项目和工程计划

为了响应基于系统定义中实施SEP活动的变化以及反映下一阶段开发的计划，项目宜更新所必需的工程和技术计划。

5.1.2 规约

项目宜制定并控制下列这些指导系统定义阶段系统工程工作所需规约。

5.1.2.1 系统、产品和子系统接口规约

在概念/系统定义阶段的初始工作中，项目宜完成系统和产品接口规约并将其置于变更控制之下。系统接口规约宜为系统和其他系统定义系统的外部功能接口和设计接口。所选取的系统概念的独特外部接口宜在系统接口规约中以体现这些特殊接口元素的独特性质的方式进行定义和文档化。产品接口规约宜定义系统产品和生存周期支持装备之间的设计和功能性接口需求，例如特殊的测试装备和培训辅助。子系统接口规约宜为每个产品定义子系统间的设计和功能性接口需求。项目宜标识哪些接口需求包含了系统/产品/子系统的设计约束，以及哪些接口十分关键、要由接口管理工作组管理。

5.1.2.2 系统和产品规约

项目宜完成并控制一份系统规约以及系统中每个产品的产品规约。系统规约宜记载系统需求(功能性和性能需求、设计特征和设计约束)以及系统规约中每项需求的判定要求。产品规约宜记载每个产品的系统级需求分配以及产品规约中每项需求的判定要求。每个规约的判定部分宜标识用来确定每项系统或产品需求已经在正常和反常情况下得以满足的方法。

5.1.2.3 子系统概要规约

项目宜为在系统设计体系结构中标识出的每一个子系统制定子系统概要规约。子系统概要规约宜标识子系统需求(功能和性能需求、设计特性和设计约束)以及规约中每项需求的判定要求。规约的判定部分宜标识用来确定每项子系统需求在正常和反常情况下得以满足的方法。

5.1.2.4 完整的人/机界面概要规约

项目宜为人和系统设计体系结构中标识的硬件和软件元素之间的交互制定人/机界面概要规约。规约的判定部分宜标识用来确定每个人/机交互需求在正常和反常情况下得以满足的方法。此外，人/机界面规约还包括人和/或子系统或部件间的界面需求。这些界面包括人—人、人—硬件和人—软件。需求可能包括功能和性能需求，以及负载和设计约束。

5.1.2.5 完成初步的人力、人员和培训规约

项目宜为在整个系统生存周期中操作、维护和支持系统所需要的人员制定一份规约。相应的分析

宜确定具备合适知识、技能和能力的人员是否在整个生存周期中预期是可用的；可用人员的认知、身体和感知特性；系统所需的安全特征；以及这样的人员所需要的培训等级。

5.1.3 配置基线

项目宜制定下列这些需要用来指导系统定义阶段的技术工作的基线，并将其置于配置控制之下。

5.1.3.1 系统基线

项目宜建立系统基线，并将其置于配置控制之下。这种系统级的配置基线宜包括系统接口规约、产品接口规约、系统规约、产品规约以及捕获设计、数据、模型、度量、变更、设计原理和其他与关于系统需求所作的决策或澄清相关的信息的集成资源库。

5.1.3.2 子系统设计目标基线

项目宜为系统体系结构中标识出的每个子系统生成一个子系统设计目标基线。每个设计目标基线宜包括可应用的子系统接口规约、相关的子系统概要规约以及为定义系统产品而开发的任何子系统制图或草图。

5.1.4 技术评审

项目宜规划并实施可应用的技术评审以评估开发工作的成熟度并建议是否应该投资以继续开发工作。这个开发阶段所完成的系统级评审可以与项目管理评审相结合。

5.1.4.1 选择性概念评审

如果需要，选择性概念评审宜由项目选择一个或一些概念来完成，这些概念由5.1.1.2至5.1.3.2中描述的系统定义活动应用。在这个评审中，每个概念按以下要点进行评价：

a) 产品和子系统分配合理并且提供了健全的系统概念；

b) 概念满足利益相关方需求和公众期望的能力；

c) 系统和产品接口规约及系统概要规约的完成；

d) 一个系统基线的建立；

e) 和概念有关的已评估风险；

f) 为了证实在定义概念以及确定概念满足利益相关方需求和公众期望时所作的决策的系统分析数据的适当性和完整性。

5.1.4.2 系统定义评审

项目宜在系统定义阶段结束时完成系统定义评审，以确定系统定义是否充分成熟到可以进展到子系统定义。评审系统定义是为了确保：

a) 它充分成熟以满足SEMS准则；

b) 系统级风险已经被充分地覆盖以对后续开发进行论证；

c) 权衡研究数据可以充分证实系统需求是能实现的；

d) 到达系统定义配置时所作的决策能够得到分析、测试和/或其他技术数据的良好支持。

5.2 概要设计阶段

项目宜执行概要设计阶段以启动子系统设计并创建子系统级规约和设计目标基线，从而指导部件开发。项目应用SEP是为了与下列各条相符，将标识出的子系统功能分解为更低层的功能，并将功能需求和性能需求分配到部件层功能和物理体系结构上。

每个子系统的概要规约和概要设计目标基线都宜分别演化为一个子系统规约和一个设计目标基线。宜为开发中的子系统的各个部件定义概要规约和构建目标基线。最终的子系统文档宜包括建议的部件和接口标识；子系统层风险的解决方案；部件风险的评估；以及面向质量要素的设计，可适当地包括每个子系统的可生产性、可验证性、易分发性、易用性、可支持性、可培训性和可处置性。

5.2.1 子系统概要定义

项目宜为了产生子系统功能和物理体系结构，对每个子系统应用第6章描述的SEP。要完成的特定活动在表3中列出。

5.2.1.1 组装件和组装件接口

项目宜标识每个子系统的组装件并定义组装件间的设计和功能接口需求以及它们相应的性能需求和设计约束。子系统性能需求在组装件间进行分配，从而保证从子系统到适当组装件、以及从组装件到父子系统的需求可追踪性。

5.2.1.2 部件和部件接口

项目宜标识每个组装件的部件并定义部件间的设计和功能接口需求以及它们相应的性能需求和设计约束。组装件性能需求在部件间进行分配，从而保证从组装件到它们各自的部件、以及从部件到它们的上一级组装件之间的需求可追踪性。

5.2.1.3 子系统和部件风险

项目宜缓解在系统定义中被评估为对子系统开发有关键影响的子系统级风险，而且宜评估并缓解与每个子系统相关的组装件风险。对于关键的子系统/组装件风险，宜使用模拟、比例模型测试或者原型测试来展示从成本、进度和/或性能方面考虑已缓解到一个可以接受的等级。项目宜评估部件风险，并在发生的可能性以及相关的成本、进度和/或性能影响基础上对风险进行优先级排序。

表 3 子系统定义——概要设计

建立子系统概要定义 a) 标识组装件和组装件接口 b) 标识部件和部件接口 c) 缓解子系统风险 d) 评估部件风险 e) 为生存周期质量要素设计 f) 完成每个子系统的概要制图 g) 标识人/机界面问题 h) 为详细设计修订工程和技术计划
完成规约 a) 更新系统和产品规约 b) 完成子系统和组装件规约 c) 完成部件接口规约 d) 完成部件概要规约 e) 更新人/机界面规约 f) 更新人力、人员和培训规约
建立基线 a) 更新系统基线 b) 建立设计目标基线 c) 建立初步的构建目标基线
完成技术评审 a) 完成子系统概要设计评审 b) 完成系统概要设计评审

5.2.1.4 标识人/机界面问题

项目宜标识人与组装件或部件间的界面需求。这些界面需求包括性能、负载、设计约束和易用性。

5.2.1.5 生存周期质量要素

项目宜标识并量化子系统生存周期质量要素，这些要素影响每个子系统满足可生产性、测试、易分发性（包装、搬运、运输、存储、安装和迁移）、易用性、可支持性、易培训性和可处置性这些下游需求的能力。子系统生存周期质量要素宜以一种确保质量要素追踪性得到维护的方式在组装件然后是部件之间分解和分配。

5.2.1.6 工程和技术计划

项目宜更新工程和技术计划以响应基于子系统定义中进行的 SEP 活动的变更以及反映面向下一开发阶段的计划。

5.2.2 子系统规约

项目宜制定并控制指导子系统定义的详细设计阶段的部件设计活动所需要的规约。

5.2.2.1 系统和产品规约

在概要设计阶段，项目宜更新并控制已建立规约的所有变化。在生存周期的这个阶段，典型的受控规约包括系统接口规约、子系统接口规约、产品规约和系统规约。

5.2.2.2 子系统规约

项目宜为每个子系统完成一份子系统规约并将其置于配置控制下。这些规约宜记载功能和性能需求、设计需求或其他所附加的设计约束以及每个子系统的判定要求。单个子系统规约的判定部分宜标识用来确定每项子系统已经在正常和反常情况下得以满足的方法。

5.2.2.3 部件接口规约

项目宜为设计体系结构中标识的每个产品部件制定部件接口规约并将其置于配置控制之下。部件接口规约宜记载应该在部件开发中满足的部件间的功能和设计接口。项目宜标识哪些组装件接口需求为部件设计提供约束，以及哪些需要通过接口控制工作组管理其变更。

5.2.2.4 部件概要规约

项目宜为设计体系结构中标识出的每个产品部件制定一份部件概要规约。部件概要规约宜标识功能和性能需求、设计需求或约束以及部件概要规约中每项性能需求的判定要求。单个规约的判定部分宜标识将被用来确定每项部件需求已经在正常和反常情况下得以满足的方法。

5.2.2.5 更新人/机概要界面规约

项目宜为人以及在设计体系结构中标识出的硬件和软件元素之间的交互更新人/机界面规约。每个规约的判定部分宜标识用来确定每项人/机交互需求已经在正常和反常情况下得以满足的方法。此外，人/机界面规约包括人、子系统或部件间的界面需求。这些界面包括人—人、人—硬件和人—软件。需求可能包括功能和性能需求，以及负载和设计约束。

5.2.2.6 更新人力、人员和培训概要规约

项目宜为在整个系统生存周期中操作、维护和支持系统所需要的人员更新规约。分析宜确定具有合适知识、技能和能力的人员是否在整个生存周期中预期是可用的；可用人员的认知、身体和感知特性；系统所需的安全特征；以及这样的人员所需要的培训等级。

5.2.3 配置基线

项目宜将下列需要用来指导子系统定义阶段技术工作的基线置于配置控制之下。

5.2.3.1 系统基线

在概要设计阶段中，项目宜更新并控制对于系统基线的所有变动。

5.2.3.2 设计目标基线

项目为每个来自于系统定义中产生的概要设计目标基线的子系统演化/精化并建立设计目标基线。这个基线包括组装件和部件接口规约、子系统规约、组装件规约以及捕获设计、数据、所使用的模型和工具、度量、变更、设计原理以及其他与关于子系统需求所作的决策或澄清相关的信息的集成资源库。

5.2.3.3 部件构建目标基线

项目为一个子系统的每个部件演化/精化一个部件构建目标基线。这个基线包括部件接口图以及部件规约草稿。

5.2.4 技术评审

项目宜实施可应用的技术评审以评估开发工作的成熟度并且决定是否进行投资以继续进行详细设计。系统级以下的技术评审通常并不是作为项目管理评审的一部分进行的。

5.2.4.1 子系统评审

子系统评审宜由项目在每个子系统概要设计阶段结束时完成。每个评审的目的是为了保证：

a) 子系统定义是足够成熟以满足 SEMS 准则的；

b) 部件分配和部件概要规约是合理的，并提供了一个完备的子系统概念；

c) 子系统风险已经评估并缓解到一个适合于继续开发的等级；

d) 权衡研究数据可以充分证实系统需求是能实现的；

e) 到达子系统配置定义时所作的决策得到分析和技术数据的良好支持。

5.2.4.2 系统评审

项目宜在子系统评审结束后完成系统级评审。这个评审是为了确定详细设计的总体系统方法是否满足系统基线；不可接受的风险是否得到缓解；所有子系统、产品和生存周期过程的问题是否都得到了解决；以及目前取得的进展和计划是否能保证后续的开发工作。

5.3 详细设计阶段

项目宜执行系统生存周期的详细设计阶段来完成子系统直到最底层部件级的设计，并且为每个部件创建部件规约和部件构建目标基线。这一阶段的输出用来指导用于开发测试的试制原型的制作。项目根据需要多次应用第 6 章描述的 SEP 将所标识的部件功能分解为更低层的功能，并且在整个所得到的更低层功能和设计体系结构上分配功能和性能需求。

子系统概要设计中生成的每一个部件概要规约和构建目标基线宜分别被演化为部件规约和构建目标基线。最终的部件文档宜包括推荐的部件和接口标识；部件层风险的解决方法；以及对于每个部件直到最低层的子部件适当包括以下这些质量要素的设计：可开发性、可验证性、易分发性、易用性、可支持性、可培训性以及可处置性。

5.3.1 子系统详细定义

项目宜对每个部件及其子部件应用 SEP，从而生成部件的功能和设计体系结构。需要完成的特定活动在表 4 中列举。

表 4 子系统定义——详细设计

建立子系统详细定义 a) 完成部件定义(硬件及软件) b) 解决部件风险 c) 生存周期质量要素设计 d) 识别人/机界面问题 e) 准备集成数据包 f) 修订 FAIT 的工程和技术计划
完成规约 a) 更新系统、产品、子系统以及组装件规约 b) 完成部件规约(硬件及软件) c) 更新人/机界面规约 d) 更新人力、人员及培训规约
建立基线 a) 更新系统基线和设计目标基线 b) 创建构建目标基线
完成技术评审 a) 完成部件详细设计评审 b) 完成子系统详细设计评审 c) 完成系统详细设计评审

5.3.1.1 部件定义

项目宜为每一个组装件分解部件到足以满足设计完整性的层次，完成每个子部件及部件的定义，并且控制子部件之间的接口。部件需求宜以一种双向追踪性都能得到维护的方式在子部件之间分配。

5.3.1.2 部件风险

项目宜缓解那些在子系统定义中评估为对于部件开发关键的部件级风险。对于关键部件风险，宜使用模拟、比例模型测试或者原型测试来展示从成本、进度和/或绩效方面考虑已缓解到一个可以接受的等级。项目宜评估并缓解子部件风险，并在发生的可能性以及相关的成本、进度和/或绩效影响基础上对风险进行优先级排序。

5.3.1.3 标识人/机界面问题

项目宜标识识别人和部件、子组装件或子部件之间的界面需求。这些界面需求包括性能、负载、设计约束和易用性。

5.3.1.4 生存周期质量要素

项目宜标识并量化影响每个部件满足可生产性、可验证性(测试)、易分发性(包装、搬运、运输、存储、安装和迁移)、易用性、可支持性、易培训性和可处置性这些下游需求的能力的部件生存周期质量要素。部件生存周期质量要素宜以一种确保质量要素追踪性得到维护的方式在部件的子部件然后是更低层的子部件之间分解和分配。

5.3.1.5 集成数据包

项目宜为每个部件及其子部件完成详细文档以满足分配到部件、部件接口规约和组装件规约上的功能体系结构需求。集成数据包宜生成并保存在集成资源库中，宜包含如4.7中所定义的详细制图、代码清单、手工规程等。

5.3.1.6 工程和技术计划

项目宜更新必要的工程和技术计划，从而在子系统定义的详细设计阶段所进行的SEP活动基础上适应变更并反映对FAIT阶段所作的计划。

5.3.2 规约

项目宜制定并控制下列指导子系统定义的FAIT活动所需的规约。

5.3.2.1 系统、产品、子系统及组装件规约

项目宜更新并控制对于详细设计阶段已批准规约的所有变更。在生存周期的这个阶段，典型的已批准规约可能包括系统、子系统和部件接口规约；系统规约；产品、子系统和组装件规约。

5.3.2.2 部件规约

项目宜为设计体系结构中标识的每一个部件完成部件规约。除了设计需求或设计约束之外，部件规约标识部件的功能和性能需求，以及每个性能需求的判定要求。单个规约的判定部分宜标识将用来确定每项部件需求已经在正常和反常情况下得以满足的方法。

5.3.2.3 更新人/机界面规约

项目宜为人以及在设计体系结构中标识出的硬件和软件元素之间的交互更新人/机界面规约。规约的判定部分宜标识用来确定每项人/机交互需求已经在正常和反常情况下得以满足的方法。此外，人/机界面规约包括人、子系统或部件间的界面需求。这些界面包括人—人、人—硬件和人—软件。需求可能包括功能和性能需求，以及负载和设计约束。

5.3.2.4 更新人力、人员和培训概要规约

项目宜为在整个系统生存周期中操作、维护和支持系统所需要的人员更新规约。分析宜确定具有合适知识、技能和能力的人员是否在整个生存周期中预期是可用的；可用人员的认知、身体和感知特性；系统所需的安全特征；以及这样的人员所需要的培训等级。

5.3.3 配置基线

项目宜制定下列需要用来指导子系统定义阶段技术工作的基线并将其置于配置控制之下。

5.3.3.1 系统基线以及设计目标基线

项目宜更新并控制对于所建立的系统基线和设计目标基线的所有变化。

5.3.3.2 构建目标基线

项目宜为来自于概要设计中生成的构建目标基线的每个部件建立构建目标基线。这个基线宜包括部件接口规约、部件规约以及捕获设计、数据、模型和所使用的工具、度量、变更、设计原理以及其他与关于部件需求所作的决策或澄清相关的信息的集成资源库。

5.3.4 技术评审

项目宜实施可应用的技术评审以评估开发工作的成熟度并且推荐是否进行投资以继续进入FAIT。系统级以下的技术评审通常不宜作为项目管理评审进行，而宜作为严格的技术评审进行。

5.3.4.1 部件评审

部件评审宜由项目在每个部件详细设计阶段结束时完成。这种评审的目的是为了保证：

a) 每个部件详细定义都足够成熟以满足有效性测度/性能测度(MOE/MOP)准则；

b) 部件规约是合理的，并提供了一个完备的部件概念；

c) 部件和相关的生存周期过程风险已经评估并缓解到一个适合于支持 FAIT 的等级；

d) 权衡研究数据可以充分证实部件详细需求是可实现的；

e) 到达部件详细定义配置时所作的决策得到分析和技术数据的良好支持。

注：有效性准则是用来确定一个设计方案成败的值的测度。

5.3.4.2 子系统评审

项目宜在与子系统相关的部件评审结束后完成每一个子系统的子系统级评审。这个评审是为了确定子系统详细设计是否满足设计目标基线；风险得到缓解并且剩下的风险是可接受的；所有部件、组装件和生存周期过程的问题是否都得到了解决；以及目前取得的进展和计划是否能保证后续的 FAIT。

5.3.4.3 系统评审

项目宜在子系统详细设计评审结束后完成一次系统级评审。这个评审是为了确定系统的详细设计是否满足系统基线；不可接受的风险是否得到缓解；所有子系统、产品和生存周期过程的问题是否都得到了解决；目前取得的进展和计划是否满足后续技术工作的准则；以及系统是否通过解决突出的产品或生存周期过程问题为继续到 FAIT 作好准备。

5.4 生产、装配、集成和测试阶段

项目在这个阶段应用第 6 章所描述的 SEP，从而达到解决那些由观察、分析、演示或测试发现的系统、产品、子系统、组装件或部件规约未得到满足情况下的产品不足。子系统定义的 FAIT 阶段的目标是验证所设计的产品满足规约。这个阶段的主要活动显示在表 5 中。

5.4.1 系统集成及测试

项目宜执行集成活动以保证组合更低层元素可以得到一个具有机能且统一的更高层元素，并能满足逻辑和设计接口。项目执行测试活动来验证系统满足系统需求。项目首先测试部件，然后逐步在各个层次上进行测试，直到包括整个系统。项目宜逐步组装并集成子部件到完整部件、部件到组装件、组装件到子系统、子系统到产品，然后在需要时实现产品及其生存周期过程和服务到完整系统的组装。在每个组装和集成层次上，部件、组装件、子系统、产品及系统宜接受充分的测试，以保证运行有效性、易用性、可培训性、接口符合性、与指定需求相符、可生产性以及可支持性。项目要负责对测试物品以及测试所产生的或与测试一起使用的所有有害废物进行合适的搬运和处置。

5.4.2 分析、修正及重新测试

当一个子部件、部件、组装件、子系统或产品不能满足其需求时，项目宜对不足进行分析以确定问题的起因并且应用 SEP 来解决问题。项目宜重新测试产品以保证运行有效性、易用性、可培训性、接口符合性、与指定需求相符、可生产性以及可支持性。

表 5 子系统定义——FAIT

进行系统集成和测试 a) 制作硬件部件,实现软件部件 b) 组装、集成并测试部件和组装件 c) 组装、集成并测试子系统和产品 d) 建立生存周期过程 e) 分析并修正错误/不足并重新测试 f) 更新所有规约和基线 g) 修订生产的工程和技术计划
完成技术评审 a) 完成部件测试就绪评审 b) 完成子系统测试就绪评审 c) 完成系统测试就绪评审 d) 完成部件功能配置审核 e) 完成子系统功能配置审核 f) 完成系统功能配置审核 g) 完成部件生产批准评审 h) 完成子系统生产批准评审 i) 完成系统生产批准评审

5.4.3 项目和工程计划

项目宜更新必需的工程和技术计划,从而基于子系统定义的 FAIT 阶段中进行的 SEP 活动对变更进行响应并反映面向生产的计划。

5.4.4 规约

项目宜更新并控制对已批准规约的所有变更。

5.4.5 配置基线

项目宜更新并控制对已建立基线的所有变更。

5.4.6 技术评审

项目宜计划并进行可应用的技术评审来评估开发工作的成熟度,从而确定合格性测试是否准备就绪以及确定是否应该进行投资以继续进入生产阶段。系统级以下的技术评审通常不宜作为项目管理评审进行,而宜作为严格的技术评审进行。

5.4.6.1 测试就绪评审

项目宜完成测试就绪评审(根据需要对部件、组装件、子系统、产品以及系统进行)来保证:

a) 测试规程符合测试计划和描述,展示出完成测试要求的充分性并且满足规约判定要求;

b) 测试前的判断和非正式测试结果(如有)确定规约需求的满足;

c) 完成测试和评价所需的新的或修改过的测试支持装备、设施和规程手册宜是可用的并且宜满足它们的需求;

d) 所需要的规约、基线以及其他支持文档是完整且准确的。

5.4.6.2 功能配置审核

项目宜完成功能配置审核(根据需要对部件、子系统和系统进行)来验证产品已经实现了需求;就是说它们满足规约、接口规约以及其他基线文档中指定的特性;测试计划和规程得到遵守。

5.4.6.3 产品批准评审

项目宜在产品功能配置审核结束之后完成系统级的生产批准评审,从而展示整个系统(人、产品和过程)经过验证,在每个系统层次上都满足规约和基线需求,并且确定生产、分发、运行、支持、培训,持续改进(如果可应用)和处置都准备就绪。项目宜确定:

a） 部件、组装件、子系统、产品和生存周期过程及服务的问题都已解决；

b） 针对部件、组装件、子系统和产品的测试规程已经完成并且准确；

c） 系统和产品确定可以进行测试；

d） 测试依照已建立的规程进行；

e） 建立从详细设计之后进行的设计评审开始、包括已证实变更的审核轨迹，并且所有部件、子系统和系统产品满足规约需求；

f） 风险处理规程满足生产的需要；

g） 演化式的开发需求和计划已经精化；

h） 计划是完整的，并且规程、资源及其他所需的人、产品和过程都可用（或规划可用）以启动进行下一步的生产、分发、运行、支持、培训、处置以及演化式开发（如果有）。

5.5 生产和支持阶段

项目依照第6章应用SEP来纠正在生产、组装、集成以及产品和/或生存周期过程产品验收测试中所发现的不足。项目同样在支持中应用SEP来演化产品以实现增量变更、解决产品或服务不足、或实现计划的演化式增长。产品生存周期中这两个阶段的主要事件显示在图8中。

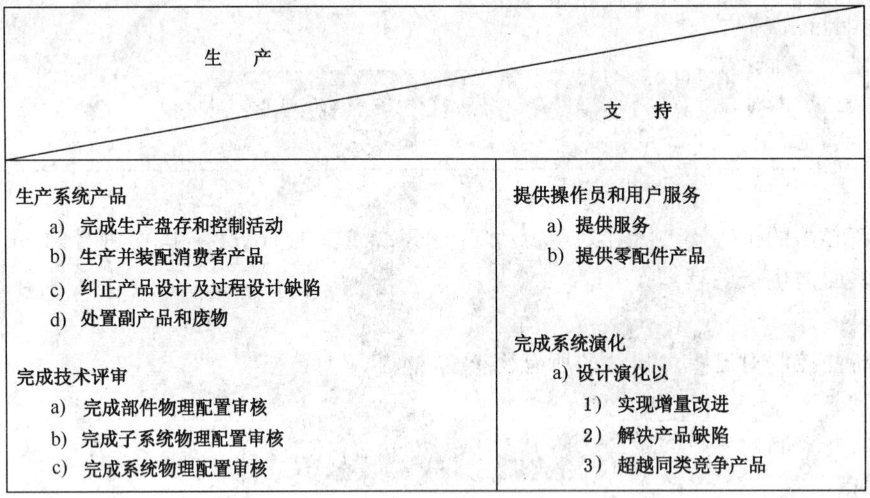

图8 生产和支持

5.5.1 系统产品

项目宜进行适当的生产盘存和控制活动；生产、组装、集成和验收测试活动；以及包装、搬运、存储、交付和安装活动以向消费者和支持组织提供系统产品。项目宜管理供方以保证进行生产活动所需要的产品、原料和服务的及时交付。

5.5.1.1 产品和过程不足

项目宜应用SEP来纠正生产、验收测试或分发过程中发现的产品和/或过程缺陷。

5.5.1.2 副产品和废物处置

项目宜保证对在生产、验收测试和分发中产生或使用的有害废物和原料进行合适的搬运和处置。在某些情况下，项目可能还要负责在完成服务寿命后对产品进行适当的处置。

5.5.2 技术评审

项目宜完成设计配置审核（根据需要对部件、子系统和系统进行）来保证系统元素符合定义构建目标基线的技术文档。

5.5.3 支持

产品一旦到位，项目宜继续通过所需的服务和零组装件产品对操作员和用户进行支持，以维持供方关系。

5.5.4 系统演化

项目在支持中应用 SEP 来对已到位产品和服务进行增量改进;解决消费者产品使用或服务活动中发现的产品或过程不足;改变产品和服务以与竞争对手提供的产品和服务进行竞争;确保具有支持演化中的产品所需的合适的知识、技能和能力的人员是可用的。

5.5.4.1 修订项目和工程计划

项目宜更新必需的工程和技术计划,从而在生产和支持中进行的 SEP 活动基础上响应变更。

5.5.4.2 规约

项目宜更新并控制已批准规约的所有变更。

5.5.4.3 配置基线

项目宜更新并控制已建立基线的所有变更。

5.6 生存周期过程中的并行工程

项目宜依照第 6 章完成计划活动并应用 SEP,从而为系统产品开发、生产、测试、分发、支持、培训和处置制定生存周期过程和服务。生存周期过程和服务包括如下这些项:生产或维护的特殊工具和装备;生产的特殊过程;支持装备或培训或测试模拟器的软件和硬件;培训或维护手册;开发、生产和测试计划;用于测试、生产或处置的设施;与每个下游活动相关的服务规程。需要生存周期过程和服务来使产品的能力在整个它们的生存周期中能够被充分实现。项目宜将生存周期过程的制定延迟到生存周期过程所支持的产品的需求已经定义之后。生存周期过程产品和服务的并行工程阶段展示在图 9 中。

虽然制定生存周期过程定义可以不在所要支持的产品(系统产品,子系统组装件或部件子组装件)定义之前启动,但项目仍然宜规划可应用的下游生存周期过程在使该过程可支持该产品的时候是可用的。项目宜安排好合适的生存周期过程的定义时间,以便在需要该过程来支持产品开发的时候可用。由于多数生存周期过程并没有所要支持的产品那样复杂,因此开发周期宜更短并且宜在需要时可用。

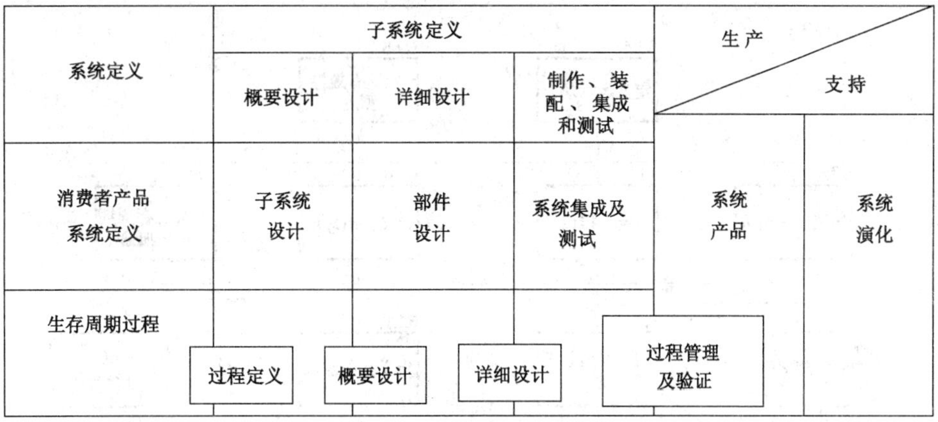

图 9 生存周期过程中的并行工程

5.6.1 生存周期过程制定

项目宜为开发、生产、测试、分发、支持、培训和处置启动可应用的下游生存周期过程的制定,以为产品及其子系统以及组装件及其部件提供生存周期支持。如果系统元素正在从供方或分包商那里获取,那么宜考虑该系统元素的生存周期支持。每个生存周期过程都像 5.1 到 5.5 中所描述的对产品那样经历同样的开发事件和活动,包括技术评审。

5.6.2 规约

项目宜为生存周期过程和服务制定并控制与 5.1 至 5.5 中所描述的同样类型的规约。

5.6.3 配置基线

项目宜为生存周期过程和服务制定并控制与 5.1 至 5.5 中所描述的同样类型的基线。

6 系统工程过程

本章描述 SEP(见图 4)的详细要求。对于 SEP 的每个子过程都给出了一幅图来描述该子过程总的任务流。企业方针和规程描述了整个项目生存周期中子过程任务的一般应用和执行。项目宜根据项目范围并且依照企业方针和规程，通过增加或删除活动剪裁每个任务的活动，或者通过增加或删除任务剪裁子过程任务。

6.1 需求分析

项目应执行需求分析任务，从而确定系统能够完成什么；系统产品按照定量、可测量的术语可以执行的程度；系统产品所运行的环境；人/机界面需求；物理/审美特性；以及影响设计方案的约束。市场要求、需求以及约束来自于利益相关方期望、项目和企业约束、外部约束和更高层的系统需求。这些都记载在需求基线中。需求基线指导 SEP 剩下的活动，并且表示待解决问题的定义。与需求分析相关的活动标识在图 10 中。项目评估并分析任务 6.1.1 至 6.1.9 中所定义的输入，以标识成本、进度以及绩效风险；定义功能和性能需求；标识冲突。进行权衡分析来解决这样的冲突，从而到达一个平衡的需求基线。权衡分析和风险评估、分析和处理任务在 6.7 中讨论。对于 SEP 的每次应用，项目对前面针对系统体系结构中更高层次所定义的需求进行适当的精化，并且为开发中的系统定义需求（见 1.3 中的讨论）。

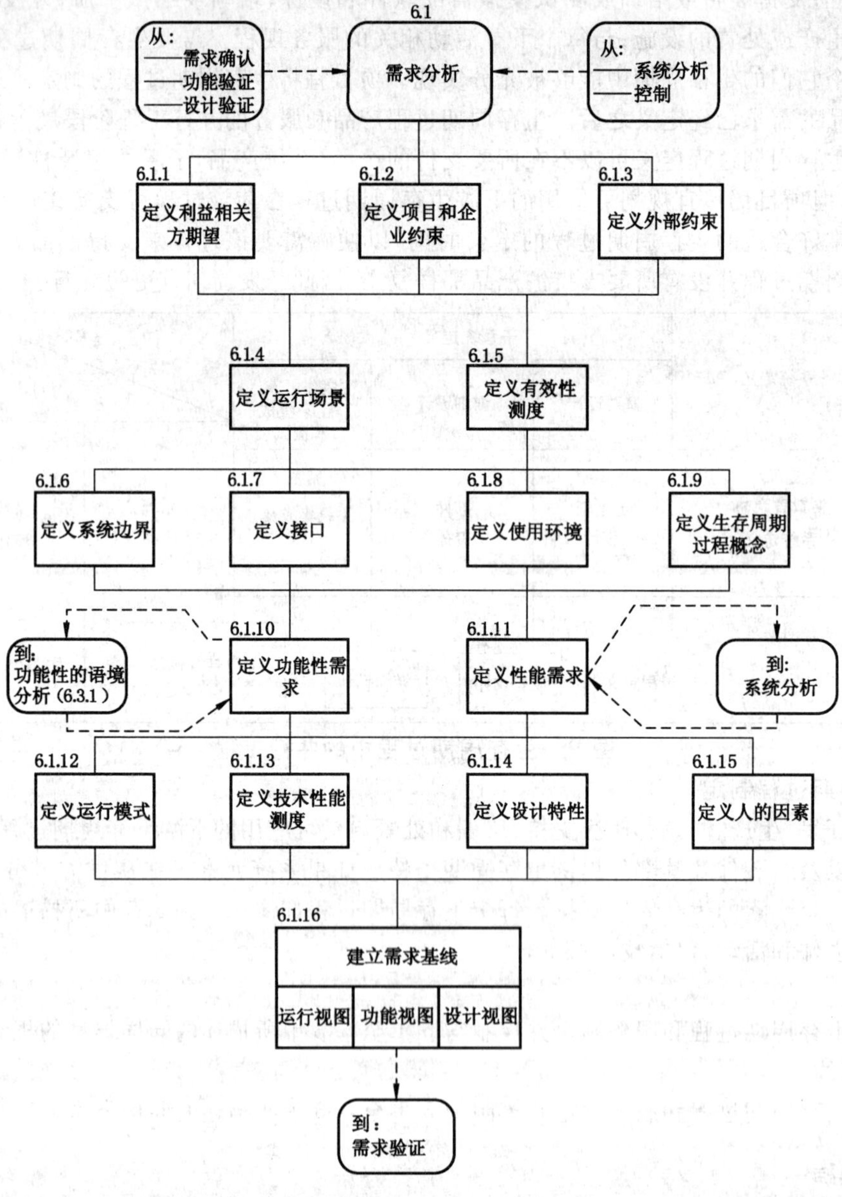

图 10 需求分析

6.1.1 **定义利益相关方期望**

项目定义并量化利益相关方对系统的期望。利益相关方期望可能来自于市场、需方的定单、所认识到的市场机会、来自于用户的直接交流、或者来自更高层系统的需求。利益相关方期望包括：

a) 利益相关方希望系统(产品、生存周期过程以及想要的质量要素)完成什么(功能性需求)；

b) 每项功能将被完成得怎么样(性能需求)；

c) 系统产品运行或可能被使用的自然环境和人工环境；

d) 约束(例如资金；成本或价格目标；进度；技术；无需开发及可重用的项；设计特性；每天运行的小时数；开—关顺序；外部接口；与生存周期过程相关的制定的现有装备、规程或设施)。

利益相关方期望的定义，需要通过分析对以下各项的影响进行平衡：总体系统设计和性能以及人因工程；知识、技能和能力；易用性；可靠性；安全性；以及需要来支持生存周期过程的人的培训需求。

6.1.2 **定义项目和企业约束**

企业标识并定义影响设计方案的项目和企业约束。

6.1.2.1 **项目约束**

项目约束可能包括：

a) 在前面的 SEP 应用中制定的已批准规约和基线；

b) 工程和技术计划；

c) 团队分派和组织结构；

d) 自动工具的可用性或使用许可；

e) 控制机制；

f) 测量技术进度所需的度量；

g) 复用以及商用现货。

6.1.2.2 **企业约束**

企业约束可能包括：

a) 来自于此前技术评审的管理决策；

b) 企业通用规范、标准或指导思想；

c) 方针和规程；

d) 领域技术；

e) 已建立的生存周期过程能力；

f) 实物、财务以及人力资源向技术工作的分配。

企业可能会在技术工作上施加长期规划的约束，这可能会要求一种演化式的开发战略，从而达到项目或企业的目标。

6.1.3 **定义外部约束**

项目标识并定义影响设计方案或 SEP 活动实现的外部约束。这些约束包括：

a) 公共及国际性的法律和法规；

b) 技术基础；

c) 产业界、国际性的或其他通用规范、标准和指导思想；

d) 与人相关的规范、标准和指导思想；

e) 人的易用性、招募和选择；

f) 竞争者产品的能力。

6.1.4 **定义运行场景**

项目标识并定义那些定义了系统产品预期使用范围的运行场景。对每一个运行场景，项目定义与环境和其他系统的期望交互;人的任务及任务顺序;以及与接口连接的系统、平台或产品的物理互联。

6.1.5 定义有效性测度

项目定义反映总体利益相关方期望和满足情况的有效性测度。关键的 MOE 可能包括性能、安全性、可运行性、易用性、可靠性、可维护性、培训时间和成本、负载、人的绩效要求或其他要素。

6.1.6 定义系统边界

项目定义:

a) 哪些系统元素处于项目设计控制之下而哪些不受其控制;

b) 设计控制下的系统元素之间的期望交互以及系统边界外的外部和/或更高层的交互系统。

6.1.7 定义接口

项目以定量的术语定义与外部和/或更高层的交互系统、平台、人和/或产品的功能和设计接口。其中包括机械、电气、热力、数据、通讯过程、人/机以及其他交互。

6.1.8 定义使用环境

项目为每个运行场景定义使用环境。所有可能影响系统性能的环境要素,自然或人工的,都被标识并定义。标识确保系统将导致伤亡事故的人或机器的错误或失效的可能性最小化,以及确实降低支持生存周期的人的死亡、受伤或急慢性疾病、残疾和/或工作能力风险的要素。特别地,为系统可能运行的地点及条件定义天气条件(例如雨、雪、晴、风、冰、灰尘、雾)、温度范围、地形(例如海洋、山脉、沙漠、平原和植被)、生物(例如动物、昆虫、鸟类和菌类)、时间(例如白天,夜里和黄昏)、人造物(例如振动、电磁、噪音和化学物)或其他环境因素。从对系统性能和生存周期过程的影响出发,评估其对硬件、软件和人的作用。

6.1.9 定义生存周期过程概念

项目分析任务 6.1.1 至 6.1.8 的输出来定义开发中的系统产品的开发、生产、测试、分发、运行、支持、培训和处置所需的生存周期过程需求。

6.1.9.1 人力

项目标识并定义用来确定支持系统生存周期过程的人的数量和构成所需的工作任务及相关的工作量。

6.1.9.2 人员

项目评价并确定完成与支持系统生存周期过程的人相关的工作任务所需的人的经验、态度、知识、技能和能力。

6.1.9.3 培训

项目标识并制定为人员和团队提供在指定的绩效级别上支持系统生存周期所需的知识和工作技能所需要的指令、教育、在职或团队培训。包括要开发和使用的、用于为所需要的任务提供培训的工具、装置(包括嵌入式培训系统)、培训模拟、技术、规程以及训练材料和技术手册。

6.1.9.4 人因工程

项目标识并说明支持系统生存周期的人的那些直接作用于或约束系统性能并影响人机界面的认知、身体和感觉特性。

6.1.9.5 安全性

项目说明引发操作、维护或支持系统的人员死亡、受伤或急慢性疾病、残疾和/或降低工作能力的重大风险的系统设计特征。

6.1.10 定义功能性需求

为了定义系统应该能够做什么(功能需求),项目进行功能周境分析(见 6.3.1)。标识出的功能在

6.1.11 中用来定义这些功能必须执行到什么程度并建立性能需求。通过功能周境分析标识出的功能在功能分解(见 6.3.2)中被进一步分解,从而为标识并评估设计可选项提供基础。典型情况下,系统的所有需求包括功能和性能两方面,正是将系统需求看作功能和性能两个方面确保了需求是完整、一致以及可验证的。

6.1.11 定义性能需求

项目为系统的每个功能定义性能需求。性能需求描述功能性需求必须被执行到何种程度以满足 MOE。这些性能需求就是那些在功能分解分析中被分配到子功能上,并且作为测量设计方案(从综合过程演化得到,见 6.5)所依照的准则的 MOP。典型情况下针对每个 MOE 都有几个 MOP,它们绑定了可接受的性能封装。

6.1.12 定义运行模式

项目定义开发中的系统产品的各种运行模式(嵌入培训的能力、完整运行等)。那些决定运行模式的条件(环境、配置、运行等)也被定义。

6.1.13 定义技术性能测度

项目标识技术性能测度(TPM),它们是系统性能的关键指示器。TPM 的选择通常限制为关键的 MOP,它们如果不能得到满足将会置项目于成本、进度或性能风险之中。特定的 TPM 活动集成到 SEMS 中,以阶段性地确定当前已完成的成果同时根据计划的值对进度进行测量。

6.1.14 定义设计特性

项目标识并定义开发中的系统产品所需的设计特性(例如颜色、纹理、尺寸、拟人性限制、重量及浮力)。系统标识哪些设计特性是约束,以及哪些可以在权衡分析基础上进行改变。

6.1.15 定义人的因素

项目标识并定义影响开发中系统的运行的与人有关的要素考虑(例如设计空间限制、气候限制、视力移动、可达性,人体工程学、认知限制以及易用性)。项目标识哪些人的要素是约束以及哪些可以在权衡分析基础上进行改变。

6.1.16 建立需求基线

任务 6.1.1 至 6.1.15 的输出记录在三个视图(运行、功能及设计)中,以构成一个建立待解决的系统问题的需求基线。运行视图描述系统产品如何为它们的用户服务。它确定了由谁来操作和支持系统及其生存周期过程,系统产品将如何在何种程度上以及在何种条件下被使用。功能视图描述了系统产品做什么以产生在运行视图中描述的所要得到的行为,并且提供用来设计视图和设计原理的方法学的描述。设计视图描述系统产品开发中的设计考虑,并且建立对技术以及装备间以及人与装备间设计界面的需求。这些视图的内容可以包括:

a) 运行视图:

1) 运行要求描述;
2) 系统运行分析结果;
3) 运行序列和场景(最好用图表示),包括应用环境、MOE 以及系统产品宜如何使用;
4) 系统产品宜响应的条件/事件;
5) 运行约束,包括 MOE;
6) 所标识的人的角色,包括工作任务和技能需求;
7) 培训需求,包括如何通过正式、非正式、随带、在职或其他培训形式将人培训成为系统的一部分并支持系统生存周期;
8) 标识需要哪些操作以确保安全;

9) 生存周期过程概念，以包括 MOE、关键 MOP 以及已有的产品和服务；

10) 与其他系统、平台、人和/或产品的运行接口；

11) 系统边界。

b) 功能视图：

1) 描述系统产品和生存周期过程必须做的或完成的事情的功能性需求；

2) 包括定性(什么程度)、定量(多少、容量)以及时间线或周期性(多长时间、多久一次)需求的性能需求；

3) 完成系统目标的功能序列；

4) TPM 准则；

5) 与外部、更高层或交互的系统、平台、人和/或产品之间的功能接口需求；

6) 运行模式；

7) 计划中的演化成长的功能能力。

c) 设计视图：

1) 此前批准的规约和基线；

2) 与其他系统、平台、人和/或产品的设计接口；

3) 人因系统工程元素，包括安全性、培训、完成系统功能所需的知识、技能和能力，以及信息显示和操作员控制特性；

4) 操作员和支持人员的特性，包括特殊的设计需求以及适用的移动、视觉或负载限制；

5) 信息显示和操作员控制特性；

6) 系统特性，包括设计限制(容量、电量、尺寸、重量)；技术限制(精度、日期格式、频率、语言)；固有的人员限制(身体和认知负载、知觉能力以及触及和人体测量限制)；以及标准化的最终项、无需开发的项和可复用性需求；

7) 设计约束，包括限制设计方案和/或开发规程的项目、企业和外部约束；

8) 设计能力以及所规划的演化式成长的能力。

6.2 需求确认

项目应执行需求确认任务。在需求确认活动中：

a) 评价在需求分析中建立的需求基线，以确保其表达了标识出的利益相关方期望以及项目、企业和外部的约束；

b) 评估需求基线以确定其是否充分覆盖了所有可能的系统操作和系统生存周期支持概念。

如果标识出要求、约束等存在空白或要求没有适当的明确时，需求分析和确认将反复进行直到生成一个适当的需求基线。已确认的需求基线记载在集成资源库中并且作为功能分析的一种输入。同需求确认相关的任务标识在图 11 中。

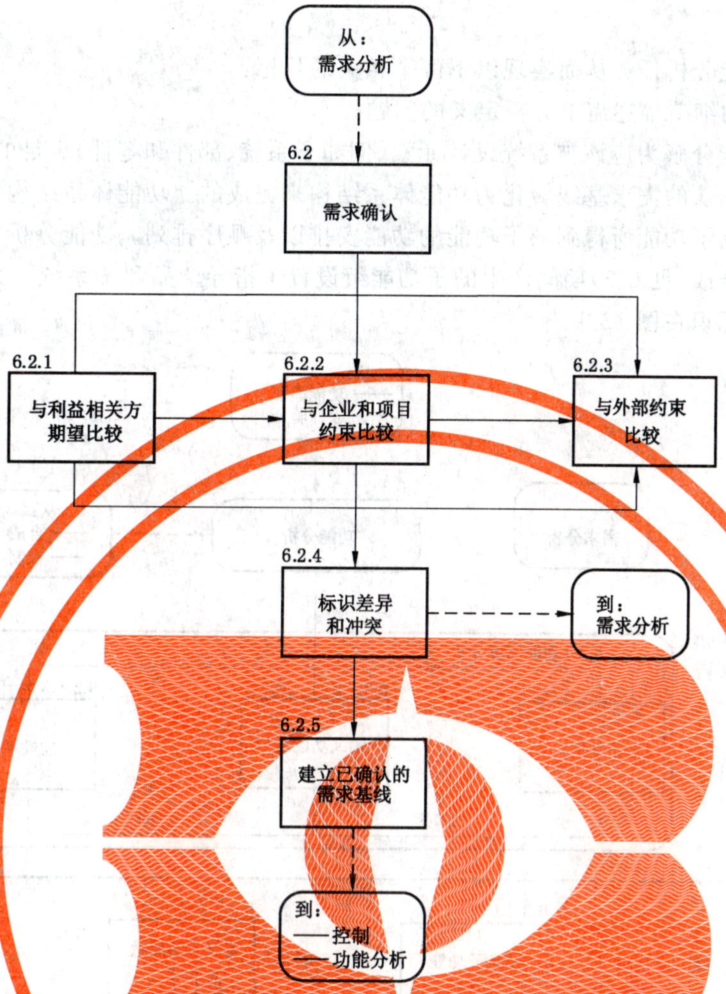

图 11　需求确认

6.2.1　与利益相关方期望比较

项目根据利益相关方的期望对所建立的需求基线进行分析和比较，以确保技术需求充分反映了利益相关方对系统产品及生存周期支持概念的要求、需求和约束。涉及直接的利益相关方参与（最终用户、市场等）和/或利益相关方所提供的需求文档。

6.2.2　与企业和项目约束比较

项目根据企业和项目约束对所建立的需求基线进行分析和比较，以确保技术需求正确反映且没有超出企业和项目方针及规程、可接受的风险级别、计划、资源、技术限制、目标、决策、标准或其他文档化的约束。

6.2.3　与外部约束比较

项目根据外部约束对所建立的需求基线进行分析和比较，以确保所描述的技术需求正确反映且没有超出所适用的国内和国际法律（包括环境保护、有害原料禁止列表、废物处理以及社会责任法律）；正确陈述了与已有的或演化中的系统、平台或产品之间的外部接口需求；包括了所适用的通用规范以及影响开发的标准条款；同时充分定义了竞争产品的能力和特性。

6.2.4　标识差异和冲突

项目对 6.2.1 至 6.2.3 的确认任务中出现的差异和冲突进行标识和定义。每个差异或冲突通过需求分析迭代来解决，从而精化需求基线。

6.2.5　建立已确认的需求基线

一旦所建立的需求基线中的差异和冲突都得到满意解决，需求基线就可以认为是有效的。这个已确认的需求基线将作为功能分析(见 6.3)的输入使用并记载在集成资源库中。

6.3 功能分析

项目应执行功能分析任务从而实现以下两个相关的目标：

a) 以更清楚的细节描述需求分析定义的问题；

b) 将系统功能分解为应该被系统设计元素(例如子系统、部件和零件)满足的更低级别的功能。

这是通过将已确认的需求基线转化为功能体系结构来完成的。功能体系结构描述了通过将一组系统功能分解为它们的子功能所得到的子功能的功能安排以及顺序排列。功能分析宜在不考虑设计方案的情况下进行。在合成(见 6.5)期间产生的子功能组设置了指导产品和子系统方案定义的准则。与功能分析相关的活动标识在图 12 中。

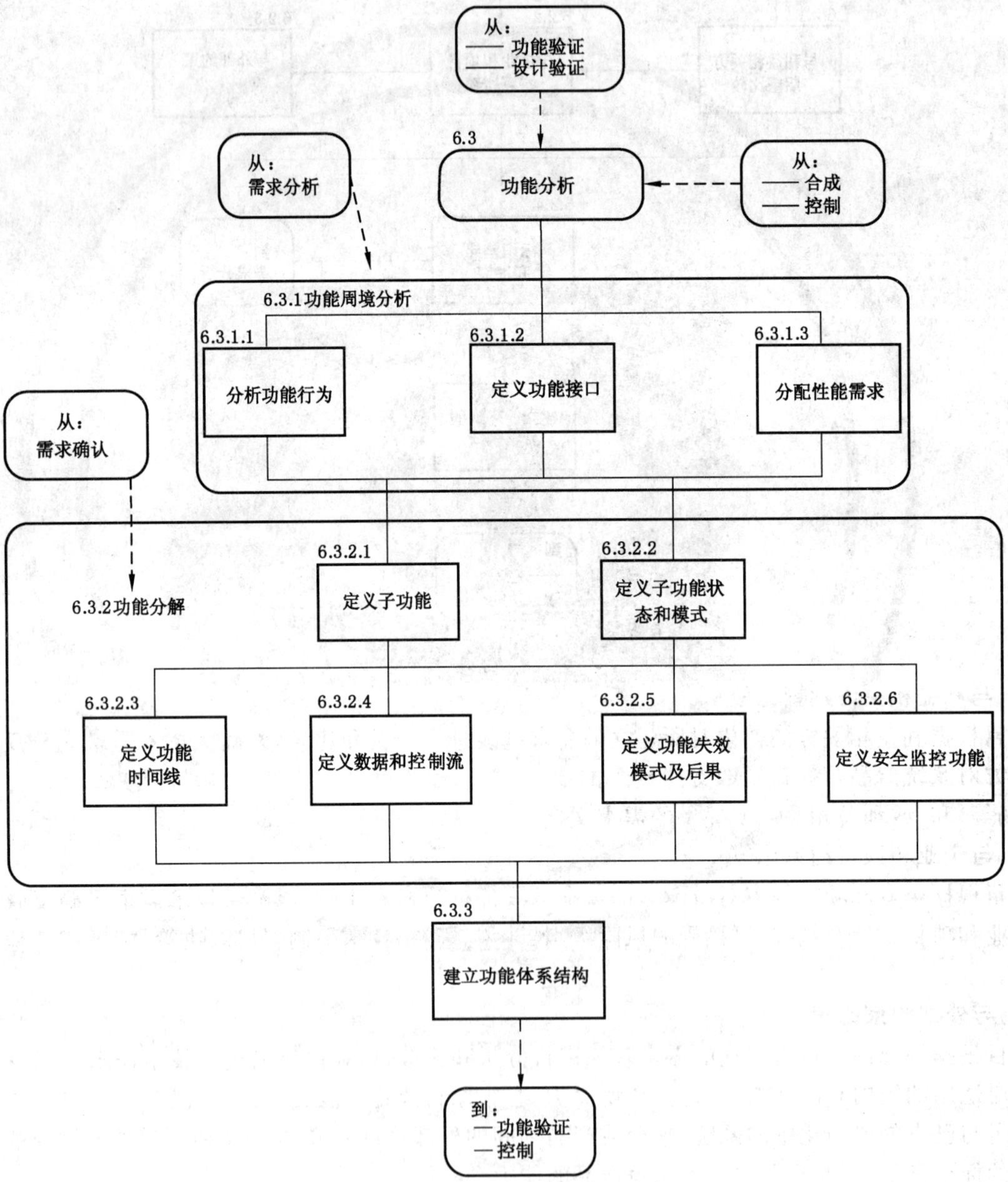

图 12 功能分析过程

6.3.1 功能周境分析

系统分析每个系统功能来确定实现系统目标所需要实现的系统对于激励(输入)的响应(输出)。

6.3.1.1 分析功能行为

进行分析以理解系统在各种条件下的功能行为并评估功能体系结构的完整性。分析宜包含使用模型受到反映预期的运行使用和环境的各种受压及非受压情形的运行场景的功能模型模拟或激励。

6.3.1.2 定义功能接口

随着系统的功能分解，交互功能之间的接口也被创建。项目标识这些接口，并定义它们的功能交互，例如初始和结束状态，或输入和输出。

6.3.1.3 分配性能需求

性能需求被划分为可分配的集合被直接分配到功能上。非直接可分配的需求，例如行驶里程，宜通过适当的工程技术和分析转化为导出的性能需求，例如燃油容量、引擎功率以及车辆阻力。项目将系统性能需求分配到功能上并进行记载，从而提供可追踪性并为此后的变更提供便利。

6.3.2 功能分解

项目将系统分解为子功能，从而定义：

a) 可替换的子功能安排和序列；

b) 它们的功能接口；

c) 它们的性能需求。

功能分解的程度依赖于建立一个对系统应完成什么功能的清晰理解。进行权衡分析和风险分析(见6.7)，从而选择一种平衡的子功能集合并将性能需求分配到子功能上以保证功能体系结构满足系统需求。

6.3.2.1 定义子功能

功能根据它们的功能行为、运行状态和模式、功能时间线、数据流控制条件、功能失效模式及后果、以及所需的潜在危险监控功能进行分解。探究可替换的子功能安排和排序以保证一组平衡的子功能。项目分析所得到的子系统安排以确定冗余程度。所标识出的那些并非安全性、可靠性或其他关键需求所特别需要的冗余功能宜被排除。项目选择出最好的功能体系结构，并记载在集成资源库中。

6.3.2.2 定义子功能状态和模式

项目分析功能体系结构来标识和定义子功能表现出不同行为的状态和模式。分析包括一个或一组子功能的开始和结束条件之间的状态或模式迁移。

6.3.2.3 定义功能时间线

项目分析子功能顺序以及它们的行为，从而为每一个运行场景标识并定义一个功能时间线。每一个子功能的执行时间范围以及导致正常和反常执行的条件在功能时间线的支持下被标识出来。

6.3.2.4 定义数据和控制流

项目分析子功能顺序及其行为，从而为每一个运行场景标识并定义子功能之间的数据流。这些数据流在数据流图或相关的面向对象的记法中进行捕获。针对每一个运行场景的功能体系结构执行控制被标识和定义，并在控制流图或相关的面向对象的记法中进行捕获。

6.3.2.5 定义功能失效模式及后果

项目分析潜在的功能失败模式并进行优先级排序以定义失效后果并标识对缺陷侦测和恢复功能的要求。建立功能可靠性模型以支持针对每个运行场景的系统有效性分析。对代表重大安全、性能或环境危害的失效进行建模以完整理解系统影响。

6.3.2.6 定义安全监控功能

项目分析子功能和子功能聚集，从而标识那些可能导致人员受伤、财产或产品损失、或环境影响的运行危害。附加的功能需求被导出并定义来监控危险的运行状况、通知或警告操作者即将发生的危害。

6.3.3 建立功能体系结构

项目建立同开发层次相适应的功能体系结构，以定义性能需求的分配，设计方案宜在此基础上通过合成(见6.5)确定。在合成之前，功能体系结构宜被验证以保证其满足已确认的需求基线。

6.4 功能验证

项目应进行功能验证任务以评估功能体系结构满足已确认需求基线的完整性，并且产生经验证的功能体系结构来作为合成的输入。同功能验证相关的任务标识在图 13 中。

6.4.1　定义验证规程

项目定义验证已建立的功能体系结构的规程。

6.4.2　进行验证评价

项目实施已定义的规程来验证已建立的功能体系结构所描述的每个需求和约束向上可追踪到已确认的需求基线,并且记录在需求基线中的所有高层系统需求和约束都向下可追踪到功能体系结构。

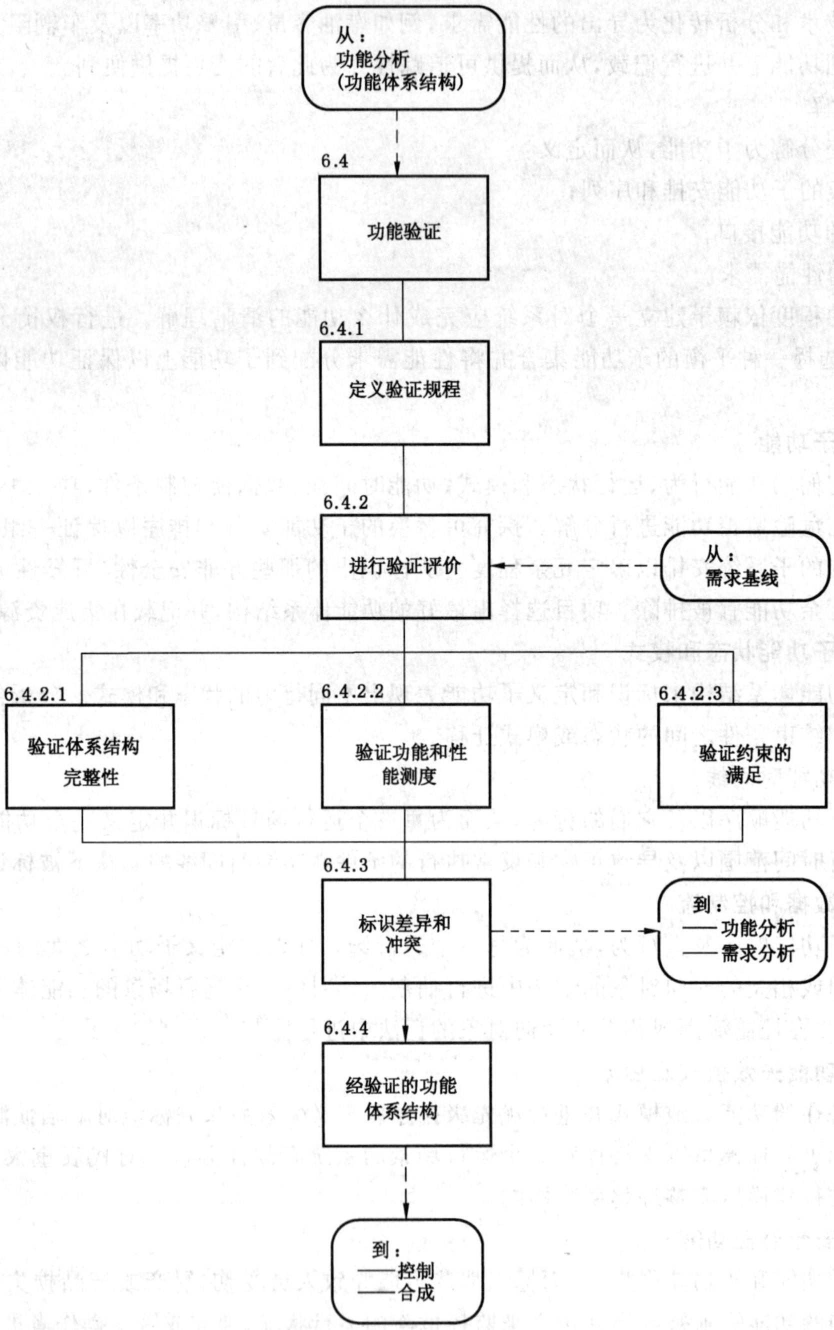

图 13　功能性验证

6.4.2.1　验证体系结构完整性

项目验证需求基线中所包含的系统功能和运行需求都可追踪到功能体系结构。

6.4.2.2　验证功能和性能测度

项目验证需求基线中所有的系统级功能和性能需求都可追踪到已建立的功能体系结构。

6.4.2.3 验证约束的满足

项目验证需求基线中所有的系统级方针、规程、标准、功能和设计约束都可追踪到已建立的功能体系结构。

6.4.3 标识差异和冲突

项目标识任务6.4.2的验证评价活动所产生的差异和冲突。如果发现不完整，功能分析任务(见6.3)将反复进行以纠正空缺。如果功能体系结构需求无法向上追踪到已确认的需求基线，宜判断是因为功能分析中引入了不属于原需求的功能或性能需求，还是需求基线中本来就忽略了一些合理的功能或性能需求。前者需要反复进行功能分析(见6.3)来消除那些不属于原需求的功能或性能需求。对后者来说，宜重复进行需求分析(见6.1)和需求验证(见6.2)的步骤，来生成一个修订过的、有效的需求基线。

6.4.4 建立经验证的功能体系结构

功能体系结构以满意地解决6.4.3中识别的差异和冲突为依据进行验证。经验证的功能体系结构，连同证明结构合理性的原理、所进行的权衡分析和关键决策都记载在集成资源库中。这个经验证的功能体系结构用于合成中，从而生成满足已确认的需求基线定义的利益相关方期望以及公众接受的设计方案。

6.5 合成

项目应执行合成任务，其目的在于定义设计方案以及标识子系统以满足经验证的功能体系结构需求。合成将功能体系结构转化为规定了系统元素的安排、它们的分解、接口(内部和外部的)和设计约束的设计体系结构。合成活动包括从一组可选项中选取首选的方案或安排，并且理解相关的成本、进度、绩效和隐含的风险。系统分析(见6.7)根据需要被使用来评价各可选项；标识、评估及量化风险，并选择适当的风险缓解方法；以及理解成本、进度和绩效影响。随着子系统需求被定义，生存周期过程的要求、需求和约束的标识也完成了。与合成相关的任务标识在图14中。

6.5.1 功能分组和分配

项目以一种允许它们向设计元素分配的方式将经验证的功能体系结构的通用功能和子功能分组为逻辑功能元素。向设计元素的分配发生在确定了功能元素可以被已有或新开发的项实现之后。如果功能元素需要分解才能进行分配，那么执行功能分解(见6.3.2)对功能元素进行充分的划分，从而使其能在硬件、软件和人之间进行分配。建立并记录需求跟踪以保证所有功能都已分配到系统元素中；每个系统元素至少执行一种功能。

6.5.2 识别设计方案可选项

项目为在6.5.1中标识的功能元素生成可选的设计方案。这些解决方案宜由下列一个或多个元素组成：硬件、软件、材料、数据、设施、人员和技术。任务6.5.3至6.5.14完成后，对可选项以及可选项组合进行分析以确定哪个设计方案最能满足所分配的功能和性能需求、接口需求和设计约束，并且最能增加系统或更高层系统的有效性。当这些任务完成后，专业工程师与设计工程师一起工作，以保证需求，例如可靠性、可用性、可维护性、可支持性、易用性、安全性、健康因素、保密安全性、可生存性、电磁兼容性以及无线电频率管理，都能被适当地设计。此外，每个可选系统产品方案和方案组合的生存周期过程需求也被标识。

6.5.3 评估安全性和环境性危害

项目分析6.5.2的可选项及可选项组合，以标识对系统、系统和支持系统生存周期过程中涉及的人，或环境的潜在危害。应该特别注意对系统的安全运行进行评估，以及对与到目前为止已开发的系统生产、测试、分发、运行、支持、培训或处置相关的污染物、有害废物或副产品进行评估。

6.5.4 评估生存周期质量要素

项目评估6.5.2的可选项以确定质量要素(可生产性、可测试性、易分发性、易用性、可支持性、可培训性和可处置性)已经被包含在解决方案中的程度。此外，项目评估相关的生存周期过程要求、需求和过程约束是否得到标识和定义。

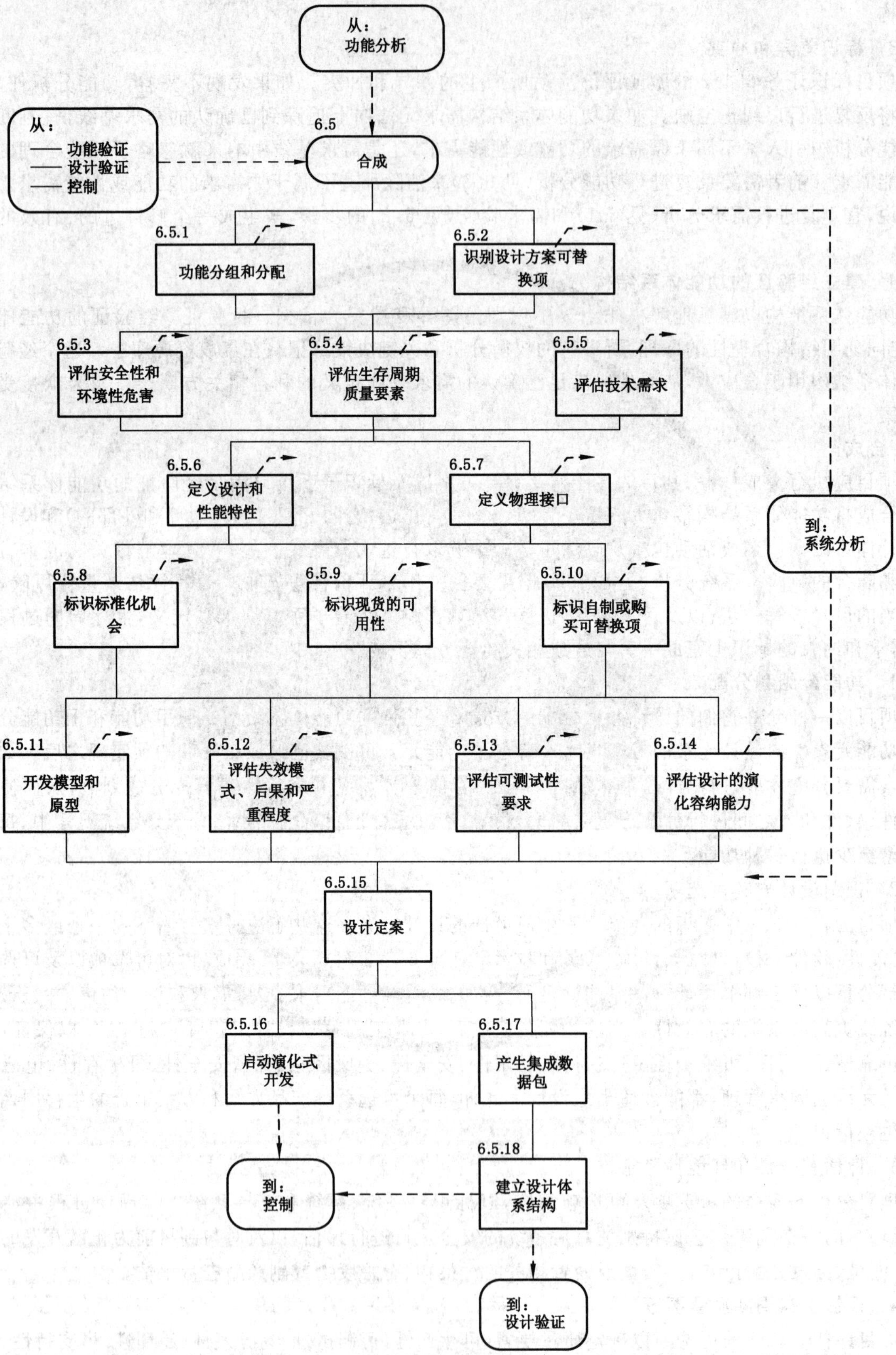

从：
功能分析
从：
——功能验证
——设计验证
——控制
6.5
合成
6.5.1
功能分组和分配
6.5.2
识别设计方案可替换项
6.5.3
评估安全性和环境性危害
6.5.4
评估生存周期质量要素
6.5.5
评估技术需求
6.5.6
定义设计和性能特性
6.5.7
定义物理接口
到：
系统分析
6.5.8
标识标准化机会
6.5.9
标识现货的可用性
6.5.10
标识自制或购买可替换项
6.5.11
开发模型和原型
6.5.12
评估失效模式、后果和严重程度
6.5.13
评估可测试性要求
6.5.14
评估设计的演化容纳能力
6.5.15
设计定案
6.5.16
启动演化式开发
6.5.17
产生集成数据包
6.5.18
建立设计体系结构
到：
控制
到：
设计验证

图 14　合成过程

6.5.5 评估技术需求

项目对6.5.2的可选项进行评估以确定那些使设计方案有效所必需的技术要求。宜对与任何为了满足需求而引入的新的或高级的技术相关的风险进行标识和评估。项目评估可选项以确定那些使系统有效所必需的人的需求。宜分析并评估分配给人的任务、角色和工作以确定作为系统一部分的人是否具有所必需的知识、技能和能力。还宜对培训和人员梯队进行评价以确保他们满足指定的需求。

6.5.6 定义设计和性能特性

项目标识并记载设计可选项的设计和性能特性。这包括对人的物理和认知负载水平的预估或测量。宜对与生存周期质量要素相关的设计特性和人因工程元素进行识别和评估。

6.5.7 定义物理接口

项目标识并定义产品、子系统、人、生存周期过程以及与高层系统或交互系统的外部接口之间的物理接口。影响设计的物理接口包括通信、数据、支持、测试、控制、显示、连通性或子系统、产品、人或其他接口连接系统或更高层系统之间交互的资源补充特性。

6.5.8 标识标准化机会

项目分析6.5.2的可选项以评估使用标准化的最终项在技术和经济上是否可行。

6.5.9 标识现货的可用性

项目分析6.5.2的可选项以确定现货项(无需开发的硬件或软件)的可用性。可以对每个标识出的现货项进行评估以确定成本效益、数量、可用性、可支持性以及供方和/或其产品的生存能力。

6.5.10 标识自制或购买可选项

项目对设计可选项进行经济分析以支持自制或购买决策。该分析宜明确对于该项目而言生产设计元素与转向确定的供方相比是否具有更好的成本效益。

6.5.11 开发模型和原型

项目开发模型和/或原型以辅助完成下列任务：

a) 标识并减少与集成可用的和新兴技术相关的风险；
b) 验证设计方案(由硬件、软件、材料、人、设施、技术、数据、和/或服务构成)符合所分配的功能和性能需求、接口需求、负载限制和约束；
c) 验证设计方案满足功能体系结构和需求基线中的需求。

宜维护模型、数据文件和支持文档,影响需求、设计或决策的每个模型和数据文件版本都宜保存在集成资源库中。模型可以是数字的、部分的或完整的,也可以是硬件、软件或二者的结合,或者可能包括用于易用性测试和负载测量的人的模型或人控制的模拟或实物模型。

6.5.12 评估失效模式、后果和严重程度

项日评估设计可选项的失效模式、后果和严重程度。宜对设计可选项的硬件、软件和人元素进行分析,宜应用历史或测试数据,以精化对每个可选项成功执行可能性的预估。失效模式及后果分析(FMEA)宜用来标识设计方案的优缺点。对于严重的失效,项目实施危险性分析以根据危险性评级对每个可选项进行优先级排序。分析的结果用于指导进一步的设计工作以提供冗余并支持适度的系统退化。

6.5.13 评估可测试性要求

项目评估设计可选项的可测试性以确定支持运行或维护考虑的内建测试(BIT)和/或缺陷隔离测试(FIT)需求。对于由操作员、用户或现场支持工程师维护的那些元素宜提供BIT-FIT机制。BIT-FIT可以用于支持较低层次维护动作的诊断操作。

6.5.14 评估设计的演化能力

项目评估设计可选项以确定设计方案对演化或再工程、适应新技术、提高性能、增加功能,或当系统处于生产或市场中时加入其他有成本效益或竞争力的改进的能力。宜标识可能阻碍系统演化能力的限制,分析和定义解决这些限制的方法。项目宜对产品执行配置管理来保证具备演化能力的产品能以较

好的成本效益进行再工程。演化系统的可支持性可能要求支持过程与产品一起演化。这种考虑可能对支持资金和培训要求具有很大影响。

6.5.15 设计定案

项目针对所选择的可选项进行设计定案。对设计元素之间的接口(内部的和外部的)指派和描述进行定案。

6.5.16 启动演化式开发

如有必要,项目对任何选择了次优技术方案而非更高风险的技术,并且该元素或相接口的元素包含演化能力设计的设计元素,启动一次演化式开发。

6.5.17 产生集成数据包

项目根据需要完成制图、制表、软件文档、手工规程等,从而在集成数据包中记载所选择的设计元素。

6.5.18 建立设计体系结构

项目建立与开发层次相适应的设计体系结构,以记载设计方案和接口。设计体系结构包括需求追踪及分配矩阵,它们捕获功能和性能需求在系统元素之间的分配情况。设计体系结构定义宜与权衡分析结果、设计原理和关键决策一起记载在集成资源库中,从而提供需求与体系结构之间向上和向下的追踪能力。宜对设计体系结构进行验证(见 6.6),从而展示体系结构同时满足已确认的需求基线和已验证的功能体系结构。

6.6 设计验证

项目应执行设计验证任务以确保:

a) 设计体系结构最低层次的需求,包括衍生需求,可追踪到已验证的功能性体系结构;

b) 设计体系结构满足已确认的需求基线。

与设计验证相关的任务标识在图 15 中。

6.6.1 选择验证方法

项目选择验证设计体系结构、评估设计完整性以及确定 MOE 和 MOP 满足性的方法。

6.6.1.1 定义审查、分析、演示或测试需求

为了评价功能和性能需求以及在设计体系结构中标识的设计特性是否得到满足,项目选择适当的验证方法[审查、分析(包括实物模型或模拟)、演示或测试]。设计一个验证矩阵来将验证方法追踪到功能性体系结构和需求基线中的需求。项目还要选择将会用到的模型或原型,它们可以是部分的或完整的,并且可以包含或不包含人员,取决于验证任务的目的和目标。

6.6.1.2 定义验证规程

项目为所选择的每个验证方法定义规程,标识每个验证规程的目的和目标,标识测试前后的动作,并且定义确定规程在计划的和非正常条件下成功或失败的准则。

6.6.1.3 建立验证环境

项目为所选择的方法和所定义的规程建立环境。环境考虑包括设施、装备、工具、模拟、测量装置、人员和气候条件。环境宜在验证执行之前进行检验。

6.6.2 执行验证评价

项目执行验证评价以保证每项需求和约束都能追踪到已验证的功能体系结构,并且设计元素方案满足已确认的需求基线。验证结果被评价以保证设计元素方案所展现的行为与预期相符并满足需求。

6.6.2.1 验证体系结构完整性

项目验证:

a) 设计元素描述可追踪到功能体系结构的需求(向上追踪);

b) 功能体系结构的需求被分配并追踪到设计体系结构。

所有内部和外部设计接口宜能向上及向下跟踪到它们的源需求。

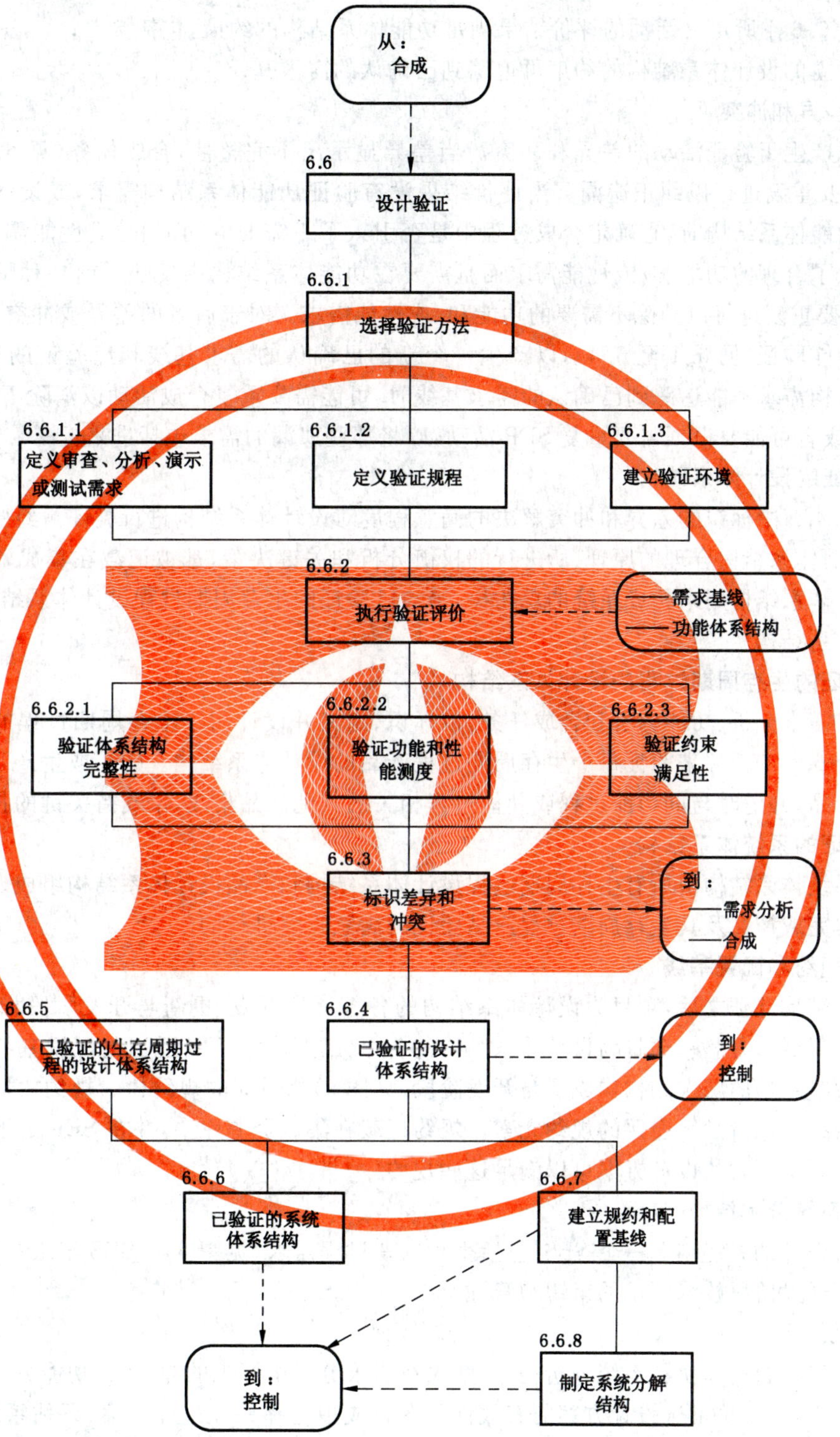

图 15 设计验证

6.6.2.2 验证功能和性能测度

项目验证来自 6.6.1 所定义活动的评价结果满足已确认需求基线的功能和性能需求(包括人的性能需求)。

6.6.2.3 验证约束满足性

项目验证：

a) 来自6.6.1所定义活动的评价结果满足功能体系结构的约束，包括接口；

b) 已建立的设计体系结构的约束可追踪到已确认的需求基线。

6.6.3 标识差异和冲突

项目标识产生于验证活动的差异和冲突。当差异显示出不完整性，合成任务(见6.5)或功能分析任务(见6.3)要重复进行以纠正遗漏。当评价结果没有验证功能体系结构需求，或设计体系结构需求无法追踪到功能体系结构时，宜确定合成过程中是否引入了不需要的功能和/或性能需求或设计元素，或者是否引入了合理的功能和/或性能需求而且需要在功能体系结构中反映。前一种情况表明合成活动(见6.5)需要重复进行以消除不需要的功能和/或性能需求。对于后者的差异或冲突，宜重复进行需求分析直到功能验证(见6.1至6.4)，以产生一个新的已确认的需求基线和经验证的功能体系结构。当设计体系结构需求不能追踪到已确认的需求基线时，可能需要重复合成活动以消除不需要的功能和/或性能需求；或者可能要根据需要重复SEP活动，以将那些遗漏的需求包括进来。

6.6.4 已验证的设计体系结构

根据对6.4.3中标识的差异和冲突解决的满意程度对设计体系结构进行验证。经验证的设计体系结构，连同证明体系结构合理的原理、所进行的权衡分析和关键决策，都被记载在集成资源库中。这个经验证的设计体系结构用来构成系统的规约树，当与已验证的生存周期过程设计体系结构相结合时，就构成了系统体系结构。

6.6.5 已验证的生存周期过程的设计体系结构

系统完成需求分析、功能分析和合成任务，以标识、定义并设计用于生存周期过程的体系结构。项目执行6.1至6.4的任务来验证每个生存周期过程产品的设计体系结构。购买或生产与每个生存周期过程相关的产品，并适时与同当前过程或其他过程相关的其他产品集成，以支持关键的技术事件。

6.6.6 已验证的系统体系结构

完整的系统体系结构由所有生存周期过程设计体系结构和产品设计体系结构组成。系统体系结构的验证是根据完成产品及其生存周期过程产品验证的满意程度进行的。

6.6.7 建立规约和配置基线

设计体系结构验证之后，项目为设计体系结构的各个元素开发/更新与开发阶段相适应的(见第4章)产品和接口规约。此外，项目为设计体系结构的各个元素开发/更新适当的配置基线。设计体系结构规约(产品和接口)的层次结构构成了与开发阶段(见图5)相适应的规约树。规约树描绘了产品的制作、生产、购买或编码所必须遵照的规约元素。规约记载在集成资源库中，并在SEP的下一次应用中使用。针对下一层次开发的设计方案可以满足这些规约。

6.6.8 制定系统分解结构(SBS)

项目为所设计的系统制定一个SBS，包括生存周期过程需求(见图6)。SBS记载在集成资源库中，并被用于下一开发阶段技术活动的组织和管理。

6.7 系统分析

项目应为以下目的而执行系统分析任务：解决在需求分析中标识的冲突、在功能分析中分解功能需求并分配性能需求、评价可选设计方案的有效性并在合成中选择最佳设计方案、评估系统有效性、并在整个系统工程工作中管理风险因素。系统分析为建立一组平衡的需求并得到一个平衡的设计提供严格的量化基础。与系统分析相关的任务标识在图16中。即使没有进行权衡分析，也宜完成对系统有效性的总体评估。

6.7.1 评估需求冲突

项目评估需求分析中标识的需求和约束之间的冲突，以在必要的地方标识出可替换的功能和性能需求。进行需求权衡分析和评估，从而根据风险、成本、进度和绩效影响标识推荐的需求和约束集。

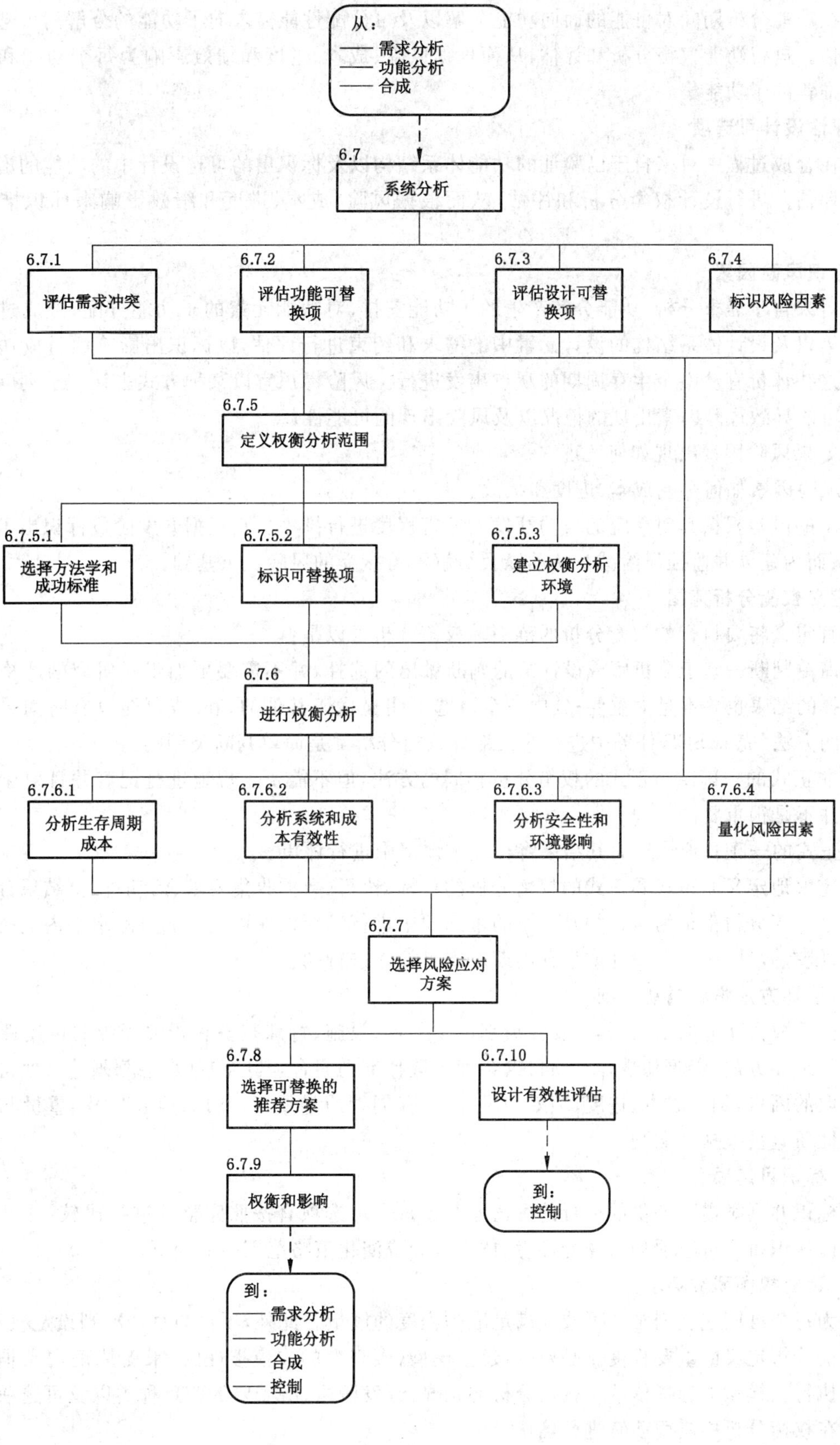
从：
—— 需求分析
—— 功能分析
—— 合成
6.7
系统分析
6.7.1
评估需求冲突
6.7.2
评估功能可替换项
6.7.3
评估设计可替换项
6.7.4
标识风险因素
6.7.5
定义权衡分析范围
6.7.5.1
选择方法学和成功标准
6.7.5.2
标识可替换项
6.7.5.3
建立权衡分析环境
6.7.6
进行权衡分析
6.7.6.1
分析生存周期成本
6.7.6.2
分析系统和成本有效性
6.7.6.3
分析安全性和环境影响
6.7.6.4
量化风险因素
6.7.7
选择风险应对方案
6.7.8
选择可替换的推荐方案
6.7.10
设计有效性评估
6.7.9
权衡和影响
到：
控制
到：
—— 需求分析
—— 功能分析
—— 合成
—— 控制

图 16　系统分析过程

6.7.2 评估功能可选项

项目在功能分析期间对可能的面向功能分解以及可分配性能需求向子功能的分解的可选子功能安排进行评估。进行功能权衡分析和评估，从而根据风险、成本、进度和绩效影响为每个功能和性能需求分配标识推荐的子功能集。

6.7.3 评估设计可选项

项目在合成过程中对来自于已验证的功能体系结构以及标识出的可选设计中的功能的潜在分组和分配进行评估。进行设计权衡分析和评估，从而根据风险、成本、进度和绩效影响来标识推荐的设计权衡。

6.7.4 标识风险因素

项目对来自于需求分析、功能分解产生的子功能安排、对功能元素的子功能分配、合成过程所作出的设计决策以及设计体系结构的设计元素中的需求和约束进行评估，以标识出影响项目成功完成的风险因素。这些评价宜从整个生存周期的观点出发进行。风险标识宜以某种方式去认识下列问题：

a） 可能导致风险因素出现的情况以及风险出现的可能性；

b） 如果风险因素出现如何发现它；

c） 风险因素如何影响成本、进度和绩效。

标识出的风险根据其对系统的成功开发的危害程度进行排序。宜根据开发阶段标识出可接受的风险等级，从而为建立并监控风险减少活动以及缓解不可接受的风险提供基础。

6.7.5 定义权衡分析范围

项目宜定义将要执行的权衡分析的范围。权衡分析可以是：

a） 简单判断—基于分析师或设计师的判断做出的选择，并不需要更加正式研究的严格性并且选择的结果也并不是太重要；其中一个可选项明显优于其他的；和/或可能没有时间采用更正式的方法（完成 SEP 任务中进行的大部分权衡分析都是简单判断类型的）；

b） 非正式的—遵循与正式的权衡分析相同的方法，但不需要正规地进行记载并且对于需方而言并不是很重要；

c） 正式的—正式地执行而其结果将在技术评审中进行评审。

需要完整地定义非正式和正式的权衡分析的目标、执行、数据收集要求、活动进度、结果分析和期望结果。每个权衡分析都是为了在相互竞争的可选项中进行选择以在可接受的风险水平内支持利益相关方需要、系统有效性、按成本设计或生存周期成本目标而进行的。

6.7.5.1 选择方法学和成功准则

项目根据权衡研究的定义、其重要性级别以及工具、设施、特殊装备和相关资源的可用性选择进行权衡研究的总体方法、资源和规程。项目也会列举选择准则集合，其中包括那些刻画什么使得一个特定可选项可取的因素，例如成本、进度、绩效和风险；生存周期质量要素；复用；以及尺寸、重量和能耗。不利和有利性质宜被概括为准则。

6.7.5.2 标识可选项

项目标识并列举需要评价的可行的可选方案。每个可选项宜按照完整性进行比较，并且宜进行敏感性分析以认识每个可选项如何经受环境、技术基础或演化策略范围内的变更。

6.7.5.3 建立权衡研究环境

项目为每个准则建立刻画各可选项满足准则程度的度量。此外，项目为每个准则设定权重因子，区别对于权衡分析定义的重要程度。必要时，建立模型（表现性的或模拟性的）来支持正式或非正式的权衡研究的执行。模型的选择依赖于权衡分析的状况、开发阶段、所需要的信息种类以及可选项的利益特性。模型在权衡分析中应用前宜进行确认。

6.7.6 进行权衡分析

项目完成任务 6.7.6.1 至 6.7.6.4 至合适的程度，从而为下列活动完成权衡分析：

a) 需求分析以同时解决与利益相关方/市场要求、需求和约束之间的冲突并且满足它们；

b) 功能分析以支持将功能分解成子功能并分配性能需求；

c) 合成以支持设计决策。

正式和非正式的权衡分析在受控条件下进行，以产生与各个可选项相关的数据。记录并分析权衡分析的结果，以量化各可选项对系统或技术工作的影响。这些结果将与成功准则进行比较，以确定推荐哪个可选项。

6.7.6.1 分析生存周期成本

项目针对在权衡分析或系统有效性评估中考虑的可选系统方法，进行项目和需方的成本分析。生存周期成本分析：

a) 提供必需的成本信息以支持权衡分析决策；

b) 为系统有效性评估提供必需的成本信息；

c) 包括开发、生产、测试、分发、运行、支持、培训和处置成本；

d) 包括所建立的按成本设计目标，对这些成本的当前估计以及这些成本中已知的不确定性；

e) 标识所提议的变更对生存周期成本的影响。

6.7.6.2 分析系统和成本有效性

项目分析系统有效性和生存周期成本之间的关系以：

a) 确定绩效对成本的影响；

b) 将增加的价值认识为成本的函数；

c) 支持性能目标和需求的标识；

d) 支持性能向功能的分配。

系统和成本有效性分析在生产、测试、分发、运行、支持、培训和处置的生存周期过程上进行，从而支持将生存周期质量要素包含进系统产品设计中，同时支持对生存周期过程的功能和性能需求的定义。这些分析的结果用于评价权衡分析可选项以及系统的有效性评估。

6.7.6.3 分析安全性和环境影响

项目标识与系统实现相关的安全性和环境影响。宜标识适用的环境法律和规章，并且项目宜保证任何可选方案都遵守这些法律和规章。项目完成环境影响和安全性分析，以确定对系统产品的影响以及系统产品产生的影响，以及它们的生存周期过程对于环境或人员的影响。在可能的范围内应尽量避免对环境存在已知危害的材料使用或副产品的生成。在无法避免的地方，可以为适当地处理、存储和处置有害材料或副产品制定规定。这些分析的结果影响权衡分析的推荐以及对系统有效性的评估。

6.7.6.4 量化风险因素

项目基于对不良后果出现可能性，对已标识的风险因素对系统或考虑中的可选项的影响进行量化。对于系统有效性评估，目前为止开发的系统体系结构的每一个元素都被评估以确定什么会出错，以及如果出错会对系统造成什么影响。对于权衡分析，生存周期成本、系统和成本有效性以及环境分析活动中评估的风险级别将进行排序，并作为权衡分析推荐的一部分进行报告。

6.7.7 选择风险应对方案

项目评估各种风险应对方案以选择那些可以以与当前开发阶段和项目设置的风险管理方针相一致的方式缓解风险的方案。对于可以通过降低可能性和/或影响得以减轻的风险，可以在给定成本、进度和绩效影响及已计划的缓解方法下被接受。宜完成风险应对方案分析，以对成本以及对风险的可能性和影响的效果进行量化。项目宜选择那些可行的并且以最佳成本/收益率将风险降低到可接受程度的风险应对方案。实施风险应对缓解工作后预期的残余风险宜进行标识和量化。在整个风险标识、量化和应对过程中，从更低的系统体系结构层次直到系统层次都需要集成，以理解原因与后果的相互作用。减轻风险的方法以及预期的残余风险都包含在风险减轻计划中，该计划包含在权衡分析推荐以及系统有效性评估报告中。完整的风险减轻工作记载在工程计划中，并被集成到主进度中以用于开发阶段，并在适当的技术评审中简要报告。

6.7.8 选择可替换的推荐方案

项目利用权衡分析的结果和风险减轻计划信息向决策者推荐首选项。项目宜对权衡分析进行评估以确保方法学和数据收集手段足以支持公正和完整的评价。每个推荐宜根据配置和成本、进度、绩效和风险影响进行陈述。

6.7.9 权衡和影响

项目记载所推荐的权衡可选项以及相应的影响，并将结果呈现给 SEP 活动中合适的决策者，他们执行或要求进行权衡分析。最终的可选项选择在已建立用来决定可取方案的准则基础上作出。关键的权衡分析活动、决策、原理和推荐都记载在集成资源库中。

6.7.10 设计有效性评估

项目基于评估和分析的结果确定当前系统设计的有效性。这些评估和分析的结果记载在集成资源库中，并在合适的技术和项目评审中进行概述。

6.8 控制

项目应为了管理并记载 SEP 活动的目的而执行控制任务。与控制相关的任务标识在图 17 中。输出和测试结果、SEP 活动的执行计划（工程计划、主进度表和详细进度表）以及工程专家生成的技术计划都受项目控制。控制任务包括下列内容：

a) 一份 SEP 活动及结果的完整和最新的描述，用于完成其他活动；

b) 对于 SEP 未来的应用的计划和输入；

c) 生产、测试和支持信息；

d) 提供给技术和项目评审的决策者的信息。

6.8.1 技术管理

项目管理 SEP 的任务和活动以控制产生的数据、设计方案的配置、接口、风险和技术进度。项目需要维护恰当的人员、设施、装备和工具；管理成本和进度；根据需要重新计划开发活动；协调与利益相关方的技术交互；确保对技术人员和团队成员的适当培训；测量技术进展；以及协调完成本标准的系统工程任务所需的技术和业务专家之间的活动。

6.8.1.1 数据管理

项目进行数据管理以支持整个技术工作中对所需要的技术数据的开发、控制和交付。数据管理活动包括设置合适的捕捉并保存设计数据和模式、工具和模型的存储库和规程。与技术工作相关的数据应易于访问，并宜在整个系统生存周期过程中进行维护。采取安全措施以保证数据完整性和保密安全性，避免数据的无意丢失或修改。项目有责任确保对数据进行收集、存储和控制并对演化中的产品设计、规约和基线的适当的配置管理可用。宜对数据管理和设计捕获活动进行协调。

6.8.1.2 配置管理

项目计划并实现以下功能：

a) 标识将受控制的最终项（通过规约、接口控制图/文档和配置基线）；

b) 工程变更控制；

c) 状态报告；

d) 配置审核。

与配置管理相关的数据在整个系统生存周期中都是易于访问的。项目建立并维护配置控制委员会来处理、评审和批准对最终项的工程变更。

6.8.1.3 接口管理

项目计划并实现接口定义的功能、接口控制、接口兼容性评估和接口协调。与接口管理相关的数据在整个系统生存周期中都是易于访问的。项目建立并维护接口工作组来处理、评审并推荐对接口变更的批准。

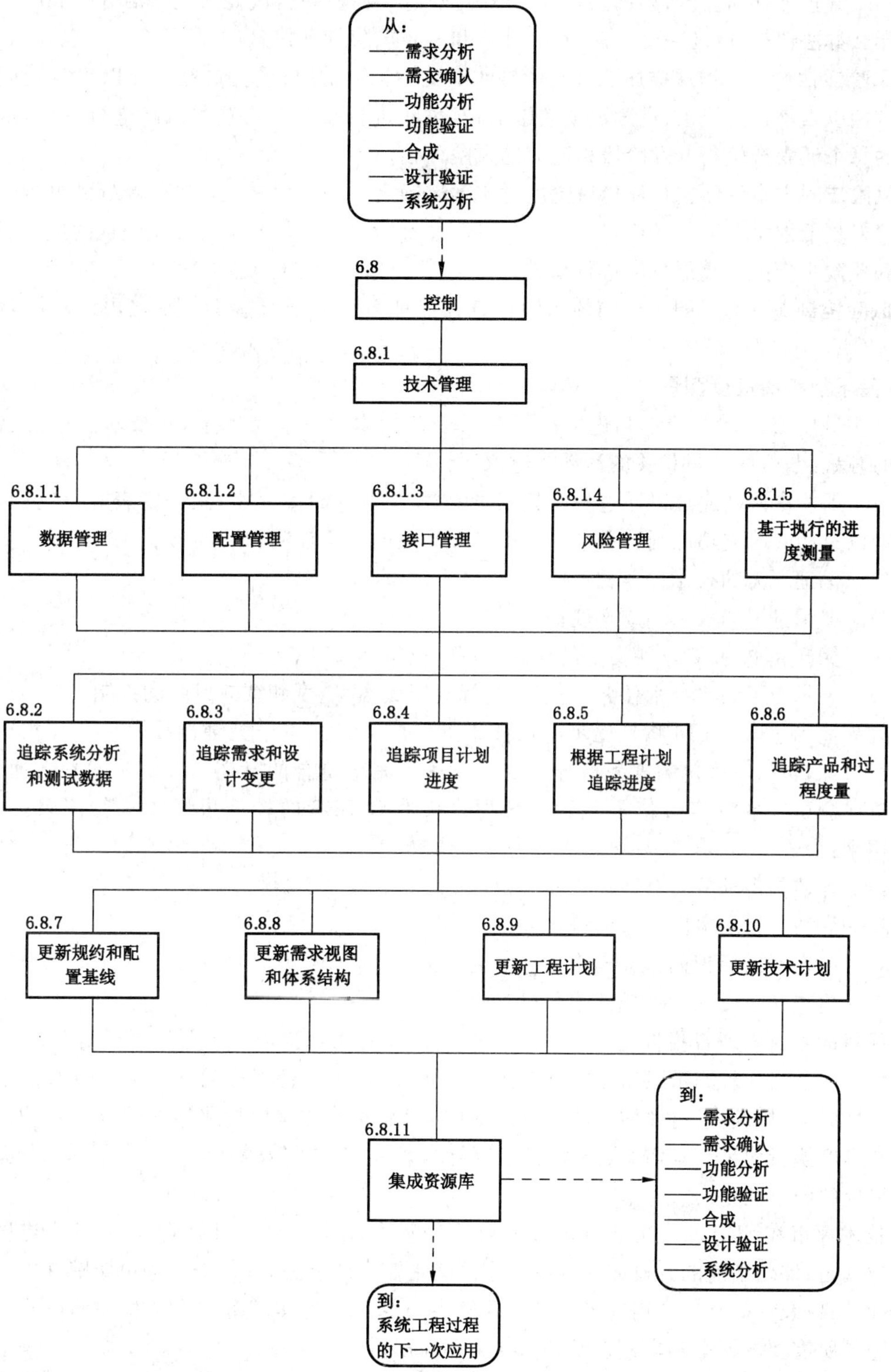

图 17 控制过程

6.8.1.4 风险管理

项目宜进行风险管理以系统地对项目满足成本、进度和绩效目标的能力中的不确定性进行控制。项目执行直接影响技术工作的那部分风险管理，包括风险管理准备、风险评估、风险应对方案评估和风险控制。这些活动描述如下：

a) **风险管理准备**包括为各个开发阶段标识可接受的风险等级；标识潜在的风险来源；标识并评价风险管理工具和技术；培训团队成员以完成风险管理活动；决定所发生的分析和决策应该使用什么方法记载；以及决定如何捕获、处理和发布风险管理信息；

b) **风险评估**包括标识并描述那些可能导致不良后果的情况；量化这些情况以确定它们发生的可能性以及潜在的成本、进度和绩效影响；对风险进行排序并将这些风险进行集成，从而为 SBS 的每个元素产生与开发阶段相适应的风险评估；

c) **风险应对方案评估**包括评价风险应对方案以确定那些可行并且将风险降低到可接受水平的方案。更低层次上的风险应对方案宜与可行并且为技术工作和项目提供最佳的成本、进度、绩效和风险平衡的更高层方案进行集成；

d) **风险控制**包括为了提供当前的风险信息并保证风险处于可接受水平之内而对风险进行持续评估。

6.8.1.5 基于执行的进度测量

项目在主进度表、TPM、成本和进度执行测量以及技术评审的帮助下，对技术工作的进度进行测量、评价和追踪。与这些测量相关的活动描述如下：

a) 对于那些应该被完成以通过一个定义的技术事件的 SBS 元素，主进度表标识它们的任务、活动以及相关的成功准则。主进度表提供最高层的过程控制和进度测量，以：
   1) 保证所需的技术任务的完成；
   2) 展示进展的成果和成熟度；
   3) 保证完整的、各学科交差的信息可用于决策和事件；
   4) 展示为了满足技术任务、需求和目标对于成本、进度和绩效风险的控制。

b) 如果适当选取，TPM 将是逐步评估技术进展的关键。每个关键性技术参数宜相对于时间进行追踪，包括所确定的进度检查日期以及达到完全符合的日期。关键技术参数通过预估、分析或测试并且将度量值累积到系统层次关联到 SBS 的较低层元素进行测量。TPM 还被用来：
   1) 评估与需求的符合性；
   2) 评估与技术风险等级的符合性；
   3) 触发对已标识的差异的恢复计划的制定；
   4) 检查超出需求的性能的边际成本效益。

   项目向项目管理者报告超出承受范围的测量，使得可以采取所需要的纠正动作。

c) 成本和进度执行测量根据已执行工作的实际成本、已执行工作的计划成本以及已规划工作的计划成本对进展进行评估。计算得到的成本和/或进度差异量化了所遇到问题的影响。成本和进度执行测量与 TPM 集成以提供当前成本、进度和绩效影响，同时为所标识的差异提供了集成的纠正动作。

d) 技术评审在 SEP 的一次应用和/或一个开发阶段结束时进行，以确保所有的主进度准则都得到满足；评估当前的开发成熟度以及产品满足需求的能力；确保需求的可跟踪性以及决策的合理性；以及评估与生存周期下一阶段开发所需要的和为其准备的投资相关的风险。第 5 章描述了所需要的评审和审核以及它们与生存周期活动的关系。

6.8.2 追踪系统分析和测试数据

项目收集、分析并追踪来自系统分析的数据以记载活动、原理、推荐和影响，以及来自测试的数据以记载结果、差异和后续活动。

6.8.3 追踪需求和设计变更

项目对数据进行收集和分类以追踪需求和设计变更，以及维护变更源、处理过程和批准之间的追踪关系。

6.8.4 追踪项目计划进度

项目对反映计划活动的数据进行收集和分类,同时根据工程计划、主进度表和详细进度表对进度进行追踪。对计划的偏离及所需的变更宜预先进行申请,并且只在批准的情况下进行。

6.8.5 根据工程计划追踪进度

项目对反映计划活动的数据进行收集和分类,同时根据工程和技术计划对进度进行追踪以确定对计划的偏离以及所需的变更,并记载变更、决策和完成情况。

6.8.6 追踪产品和过程度量

项目收集、分析并追踪产品和过程度量以:

a) 确定需要项目管理关注的技术领域;

b) 确定利益相关方满意和公众接受程度;

c) 提供新产品的成本和进度预估,对利益相关方提供更快的响应。

在每个开发阶段中预先确立的控制点上,收集、追踪并报告度量,从而使:

1) 质量系统的建立以及资源高效使用的实现;

2) 系统质量和生产率的总体评价;

3) 与所计划的目的和目标进行对比;

4) 问题的早期发现;

5) SEP 的基准检查。

6.8.7 更新规约和配置基线

项目更新规约和配置基线以反映配置控制委员会所批准的所有变更。原始的配置基线与批准的变更一起为后续的技术工作提供了基础。

6.8.8 更新需求视图和体系结构

项目更新需求视图和功能、设计和系统体系结构以反映由需方、系统分析、确认和验证偏离或管理决策带来的变更。更新后的需求基线或功能、物理或系统体系结构将用于后续的 SEP 活动。

6.8.9 更新工程计划

项目宜更新工程计划以反映由需方、系统分析、成本或进度偏离、或管理决策带来的变更。更新宜包括 SEP 以及对生存周期下一阶段的进度计划活动。

6.8.10 更新技术计划

项目宜更新技术计划以反映由需方、系统分析、计划活动偏离或管理决策带来的变更。更新宜包括对生存周期下一阶段的进度计划活动。

6.8.11 集成资源库

项目建立并维护从任务 6.8.1 至 6.8.10 的所有相关数据和信息的资源库。该库包含所有 SEP 使用和生成的重要信息,并且描述了系统开发的当前状态及其评价。推荐使用电子介质。作为共享资源,该资源库需要是准确、无歧义、保密安全、可生存、授权用户容易访问以及完整的。

附 录 A
（资料性附录）
系统工程在企业中的角色

A.1 系统工程过程

SEP为产品开发提供了一种聚焦的方法，试图在与产品生存周期生存能力相关的所有因素与全球市场中的竞争能力二者间取得平衡。该过程为考虑可选的设计和配置提供了一种结构化的方法。图A.1提供了SEP及其在企业中的角色以及建立与产品供应相关的系统设计的外部环境的一个视图。

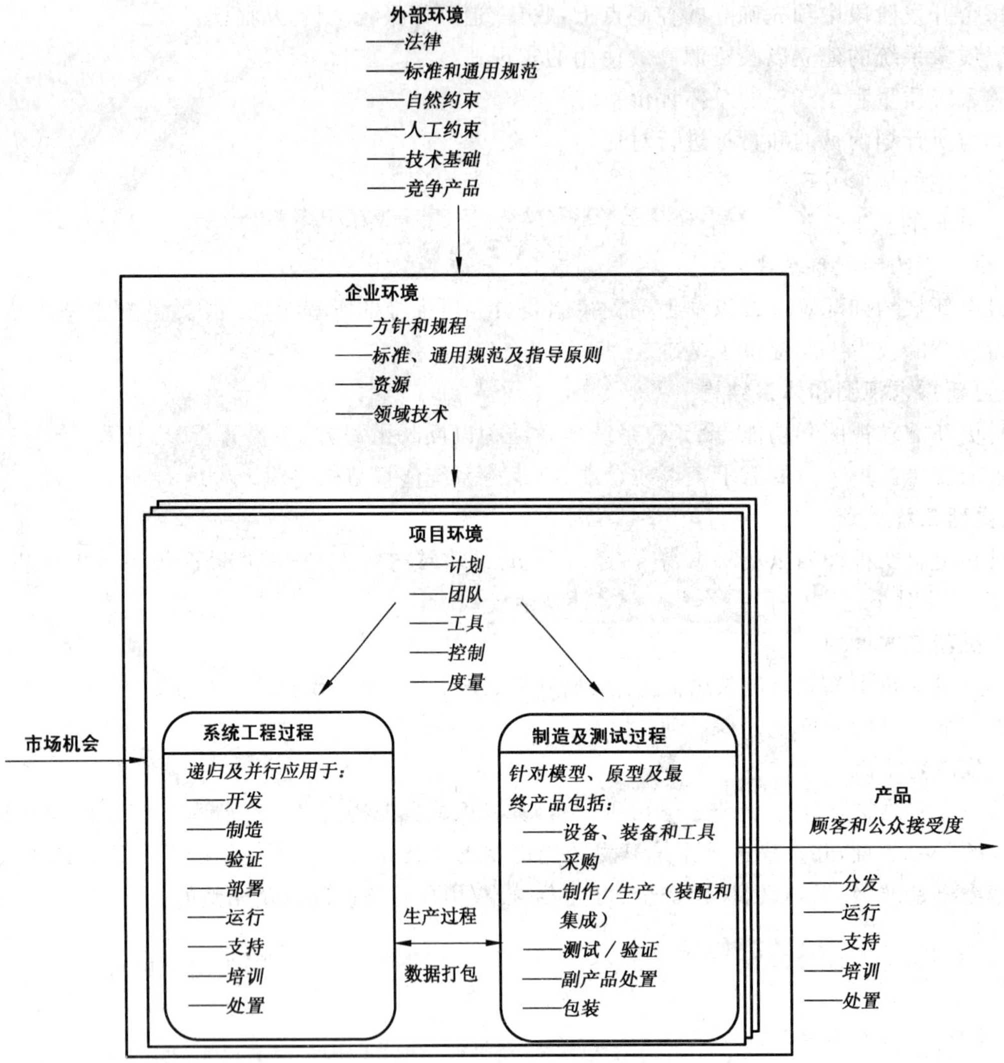

图A.1 企业内的系统工程环境

SEP每次被递归应用于一个开发层次。首先，它被应用来标识满足市场机会的最佳概念或方法。这可以是针对一个全新产品/系统的概念，或者是针对一个已建立产品的增量改进的一个概念。过程的第二次应用通过全面描述产品/系统定义并建立配置基线为这些概念增加价值。这次应用为下次应用中的完成更加详细的整个系统的子系统、部件和系统元素的工程开发或者正在进行增量改进的已建立产品的合适部分提供了基础。

A.2 企业内部的系统工程

图 A.1 中描述的目的是将系统工程表示为负责建立产品设计，以及并行建立开发、测试、生产、支持、运行、培训、分发和处置过程的总的技术工作。因此，术语“系统工程”意味着总体的系统观点宜应用到系统开发中。企业宜关注于两个关键过程从而实现产品的商品化并取得利益相关方和公众的接受。SEP 建立了产品的设计及其支持生存周期基础设施。生产过程对原材料、零件等进行转换，并依照集成数据包的规约和指示将它们装配为最终的产品。接下来的各条讨论图 A.1 中涉及的一些的通用概念。

A.2.1 市场机会

企业可能发现来源于市场研究、研发活动或技术应用的机会。在这种情况下，企业并不是对明确定义的利益相关方需求或要求进行回应，而是试图通过创新来激发产品认同。有的情况下，技术进步和利用这些技术的系统开发也提供了新的市场机会。反映市场调研的间接材料或与产品相关的材料可能可以得到，并且宜建立定义了向市场提供的品质产品的质量属性。此外，机会可能来自于企业根据合同应需方的要求生产一种产品。这种关系要求企业理解利益相关方的要求并且开发一种产品(在系统周境中)来满足顾客和公众的期望。

A.2.2 新的技术进步

新技术对新产品的性能和能力可能产生广泛的影响。因此，作为需求过程的一个输入，宜对新技术对于提升产品的设计或能力的价值进行评估。

A.2.3 项目环境

项目环境定义目标、成功准则、项目里程碑以及相关的管理优先级，这些将会管理集成的、支持产品开发的技术活动。在项目环境中完成项目使用的方法宜记载在系统集成管理计划中。以下这些可以提高项目集成技术活动的效率和有效性：

a) 集成的、多学科交叉的协同工作；

b) 合适的计算机辅助集成工具。

A.2.4 企业环境

企业建立管理与产品开发相关的项目活动方针和规程。此外，企业标准和通用规约或指导方针管理开发活动和产品设计。这些指示代表了企业在竞争的市场中建立一个可生存的产品的指导方针。企业管理宜分配可用的资源从而完成项目的系统工程任务和活动以支持产品设计、生产、测试、运行、支持分发、培训和处置过程的建立。企业活动包括对项目人员的培训、建立关键应用技术以及为项目控制实现企业信息基础设施。企业的领域技术也限制了工具的可用性和使用、设计可选项以及过程方案。

A.2.5 外部环境

外部环境提供一些影响企业进行新产品商业化努力的政治和社会的意见或约束。企业宜保证产品适应所适用的社会政治约束。这些约束构成了社会政治气候管制商业或工业行为，包括环境保护法规、安全法规、技术约束以及其他由中央和地方政府机构制定的用以保护消费者利益的法规。此外，国际、政府和工业标准以及通用规约也约束着企业和项目活动及设计选择。企业宜了解竞争者的产品从而为改进自己的产品设计设置基准或者决定不在该产品领域进行竞争。对于产品方案的另一种约束来自于产品未来运行的自然和人工环境。这些环境的影响，以及一个给定产品可能对这些环境的影响，在很大程度上确立了产品在市场上的公众接受程度。

A.2.6 产品

企业的一个基本利益是使满足消费者期望并能获得公众认同的产品上市销售。接受包括当需要维持产品的使用时，适用的分发、培训、支持和处置服务是可用的。

A.3 系统工程问题和解空间

在当前周境中，系统工程负责建立一个可测试、生产、支持、操作、分发和处置的产品设计所必需的全部开发工作。同时，还要考虑对操作、支持、分发(安装等)和处置的培训。工程化一个系统以满足顾客期望、企业方针和社会、法律及地理限制的综合这一挑战需要一个结构化的过程来探究系统可选项中的选择以保证所制定的设计有较好的成本效益并且是实用的。图 A.2 描述了为了开始产品方案开发宜进行探究和很好理解的问题空间。

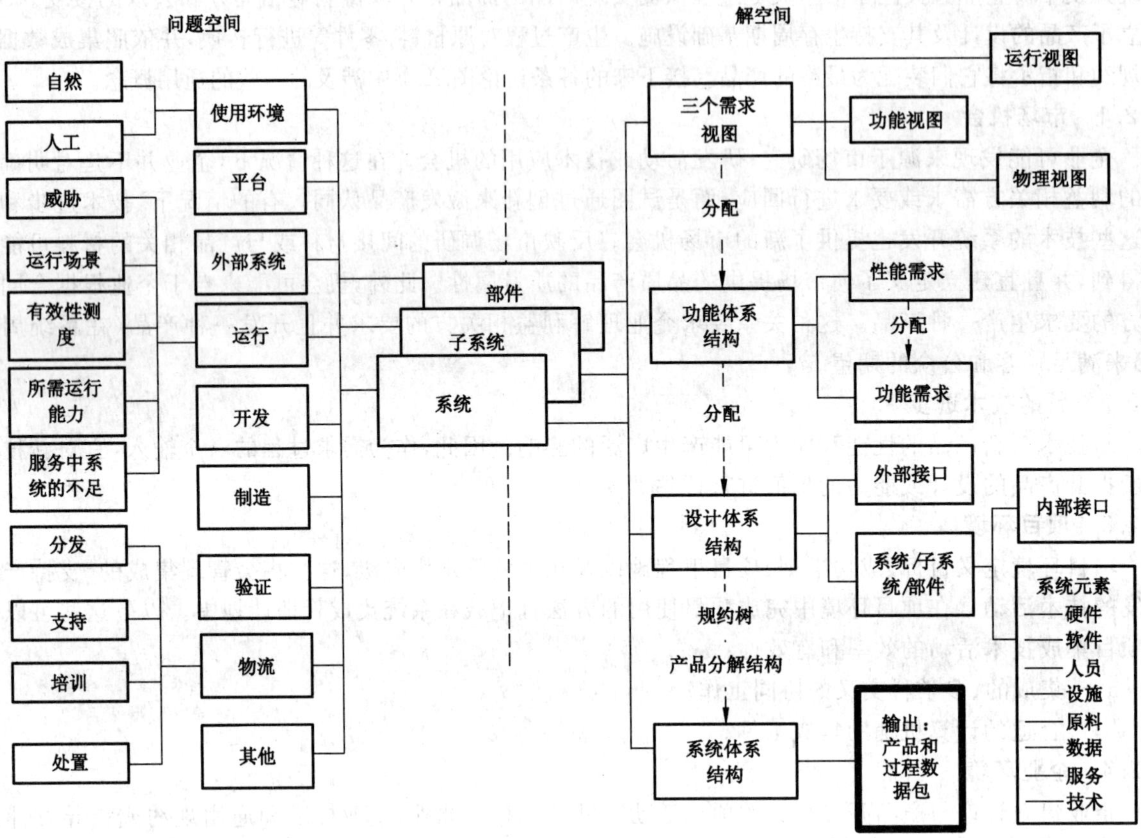

图 A.2　系统工程的问题和解空间

附 录 B
（资料性附录）
系统工程管理计划

B.1 工程计划模板

该工程计划模板的目的是为企业提供一种用于编制系统工程管理计划的格式。典型情况下，项目对于每个开发阶段都有一个项目特定的工程计划，并且用它来指导和追踪系统工程活动。项目特定的工程计划宜适应项目管理计划；企业计划、能力和约束；以及顾客期望。

由于每个项目可能有唯一的生存周期维度、风险承受能力以及数据要求，因此工程计划宜为每个应用进行剪裁。

B.2 工程计划结构

工程计划是一个活跃的文档，需要被组织成使之容易更新以反映贯穿生存周期某个阶段中的更改和进展的结构。经常更改的数据可以收集在一张表中。需要经过高层批准才能修改的数据宜与企业可以更改的数据分开。工程计划的配置管理计划宜包含在工程计划中。信息不宜在多处重复。在合适的地方，简单的交叉引用是有帮助的。推荐的模板结构中提供了典型的章节，并以斜体字表示章节标题，作为对起草者的指南。下面给出每个章条应该包含什么的一个描述。

封面页

包括"系统工程管理计划"字样、项目的文档控制号、涉及的组织以及文档标题和/或适用的系统。图 B.1 提供了一个标题页的例子以及所标识的必要信息。

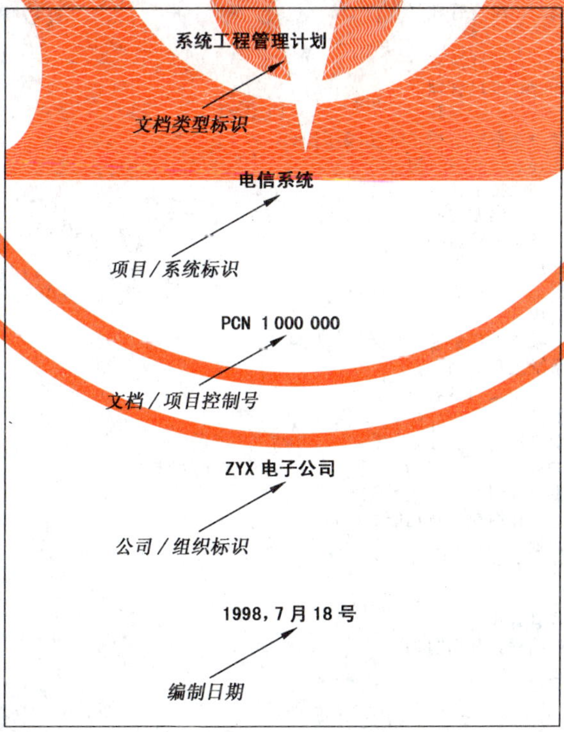

图 B.1 封面页示例

目次

列出每个带标题的段落及子段落的章节标题和页码。目次表还宜以同样的顺序列出每张图、表格及附录的标题和页码（图 B.2 中的页码仅仅表示模板参考。并不意味着文档长度）。

1.0 范围

包括对工程计划应用所针对的系统的目的的简短描述，工程计划的内容和目的的总结以及将如何管理它的配置。

2.0 适用的文件

列出所有适用于工程计划中任务实施的政府法规、标准、行业、企业、项目及其他指令性的文件。

目　次

图 B.2　目次示例

3.0 系统工程过程(SEP)的应用

按照将被应用到项目的整个工程工作描述任务/企业的 SEP 活动,同时描述组织对于系统工程活动的责任和权力,包括供方工程的控制。描述包括满足主进度表中标识的每个完成准则所需的任务,以及项目的系统工程详细进度的里程碑和进度。描述包括辅以必需的图形表达的叙述性文字,对 SEP 应用的计划、过程和规程进行详细描述。

3.1 系统工程过程计划

简要描述关键的项目技术目标、过程的交付件和结果、所需的过程输入以及产品工作分解结构开发的一个概览。

3.1.1 主要交付件及结果

详细描述对于顾客和某公司内部、作为 SEP 活动结果的主要技术交付件和结果。

3.1.1.1 集成资源库

描述项目信息库的实现。包括如何捕获、追踪和维护信息的描述。提供了任意设计—捕获数据供应的描述,包括领域模型(过程、技术等);产品模型(设计原型—位置、可用性、特性等);归档数据(汲取的教训、过去的设计、经验数据);需求、目标和约束;项目管理模型(成本、进度和风险);综合视图、多视图以及多学科交叉设计及其基本原理;权衡分析和系统/成本有效性分析原理及结果;验证数据;产品和过程度量。

3.1.1.2 规约和基线

描述规约和基线的生成将如何进行记载和控制。

3.1.2 过程输入

标识能够完成 SEP 的活动(与开发层次相适应)所需的信息的详细程度、所需的信息如何获取以及冲突如何解决。

3.1.3 技术目标

描述与项目的成功、系统及系统的有效性(如顾客的 MOE)相关的技术目标。技术目标可以与系统产品及其生存周期过程相关。

3.1.4 系统分解结构(SBS)

描述 SBS 的元素将如何开发。宜解释规约树与带有 SBS 元素的制图树之间的关系以及系统产品及其生存周期过程将如何联系起来。这一部分宜为 SBS 的每一个元素描述开发方法和工作包的控制;计划包的开发以及它们向工作包的转换;工作包规模的确定;资源的使用,包括集成的产品组(IPT);变更的跟踪;成本报告以及与进度安排和关键路径识别的集成;以及配置管理。

3.1.5 培训

标识所需的内部和外部(供方/顾客)培训。包括对性能或行为上的不足和缺陷、所需的弥补培训以及达到所需要的熟练程度的进度表的分析。

3.1.6 标准和规程

描述项目将遵循的主要标准和规程。将标准化任务的实现合并到 SEP 相关的部分中。

3.1.7 资源分配

描述对技术任务的资源分配方法。包括资源—需求标识、资源控制规程和再分配规程。

3.1.8 约束

描述项目的主要约束。包括项目不能或不会做的事。也包括资金、人员、设施、生产能力/产量、关键资源或其他约束。

3.1.9 工作授权

描述项目中要执行的工作的授权方法。同时描述工作成果的变更的授权方法。

3.2 需求分析

记载对以下内容进行分析的途径和方法:系统产品使用;使用环境;人的固有限制和能力;绩效期

望;以及设计约束和与生存周期过程相关的要求、需求和约束的标识。记载硬件、软件和人因系统工程(人力、人员、培训、人因工程和系统安全性)的分析途径和方法。同时记载将用于下列质量要素和工程特性领域的功能和性能需求定义的途径和方法,包括质量要素:可生产性、可测试性、综合诊断、可分发性(包括包装和搬运、可传输性及可安装性)、易用性、可支持性、可培训性和可处置性;以及工程特性领域:可靠性、可维护性、电磁的兼容性、静电放电、健康危害和环境影响、系统保密安全性、基础设施支持以及任何其他在适当开发层次对系统的功能和性能需求产生影响的工程特性。此外,还要描述演化系统产品的途径和方法。

注:有些领域可能只会在合成工作标识可选方案后才会影响需求分析。有些描述性信息可能会在其他 SEP 活动中适当地覆盖。

3.3 需求基线确认

包括确认通过需求分析建立的需求基线可同时向上及向下追踪到利益相关方期望、项目和企业的约束及外部约束的途径和方法。

3.4 功能分析

包括所计划的用来确定低层功能、向低层功能分配性能和其他限制性需求、定义功能接口以及定义功能体系结构的途径和方法的一种描述。

3.5 功能验证

包括所计划的用来验证从功能分析中建立起来的功能体系结构可以同时向上及向下追踪到已确认的需求基线的途径和方法的一种描述。

3.6 合成

包括将功能体系结构转换为设计体系结构(硬件、软件和支持系统生存周期的人)、定义可选系统概念、定义物理接口以及选择首选的产品和过程方案的途径和方法。描述需求如何转换为硬件、软件、人因工程、人力、人员、安全性、培训和接口的详细设计规约。还要定义工程领域、质量属性以及 3.2 节中的工程特性的途径和方法。此外,还要包括无需开发的项以及零件控制。

3.7 设计验证

包括所计划的用来验证合成中所建立的设计体系结构可以同时向上及向下追踪到功能体系结构、满足已确认的需求基线中的需求,并且支持配置和规约基线(包括人因工程、人力、人员、安全性及培训规约)的途径和方法的一种描述。

3.8 系统分析

包括所计划的用来取得一组平衡的需求及为了满足这些需求的平衡的功能和设计体系结构,以及控制依赖于开发的 SEP 输出的途径和方法的概览。提供所需的特定的系统分析工作(包括硬件、软件和人员分配分析)的概览。还包括一些权衡分析、系统和成本效益分析以及分析管理方法和工具。

3.8.1 权衡分析

描述所计划的用来在所陈述的下列因素之间进行权衡分析的研究工作:需求、设计、项目进度表、功能和性能需求、功能、任务以及人、软件和硬件及生存周期/按成本设计之间的决策分配。描述面向决策和可选设计方案权衡的准则的使用。按照具体情况包括对技术目标、准则和权重因素以及效用曲线的描述。还要描述所计划的将要使用的方法和工具以及任意与集成资源库间的接口。

3.8.2 系统/成本效益分析

描述系统的实现以及成本效益分析以支持生存周期平衡的产品和过程的开发以及支持风险管理。描述各种 MOE,它们如何相互关联以及选取 MOP 以支持演化中的系统定义和验证的准则。包括对系统/成本效益分析以及其他分析任务的总体方法的描述:生产分析;验证分析;分发分析;运行分析;人因工程、人力、人员和培训分析;易用性分析;可支持性分析;安全性、健康危害和环境分析;以及生存周期成本分析。描述分析结果如何集成在一起。

3.8.3 风险管理

描述技术风险计划,包括用于风险评估(标识及量化)、风险应对方案选择以及决策过程集成的方法、步骤、规程和准则。同时还描述与开发和验证需求相关的风险。标识关键风险区域。描述最小化技术风险的计划(额外的原型、技术和集成验证以及演化式的系统开发)。标识风险控制和监控措施,包括特殊的验证、TPM参数和关键里程碑/事件。描述将TPM、主进度表及详细进度表关联到成本和进度执行测量以及与SBS的关系的方法。

3.9 控制

为设计捕获、接口管理、数据管理、基于事件的进度安排、基于日程的进度安排、TPM、技术评审、供方控制和需求跟踪的计划提供一个概览。

3.9.1 设计捕获

描述计划用来管理已标识的系统产品及相关的生产、验证、分发、支持、培训和处置的生存周期过程的系统定义(配置)的途径和方法。包括对变更管理、配置控制规程和基线管理的描述。描述可选方案、权衡分析、决策/结论以及汲取的教训的设计记录。

3.9.2 接口管理

描述计划用来管理与开发层次相适应的内部接口以保证外部接口(项目外部或者功能体系结构或设计体系结构的更高层上)得到管理和控制的途径和方法。包括变更管理以及与配置控制规程相互关系的描述。

3.9.3 数据管理

描述计划用来建立并维护一个数据管理系统以及与设计捕获系统和集成资源库之间相互关系的途径和方法。包括对那些技术文档以及如何进行控制、记载项目工程和技术信息的方法。还包括保密安全性计划和可交付数据的准备。

3.9.4 系统工程主进度表(SEMS)

描述用来导出主进度表的事件变迁以及支持系统工程详细进度表和它们的结构的关键路径方法和准则。包括对计划用来更新和维护主进度表和详细进度表的途径和方法的描述。

3.9.5 技术性能测量

描述标识、建立和控制关键技术参数(限于那些关键的和/或由利益相关方标识的)的途径和方法。描述包括阈值、测量和追踪方法、更新频率、追踪深度级别以及生成恢复计划的响应时间和所计划的修订。所描述的参数包括对相关风险的标识。描述所选择的参数与必须测量以确定关键参数达到值的低层参数之间的关系,表示为分层依赖树的形式并且反映与相关系统性能需求(关键参数)的联系。包括对依赖树中每个参数与特定SBS元素之间相互关系的定义。

3.9.6 技术评审

描述适用于工程计划所覆盖的开发层次的技术评审和/或审核(系统、子系统、部件和生存周期过程)。描述计划用来完成所标识的评审和/或审核的方法和规程。描述与每个评审的执行相关的任务,包括所涉及人员的责任以及必要的规程(例如动作项收尾规程)。包括如何确定与任务活动工程计划/主进度表和/或该工程计划和企业主进度表相符,如何处理标识为不满足工程计划/主进度表需求的差异,以及评估为具有中等到高符合性风险的系统产品和相关的生存周期过程在进行评审之前如何应对。

3.9.7 供方控制

描述对供方和卖方的技术控制。包括下传需求、管理接口、控制质量、构建长期关系和确保对IPT的参与的途径和方法。

3.9.8 需求追踪

描述需求的可追踪性如何实现。包括SEP活动、SBS及与主进度表和详细进度表间的相互关系之间的追踪性。描述需求的可追踪性与数据管理和集成资源库间的相互关系。

4.0 转化关键技术

描述标识关键技术以及相关的风险,以及来自于企业内部技术发展及示范或来自于供方或其他来源的关键技术的评估和转化的活动和准则的途径和方法。描述如何标识可选项以及所确立的用来确定当中等到高风险技术都按照需要被评估时，何时及哪个可选技术将被加入到产品中以满足功能和性能需求的选取准则。描述计划用于工程和技术过程改进的方法，包括建立演化式的系统开发以使系统产品随着技术成熟或为了系统的演化的增量改进方法成为可能的规程。

5.0 系统工程工作的集成

描述系统工程工作的各种输入将如何集成以及集成的产品组将如何实现以将合适的学科知识集成到协调的满足成本、进度和绩效目标的系统工程工作中。提供计划用来确保工程特性的完整性以满足项目目标的途径和方法的简要描述。

5.1 组织结构

描述组织结构将如何支持团队工作。描述组织起来支持 SBS 中特定元素的团队的构成。同时还通过头衔描述团队成员的主要责任和权力，并且包括当前和所计划的项目技术成员。包括所计划的根据学科和绩效水平、人力资源负载和关键人员标识描述的人员要求。

5.2 所需的系统工程集成任务

描述系统工程集成任务，例如技术验证、过程证明、工程测试件的制作、开发测试和评价、系统产品软件设计的实现、以及顾客和供方的工程和问题-解决支持的途径和方法。这个描述包括对所需要的支持组的表达。

6.0 附加的系统工程活动

包括对 1.0 至 5.0 中没有明确覆盖但对规划整个系统工程工作起根本作用的其他领域的简要描述。包括对整个系统方案成功工程化起根本作用的附加的系统工程活动的简要描述。

6.1 提前时间最长的事项

描述影响项目关键路径的提前时间最长的事项。

6.2 工程工具

描述计划按程序实现以支持系统工程的系统工程方法和工具。标识要获取的工具和相应的培训需求。

6.3 按成本设计

描述按成本设计计划以及成本将如何作为一个设计参数来实现和控制。

6.4 价值工程

描述计划用在整个开发周期中实施价值工程的途径和方法。

6.5 系统集成计划

描述系统组装和集成的途径和方法。

6.6 与其他生存周期支持功能的接口

描述确保和其他与项目和企业计划一致的生存周期支持功能的兼容性的途径和方法，这些生存周期与项目和企业的计划相一致。

6.7 安全计划

描述进行安全性分析及评估对于操作员、系统、环境或公众的风险的途径和方法。

6.8 其他计划和控制

描述用于任何其他由任务分派活动制定的或者企业系统架构师、系统工程师或系统集成者将会使用的计划和控制的途径和方法。

7.0 注解

包含任何辅助理解工程计划(例如背景信息；按字母顺序列出的所有首字母缩写词、简写词以及它们在工程计划中的含意；所用术语的术语表)的通用信息。解释这一节中哪些项是强制的或者提供为通用信息。

7.1 通用背景知识

提供可以帮助该工程计划中活动和任务的实现者和管理者更好的理解和完成他们职责的背景知识。

7.2 首字母缩略词和简略词

提供一个按字母顺序排列的首字母缩略词和简略词以及它们的含义的列表。

7.3 术语表

提供一个按字母顺序排列的关键术语以及它们应用在该工程计划语境中的含义的列表。

附录

必要时可包含附录,以提供为了文档维护的方便而独立发布的信息。所包括的有图表以及适用于工程计划所需要的系统工程工作的私有数据。附录还包括与项目相关的技术计划的总结。每个附录宜在工程计划中的某个章条中引用,这些地方一般会提供数据。

附　录　C
（资料性附录）
在 GB/T 22032 语境中使用本标准

C.1　目的

本附录的目的是方便本标准与 GB/T 22032—2008[3]一起使用。GB/T 22032—2008 提供了一个系统生存周期过程框架。本标准独立于该框架，提供了一种系统定义和管理方法。本标准可以与 GB/T 22032—2008 一起使用，也可以单独使用。本质上，本标准定义了可以在 GB/T 22032—2008 的范围内定义的许多可能的系统定义和管理框架中的一个。

本附录解释了一些本标准与 GB/T 22032—2008 的概念、结构和术语之间的关键差异。本附录包括一个从本标准到 GB/T 22032—2008 的概要层次映射，它也可能对支持这些标准的理解和结合应用有所帮助。

C.2　定义

以下取自 GB/T 22032—2008[3]的定义提供了与本标准不同的概念。GB/T 22032—2008 的章条编号完整保留在本附录中。

4.2　活动(activity)　花费时间与资源的一组行动，它的执行对于实现一个或多个输出是必要的，或有帮助的。

4.5　使能系统(enabling system)　在一个所关心的系统的生存周期各阶段中作为补充的系统，但并不必在运行时直接有助于实现所关心的系统的功能。

注1：例如，当一个所关心的系统进入生产阶段时，需要一个使能生产系统。

注2：每一个使能系统有它自己的生存周期。当依照其权利把使能系统本身当成所关心的系统时，该标准(GB/T 22032—2008 [3])适用于每一个使能系统。

4.6　企业(enterprise)　一个组织中负责根据协议获取和供应产品和(或)服务的部分。

注：一个组织可能涉及几个企业，同时一个企业可能涉及一个或多个组织。

4.11　过程(process)　一组将输入转化为输出的相互关联或相互作用的活动(GB/T 19000—2008 [1])。

4.12　项目(project)　具有预定的起始和结束时间、根据规定的资源和需求承诺创建产品或服务的一个行动。

注1：摘自 GB/T 19000—2008 [1]和 *PMBOK® Guide* (2000) [5]。

注2：一个项目可看作是由协作和受控的活动组成的独特的过程，同时可由该标准(GB/T 22032—2008 [3])中定义的项目过程和技术过程的活动组成。

4.17　系统(system)　为达到一个或多个规定目的而组织起来的、相互作用的元素的组合体。

注1：一个系统可被认为是一个产品或它提供的服务。

注2：实际上，对系统含义的解释通常通过使用一个联合名词来阐明，例如飞行器系统。或者，单词"系统"可简单地由上下文相关的同义词来替代，如飞行器，虽然这可能使系统的观点不太明显。

4.18　系统元素(system element)　组成系统的一组元素中的一个成员。

注：一个系统元素是一个系统中离散的部分，通过实现它可以完成规定的需求。

4.19　所关心的系统(system-of-interest)　在该标准(GB/T 22032—2008 [3])中其生存周期在考虑范围的系统。

4.20　系统生存周期(system life cycle)　所关心的系统从概念到退役随时间的进化。

注意 GB/T 22032—2008 的附录 D 对这些术语中的几个提供了附加的解释和可能的视图，如系统、系统元素和目标系统。例如,它指出系统可能由下列的一个或多个配置而成:硬件、软件、人、过程、规程、设施和自然出现的实体。这些可能被视为产品或服务。该标准同时注解说人可能被视为外部于系统的用户以及系统内的系统元素。

C.3 系统结构和术语

本章使用一系列的图来解释两个标准中所使用的对于系统定义的不同的结构化方法。

本标准的系统结构的层次视图与一种定义并精化系统产品及其相关的生存周期过程的构造块方法相结合。本标准定义了企业和项目实践及 SEP 的基本集合,它们可以以适当的组合跨越产品开发、问题解决和演化的系统生存周期的不同阶段进行应用。

1.3 条介绍了本标准的层次化的系统结构定义。

图 1 描述了本标准中使用的用来描述构成一个系统的元素的名称的层次结构。前三层(系统、产品和子系统)为后面的结构化描述打下了基础。

图 2 按照组成系统的构造块、它的相关产品、支持产品的生存周期过程以及组成产品的子系统描述了本标准中的基本系统结构。这种构造块形式方便了与广泛用于财务管理结构的工作分解结构的对应。构造块结构被用来标识需要被工程化的产品。

本标准引入了术语**生存周期过程**来应对跨越产品生存周期的八个功能域中都可能出现的系统支持的需要。引入它们的另一个原因是将这些支持系统与产品内在的系统和子系统区分开来。

本标准主要关注于产品开发方面而非生存周期过程定义和实现。产品和生存周期过程宜共同工程化,而且一旦标识了生存周期过程要求和元素,它们就被视为整个系统层次结构中的系统。SEP 也被应用于需要进行工程化的生存周期过程元素。

图 C.1 描述了系统层次结构中的各层如何组成一个或多个同样的基本构造块结构(产品各不相同)。同样的一组过程,实质上是本标准 SEP 的子过程,在自顶向下的设计中被应用于各个构造块。

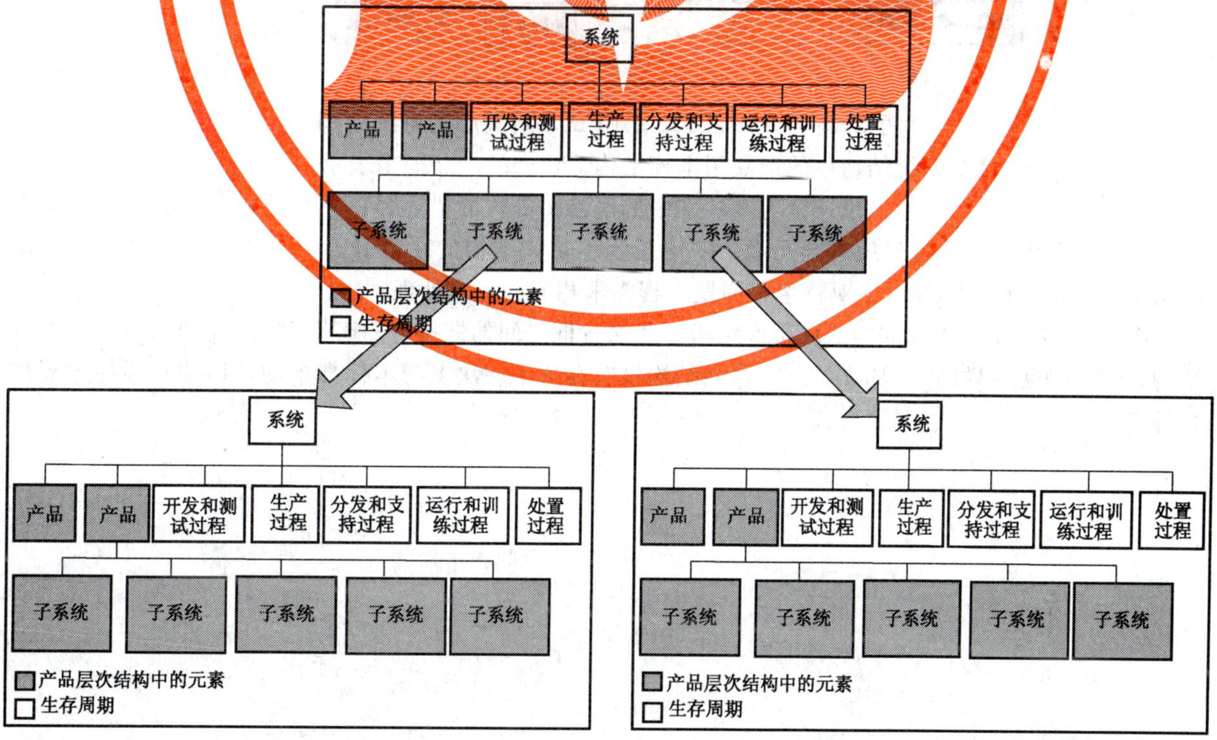

图 C.1 本标准的构造块结构

在GB/T 22032—2008[3]中，使能系统对应于本标准生存周期过程中的产品和服务。在GB/T 22032—2008中，术语**系统生存周期过程**包括了可以用于一个已定义的生存周期模型中任意阶段的该标准的25个过程的集合。

图C.2描述了GB/T 22032—2008的系统结构并且提供了一个与本标准等价的产品层次结构[2)]。它引入一组与本标准中所使用的不同的术语：

——**所关心的系统**是层次结构中最上层的产品。

——**系统元素**是可以通过构建、购买、复用或使用领域标准，如用于软件的GB/T 8566—2007[2]所定义的那样，来开发的产品分解结构中的实体。

——**系统**用来描述层次结构中需要工程化的所有其他产品。当一个项目被赋予工程化一个系统的责任，它就被认为是针对GB/T 22032过程应用的项目的目标系统。

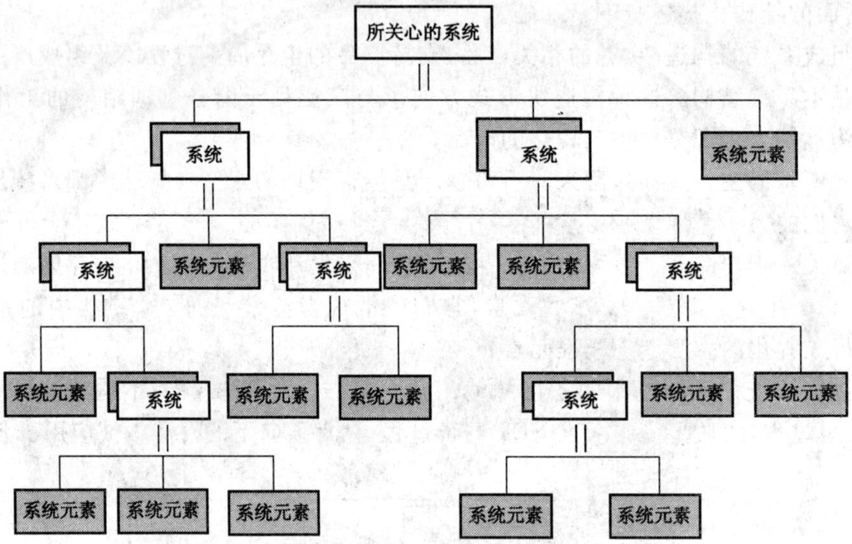

图C.2　GB/T 22032的图D.3所关心的系统结构

GB/T 22032目标系统结构中的产品用本标准构造块中的产品框来表示。

GB/T 22032—2008提供了一个与本标准中的产品树等价的描述目标系统分解的结构。目标系统被递归地定义为它的可实现的系统元素。使能系统不是该结构的一部分。GB/T 22032—2008[3]使能系统的需求按照与本标准中对待生存周期过程需求相同的方式处理。

图C.3表明来自本标准构造块层次结构中产品方框之间的链接与GB/T 22032—2008中目标系统结构(产品树)是一样的。GB/T 22032产品结构没有在每个层次上与本标准中的术语*生存周期过程*进行绑定。

2）GB/T 22032—2008[3]将系统(见C.2定义4.17)定义为“为达到一个或多个规定目的而组织起来的、相互作用的元素的组合体”；注1表明系统可以考虑为产品或者作为它提供的服务。

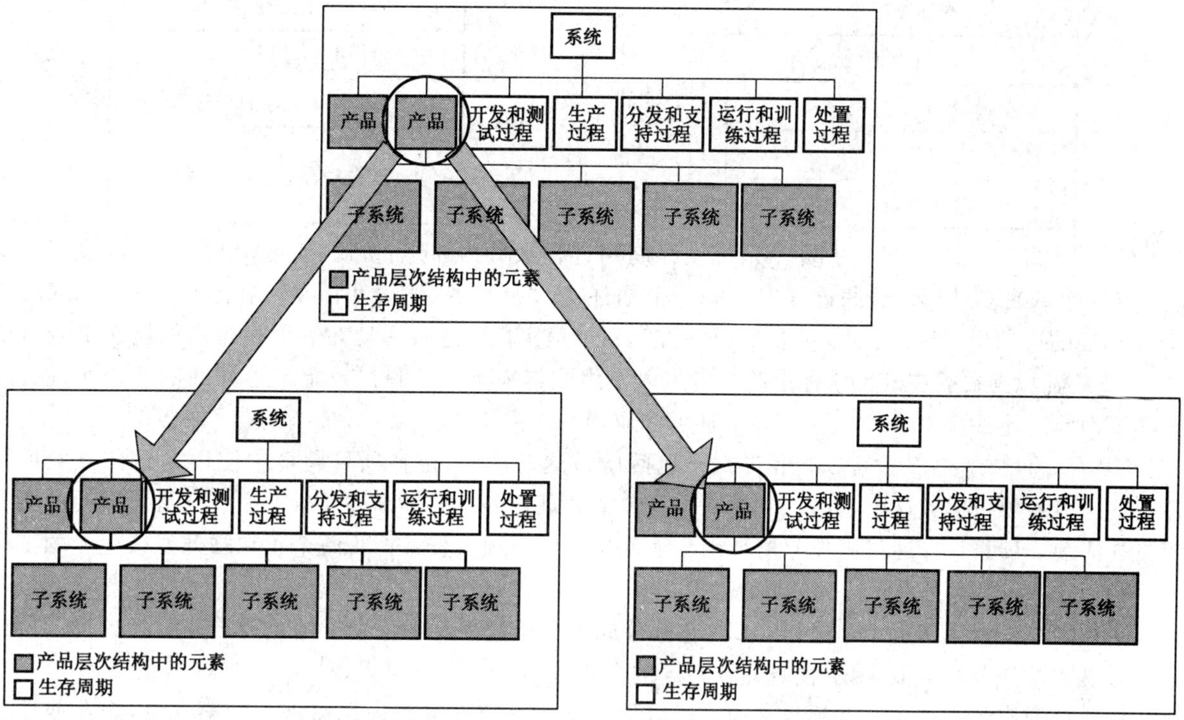

图 C.3　GB/T 22032 构造块的分解部分

基于上述 GB/T 22032 系统结构与本标准构造块的比较，图 C.4 指出了本标准构造块与 GB/T 22032—2008 中相当的术语。

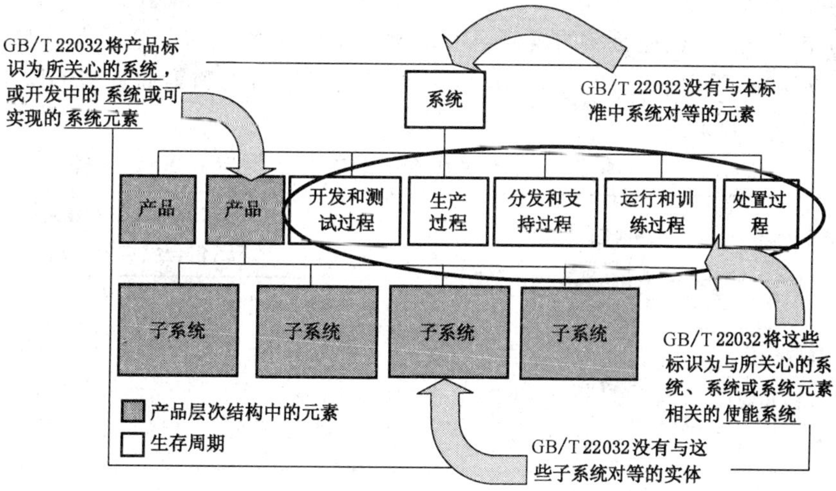

图 C.4　GB/T 22032 与本标准的术语命名比较

GB/T 22032—2008 与本标准构造块没有结构上的等价。

C.4　过程结构和术语

本章提供本标准与 GB/T 22032—2008 [3]术语的比较。本标准与 GB/T 22032—2008 都分层化地组织它们的过程，但是它们使用不同的术语和描述层次，如表 C.1 所示。

表 C.1　本标准和 GB/T 22032 过程术语

本标准层次	GB/T 22032 层次
1 个 SEP	4 个过程组
8 个子过程	25 个系统生存周期过程
任务	过程目标、成果、活动
活动	

GB/T 22032—2008 [3]的 25 个系统生存周期过程被分为 4 组:协议、企业、项目和技术过程。每组包含两个或更多过程。这些过程中的每一个描述为过程目的、输出和活动。在遵循 GB/T 22032—2008 标准的应用中,过程活动需要依照组织方针和规程实现。过程活动在一个相当高的层次上进行描述,一般还辅以有益的注解。该标准的读者可以使用注解来指导解释以及定义更详细的活动实现。此外,ISO/IEC TR 19760:2003 [4]提供了理解和应用 GB/T 22032—2008 的指南。

GB/T 22032—2008 没有在过程层次中包括*任务*这一术语,但在项目周境中使用术语*任务*。项目计划过程引入**项目任务**这个术语。注意到项目包括满足业务决策准则以及成功完成项目所需要的所有相关的活动。项目任务通过工作分解结构与活动相关联。项目任务标识每个正在被开发或生产的工作项以及工作项的相关任务。

本标准第 6 章定义了单个过程,SEP,它被分成 8 个子过程。每一个子过程又被分解为进行了讨论和图表说明的任务。一般来说,任务通过附属的企业或项目活动来实现。

第 4 章列出了一个企业和项目必须完成以生产整个系统方案的通用需求。在第 5 章,企业或项目通过在每个生存周期阶段适当应用第 6 章的 SEP 任务实现第 4 章中的需求,从而演化系统的细节并解决所报告的问题。第 5 章中的表格列出了每个阶段中要完成的特定活动。

本标准和 GB/T 22032—2008 [3]中的过程结构和术语不同。然而,本标准中的章条与 GB/T 22032—2008 中超出本标准第 6 章 SEP 定义范围的过程之间却存在关联关系。本标准陈述和 GB/T 22032 活动之间的联系已经标志出来了。表 C.2 提供了从本标准第 4 章总要求及第 6 章 SEP 子过程任务到 GB/T 22032 过程活动的概要层次映射。本标准第 5 章在这里没有映射,因为总的来看它针对详细系统分解期间特定的活动、文档化和评审重复了第 4 和第 6 章与 GB/T 22032 活动之间的关系。

表 C.2　与 GB/T 22032 活动相关的本标准需求和 SEP 任务

本标准章条　　映射到	GB/T 22032 章条 包含相应的活动
第 4 章　总要求	
4.1　系统工程过程(SEP)	5.4,5.5
4.2　系统工程的方针和规程	5.3.2.3,5.3.4.3
4.3　规划技术工作	5.4.2.3
4.4　开发策略	5.3.2.3,5.3.4.3,5.4.2.3
4.5　建模和原型化	5.5.3.3,5.5.4.3,5.5.7.3,5.5.9.3
4.6　集成资源库	5.4.8.3
4.7　集成数据包	5.4.8.3,5.5.4.3
4.8　规约树	5.5.4.3
4.9　制图树	5.5.4.3
4.10　系统分解结构(SBS)	5.5.4.3

表 C.2（续）

本标准章条　　映射到	GB/T 22032 章条 包含相应的活动
4.11　系统工程工作的集成	5.3.5.3,5.4.2.3,5.4.3.3
4.12　技术评审	5.4.3.3,5.4.4.3
4.13　质量管理	5.3.6.3
4.14　产品和过程改进	5.3.4.3,5.3.6.3
第6章　系统工程过程(SEP)	
6.1　需求分析	5.5.2.3,5.5.3.3,5.5.4.3
6.2　需求确认	5.5.2.3,5.5.3.3
6.3　功能分析	5.5.4.3
6.4　功能验证	5.5.4.3,5.5.7.3
6.5　合成	5.5.4.3,5.5.7.3
6.6　设计验证	5.5.2.3,5.5.4.3,5.5.7.3
6.7　系统分析	5.4.5.3,5.4.6.3,5.5.2.3,5.5.3.3,5.5.4.3
6.8　控制	5.4.3.3,5.4.4.3,5.4.6.3,5.4.7.3,5.4.8.3,5.5.4.3
注：这个映射概括了从本标准源文件到 GB/T 22032—2008[3]目标文件中的过程活动之间的映射关系。它包括不需要的源陈述部分与目标活动之间的关系。例如，本标准第6章子过程任务(在6.x.y层)代表性地映射到 GB/T 22032 的技术过程的行为下的注解信息。同时，虽然本标准的系统工程过程明显地将 GB/T 22032 技术过程应用于处理需求和设计，但是系统工程过程的某些方面的一些技术过程行为对最终实现系统产品有很大贡献。比如，本标准的4.5、6.4、6.5和6.6支持一些 GB/T 22032 中的验证过程行为(在5.5.7.3行为注解下)。	

C.5　贯穿系统生存周期的过程应用

GB/T 22032—2008 [3]和本标准都应用到整个系统生存周期上。两个标准都使得系统生存周期的阶段划分成为一种规范。当阶段划分成为规范，两个标准都可以让用户自由定义单个阶段。两个标准中陈述的示例阶段(或者“典型”阶段，正如本标准对它们的称呼)有些不同。本章对示例阶段进行比较。

本标准的第5章(从一种系统工程观点)描述了一个系统生存周期。

GB/T 22032—2008 [3]的第6部分要求实现该标准的符合性应用的组织建立至少由一个阶段组成的生存周期模型，其中每个阶段将会包含一个定义的目的和输出。如果合适的话，GB/T 22032 系统生存周期过程和活动将被选取和剪裁，从而在每个阶段中使用以实现阶段目的和输出。

基于本标准的目的，第5章跨越本标准典型系统生存周期的 SEP 应用实现了比实现 GB/T 22032 在同一阶段的系统生存周期过程的完整集合通常所期望的一个更狭窄的详细活动集合。本标准典型系统生存周期的每一个阶段可以按照更宽泛的目的和输出进行定义，然后 SEP 特定的活动可以被应用于每个阶段目的和所选择输出的部分实现。本标准在一个 GB/T 22032 生存周期模型语境中的另一个实现视图可以将基于本标准的生存周期模型的每个阶段目的和输出的定义限制为只包括与 SEP 相关并且可以由本标准 SEP 活动的应用来实现的那些。

本章提供了本标准第5部分标识的生存周期阶段与 GB/T 22032—2008 的资料性附录 B 中指出的示例通用生存周期阶段之间的一个比较。在图 C.5 中，本标准的图7对一个典型系统生存周期的描述被 GB/T 22032—2008 中的示例生存周期覆盖了。

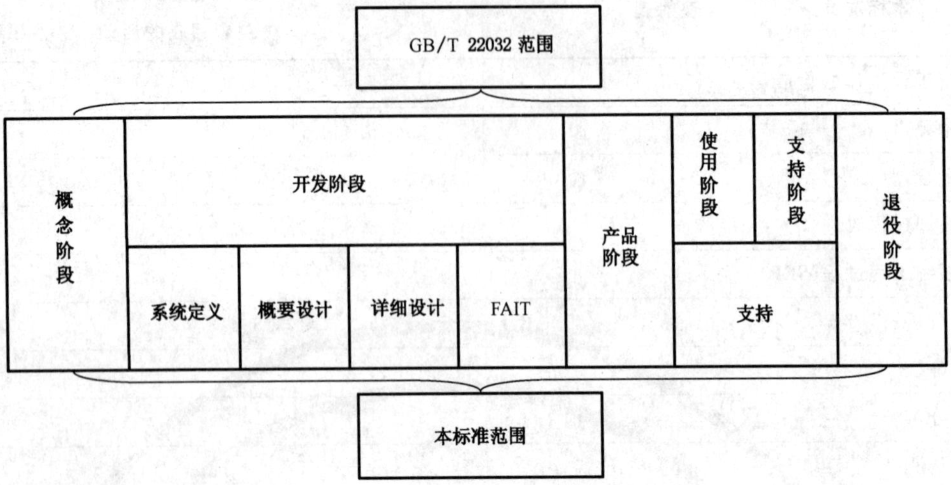

图 C.5 跨越典型系统生存周期阶段的范围比较

参 考 文 献

[1] GB/T 19000—2008 质量管理系统 基础和术语和词汇(ISO 9000:2005,IDT)

[2] GB/T 8566—2007 信息技术 软件生存周期过程(ISO/IEC 12207:1995,MOD)

[3] GB/T 22032—2008 系统工程 系统生存周期过程(ISO/IEC 15288:2002,IDT)

[4] ISO/IEC TR 19760:2003 系统工程—ISO/IEC 15288(系统生存周期过程)应用指南

[5] 项目管理协会.项目管理知识主体指南(PMBOK Guide)2000版. Newtown Square,PA: Project Management Institute,Inc.

ICS 33.040.40
L 78

中华人民共和国国家标准

GB/T 26241.1—2010/ISO/IEC 14476-1:2002

信息技术　增强型通信运输协议　第1部分:单工组播运输规范

Information technology—Enhenced communication transport protocol—Part 1:Specification of simplex multicast transport

(ISO/IEC 14476-1:2002,IDT)

2011-01-14 发布　　2011-05-01 实施

中华人民共和国国家质量监督检验检疫总局
中国国家标准化管理委员会　发布

前　言

GB/T 26241《信息技术　增强型通信运输协议》分为下列几个部分：

——第1部分：单工组播运输规范；

——第2部分：单工组播运输的QoS管理规范；

——第3部分：双工组播运输规范；

——第4部分：双工组播运输的QoS管理规范；

——第5部分：多工组播运输规范；

——第6部分：多工组播运输的QoS管理规范。

本部分为GB/T 26241的第1部分。

本部分等同采用ISO/IEC 14476-1:2002《信息技术　增强型通信运输协议　第1部分：单工组播运输规范》。

本部分的附录A和附录B为资料性附录。

本部分由全国信息技术标准化技术委员会提出并归口。

本部分起草单位：北京声讯电子有限公司、中国电子技术标准化研究所。

本部分主要起草人：聂蓉、余和初、尹治飞、徐冬梅、董挺。

引　言

GB/T 26241 的本部分规定了"增强型通信运输协议(ECTP)",它被设计成能在有组播能力的 IP 网络上能够支持 Internet 组播应用的运输协议。ECTP 在 IGMP 和 IP 组播路由协议的帮助下,操作在具有 IP 组播转发能力的 IPv4/IPv6 网络上,如图 1 所示。ECTP 可能在 UDP 之上提供。

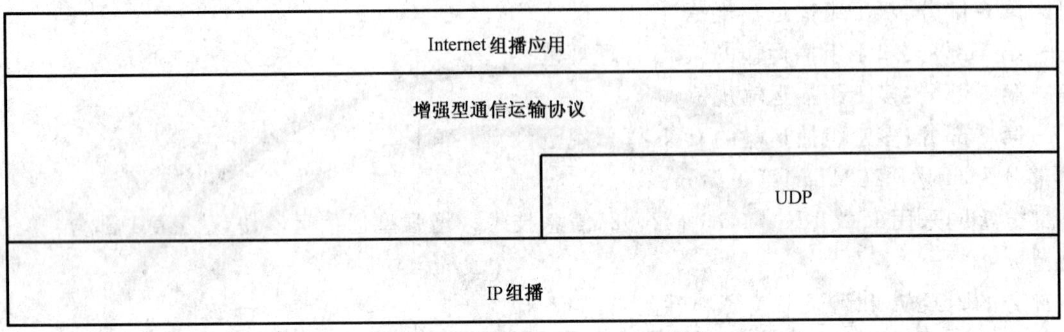

图 1　ECTP 模型

ECTP 被设计成能支持在单工、双工和多工/N 工应用中紧密地被控制的组播连接。ECTP 的本部分为在单工情况下可靠性控制规定了协议机制。ECTP 还为连接用户的 QoS 稳定管理提供了 QoS 管理功能。这种 QoS 管理功能性能够在 QoS 协商、监视和维护操作时来达成。单工情况的 QoS 管理的协议规程将在形成本标准组成部分的《单工 QoS 管理规范》中定义。双工情况和多工情况的控制规程和相关 QoS 管理功能分别在第 3,4 部分和第 5,6 部分中定义。

ECTP 中,在连接或者会话被创建之前,所有预期成员都被注册到组播组中。这些成员定义了已注册的组。已注册组中的每个接收者都被称之为已注册的接收者。在注册过程中,每个成员都将被鉴别。组信息包括组密码、IP 组播地址以及端口号,在注册过程期间将被分发给已注册的成员。ECTP 连接将为这些已注册组成员而建立。

ECTP 目标是用于紧密的被控制的组播服务。发送者处于组播组通信的中心。在单工组播连接中的单个发送者被分配了连接所有者的角色,在本规范中被指定为顶级所有者(TO)。连接所有者通过管理连接创建和终止、连接暂停和重新开始、加入和离开操作,来负责整个连接管理。

发送者触发连接创建过程。一些或所有已注册的接收者将参与连接而成为指定的"活动接收者"。任一不活动的已注册接收者都有可能参与连接,作为迟加入者。活动接收者可以离开连接。连接被创建之后,发送者开始发送组播数据。如果由 ECTP QoS 管理功能(在 ECTP 第 2 部分中定义)指示出网络问题(诸如服务拥塞),发送者调用连接暂停操作来临时挂起数据运输。在经过一段预先规定的时间后,发送者重新开始数据运输。如果所有的组播数据均已被发送,发送者将终止连接。

ECTP 为组播数据运输提供可靠性控制机制。ECTP 机制被设计成能保持与 IETF 中提议的那些机制相一致。为了提出带有可伸缩的可靠性控制,IETF 已提议了三个途经:基于树的 ACK (TRACK)、前向纠错(FEC)以及面向否定 ACK 的可靠组播(NORM)。每个途经都有自己的优缺点,并且每个服务提供者可以采取不同途径实现可靠性控制。ECTP 采取 TRACK 路径,因为它与现有的 TCP 机制更相类似,并且更适于 ECTP 框架。

对于基于树的可靠性控制,分层状结构树在连接创建期间进行配置。发送者是这棵控制树的根。控制树能够定义在树的任意一对结点之间的父辈-子辈关系。这个基于树的结构能够导致在控制结构扩展时在树层次结构中的较低级别处出现的本地所有者(父辈)。所创建的每个本地所有者将成为它自己拥有的本地控制树的根。而该连接所有者就成为整个控制树的根。对每个由控制树定义的本地组来执行差错控制。每个父辈重发丢失的数据,以响应来自其子辈的重传请求。

信息技术　增强型通信运输协议
第1部分:单工组播运输规范

1　范围

GB/T 26241的本部分规定了增强型通信运输协议(ECTP),它被设计成能在有组播能力的IP网络上能够支持Internet组播应用的运输协议。

本部分为由一个发送者和多个接收者组成的单工组播运输连接规定了ECTP。本标准为下列协议操作规定了协议规程:

a)　带有树创建的连接创建;

b)　组播数据传输;

c)　带有差错检测、重传请求和重传的基于树的可靠性控制;

d)　迟加入和离开;

e)　树成员关系维护;

f)　连接终止。

2　规范性引用文件

下列文件中的条款通过GB/T 26241的本部分的引用而成为本部分的条款。凡是注日期的引用文件,其随后所有的修改单(不包括勘误的内容)或修订版均不适用于本部分,然而,鼓励根据本部分达成协议的各方研究是否可使用这些文件的最新版本。凡是不注日期的引用文件,其最新版本适用于本部分。

ITU-T 建议.X.601(2000),多对等体通信框架

ISO/IEC 13252:1999 信息技术　增强型通信运输服务定义

3　术语和定义

3.1　ITU-T Rec. X.601中的术语和定义

本部分基于《多对等体通信框架》(ITU-T Rec. X.601)中定义的组播组的定义:

a)　已注册的组;

b)　活动组。

3.2　ITU-TRec. X.605 | ISO/IEC 13252中的术语和定义

本部分基于《增强型通信运输服务》(ISO/IEC 13252)中开发的概念:

a)　运输连接;

b)　单工。

3.3　本部分中的术语和定义

下列术语和定义适用于本部分:

3.3.1

应用　application

在本部分中表示Internet组播应用。它与OSI模型中的运输服务用户相对应。它与相应的运输协议实体交换运输服务原语。在Internet中,它通过套接字接口与运输协议实体进行通信。

3.3.2

包　packet

表示与TCP/IP中的段以及OSI模型中的运输协议数据单元(TPDU)等价的一个运输数据单元。

一个运输实体通过发送包与另一个运输实体通信。运输协议实体创建包,它被封装入IP数据报中,然后通过网络被交付到目的地实体。

3.3.3

发送者 sender

表示向接收者发送组播数据的运输协议实体。

3.3.4

接收者 receiver

表示接收组播数据的运输协议实体。

3.3.5

树 tree

一棵分层结构逻辑树,用来提供可伸缩的可靠性控制。树定义了它的一对结点之间的父子关系。发送者和接收者被组织到一棵树中。在树的层次结构中,树结点被指定为TO(顶级所有者)、LO(本地所有者)或LE(叶实体)。TO是单个ECTP发送者。所有的接收者被指定为LO或LE。

3.3.6

顶级所有者 TO(top owner)

在ECTP单工组播连接中的单个发送者。TO是树的根,并且管理连接的整个协议操作。

3.3.7

本地所有者 LO(local owner)

管理本地组的接收者。LO负责由控制树所定义的其本地组的整个协议操作。对于差错恢复,它重发由其子辈已丢失的组播数据。对于流量控制和拥塞控制,它聚集其所有子辈的控制信息,然后将聚集的信息交付给TO。就可靠性控制操作而言,TO也是一个LO。

3.3.8

叶实体 LE(leaf entity)

未被指定为LO的接收者。LE不能有任何子结点。它在树上是一个叶结点。

3.3.9

本地组 local group

由树分层结构中的一个父辈及其子辈结点组成。

3.3.10

父辈 parent

本地组的父辈结点。TO或者LO可以是父辈。

3.3.11

子辈 child

本地组的子辈结点。LO或LE可以是子辈。

4 缩略语

4.1 包类型

ACK	确认(Acknowledgment)
CC	连接创建证实(Connection Creation Confirm)
CR	连接创建请求(Connection Creation Request)
CT	连接终止(Connection Termination)
DT	数据(Data)
HB	心跳(Heartbeat)
JC	迟加入证实(Late Join Confirm)

JR	迟加入请求(Late Join Request)
ND	空数据(Null Data)
RD	重传数据(Retransmission Data)
TC	树加入证实(Tree Join Confirm)
TJ	树加入请求(Tree Join Request)

4.2 其他

ECTP	增强型通信运输协议(Enhanced Communications Transport Protocol)
ECTS	增强型通信运输服务(Enhanced Communications Transport Service)
IETF	Internet 工程特别工作组(Internet Engineering Task Force)
IGMP	Internet 组管理协议(Internet Group Management Protocol)
IP	网际协议(Internet protocol)
QoS	服务质量(Quality of Service)
RFC	请求评论(Request for Comment)
RMT	可靠组播运输(Reliable Multicast Transport)
SAP	会话通知协议(Session Announcement Protocol)
SDP	会话描述协议(Session Description Protocol)
TCP	运输控制协议(Transmission Control Protocol)
UDP	用户数据报协议(User Datagram Protocol)

5 约定

本部分中,关键字“MUST”(必须)、“REQUIRED”(要求的)、“SHALL”(应)、“MUST NOT”(必须不)、“SHALL NOT”(不应)、“SHOULD”(宜)、“SHOULD NOT”(不宜)、“MAY”(可)和“OPTIONAL”(可选的)按 IETF RFC2119 汇总描述的进行解释,并指明了关于符合 ECTP 实现的要求级别。

6 概述

ECTP 是被设计成能支持 Internet 组播应用的一种运输协议。ECTP 操作在具有 IP 组播能力的 IPv4/IPv6 网络之上。

本部分为由一个发送者和多个接收者组成的单工组播运输连接描述了 ECTP 协议。ECTP 支持基于 ISO/IEC13252 的连接管理功能。连接管理功能包括连接创建和终止,连接暂停和重新开始,以及迟连接和离开。对于组播数据的可靠交付,ECTP 还为差错、流量控制和拥塞控制提供了协议机制。为了允许达到大范围组播组的可伸缩性,使用与 IETF RMT WG 中提议的基于树的可靠性控制机制。

图 2 示出了 ECTP 操作的概述。

如图中所示,QoS 管理操作(诸如 QoS 协商、监视和维护)将在 ITU-T 建议.X.606.1 | ISO/IEC 14476-2 中指定。特别是,QoS 维护包括连接暂停和重新开始,以及流量控制和拥塞控制的操作。

在 ECTP 运输连接创建之前,预期的接收者被注册到组播组。这种组被称为已注册组(见 8.1)。在注册期间,鉴别过程可以和组密钥分配一起执行,必须把 IP 组播地址和端口号通告给接收者。这些注册操作可以依赖于众所周知的 SAP/SDP、HTTP(web 网页通告)和 SMTP(E-mail)协议。特定的注册机制超出了本规范的范围。

已注册的接收者在 IGMP 和 IP 组播路由选择协议的帮助下,将被连接到有组播能力的网络。这些 IGMP 和组播路由选择协议将引用已通告的组播地址。为已注册接收者创建 ECTP 运输连接。

ECTP 的目标是支持严格控制的组播连接。ECTP 的发送者处于组播组通信的中心。被指定为连接所有者(TO)的发送者通过管理连接创建和终止、连接暂停和重新开始以及迟连接和离开操作,来负责整个连接的管理。

ECTP的发送者通过发送连接创建消息来触发连接创建过程。某些或所有已注册接收者可以使用证实信息对发送者进行响应。当发送者接收到所有活动接收者的证实消息,或者是预先规定的定时期满时,这个连接即告完成(见8.2)。

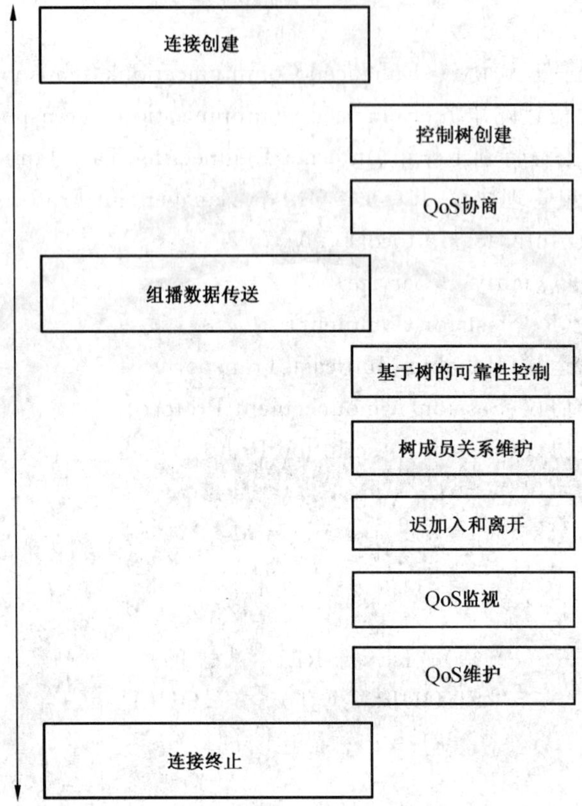

图2　ECTP协议操作

贯穿连接创建过程,某些或者所有的已注册组接收者将加入连接。已加入连接的接收者称为活动接收者。不活动的已注册接收者可以作为迟加入者参与连接(见8.6)。迟加入者发送连接请求给发送者。在对加入请求的响应中,发送者发送加入证实消息,该消息指示了这个连接请求是否被接受。活动接收者可以通过发送离开请求给发送者离开连接。不能与当前数据运输速率保持同步的制造麻烦的接收者有可能被驱逐出去(见8.7)。

在连接被创建后,发送者开始发送组播数据(见8.3)。对于数据运输,一个应用数据流按顺序被分段,并通过数据包发送给接收者。接收者将把接收到的数据包按发送者发送的次序交付给应用。

为了使这个协议可伸缩到大型组播组,ECTP利用了基于树的可靠性控制机制。在连接创建期间配置了一棵分层结构树。一棵控制树定义了在树任意一对结点间的父辈-子辈关系。发送者是控制树的根。在这棵树的分层状结构中,定义了本地组。本地组由一个父辈和零个或多个子辈组成。对于由控制树定义的每个本地组执行差错、流量控制以及拥塞控制。

图3举例示出了用于可靠性控制的控制树分层结构,其中,在发送者(S)和接收者(R)之间,或者在父辈接收者(R)及其子辈接收者(R)之间配置了父辈-子辈关系。

ECTP规定了树创建的协议规程。在树创建中,一棵控制树从发送者逐渐扩展到接收者(见8.2.2)。这称作一个自上而下配置。另一方面,IETF RMT WG已提议了一个由底而上的途径,在这种途径中由其接收者启动了树配置(见附件B)。这些方案在将来可合并到ECTP中作为候选的树创建选项。

在连接期间,树-成员关系是被维持的。允许迟加入者加入控制树。迟加入者收听来自一个或多个在树上的父辈的心跳消息，然后加入到最好的父辈。当子辈离开连接时，这个父辈从子辈列表中除去这个离开的子辈。结点失效通过使用周期性控制消息（诸如空数据、心跳和确认）来检测。发送者发送周期性空数据消息（即使它没有数据要运输），以指示它是活动的。每个父辈周期性地向它的子辈发送信跳消息，另一方面，每个子辈发送周期性确认消息给它的父辈（见 8.8）。

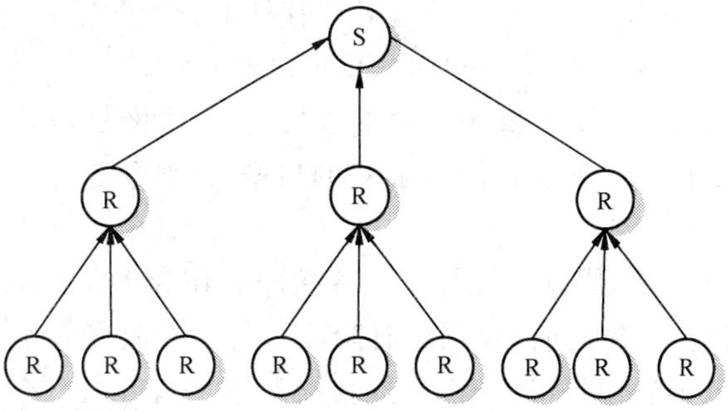

图 3 用于可靠性控制的控制树分层结构

在 ECTP 中，对于由控制树所定义的每个本地组均执行差错控制。如果子辈检测到丢失数据，它将通过 ACK 包向它的父辈发送重传请求。

ACK 消息包含标识出已经成功收到的数据包的信息。每个子辈都能使用两个 ACK 产生规则（ACK 编号和 ACK 定时器）中的一个给它的父辈发送 ACK 消息。如果数据通信量高，对数据包的 ACK 编号生成一个 ACK。如果数据通信量低，在 ACK 定时器期满之后发送 ACK 消息。

在数据重传后，父辈激活重传退避定时器。在定时间隔内，对相同数据的重传请求将不予理睬。如果这些数据都已被其所有子辈确认，那么每个父辈都可以将这些数据从其缓存中移除。

流量控制和拥塞控制信息由接收者沿控制树交付给发送者。关于流量控制和拥塞控制的详细描述将在 ISO/IEC 14476-2《单工组播运输的 QoS 管理规范》中给出。发送者将基于受监视的流量控制和拥塞控制信息来调整传输速率。

在数据传输期间，如果网络问题（例如严重的拥塞）被 ISO/IEC 14476-2 中规定的 QoS 管理功能所指示，发送者将暂时挂起组播数据的运输。在这个阶段，没有新数据被交付，而发送者发送周期性空数据消息，以指示该发送者是活动的。经过一段预先规定的时间后，发送者将重新开始组播数据运输（见 8.5）。

在所有的组播数据被发送完毕之后，发送者通过给所有接收者发送终止消息来终止连接。连接也可由于致命的协议差错而终止，诸如连接失败（见 8.9）。

7 协议组成部分

7.1 结点

ECTP 协议机制基于逻辑控制树，该树定义树的任一对结点之间的父辈-子辈关系。树的每个结点都是以下三种结点类型中的一种：TO（顶级所有者），LO（本地所有者）以及 LE（叶实体）。

a) 顶级所有者（TO）

TO 是控制树的根，并且还是单工组播连接中单个的发送者。TO 管理整个的连接管理功能，包括连接创建和终止。在连接创建阶段，控制树被发送者和接收者之间的交互来配置。在连接建立后，TO 向接收者发送组播数据。TO 可以临时挂起和重新开始连接。TO 还可以允许或者拒绝想加入现有连接的组成员。所有数据被发送之后，TO 终止组播运输连接。

b) 本地所有者（LO）

在 ECTP 连接中，某些接收者被指定作为 LO。每个 LO 都有子辈，这些子辈又由其它的 LO 和/或 LE 组成。因此 LO 作为树的内部结点。每个 LO 都重发由其子辈丢失的组播数据。它也聚集关于来自其子辈处的流量控制和拥塞控制的信息,然后把已聚集的信息发给 TO。在可靠性控制操作中,TO 中也是一个 LO。

c) 叶实体(LE)

未被指定作为 LO 的接收者被称为 LE。LE 不能具有任何子辈。因此它在控制树中被作为叶结点。

TO 是单个的发送者。LO 和 LE 是接收者。在树的分层状结构中,本地组由一个父辈及其子辈组成。TO 或 LO 可以是父辈,LO 或 LE 可以是子辈。

在树的分层结构中,LO 向其子辈重发丢失的组播数据(差错恢复),并把流量控制和拥塞控制信息传给 TO。另外,每个 LO 拥有驱逐制造麻烦的子辈的权限,以维护连接的稳定性。因此期望给予 LO 比 LE 更多的处理能力和职责。

ECTP 中,在连接被创建之前,假设已经指定某些接收者作为 LO。本规范不考虑在连接期间从接收者中选择 LO。即,在连接被创建之前(或在注册阶段),每个接收者必须知道它是一个 LO 还是一个 LE。在一个很小规模的组或异步网络(诸如卫星或移动网络)中,可以一个 LO 也不指定。在这些环境中,所有的接收者都是 LE。

LO 可以是端主机或者专用服务器。在专用的控制网络中,专用服务器可能会作为一个 LO。在公共网络中,端主机可以被利用作为 LO。其它情况下, LO 是接收者,并作为一个父辈为其本地组执行可靠性控制操作。

7.2 控制树

在连接被创建后,TO 通过组播向所有的接收者发送数据。每个子辈发送关于数据接受到状态信息给其父辈。该信息沿着控制树被交给 TO。组播数据流沿着控制树的向下方向从 TO 流向 LO,而控制信息沿控制树的向上方向经过 LO 从 LE 传向 TO。

图 4 显示了 ECTP 控制树的一般结构。

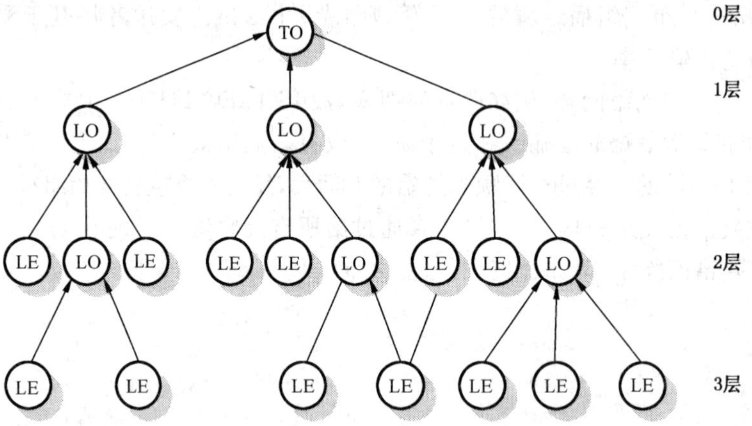

图 4 ECTP 控制树

控制树定义了在结点之间的任一对父辈-子辈关系。控制树向每一树的结点提供下列信息:

——谁是我的父辈结点?(在 LO 和 LE 处)

——谁是我的子辈结点?(在 TO 和 LO 处)

基于以上描述的信息,树结点可以保持它的父辈和/或子辈列表。在该列表中,每个元素都通过其运输地址来标识,并且所有的元素都按预先规定的规则(诸如 IP 地址或者跳段距离等)来排列。父辈列表可以拥有一个或多个元素,其中的某些元素将被用作备份父辈结点以对抗当前父辈结点的失效。

ECTP 为树配置提供了三个选项(见 8.2.2)。按照组播应用的要求,其它选项可以在将来再加定义(见附件 B)。

7.3 寻址

7.3.1 端口

ECTP 使用一组端口来标识出在 IP 端主机中的不同应用。端口号插入到每个包的头部。一般而言,IP 主机能支持许多个端口,并且每个端口号在主机内是唯一的。端口与进程的绑定由每个主机独立地处置。

对于组播运输连接,至少使用两个端口。如果实现使用了套接字接口,它将被绑定到至少两个端口上。其中的一个是用于组播数据发送和接收的端口,在连接被创建之前必须将这个端口告知组成员。另外一个端口在一个系统内部由本地指定,作为单播控制消息传输的一个目的端口号。

当运输连接被释放时,有必要阻止当前端口被其他新连接再次使用,因为与当前端口有联系的包可以仍然存在于网络中,甚至在连接被终止后还可以流入该端口。所以如果连接被释放了,建议将相关端口设置成处于冻结状态中。在冻结状态中的端口在一个特定时间内必须不能被任何其他连接再次使用。

7.3.2 运输地址

运输地址被定义为配对的 IP 地址和端口号。组播运输地址由一个 IP 组播地址和一个端口号组成。TO 通过设置组播运输地址作为目的运输地址来发送组播数据。每个接收者通过组播运输地址接收来自 TO 的组播数据。这种用于数据传输的组播运输地址必须在注册阶段被告知给所有的组成员。

单播运输地址由配对的 IP 单播地址和本地端口号标识出。当 TO 发送单播数据时,它把相对应的源运输地址设置为它的单播运输地址。当某一结点把单播控制消息发送给另一个结时,也可以使用单播的运输地址。

7.3.3 组播数据地址和控制地址

在 ECTP 中,TO 通过组播向所有的接收者发送数据,而 LO 通过组播向其本地组发送重传数据和控制消息。

根据网络中的组播部署,TO 和 LO 可以共享单个的 IP 组播地址,或使用不同的 IP 组播地址。例如,源特定组播(SSM)路由协议通过该源的配对的 IP 组播地址和源的单播地址来定义组播信道。在 SSM 中,组播信道对发送者来说是唯一的(详见附件 A)。

在 TO 和 LO 使用不同组播地址或信道的网络中,必须将所利用的所有组播地址在连接被创建之前通告给组成员。在这种情况下,它们中的一个被 TO 用于组播数据运输,其他的被 LO 用于组播控制,诸如组播数据重传以及控制消息的组播运输。

7.3.4 包

ECTP 包分类为数据包和控制包。数据(DT)和重传数据(RD)都是数据包。所有其他的包用于控制目的。表 1 概括了在 ECTP 中使用的包。在该表中,运输类型"组播"表示使用组播数据地址的全局组播,"本地组播"表示使用组播控制地址的本地组播。RD 和 HB 控制包通过本地组播从 LO 交付给它的本地组(即它的子辈)。

表 1 ECTP 包

包	缩写	运输类型	来自	去往
创建请求	CR	组播	发送者	接收者
创建证实	CC	单播	子辈	父辈
树加入请求	TJ	单播	子辈	父辈
树加入证实	TC	单播	父辈	子辈
数据	DT	组播	发送者	接收者
空数据	ND	组播	发送者	接收者

表 1（续）

包	缩写	运输类型	来自	去往
重传数据	RD	(本地)组播	父辈	子辈
确认	ACK	单播	子辈	父辈
信跳	HB	(本地)组播	父辈	子辈
迟加入请求	JR	单播	接收者	发送者
迟加入证实	JC	单播	发送者	接收者
离开请求	LR	单播	父辈/子辈	子辈/父辈
连接终止	CT	组播	发送者	接收者
注 1:发送者为 TO,接收者为 LO 和 LE。 注 2:父辈为 TO 或 LO,子辈为 LO 或 LE。 注 3:关于详细的包结构见 9.3 中表 3。				

8 协议规程

8.1 连接创建前的操作

在 ECTP 连接被创建之前，每个预期组成员都已注册到组播组。这种成员称为已注册组成员(见 ITU-T Rec. X. 601)。某些或全部的已注册组用户将参与 ECTP 连接。

在已注册的组成员加入组播连接之前，它必须在 IGMP 和 IP 组播路由选择协议的帮助下被连接到网络接口。这确保已注册的成员收听从 TO 和 LO 的组播数据和控制包。

已注册用户通过 SDP/SAP、HTTP(网页)或电子邮件获得关于组播会话的信息，该信息包括 IP 地址和端口号。详细的注册机制超出 ECTP 规范的范围。

为确保已注册的用户参与 ECTP 连接，下列运输地址必须与会话特定信息一起被通告给已注册组：

a) 组播组(数据)运输地址(IP 组播地址和端口号)：
IP 组播地址和端口号组合对 ECTP 连接来说必须是唯一的，并且它被 TO 用来发送组播数据给接收者。

b) TO 的单播运输地址(IP 单播地址和端口号)：
IP 地址和端口号分别对应于组播数据包的源 IP 地址和端口号。也可称为从接收者流向 TO 的控制包的目的 IP 地址和端口号。

c) LO 的单播运输地址(IP 单播地址和端口号)：
该单播运输地址对应于组播控制包(诸如 TJ 和 ACK 包)的源 IP 地址和端口号。也称为从子辈到 LO 的控制包的目的地址和端口号。

d) LO 的组播控制运输地址(IP 组播地址和端口号)：
如果 TO 和 LO 使用不同的组播地址，每个 LO 也通告它的组播地址和端口号。该 IP 地址和端口号将被 LO 用来发送组播控制包(诸如 HB 包和 RD 包)给其子辈。

在使用组播地址时，每个注册的成员都必须在连接被创建之前通过 IGMP 和 IP 组播路由选择协议已经被连接到网络。该成员收听来自 TO 和 LO 的组播控制和数据控制消息。

8.2 连接创建

8.2.1 连接创建的规程

TO 通过给已注册接收者发送 CR 包来触发连接创建。某些或者所有已注册的接收者将以其相应的 CC 包进行响应。通过聚集这些 CC 包来完成连接创建。参与连接的接收者称作“活动接收者”。

如果在树创建中利用了一个或多个 LO,那么每个 LE 发送它的 CC 包给它的父辈 LO。父辈 LO 聚集来自其子辈的 CC 包,然后发送聚集的 CC 包给它的父辈。

连接创建的规程概括如下:

a) 通过组播发送一个 CR 包给所有接收者。
然后激活连接创建时间(CCT)定时器。

b) 当接收者收到该 CR 包时,它开始配置控制树(见 8.2.2)。

c) 在每个接收者加入到树中之后,它通过单播发送 CC 包给它的父辈,然后等待来自 TO 的组播数据。每个在树上的父辈 LO 将聚集来自子辈的 CC 包,然后发送已聚集的 CC 包给其父辈。

d) 在 CCT 定时器有效的时间内,TO 聚集来自其子辈的 CC 包。如果 CCT 定时器期满,TO 为在此时间之前已经发送了 CC 包的接收者完成连接创建。

图 5 描述了连接创建的一般规程。

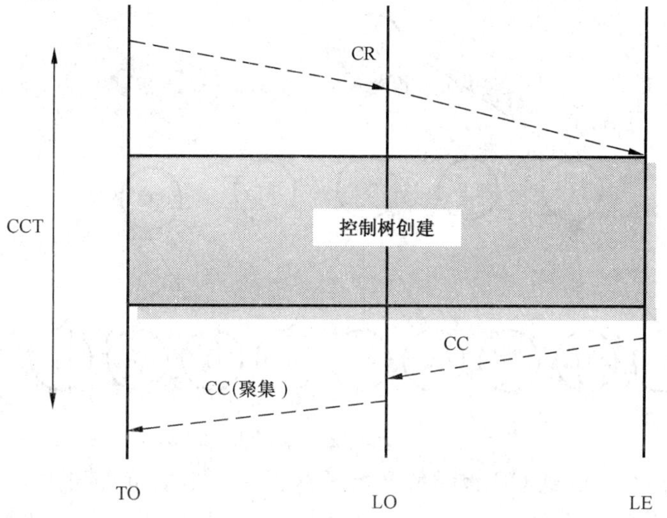

图 5 连接创建规程

在图 5 中,详细的树创建规程在 8.2.2 中描述。

在连接创建完成之后,TO 发送组播数据。尚未参与的接收者可以加入该连接作为"迟加入者"(见 8.6)。

当连接创建被指示时,所有的组成员(发送者和接收者)激活不活动时间(IAT)定时器。IAT 定时器用来防止异常协议操作。每当新包到达时,IAT 定时器都被复位。如果没有收到新包,IAT 定时器期满,则相应的结点确定该连接已失败。

8.2.2 控制树创建

在连接创建中,ECTP 配置了分层结构状控制树,该树经过零个或者多个 LO 连接 TO 和 LE。ECTP 为树创建提供了 3 个选项:

a) 选项 1:级别 1 配置,其中不使用任何 LO;

b) 选项 2:级别 2 配置,其中所有的 LO 都连接到 TO;

c) 选项 3:一般配置,其中多于两个树等级被配置。

这三个选项中的一个必须在连接信息元素中规定(见 9.2.1)。根据网络基础设施,其他的选项可以为将来的树创建而定义,该树创建包括由 IETF RMT WG 所提议的方案。这些选项的简要概述在附录 B 中给出。

树创建算法自动地构建一棵控制树。为了确保在树中没有环路配置,使用规程的步骤和自上而下的途径。从 TO 开始,按阶梯方式通过包含非树 LO 和 LE 来逐渐扩展。

为了 ECTP 协议机制的稳定操作和维护,推荐树的创建使用选项 1 和 2。图 6 和图 7 分别图示说明了选项 1 和选项 2 表示的控制树。

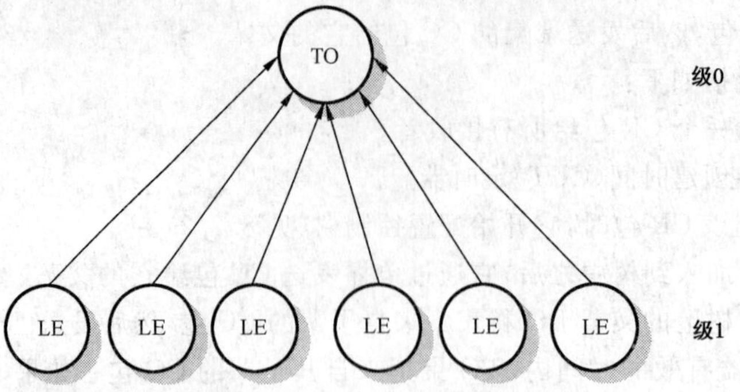

图 6　选项 1 表示的 1 级树

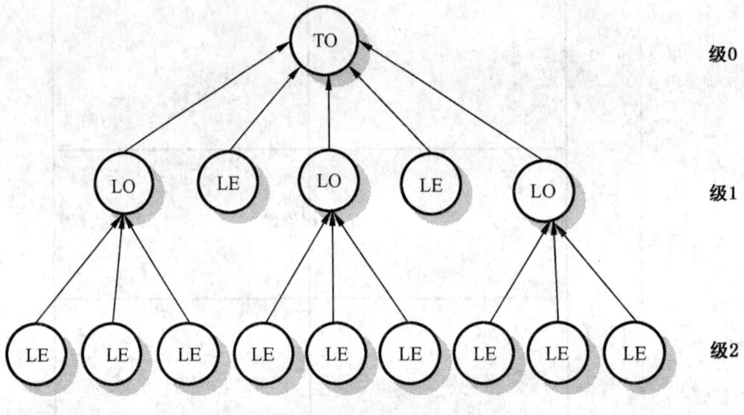

图 7　选项 2 表示的 2 级树

每个接收者结点都在一收到 CR 包时就开始了树创建。本规范首先为选项 2 提供了树创建规程，稍后描述选项 1 和选项 3 的规程。

选项 2 中，所有的 LO 都被连接到 TO，并且每个 LE 都能加入在树上的 LO 或 TO。图 8 为选项 2 图示说明了树创建规程。

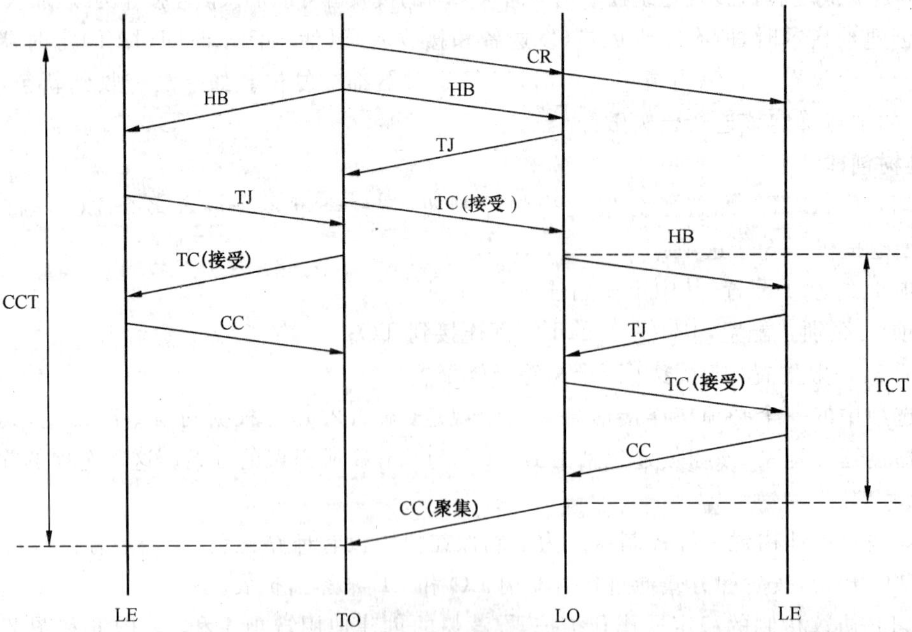

图 8　树创建规程

树创建规程概括如下：

1) TO在CR包刚被释放之后，开始通过其组播控制地址发送周期的HB包。

2) 每个LO通过发送TJ包加入TO，然后激活重传时间(RXT)定时器。

3) TO以TC包响应每个LO。TC包包含一个标志比特以指示该参加请求是否被接受。

4) 如果LO在RXT时间内接收到带有接受标志的TC包，那么它现在就变成了在树上的LO。

5) 在拒绝的情况下，LO不能在树上，如果TC包在RXT时间内没有到达，LO将重发TJ包给TO。

6) 每个在树上的LO开始通过其组播控制地址通告周期性HB包。然后在树上的LO激活树创建时间(TCT)，该时间是CCT的一半。

每个在树上的LO使用组播控制地址来邀请它的子辈(见7.3.3)。想被连接到控制树的每个接收者宜加入一个或多个组播控制地址。这确保每个LO或LE收听来自其候选父辈的HB包。

每个LE收听来自树上的TO和LO的HB包。这些候选父辈将被记录到这些LE的父辈列表中。当LE包含在其父辈列表中一个或者多个实体时，它选择最好的候选父辈。这个特定的选择规则是一个实现问题，它可以基于最短跳的距离、最近接收到的HB包，或者最低的IP地址等。为了能够达到父辈恢复以抵抗失败，所以期望的是每个LE保持在其父辈列表中有两个或两个以上的候选父辈。

然后LE加入TO或在树的LO，如下：

7) LE通过单播向最好的父辈发送TJ包，然后激活RXT定时器。

8) 每个在树上的LO都以TC包进行响应，该TC包中包含标志比特。基于最大子辈号(MCN)作出接受或是拒绝的判定。

9) 如果LE在RXT时间内接收到带有接受标志的TC包，那么它现在就在树上了。在树上的LE通过单播发送CC包给它的父辈。在拒绝的情况下，LE试图加入替换的在树上的LO。如果在RXT时间内TC包没有到达，LE重发TJ包给树上的LO。

10) 如果TCT定时器期满，LO聚集CC包，并且发送一个已聚集的CC包给它的父辈(即TO)。如果CCT定时器期满，TO完成连接创建和树创建过程。

在选项1中，树上没有利用一个LO。实际上，没有一棵树被配置。所有的接收者都变成了TO的子辈。该选项可以被用于不显示可伸缩问题的组播连接中。

选项3中，一棵普通的树被配置多于两级。父辈-子辈关系可在两个LO之间形成。因此LO可以是一个子辈或者是其他LO的父辈。在该选项中，除以下几点外，该选项树创建机制与选项2中相同：

a) 当LO在树时，在树的LO将当前树级别值(CTL)增加1。注意，TO的子辈LO具有值为“1”的CTL。在步骤(5)中，对已给定的最大树级别(MTL)而言，LO设置它的TCT为“CCT*(MTL-CTL)/MTL”；

b) 被称为“分支过程”的步骤(6)、(7)、(8)及(9)，将在一个父辈LO及其子辈之间执行。一个新的在树上的LO将再次开始分支过程以寻找它的子辈，直到其TCT定时器期满为止；

c) 为了确保树从根成长到多树级别，每个父辈可以为其子辈LO保留一部分最大子辈号(MCN)值。

CC包包含有关活动接收者的数目、活动接收者编号(ARN)的信息。每个LE将其ARN设置为‘1’，而一个父辈则通过将总计其后代的数目来聚集其本地组ARN值。在这种方式下，LO能知道在连接中有多少接收者是活动的。

8.3 数据传输

在连接被建立后，TO将组播数据发送给所有的接收者。TO将通过分段规程来生成DT包。为达到这一目的，TO使组播数据流分裂成多DT包。每个DT包拥有它自己的序列号(见8.3.2)。TO将数据流的最后一个 DT 包的固定头部的 F 比特置为‘1’(见 9.1)。

当 TO 没有数据发送的时候,TO 发送周期性 ND 包。空数据时间(NDT)是指 TO 的 ND 包的组播传输之间的间隔时间。NDT 定时器在连接被创建之后被激活。每次 DT 或 RD 包被发送时,NDT 定时器都被复位。如果 NDT 定时器期满,TO 发送 ND 包。

所有接收到的数据包都会按照 TO 发送的次序交付给应用。每个接收者重组装接收到的包。损坏的和及丢失的包通过使用校验和(见 8.3.1)与序列号(见 8.3.2)来检测。损坏的包被视为是丢失的包。丢失的 DT 包在差错控制功能中恢复(见 8.4.2)。

ECTP 使用基于固定大小的窗口的流量控制,该窗口的大小与 ACK 位图大小(ABS)相同。窗口大小表示在发送缓存中未确认数据包的数量。发送者能以配置数据传输速率最大程度地发送窗口大小的数据包。在 ECTP 中,组播数据的运输速率由基于速率的流量控制以及拥塞控制机制来控制,该机制将在 ECTP 第 2 部分《QoS 管理规范》中规定。

8.3.1 校验和

该功能用来检测损坏的已接收到的包。该校验和覆盖了整个包,包括头部、扩展元素和/或数据部分(见 9.1)。校验和必须适用于所有的包类型。它由发送实体计算和存储,由接收实体来验证。

为了计算出包的校验和,发送者首先将校验和的值置为‘0’。然后计算出该包的 16 位二进制反码和。“这些和”的 16 位二进制反码被存储在固定头部的校验和字段中。

如果计算出的校验和为‘0’,它被存储为全 1 的比特,即 65535,在其补码运算法中是相等的。注意,已发送的校验和为‘0’,指示了发送者没有计算校验和。

在收到包时,每个接收者就计算该包的 16 位二进制反码和。既然校验和的值反映了由发送者所存储的校验和,所以计算出的校验和必须是全 1 的比特。如果不是,它意味着校验和差错。在这种情况下,接收者丢弃掉该包。损坏的包被视为是丢失的。丢失的数据包将触发重传请求(见 8.4.2)。

8.3.2 序列号

新 DT 包由 TO 按顺序编号。序列号被接收者用来检测丢失的数据包,并被 TO 和 LO 用来管理传输和重传缓存。

TO 在发送 CR 包时选择一个初始序列号(ISN)。该 ISN 是随机生成的而不是‘0’。序列号‘0’可以被用来指示不活动的连接。

包序列号是对于每个新 DT 包而递增的。使用模数 232 运算,并且序列号在达到“232-1”后绕回到‘1’。

8.4 差错恢复

可靠性控制机制典型地由差错恢复以及流量控制和拥塞控制操作组成。流量控制和拥塞控制机制被设计成能调整基于对接收者和网络的监视状态的数据运输速率,并且这些目标是与 QoS 管理规范的设计目的是很好相匹配的。流量控制和拥塞控制操作以及 QoS 监视和维护操作中予以规定。在 ITU-T Rec. X. 606.1 | ISO/IEC 14476-2 中的 QoS 管理规范。

本规范集中在差错恢复上,差错恢复由接收者的差错检测、接收者经由 ACK 包进行的重传请求以及父辈的重传组成。在本规范中,不考虑数据运输速率的调整(即,假设发送者以一个固定速率发送组播数据)。

8.4.1 差错检测

头部校验和字段用于检测包损坏,序列号字段用于检测包的丢失。当接收到数据包时,每个接收者都检查头部校验和。如果校验和字段是无效的,则该包被视为是损毁坏的包,并且应丢弃该包。损坏被视作是丢失的。该丢失能够作为 DT 包的两个连续序列号之中的一个间隙而被检测到。丢失信息被记录到 ACK 位图中,该位图被连接到后续 ACK 包。

8.4.2 重传请求

ACK 包用于重传请求。当接收者检测到收到包的序列号中的间隙时,它把与丢失 DT 包相对应的 ACK 位图的位置为 0。ACK 位图被包含到确认元素中,该元素被连接到后续序列 ACK 包,并且通过 ACK 生成机制被交付给父辈。

对于本地组,一个父辈和它的子辈维持下列变量以确定 DT 包的状态:

a) 最低序列号(LSN):如果结点是子辈结点,这就是该子辈未被确认的最低编号的 DT 包的序列号。如果该结点是一个父辈结点,这就是由其任一子辈已未被确认的最低编号的 DT 包的序列号。

b) 最高序列号(HSN):如果结点是子辈结点,这就是已往收到的最高编号的 DT 包的序列号;如果结点是父辈结点,则它就是由其任一子辈已收到的最高编号 DT 包的序列号。

为了请求重传丢失的数据,每个子辈生成一个确认元素,该元素包含 LSN、有效位图长度和 ACK 位图。有效位图长度置为 HSN-LSN+1。例如,对于 LSN=15 和 HSN=22,则有效位图长度=8。ACK 位图规定了一个包交付的成功或失败:'1'表示成功,'0'表示失败。位图最多可表示位图长度 * 32 个包。假设位图=01101111,则序列号为 15 和 18 的 DT 包丢失。

注意,树上的中间 LO 有两组 LSN 和 HSN 参数:一组作为子辈的,另一组作为父辈。作为子辈的参数值由从 TO 处接收来的数据的状态来更新,而作为父辈的参数值由从其子辈而来的确认元素来更新。

当一个父辈向其子辈发送 HB 包时,它将序列号字段设置为 LSN。其序列号比 LSN 小的数据包不能被恢复。

8.4.3 ACK 生成

每个子辈通过 ACK 生成编号(AGN)或者通过 ACK 生成时间(AGT)来生成 ACK 包。

每个子辈每隔 AGN 这个数向其父辈发送 ACK 包。为达到这一目的,子辈在树配置中从其父辈那里接收到 Child ID,它包含在树成员关系元素中。如果 DT 包的序列号模数 AGN 等于子辈 ID 模数 AGN,则每个子辈都将发送 ACK 包给它的父辈,即,如果:

包序列号 % AGN=子辈 ID % AGN

假设 AGN=8 和子辈 ID=2。该子辈结点将为序列号为 2、10、18、26 等的 DT 包生成 ACK 包。当相应的 DT 包是作为子辈所丢失的而被接收到或被检测到时,则该 ACK 生成规则适用。

当数据通信量为低时,接收者可以长时间不发送 ACK 包。这可能引起长时间等待在父辈处的包稳定性,还有可能使接收者看上去已经失败了。AGT 用来确保接收者以及时的方式进行响应。接收者在 AGT 间隙内至少发送一个 ACK 包。AGT 定时器在子辈接收到第一个 DT 包时被初始化,并且每当新 ACK 包被发送时它被复位。

总之,当数据通信量为高时,将依据 AGN 编号规则来生成 ACK 包。另一方面,如果通信量负载为低,当 AGT 定时器期满时则触发 ACK 包。

8.4.4 ACK 聚集

每个父辈都使用 ACK 包来收集错误、流量控制和拥塞控制的状态信息。

每当父辈从其任一子辈处收到一个 ACK 包时,它记录和更新关于由其子辈已成功接收的包的状态信息。如果所有的子辈都接收到了 DT 包,那么该 DT 包被定义为稳定的包。稳定 DT 包将被从父辈的缓存中释放。当父辈从其一个子辈处接收到 ACK 包时,如果指示一个或多个包丢失了,该父辈通过其组播控制地址将相应 RD 包发送给它所有的子辈(见 8.4.6)。

ACK 包包含有关流量控制和拥塞控制的信息。父辈必须为其所有子辈聚集相应的控制变量,并通过使用其后续 ACK 包将聚集的信息发送给它的父辈。对于任何控制结点(TO 或 LO),聚集的信息表

示包括它自己的子辈在内的后代的接收状态。流量控制和拥塞控制规范的更详细的信息将在 ITU-T rec. x. 606.1 | ISO/IEC 14476-2 中的 QoS 管理规范中给出。

8.4.5 本地 RTT 测量

通过比较 HB 包同其相应的 ACK 包来测量，本地组的往返时间(RTT)，即本地 RTT。父辈 LO 每隔 HB 生成时间(HGT)间隙就给它的子辈发送包含时戳元素的 HB 包。每个子辈在发送 ACK 包给其父辈之前都更新在 HB 包中的时戳，如下：

a) 子辈将 HB 包到达的时间记录为 Treceive；

b) 子辈将它发送对应 ACK 包给其父辈的时间记录为 Tsend；

c) ACK 包交付以下时戳值：

时戳＝时戳＋Tsend－Treceive

从子辈处接收到 ACK 包时，父辈通过从当前时间中减去时戳 来计算出该子辈的 RTT。RTT 被记录到子辈列表。父辈通过其子辈的最小 RTT 值来确定本地 RTT。

本地 RTT 的计算是可选的。本地 RTT 可以用来确定本地组的重传退避时间(RBT)。在父辈重发数据包之后，在 RBT 时间内它将忽略任何后来的对同一包的重传请求(见 8.4.6)。RBT 可以被设置为本地 RTT 的两倍或者三倍。推荐使用足够大的 RBT 值以降低不必要的重复重传。本地 RTT 在 ECTP 中的附加使用可以在将来定义。

8.4.6 重传

为了响应 ACK 包，如果父辈持有已请求的数据包，则该父辈对于任一子辈所请求的数据而重发 RD 包。RD 包通过组播控制地址进行重发。

在父辈对于已请求的数据而发送了 RD 包之后，它激活重传退避定时器(RBT)。在这段时间内，对于同一数据包的重传请求将被不予理睬。

对于丢失 DT 包的重传请求的最大次数应受限于最大重传次数(MRN)。父辈将不理睬超过 MRN 的进一步重传请求，并将相应数据从其缓存中移去。

8.5 连接暂停和重新开始

该功能用来暂时挂起组播数据运输。如果指示了连接暂停，TO 发送带有固定头部 F 位置为‘1’的周期 ND 包(见 9.1)。在连接暂停阶段，TO 必须不发送任何新 DT 包，而包括 RD 和 HB 的控制包能被发送。如果发送者实现了从异常状态恢中恢复了连接状态的时候，则连接重新开始被激活。如果指示了连接重新开始，发送者将发送带有固定头部 F 位置为‘0’的周期 ND 包。触发连接暂停和重新开始的特定规则将在 ITU. Rec. X. 606.1 | ISO/IEC 14476-2 中给出。

8.6 迟加入

为了加入现有连接，迟加入者执行下列规程：

a) 迟加入者通过单播发送 JR 包给 TO，然后它激活重传时间(RXT)定时器；

b) 在接收到 JR 包时，TO 就以 JC 包对迟加入者做出响应。加入请求是否被接受(‘0’为接受，‘1’为拒绝)，JC 包必须在固定头部标志 F 位中规定。

c) 如果迟加入者在 RXT 内接收到带有接受标志的 JC 包，则它开始在树配置中加入控制树。如果 RXT 定时器期满，还没接收到 TC 包，迟加入者再次发送 JR 包给 TO。JR 包的重传数量由最大重传次数(MRN)限定。

在树配置中，迟加入者通过给在树上的 LO 发送 TJ 包和从在树上的父辈处接收 TC 包而加入树中(详见 8.8.1)。

图 9 描述了迟加入操作的规程。

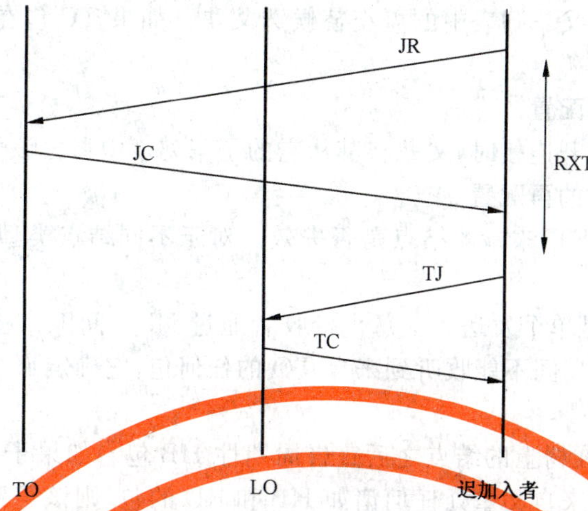

图 9　迟加入的协议规程

8.7　离开

当接收者离开现有连接，或者父辈驱逐制造麻烦的子辈的时候使用该功能。

8.7.1　用户调用离开

按照应用的离开请求，要离开的接收者通过单播发送 LR 包给它的父辈。然后父辈更新其子辈列表。

在要离开的接收者是 LO 的情况下，协议行为有可能变得不稳定，因为它的每个子辈必须找一个新的可替换的父辈。这种情况下，可靠性就可以不被保障了。为了协议的稳定操作，不推荐 LO 离开连接。

8.7.2　麻烦制造者的驱逐

TO 或 LO 能驱逐制造麻烦的子辈。当一个麻烦制造者被检测到的时候，父辈就向该麻烦制造者发送 LR 包。然后将该麻烦制造者从其子辈列表中移去。一个在树分层结构中麻烦制造者的例子及时失败的子辈(见 8.8.3)。当子辈接收到来自其父辈的 LR 包时，它必须离开连接。特别是，驱逐 LO 不是所希望的，因为该 LO 可以有一个或者多个子辈。为了协议的稳定操作，不建议驱逐 LO。

定义麻烦制造者的特定规则将在 ISO/IEC 14476-2 中讨论。

8.8　树成员资格维护

在连接创建中初始控制树被创建后，直到连接被终止，树成员一直被维护。树成员维护涉及下列问题：

——关于迟加入者的树配置；

——关于离开接收者的树的再配置；

——针对结点失败后的树的再配置。

8.8.1　关于迟加入者的树配置

在连接被创建后，在树上的每个 LO 通过其组播控制地址宣告周期 HB 包。当迟加入者接收到来自 TO 的 JC 包时，它将开始定位合适的父辈(见 8.6)。

迟加入者收听来自一个或者多个 LO 的 HB 包，关于候选父辈的信息被登记到父辈列表中。还有，如果组播控制地址和组播数据地址不同，则在注册阶段每个迟加入者必须加入 TO 或 LO 的一个或多个组播控制地址以及组播数据地址。

迟加入者从其父辈列表中选择最好的候选父辈。选择规则是一个实现问题。迟加入者向其选择的父辈发送 TJ 包，并且激活 RXT 定时器。

在树上的父辈用 TC 包对迟加入者进行响应，该包包含指示接受或者拒绝的标志比特。该判定的做出基于 MCN。

如果迟加入者在RXT时间内接收到带有接受标志的TC包，那么它现在就在树上了。在拒绝情况下，迟加入者将尝试加入在其父辈列表中的可交替候选父辈。如果TC包在RXT时间内未到达，迟加入者将重发TJ包。

8.8.2 关于离开接收者的树配置

如8.7中所述，当子辈离开连接时，父辈将其从它的子辈列表中移去该子辈。

8.8.3 针对结点失败后的树的再配置

利用结点失效门限值(NFT)来检测结点是否失效。对于不同结点类型(TO、LO和LE)树的维护规程是不同的。

TO在单工组播连接中是单个发送者。每个接收者通过NDT间隙来检测TO的失败。如果接收者在间隔为NFT倍的NDT期间不能收听到来自TO的任何包，它确定那个TO已经失败。然后该接收者离开该连接。

每个父辈LO在它变为在树上的结点之后宣告周期性HB包。如果子辈在间隔为NFT倍的心跳生成时间(HGT)期间未收到来自父辈处任何诸如HB和RD的包，则该子辈检测其父辈失败。然后该子辈将开始寻找可替换的父辈。

如果父辈在间隔为NFT倍的ACK生成时间(AGT)期间或者编号为NFT倍的AGN数据包内不能收听到来自子辈的ACK包，则该父辈就检测到该子辈的失败。

8.9 连接终止

TO通过利用组播向所有的接收者发送CT包来终止组播运输连接。当连接终止被指示的时候，TO应丢弃所有后续接收到的包，并且冻结本地端口号。在收到CT包时，每个接收者都冻结本地端口号。

该功能将在所有组播数据被发送后启动。TO也在检测到致命的协议差错的时候终止该连接。例如，如果在IAT间隔期间没有接收到任何包，则TO终止该连接。

9 包格式

ECTP包必须包含一个固定头部和可扩展元素或者数据部分。固定头部包含16个字节。扩展元素按规定的次序排列(见9.2)。

包格式在图10中图示说明：

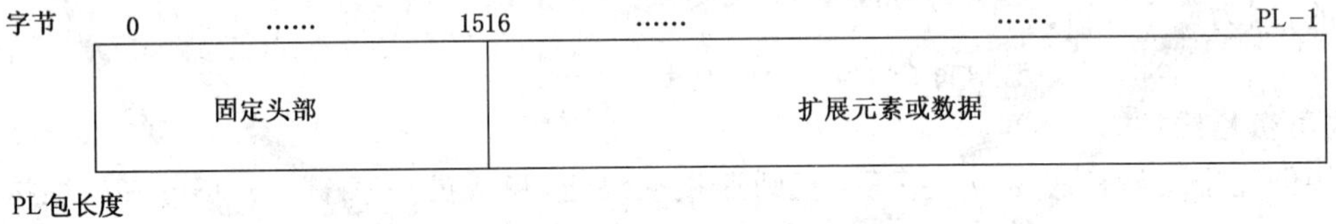

图10 包格式

9.1 固定头部

16字节的固定头部包括在所有协议操作中所使用的元素字段。如果这些字段中的任一个字段有无效值，则这就是协议差错。

图11示出了ECTP通过IP操作时的固定头部的结构。

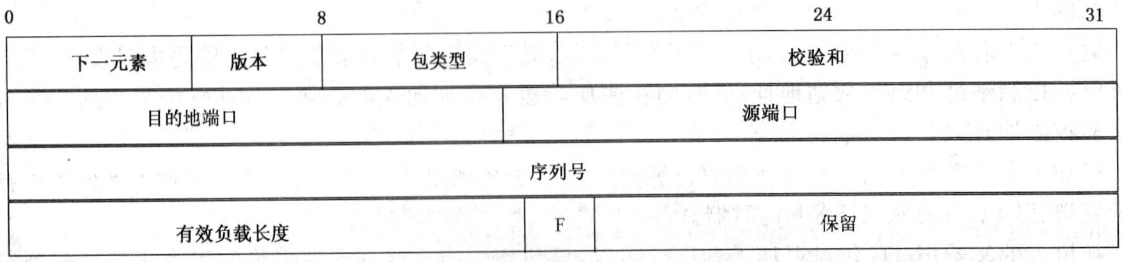

图11 固定头部格式

一个固定头部包含下列信息:

a) 下一元素——指示紧跟固定头部之后的下一组成部分的类型。最后扩展元素的下一元素字段必须置为"0000",意指"没有进一步元素"(见 9.2)。

b) 版本——定义了 ECTP 协议的当前版本,以'1'开始。

c) 包类型——指示当前包的类型(见 9.3)。

d) 校验和——用来校验包的段有效性(见 8.3.1)。

e) 目的地和源端口——用来标识出发送和接收应用。这两个值与在 IP 头部中的源和目的 IP 地址一起被用作运输地址。端口号长度为 16 位。

f) 序列号——是在一系列段中的数据包的序列编号。该序列号是一个在达到'232-1'后返回到'1'的 32 位无符号编号(见 8.3.2)。

g) 有效负载长度——指示在在固定头部之后的元素或数据部分的长度。对于控制包,它表示扩展元素的长度。对于数据包,它表示数据部分的长度。

h) F——是一个标志位。根据包类型,它有不同的用途:

1) 对于 DT 包,F = 1 表示"流的结束";

2) 对于 JC(加入证实)包和 TC(树加入证实)包,F = 1 指示相应的加入请求被接受。F 置为'0'表示拒绝;

3) 对于 ND 包,F = 1 指示连接暂停周期。对于其他情况。它被置为'0';

4) 对于 LR 包,F 置为'1'表示用户调用离开(见 8.7),或者置为'0'表示麻烦制造者被驱逐(见 8.7.2);

5) 对于 CT 包,F 置为'1'表示一个异常终止,或者设置为'0'表示在所有数据被发送后的正常终止(见 8.9)。

i) 保留——保留供将来使用。

当 ECTP 通过 UDP 进行操作的时候,包头部不需要规定源和目的地端口,它们将由 UDP 的头部提供。这种情况下,用于源和目的端口的 32 位字段将用'连接 ID'进行填充,该 ID 用来标识出通过在主机内的 UDP 的 ECTP 连接。不管 ECTP 是通过 IP 还是 UDP 进行操作,固定头部都提供共同用于 ECTP 操作的信息。

9.2 扩展元素

头部部分包含固定头部和一个或者多个扩展元素。所有的头部组成部分都有指向下一组成部分的下一元素字段。因为扩展元素也具有下一元素字段,所以头部部分能链接多个扩展元素。

按照扩展元素类型,其下一元素字段按以表 2 中所示进行编码。最后扩展元素的下一元素字段必须为'0000'。

表 2 扩展元素的编码表

元素	编码
连接信息	0001
确认	0010
树成员资格	0011
时戳	0100
无元素	0000

每个元素都有自己的版本值,该版本值从'1'开始。如果在将来有定义元素的附加的或不同的使用的需要,元素相应的版本值将增加'1'。另一方面,固定头部的版本值指示了 ECTP 协议的当前版本值。在本规范中描述的 ECTP 的版本值为'1'。

9.2.1 连接信息

这个扩展元素包含关于组播运输连接的信息。元素结构在图 12 中示出，它具有的字节长度为‘8’。

0		8	16	24	31
下一元素	版本	标志	树的配置选项	最大树等级	最大子辈成品
连接创建时间			ACK位图大小		保留

图 12 连接信息元素

规定了以下列参数：

a) 下一元素——指示直接紧跟在该元素后面的下一元素的类型。

b) 版本——定义该元素利用的版本。目前它置为‘1’。

c) 标志——由下列字段组成。

7 6 5 4 3 2	1 0
保留	CT

1) 连接类型(CT)——规定连接类型将被建立如下：

01——单工组播连接；

其他均被保留供将来使用。

2) 保留——尚未定义，为以后使用保留。

d) 树配置选项(以 4 位计)——规定了连接中使用的树配置选项。本规范的当前版本提供下列选项(见 8.2.2)：

1) 0001——等级 1 配置；

2) 0010——等级 2 配置；

3) 0011——多于两个等级的一般配置。

e) 最大树等级(MTL)——规定了控制树的最大树等级数。值范围为从‘1’到‘15’。值‘0’指定不限制控制树的最大树等级。

f) 最大子辈数(MCN)——规定了一个父辈能够保持的在树上的子辈结点的最大数(见 10.2)。

g) 连接创建时间(CCT)——规定一个定时器以 10ms 为单位来限制连接创建。如果这个定时器期满，TO 完成该连接创建，即便是它的某些子辈还没有用 CC 包做出响应。该定时器还被用作 LO 计算其树创建时间 的一个基础(见 8.2.2)。

h) ACK 位图大小 ——规定在确认元素中位图的大小，以字为单位。该值不受协商的约束，因此所有的接收者结点必须在广播的 ACK 位图大小 基础上来配置确认元素中的位图字段。

i) 保留——尚未定义，被保留，供将来使用。

9.2.2 树成员资格

20 字节树成员关系元素包含关于本地组的信息，如图 13 所述。

0		8		16 24 31
下一元素	版本	包类型		活动的接收者编号
当前子辈编号		当前树等级	标志	本地RTT
发送者端口				组播数据端口
发送者IP地址				
组播数据IP地址				

图 13 树成员资格元素

规定了下列字段：

a) 下一元素——指示直接紧跟在该元素后面的下一元素的类型。

b) 版本——定义该元素的使用的版本。当前设置为‘1’。

c) 子辈 ID——规定了由其在树配置中的父辈分配的子辈的 ID 号。

d) 活动的接收者编号(ARN)——是活动后代的编号。每个 LE 将 ARN 置为‘1’，并且父辈 LO 为其子辈聚集 ARN 值。

e) 当前子辈编号(CCN)——是 LO 的活动子辈的编号。每个 LE 将 CCN 置为‘0’。

f) 当前树等级(CTL)——规定了当前树等级。TO 处于等级 0 中，它的子辈处于等级 1 中。CTL 的值在树每生长一等级时加‘1’。

g) 标志——由下列字段组成：

3	2	1	0
保留			L

1) L——指示接收者是一个 LO(1)还是一个 LE(0)的一个位标识。TO 是一个 LO；

2) 保留——尚未定义，被保留，供将来使用。

h) 本地 RTT——表示以 10 ms 为单位的本地组的往返时间(见 8.4.5)。

i) 发送者端口——表示 ECTP 发送者(TO)的端口号。

j) 组播数据端口——表示组播数据信道的端口号。

k) 发送者 IP 地址——表示 ECTP 发送者(TO)的 IPv4 地址。

l) 组播数据地址——表示组播数据信道的 IPv4 地址。

9.2.3 确认

该元素提供有关差错、流量控制和拥塞控制的信息。元素结构在图 14 中描述，它由固定 8 字节和依赖于 ACK 位图大小(见 9.2.1)可变长度位图 组成。

0		8 16	24 31
下一元素	版本	有效位图长度	保留
最低序列号			
位图			

图 14 确认元素

规定了下列元素：

a) 下一元素——指示直接紧跟该元素之后的下一元素的元素类型。

b) 版本——定义了该元素使用的版本。当前设置为‘1’。

c) 有效位图——表示有效位图的长度。

d） 保留——被保留，供将来使用。

e） 最低序列号(LSN)——还未收到的最低编号的数据包的序列号。

f） 位图——显示那个数据包被丢失。它包含从 LSN 序列号开始有效位图长度 位。在位图 中无效比特被设置为‘0’。

9.2.4 时戳

网络时戳协议(NTP)用于规定时戳(见 IETF RFC 1119)。NTP 时戳被表示为 64 比特无符号固定点码。前 32 比特为整数部分，后 32 比特为小数部分。如果不使用 NTP 系统，则 ECTP 使用 TCP 的时戳计算算法。这种情况下，只有用于整数部分的前 32 位是有效的。使用标志比特来指示使用哪种时戳机制。使用 TCP 时，标志比特置为‘0’；使用 NTP 时，标志比特置为‘1’。

时戳元素的结构在图 15 中描述。

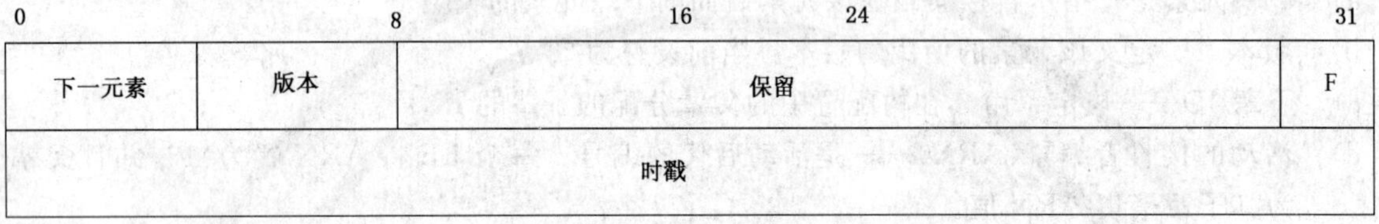

图 15 时戳元素

规定下列字段：

a） 下一元素——指示直接紧跟本时戳元素之后的下一元素的类型。

b） 版本——定义本元素使用的版本号。当前它被置为‘1’。

c） F——在使用 TCP 时戳机制时设置为‘0’，使用 NTP 时，它被置为‘1’。

d） 保留——被保留，供将来使用。

e） 时戳(以 8 字节计)—— 包含时戳值。

9.3 包结构

每个包的编码值和扩展元素在表 3 中示出。这些扩展元素按连接信息、树成员关系、确认和时戳元素的次序(如果有这些元素的话)被连接到固定头部。

表 3 ECTP 包的编码和扩展元素

包类型	编码	扩展元素				数据
		连接信息	树成员关系	确认	时戳	
CR	0000 0001	O				
CC	0000 0010		O			
TJ	0000 0011					
TC	0000 0100		O*			
DT	0000 0101					O
ND	0000 0110					
RD	0000 0111					O
ACK	0000 1000		O	O	O	
HB	0000 1001		O		O	
JR	0000 1010					
JC	0000 1011	O*				
LR	0000 1100					
CT	0000 1101					

注：在表中 O* 意味仅当相应请求被接受时，该元素才被连接。

注意,该表只为包结构提供指南。将来,随着协议版本增长,扩展元素到包类型的映射将受变更的制约。

9.3.1 **创建请求(CR)**

TO通过组播数据地址将CR包发送给所有接收者来创建ECTP连接。CR包的格式如下:

CR=固定头部+连接信息元素

在固定头部中,下一元素被编码为'0001',以指示连接信息元素。包类型被置为'0000 0001'。目的端口为所有的接收者指示了用于组播数据运输的组端口号。还有,在注册阶段,必须将该端口号通告给所有的接收者(见7.3.2)。源端口是用于连接TO的本地端口号,它将被TO的子辈或者迟加入者作为单播运输的目的端口号。序列号被置为TO分配的ISN(见8.3.2)。这让每一个接收者知道将要被运输的第一个DT包的序列号。用于连接信息元素的有效负载长度被置为8(字节)。对F比特不予理睬。

在连接信息元素中,TO必须规定带有来自所有应用用户的输入或者默认值的所有的字段。

9.3.2 **创建证实(CC)**

在响应CR包时,每个接收者通过单播向其父辈发送CC包。该CC包格式为:

CC=固定头部+树成员关系元素

在固定头部,下一元素编码为'0011',以指示树成员元素。包类型被置为'0000 0010'。在固定头部中,目的端口是父辈的本地端口号,它是在相应的(给父辈TO的)CR或者(给父辈LO的)HB包中所包含的源端口号。CC包的源端口是接收者的本地端口号。

在树成员关系元素中,所有的字段,(除本地RTT外),被在树配置中获得的信息予以填充。特定值依赖于结点类型:LO或LE。

9.3.3 **树加入请求(TJ)**

接收者在树配置阶段期间通过向在树上的LO发送TJ包来加入控制树。TJ包格式如下:

TJ=固定头部

目的端口是在树上的LO的本地端口号,它被包含在相应HB包中。源端口是接收者的本地端口号。

9.3.4 **树加入证实(TC)**

在树上的TO或者LO用TC包对TJ包进行响应。TC包格式如下:

TC=固定头部 + 树成员关系元素 ;或

TC=固定头部

在固定头部中,目的端口是发送TJ包的接收者的端口号,源端口是在树上的父辈的本地端口号。标志比特F在接受时被置为'0',在拒绝时被置为'1'。

如果树加入请求被接受了,TC包包含树成员元素。必须规定子辈ID和CTL字段。

9.3.5 **数据(DT)**

TO发送带有DT包的组播流。DT包格式如下:

DT=固定头部+数据部分

目的端口是组播组的端口号。源端口是TO的本地端口。每个新DT包在序列号字段中被顺序地编号。有效负载长度用数据部分的长度来填充,以字节为单位。对于组播流中的最后一个数据包,固定头部的F字段被置为'1'。

9.3.6 **空数据(ND)**

当TO没有数据要发送或者它处于连接暂停周期时,它每隔空数据时间(NDT)的间隔发送ND包。ND包格式如下:

ND = 固定头部

目的端口是组播组的端口号。源端口是TO的本地端口号。序列号字段用最新发送的DT包的序列号来填充。在连接暂停周期,固定头部的 F 字段被置为'1',在其他情况下,它被设为'0'。

9.3.7 重传数据(RD)

按照借助于 ACK 包的重传请求,每个父辈 LO 都通过组播控制地址向其子辈发送 RD 包。RD 包格式如下:

RD=固定头部+数据部分

目的端口是组播控制地址的端口号(见 8.4.5),源端口是 LO 的本地端口号。其它字段与相应的 DT 包的那些字段相同。

9.3.8 确认(ACK)

每个子辈通过单播向其父辈发送 ACK 包。ACK 包格式如下:

ACK = 固定头部+树成员+确认+时戳元素

在固定头部中,目的端口是父辈 LO 的本地端口号,源端口是子辈的本地端口号。

树成员元素必须规定子辈 ID、ARN 和标志字段。

在确认元素中的所有的字段必须予以规定。

时戳元素包含用于本地 RTT 的时戳值(见 8.4.5)。

9.3.9 信跳(HB)

每个父辈每隔信跳生成时间(HGT)间隔向其子辈发送 HB 包。HB 包格式如下:

HB=固定头部+树成员+时戳元素

在固定头部中,目的端口是组播控制地址的端口号(见 7.3.3),源端口是 LO 的本地端口。

树成员元素必须规定 CCN、CTL 和本地 RTT 字段。

时戳的值是 BH 包被发送的时间。

9.3.10 迟加入请求(JR)

迟加入者通过向 TO 发送 JR 包能加入连接。JR 包结构如下:

JR=固定头部

目的端口是 TO 的端口号,源端口是迟加入者的本地端口号。

9.3.11 迟加入证实(JC)

TO 用 JC 包对 JR 包进行响应。JC 包格式如下:

JC=固定头部+连接信息元素;或

JC=固定头部

在固定头部中,目的端口是迟加入者的本地端口号,源端口是 TO 的本地端口号。在接收时,标志比特 F 被置为'0',在拒绝时它被置为'1'。

如果树加入请求被接受,JC 包包含连接信息元素。

9.3.12 离开请求(LR)

当子辈想离开连接时,它向其父辈发送 LR 包。LR 包还用于父辈拒绝制造麻烦的子辈。LR 包的格式如下:

LR=固定头部

目的端口是父辈 LO 或制造麻烦的子辈的本地端口号,源端口是正在离开的子辈或父辈 LO 的本地端口号,这取决于谁触发了这个 LR 包。

在被调用用户离开时固定头部的 F 位被设置为'1'(见 8.7.1),在麻烦制造者拒绝时它被置为'0'(见 8.7.2)。

9.3.13 连接终止(CT)

TO 通过发送 CT 包给所有的接收者来终止连接。CT 包的格式如下:

CT=固定头部

目的端口是组播数据地址的组端口号(见 7.4)。源端口是 TO 的本地端口号。

在异常终止时固定头部的 F 位设置为'1',在所有数据已经被发送之后的正常终止时它被置为'0'(见 8.9)。

10 定时器和变量

10.1 定时器

ECTP 中规定的所有的定时器都被定义以 10ms 为单位。在该实现中,每个定时器可能被利用 50 或 200ms 为单位,这取决于系统中每秒滴答的次数。

a) ACK 生产时间(AGT):如果 AGT 定时器期满,每个子辈都将向其父辈发送 ACK 包。每个接收者在每生成 ACK 包的时刻都将重新激活该定时器。特定的 AGT 值依赖于该实现。

b) 连接创建时间(CCT):连接创建时间被 TO 规定的 CCT 所约束(见 8.2)。CCT 以 10ms 来表示。

c) 心跳生成时间(HGT):每隔 HGT 间隔,每一个父辈都向其子辈发送 HB 包(见 8.8)。HGT 可以被置为 AGT 的多倍。

d) 在不活动时间(IAT):如果结点在 IAT 间隙期间尚未接收到任何包,它应确定网络是断开的。每个结点在它接收到包的时刻都会刷新其 IAT 定时器。IAT 的值依赖于该实现(见 8.2)。

e) 空数据时间(NDT):当 TO 没有数据要发送,或它处于连接暂停周期时,它每隔 NDT 间隔发送 ND 包。NDT 取决于该实现(见 8.3)。

f) 重传退避时间(RBT):在父辈重传由其子辈请求的丢失的数包之后,它激活 RBT 定时器(见 8.4.6)。在定时器有效时,对同一数据包的重传请求都将不予理睬。

g) 重传时间(RXT):结点在其通过组播发送了控制包之后,它激活 RXT 定时器。如果在 RXT 定时器期满之前响应控制包还没有到达,则该控制包将被重传。特定 RXT 值依赖于实现(见 8.2.2 和 8.6)。

h) 树创建时间(TCT):在树创建中,每个 LO 激活它的 TCT 定时器以便为其本地组完成树配置。树创建时间通过使用 CCT 来计算(见 8.2.2)。

10.2 操作变量

a) ACK 生成编号(AGN):每个子辈为 AGN 数据包而生成 ACK 包(见 8.4.3)。AGN 编号被置为 ACK 位图大小的 1/4 。

b) 活动的接收者编号(ARN):ARN 在树成员资格元素中规定(见 8.4.4 和 9.2.2)。

c) 当前子辈个数(CCN):CCN 是本地组的活动子辈的个数(见 9.2.2)。该值由父辈来计算,借助于成员关系元素将其通知给子辈。在树配置中,树子辈可以参考这个值来选择最好的在树上的父辈 LO。

d) 当前树等级(CTL):CTL 表示接收者位于该树的当前树等级。该值在每当有新树枝创建时就增加(见 8.2.2)。CTL 的值在树成员元素中规定(见 9.2.2)。

e) 最大子辈个数(MCN):父辈拥有的子辈个数由 MCN 所约束。为了确保树的期望的增长,MCN 的一部分可以被保留,供某些子辈 LO 用(见 8.2.2)。MCN 的值在连接信息元素中规定。

f) 最大重传数(MRN):控制包和 RD 包的重传数由 MRN 所限定。该特定值依赖于该实现(见 8.4.6 和 8.6)。

g) 最大树等级(MTL):ECTP 控制树的树等级数由 MTL 所约束,该值在连接信息元素中规定(见 8.2.2 和 9.2.1)。

h) 结点故障门限值(NFT):树结点故障由 NFT 值来指示(见 8.8.3)。该特定值依赖于该实现。

附 录 A
(资料性附录)
网络考虑

ECTP是运行在IP网络上的运输层协议。组播运输协议假设在低层网络具有IP组播转发能力。许多组播路由选择协议到目前为止都已被提议。这些协议能被分成基于源的树协议以及共享树协议。基于源的树协议包括DVMRP、MOSPF、PIM-DM以及SSM。共享树协议包括CBT、PIM-SM以及BGMP。

因为CTP是端到端运输协议,所以它的协议机制被设计成独立于其它任何特定的组播路由选择协议。然而,IP组播地址将受低层组播路由选择协议所影响。注意在ECTP的单工组播连接中,TO和LO被要求为其接收者或者子辈提供组播运输,所以它们将使用一个或者多个IP组播地址(见7.3.3)。基于当前IP组播路由选择协议,一些在ECTP连接时使用的组播地址的可能场景描述如下:

a) 当在网络中使用了共享树协议(如CBT或PIM-SM)时,单个的组播地址被TO和LO所共享。在这种情况下,要求TTL范围组播被每个父辈用来约束其组播控制通信流量,诸如在其本地组内的HB和RD包;
b) 在共享或基于源的树协议中,TO或者LO使用它们自己的组播地址。在这种场景中,TO通过其组播数据地址来发送组播数据,而每个LO通过其组播控制地址来发送诸如HB和RD包的控制包。所以,两个或多个组播地址将用于ECTP连接;
c) 在被许多ISP看作IP组播的一个有希望的解决方案SSM(源特定组播)路由选择协议中,组播信道或地址被定义为一个组播地址(G)和源的一个单播地址(S)组成的一对地址。即,这对(S,G)定义了一个组播信道。如果SSM被用于网络中,TO和LO共享单个组播地址,而TO和LO的组播信道能通过其源地址与公共组播地址来指示。

无论何种情况,关于组播运输地址的信息,包括IP组播地址和端口号,必须在注册阶段被通告给所有接收者。

ICS 35.220.01
L 63

中华人民共和国国家标准

GB/T 26242—2010

信息技术 九针点阵式打印机芯通用规范

Information technology—General specification of 9-pin dot matrix printer cores

2011-01-14 发布　　2011-05-01 实施

中华人民共和国国家质量监督检验检疫总局
中国国家标准化管理委员会
发布

前　言

本标准附录 A、附录 B 和附录 C 为规范性附录。

本标准由全国信息技术标准化技术委员会提出并归口。

本标准起草单位：中国普天信息产业股份有限公司、上海普天邮通科技股份有限公司、新会江裕信息产业有限公司、北京公达数码科技有限公司、福建实达电脑设备有限公司、航天信息股份有限公司、山东新北洋信息技术股份有限公司、上海仪表厂有限责任公司、北京星亚金元科技有限公司、爱普生(中国)有限公司、湖南长城信息金融设备有限责任公司、南京富士通计算机设备有限公司。

本标准主要起草人：郑敏丰、莫青、梁岐江、朱兵、陈铭邦、胡文燕、姜天信、韦健勇、张春玉、尹欣然、张志星、祁明科、高健。

3.12

点列基准线　point column reference axis

以一点列(同一打印头的九根针九点)内最左二点的中心连线为点列基准线。

3.13

黑标检测器　black mark sensor

检测打印纸上预印刷的黑色标识的传感器。

3.14

纸张检测器　paper sensor

检测有无打印纸的传感器。

4　要求

4.1　外观与结构

4.1.1　机芯表面应清洁、无锈斑、无明显划痕,零部件无明显变形、无毛刺、无尖锐角及其他机械损伤。

4.1.2　纸通道应顺畅,上纸、装卸色带应方便。

4.1.3　机芯在打印、回车的过程中,机芯盘转色带的功能应符合机芯的设计要求。

4.2　电源适应性

4.2.1　机芯供电直流电源标称值优选为:3.3 V、5 V、12 V、24 V、36 V,具体由产品规范规定。

4.2.2　机芯电源适应能力,见表1。

表1　电源适应能力

	检测器电源	驱动电源
电压适应范围	±5%	±10%
纹波范围	±3%	±5%

4.3　电磁兼容性

4.3.1　无线电骚扰限值

机芯的无线电骚扰限值应符合GB 9254—2008中第5章、第6章的要求,由产品规范规定选用A级或B级所规定的无线电骚扰限值。

4.3.2　抗扰度限度

机芯的抗扰度限值应符合GB/T 17618—1998中4.2的试验要求,性能判据由产品规范规定。

4.4　安全

4.4.1　绝缘电阻

机芯金属框架与机芯上所有电气端口(除连接金属外壳的接地端)之间的绝缘电阻,应满足表2的要求。

表2　绝缘电阻

条件与要求	供电电压/V	
	<36	≥36
测试电压/V	250	500
绝缘电阻/MΩ	≥20	≥20

4.4.2　安全标识及安全说明

机芯应符合GB 4943—2001中1.7的要求,对打印头等部件可能产生的高温及移动、传动件的转动可能对维修人员或操作人员造成伤害的,应有警示标识及相应的安全说明。

4.5 打印要求

4.5.1 打印速度和平均打印速度

4.5.1.1 打印速度

机芯的打印速度，由产品规范规定。

4.5.1.2 平均打印速度

机芯的平均打印速度由产品规范规定，76 mm 纸宽的机芯平均打印速度分两级，见表 3。

表 3 平均打印速度

字　　形	平均打印速度/(行/s)	
	A 级	B 级
7×9 点阵字符(字间距 1.512 mm、行间距为 4.23 mm)	3.0～4.4	≥4.4
15×16 点阵汉字(字间距 2.72 mm、行间距为 4.23 mm、单向打印)	1.0～1.5	≥1.5

4.5.2 基本规格

4.5.2.1 打印方式

机芯的打印方式为九针点阵击打式打印，应支持双向打印。具有黑标检测器的机芯，应支持预印刷套打方式。

4.5.2.2 字符尺寸

7×9 点阵字符高度：3.11 mm±0.03 mm。

7×9 点阵字符宽度：1.24 mm±0.25 mm。

4.5.2.3 行间距

机芯应适应于 4.233 mm 的行间距的打印，机芯的走纸间距由产品规范规定。

4.5.2.4 字间距

机芯的行宽由产品规范规定。

4.5.2.5 行宽

机芯的字间距由产品规范规定。

4.5.3 打印精度

4.5.3.1 清晰度

机芯用产品规范规定的色带打印，打印的字迹应清晰、印迹深浅均匀、字型完整。

4.5.3.2 点基准线

机芯打印的字形针点偏离点行基准线、点列基准线应小于 0.15 mm。

4.5.3.3 成行度

机芯的成行度在单向打印应小于 0.10 mm，双向打印应小于 0.20 mm。

4.5.3.4 成列度

机芯的成列度在单向打印应小于 0.18 mm，双向打印应小于 0.35 mm。

4.5.3.5 走纸积累误差

机芯连续满行打印“－”符号 60 行(行间距为 4.233 mm)，走纸积累误差(包括偏斜)应小于2.1 mm。

4.5.4 纸处理功能

纸处理功能由产品规范规定。

4.5.5 复写能力

机芯应有大于或等于 1+1 张复写能力，具体的复写能力由产品规范规定。

4.5.6 色带

机芯使用的色带应符合 GB/T 4313—2002 的规定。

4.5.7 纸张

机芯使用的纸张应符合 GB/T 16797—2008、GB/T 8938—2008 的规定。

4.6 有毒有害物质限量

产品的有毒有害物质的限量要求应满足 SJ/T 11363 的规定。

4.7 气候环境条件

机芯气候环境适应性见表 4。

表 4 气候环境适应性

气候条件		环境适应性
温度/℃	工作	0～40
	贮存运输	−25～55
相对湿度	工作	20%～85% RH (40±2)℃
	贮存运输	≤20%～93% RH (40±2)℃
大气压/kPa		86～106

4.8 机械环境条件

机芯应能承受以下环境条件的试验，试验后不能有任何损伤、损坏或性能降低的现象。

4.8.1 抗振动能力

频率：10 Hz～150 Hz～10 Hz；

振幅：0.15 mm；

加速度：20 m/s^2(X、Y、Z 三方向)；

扫描循环：5 次(40 min)。

4.8.2 抗冲击能力

冲击加速度：1 000 m/s^2；

时间：6 ms；

方向：X Y Z 三方向；

波形：半正弦波。

4.8.3 抗跌落能力

加包装件后 1 m 高度任选四面各跌落 1 次。

4.9 噪声

噪声：≤75 dB(A)。

4.10 可靠性

机芯平均无故障时间(MTBF)的不可接收值(m_1)不低于 10 000 h，产品的平均修复时间(MTTR)小于 0.5 h。

4.11 寿命

机芯：≥5 000 000 行(行间距为 4.23 mm，每行一次打印 7×9 字符“K”22 个，字符“K”见附录 A)。

打印头：≥2 亿次/针。

5 试验方法

5.1 试验环境条件

在本标准中除另有规定外，下述试验用标准大气条件下进行：

——温度：15 ℃～35 ℃；

——相对湿度：25%～75%；

——大气压：86 kPa～106 kPa。

5.2 外观及结构检查

检查外观结构。机芯表面应清洁、无锈斑、无明显划痕，零部件无明显变形、无毛刺、无尖锐角及其他机械损伤。

5.3 电源适应性检查

将机芯连接控制模块，机芯按 4.2 规定选用电源适应范围，在选用的电源适应范围内改变电压值。

5.4 电磁兼容检测

将受试机芯装在符合电磁兼容检测要求的打印机内，按 4.3 规定进行检测。

5.5 安全检查

5.5.1 用绝缘表进行检测。

5.5.2 检查安全标识。

5.6 打印要求检查

5.6.1 打印速度检查

将受试机芯连接控制模块，满行打印 7×9 点阵字符或 15×16 点阵汉字，用专用的测试仪器测试或用示波器检测打印脉冲周期来计算从行首出针到行尾收针的过程中单位时间内打印的字符或汉字数(计算方法见附录 B)。

5.6.2 平均打印速度检查

将受试机芯连接控制模块，接收 GB/T 1988—1998 中的字符或 GB 18030 强制部分的汉字库，按顺序打印 7×9 点阵字符，连续打印满 50 行以上，测试其平均打印速度。

5.6.3 基本规格检查

将受试机芯连接控制模块，按 5.6.2 要求打印，用规尺或专用工具测量。

5.6.4 打印精度检查

5.6.4.1 清晰度检查

将受试机芯连接控制模块，按 5.6.2 要求打印。

5.6.4.2 点基准线检查

将受试机芯连接控制模块，九根针分别不间断打印一满行，然后分别测量每一根针满行打印的所有点与此点行的点行基准线的距离；满行打印由九根针所打印的符号“|”，测量九根针所打印的九点与此点列的点列基准线距离。

5.6.4.3 成行度检查

将受试机芯连接控制模块，连续满行打印符号“—”60 行，测量其成行度，测量方法按 GB/T 9314—1995 中 5.14.2。

5.6.4.4 成列度检查

将受试机芯连接控制模块，连续满行打印符号“|”60 行，测量其成列度，测量方法按 GB/T 9314—1995 中 5.14.4。

5.6.4.5 走纸积累误差检查

将受试机芯连接控制模块，按 4.5.3.5 规定的方法打印，测量其走纸积累误差。

5.6.5 纸处理功能检查

将受试机芯连接控制模块，按产品规范规定的纸处理功能检查方法检查。

5.6.6 复写能力检查

将受试机芯连接控制模块，按产品规范规定的复写能力检查方法检查。

5.6.7 色带检查

受试机芯应根据所具有的色带传动机构选用 4.5.6 所规定色带，并按产品规范中规定检查方法检查。

5.6.8 纸张检查

受试机芯所用的纸张应符合4.5.7规定。

5.7 有毒有害物质限量

按SJ/T 11365中的有关规定进行。

5.8 气候环境试验

进行环境试验时，工作环境试验受试机芯应装在整机内试验，受试的整机本身应能承受以下的试验。

5.8.1 一般要求

在试验中改变温度，温度变化的速率为0.7 ℃/min～1.0 ℃/min，受试机芯不得有凝露。

5.8.2 高温试验

5.8.2.1 工作温度上限试验

按GB/T 2423.2—2008规定的方法试验。将装有受试机芯的整机电源置于断开位置，放入试验箱内，使箱内温度升至表4规定的工作温度上限+40 ℃，达到温度稳定后，接通电源2 h，机芯每10 min自检打印一次约1 min。检查受试机芯是否正常工作。

5.8.2.2 储存、运输温度上限试验

按GB/T 2423.2—2008规定的方法试验。将受试机芯放入试验箱内，使箱内温度升至表4规定的贮存、运输温度上限+70 ℃，达到温度稳定后，存放72 h。试验期满后，使试验箱内温度降至5.1规定的正常的大气压条件，并在此条件下恢复2 h，检查其外观。然后将受试机芯连接控制模块，接上电源，自检打印一次。检查受试机芯是否正常工作。

5.8.3 低温试验

5.8.3.1 工作温度下限试验

按GB/T 2423.1—2008规定的方法试验，装有受试机芯的整机电源置于断开位置，放入试验箱内1 min，使箱内温度降至表4的工作温度下限0 ℃，达到温度稳定后，接通电源2 h，机芯10 min自检打印一次约1 min。检查受试机芯是否正常工作。

5.8.3.2 储存、运输温度下限试验

按GB/T 2423.1—2008规定的方法试验，将受试机芯放入试验箱内，使箱内温度降至表4规定的贮存、运输温度下限－25 ℃，达到温度稳定后，存放72 h。试验期满后，使试验箱内温度升至5.1规定的试验用标准大气压条件，并在此条件下恢复2 h，检查外观。然后将受试机芯连接控制模块，接上电源，自检打印一次。检查受试机芯是否正常工作。

在试验时为了防止机芯结冰或凝水，允许将机芯用防潮薄膜密封后进行试验，必要时可以在密封套内装防潮剂。

5.8.4 湿度试验

5.8.4.1 工作湿度上限试验

按GB/T 2423.3—2006规定的方法试验，将装有受试机芯的整机放入试验箱内，接通电源，箱内温度、湿度按表4规定的范围进行试验，并每10 min自检打印一次约1 min，检查受试机芯是否正常工作。

5.8.4.2 储存、运输湿度上限试验

按GB/T 2423.3—2006规定的方法试验，将受试机芯放入试验箱内，箱内温度、湿度按表4规定的范围温度在(+40±2)℃、湿度达到(93±3)%RH的环境下存放72 h。试验期满后，先将试验箱内湿度降至(75±2)%，打开试验箱，使温度降至室温条件，然后在规定的试验用标准大气压条件下恢复12 h，恢复期满后，立即检查外观和安全指标。然后将受试机芯连接控制模块，接上电源，自检打印一次，检查受试机芯是否正常工作。

5.9 机械环境试验

5.9.1 振动试验

按照GB/T 2423.10—2008中的试验方法进行试验，要求按4.8.1中的抗振动能力的要求来进行。受试机芯进行振动试验时，不应有机械上的损坏和机内调整，紧固部位应无松动现象，振动试验期间受试机芯不接电源。在振动循环以后，将受试机芯连接控制模块，接上电源，检查受试机芯是否正常工作。

5.9.2 抗冲击能力试验

按照GB/T 2423.5—1995中的试验方法进行试验，要求按4.8.2中的抗冲击能力的要求来进行。受试机芯进行冲击试验时，不应有机械上的损坏和机内调整，紧固部位应无松动现象，冲击试验期间受试机芯不接电源。在冲击试验以后，将受试机芯连接控制模块，接上电源，检查受试机芯是否正常工作。

5.9.3 抗跌落试验

将机芯按运输包装要求进行包装后再进行抗跌落试验，试验按照GB/T 4857.5—1992中的试验方法进行试验，要求按4.8.3中的抗跌落能力的要求来进行。在跌落试验以后，包装件不能破损，产品不能有变形、散架、紧固件松动等现象。将受试机芯连接控制模块，接上电源，检查受试机芯是否正常工作。

5.10 噪声

在声学试验室中，将受试机芯连接控制模块，使受试机芯连续满行打印(7×9+3)点阵的字符"H"，用A级噪声仪放在离受试机芯1 m处，前后左右和上方各测量一次，求其平均值。

5.11 可靠性试验

5.11.1 试验条件

可靠性试验环境要求按图1分配。使受试机芯置于控制模块上，每次连续打印40行(行间距为4.23 mm，每行一次打印7×9字符"K"22个，字符"K"见附录A)，每小时累计打印大于6 min。

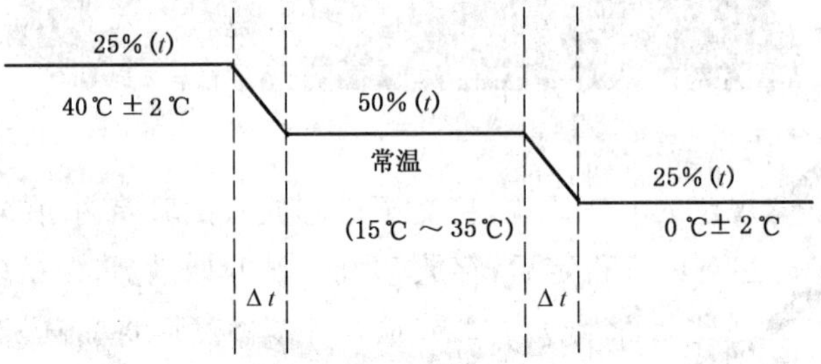

注1：t——为5.11.3的试验时间。

注2：Δt——按5.8.1温度变化速率要求变化温度所需要的时间。

图1 试验环境

5.11.2 试验方案

可靠性试验按GB/T 5080.7—1986方案进行，具体试验方案由产品规范规定。关联失效及非关联失效见附录C。

5.11.3 试验时间

按4.10、5.11.1与GB/T 9314—1995中5.24.3的规定确定试验时间。

5.12 寿命试验

将受试机芯连接控制模块，对机芯与打印头按4.11的要求进行寿命试验，试验方法与规则由产品规范规定。试验过程中允许适当清洁与添加润滑油，以保持其润滑。

6 检验规则

机芯在定型时和生产过程中须按以下规定进行检验，应符合各项规定的要求。

6.1 检验分类

机芯检验分为三类：

a) 定型检验；

b) 交收检验；

c) 例行检验。

各类检验项目和顺序分别按表5进行。

表5 检验项目

检验项目	定型检验	交收检验	例行检验	试验方法	要求 章条号
外观结构	○	○	—	5.2	4.1
电源适应性	○	○	—	5.3	4.2
电磁兼容	○	—	○	5.4	4.3
安全	○	○	—	5.5	4.4
打印速度	○	—	○	5.6.1	4.5.1.1
平均打印速度	○	—	○	5.6.2	4.5.1.2
基本规格	○	○	—	5.6.3	4.5.2
打印精度	○	○	—	5.6.4	4.5.3
纸处理功能	○	○	—	5.6.5	4.5.4
复写能力	○	○	—	5.6.6	4.5.5
色带	○	—	○	5.6.7	4.5.6
有毒有害物质限量	○	—	○	5.7	4.6
气候环境条件	○	—	○	5.8	4.7
机械环境条件	○	—	○	5.9	4.8
噪声	○	—	○	5.10	4.9
可靠性	○	—	○	5.11	4.10
寿命	○	—	○	5.12	4.11
注："○"表示应进行检验的项目，"—"表示不进行检验的项目。					

6.2 定型检验

6.2.1 产品在批量生产前应通过定型检验。

6.2.2 定型检验由生产制造方指定单位负责进行。

6.2.3 定型检验的项目包括在表5中的全部项目。

6.2.4 定型检验中的可靠性鉴定试验的样品数根据产品批量、试验时间和成本确定，其余检验项目的样品数量为5台。

6.2.5 检验中样品出现非关联(见附录C.2)故障，可重新启动并继续进行该项检验，但在重新启动的累计次数超过2次时，则应停止检验，查明原因，提出分析报告并排除故障后，再继续进行该项检验。

6.2.6 检验中样品出现关联(见附录C.1)故障，或某项目未通过时，应停止试验，查出故障原因，并标出标记，写出故障分析报告后，再重新进行定型检验。整个定型检验中再次出现故障，判该产品未通过定型检验。

6.2.7 检验后形成定型检验报告。

6.3 交收检验

6.3.1 交收检验的项目按表5中交收检验规定的进行。

6.3.2 批量生产或连续生产的机芯，进行全数检验。

6.3.3 出现任一项不合格时，返修后可重新进行检验。若再一次出现任一项不合格时，该产品判为不合格品。若出现4.4中的安全重大故障，即判该机芯为不合格品。

6.4 例行检验

6.4.1 例行检验的样品应在交收检验合格的产品中随机抽样，抽样数量为5台。

6.4.2 连续生产阶段每年至少一次例行试验，例行检验的项目按表5中例行检验的规定进行。

6.4.3 检验中样品出现故障，或某项目未通过时，关联与非关联失效的判断按照附录C，非关联失效的可排除故障后重新启动并继续进行该项检验；关联失效的故障应停止试验，查出故障原因，并标出标记，写出故障分析报告后，再重新进行例行检验。整个例行检验中再次出现故障，判该产品未通过例行检验。

6.4.4 若出现4.4.1中的安全重大故障，即判该机芯例行检验不合格。

6.4.5 若设计或工艺更改、更换主要零部件，应进行例行试验。

6.4.6 例行检验完毕后，形成例行检验报告。

7 标志、包装、运输和贮存

7.1 产品标志

产品上要有制造商的标志、产品型号、产品批次号、检验合格等标识。

7.2 包装标志

出厂包装箱外应注明产品名称、型号、数量、质量、商标、制造单位名称、产品标准编号、出厂日期。包装箱外应印刷或粘贴符合GB/T 191—2008规定的“怕雨”、“向上”、“易碎物品”、“堆码层数极限”或“堆码重量极限”等储运标志。

7.3 包装

包装箱应符合防潮、防尘、防震的要求，包装箱内应有装箱清单、检验合格证及有关的随机文件。

7.4 运输

包装后的机芯应能以任何交通工具运输。在长途运输中不得装在敞蓬的车厢、船舱中，中途转运时不得存放在露天仓库中。在运输过程中不允许和易燃、易爆、易腐蚀的物品混装运输，机芯不允许经受雨、雪或液体物质的淋袭与机械损伤。

7.5 贮存

机芯贮存时应放在原包装箱内，长期存放机芯的仓库环境温度为5 ℃～35 ℃，相对湿度为40%～70%。仓库内不允许有各种有害气体、易燃和易爆物品及有腐蚀性的化学物品，并且应无强烈的机械震动、冲击和强磁场作用，包装箱应垫离地面至少15 cm，距离墙壁、热源、冷源、窗口或空气入口至少50 cm，在本条规定的条件下贮存超过6个月的，应重新进行交收检验。

附 录 A
（规范性附录）
寿命试验打印的字型

A.1 寿命试验打印 7×9 字符“K”的字型见图 A.1。

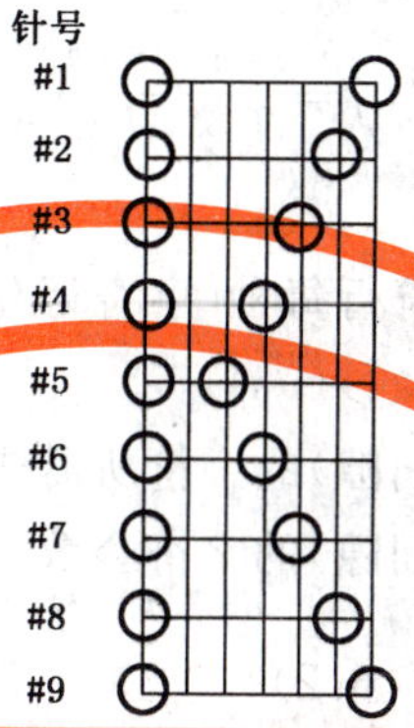

图 A.1 字型图样

附 录 B
（规范性附录）
打印速度的计算方法

B.1 字符行打印速度的计算方法（见式(B.1)）

$$L_1=\frac{1\times 10^6}{T\times M\times N}\times N \qquad \cdots\cdots(B.1)$$

式中：

L_1——字符行打印速度，单位为字符行每秒（字符行/s）。

T——一个打印脉冲周期，单位为微秒(μs)。

M——打印一个(7×9 点阵+3 点间隙)的字符所需要的打印脉冲的个数。

N——每行打印(7×9 点阵+3 点间隙)的字符个数。

B.2 汉字行打印速度的计算方法（见式(B.2)）

$$L_2=\frac{1\times 10^6}{T\times M\times N+S}\times N \qquad \cdots\cdots(B.2)$$

式中：

L_2——汉字行打印速度，单位为汉字行每秒（汉字行/s）。

T——一个打印脉冲周期，单位为微秒(μs)。

M——打印一个(15×16 点阵+3 点间隙)的汉字所需要的打印脉冲的个数。

N——每行打印(15×16 点阵+3 点间隙)的汉字个数。

S——行末回到行首所需的时间，单位为微秒(μs)。

附 录 C
（规范性附录）
关联失效和非关联失效

C.1 关联失效

C.1.1 电动机失步或结构件传动轧死引起死机等故障，判为关联失效。

C.1.2 字车越界或错停、行首定位或字间相对位置出错而造成对位不准确，判为关联失效。

C.1.3 器件或零部件损坏以及需停机修理调换（包括焊接、调整等）才能恢复受试机芯功能，判为关联失效。

C.1.4 色带不转动、卡死、脱位等引起打印不正常；换行严重不到位，引起字形重迭；均判为关联失效。

C.1.5 打印字形模糊，不能辨认，或出现空白线条，判为关联失效。

C.1.6 打印字符连续漏点，导致字形不能正确辨认，判为关联失效。

C.1.7 几种不同原因造成一次同时出现的关联失效，判为一次关联失效。

C.1.8 一次关联失效引起多起从属失效，判为一次关联失效。

C.1.9 多次重复性故障，如连续或周期性的误打，换行不到位，打印明显失真等，发现后立即修复的只判为一次关联失效，不能修复的发现一次就判为关联失效。

C.2 非关联失效

C.2.1 由于控制模块的故障而引起的受试机芯出现故障。

C.2.2 机芯打印时，由于人为干预或由于打印纸宽度不够、纸质量问题、色带质量问题等造成打印质量下降。

C.2.3 机芯在试验过程中由于纸屑、灰尘的堵塞或润滑机油干枯而引起的机芯工作不正常。

ICS 33.040.40
L 78

中华人民共和国国家标准

GB/T 26243.1—2010/ISO/IEC 16512-1:2005

信息技术 中继组播控制协议(RMCP) 第1部分:框架

Information technology—Relayed Multicast Control Protocol(RMCP)—Part 1:Framework

(ISO/IEC 16512-1:2005,IDT)

2011-01-14 发布 2011-05-01 实施

中华人民共和国国家质量监督检验检疫总局
中国国家标准化管理委员会 发布

前　言

GB/T 26243《信息技术　中继组播控制协议(RMCP)》由下列部分组成:

——第1部分:框架

本部分为GB/T 26243的第1部分。

本部分等同采用ISO/IEC 16512-1:2005《信息技术　中继组播控制协议(RMCP)　第1部分:框架》。

本部分由全国信息技术标准化技术委员会提出并归口。

本部分起草单位:北京声讯电子有限公司、中国电子技术标准化研究所。

本部分主要起草人:聂蓉、余和初、尹治飞、徐冬梅、董挺。

引　言

本部分详细规定了用于实现中继组播的中继组播协议（RMCP）。中继组播，也被称为叠加组播或应用层组播，是一种用于单播之上的组通信应用的数据交付方案。RMCP利用中间体组播代理来将应用数据从一个或多个发送者中继到许多接收者。

RMCP的设计是由于下列观察结果所促成：

在市场中，不同的组应用和服务在商业上世界范围内已经有了地位。这些例子包括因特网TV、远程教育、实时流媒体应用、特殊事件的直播，诸如证券报价机等。

目前，如上所述大多数的组应用使用复制的IP单播方法来实现组播服务。结果，这些应用由于同时服务的用户数量的限制导致服务质量下降的问题。在商业模型中，这意味着较少的收入或利益。

IP组播已经被认为是提供组播服务的有效的运输技术。然而，IP组播由于几种原因还没有在因特网上被广泛部署，其原因如下：

——高部署成本和不确定的投资回报模型。

——仅有IP组播不能支持所有种类的组应用。

网络服务（例如提供组文件传送或网络游戏的网络服务）需要可靠的组播数据交付方案。然而，甚至当前的可靠组播数据交付方案也还有没有解决的问题，包括可伸缩性、流控制、拥塞控制等等。直到合适的组播数据交付方案被制定，要求可靠数据运输的组通信应用才能继续依赖于基于服务器的复制单播方法。

虽然IP组播还没有在全球部署起来，许多本地网络早已经安装了IP组播运输。例如，基于以太网的LAN和专用网，诸如公司网和校园网，实质上是在其本地子网或管理域内提供组播运输能力。

认识到这些观察结果，开发可替换的组播交付方案是十分必要的。RMCP是在当前组播网上实现组播交付的这类方案中的一种。它很好地利用了现有的单播、组播和/或组播隧道方案。除此之外，RMCP被设计成作为几个单独的格式，能很好地支持任何一种组服务类型。期望RMCP能为现实世界因特网上的组应用提供实质上的解决方案。

信息技术 中继组播控制协议(RMCP) 第1部分:框架

1 范围

本部分规定了用于中继组播的RMCP所需要的基本概念。它定义了相关术语,并提出了用于RMCP的将来发展的框架。本框架涵盖了包括网络实体及其之间的关系、服务场景、基本操作和消息编码规则在内的网络技术。

RMCP是用于实现中继组播数据运输方案的协议。与常规IP组播不同,RMCP可以配置中继的组播路径,而该路径通过使用中间端主机来组播通信流量。可以将RMCP运用于尚未部署的、基于当前单播的Internet上,而完全无需进行任何修改。

2 规范性引用文件

下列文件中的条款通过GB/T 26243的本部分的引用而成为本部分的条款。凡是注日期的引用文件,其随后所有的修改单(不包括勘误的内容)或修订版均不适用于本部分,然而,鼓励根据本部分达成协议的各方研究是否可使用这些文件的最新版本。凡是不注日期的引用文件,其最新版本适用于本部分。

ITU-T 建议.X.601(2000),多对等通信框架

ITU-T 建议.X.605(1998)|ISO/IEC 13252:1999,信息技术 增强型通信运输服务定义

ITU-T 建议.X.606(2001)|ISO/IEC 14476-1:2002,信息技术 增强型通信运输协议:单工组播运输规范

ITU-T 建议.X.606.1(2003)|ISO/IEC 14476-2:2003,信息技术 增强型通信运输协议:单工组播运输QoS管理规范

3 术语和定义

下列术语和定义适用于本部分。

3.1

组播 multicast

一种数据交付方案,在该方案中,在服务的单个调用中,相同数据单元从单一的源点发送到多个目的地。

3.2

网际协议组播 internet protocol multicast

在组播功能的IP路由器的帮助下,实现在IP网络中的组播方案。

3.3

中继组播 relayed multicast

单播环境中的组播数据交付方案。

3.4

中继组播协议 relayed multicast protocol

使用端主机实现中继组播方案的协议。

3.5

中继组播协议会话 relayed multicast protocol session

使用RMCP来配置数据交付路径的MA集合。

3.6

会话 ID　session ID

SID

对应于组名，并且唯一地标识出分 RMCP 会话。

3.7

组播代理　multicast agent

MA

对组应用数据进行中继的中间节点。

3.8

发送者组播代理　sender multicast agent;SMA

在同一系统或本地网络中连接到发送者的 MA。

3.9

接收者组播代理　receiver multicast agent;RMA

一种 MA，而不是 SMA。

3.10

会话管理者　session manager

负责管理会话关系和会话树的 RMCP 实体。

3.11

父辈组播代理　parent multicast agent;PMA

RMCP 数据交付路径中的下一个上游的 MA。

3.12

子辈组播代理　child multicast agent;CMA

RMCP 数据交付路径中的下一个下游的 MA。

3.13

单工　simplex

在其中只有发送者发送，并且所有其他各方只能接收。

3.14

N 工　N-plex

在其中任何一个发送者谁都可以发送某些东西，并且，如果某个发送者这样做了，那么所有其他各方都可以接收这些东西。

4　缩略语

CMA	子辈组播代理(Child Multicast Agent)
CP	内容提供者(Contents Provider)
ID	标识(Identificator)
IP	因特网协议(Internet Protocol)
IPC	进程间通信(Inter-Process Communication)
IPIP	IP 封装中的 IP(IP in IP encapsulation)
MA	组播代理(Multicast Agent)
PMA	父辈组播代理(Parent Multicast Agent)
RMA	接收者组播代理(Receiver Multicast Agent)

RMCP	中继组播协议(Relayed Multicast Protocol)
RMT	可靠组播运输(Reliable Multicast Transport)
SCTP	流控制运输协议(Stream Control Transport Protocol)
SID	会话 ID(Session ID)
SM	会话管理者(Session Manager)
SMA	发送者组播代理(Sender Multicast Agent)
T/TCP	对事务的 TCP 扩展(TCP extensions to Transactions)
TCP	传输控制协议(Transmission Control Protocol)
TP	运输协议(Transport Protocol)
UDP	用户数据报协议(User Datagram Protocol)

5 RMCP 的框架

5.1 概述

中继组播协议(RMCP)是应用级的控制协议。它构建和管理*中继组播网络*,以支持在当前基于单播因特网上的因特网组应用服务。在一系列的 RMCP 控制消息被交换后,*组播数据交付路径*通过使用多个端主机被构建,这样的端主机甚至可以是个人桌面计算机。沿着交付路径,实时或可靠数据运输信道在上游 MA 和下游 MA 之间被互连起来。只有在数据交付路径和信道被建立之后,组应用才能像工作在本地 IP 组播网络一样。

RMCP 旨在支持各种各样的因特网组应用。表 1 对通信类型以及数据交付的特征进行了分类。

表 1 可考虑的因特网组应用服务

通信类型	特征	
	实时数据	可靠数据
单工	因特网直播 TV、因特网直播标题等	证券报价机、文件传翻、软件直接更新等
N工	视频会议、域间组播代理等	分布式虚拟环境、网络游戏、数据镜像和高速缓存等

5.2 RMCP 的基本概念

每 RMCP 会话用在图 1 中示出的下列实体对中继组播数据交付模型进行配置:

a) 会话管理者;

b) 每个发送者应用中 SMA;

c) 或多个 RMA;

d) 接收或发送组 数据的组应用。

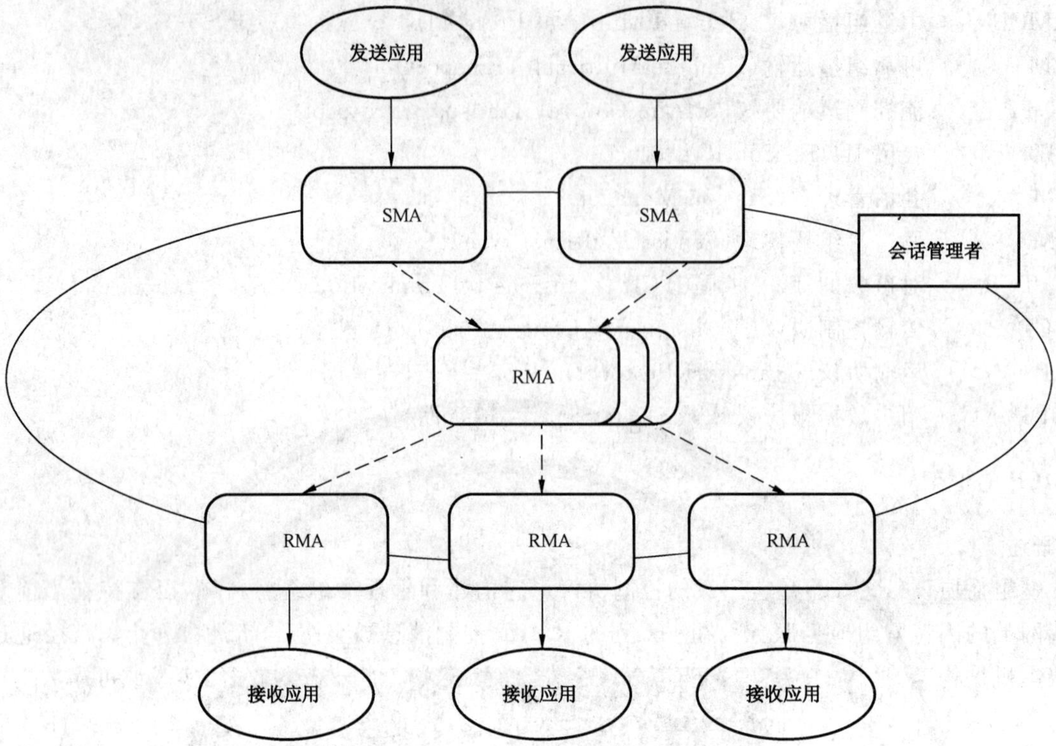

图 1　RMCP 实体

SM(会话管理者)只在会话配置和维护时被调用。单个的 SM 可同时处理一个或者多个会话。SM 能在一个其他的 RMCP 会话实体中被实现,也可以不被实现。SM 可以提供下列功能:

a) 会话初始化;

b) 会话释放;

c) 会话成员资格管理;

d) 会话状态监视。

MA (*Multicast Agent* ,组播代理)包括 SMA 和 RMA 两者,该 MA 构建了中继组播交付路径,并沿着这条构建路径将数据从 PMA 转发到 CMA 和接收者们(如果两者存在的话)。MA 由*控制模块*和*数据运输模块*组成。前者的主要功能是建立中继数据交付路径,后者的主要功能是沿着由控制模型构建的路径建立数据信道,并建立通过信道的中继数据。图 2 示出了 MA 内部的每个模块的协议栈。

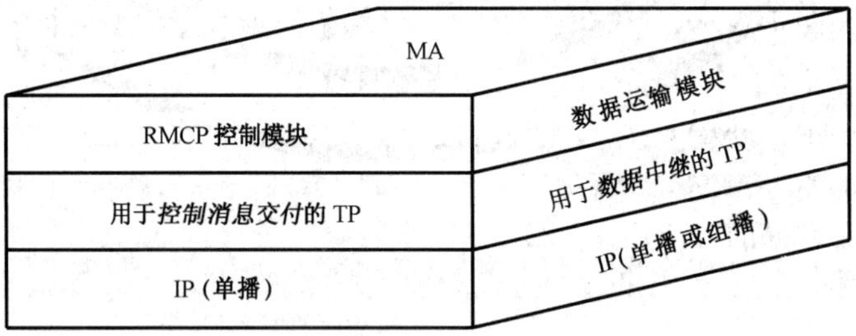

图 2　组播代理(MA)的内部

*RMCP 控制模块*与其他 RMCP 实体交换控制消息。它执行如下:

a) 会话加入;

b) 会话离开;

c) 会话维护;

d) 会话状态报告。

*RMCP 控制模块*的消息流在图 3 中示出。如该图中所示,MA 能够在带有(或没有)应用的相同系

统中被实现。为了交付控制消息,将选择任何可靠的单播运输协议。应用和 MA 能被置于同系统或者本地网络中,例如以太网 LAN。

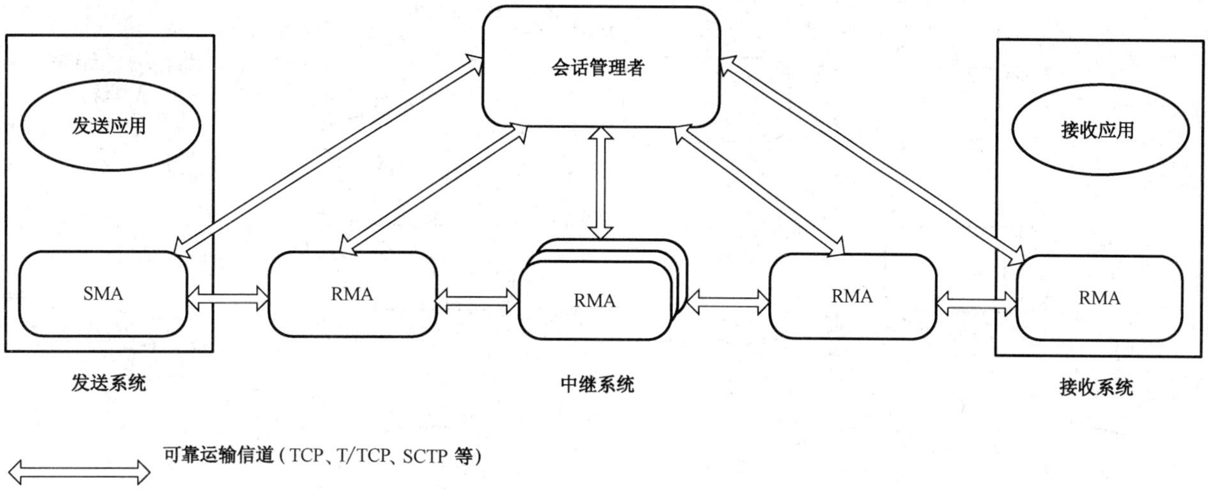

图 3 RMCP 控制模型

*数据运输模块*沿图 4 中示出的由控制模块构建的中继组播数据交付路径来中继数据。中继组播交付路径由一个或者多个发送者、每个发送者一个 SMA、一个或多个 RMA 及接收者组成。可以选择任何类型的运输协议来建立数据交付信道。

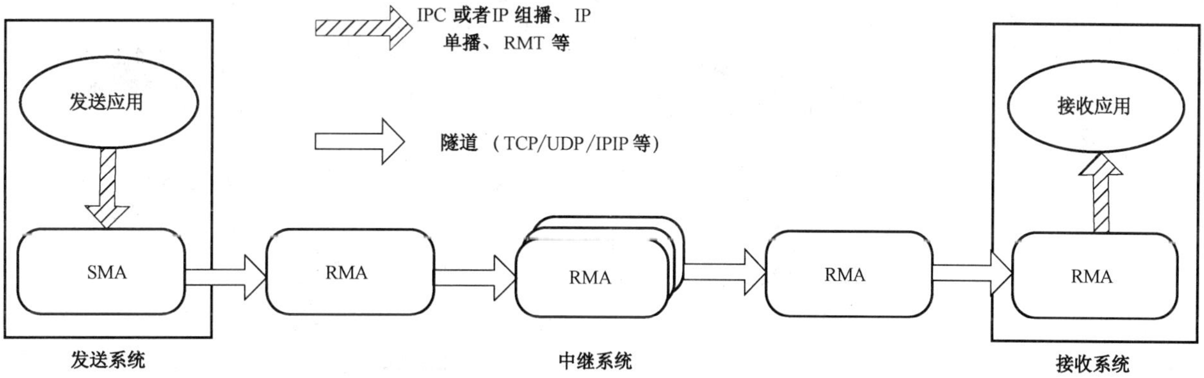

图 4 RMTP 数据运输模型

按照中继数据的方法,MA 可担任 SMA 或 RMA。当 RMA 接收从 PMA 发送来的数据,然后将其转发给 CMA 和接收者(如果存在的话)时,SMA 直接从原始数据发送者处接收数据,然后只将数据转发给 CMA。SMA 的数量取决于原始数据发送者的数量,而 RMA 的数量则不取决于此。

5.3 RMCP 数据交付模型

5.3.1 用于实时服务的单工交付模型

单工实时广播服务,例如因特网直播 TV 和软件标题,要求从发送者到多个接收者的实时的数据交付路径。此处最佳数据交付路径将是一棵每个源的中继组播树,该树的每接收者沿最短路径连接到发送者。必须沿该条路径建立单向的实时信道。图 5 示出了通过用于为单工实时应用的 RMCP 所配置的一棵可以的中继组播树。

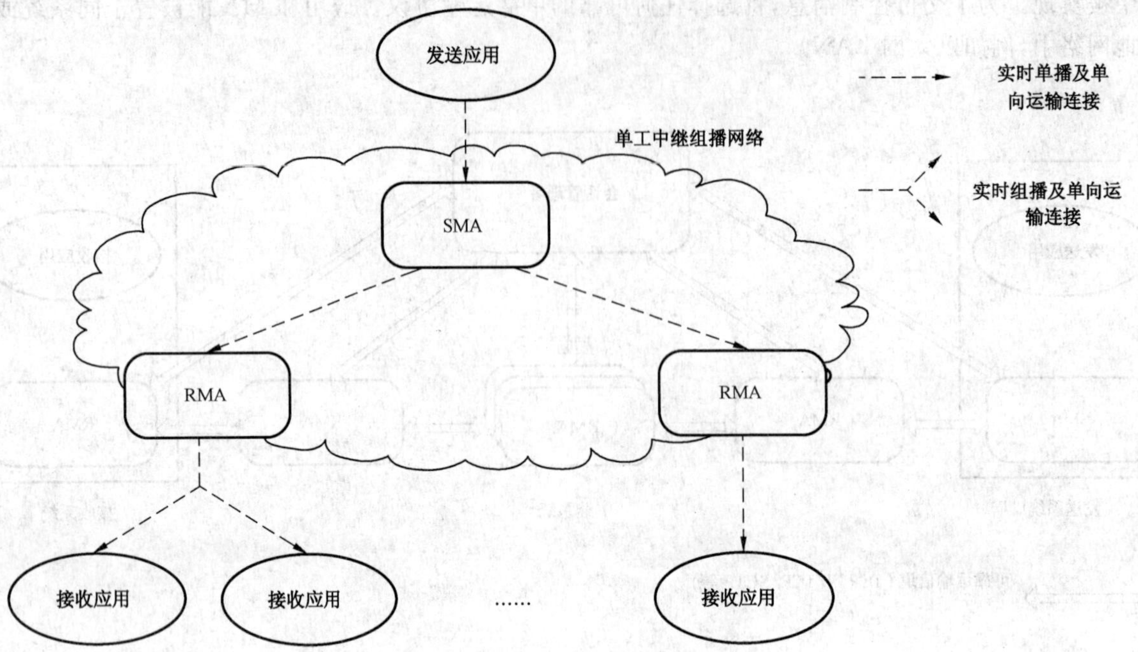

图 5 单工实时数据交付模型

5.3.2 用于可靠服务的单工交付模型

单工传播应用(诸如证券报价机、文件传播和软件更新器)还要求一条从一个发送者到多个接收者的可靠数据交付路径。此处最佳交付路径也可能是一棵每个源的中继组播树。沿着这条路径宜构建一条单一方向可靠信道,以可靠地交付数据。图6示出了通过用于单工可靠应用所配置的一棵可能的中继组播树。

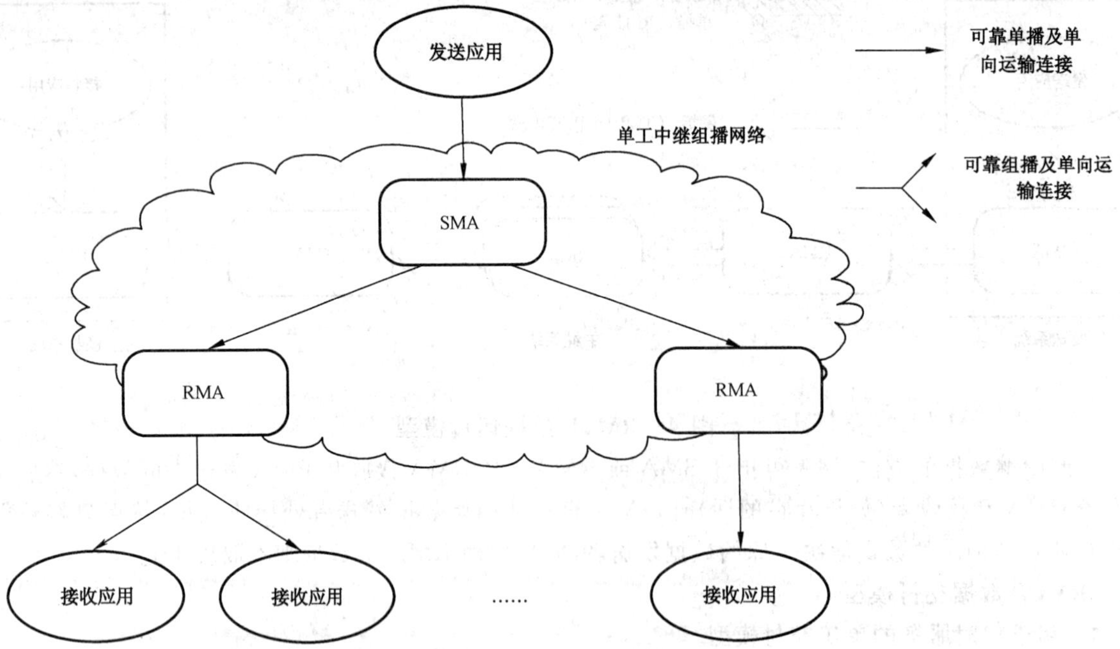

图 6 单工可靠数据交付模型

5.3.3 用于实时服务的N工交付模型

N工实时交互应用,诸如视频会议和域间组播代理,要求一条同时从多个发送者到多个接收者的健壮的并且最优的数据交付路径。在N工情况中,每个组共享的中继组播树比每个源组播树可更合理。沿着这条路径,宜构建双向实时信道。图7示出了为N工实时组通信应用,由RMCP配置的一棵可能的中继组播树。

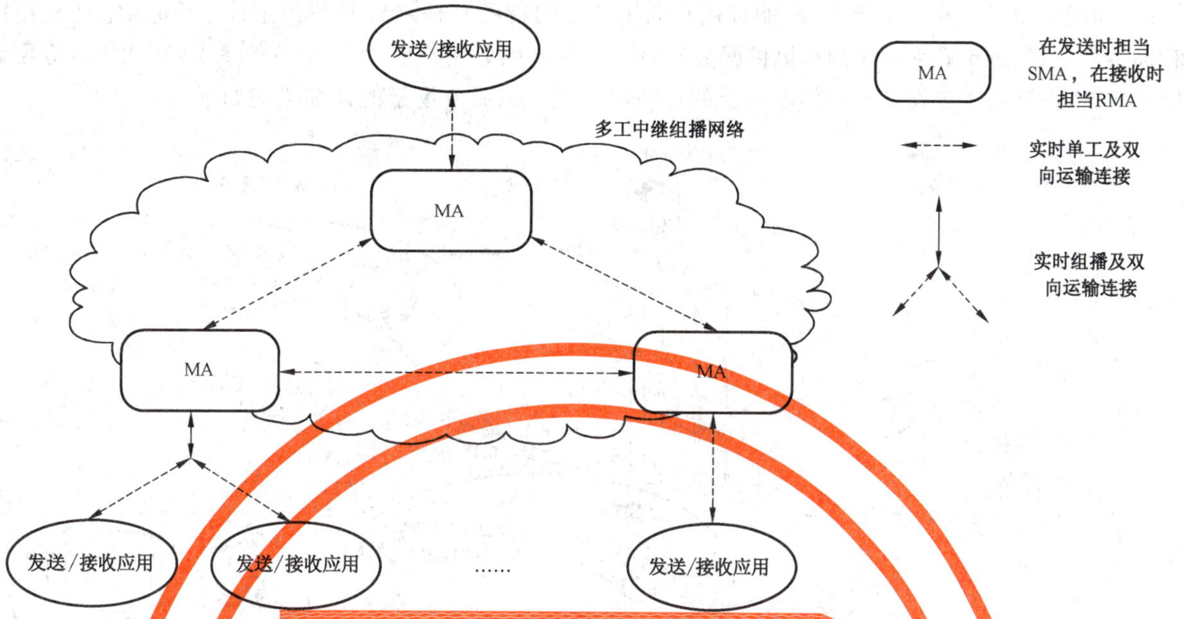

图7　N工实时数据交付模型

5.3.4　用于可靠服务的N工交付模型

N工分布式应用,诸如分布式虚拟环境、网络游戏、数据镜像和高速缓存,需要将数据从多个发送者可靠地交付给多个接收者。

与N工实施情况相似,每个组共享的中继组播树是最佳的数据交付路径方案之一。然而,与N工实时情况相反,它需要双向可靠性信道。图8示出了通过用于N工可靠组应用的RMCP所配置的一棵可能的中继组播树。

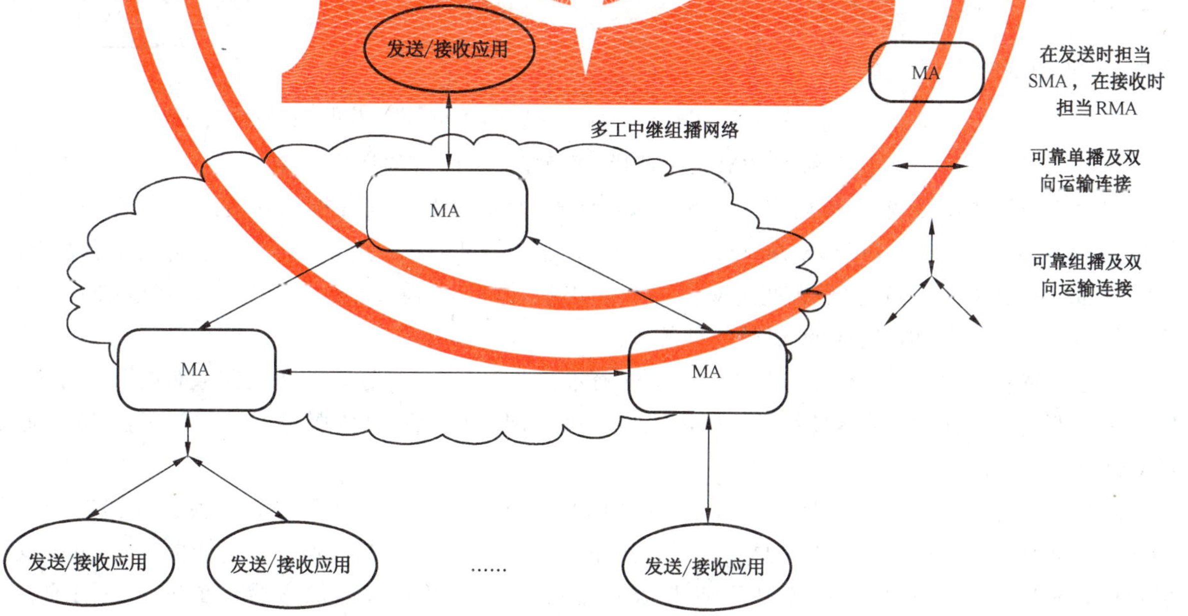

图8　N工可靠数据交付模式

6　RMCP服务场景

该章阐明RMCP在组播服务内部的角色。它已经选择因特网直播TV服务,该直播TV服务可能是由RMCP所支持的组通信服务的一个例子。

假设此处举例说明的因特网直播 TV 服务由内容提供者、web 服务器、媒体服务器和 RMCP 客户组成，如图 9 所示。在这个场景中，服务用户获得关于因特网直播 TV 服务预定计划(该预定计划由内容提供者经过 web 服务器来对其提供服务)的信息，并且服务用户启动因特网直播 TV 应用，该应用调用 EMCP 协议实体接收来自媒体服务器的广播流。关于该服务场景的详细描述如下。

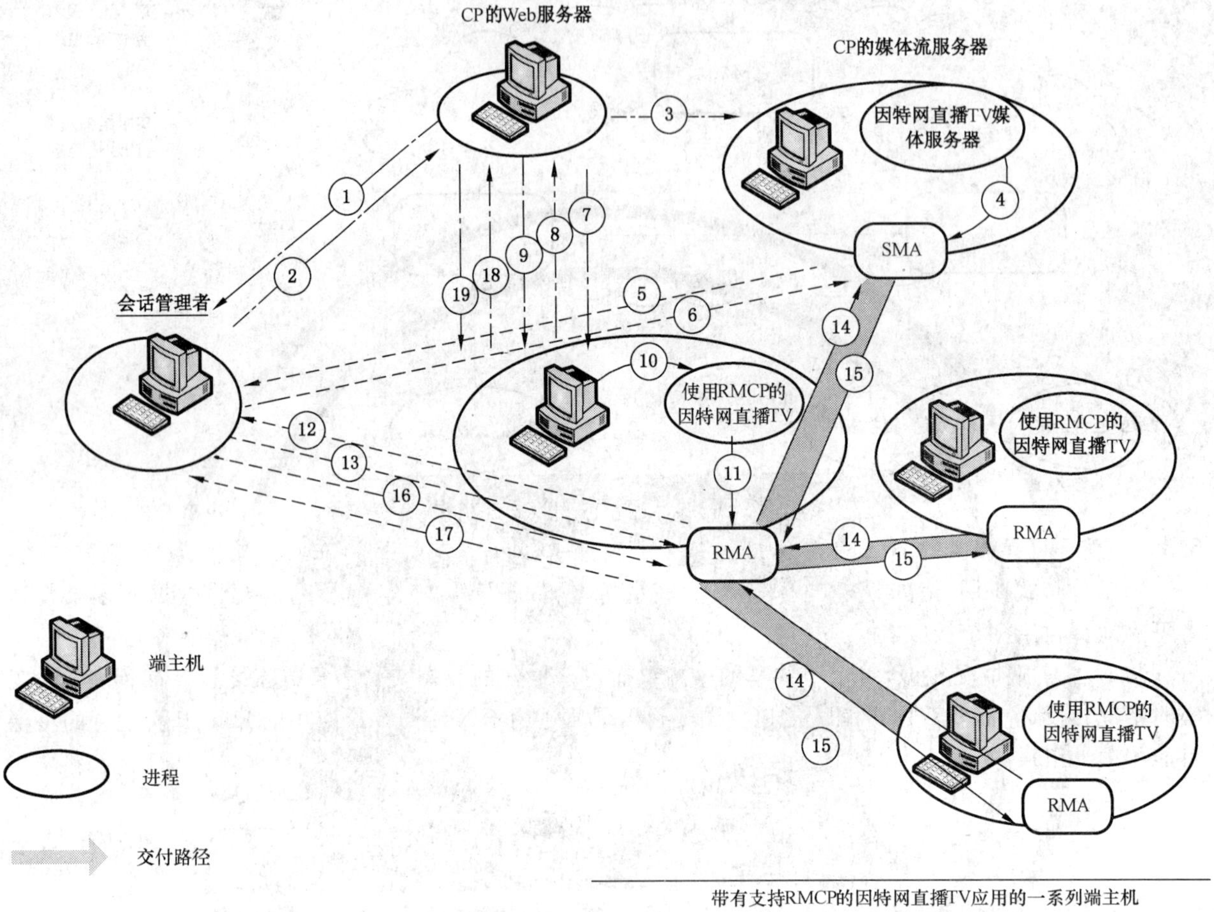

图 9 使用 RMCP 的因特网直播 TV 服务的举例场景

在图 9 中的顺序 1 和 2 中，内容提供者联系会话管理者(SM)。内容提供者通过提供信息，诸如媒体特征、会话名称、组地址等等，要求 SM 启动 RMCP 服务。当成功的响应时，SM 为每会话分配 SID，并将 SID 发送给 CP。内容提供者通过 web 服务器宣布因特网直播 TV 节目计划以及其他如果需要的附加信息，例如服务名称、组地址、媒体特征等等。

准备因特网直播 TV 媒体服务器的一系列规程在序号 3～6 中描述。按照之前宣布的预定计划，内容提供者调用在 SMA 的媒体服务器的调用之后的因特网直播 TV 媒体服务器。SMA 与 SM 一起启动会话加入规程。

序号 7～9 图示说明了预期内容用户对因特网直播 TV 服务的访问顺序。任何预期内容用户从 web 服务器获得关于广播计划的信息。为了使用服务，使用服务的用户注册登录到服务页面，并经受鉴别规程。成功的鉴别用户之后，可以从 web 服务器获得对 RMCP 会话加入所需要的一系列的会话信息。

序号 10 和 11 图示说明了一系列使用服务的用户对调用 RMA 的本地调用。在用户调用因特网直播 TV 播放器应用同时从内容提供者获得会话信息之后，RMA 被调用。

序号 12 和 13 图示说明了一系列使用的 RMA 会话加入顺序。首先，RMA 将加入请求发送给 SM。SM 检查该 RMA 是否已经具备加入会话的资格。如果它是可接受的，SM 以有效的 PMA 列表对

RMA 进行响应;否则,SM 拒绝该加入请求,并指示着失败的原因。

序号 14~17 图示说明了 RMA 对构建和管理组播数据交付路径所做出的努力。在成功的加入请求之后,RMA 将按照网络距离、数据交付信道腔等从 PMA 列表中选择最好的 PMA。RMA 询问被选择的 PMA 是否能中继数据。如果它能,那么在 RMA 和 PMA 之间的中继组播数据交付路径和数据信道就加以建立。这个阶段之后,RMA 完成其加入会话。在数据交付路径构建完成之后,数据可以沿已构建的中继路径从媒体服务器交付到一个或者多个端应用,如媒体播放器。组播数据沿数据交付信道流过之后,SM 能收集每一个 MA 的状态,其目的是监视整个会话状态。MA 宜按照 SM 的询问进行回答。为了维持稳定的数据交付路径,RMCP 宜装备差错恢复机制以避免不期望的差错。详细的机制超出了本部分的范围。

为了规定一个内部的用户从该服务中离开,内容用户离开 RMCP 会话在顺序 18~19 中图示。当服务的用户想停止接受因特网直播 TV 流时,它可以在任何时间离开。相关的 RMA 能够按照它是否该担当 PMA 来结束它的角色。如果这个 RMA 没有 CMA,它可以立即离开 RMCP 会话。否则,它将隐式的或显式的告诉它的 CMA 它将离开会话;然后,CMA 就需要尽快地寻找新的 PMA。最终,内容的用户从网络服务器中注销。

RMCP 的范围涉及在 ITU-T 建议. X. 601 中定义的从注册阶段到数据传送阶段。

7 RMCP 功能

7.1 会话初始化

SM 为每新会话分配 SID。SID 对应于 SM 标识出该会话的组名称。SM 拥有关于将要构建的会话的信息。该信息包括媒体特征、会话、鉴别等等。SM 等待来自 MA 的预订请求。

7.2 会话加入

每个 MA 通过发送一个预订请求来联系会话管理者。SM 的位置早已通知给每个 MA。SM 必须对预订请求进行响应,以指示该请求者是否具有加入会话的资格。如果 MA 预订请求成功,那么它可以得到来自 SM 的一个 PMA 的列表。这意味着 SM 并未为 MA 规定最好的父辈,而是 MA 为自己选择邻最佳父辈。它可能选择最近的或者是最具有资源的 MA 作为 PMA。否则,当来自 SM 的响应指示任何拒绝或者没有来自 SM 的任何响应时,MA 不能加入会话。

得到预订许可的 RMA 能发送中继请求给它的 PMA,然后等待来自 PMA 的响应。SMA 不向其 PMA 发送中继请求,因为它没有任何 PMA。中继请求宜包含足够多的信息,例如 IP 地址和 MA 数据信道的端口号以及它们之间的连接比较偏好的数据信道类型。如果 PMA 允许该请求,它将把中继许可通知给请求者。然后它通过调用其数据运输模块作为在中继请求中指示的优选的数据信道类型,开始在它自己和请求者之间建立数据信道。

如果 PMA 不允许该请求,它发送中继拒绝通知,请求者就搜索其他 PMA 或者停止加入会话。

只有在成功的中继规程之后,MA 才能开始通过调用其数据运输模型来接收来自发送者的应用数据。

7.3 会话离开

当 MA 想离开会话时,它将发通知给其 PMA 和 CMA。

7.4 会话释放

RMCP 会话可按照需要被释放。

7.5 会话维护

在数据信道已成功建立之后,中继请求及其响应将在两个 MA 之间周期性地被交换。这样做的目的是为了对失败 MA 的检测以及数据交付路径的维护。如果 PAM 注意到 CMAs 中的已经失败了,那么 PMA 将停止向有关的 CMA 传输数据。

中继组播树的最初配置可被一些 MA 或信道的失败所改变。数据交付路径的一个新加入者或一个新离开者也能改变拓扑结构。这一改变能在数据交付路径中引起划分或者路径循环。因此,每个MA都有必要维护数据交付路径。

中继组播树的维护功能由下列组成:

a) 环路检测和避免;

b) 划分检测和恢复;

c) 父辈切换。

7.6 会话监视

会话监视用于SM监视会话状态,诸如成员资格动态以及由MA所发觉的QoS。状态报告请求及其响应在MA和SM之间被交换。SM可以要求特定MA报告其状态,并且有关的MA在处理所要求的作业之后把结果报告给SM。

RMCP会话监视功能由下列部分组成:

a) 报告数据信道的状态:数据吞吐量等;

b) RMCP成员资格收集;

c) RMCP拓扑信息收集。

8 消息结构

8.1 基本消息结构

RMCP控制消息用来初始或者管理中继组播数据交付路径。它们被封装在运输片段中,如图10所示。

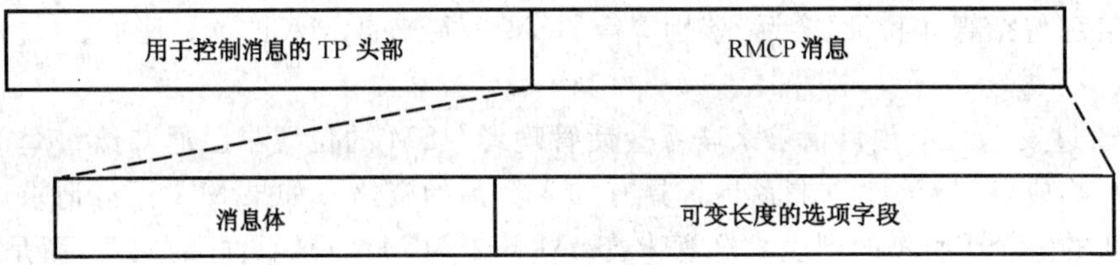

图10 RMCP控制消息的封装

来自原始发送者来的数据的封装如图11所示。

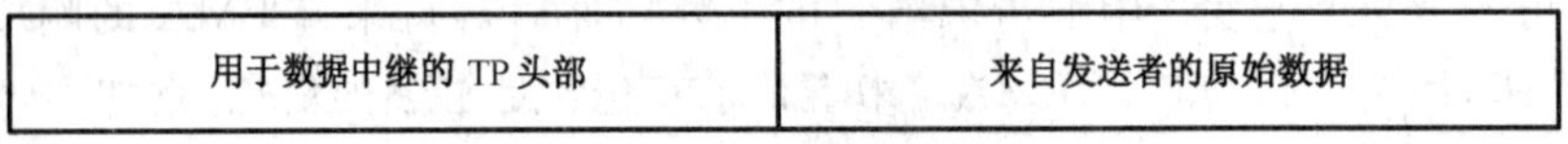

图11 原始数据的封装

8.2 选项格式

每个RMCP控制消息都能包括选项字段(如果需要的话)。图12示出了由可变长度的选项和填充字段组成的RMCP选项字段。

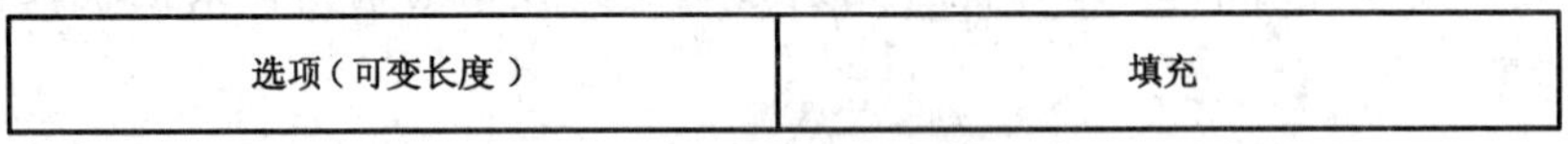

图12 RMCP选项域

图13示出了每个RMCP选项格式。选项类型用来描述哪个选项被使用以及选项的长度。选项数据放在值字段中。因为类型字段的长度是1字节,所以唯一选项类型的组合可以达到256种情况。在这256种情况中,全0和全1的类型值被保留,供将来使用。

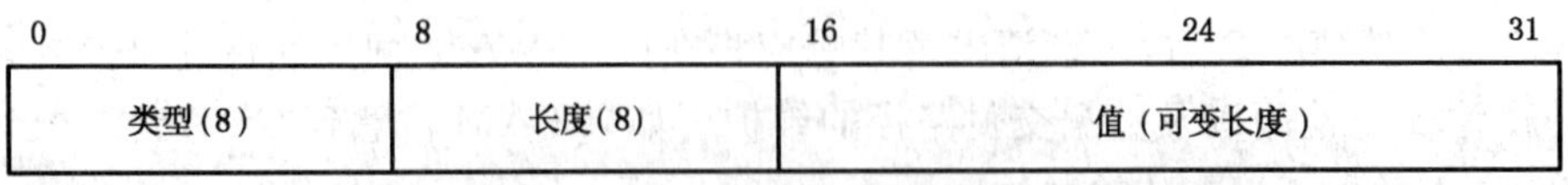

图13 每个EMCP选项的格式

一个或多个选项可被放置到 RMCP 选项字段中。当使用多个选项时，这些选项宜按图 14 所示排列。

选项类型 1	选项类型 2	选项类型 1	填充

图 14　消息中的多 RMCP 选项

8.2.1　选项类型及值

每 EMCP 控制消息在其支配下能定义任何种类的选项。当前，在框架中只定义了两种选项类型；任何其他特定类型超出了不在本部分范围。

8.2.1.1　填充选项

填充选项特别地被设计成能使 32 比特的消息宽度对齐，如图 15。

0 … 7
类型＝0

图 15　RMCP 填充选项

8.2.1.2　选项扩展

如果选项类型字段需要被扩展以保存进一步的选项类型，扩展选项可被用来扩展当前选项类型。图 16 示出了扩展选项。

0	8	16	24 … 31
类型 ＝ 255(8)	扩展类型（8）	长度（8）	值（可变）

图 16　RMCP 扩展选项

参 考 文 献

下列 IETF RFC 对理解 GB/T 26243 的本部分是有用的：

——768(1980),用户数据报协议(UDP)

——791(1981),网际协议(IP)

——793(1981),传输控制协议(TCP)

——1112(1989),关于 IP 组播的主机扩展

——1644(1994),*T/TCP*——关于多功能规范的 TCP 扩展

——1853(1995),IP 隧道中的 IP

——2236(1997),互联网组管理协议,版本 2

——2960(2000),流控制传输协议

ICS 33.040.40
L 78

中华人民共和国国家标准

GB/T 26244—2010/ISO/IEC 16513:2005

信息技术　组管理协议

Information technology—Group management protocol

(ISO/IEC 16513:2005,IDT)

2011-01-14 发布　　2011-05-01 实施

中华人民共和国国家质量监督检验检疫总局
中国国家标准化管理委员会 发布

前　言

本标准依据 GB/T 20000.2—2001 等同采用 ISO/IEC 16513:2005《信息技术　组管理协议》。

本标准由全国信息技术标准化技术委员会提出并归口。

本标准起草单位：中国电子技术标准化研究所、北京声迅电子有限公司。

本标准主要起草人：徐冬梅、聂蓉、余和初、尹治飞、董挺。

引　　言

传统的组播运输协议不包括组管理(按照接收者的加入和离开)和成员资格信息修改的动态机制。

GMP为组播会话管理(SM)机制和成员资格管理(MM)提供了一个框架,它支持对组播会话及其成员的要求的管理。该协议可作为可靠性组播通信的解决方案。

GMP将操作在传统运输协议和/或ECTP之上,如图1所示。

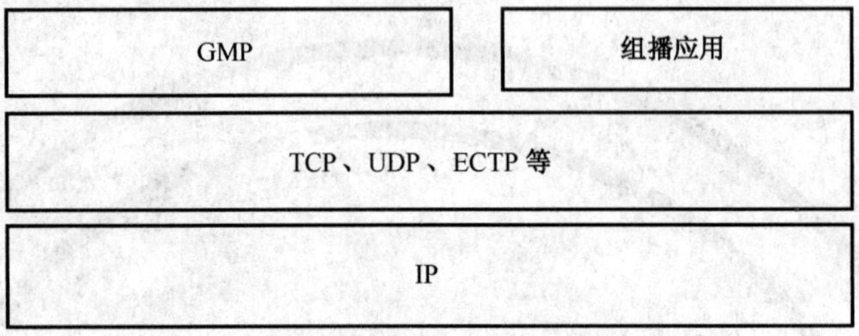

图1　GMP模型(GMP协议栈)

信息技术　组管理协议

1　范围

本标准规定了组管理协议(GMP)的规范，该协议是用于创建组会话以及管理该组的参与成员的应用层控制协议。

GMP 由会话管理(SM)、成员资格管理(MM)以及在 SM 和 MM 之间交换信息的功能组成。SM 负责会话创建和删除。MM 管理基于从 SM 检索到的会话信息的成员列表。

按照 ITU-T 建议.X.601“多对等体通信框架”，多对等体通信服务在 7 个不同的阶段完成：登记、注册、激活、数据、传送、解除激活、注销注册和注销登记。由于这些操作之一——数据传送——可以使用 ECTP 或者 TCP 来执行，所以 SM 可以执行其余的操作：创建、通告、登记、注册、激活，包括会话通告。此外，MM 管理注册或活动组中的组成员。

SM 可以为用户提供便利接口，因为它可以在 Web 上被实现。MM 的操作对在运输协议中的用户来说是透明的。

2　规范性引用文件

下列文件中的条款通过本标准的引用而成为本标准的条款。凡是注日期的引用文件，其随后所有的修改单(不包括勘误的内容)或修订版均不适用于本标准，然而，鼓励根据本标准达成协议的各方研究是否可使用这些文件的最新版本。凡是不注日期的引用文件，其最新版本适用于本标准。

ITU-T 建议.X.601(2000)　多对等体通信框架

ITU-T 建议.X.605(1998)|ISO/IEC 13252:1999　信息技术　增强型通信运输服务定义

ITU-T 建议.X.606(2001)|ISO/IEC 14476-1:2002　信息技术　增强型通信运输协议　单工组播运输规范

ITU-T 建议.X.606.1(2003)|ISO/IEC 14476-2:2003　信息技术　增强型通信运输协议　单工组播运输的 QoS 管理规范

3　术语和定义

下列术语和定义适用于本标准。

3.1　ITU-T 建议.X.601 中的术语和定义

ITU-T Rec.X.601 中的下列术语和定义适用于本标准：

a)　多对等体；

b)　多对等体通信；

c)　组播传输。

3.2　ITU-T 建议.X.605|ISO/IEC 13252 中的术语和定义

ITU-T Rec.X.605|ISO/IEC 13252 中的下列术语和定义适用于本标准：

a)　已注册组；

b)　已登记组；

c)　活动组，和

d)　TC 拥有者。

3.3 本标准中的术语和定义

3.3.1

GMP 客户端　GMP client

发送和接收 GMP 的应用程序。客户端通过服务器存储和获得信息。所有客户端必须注册登录进服务器,以便从服务器获得信息。客户端在会话创建者和会话参与者之间在很大程度上是被分开的。

3.3.2

GMP 服务器　GMP server

一个应用程序,负责会话管理和成员资格管理的服务器。

3.3.3

会话创建者　session creator

创建并可以终止会话的客户端。创建者通过它自己的 ID 登录进服务器,把关于创建会话的信息输入并将该信息发送给服务器。收到创建者请求的服务器将该信息添加到创建的会话列表中,会话创建者可以是在 ECTS 中定义的 TC 拥有者。

3.3.4

会话客户端　session client

意图作为会话参与者的客户端。

3.3.5

会话参与者　session participant

登记会话,并意图参与这个会话的客户端。在登记之后,会话参与者将加入该会话,成为活动成员(即,启动会话列表和已登记成员列表)。会话参与者可以是在 ECTS 中定义的 TC 参与者。

4 缩略语

4.1 消息类型

4.1.1 SM 消息类型

SAREQ	会话激活请求消息(Session Activation Request massage)
SCACC	会话创建接受消息(Session Creation Accept message)
SCCON	会话创建证实消息(Session Creation Confirm message)
SCINF	会话创建信息消息(Session Creation Information message)
SCREJ	会话创建拒绝消息(Session Creation Reject Message)
SCREQ	会话创建请求消息(Session Creation Request message)
SDREQ	会话删除请求消息(Session Deletion Request message)
SDRES	会话删除响应消息(Session Deletion Response message)
SJREQ	会话加入请求消息(Session Join Request message)
SJRES	会话加入响应消息(Session Join Response message)
SRACC	会话登记接受消息(Session Registration Accept message)
SRREJ	会话登记拒绝消息(Session Registration Reject message)
SRREQ	会话登记请求消息(Session Registration Request message)
SRRES	会话登记响应消息(Session Registration Response message)

4.1.2 MM 消息类型

KAREQ	保持存活请求消息(Keepalive Request message)

KARES　　保持存活响应消息(Keepalive Response message)
UIREQ　　用户信息请求消息(User Information Request message)
UIRES　　用户信息响应消息(User Information Response message)
LVREQ　　离开请求消息(Leave Request message)
TRREQ　　终止请求消息(Termination Request message)
TRIND　　终止指示消息(Termination Indication message)
KDUPT　　密钥分配更新消息(Key Distribution Update message)

4.2 其他

ECTP　　增强型通信运输协议(Enhanced Communications Transport Protocol)
ECTS　　增强型通信运输服务(Enhanced Communications Transport Service)
MM　　成员资格管理(Membership Management)
RMT　　可靠组播运输(Reliable Multicast Transport)
SAP　　会话通告协议(Session Announcement Protocol)
SDP　　会话描述协议(Session Description Protocol)
SM　　会话管理(Session Management)
IP　　因特网协议(Internet Protocol)
LQA　　最低允许质量(Lowest Quality Allowed)
MSS　　最大段长度(Maximum Segment Size)
OT　　操作目标(Operating Target)
QoS　　服务质量(Quality of Service)
RSVP　　资源预留协议(Resource reSerVation Protocol)

5 约定

本标准中,关键字“MUST”(必须)、“REQUIRED”(要求)、“SHALL”(宜)、“MUST NOT”(必须不)、“SHALL NOT”(应不)、“SHOULD”(宜)、“SHOULD NOT”(宜不)、“MAY”(可以)和“OPTIONAL”(可选的)按照 IETF RFC2119 描述进行解释,并指示了依从 ECTP 实现的要求级别。这些关键字是大小写敏感的。

6 概述

GMP 是用于创建组会话以及管理该组的参与成员的应用层控制协议。

通常假设有一个 GMP 服务器,一个会话创建客户(或会话创建者),以及一个或多个会话参与客户(或会话参与者),如图 2 所示。

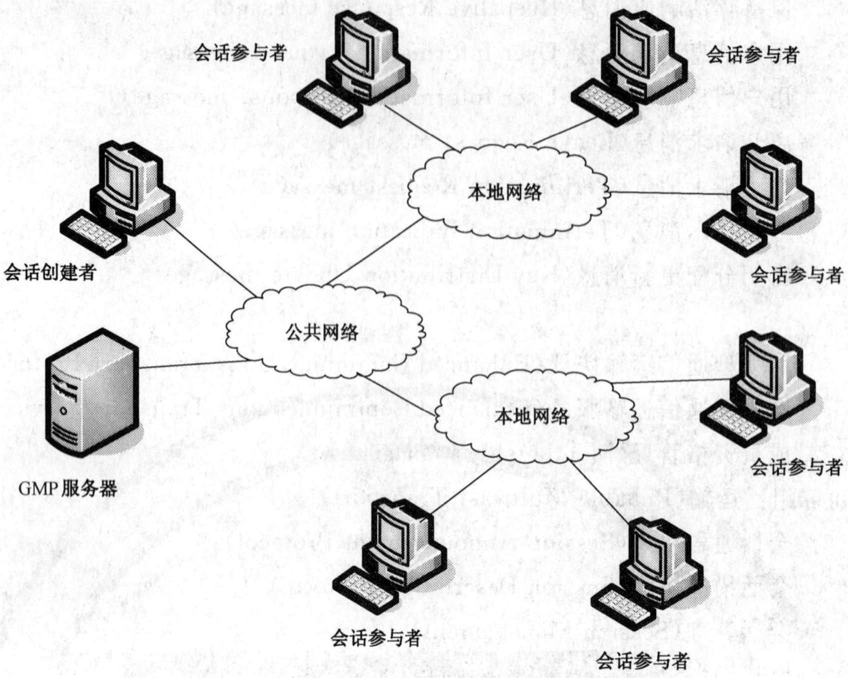

图 2　GMP 的网络配置

GMP 由会话管理(MS)、成员资格管理(MM)以及 SM 和 MM 间交换信息的功能组成。

6.1　会话管理

SM 可以在 8 个不同的阶段获得:创建、通告、登记、注册、激活、注销登记、注销注册和解除激活。

由称作会话创建者的特定客户端创建会话。然后 SM 更新会话列表。

会话创建者会向服务器发送会话创建请求消息。如果该请求被接受,则会话创建者将从服务器接收到会话创建接受消息。然后会话创建者将发送详细会话创建消息给服务器,并接收确认消息。如果会话不能被创建,或者会话创建者不具备必要权利,那么会话创建拒绝消息将被返回。

在会话成功创建之后,服务器将把新会话通告给各客户端。该通告可能通过电子邮件、web 邮寄等方式发送。从此刻起,这些客户可以登记到组播组中。

客户端可以为登记到一个会话。任何客户端都可以登记到一个开放模式会话,而一些预先授权的客户端可以登记到一个封闭模式的会话。成功登记之后,客户端就属于已登记的组了。

当会话启动的时候,会话的已登记成员将启动组应用,以发送和接收会话数据。此时,所有为数据传送和组管理做的准备都已完成。会话的已登记组成员都属于已注册的组。

当会话创建者发送真实数据的时候或者会话登记成员接收真实数据的时候,那么就说这些参与者处于活动状态。成员资格管理被激活。

6.2　成员资格管理

当会话被激活时,服务器立即发送状态报告请求给会话的每个活动成员。服务器将更新活动成员的列表以及基于从参与者接收到的信息的其他信息。这些更新信息将周期性地完成。

会话参与者可以通过给服务器发送离开消息离开该会话。

为了终止正在进行的会话,会话创建者发送会话终止消息给服务器,然后服务器将会把会话终止通知给每一个参与者,并终止该会话。

图 3 示出了 GMP 操作及其在会话状态和 ITU-T 建议.601 中规定的组播组阶段之间关系的一个例子。

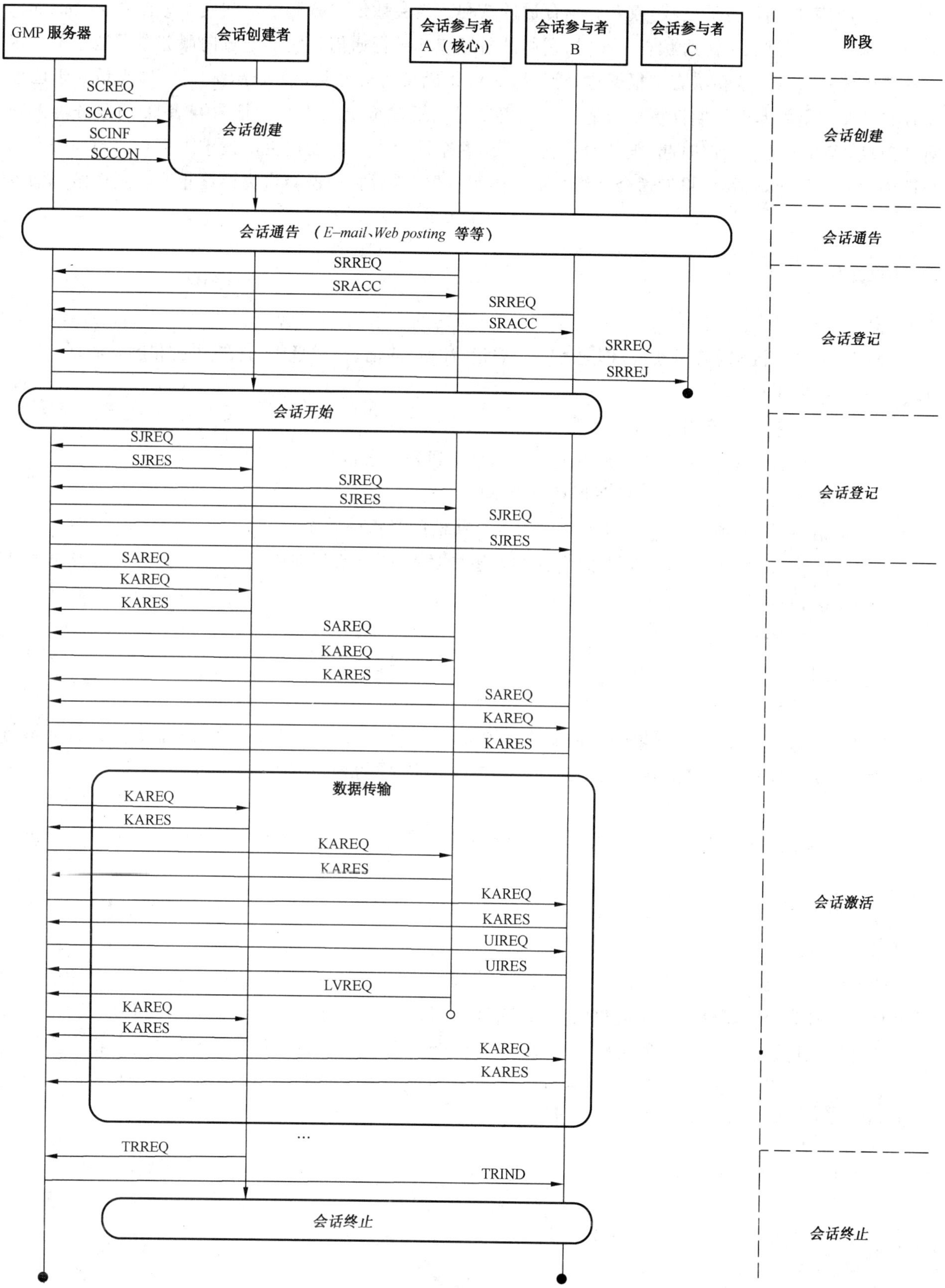
GMP 服务器
会话创建者
会话参与者
A（核心）
会话参与者
B
会话参与者
C
阶段
SCREQ
SCACC
SCINF
SCCON
会话创建
会话通告（E-mail、Web posting 等等）
SRREQ
SRACC
SRREQ
SRACC
SRREQ
SRREJ
会话登记
会话开始
SJREQ
SJRES
SJREQ
SJRES
SJREQ
SJRES
会话登记
SAREQ
KAREQ
KARES
SAREQ
KAREQ
KARES
SAREQ
KAREQ
KARES
数据传输
KAREQ
KARES
KAREQ
KARES
KAREQ
KARES
UIREQ
UIRES
LVREQ
KAREQ
KARES
KAREQ
KARES
会话激活
…
TRREQ
TRIND
会话终止
会话终止

图 3　GMP 控制示例

在会话被创建和通告之后，3个会话客户端，A、B和C将试图注册到会话中。然而，客户端C被拒绝了，因为该客户端没有被授权，或者有不合适的权利。当会话创建者和客户端向服务器发送会话加入请求的时候，它们进入已注册状态。此时，它们准备好彼此进行通信。它们通过向服务器发送一个特定活动请求消息来进入活动状态。根据这个消息，MM将成员进行分类，谁处于活动状态，或是处于已注册状态。服务器将基于周期性更新的请求和回答来更新活动成员列表。会话参与者A向服务器发送离开消息，离开会话。从那时起，服务器将通过只给两个活动参与者发送更新请求来更新活动列表。当会话创建者想终止会话时，将发送会话终止请求给服务器，然后服务器会将会话终止通告发送给会话参与者。

7 协议操作

7.1 会话管理

SM可以在8个不同阶段获得：创建、通告、登记、注册、激活、注销登记、注销注册和解除激活。

SM负责下列各项：

a) 会话创建：会话创建者创建会话。

b) 会话通告：SM服务器典型地将关于会话信息通告给会话客户端。

c) 会话登记：客户端向SM服务器登记会话。

d) 会话注册：在登记后，注册操作完成组播组通信所必需的整个"建立"。

e) 会话激活：在激活后，会话中的会话参与者接收来自会话创建者的数据。会话参与者属于活动组。

会话模式将是下列之一：

a) 封闭模式；

b) 开放模式。

在封闭模式中，会话参与可以受会话创建者约束，会话创建者可以把访问控制消息分配给目标参与者。参与者仅在授权过程之后才可登记会话。开放模式中，任何客户端可登记会话。

7.1.1 会话创建

会话创建受会话创建者的影响，会话创建者将将用媒体类型、应用类型、附加类型等等定义并表征该会话。

会话创建者可以定义核心成员，它们宜被注册或者登记。如果对核心成员的要求没有被满足，该会话可以不开始。

图4示出了成功会话创建过程。会话创建者定义并表征会话，并且向会话服务器发送会话创建请求消息SCREQ。SCREQ是一个纯粹的请求，它询问新创建是否有必要。考虑到组播环境及其应用，服务器可以通过回复一个会话创建接受消息SCACC允许新会话创建。然后，会话创建者将在会话创建信息消息SCINF中发送一个详细会话消息，该消息可能包括媒体类型、应用类型等。服务器将使用会话创建证实消息SCCON确认会话成功创建，然后更新其会话列表。

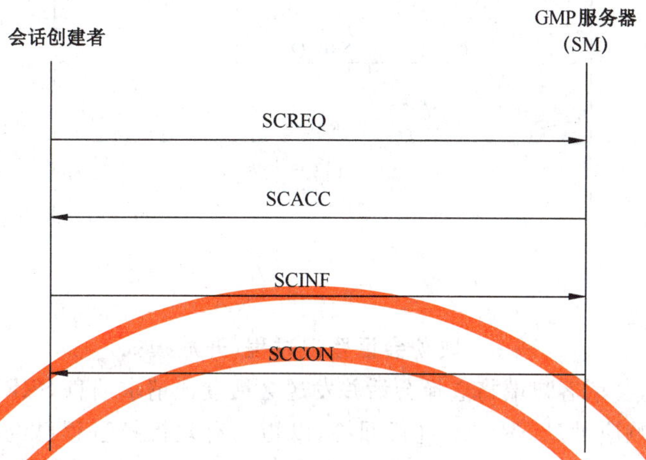

图 4　成功会话创建过程

图 5 示出了一个不成功的会话创建过程。当会话创建者从服务器中请求新会话的创建时，如果服务器没有足够的资源，或者请求者没有适宜的授权时，请求将被服务器拒绝，并且服务器发送会话创建拒绝消息 SCREJ。

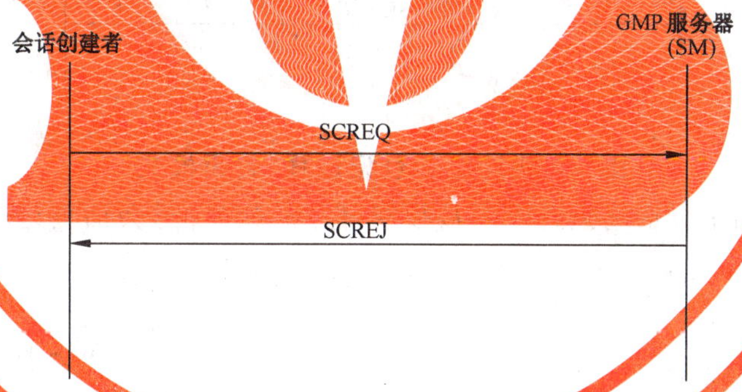

图 5　不成功会话创建过程

7.1.2　会话通告

会话创建将通过电子邮件、Web 邮寄或者其他离线的方法被通告。通过这个通告，会话客户将知道所有已创建的会话的存在和特征。会话参与者可以知道会话是处于开放模式还是封闭模式。在封闭模式中，访问控制消息宜通过会话创建者来分配给已选择的客户，客户通过它可以访问会话信息，并且稍后可以登记该封闭模式会话。

7.1.3　会话登记

会话登记是为了选择会话，并让服务器和创建者知道参与的意图。

在开放模式会话中，会话客户将选择会话并发送会话登记请求消息 SRREQ 给服务器，服务器将请求添加客户端到已登记的组成员资格列表中，并且使用会话请求接受消息 SRACC 回答该请求者，如图 6 所示。

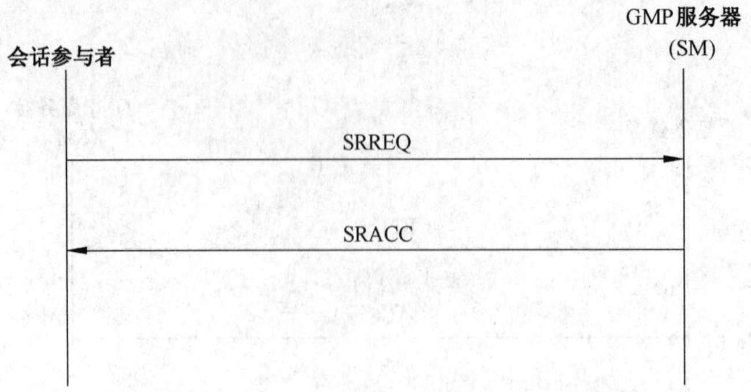

图 6　成功会话登记过程(开放模式)

在封闭模式会话中,会话客户端将选择会话并发送会话登记请求消息 SRREQ 给服务器。然后,服务器立即使用会话登记响应消息 SRRES 进行回答,以指示有效授权过程已经被启动。如果登记是有效的,那么服务器将发送会话登记接受消息 SRACC,如图 7 所示。

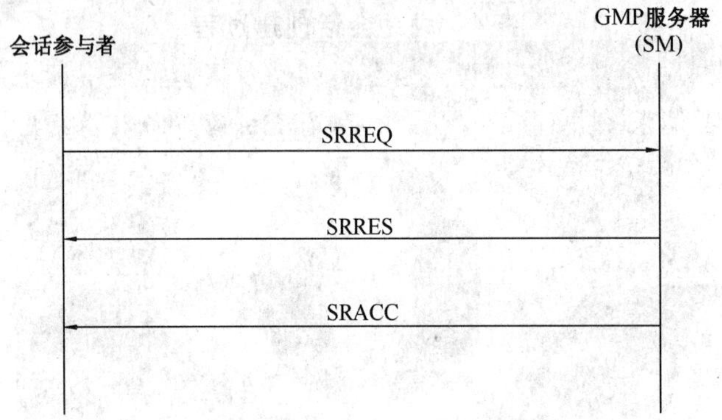

图 7　成功会话登记过程(封闭模式)

如果在封闭模式会话中会话登记请求未被授权,服务器将发送会话登记拒绝消息 SRREJ,如图 8 所示。

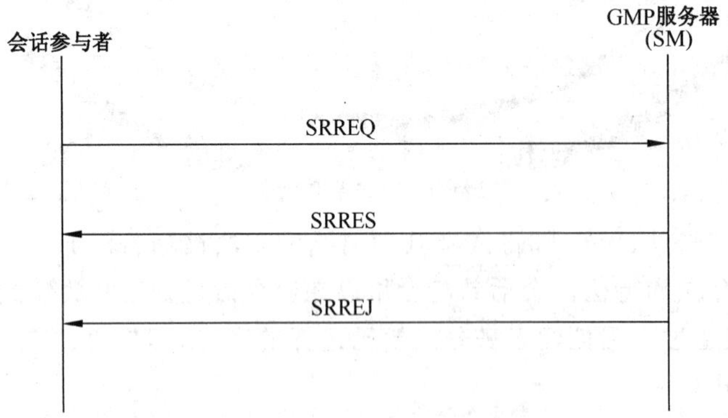

图 8　不成功会话登记过程(注册模式)

7.1.4　会话注册

会话注册是在会话参与者和会话创建者之间通信时的一种状态。会话参与者,包括会话创建者,宜发送会话加入请求消息 SJREQ。服务器将参与者添加到已注册的组成员资格列表中,并且使用会话加入响应消息 SJRES 来回答请求者,如图 9 所示。

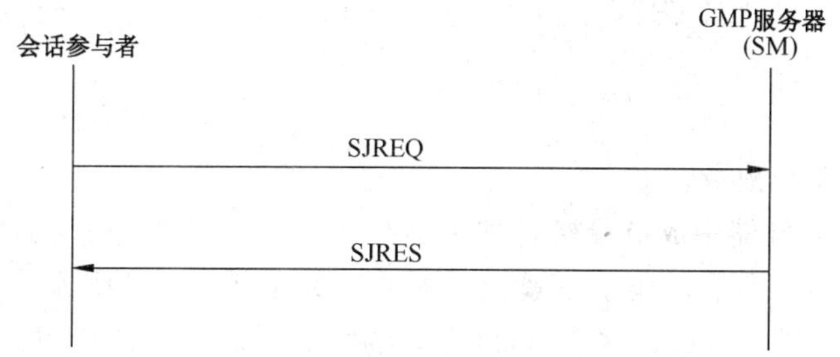

图 9 成功会话注册

MM 管理从已注册的组成员资格列表中分离开来的已注册的组成员资格列表。

7.1.5 会话激活

会话激活是会话参与者和会话创建者都处于数据传送阶段的状态。会话参与者，包括会话创建者，宜发送会话激活请求消息 SAREQ。服务器将使用保持存活请求消息 KAREQ 进行回答。如果服务器接收到来自会话参与者的保持活动响应消息 KARES，那么它更新活动组成员资格列表，如图 10 所示。

服务器将保持基于周期性 KAREQ 和 KARES 交换的活动组成员资格列表。

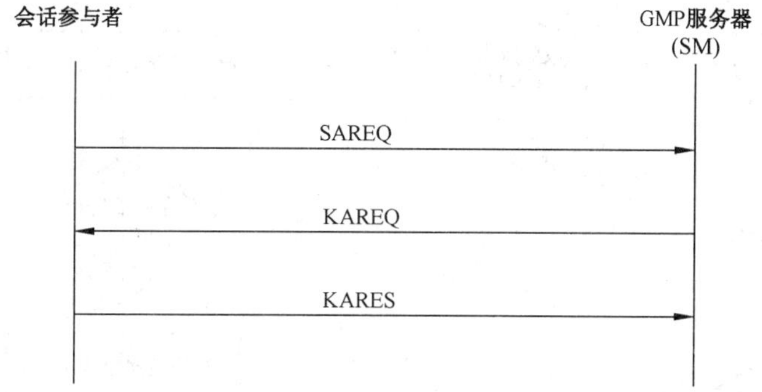

图 10 成功会话激活

在迟加入情况中，处于已注册状态的会话参与者将发送 SAREQ，以加入正在进行的会话。如图 11 所示。

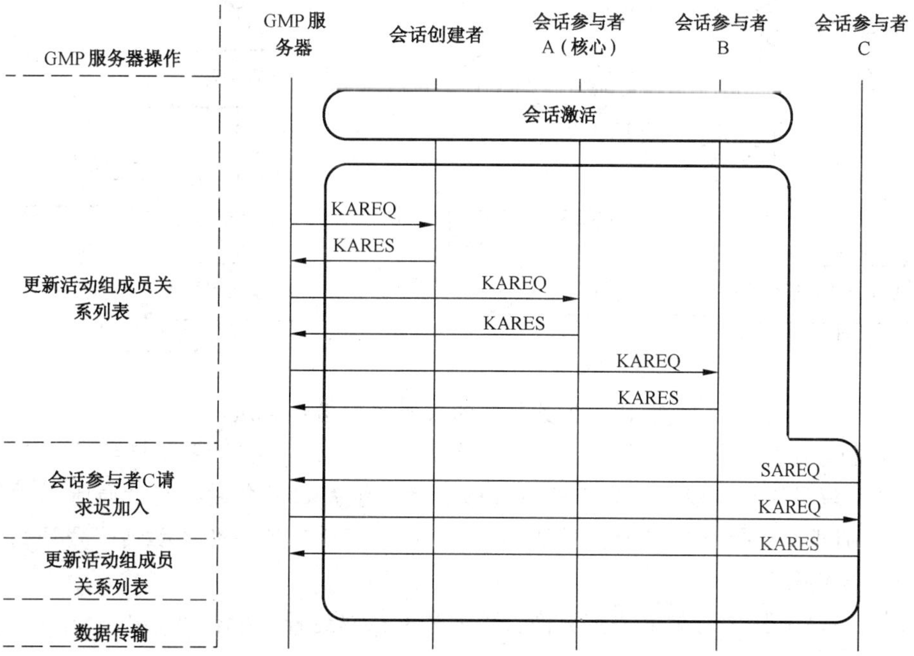

图 11 迟加入过程

如果会话参与者在接收到KAREQ之后发送KARES,那么服务器将会将这个参与者添加到活动组成员资格列表中。

7.2 成员资格管理

MM维护并管理活动组成员。

图12示出了GMP服务器中成员资格管理更新列表。从会话参与者收到KARES后,GMP成员资格管理服务器将核查客户端是否属于已登记组列表。如果属于,GMP服务器将核查该客户端是否属于已注册组。如果客户端不属于已注册组,该客户端将被添加到已注册组。如果客户端属于已注册组,那么GMP服务器将核查该客户端是否属于活动组。如果客户端不属于活动组,GMP服务器将该客户端加入到活动组并复位保持活动(KeepAlive,KA)定时器。如果客户属于活动组,GMP服务器将复位KA定时器并等待下一个KARES。

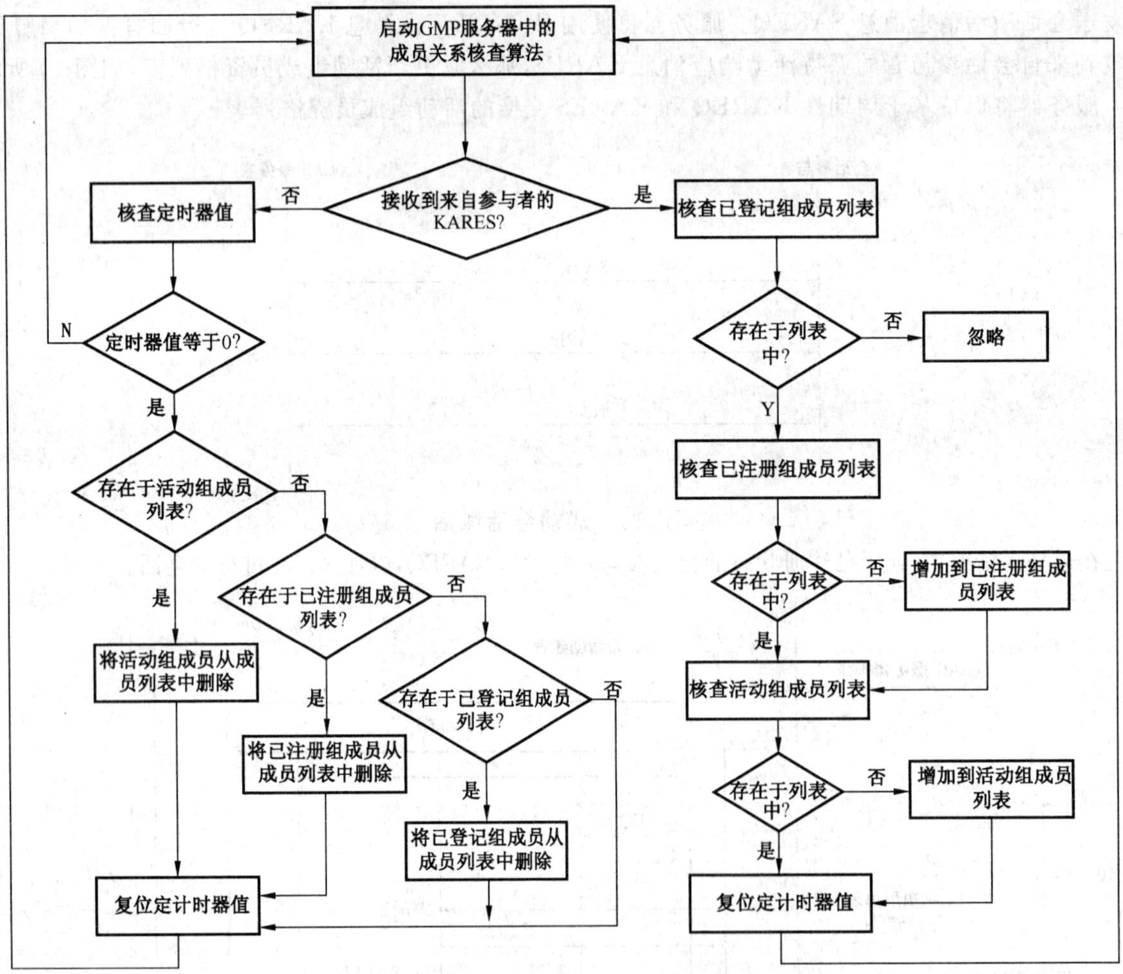

图12 服务器中的成员资格核查算法

如果GMP服务器没有接收到来自会话参与者的KARES,并且会话参与者的KA定时器期满,GMP成员资格管理服务器将核查该会话参与者属于哪个组。如果会话参与者属于活动组,该参与者将被移动到已注册组。如果该参与者属于已注册组,那么该参与者将被移动到已登记组。然后GMP服务器复位KA定时器。

图13示出了GMP服务器处的成员资格管理消息的接收过程。

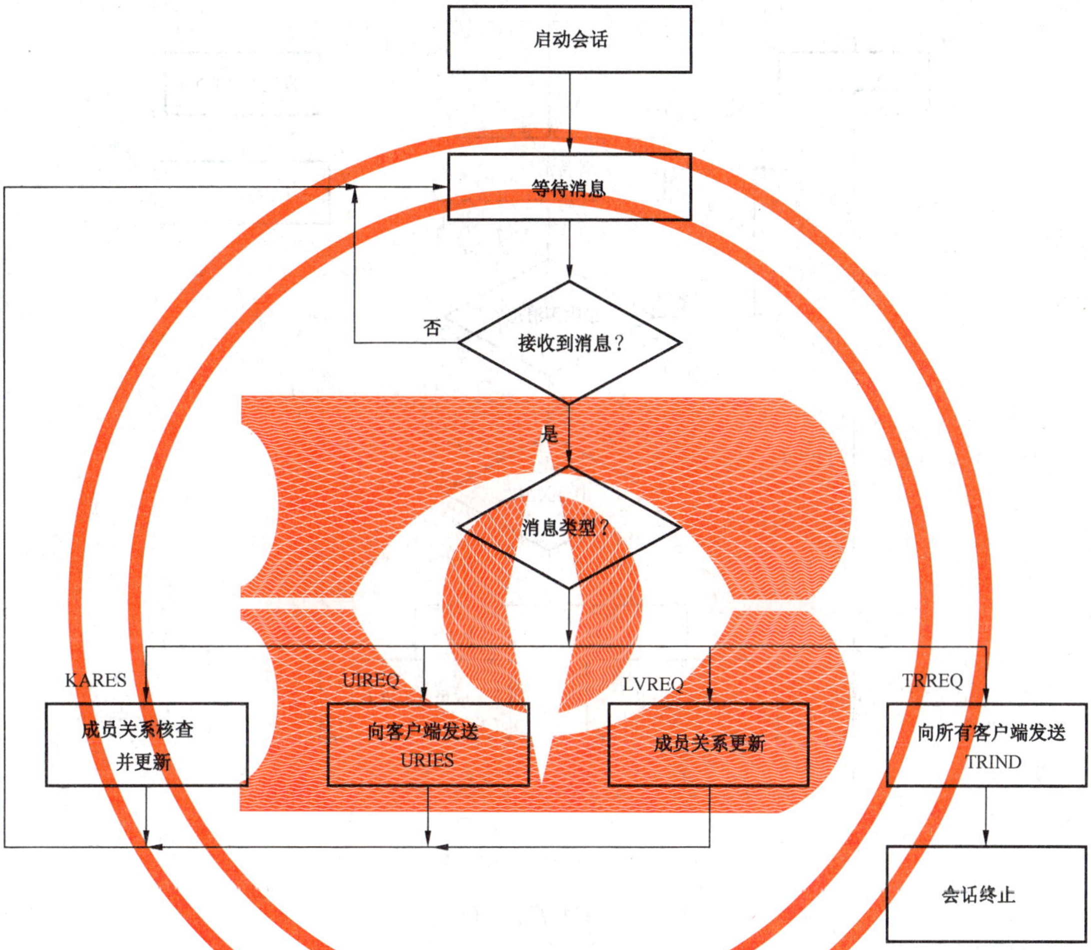

图 13 GMP 服务器(MM)执行算法

图 14 示出了在客户端成员资格管理消息的发送过程。

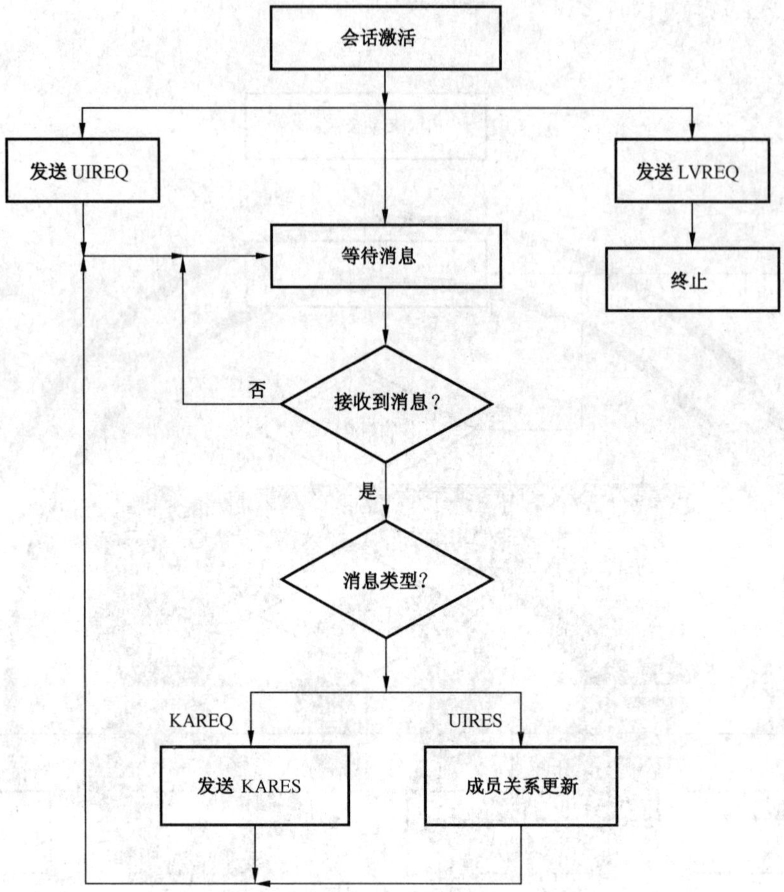

图 14 MM 客户执行算法

7.2.1 成员资格更新

7.2.1.1 开放模式

服务器将周期性地向所有的活动会话参与者发送 KAREQ。然而,该服务器将维持已接收到 KARES 中的核心成员和会话创建者的状态信息,而该服务器可能只是从接收到的 KARES 那里计算其他活动参与者的数量,或者忽略其他,如图 15 所示。

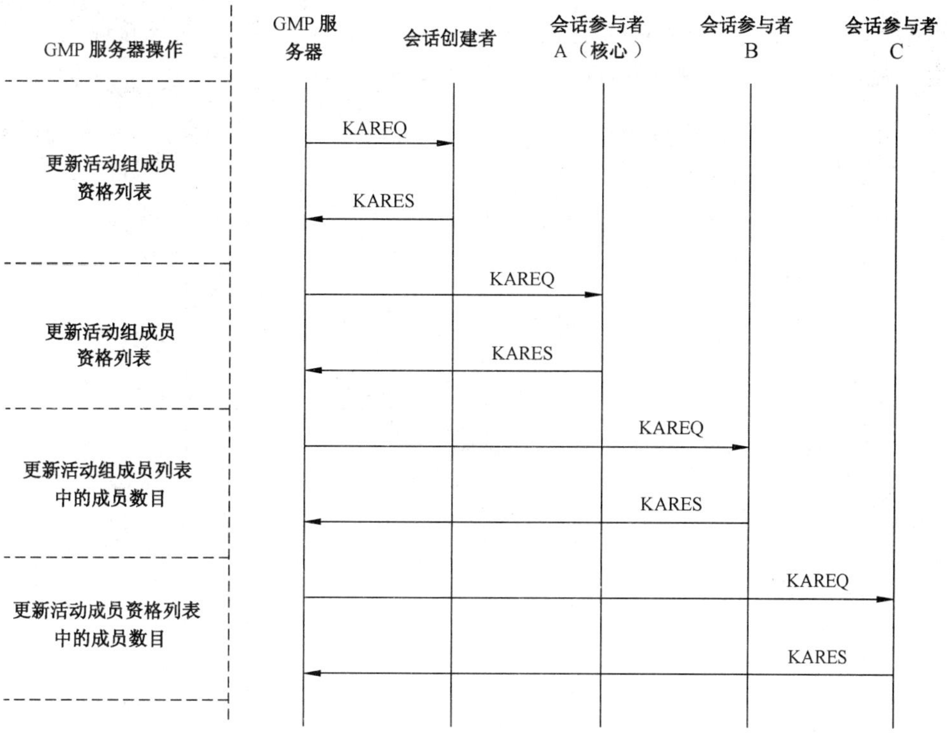

图 15　状态报告过程(开放模式)

任何会话参与者都能从服务器中询问活动组成员资格列表。

图 16 示出了会话终止的情况:在预先定义的 KA 定时器期满之前,如果 GMP 服务器未收到来自会话创建者和会话核心成员的有效 KARES,则该服务器将发送通知说明该会话正借助于终止指示消息 TRIND 进行终止,然后终止该会话。

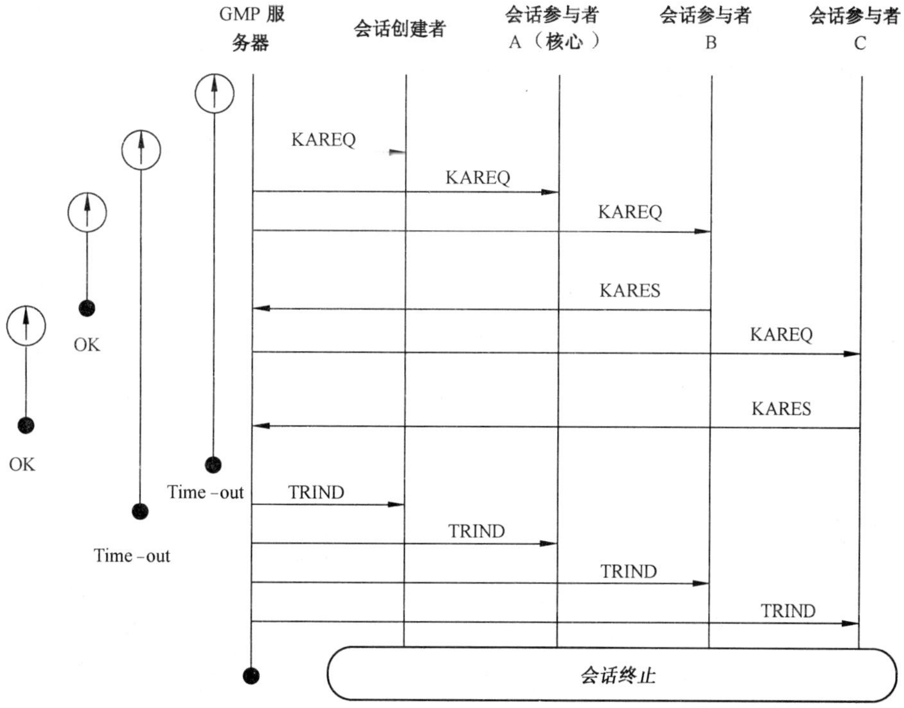

图 16　会话终止(开放模式)

7.2.1.2 封闭模式

服务器将周期性的向所有的会话参与者发送 KAREQ。该服务器将维持已接收到 KARES 的所有活动成员(包括核心成员和会话创建者)的状态信息,如图 17 所示。

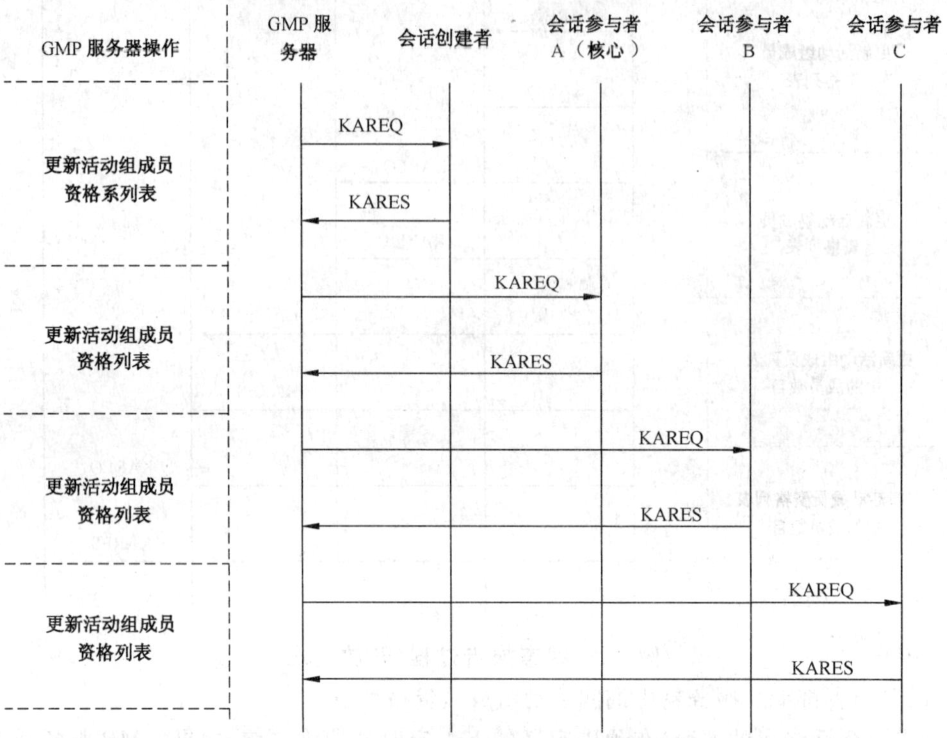

图 17 状态报告过程(封闭模式)

任何会话参与者都能从服务器中询问活动组成员资格列表。

7.2.2 用户信息请求和响应

一个活动组成员能通过发送 UIREQ 给 GMP 服务器来请求活动组成员列表。GMP 服务器将使用包含活动组成员列表的 UIRES 进行回答,如图 18 所示。

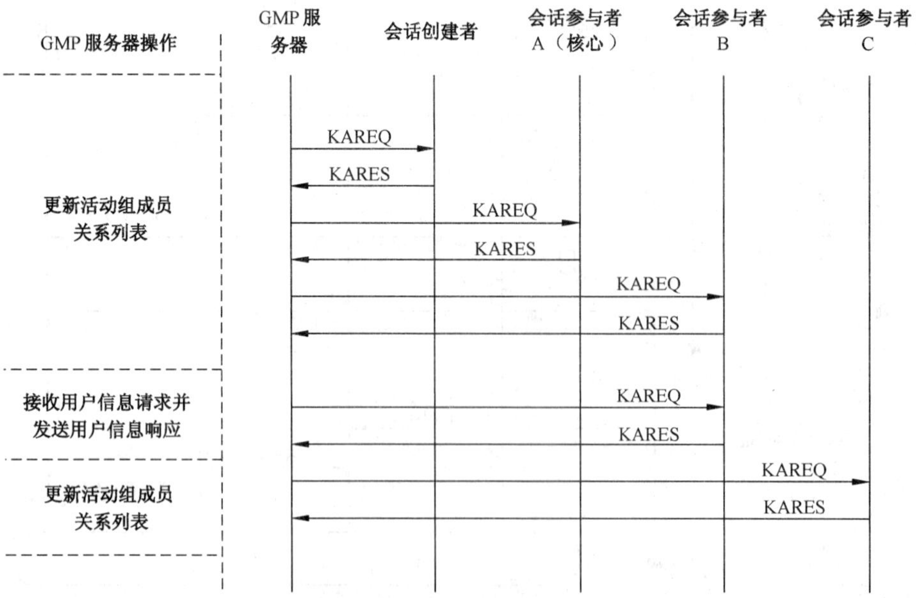

图 18 UIREQ 和 UIRES

7.2.3 会话离开

通常会话参与者将通过发送 LVREQ 给 GMP 服务器来离开会话;然后 GMP 服务器将该客户从活动组列表中删除,并将该客户添加到已注册组列表中,如图 19 所示。

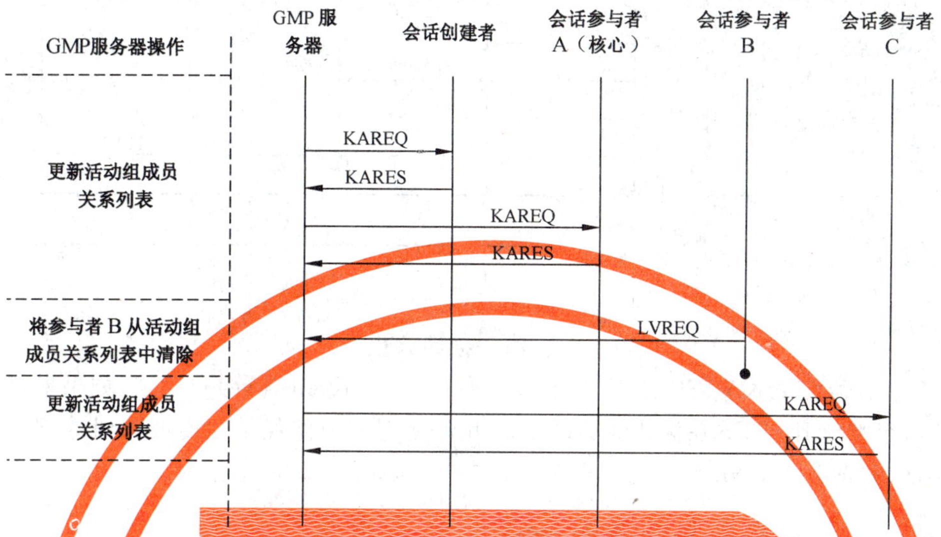

图 19 LVREQ

然而,如果作为会话创建者或者会话核心成员的活动的会话参与者通过发送 LVREQ 来离开会话,则接收到 LVREQ 的 GMP 服务器将终止该会话,并向所有活动会话参与者发送 TRIND,如图 20 所示。

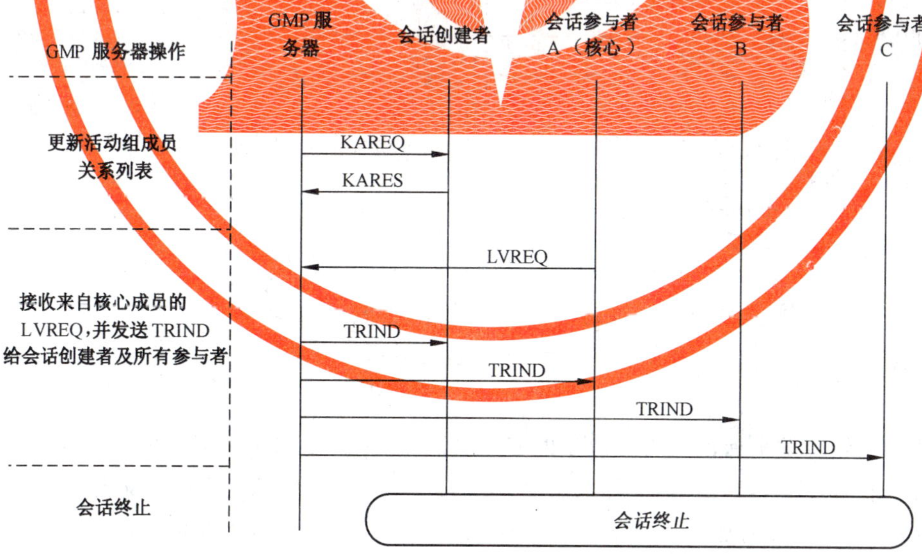

图 20 来自核心成员的 LVREQ 消息

7.2.4 会话终止

为了终止会话,会话创建者将送 TRREQ 给 GMP 服务器。接收到 TRREQ 的 GMP 服务器将终止该会话,并发送 TRIND 给所有的活动会话参与者。如图 21 所示。

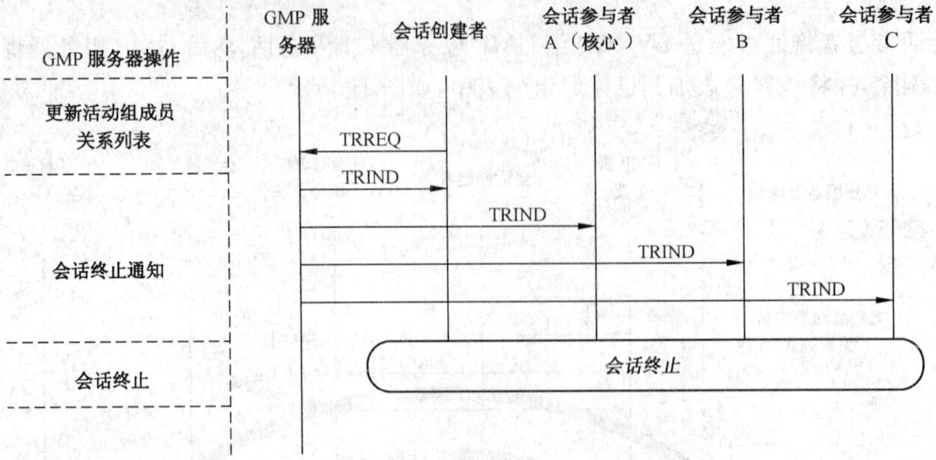

图 21 会话终止

在 GMP 服务器发送 KAREQ 之后，它将激活保持活动(KeepAlive)定时器；如果来自核心活动成员的一个或多个响应 KARES 在保持活动(KeepAlive)定时器时间耗尽之前没有到达，则 GMP 服务器将终止该会话，并发送 TRIND 给所有的活动会话参与者，如图 22 所示。

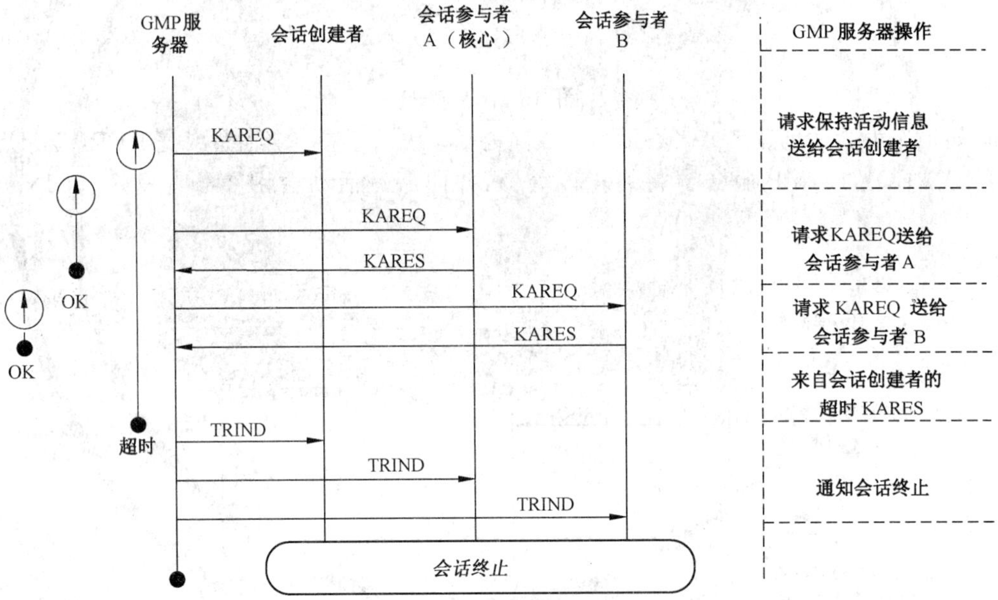

图 22 会话终止

7.3 安全

GMP 使用密钥分发来保证组管理协议的安全。图 23 示出了用于 GMP 安全的 GMP 控制的例子。

如果会话创建者要创建具有安全性的会话，会话创建者将向 GMP 服务器发送“S”位设置为“1”的 SCREQ。然而，虽然会话创建者请求创建安全性的会话，但是如果 GMP 服务器不支持会话的安全模式，GMP 服务器将给会话创建者发送一个“S”位设置为 ONE 的 SCREJ。

如果 GMP 服务器支持会话的安全模式，会话参与者将接收到“S”位设置成 ONE 的 SJRES，该消息包含了在注册阶段中的一个密钥。

如果任一会话参与者注册或加入正在进行的会话时迟到，GMP 服务器将发送“S”位置为“1”的 SJRES，该消息包含了当前在会话中使用的密钥。

每当任一会话参与者注销注册时，GMP 服务器丢弃这个密钥，产生新的密钥，并发送包含新密钥的 KDUPT 给所有已注册的组成员。如图 24 所示。

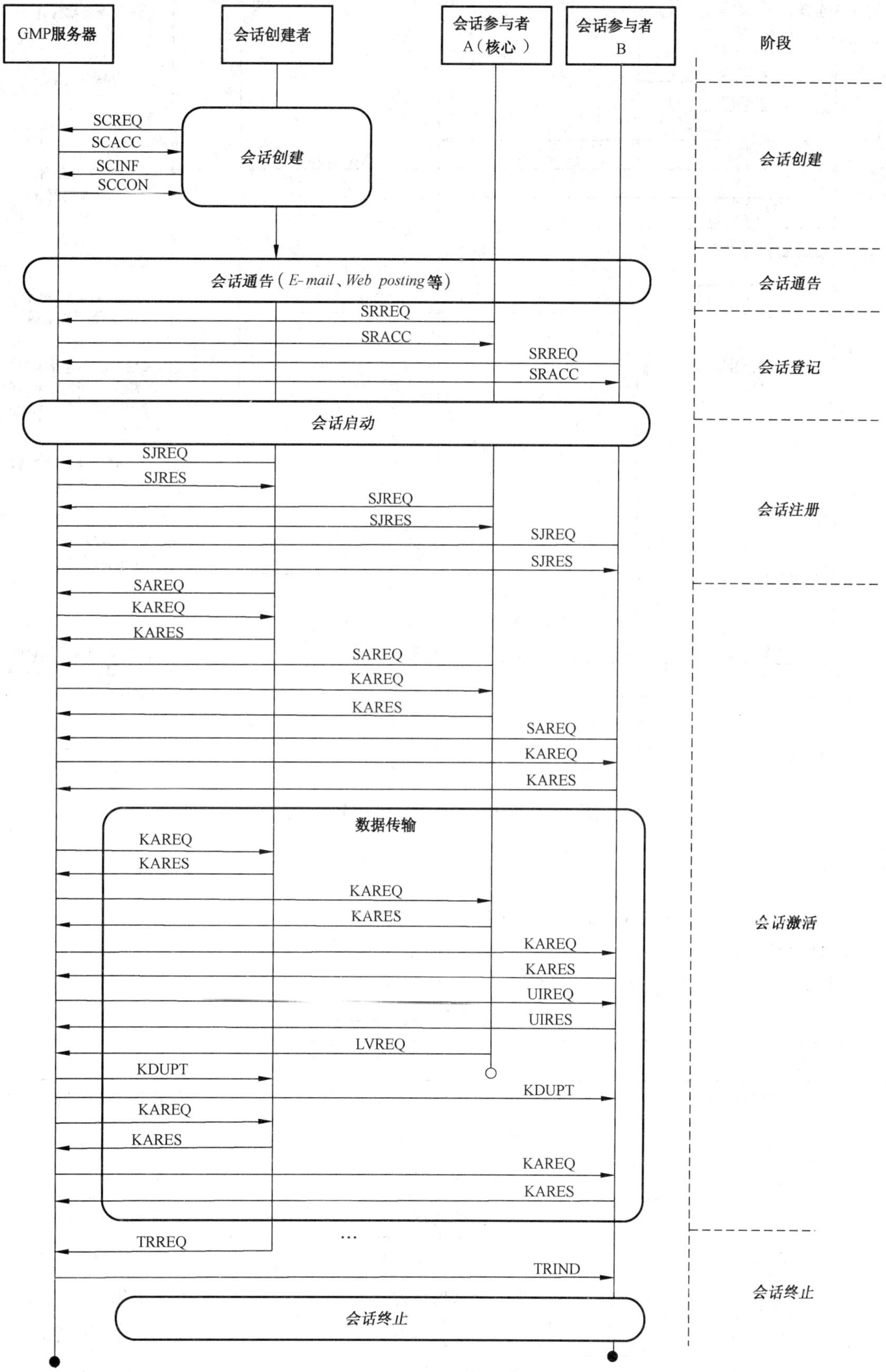

图 23 GMP 控制举例(安全模式)

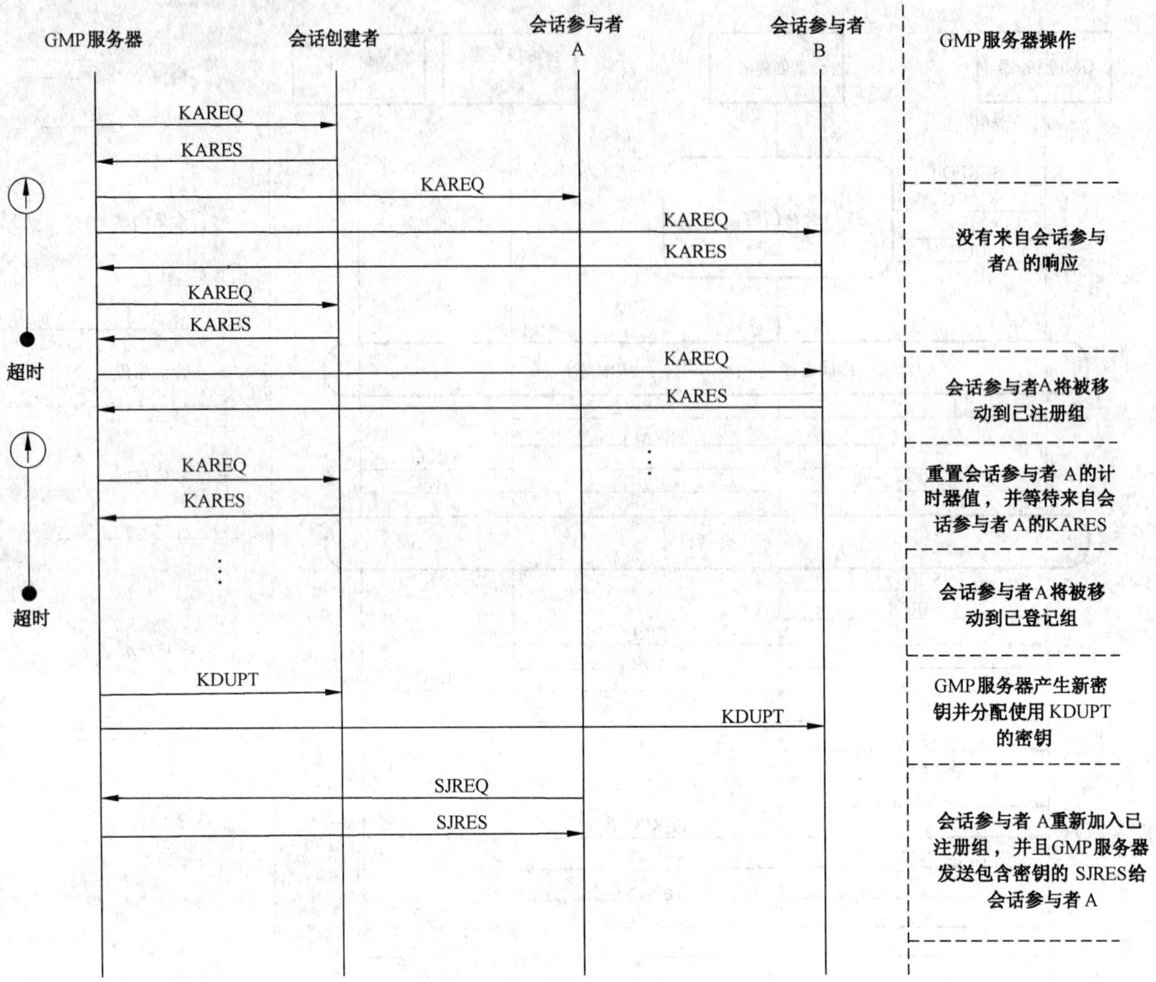

图 24　使用 KDUPT 的密钥分配

8　GMP 消息

GMP 消息分类为会话管理消息和成员资格管理消息。

8.1　会话管理消息类型

表 1 概括了在 GMP 会话管理中使用的消息及其描述。

表 1　会话管理消息类型

消息类型	产生者	描述
SCREQ	会话创建者	会话创建请求消息
SCACC	GMP 服务器(SM)	会话创建接受消息
SCREJ	GMP 服务器(SM)	会话创建拒绝消息
SDREQ	会话创建者	会话删除请求消息
SDRES	GMP 服务器(SM)	会话删除响应消息
SCINF	会话创建者	会话创建信息消息
SCCON	GMP 服务器(SM)	会话创建证实消息
SRREQ	会话创建者、会话参与者	会话注册请求消息
SRACC	GMP 服务器(SM)	会话登记接受消息

表 1（续）

消息类型	产生者	描述
SRREJ	GMP 服务器(SM)	会话登记拒绝消息
SRRES	GMP 服务器(SM)	会话登记响应消息
SJREQ	会话创建者、会话参与者	会话加入请求消息
SJRES	GMP 服务器(SM)	会话加入响应消息
SAREQ	会话创建者、会话参与者	会话激活请求消息

a) SCREQ:会话创建者产生该消息并将其发送给 GMP 服务器，以获得创建新会话的许可权。

b) SCACC:GMP 服务器产生该消息，并将其发送给会话创建者，以暗示会话创建的许可权。

c) SCREJ:GMP 服务器产生该消息，并将其发送给会话创建者，以指示请求的会话创建由于下列原因不被允许：

——GMP 服务器没有足够的资源；

——会话创建者没有创建会话的适当的授权；

——虽然会话创建者请求 GMP 服务器创建安全的会话，但是 GMP 服务器并不支持会话的安全模式。

d) SDREQ:会话创建者产生该消息，以请求将一个现存的会话从 GMP 服务器的会话列表中删除。

e) SDRES:GMP 服务器产生该消息并对 SDREQ 进行回答。

f) SCINF:会话创建者产生该消息，以便把详细的会话特征及其准则，诸如媒体类型、应用、核心成员列表、会话模式等等告知给 GMP 服务器。

g) SCCON:GMP 服务器产生该消息，以便对 SCINF 进行回答，说明会话信息已经成功加载到会话列表中。

h) SRREQ:会话客户产生该消息，以便将它发送给 GMP 服务器进行会话登记。

i) SRACC:GMP 服务器产生该消息，并将其发送，用来指示被请求客户端的成功登记。

j) SRREJ:GMP 服务器产生该消息并将其发送给登记请求的会话客户端。如果会话客户端没有适当的资格，那么该登记可以被拒绝。

k) SRRES:在封闭模式中，GMP 服务器产生该消息，并将其发送给登记请求的会话客户，以指示登记请求正在根据预先定义的授权被处理。

l) SJREQ:成功登记的会话创建者和会话客户将产生该消息，并将其发送，用来指示它们处于已注册状态，已做好通信的准备。

m) SJRES:GMP 服务器产生该消息并且对 SJREQ 进行回答，以指示会话将成为活动会话。如果该会话支持安全模式，GMP 服务器产生包含密钥的 SJRES。

n) SAREQ:成功注册的会话创建者和会话客户将产生该消息，并将其发送，以指示它们现在处于活动状态，正在线。SAREQ 包括客户的端口号，以启动选项字段中的成员资格管理。

8.2 会话管理消息格式

图 25 示出了会话管理消息的结构。

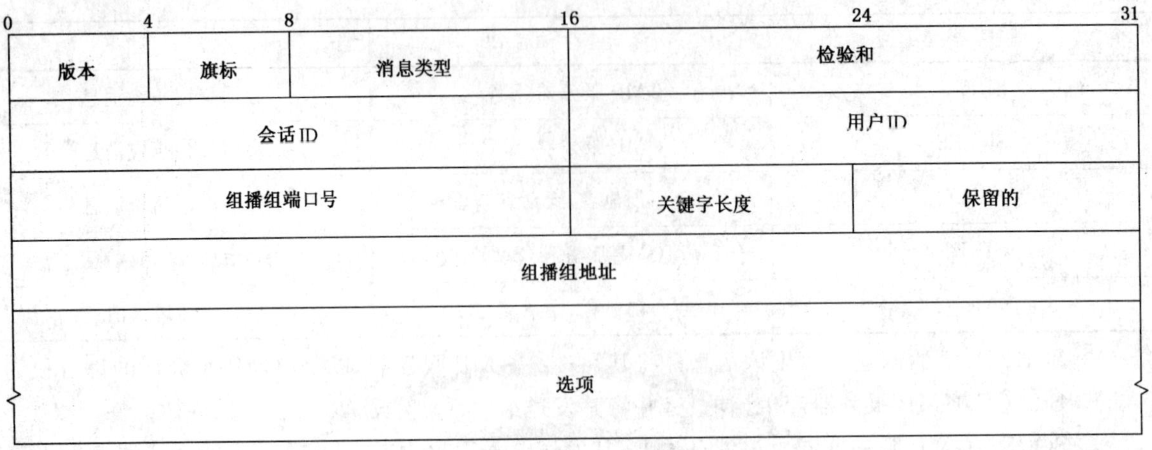

图 25 会话管理消息结构

SM 头部包含下列信息：

a) 版本(4 bit)——定义 GMP 协议的当前版本。以“1”开始。

b) 旗标(4 bit)——标识位。取决于消息类型，它有不同的目的：

——I：指示当“I=1”时，该消息为具有选项字段的 SCINF。

——M：指示该模式是开放还是封闭。

——封闭模式：“M=1”，开放模式：“M=0”

——S：指示该模式是安全的还是不安全的。

——安全模式：“S=1”，不安全模式：“S=0”

——Q：保留用于 QoS。

3	2	1	0
Q	S	M	I

c) 消息类型(8 bit)——指示 SM 消息的类型。表 2 概括了消息类型和编码。

表 2 会话管理消息类型的编码表

消息类型	编码
SCREQ	0000 0001
SCACC	0000 0010
SCREJ	0000 0011
SDREQ	0000 0100
SDRES	0000 0101
SCINF	0000 0110
SCCON	0000 0111
SRREQ	0000 1000
SRRES	0000 1001
SRACC	0000 1010
SRREJ	0000 1011
SJREQ	0000 1100
SJRES	0000 1101
SAREQ	0000 1110
保留	0000 0000

d) 检验和(16 bit)——检验该消息的段有效性。

e) 会话 ID(16 bit)——标识出每个会话。

f) 用户 ID(16 bit)——标识出每个会话参与者。会话创建者和其他参与者的 ID 将由 SMP 服务器在创建阶段和登记阶段分别进行分配。

g) 密钥长度(8 bit):在 GMP 中密钥长度值,以 8 bit 为单位。

h) 组播组端口号:用于组播组通信的端口号。

i) 组播组地址:组播组地址。

j) 选项(32 bit×N)

——该字段将被连接到 SCINF:指示新会话的详细信息;

——该字段将被连接到 SJRES:指示安全模式的密钥;

——该字段将被连接到 SAREQ:指示客户的端口号,以启动成员资格管理。

k) 保留的(8 bit):保留的。

8.3 成员资格消息类型

表 3 概括了在 GMP 成员资格管理中所使用的消息及其描述。

表 3 成员资格管理消息类型

消息类型	产生者	描述
KAREQ	GMP 服务器(MM)	保持存活请求消息
KARES	会话创建者、会话参与者	保持活动响应消息
UIREQ	会话创建者、会话参与者	用户信息请求消息
UIRES	GMP 服务器(MM)	用户信息响应消息
LVREQ	会话创建者、会话参与者	离开请求消息
TRREQ	会话创建者	终止请求消息
TRIND	GMP 服务器(MM)	终止指示消息
KDUPT	GMP 服务器(MM)	密钥分配更新消息

a) KAREQ:GMP 服务器产生该消息,并周期性地将其发送给活动会话参与者,以维护活动成员资格列表。

b) KARES:活动会话参与者产生该消息,并且对 KAREQ 进行回答,以通知活动状态。

c) UIREQ:活动会话客户产生该消息,并将其发送给 GMP 服务器,询问活动组成员资格列表。

d) UIRES:GMP 服务器产生该消息,并且使用与活动组成员资格列表来回答 UIREQ。

e) LVREQ:活动会话参与者产生该消息,并将其发送给 GMP 服务器,通知服务器它要离开。GMP 服务器将更新活动组成员资格列表及已注册的组成员资格列表。

f) TRREQ:会话创建者产生该消息,并将其发送给 GMP 服务器,以终止它创建和拥有的会话。

g) TRIND:GMP 服务器产生该消息,并将其发送给活动参与者,以通知该会话被终止。

h) KDUPT:GMP 服务器产生该消息,将其发送给活动会话参与者和已注册的组成员,以分配密钥。

8.4 成员资格管理消息格式

图 26 示出了成员资格管理消息的结构。选项字段只用于 UIRES 中,已列出活动会话参与者。

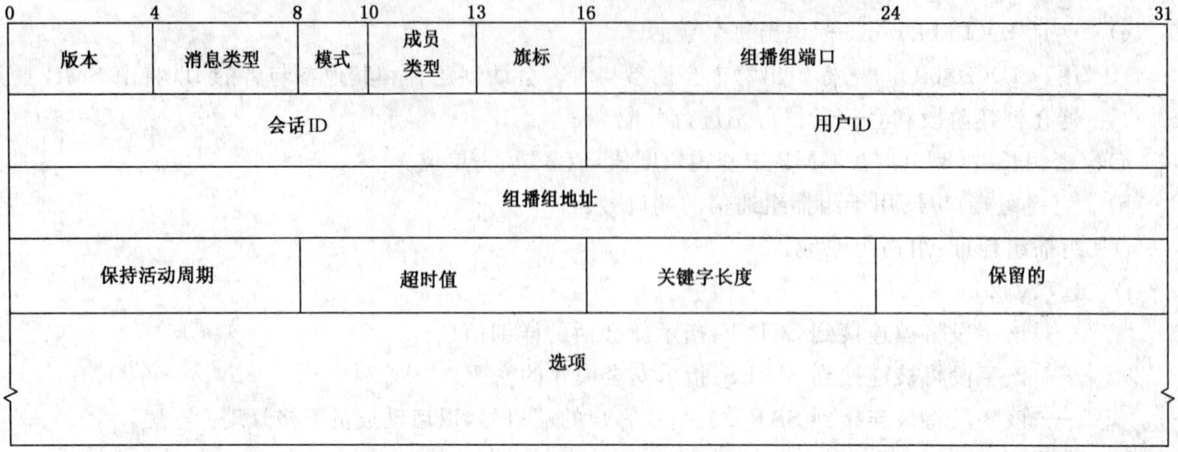

图 26　成员资格管理消息格式，包括列表状态

MM 头部包含下列信息：

a)　版本(4 bit)：定义 GMP 协议的当前版本。从“1”开始。

b)　消息类型(4 bit)：指示 MM 消息的类型。表 4 概况了消息类型和编码。

表 4　成员资格管理消息类型的编码表

消息类型	编码
KAREQ	0001
KARES	0010
UIREQ	0011
UIRES	0100
LVREQ	0101
TRREQ	0110
TRIND	0111
保留的	0000

c)　模式(2 bit)：指示会话是开放的或者封闭的，见表 5。

表 5　模式编码表

模式	编码
开放模式	01
关闭模式	10

d)　成员类型(3 bit)：指示会话参与者的类型，如表 6 所示。

表 6　成员类型编码表

成员类型	编码
会话创建者	100
核心	010
会话参与者	001

e)　旗标(3 bit)：标识位。根据消息类型它有不同的目的：

——用户信息(UI)：当“UI=1”时，指示该消息是 UIRES；

——会话状态(SS):指示会话状态。“SS=1”指示会话正在终止。

——R:保留。

2	1	0
R	SS	UI

f) 组播组端口号(16 bit):组播组通信的端口号。

g) 会话 ID(16 bit):标识每个会话,由 GMP 服务器所分配。

h) 用户 ID(16 bit):标识每个会话参与者。会话创建者和其他参与者的 ID 将由 GMP 服务器在会话创建阶段和登记阶段分别进行分配。

i) 组播地址(32 bit):组播组地址。

j) 保持活动周期(8 bit):规定一个以 100 ms 为单位的定时器,以产生每 KAREQ。它将由会话创建者来选择。

k) 超时值(8 bit):规定一个定时器,以限制 KARES 的等待时间。

l) 密钥长度(8 bit):在 GMP 中的密钥长度值,以 8 bit 为单位。

m) 保留的(8 bit):保留的。

9 GMP 变量

9.1 会话范围变量

GMP SM 维持并处理如表 7 所概括的下列参数。

表 7 会话信息参数

参 数	描 述
Session Name 和 Object	由会话创建者所产生的会话名称和客体
Session Content	会话主体、概述和内容
Owner Information	创建者信息
Session StartTime	会话启动时间
Session CloseTime	会话终止时间
Media Information	媒体类型和要求
Address Information	用于通信的地址
Registered Member List	已登记的成员列表

9.2 定时器

保持活动周期、保持活动时间和保持活动定时器在 GMP 中定义,以 100 ms 为单位。

a) 保持活动周期:GMP 服务器在每个 KeepAlive 周期发送 KAREQ 给活动会话参与者;

b) 保持活动时间:在 GMP 服务器发送 KAREQ 之后,它激活 KeepAlive 定时器。KA 定时器在 KeepAlive 时间后期满。如果响应 KARES 在 KeepAlive 定时器期满之前没有到达,则 GMP 服务器更新活动会话参与者列表,并依据会话创建者的准则来决定是否终止会话。

参 考 文 献

以下 IETF RFC 对理解本标准十分有用：

——IETF RFC 768(1980) User Datagram Protocol

——IETF RFC 791(1981) Internet Protocol

——IETF RFC 793(1981) Transmission Control Protocol

——IETF RFC 1112(1989) Host extensions for IP multicasting

——IETF RFC 1119(1989) Network Time Protocol(Version 2)Specification and Implementation

——IETF RFC 2119(1997) Key words for use in RFCs to indicate requirement levels

——IETF RFC 2236(1997) Internet Group Management Protocol, Version 2

——IETF RFC 2327(1998) SDP: Session Description Protocol

——IETF RFC 2362(1998) Protocol Independent Multicast-Sparse Mode(PIM-SM): Protocol Specification

——IETF RFC 2460(1998) Internet Protocol, Version 6(IPv6)Specification

——IETF RFC 2543(1998) SIP: Session Initiation Protocol

——IETF RFC 2887(2000) The Reliable Multicast Design Space for Bulk Data Transfer

——IETF RFC 2974(2000) Session Announcement Protocol

——IETF RFC 3048(2001) Reliable Multicast Transport Building Blocks for One-to-Many Bulk-Data Transfer

ICS 35.180
L 63

中华人民共和国国家标准

GB/T 26245—2010

计算机用鼠标器通用规范

General specification of mouse for computer

2011-01-14 发布 2011-05-01 实施

中华人民共和国国家质量监督检验检疫总局
中国国家标准化管理委员会 发布

前　言

本标准中的附录 A 是规范性附录。

本标准由全国信息技术标准化技术委员会提出并归口。

本标准起草单位：东莞市金河田实业有限公司、工业与信息化部电子工业标准化研究所。

本标准主要起草人：谢月明、高健、张贻南、胡振刚。

计算机用鼠标器通用规范

1 范围

本标准规定了鼠标器的要求、试验方法、检验规则、包装、标志、运输、贮存等。

本标准适用于计算机用鼠标器(以下简称鼠标器或产品)。

2 规范性引用文件

下列文件中的条款通过本标准的引用而成为本标准的条款。凡是注日期的引用文件,其随后所有的修改单(不包括勘误的内容)或修订版均不适用于本标准,然而,鼓励根据本标准达成协议的各方研究是否可使用这些文件的最新版本。凡是不注日期的引用文件,其最新版本适用于本标准。

GB/T 191 包装储运图示标志(GB/T 191—2008,ISO 780:1997,MOD)

GB/T 2423.1—2008 电工电子产品环境试验 第2部分:试验方法 试验A:低温(IEC 60068-2-1:2007,IDT)

GB/T 2423.2—2008 电工电子产品环境试验 第2部分:试验方法 试验B:高温(IEC 60068-2-2:2007,IDT)

GB/T 2423.3—2006 电工电子产品环境试验 第2部分:试验方法 试验Cab:恒定湿热试验(IEC 60068-2-78:2001,IDT)

GB/T 2423.5—1995 电工电子产品环境试验 第2部分:试验方法 试验Ea和导则:冲击(idt IEC 60068-2-27:1987)

GB/T 2423.6—1995 电工电子产品环境试验 第2部分:试验方法 试验Eb和导则:碰撞(idt IEC 60068-2-29:1987)

GB/T 2423.10—2008 电工电子产品环境试验 第2部分:试验方法 试验Fc:振动(正弦)(IEC 60068-2-6:1995,IDT)

GB/T 2828.1—2003 计数抽样检验程序 第1部分:按接收质量限(AQL)检索的逐批检验抽样计划(ISO 2859-1:1999,IDT)

GB/T 4857.5—1992 包装 运输包装件 跌落试验方法(eqv ISO 2248:1985)

GB/T 5080.7 设备可靠性试验 恒定失效率假设下的失效率与平均无故障时间的验证试验方案(GB/T 5080.7—1986,idt IEC 60605-7:1978)

GB/T 5271.14—2008 信息技术 词汇 第14部分:可靠性、可维护性和可用性(ISO/IEC 2382-14:1997,IDT)

GB 9254 信息技术设备的无线电骚扰限值和测量方法(GB 9254—2008,CISPR 22:2006,IDT)

GB/T 17618 信息技术设备抗扰度限值和测量方法(GB/T 17618—1998,idt CISPR 24:1997)

3 术语和定义

下列术语和定义适用于本标准。

3.1

鼠标器 mouse

将位移信号转换为电信号,通过计算机的处理,从而达到屏幕定位的输入设备。

注:鼠标器俗称“鼠标”。

3.2

分辨率　resolution

鼠标器位移单位长度所产生的点数，即每 25.4 mm 的长度内的点数。

注：单位为点每 25.4 mm[点/25.4 mm(点/in)]。

3.3

分辨率精度　accuracy

实际的分辨率与标称的分辨率之比。

3.4

偏离度　orthogonality

一定长度内实际的唯一坐标点和理想的位移坐标点之间的偏移量与鼠标器移动点数之比。

3.5

移动寿命　moving life

鼠标器移动距离之和。

4　要求

4.1　外观和结构

产品表面不应有明显的凹痕、划伤、裂缝、变形和脏污等。表面涂镀层应均匀，不应起泡、龟裂、脱落和磨损。金属零部件不应有锈蚀及其他机械损伤。

产品的移动应灵活自如，按键应灵敏且回弹快，压力均匀。

说明功能的文字、符号和标志应内容正确、清晰、端正，相关的文字应使用中文。

4.2　连接

4.2.1　接口

产品接口为 USB 接口或 PS/2 接口，由产品标准规定。

USB 接口、PS/2 接口应符合有关标准的规定。

4.2.2　连线

产品与主机的连线方式可采用有线连接或(和)无线连接。

有线连接鼠标的线缆应符合有关标准的规定。

无线连接鼠标信号的发射角度、功率、频率等指标由产品标准规定。

4.3　主要性能

4.3.1　分辨率

分辨率由产品标准规定。

4.3.2　分辨率精度

分辨率精度应大于 85%。

4.3.3　偏离度

偏离度应不大于 10%。

4.3.4　按键寿命

左、右按键寿命应大于 10^6 次，其他功能的按键寿命由产品标准规定。

4.3.5　移动寿命

移动距离应大于 250 km。

4.3.6　按键压力

左、右键按键压力应在 0.3 N～1.1 N 之间；如有特殊功能的按键，其压力由产品标准规定。

4.3.7　跟踪速度

跟踪速度应不小于 100 mm/s。

4.4 电源适应能力

应能在直流电压标称值变化±10%的条件下正常工作。直流电压标称值由产品标准规定。对于电源有特殊要求的产品由产品标准加以说明。

4.5 电磁兼容性

4.5.1 无线电骚扰限值

应符合 GB 9254 的规定,并应在产品标准中指明是 A 级或是 B 级。

4.5.2 抗扰度

应符合 GB/T 17618 的规定。

4.6 环境适应性

4.6.1 气候环境

气候环境适应性应符合表 1 的规定。

表 1 气候环境适应性

项目		级别		
		1	2	3
温度	工作	10 ℃～35 ℃	0 ℃～40 ℃	−10 ℃～55 ℃
	贮存运输	−40 ℃～55 ℃		
相对湿度	工作	40%～80%	40%～90%	20%～90%(40 ℃)
	贮存运输	≤93%(40 ℃)		
大气压		86 kPa～106 kPa		

4.6.2 机械环境

机械环境适应性应符合表 2～表 5 的规定。

表 2 振动适应性

试验项目	试验内容	参数
初始和最后响应检查	频率范围	5 Hz～35 Hz
	扫频速率	≤1 oct/min
	位移幅值或加速度	0.15 mm
定频耐久试验	位移幅值或加速度	0.15 mm
	试验时间	(10±0.5) min
扫频耐久试验	频率范围	5 Hz～35 Hz～5 Hz
	位移幅值或加速度	0.15 mm
	扫频速率	≤1 oct/min
	循环次数	2 次
注:表中驱动振幅为峰值。		

表 3 冲击适应性

峰值加速度	脉冲持续时间	冲击波形
300 m/s^2	11 ms	半正弦波

表 4 碰撞适应性

峰值加速度	脉冲持续时间	碰撞次数	碰撞波形
100 m/s^2	16 ms	1 000 次	半正弦波

表 5　运输包装件跌落适应性

包装件质量/kg	跌落高度/mm
≤15	1 000
>15～30	800
>30～40	600

4.6.3　特殊环境

特殊环境的要求由产品标准规定。

4.7　可靠性

平均故障间隔时间(MTBF)的 m_1 应不少于 5 000 h。

5　试验方法

5.1　试验环境条件

本标准中除气候环境试验、可靠性试验以外，其他试验均可在下述试验用标准大气条件下进行：

a)　温度：15 ℃～35 ℃；

b)　相对湿度：25%～75%；

c)　大 气 压：86 kPa ～106 kPa。

5.2　外观和结构检查

用目测、触摸或模拟的方法进行外观和结构检查。

5.3　连接测试

将受试产品和相适应的计算机连接，由计算机发送检验程序，检验连接状态的正确性。

5.4　主要性能试验

5.4.1　分辨率测试

产品处于正常工作状态，按轴线方向匀速移动鼠标器单位长度，从显示屏上读出鼠标器在该长度上移动的点数，计算出两者的比值即为实测分辨率。

5.4.2　分辨率精度计算

计算实测分辨率与标称分辨率的比值即为分辨率精度。

5.4.3　偏离度测试

产品处于正常工作状态，按轴线方向匀速移动鼠标器，从显示屏上读出偏离轴线的最大点数，计算偏离点数与鼠标器移动点数(移动距离×分辨率)之比，即为偏离度。

5.4.4　按键寿命测试

左、右按键的寿命测试按以下方法测试，其他功能的按键寿命测试由产品标准规定。

测试条件：

a)　加电；

b)　频率为不小于 4 次/s；

c)　压力为按键压力最大值。

产品在上述条件下测试，每测试 2×10^5 次对受试样品进行检测，输入信息是否正常。

5.4.5　移动寿命测试

测试条件：

a)　加电；

b)　鼠标器运动方向为圆周方向；

c)　运动速度为 250 mm/s。

产品在上述条件下测试，其移动距离应满足 4.3.5 的规定，试验后检测输入信息是否正常。

5.4.6 压力测试

用精度不低于 0.1 N 的压力计测量。

5.4.7 跟踪速度测试

产品以不小于 100 mm/s 的速度匀速运动，观测鼠标器是否能正常跟踪定位。

5.5 电源适应能力试验

按表 6 调节直流电压，并在每种输入电压条件下对鼠标器功能进行检查。

表 6 直流电压

顺序号	1	2	3
电压/V	标称值电压	(1−0.1)×标称值电压	(1+0.1)×标称值电压

5.6 电磁兼容性试验

5.6.1 无线电骚扰限值的测量方法

按 GB 9254 规定的方法进行。

5.6.2 抗扰度限值测量方法

按 GB/T 17618 规定的方法进行。

5.7 环境试验

5.7.1 一般要求

以下各项试验中规定的初始检测统一按 5.2、5.3、5.4.1、5.4.3、5.4.7 和 5.5 的规定进行，最后检测统一按 5.3、5.4.1、5.4.3、5.4.7 和 5.5 的规定进行。

5.7.2 温度下限试验

5.7.2.1 工作温度下限试验

按 GB/T 2423.1—2008“试验 Aa”进行。受试样品应进行初始检测，严酷程度取表 1 规定的工作温度下限值，在温度达到规定值时，加电工作，持续时间 2 h，工作应正常。恢复时间为 2 h。

5.7.2.2 贮存温度下限试验

按 GB/T 2423.1—2008“试验 Ab”进行。受试样品应初始检测，严酷程度取表 1 规定的贮存温度下限值，受试样品在不工作条件下存放 16 h，恢复时间为 2 h，然后进行最后检测。

为防止试验中受试样品结霜和凝露，允许将受试样品用聚乙烯薄膜密封后进行试验，必要时还可以在密封套内装吸潮剂。

5.7.3 温度上限试验

5.7.3.1 工作温度上限试验

按 GB/T 2423.2—2008“试验 Ba”进行。受试样品应初始检测，严酷程度取表 1 规定的工作温度上限值，在温度达到规定值时，加电工作，持续时间 2 h，工作应正常。恢复时间为 2 h。

5.7.3.2 贮存温度上限试验

按 GB/T 2423.2—2008“试验 Bb”进行。受试样品应进行初始检测，严酷程度取表 1 规定的贮存温度上限值，受试样品在不工作条件下存放 16 h，恢复时间为 2 h，然后进行最后检测。

5.7.4 恒定湿热试验

5.7.4.1 工作条件下恒定湿热试验

按 GB/T 2423.3—2006“试验 Ca”进行。受试样品应进行初始检测，严酷程度取表 1 规定的工作温度、湿度上限值，在温度、湿度达到规定值时，加电工作。持续时间 2 h，工作应正常。恢复时间为 2 h。

5.7.4.2 贮存条件下恒定湿热试验

按 GB/T 2423.3—2006“试验 Ca”进行。受试样品应进行初始检测，受试样品在不工作条件下按表 1规定上限存储温度和湿度存放 48 h，恢复时间为 2 h，并进行最后检测。

5.7.5 振动试验

5.7.5.1 一般要求

按 GB/T 2423.10—2008“试验 Fc”进行。受试样品应进行初始检测，并按工作位置固定在振动台上，受试样品在不工作状态下，按表 2 规定值进行试验，分别对 3 个互相垂直轴线方向进行振动，试验完成后应进行最后检测。

5.7.5.2 初始振动响应检查

试验在给定频率范围内，在一个扫频循环上完成。试验过程中记录危险频率，包括机械共振频率和导致故障及影响性能的频率。

5.7.5.3 定频耐久试验

用初始振动响应检查中记录的危险频率进行定频试验。如果两种危险频率同时存在，则不得只选其中一种。

在试验规定频率范围内如无明显共振频率或无影响性能的频率，或危险频率超过 4 个则不做定频耐久试验，仅做扫频耐久试验。

5.7.5.4 扫频耐久试验

按表 2 给定频率范围由低到高，再由高到低，作为一次循环，按表 2 规定的循环次数进行，已做过定频耐久试验的样品不再做扫频耐久试验。

5.7.5.5 最后振动响应检查

此项试验在不工作状态下进行，对于已做过定频耐久试验的受试样品应做此项试验。对于做扫频耐久试验的样品，可将最后一次扫频试验作为最后振动响应检查。本试验应将记录的共振频率与初始振动频率响应检查记录的共振频率相比较，若有明显变化，应对受试样品进行修整，重新进行该项试验。试验结束后，进行最后检测。

5.7.6 冲击试验

按 GB/T 2423.5—1995“试验 Ea”进行。受试样品应进行初始检测，安装时要注意重力影响，按表 3 规定值，在不工作状态下，分别对 3 个互相垂直轴线方向连续施加 3 次冲击，试验后进行最后检测。

5.7.7 碰撞试验

按 GB/T 2423.6—1995“试验 Eb”进行。受试样品应进行初始检测，安装时要注意重力影响，按表 4 规定值，在不工作状态下，分别对 3 个互相垂直轴线方向进行碰撞，试验后进行最后检测。

5.7.8 运输包装件跌落试验

受试样品应进行初始检测，将运输包装件按 GB/T 4857.5—1992 的 5.6.2 a)的要求和本标准表 5 的规定值进行跌落，任选四面，每面跌落一次。试验后检查包装件的损坏情况，并对受试样品进行外观和结构的检查及性能检测。

5.8 可靠性试验

5.8.1 试验条件

本标准规定可靠性试验目的为确定产品在正常使用条件下的可靠性水平，试验周期内综合应力规定如下：

电应力：受试样品在输入电压标称值的±10%变化范围内工作一个周期；一个周期内工作时间的分配为：电压上限 25%，标称值 50%，电压下限 25%。

温度应力：受试样品在一个周期内由 20 ℃升至表 1 规定的工作温度上限值再回到 20 ℃。温度变化率的平均值为(0.7～1)℃/min 或根据受试样品的特殊要求选用其他值。在一个周期内保持在上限温度和 20 ℃变化持续时间之比应为 1∶1 左右。

一个周期称为一次循环，在总试验期间内循环次数不应少于 3 次。每个周期的持续时间应不大于

0.2 m_0，电应力和温度应力应同时施加。

5.8.2 试验方案

可靠性试验按 GB/T 5080.7 进行，可靠性鉴定试验和可靠性验收试验的试验方案由产品标准具体规定。在整个试验过程中产品应加电工作，故障的判据和计入方法按附录 A 的规定，只统计关联故障数。

5.8.3 试验时间

试验时间应持续到总试验时间及总故障数均能按选定的试验方案作出接收或拒收判决时截止。多台受试样品试验时，每台受试样品的试验时间不得少于所有受试样品的平均试验时间的一半。

6 检验规则

6.1 检验分类

产品检验分为三类：

a) 定型检验；

b) 交收检验；

c) 例行检验。

各类检验的试验项目和顺序分别按表 7 进行。若型号产品标准中补充了试验项目，应规定补充试验项目的检验类别及试验顺序的插入位置。

表 7 检验项目

<table>
<tr><th colspan="2">检验项目</th><th>要求</th><th>试验方法</th><th>定型检验</th><th>交收检验</th><th>例行检验</th></tr>
<tr><td colspan="2">外观和结构</td><td>4.1</td><td>5.2</td><td>○</td><td>○</td><td>—</td></tr>
<tr><td colspan="2">连接</td><td>4.2</td><td>5.3</td><td>○</td><td>○</td><td>—</td></tr>
<tr><td rowspan="7">主要性能</td><td>分辨率</td><td>4.3.1</td><td>5.4.1</td><td>○</td><td>○</td><td>—</td></tr>
<tr><td>分辨率精度</td><td>4.3.2</td><td>5.4.2</td><td>○</td><td>—</td><td>○</td></tr>
<tr><td>偏离度</td><td>4.3.3</td><td>5.4.3</td><td>○</td><td>—</td><td>○</td></tr>
<tr><td>按键寿命</td><td>4.3.4</td><td>5.4.4</td><td>○</td><td>—</td><td>○</td></tr>
<tr><td>移动寿命</td><td>4.3.5</td><td>5.4.5</td><td>○</td><td></td><td>○</td></tr>
<tr><td>按键压力</td><td>4.3.6</td><td>5.4.6</td><td>○</td><td>—</td><td>○</td></tr>
<tr><td>跟踪速度</td><td>4.3.7</td><td>5.4.7</td><td>○</td><td>—</td><td>○</td></tr>
<tr><td colspan="2">电源适应能力</td><td>4.4</td><td>5.5</td><td>○</td><td>○</td><td>○</td></tr>
<tr><td rowspan="2">电磁兼容性</td><td>无线电骚扰限值</td><td>4.5.1</td><td>5.6.1</td><td>○</td><td>—</td><td>○</td></tr>
<tr><td>抗扰度限值</td><td>4.5.2</td><td>5.6.2</td><td>○</td><td>—</td><td>—</td></tr>
<tr><td colspan="2">环境</td><td>4.6</td><td>5.7</td><td>○</td><td>—</td><td>○</td></tr>
<tr><td colspan="2">可靠性</td><td>4.7</td><td>5.8</td><td>○</td><td>—</td><td>○</td></tr>
<tr><td colspan="7">注：“○”表示在该类检验中应进行的试验项目，“—”表示在该类检验中不进行的试验项目。</td></tr>
</table>

6.2 定型检验

6.2.1 产品在设计定型和生产定型时均应进行定型检验。

6.2.2 定型检验由产品制造方的质量检验部门或由上级主管部门认可或委托的质量检验单位负责进行。

6.2.3 定型检验中可靠性鉴定的受试样品数根据产品批量、试验时间和成本确定，其余检验项目的样品数量为 2 台。

6.2.4 定型检验中的可靠性试验故障判据和计算方法见附录 A,其他项目均按以下规定进行:检验中出现故障或某项通不过时,应停止试验。查明故障原因,提出故障分析报告,排除故障,重新进行该项试验。若在以后的试验中再出现故障或某项通不过时,在查明故障原因,提出故障分析报告,排除故障,应重新进行定型检验。

6.2.5 检验后应提交定型检验报告。

6.3 交收检验

6.3.1 批量生产或连续生产的产品应进行交收检验。按 GB/T 2828.1—2003 进行抽样检验,由产品标准具体规定抽样方案和拒收后的处理方法。

6.3.2 交收检验由产品制造单位质量检验部门负责进行。

6.4 例行检验

6.4.1 批量生产的产品,其间隔时间超过 6 个月时,每批均应进行例行检验;连续生产的产品,每年应至少进行一次例行检验。

当主要设计、工艺及关键元器件、原材料改变时,应进行例行检验。

6.4.2 例行检验由产品制造方质量检验部门或上级主管部门认可或委托的质量检验单位负责进行。

6.4.3 例行检验的样品应在交收检验合格产品中随机抽取,试验样品数为 2 台。

6.4.4 例行检验中出现故障或任一项通不过时,应查明故障原因,提出故障分析报告。经修复之后,从该项开始顺序做以下各项检验,如再次出现故障或某项通不过,查明故障原因后提出故障分析报告,再经修复后,应重新进行例行检验。在重新进行例行检验中,又出现某一项通不过时,则判该产品通不过例行检验。例行检验中经环境试验的样机,应印有标记,不准作为正品出厂。

6.4.5 检验后应提交例行检验报告。

7 标志、包装、运输、贮存

7.1 包装标志

包装箱外应注明产品型号、数量、质量、制造单位名称、地址、制造日期、产品执行标准编号。

包装箱外应印刷或贴有“怕雨”等储运标志,储运标志应符合 GB/T 191 的规定。

其他标志应符合国家标准有关规定。

7.2 包装

包装箱应符合防潮、防尘、防震的要求,包装箱内应有装箱清单、检验合格证、备件、附件及有关的随机文件。

7.3 运输

包装后的产品应能用任何交通工具进行运输。产品在运输过程中不允许雨雪或液体直接淋袭和机械损伤。

7.4 贮存

产品贮存时应放在原包装箱内,存放产品的仓库环境温度为 0 ℃～40 ℃,相对湿度为 30％～85％。仓库内不允许有各种有害气体、易燃和易爆物品及有腐蚀性的化学物品,并且应无强烈的机械震动、冲击和强磁场作用。包装箱应垫离地面至少 15 cm,距离墙壁、热源、冷源、窗口或空气入口至少 50 cm。

若在制造单位存放超过 6 个月,则应在出厂前重新进行交收检验。

附 录 A
（规范性附录）
故障判据

A.1 故障定义和解释

按 GB/T 5271.14—2008 界定的定义，出现以下情况之一均视为故障：

a) 受试样品在规定的条件下，出现一个或几个性能参数超过规定要求；
b) 受试样品在规定的应力范围内工作，由于机械零件、结构件的损坏或失灵，或出现了元器件的失效，而使受试样品不能完成其规定的功能。

A.2 故障分类

A.2.1 关联性故障

关联性故障是受试样品预期会出现的故障，通常都是由产品本身条件引起的。它是在解释试验结果和计算可靠性特征值时必须计入的故障。

A.2.2 非关联性故障

非关联性故障是受试样品出现非预期的故障，这类故障不是由产品本身条件引起的，而是试验要求之外引起的，非关联性故障在解释试验结果和计算可靠性特征值时不计入。但应在试验中做记录，以便于分析与判断时参考。

A.3 关联性故障判据

以下故障为关联性故障：

a) 必须更换元器件、零部件等才能使系统恢复正常运行；
b) 必须修理、调整接插件、电缆、插头和消除短路及接触不良，才能恢复正常运行；
c) 不是由同一因素引起的，而同时发生两个以上（含两个）的故障，应记为两个或两个以上的关联性故障。若由同一因素引起，则不论出现几次故障，均记为一次关联性故障；
d) 由于受试样品本身原因，试验中出现危及测试、维护或造成受试样品设备严重损坏的故障。一旦出现，应立即拒收或判定不合格；
e) 若出现不正常情况，不需修理，停机 0.5 h 后能自动恢复正常运行，每发生累积 3 次此类事件，则记为一次关联性故障。

A.4 非关联性故障判据

以下故障为非关联性故障：

a) 因试验条件变化超出规定范围（电网波动太大、温度波动太大、严重电磁干扰和机械冲击、振动等）所引起的故障；
b) 因人为操作失误而使样机出现故障；
c) 由于误判而更换元器件、零部件，或在检修过程中，由于人为因素而造成的故障；
d) 根据产品有关技术规定，允许调整的部位（零部件、元器件等）未调整好而引起的故障；
e) 被确定是软件程序差错而造成的故障；
f) 若出现不正常情况，不需修理，停机 0.5 h 后能自动恢复正常运行，发生累积不足 3 次此类事件者；
g) 有寿命指标要求的部件，在寿命期以外出现的故障。

A.5 判定

承担试验检测的单位，根据失效分析和产品标准及相关标准可以做出关联性故障或非关联性故障的判定。

ICS 35.160
L 62

中华人民共和国国家标准

GB/T 26246—2010

微型计算机用机箱通用规范

General specification of case for microcomputer

2011-01-14 发布　　2011-05-01 实施

中华人民共和国国家质量监督检验检疫总局
中国国家标准化管理委员会　发布

前言

本标准由全国信息技术标准化技术委员会提出并归口。

本标准起草单位：东莞市金河田实业有限公司、工业和信息化产业部电子工业标准化研究所、七喜控股股份有限公司、东莞市东方科技有限公司、深圳市航嘉驰源科技有限公司。

本标准主要起草人：张贻南、谭建辉、谢月明、汪烈东、张俊伯、郑洪仁、徐亮、刘国群、尹生武、胡振刚。

微型计算机用机箱通用规范

1 范围

本标准规定了台式微型计算机用机箱的要求、试验方法、检验规则以及标志、包装、运输和贮存等。

本标准适用于台式微型计算机用机箱(俗称电脑机箱)的设计、制造和销售。

2 规范性引用文件

下列文件中的条款通过本标准的引用而成为本标准的条款。凡是注日期的引用文件，其随后所有的修改单(不包括勘误的内容)或修订版均不适用于本标准，然而，鼓励根据本标准达成协议的各方研究是否可使用这些文件的最新版本。凡是不注日期的引用文件，其最新版本适用于本标准。

GB/T 191　包装储运图示标志(GB/T 191—2008,ISO 780:1997,MOD)

GB/T 2423.1—2008　电工电子产品环境试验　第2部分:试验方法　试验A:低温(IEC 60068-2-1:2007,IDT)

GB/T 2423.2—2008　电工电子产品环境试验　第2部分:试验方法　试验B:高温(IEC 60068-2-2:2007,IDT)

GB/T 2828.1—2003　计数抽样检验程序　第1部分:按接收质量限(AQL)检索的逐批检验抽样计划(ISO 2859-1:1999,IDT)

GB/T 4857.5　包装　运输包装件　跌落试验方法(GB/T 4857.5—1992,eqv ISO 2248:1985)

GB 4943—2001　信息技术设备的安全(eqv IEC 60950:1999)

GB/T 6739　色漆和清漆　铅笔法测定漆膜硬度(GB/T 6739—2006,ISO 15184:1998,IDT)

GB/T 6882　声学　声压法测定噪声源声功率级　消声室和半消声室精密法(GB/T 6882—2008,ISO 3745:2003,IDT)

GB 9254　信息技术设备的无线电骚扰限值和测量方法(GB 9254—2008,CISPR 22:2006,IDT)

GB/T 9286　色漆和清漆　漆膜的划格试验(GB/T 9286—1998,eqv ISO 2409:1992)

GB/T 10125　人造气氛腐蚀试验　盐雾试验(GB/T 10125—1997,eqv ISO 9227:1990)

3 要求

3.1 材料

3.1.1 产品用的材料及包装、缓冲材料应优先使用符合环保要求的材料。

3.1.2 金属材料表面涂层应符合以下要求:

a) 硬度不低于2H;

b) 经附着力测试后,95%的测试小方格涂层应无脱落。

3.1.3 镀层应在盐雾试验4 h后,腐蚀面积不能超过零部件表面总面积的10%。

3.2 外观

3.2.1 产品表面不应有明显的裂纹、变形、划痕、褪色、脏污以及缺胶等现象。

3.2.2 涂镀层厚度应均匀,不应起泡、龟裂、脱落和磨损。

3.2.3 金属部件不应有锈蚀及其他的严重的机械损伤。

3.2.4 产品上的文字、符号、标志应正确、清晰、端正,并应符合有关的国家标准或行业标准规定。

3.2.5 外观表面同一色号的部件应无明显色差。

3.3 结构

3.3.1 产品应确定走线的方式、安装位置和空间，不应对其他部件的安装造成影响；保证移动、安装、搬运方便，安全可靠。

3.3.2 产品上所有的部件应齐全、连接可靠，开关、按钮和其他控制部件的操作应灵活可靠。

3.3.3 产品可活动的部件装配后，其间隙应均匀一致，开启方便。

3.3.4 产品外表面不应有锐利伤人之毛刺。

3.3.5 开关按键和键杆结合应牢固，当按键承受15 N反向拉力1 min时，不应松动或脱落。

3.4 安全防护

产品应符合GB 4943的相关要求。

3.5 电磁屏蔽

产品应符合GB 9254中B级的要求。

3.6 噪声

产品加装一个风扇的噪声声压应不高于45 dB(A)；加装2个或2个以上风扇的产品，其噪声要求由产品标准规定。

3.7 电性能

3.7.1 USB接口

如产品备有USB接口，接口连接设备，设备应能正常工作。

3.7.2 音频接口

如产品备有音频接口，接口连接设备，设备应能正常发声。

3.7.3 指示灯

指示灯通电后应指示明显。

3.7.4 开关

开关的接通电阻应不大于20 Ω，断开电阻不小于5 MΩ。

3.8 寿命

3.8.1 开关使用寿命应大于10 000次。

3.8.2 若产品备有的转轴活动档板，使用寿命应大于5 000次。

3.8.3 若产品备有的功能性接口，使用寿命应大于2 000次。

3.9 环境适应性

3.9.1 气候环境

气候环境适应性应符合表1的规定。

表1 气候环境条件

贮存运输温度	−40 ℃～70 ℃
大气压	86 kPa～106 kPa

3.9.2 运输包装件跌落适应性

运输包装件跌落适应性应符合表2规定，且试样电性能及机械性能正常。

表2 运输包装件跌落适应性

包装件质量 kg	跌落高度 mm
≤6	1 000
6～<10	800
≥10	600

4 试验方法

4.1 试验环境条件

本标准中除气候环境试验以外，其他试验均可在下述试验用标准大气条件下进行：

a) 温度：15 ℃～35 ℃；

b) 相对湿度：25%～75%；

c) 大气压：86 kPa ～106 kPa。

4.2 材料试验

4.2.1 涂层测试

硬度按 GB/T 6739 进行；附着力按 GB/T 9286 进行。

4.2.2 镀层测试

按 GB/T 10125 的规定进行。

4.3 外观检查

用目测法在自然光线下检查。

4.4 结构试验

4.4.1 开关按键和键杆结合牢固度试验

用精度 1 N 的拉力计垂直反向拉开关。

4.4.2 其他结构试验

用目测法和测量工具进行检验，必要时进行模拟试装。

4.5 安全防护试验

按 GB 4943—2001 的相关要求进行。

4.6 电磁屏蔽试验

4.6.1 测试条件

将受试样品组装成整机，整机内硬件均应有防电磁辐射 B 级声明的标识。

4.6.2 测试方法

按 GB 9254 的规定进行。

4.7 噪声试验

按 GB/T 6882 规定进行。测试点距离各表面 1 m 处，试验样品在工作条件下进行测试，取最大值。

4.8 电性能测试

4.8.1 USB 接口和音频接口测试

将 USB 线和音频线连接到计算机主机主板上相应的接口，在 USB 接口连接 USB 接口设备，音频接口连接音频设备，检测设备是否正常工作。

4.8.2 指示灯测试

对每个指示灯输入 5 mA～10 mA 直流电流，目测指示灯发光后指示作用是否明显。

4.8.3 开关测试

用万用表分别测量开关线材两端在开关接通和断开时的电阻。

4.9 寿命试验

用模拟方法进行。

4.10 环境适应性试验

4.10.1 气候环境适应性试验

4.10.1.1 温度下限试验

按 GB/T 2423.1—2008“试验 Ab”进行。严酷程度取表 1 规定的贮存运输温度下限值。受试样品在不工作条件下存放 16 h。恢复时间为 2 h，并进行最后检测。最后检测按 4.2～4.4 和 4.8 的规定进行。

为防止试验中受试样品结霜和凝露。可以将受试样品用聚乙烯薄膜密封后进行试验，必要时还可以在密封套内装吸潮剂。

4.10.1.2 温度上限试验

按 GB/T 2423.2—2008“试验 Bb”进行。严酷程度取表 1 规定的贮存运输温度上限值。受试样品在不工作条件下存放 16 h。恢复时间为 2 h，并进行最后检测。最后检测按 4.8 的规定进行。

4.10.2 包装件跌落试验

对受试样品进行初始检测，将受试样品放在包装箱内处于运输状态，包装件按 GB/T 4857.5 的要求和本标准表 2 的规定值进行跌落，任选四面，各跌落一次，再对样品作最后检测。最后检测按 4.2～4.4 和 4.8 的规定进行。

5 检验规则

5.1 检验分类

产品检验分为三类：

a) 定型检验；

b) 交收检验；

c) 例行检验。

各类检验的试验项目和顺序分别按表 3 进行。若型号产品标准中补充了试验项目，应规定补充试验项目的检验类别及试验顺序的插入位置。

表 3 检验项目

项目	要求	试验方法	定型检验	交收检验	例行检验
材料	3.1	4.2	○	—	○
外观	3.2	4.3	○	○	—
结构	3.3	4.4	○	○	—
安全防护	3.4	4.5	○	—	○
电磁屏蔽	3.5	4.6	○	—	○
噪声	3.6	4.7	○	—	○
电性能	3.7	4.8	○	○	—
寿命	3.8	4.9	○	—	○
环境适应性	3.9	4.10	○	—	○
注：“○”表示应进行的检验项目；“—”表示不进行的检验项目。					

5.2 定型检验

5.2.1 产品在设计和生产定型时应进行定型检验。

5.2.2 定型检验由产品制造单位质量检验部门或由上级主管部门认可或委托的质量检验单位负责进行。

5.2.3 定型检验中的样品数量为 2 台。

5.2.4 定型检验中出现故障或某项通不过时，应停止试验。查明故障原因，提出故障分析报告，重新进行该项试验。若在以后的试验中再次出现故障或某项通不过时，再查明故障原因，排除故障，提出故障分析报告后，应重新进行定型检验。

5.2.5 检验后要提交定型检验报告。

5.3 交收检验

5.3.1 批量生产或连续生产的产品应进行交收检验。允许按 GB/T 2828.1—2003 进行抽样检验，由产品标准具体规定抽样方案和拒收后的处理方法。

5.3.2 交收检验由产品制造单位质量检验部门负责进行。

5.4 例行检验

5.4.1 连续生产的产品，每年至少进行一次例行检验。

5.4.2 例行检验由产品制造单位质量检验部门或上级主管部门认可或委托的质量检验单位负责进行。根据订货方的要求，制造单位应提供该产品近期的例行检验报告。

5.4.3 例行检验样品应在交收检验合格产品中随机抽取，试验样品数为2台。

5.4.4 例行检验中出现任一项通不过时，应查明故障原因，提出故障分析报告。经修复后应重新做该项试验。之后，再顺序做以下各项试验，如再次出现某项通不过，再查明原因，提出分析报告，再经修复后，则应重新进行例行检验。在重新进行检验中，又出现某一项通不过时，则判该产品通不过例行检验。

经例行检验中的环境试验的样品，应印有标记，不应作为正品出厂。

5.4.5 检验后要提交例行检验报告。

6 标志、包装、运输、贮存

6.1 标志

销售包装应注明产品名称、型号、质量、制造单位名称、地址、产品执行标准编号。

包装箱外应印刷或贴有“怕雨”、“易碎物品”，储运标志应符合GB/T 191的规定。

产品的其他标识标志应符合国家有关规定。

6.2 包装

包装箱应符合防潮、防尘、防震的要求。

6.3 运输

包装后的产品应能用任何交通工具进行运输。产品在运输过程中不应和易燃，易爆，易腐蚀的物品同车(或其他运输工具)装运，不允许雨雪或液体直接淋袭和机械损伤。

6.4 贮存

产品贮存时应放在原包装箱内，存放产品的仓库环境温度为0℃～40℃，相对湿度为30％～85％。仓库内不允许有各种有害气体、易燃和易爆物品及有腐蚀性的化学物品，并且应无强烈的机械震动、冲击和强磁场作用。包装箱应垫离地面至少15 cm，距离墙壁、热源、冷源、窗口或空气入口至少50 cm。

若在制造单位存放超过6个月，则应在出厂前重新进行交收检验。

ICS 35.080
L 77

中华人民共和国国家标准化指导性技术文件

GB/Z 26247—2010

信息技术　软件重用
互操作重用库的操作概念

Information technology—Software reuse—
Concept of operations for interoperating reuse libraries

2011-01-14 发布　　2011-05-01 实施

中华人民共和国国家质量监督检验检疫总局
中国国家标准化管理委员会　发布

前　言

本指导性技术文件仅供参考。有关对本指导性技术文件的建议和意见，向国务院标准化行政主管部门反映。

本指导性技术文件的附录A至附录B是资料性附录。

本指导性技术文件由中华人民共和国工业和信息化部提出。

本指导性技术文件由全国信息技术标准化技术委员会归口。

本指导性技术文件起草单位：西安电子科技大学、中国电子技术标准化研究所。

本指导性技术文件主要起草人：陈平、冯惠、王宝艾。

引　　言

软件重用是目前和今后相当长时间内提高软件开发生产率、降低开发成本、提高开发质量的有效手段，因而受到了广泛的重视。软件重用成功与否的关键因素之一是标准化水平。各种可重用的软件资产库之间的标准化互操作，是提高软件重用水平的关键因素之一。

在对软件及相关信息加以重用的策略中，重用库是一个必不可少的要素。过去，软件重用是通过个人和组织来确定信息保存结构的。因此，规范了保存与定位的过程，将有可能在更大范围的人群与活动中采用软件重用。这样，重用库便是这些规范化过程合适的活动中心，亦是可共享的知识产品合适的访问地点。

本指导性技术文件的任务，是标识出怎样使一组重用库能够共同工作，以产生一个大于这些重用库之和的实体。软件重用概念的基础是既重用软件资产，也重用知识。知识有很多不同的表示与支持方式，每一种方式都提供了使得知识显而易见的一些表现手段。对于一个特定的重用库来说，其知识表示和服务是该库的运行人员根据其用户群体的要求所选择的。但是，这样的表示与服务可能不容易与其他重用库进行交流。然而，这个重用库中的知识对于其他重用库的用户群体或许也是有价值的。因此，让更大范围的用户群体也能够利用这些资源，便是推动重用库互操作的一个主要因素。

某种促进信息交换的基础设施将产生一种市场，并将对重用形成一种经济上的激励。该基础设施首先是由一些共同约定与某些基本技术能力所构成的一个最小集合，这里的基本技术能力是支持各种各样的产品与服务的交换的能力。特别地，本指导性技术文件所描述的互操作重用库网络，将产生一个基于其成员库的合作与能力的市场。

为了产生一个支持生产者与消费者进行诚信交易的、真正的市场，人们必须实现一些基本的操作概念。这些操作概念包括：

- 使用了标准接口与协议的互操作性机制。标准接口与协议的使用将易于将新的库、技术和工具加入到互操作重用库网络之中；
- 将信息交换模型和全局识别模式打包；
- 由于修改或版本更迭等原因，有一些资产虽然相似，但是不同的资产。因此，应当有可用的、描述资产间关系的信息；
- 商业支持，这来自标准的、可信赖的许可机制与计费机制，以及商业上的共同约定；
- 对库进行保护以防止未经授权的访问。这样的保护所依靠的是一些安全机制，以及一些非易失、抗抵赖、可审计的记录，这些记录是关于被授权用户的识别、定位与商务活动的记录，但仍然要进行个人隐私的保护；
- 通过各成员库之间的合作约定所提供的市场支持；
- 通过本地的用户界面所进行的零售；
- 成员库之间的互操作标准，为互操作性事务和市场完整性提供了自动化支持；
- 对成员库工作人员进行的、关于互操作重用库网络的全局能力与约束等方面的培训。

在实现这些操作概念的时候，成员库的用户们将从他们自己局部的、独特的工作环境，延伸到一大批扩大后的产品与服务，最后得到的那个互操作重用库网络将是一个非层次结构的网络，它在那些对政府、商业与学术界人士提供支持的、被独立管理的库之间提供了互操作性。上述这种格局也不会阻止一些独立的库为其局部的用户群体建立层次化的库结构。

将来的互操作重用库网络将不只是一种技术性结构。关于市场支持的那些操作概念在组织、政策、商务等方面具有相应的含义。例如，一些组织可以提供运行该网络所需的、最低限度的一些服务，这些服务将一些自治的成员库绑定到由互操作的一些重用库所构成的某个网络之中。这样的服务涉及的范围可能会从接口与协议标准的进化,到为该市场的参与者维持一些共同的商务约定。这里的目标是产生一个有益于提供越来越多的软件重用产品与服务的环境。

一个互操作重用库网络中的某些服务可能会对某个不规范的库有使用上的局限性。例如,安全性所涉及的要素之一是要求对互操作重用库网络用户进行鉴别。如果某个特定的库不支持这种必要的鉴别,那么互操作重用库网络中一些与安全性相关的服务在这里就将不可用了。然而,这类不规范性可能是我们能够接受的,因为一个互操作重用库网络的服务中,可能只有一部分是服务于上述不规范的库所支持的那个用户群体的。

期望本指导性技术文件中所提及的互操作重用库网络将激发软件界在开发和维护软件方式上的一次大规模的变革。软件工作可以获得以前项目的先进专业技术和产品,减少重复学习和过失。与创建新的数据相比,数据维护、收集和组织将是更重要的工作。判断创建新的软件项的经济意义可能变得更为困难。增强原型开发能力将导致工程团队和用户之间的关系更加密切。

本指导性技术文件是一份操作概念文档。在描述一个软件重用市场时可以把该文档作为一个参考,其中该市场部署了一个重用库互操作网络(NIRL)。重用库互操作网络的存在,是这一市场的先决条件,这样才能使该市场运行在一些公共的协议之下,为整个软件团体的客户提供软件重用产品和服务。

本指导性技术文件应与GB/T 26223—2010《信息技术　软件重用　重用库互操作性数据模型　基本互操作性数据模型》结合使用。

信息技术　软件重用
互操作重用库的操作概念

1　范围

本指导性技术文件规定了必要的、适用于重用库互操作网络的一些操作概念。本指导性技术文件不是一份详细的重用库互操作网络的设计，也不是关于如何实现本指导性技术文件所描述之操作概念的一份计划。

本指导性技术文件旨在描述关于重用库之间互操作的那些标准化工作的语境。在开发这一操作概念中，已经注意到要避免以下的假设：关于重用库互操作性的所有方面都必须由标准予以规约。其中强调了标准化工作中的一个最小层面，随着重用方法学和实践的发展允许其不断变化。

2　规范性引用文件

下列文件中的条款通过本指导性技术文件的引用而成为本指导性技术文件的条款。凡是注日期的引用文件，其随后所有的修改单(不包括勘误的内容)或修订版均不适用于本指导性技术文件，然而，鼓励根据本指导性技术文件达成协议的各方研究是否可使用这些文件的最新版本。凡是不注日期的引用文件，其最新版本适用于本指导性技术文件。

GB/T 11457—2006　信息技术　软件工程术语

GB/T 26223—2010　信息技术　软件重用　重用库互操作性的数据模型　基本互操作性数据模型

3　术语和定义

GB/T11457—2006 和 GB/T 26223—2010 确立的以及下列术语和定义适用于本指导性技术文件。

3.1

互操作性　interoperability

两个或多个系统(或部件)在一个异构网络中交换信息并使用这些信息的能力。

3.2

互操作性接口　interoperability interface

在互操作期间所使用的软件对象、接口和服务中、且用于表达互操作重用库网络策略的一个概念，它允许那些保障重用库互操作事务完整性的策略的执行。

3.3

市场交易　market

商品和服务的需求与供给。

3.4

市场　marketplace

支撑商品和服务交换的基础设施。

3.5

元数据　metadata

在本指导性技术文件中，元数据是有关在一个库中存储和组织资产描述数据方式的信息。

3.6

软件重用资源 software reuse resources

重用库、储存的可重用资产、软件重用服务及供应方。

4 互操作重用库网络的概念

4.1 背景与目标

互操作重用库网络将成为基于竞争的软件重用市场的基础，在该市场中进行一些软件制品和增值知识服务的交换、购买、销售。该市场的目标是：

- 改善用户购买、销售软件重用产品和服务的渠道；
- 尽量减少管理市场和了解市场的费用；
- 提高市场中可用软件重用产品和服务的价值及数量。

在定义互操作重用库网络的概念中，遵循的原则如下：

- 允许重用库机制的多样性，避免解决方案的单一化；
- 不依赖一个层次化的库网络，支持对库的独立地管理；
- 支持以简单的手段将一些软件重用资源(如库、资产和服务)加入该网络；
- 可以为政界、商界或学术界所关心的问题建立相应的网络；
- 通过对重用产品与服务的购买与销售的支持，使这些网络对商界具有吸引力；
- 使得这些网络对自由软件与共享软件的贡献者具有吸引力，并有助于在学术与政府的研究实验室中的软件技术转移到产业，反之亦然。

4.2 互操作重用库网络的对象与关系

图 1 展示了一个逻辑视图，其中包含 4 种示例性类型的"库"，这些"库"之间是互操作的，构成了一个互操作重用库网络。为了定义互操作重用库网络的支撑基础设施，就必须考虑这些类型的库以及它们之间的关系。图中的基本对象是互操作性接口、资产、资产描述、以及用户界面。虽然这里没有给出这些对象所有的不同排列，但是显示了一个具有代表性的库的集合，其中每一个库是由这些对象组成的。这里所考虑的对象是那些对互操作性具有影响的对象。没有对这些库本身的设计或实现进行什么限制。图中的那些服务是：服务请求、服务结果、资产的取得，以及授权与鉴别。图 1 中所描述的对象如下：

- 自包含库(左上)，是目前实现的那些重用库的典型代表。这种库中包含了一些资产、一个有关这些资产的视图和一个用户界面。通过该库的互操作性接口，为互操作重用库网络提供了一个发布的资产列表以及与这些资产相关的信息；
- 单独的用户界面(左下)，它作用于一个互操作重用库网络，这样就使该网络像本地似的。这种类型对象的一个例子是 Mosaic，即一种 WWW 的用户界面。对于该互操作重用库网络来说，这一接口对资产和资产本身的描述没有什么作用，但可以通过它与该互操作重用库网络的其他部件(包括库和资产存储)进行交互；
- 资产仓库(右上)，它向该互操作重用库网络提供一个有关资产和资产描述数据的列表。对那些不在本地存储的资产而言，这种类型的对象还可能向互操作重用库网络提供这些资产描述的一种恰当的表示，并可能恰当地提供那些由其他库所描述的资产。例如，一个重用代理可能希望对现有资产产生一个增值分类。这种类型库的另一个例子是匿名的"文件传输协议(FTP)"网站。这样的资产仓储没有它自己的用户界面，但在该网站上发布一些信息资源；
- 远程库(右下)，它是为一些没有连接的网站而配备的，其中这些网站希望利用互操作重用库网络以某种方式参与。保密项目或高度私有化的商业项目应选择这种类型的交互。在多数情况里，通过远程库来使用互操作重用库网络，其目的只是为了查询和访问。它的用户应不做重用软件的交易。

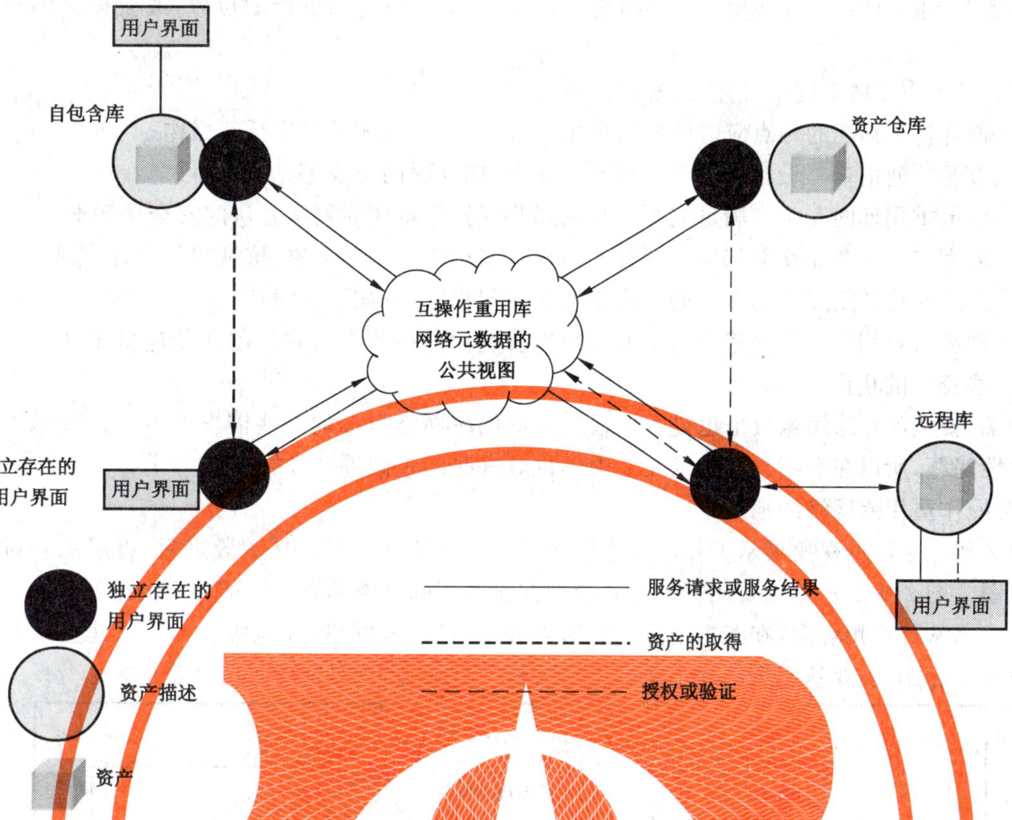

图 1　互操作重用库网络的逻辑关系与对象

在图 1 中所示的 4 个参与者,它们基本上都是自治的,并能启动并响应来自该互操作重用库网络中那些节点的直接请求。因此,图中左下角的用户就可以直接从图中左上角所示的自包含库中获得某件资产。右下角的远程库可以响应并处理验证请求,遍历互操作重用库网络,或直接遍历右上角所示的资产仓库。但是在这些参与者之间,所有基本的服务请求都是通过互操作性接口(把参与者连接到该互操作重用库网络)予以处理的。每一个参与者都利用自己的用户界面(如果它提供了用户界面的话,而资产仓库则不提供它自己的用户界面),来展示自己那些可在该互操作重用库网络上流动的可用资源。

为了识别资产,可以使用服务请求和产生的信息来搜索或传送该网络中的数据和元数据。在这一语境下,元数据意指那些在该互操作重用库网络的一个库中有关存储和组织资产描述数据方式的信息。这样的元数据有助于访问该互操作重用库网络的用户来解释由该网络所发送的数据和接收的数据。

服务请求可以采用任何格式,只要这样的格式对于从互操作重用库网络中可用的那些数据与元数据中提取信息而言是必要的。由这样的请求所产生的信息被反馈给发出请求的用户,这些信息要么表示完成了该请求,要么可以辅助用户细化其请求。

为了完成一个互操作重用库网络中的搜索,应通过一种已发布的方法来访问元数据。这种已发布的访问方法可以用多种方式来实现,包括一个公共数据模型(例如基本互操作性数据模型),或通过一种公共协议(如 HTTP)。这种公共的可访问性可以被认为是为该互操作重用库网络中的所有库所发布的元数据,其中每一个成员库控制自己所发布的数据,并可以通过元数据来使用这些数据。公共的可访问性这一概念对于可伸缩地实现一个互操作重用库网络而言是重要的,因为这一概念允许以适合于自己的领域、自己的用户的本地方式来表示资产,其中只要求了互操作的必要共性。

在元数据方面要考虑鉴别与授权问题,因为在由元数据所定义的语境中,所包含的信息表示可能被认为是敏感的。

4.3　操作策略与约束

资产可以与资产描述和元数据相分离,类似于图书馆中的书目卡片与藏书的分离。这样,对于那些有关网络资产的描述，只包含相关资产的信息，该信息至少应包括资产的位置，或获得引用资产的其他方式。

实现互操作重用库网络目标，其需求包括：

- 符合特定标准的站点应能够相当自由、全面地与其他成员库进行互操作；
- 市场的通信基础设施应基于一些通信标准，如互联网协议等；
- 成员重用库的安全应满足它所参与的那些互操作重用库网络公认的安全性需求；
- 秘密交易或商业交易都应为所有的用户交易产生一个非易失、抗抵赖的审计记录；
- 保障允许的用户重用软件的方法应不会引起损害，例如引入病毒；
- 理解可重用资产的描述所付出的代价以及利用这些资产所付出的代价应低于从头开始构造这些资产的代价。

隐私、安全和免除病毒攻击也是实现互操作重用库网络目标的一些需求。由于这些是组建网络的一些共性问题，所以在本指导性技术文件中不再对这些问题做进一步的讨论。

4.4 互操作重用库网络的描述

图2从一个库的视角展示了互操作重用库网络所支持的市场。在本段之后，将展示并讨论面向用户的视图。图2中所示的主要元素是有关物理方面的基础设施和有关标准方面的基础设施。这些元素可以使一个软件重用资源(在图中用虚线矩形来表示)进入该网络，并与所有其他已建立的资源一起来运营业务。否则，就要基于个例逐个地协商有关技术和协定，这是需要一定开销的。

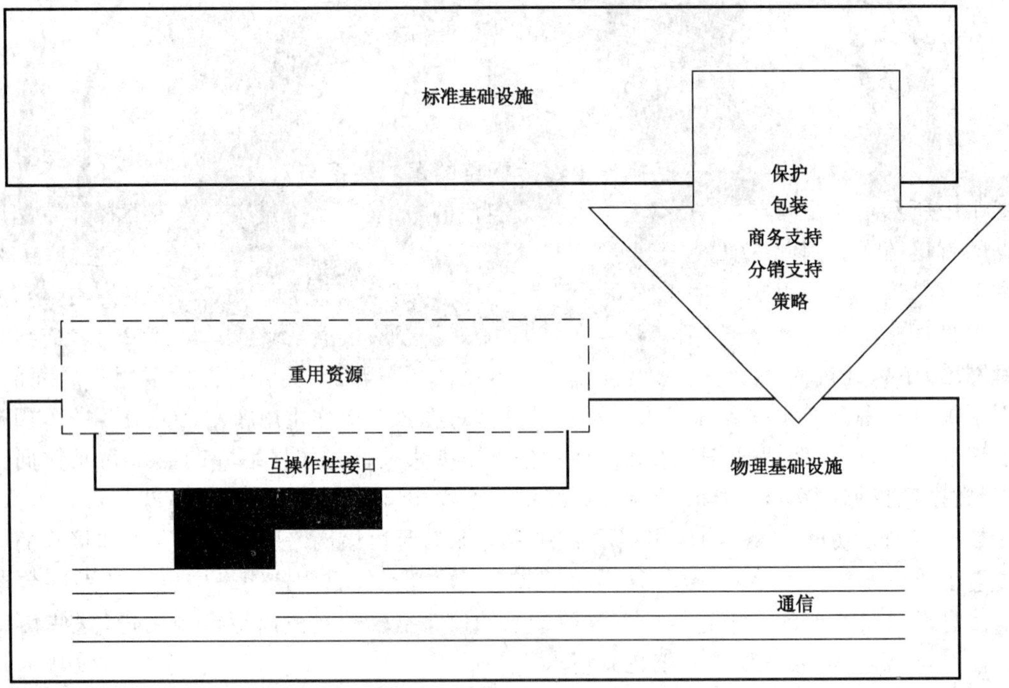

图2 插入到一个互操作重用库网络

软件重用资源通过成员之间的合作协议进入该市场。这些协议提供了一些管理服务，这些服务作为“粘合剂”将一些自治的资源绑定到一个共同受益的市场。对于策略的管理或实施所需要的那些服务，其范围从允许一个软件重用资源成为该网络的一部分(授予成员资格)，到解决库之间的互操作性问题。

标准作为一类基础设施，可以简化新能力和服务的加入，减轻管理负担，减少为利用该市场提供产品与服务所需要的学习费用。标准还可以成为一个最低水准的公共约束。其中关键的问题是权衡，从而只有那些易于互操作、使整个市场受益的标准才得以支持。

物理方面的基础设施使用了一些公共的通信链接，允许该市场中各资源之间实现非常灵活的互联。

互操作性接口是互操作重用库网络中部件之间的媒介。互操作接口将市场策略和所涉及到的重用资源分离开来，并使这些资源更易“插入”之。当本地重用资源加入该市场时，必须修改它们的软件和产生本地业务的方式，互操作性接口概念就是为了使这一修改最小化。互操作性接口的复杂性程度，可以从简单的一个应用的程序设计接口(API)，到复杂基于知识软件的一些协议。一个互操作性接口，无论形式如何，都必须满足对所有成员库已建立的准则，而这些准则是确保该市场完整性的。一些供货商可以提供一些增值能力，将互操作性接口划分成一个自定义的前端和一个基于接口标准的公共后端，如图 3 所示。后端是基于一些标准的，从而保证了这些库的互操作性。前端提供了增值功能，可以为供货商提供一定的竞争优势。这些可以由互操作性接口提供的功能，均是转换的、映射的和计费的。市场这一概念设想了一个自动化的信息交换过程，但可能还需要人工干涉，来实现一些特殊用途(例如安全)的互操作性接口功能。

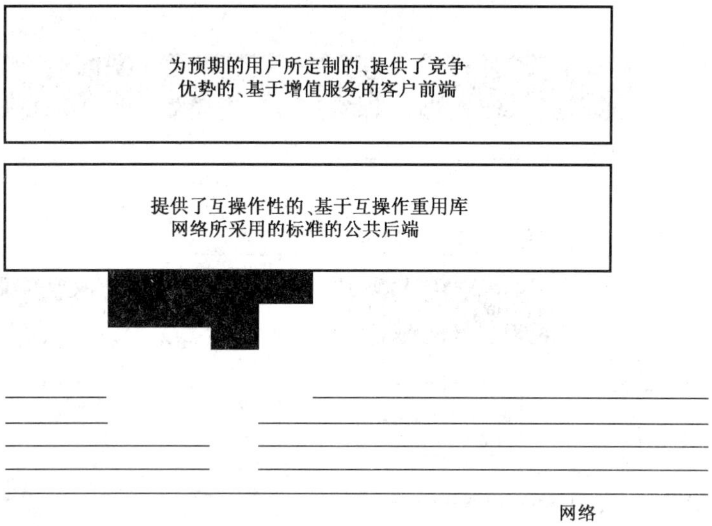

图 3　对互操作性接口的划分

图 4 所展示的是基于互操作重用库网络的市场，该市场具有一些假定的库、存储设施和信息服务。这一市场将支持用户查找他们所需要的资产和服务；为了用户的任务，帮助它们作出有关合适资产的决策；还能使用户为在某个系统中进一步的评价与使用而获得一些资产。用户可以与某个库进行交互，得到如下一些问题的回答：

- 什么是可用的?
- 如何对需求加以剪裁，来得到最大程度的重用?
- 存在能完成任务 X(以及任务 Y、Z 等)的软件吗?
- 这些部件在什么地方?
- 还有什么是可用的?
- 资产“A”是怎样关联于资产“B”的?
- 对于某个特定资产的问题，是否纠正了并使该资产是可用的?
- 怎样能够将“A”设计得具有最大的重用性?
- 这个候选资产在体系结构“B”内部是适合的吗?
- 这些候选资产能够很容易地与现有的软件相集成吗?
- 关于这些部件已经进行过什么测试?
- 测试代码与文档在哪里?
- 可用的是什么测试工具?

- 在使用这个候选的资产中，是否存在一些约束或限制？

关于这些问题的回答，有些可以直接根据本地库中可使用的资源，其他的可以根据互操作重用库网络的资源。用户可能不了解或不关心这些回答的源，但即便如此，互操作重用库网络的一些能力已经予以访问。信息可以来自一个参考库，该库提供了通用的、定位信息的服务。资产可以来自一个领域库，该库专注特定类别的软件和系统应用；也可以来自某个组织的库，该库为一些辅助组织的要求提供了一些剪裁的信息与服务。这些辅助组织自己还可能也有一些库，而这些库不是互操作重用库网络的组成部分，因此这些库对该互操作重用库网络是不可见的，反之亦然。

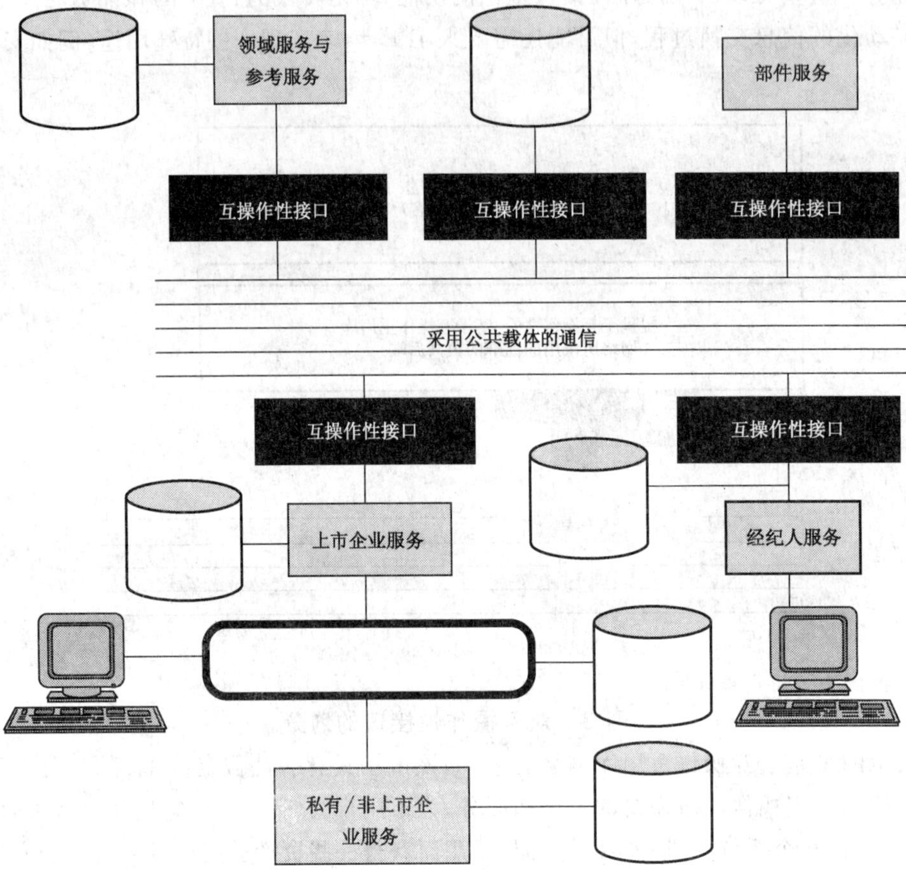

图 4 所形成的互操作重用库网络市场

在市场的这一语境中，该市场支持很多不同类型的产品与服务，因此对有关的组织而言就存在许多可能性。互操作性使得这样的市场有能力让用户在熟悉的环境中工作，又可以访问多样化的、特定的一些信息、服务与资产。

4.5 支撑环境

为互操作重用库网络市场应提供一些方式的支持，这些方式扩展了目前一些库中已有的支持机制（这些库相互之间是互操作的，见附录 A）。但是，在以下方面中还要求一些附加的协作工作：

- 提供成员关系服务，如谅解备忘录的管理，成员之间市场问题的解决等；
- 对于像接口层次、全局标识符、公共可访问性等事情，规定相应的市场标准；
- 对于像资产族谱、许可证发放、费用转帐等一些主题，提供本地策略之间的互操作机制；
- 收集市场度量。

其目标是，提升该市场的效率，增强对软件重用资产的生产者和客户的吸引力。达到这一目标的前提是，不与该市场成员的产品与服务进行竞争。本指导性技术文件是朝着这一目标而迈出的第一步。

5 总结

5.1 操作方面的影响

期望本指导性技术文件中所提及的互操作重用库网络将激发软件界在开发和维护软件方式上的一次大规模的变革。软件工作可以获得以前项目的先进专业技术和产品，减少重复学习和过失。与创建新的数据相比，数据维护、收集和组织将是更重要的工作。判断创建新的软件项的经济意义可能变得更为困难。增强原型开发能力将导致工程团队和用户之间的关系更加密切。

5.2 组织方面的影响

为了使所建议的市场具有预期的效果，软件开发人员和维护人员必须接受软件重用和使用市场资源的培训(见附录B)。随着市场交易资源的成长和新能力的发展，这种培训将成为一种不断反复的需求。用户在使用市场资源时，将考虑有关领域和生产线方面的约束，并将频繁地与领域管理组织进行交互。

为了管理可重用资产，将需要一些库管理人员。对可重用资产而言，为确保其适用于更广泛的情景，测试的关注点可能要发生一些变化。

资源可以采用多种方式与一个互操作重用库网络集成。成员库之间在互操作性程度方面的变化，将需要用户一方的容忍和了解。随着资源集成程度的提高，这些变化将逐渐减少。

5.3 涉及的问题和目标

尽管市场创建者提供了建设资金，但如果没有充足的预先投资，这一新的市场是不可能实现的。之所以在这里提到这一点，是因为过去的企图总是承诺“以短期的牺牲，获取长期的效益”，这样的企图已经不是非常成功的。一个理由是被吸引进行投资的那些人和组织不可能获得收益。长期受益也是有风险的，因为并没有实现这样长期受益的保证。随着时间的推移，本着良好愿望从事工作的一些组织，由于原有人员的离去，以及新的人员试图做一些不同于他们的工作，这样有时就失去了关注点和方向。一方面期望获得短期支撑，另一方面改善长期投资回报的需求，必须协调这两方面之间的程度。这样的管理和规划要求所涉及的个人和组织予以正确的思考，并使之具有实用性。

以下是所有未来互操作重用库网络的目标：

- 重用市场应具有足够的吸引力，许多供货商希望提供资源，并出现了规模经济的效应；
- 将继续存在着一些单独库的自治，因而这些库能够提供增值服务。

尽管大量互操作重用库网络的出现，将在可重用部件的可用性方面无庸质疑地导致某种激增效应，但成功与否仍然取决于用户的能力——以这种信息为支撑来提升生产力并改善产品质量；还取决于可用的信息类型、信息的组织和访问方式，以及信息本身的质量。换句话说，用户应必须：

- 相信由互操作重用库网络所提供的信息将有助于他们完成自己的工作；
- 有能力快速识别和获得这样的相关信息；
- 信任他们所获得的信息是可靠性的。

附 录 A
（资料性附录）
重用库互操作性示例

A.1 操作策略与约束

互操作重用库网络的一些原型实现，在与其相关的策略与流程方面有着不同的程度。例如，有些重用库之间的互操作能力是基于一个谅解备忘录的，这个谅解备忘录规定了这些库如何进行合作，来向用户提供重用产品与服务。有些库之间的互操作则由它们签署的一个非正式约定来规定。HTTP 的集成工作则只限于 HTTP 的那些规则，并没有相关的策略与流程。

基于此种工作现状，过去所采用的一些指南是：

- 用户在从其他成员库接收资产之前，必须先在一个成员库注册；
- 每一个库对于其用户访问之前所进行的鉴别都必须能给出响应；
- 每一个成员库都保持独立。每个库都无权代表其他的库加入任何类别的约定；
- 每一个库都要通过公布一个对其他成员库是可访问的、可用资产的列表，来指明那些可共享的资产；
- 每一个库都对其资产履行完全的许可证义务，以保证得到理智的所有权保护；
- 成员库可以分发由另一个成员库所公布的任何资产，但要依据对应的分发约定；
- 不要求一个库将来自另一个与其合作的库的那些资源象自己的资源那样进行持久存储；
- 一个库必须对它的每一件其他库可用的资产都有某种证实数据权利的方法；
- 每一个库都有责任维护互操作重用库网络的安全性，并保证未经授权的用户都不能通过本地库的资源来访问某个与之合作的库或者该库的文件；
- 成员库要将自己资源的变更与升级信息通知其他的成员库。收到这样的通知的库都有责任将该通知进一步地分发给该库的用户。

A.2 关于互操作重用库网络的若干原型的描述

为了探索重用库的互操作性，过去已经进行了许多实验，本指导性技术文件中的操作概念就是基于这样的经验建立起来的。有一些组织在它们制定的重用库计划中已经决定，要实现的是基于重用库互操作性组织标准所构建的技术，同时要制定一些流程，以使得每一个库的用户都能够从其他的库获得软件重用项，而这些用户所采用的还是他们所熟悉的、本地库的工作方式。类似地，有一些组织所进行的实验，则把在 X.500 目录服务协议之上实现的一个基本互操作性数据模型作为工具，来进行多个资产目录中的查找。还有一些组织已经在探索通过 HTTP 的集成。此外，也有一些实验所采用的集成手段是对象管理组织的 CORBA。

A.3 关于三方互操作性

A.3.1 三方互操作性环境

图 A.1 所描述的是一个三方互操作重用库网络，我们分别称这 3 个库为 A、B、C。这 3 个独立的库通过互联网来连接，每一个库都公布了一个可以被其他库所访问的索引，该索引标识出其他库的用户可以利用的那些资源。在该索引中描述的只是可远程访问的那些资源。这些单独的库把来自远程索引的信息合并到其本地库的、通过本地用户界面来进行展示的机制中。这 3 个库中任意一个库的用户，都通过其本地库的用户界面和信息模型来与互操作重用库网络进行交互。

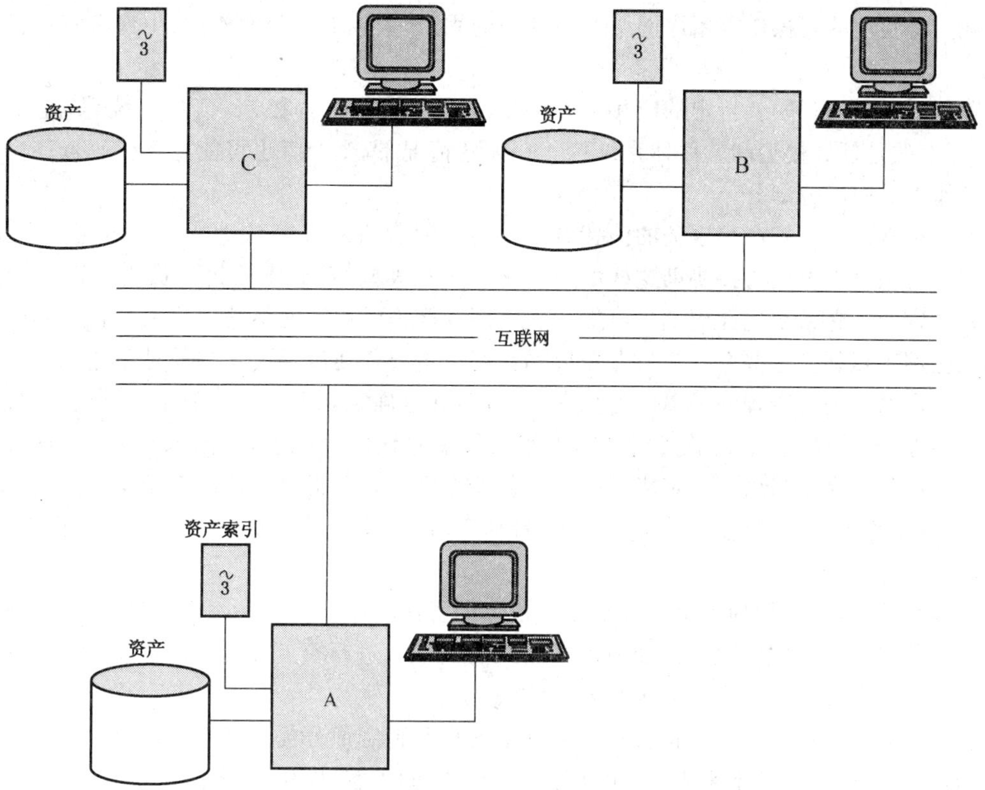

图 A.1　三方互操作性环境

如果一个本地库用户希望查询那些存储在另一个库中的信息,则由各方系统的客户-服务器软件掌控这样的信息传输,并向本地库管理员和远程库管理员都进行了通知。对于这个本地库用户而言,他没有必要知道资产的存放位置。一个用户只需要有一个库帐户,就可以访问被其他的库设置为可用的那些资源。

A.3.2　基于 X.500 的实验

X.500 目录标准描述了一些服务,这些服务采用分层结构来构成,包含了一些对象类和一些描述对象的属性类型。有一些组织曾采用 X.500 目录服务来适应重用库互操作性组织的基本互操作性数据模型中所定义的数据模型。这一实验定义了一个新的 X.500 对象类,以表示基本互操作性数据模型。每一个库在其自己的 X.500 目录服务代理中,独立地提供其资产的元数据。

这些目录服务允许用户们查找资产的基本互操作性数据模型描述,并识别所期望的那些资产的位置。有一些选项控制着一个查找操作的深度,以精确查找、通配符查找、或者近似匹配查找的方式,来查找出一些别名或直达节点。X.500 提供了一种机制,使得在多个库之间共享资产元数据的方式是一致的。

A.3.3　基于 WWW 的实验

面向多媒体的仓库环境利用一个结构化的接口,来与保存着关于一些资产的信息的数据库对接。这些结构化的信息被快速地翻译成 HTML,并采用 HTTP 来传送。这种集成允许一个 Web 浏览器连接到多个不同的库,而呈现出的则是一个公共的用户界面。有一个取名为"三方互操作性阶段 2"的项目包括了 3 个重用库,正在用一个利用了三方互操作性原来的实现的 HTTP 服务器进行实验。该项目的实现允许每一个库通过其本地库的用户界面,或者通过一个公共界面(即 Web 浏览器),来支持同样的互操作性。

A.4 用户与受到影响的人员

现有这些实验性的互操作重用库网络所涉及到的用户，大致上可分为4类：生产者；消费者；库的工作人员；库。

生产者(如领域工程师)就特定的应用领域(如航空电子学、指挥控制、信息系统等)建立可重用技术，他们所开发的是领域模型和软件体系结构。在某些情况下，生产者也可能生产代码资产。生产者也可能是库工作人员中的一部分。

项目人员是软件重用资产与服务的消费者。他们所消费的是从代码到过程这样的一些资产，以及从资产认证到对项目人员的直接协助这样的一些服务。在某些情况下，项目人员也可以生产一些成为重用候选者的资产。在系统生存周期中可能一直使用互操作重用库网络的项目人员包括：管理人员、系统工程师和应用工程师。这些系统建造者可以不受约束地与任何满足要求的软件重用库建立关系。

库工作人员对库进行管理和操纵。他们获取资产，并且确定在提供给一般用户群使用之前，这些资产已经被恰当地分类、测试、建立了文档。库工作人员建立该库的配置，分配系统资源，向用户提供支持。他们执行库的管理策略(帐户/记帐、数据权利、安全性等)，并提供全部的系统支持(数据库管理、版本控制等)。库工作人员可能包括：认证工程师，资质工程师，安全管理员，库管理员，记帐人员/会计人员，管理人员。

库也可以被看作用户，因为库也可能使用其他库的资源和服务。一些库可以对另一个库进行查询，以访问相关的信息。在库之间也可以交换资产。在与其他库进行交互的时候，库这样的“大用户”代表了它们自己的用户群体的一些集体要求与业务实践。

单个的库对其一开始就纳入互操作重用库网络的那些特定部分提供了支持。每一个库都拥有一些资源和过程，在其合适的位置上来支持：库软件与硬件，库的内容，操作，以及该库的通信。

外部的组织支持互联网，可以提供库与库之间的连通性。内部的程序则支持用来保证库资源的可用性和可靠性，增强库信息的表现力，加入更多的资产，以及提供培训支持。

外部的支持是由供货商、合作伙伴组织和消费者来提供的。供货商所供给的是资产、工具、以及对其产品的维护支持。合作伙伴组织与这些库签有正式的协定，在相互受益的范围内进行合作。与消费者组织类似，合作伙伴组织也提供应用与领域信息。消费者就关于某个库所提供的软件重用也给出反馈。另外，内部支持也用来获取应用与领域信息，以及索取关于库提供的资产与服务的反馈信息。

附 录 B
（资料性附录）
运 行 示 例

本附录包括了一些示例，说明用户怎样可以像本指导性技术文件主体中所讨论的那样，来与一个互操作重用库网络进行交互。这里的描述不是旨在进行限制，也不是先入为主，而只是给出一些来自许多可能发生的事情中的单独的例子。这里给出了一些场景，为的是推动对用户的一些要求的思考，以及表现互操作重用库网络将怎样来满足这些用户要求。

这些描述分为2部分：一部分是不存在互操作重用库网络的情况，另一部分则正是存在互操作重用库网络的情况。分成这样的2部分，将表现出互操作重用库网络能够产生的深刻的影响。

B.1 一般的场景

由于这些场景在强调的是重用库的互操作性，所以已经为所要发生的互操作确定了4个关键步骤。这里，每个场景将全面或部分地涉及下面列出的某个方面：

- 对某个库机制的访问，这个机制是用户在查询或搜索某个互操作重用库网络时将用到的；
- 阐明问题与服务要求的能力，这里涉及的是关于一个互操作重用库网络的、以及向该互操作重用库网络提交的那些问题与服务要求；
- 接受信息或所要求的服务的能力，因而还能够形成另外一些要求，以进行对一些要求的集中或归纳；
- 从由以前的要求所确定的某个远方地点获取到某个资产的能力。

利用一个互操作重用库网络，将对一个要求提供增强了的、深入的信息。用户对库的信息提出请求，并获得过去在本地搜集到的那些信息。一般地，对于该用户而言，通过其他本地资源可能已经可以得到这些信息了。因此，利用互操作重用库网络时所进行的搜索更有可能的是寻找那些在本地得不到的信息，以及寻找通过其他资源已经很难获得的那些信息。

B.2 大型商业公司

在一个大公司中进行信息的共享，是在许多不同的公司之间共享信息的一个缩影。这个大公司是由许多小的实体组成的，在这些小的实体之间经常进行一些资源的竞争。这类环境中的某个应用开发者可能会遇到许多行政和业务问题，这些问题都与信息的共享与重用有关。如果所采用的分类方案是基于单一储存位置的，那么在这种类别的、用来进行资产分类的数据模型中，就不可避免地会出现某种偏向，从而有利于某一类业务单位。如果采用的是集中储存资产的方案，那么起控制作用的业务单位就处在为进行公司之间的竞争而使用这个库的位置，因而对这个库在公司范围内提供支持的前景是有害的。

虽然支持和使用互操作重用库网络仍然是为了公司的共同利益，但在鼓励使用互操作重用库网络时，要允许公司中的每一个业务单位根据自己的需要和最佳利益来进行资产的产生、管理和控制。为此，人们可以建立一些重用计划，在这些计划中，让一些业务单位可以保持单独的控制，并在进行公司间及公司内的信息交换时，保存或能够追踪到这些业务单位的产品的收入。资产所有者（通过唯一的标识）所得到的资产可追踪性，允许按特定资产的规定来明确地判定责任。由于有多个库模型参与到不同种类的互操作重用库网络信息模型中，因而每一个业务单位都可以为了其特定的需要，利用特殊的库机制（例如体系结构为中心的库模型）来实现更多的价值。此外，由于每一个业务单位都管理着资产的存储，为这样的存储作出了重大的投资，所以就不再需要集中存储的能力了。

B.3 集成的环境

集成的CASE环境向用户提供了一套完整生存周期的工具，来帮助软件设计人员和开发人员产生工程化程度高、有完整文档的软件。这一套工具为用户需求的可追踪性提供了贯穿着代码实现的无缝支持。这里，可以从这套工具中搜集一些工具制品，来将一个重用库加入到CASE环境中，该库的其他用户则可以以此为起点来使用这些工具制品。被重用的那些资产，可以是这套工具中的某个工具的任何产品，也可以是向其中某个工具提供的输入。可以设想有某种自动化的重用辅助机制，它可以：建议对一些以前的产品进行重用，给出这样的建议的基础，知道输入到这一套工具的是什么，以及本地库中有哪些可用的资产。

新增加一个互操作重用库网络，既引入了复杂性，也为更大规模的重用引入了非常有意义的机遇。成套工具的接口正在变得更加标准化，而集成的CASE环境则正在以成为一个即插即用的软件环境为目标。随着这些标准的到来，可以为许多工具以及工具的许多输入与产品产生自动化的重用辅助机制。由于是在一个互操作重用库网络中，所重用的这些资产会来自那些不是在本地开发的系统。由于进行了(大概是要收费的)信息交换，所以应当改善软件的整体质量。显然，这将倡导某种适者生存的环境，其原因是，某些通用体系结构的来源是靠不住的，或者实际上可供重用选择的是整体的实现与应用，而不是一些部件。重用辅助机制只需要足够"聪明"地通过在用的那些CASE工具和在考虑中的那个特定领域，就可重用的那些资产给出建议就行了。

B.4 小型的公司

要成功地将一个软件信息产品在市场上销售，即使没有互操作重用库网络的存在，一个小型的公司也有多种选择。它可以与某个市场营销厂商签订合同来完成市场销售，可以将产品的权利卖给某个大软件发行商以获取版税，还可以尝试增加资本，来完成一次有意义的市场营销活动。然而大多数小公司在实施上述步骤时都失败了，因为这里所需要的是承诺和资金。即使这样的公司成功了，它也可能失去了对产品的控制，因为在最初的转变过程中就在一些关系和合同中遭受了损失。许多小公司所尝试的一种选择是共享软件(开放源码的软件)，但由于这样没有对责任的要求，因而可能完全丧失对产品的控制。

利用一个互操作重用库网络(特别是利用其认证与授权的支持)，一个小公司也可以确立其市场地位。由于人们可以对一个互操作重用库网络来构成并进行与该网络的那些库无关的查找，因而该互操作重用库网络中的每一个实体都具有平等的地位，唯一的限制只有最终用户的要求。

由于小公司将控制着它自己的资产，所以这样的小公司就不会被软件社会的诚信所束缚。特别重要的正是海外市场，那里几乎没有能力去控制对软件的盗版。这里的入门成本不高，因为在政策、手续以及机制方面，对于要进入的小公司来说，价格上的便宜程度是可以接受的。从小公司的角度来看，互操作重用库网络与在许多PC市场中流行的共享软件概念是类似的。

B.5 计划管理人员

计划管理人员要对系统的成本预算与规模估计做出决策。这样的信息来自技术人员或财务人员过去做出的估计，然后对这些估计进行数据处理，以满足最终客户的要求。对一个项目进行规模与成本的估计、保持客户的预算、以及满足每一个要求的技巧，是一种不容易掌握的技能。因此，过去的经验是无价之宝。

本地库的信息可以体现需求、体系结构与潜在的可重用资产之间的关系。这种知识将有助于计划管理人员来阐明需求，亦将有助于为了交付满足这些需求的那些系统而进行的投标与组织工作。

计划管理人员访问一个互操作重用库网络，以获得类似的项目、体系结构、需求、规格说明、以及部件的有关信息，来帮助他们就实现或修改一个系统所需的新软件之数量做出早期的决策。互操作重用库网络除了提供来自所关心的那个领域的信息之外，还可以提供可用的跨领域信息。特别地，计划管理人员可以利用来自该组织之外、甚至是该领域之外的那些系统的开发经验。这里，可以给出一些有关规模的问题的高精度估计，而一些供课程学习用的报告，其可用性则可以提供相应的洞察力，来看待对成本估计的一些决策加以改变时的错综复杂的困难与风险。

B.6 软件工程师

软件工程师是这样的一些人：分配给他们的任务是对满足一组需求的软件进行设计、实现和测试。该软件可能是为一些独立的应用开发的，也可能是一些包含了硬件的大型系统中的一部分。软件工程师在某个具有规范化的软件过程、并为所有项目参与者提供了集成工作空间的软件工程环境之内来进行工作。在本地软件工程环境中找不到软件工程师所需要的那些软件的位置时，就要进行库的访问了。

关于下面这些问题的回答，便是典型的信息要求的一些例子：

- 怎样才能拥有现成的、满足了需求"X"、"Y"或者"Z"的那些设计？
- 关于要完成的设计"T"、"U"和"V"，可用的软件资产是什么？
- 对于该应用的部件"X"，是不是有现成的资产满足其需求与设计约束？
- 运行测试与场景数据是可用的吗？
- 在条件"A"到"F"下，软件资产"D"是怎样执行的？

在找到了某个资产后，该资产就与在用的那套工具合成一体，领域工程师则继续进行其开发流程。如果找不到这样的资产，该工程师可以产生一个，并将其提交给库。

如果在本地查找不到某个资产，可以利用互操作重用库网络，将查找扩展到互操作重用库网络中的其他一些成员库。例如，某些成员库对于每一类资产都有高度灵活的测试能力，这将使得应用工程师快速地、不费力地规定和改变所有的运行参数，并以任何所期望的数据还原格式与层次，来自动地产生测试结果。为了使用或者进一步的评价，在某一处可能需要进口外部库的资产。这里，可能需要获得这些资产的许可证，因而要承担相应的开销。然后，请求者将按照既定的过程，把所获得的软件资源与本地的软件工程环境合成一体。

B.7 重用经纪人

重用经纪人是一些在转售过程中获利的人，他们花时间来为他们的基本客户来查找和搜集有关资产的信息。重用经纪人从许多种资源中搜集信息，并且以某种同类的方式向他们的客户展示这些信息。这里的增值是信息的搜集，或者是对所展示之信息的客观性认证。任何与重用相关的劳动密集型活动的结果，都可以是某个重用经纪人的一个产品。这里的一些例子是：为供货商引见顾客；为顾客引见供货商；对服务的比较分析；对顾客关于重用活动的要求的分析；等等。

重用经纪与增值转售也许是利用互操作重用库网络所得到的最激励人心的机会。随着互操作重用库网络的内容的增长，重用经纪人所要综合的可用信息也在增长。系统本身的复杂性产生了重用经纪人与增值转售商的一个市场，而他们又培育了一个重用市场。这里可用的活动包括：

- 为互操作重用库网络来包装资产；
- 在互操作重用库网络中公布资产；
- 将一些分类方案施加于那些现成的、相对于特定市场的资产；
- 运行互操作重用库网络的用户界面；
- 介绍和培训互操作重用库网络的操作概念；
- 对现有资产进行认证；
- 培养一些分析人员，来判定互操作重用库网络的一些特性；
- 宣传推广互操作重用库网络所描述的那些资产；
- 追踪互操作重用库网络所获得的那些资产的谱系；

- 为互操作重用库网络所获得的那些资产提供所有权保险；
- 就互操作重用库网络所描述的那些资产的销售权进行谈判。

要产生一个完整的活动列表是不可能的，因为一个重用经纪人或增值转售商的真正本性，就是要适应或创造市场要求。

B.8 教育者

培训师搜集信息，以向他人展示一些思想。培训师所搜集到的信息，其类型是依客户要求而变化的。大多数培训师都开发了一个培训包，接着，通过集成一些客户范例和一些关于特定的客户关注点的讨论，将该培训包加以“即时地”剪裁。在介绍一个互操作重用库网络时，允许培训师在培训客户之前就将更多的客户范例合成到那个培训包之中。互操作重用库网络的一致的访问机制，简化了培训师关于访问与特定客户相关的信息的教学过程。

B.9 系统工程师

系统工程师的目标，是要以可能做到的最低成本来建造满足性能需求的系统。要构建一个满足指定需求的特定的系统，存在着许多种方式。

系统工程师必须依据众多的准则来评估这些潜在系统中的每一个系统，并遴选出一个最终的候选系统。已经开发出的信息与软件资产，可以帮助系统工程师来达到这一目标。系统工程师的起步工作，是检查本地库中的领域信息资源。库中的领域信息对于系统工程师当然是有价值的，因为他们会发现这些领域信息在某个抽象层次上具有“通用性”，这是可用于系统规格说明的，而在这个层次及其之上的层次上产生信息的工作，也不会是必须重复进行的。但是，系统工程师必须小心谨慎地利用领域信息。这是因为，一个领域模型对于定义了领域边界的全部运行参数都是有效的，而通常不能允许系统工程师用范围这么宽的参数来设计一个系统。客户(有时是清晰地)定义了一些运行条件，这些条件是一个系统的运行所必须遵从的。这时，客户定义的系统的运行参数，只是领域模型的运行参数的一个子集。因为如果不是这样，则意味着领域模型信息不是有效的，客户定义的这个系统实际上属于另一个领域。同样，虽然有可能构建一个满足了客户之特殊参数要求的通用解决方案，它也可能竞争不过一个用领域模型的运行参数进行了专门调整的系统。

通过在硬件、软件、人工操作员等因素之间进行功能分配方面的平衡，系统工程师的设计满足了所有的需求。这里最适宜的解决方案通常不再是显而易见的，而且取决于每一个系统部件之性能价格比的相对值。这些值本身是一些变量，像在当时可用的技术、用户的受教育层次等。在开发一个解决方案时，系统工程师必须对已经出现在解决方案的技术中、但还没有在当前的库内容中得到反映的那些变化进行因素分解。例如，像CPU、存储设备、互联介质等这些硬件可能已经出现了一些进展，研究与开发人员可能已经开发出了新的算法，等等。此外，由客户征集到的一些需求可能不同于以前的系统，这又可能改变系统部件之间的平衡。由系统工程师组合起来的工作人员将采用某种迭代过程来处理需求，该过程一直持续到设计被固定为止。

在引入一个互操作重用库网络时，市场上可能有一些资源，它们将通过提供系统建模的支持工具与信息的方式来支持这种迭代过程。对于利用了可重用资产的那些候选配置，需要对用时与规模进行快速的、不费力的估计，需要进行网络负载与响应方面的分析，等等。从来自市场上的各种资源中，系统工程师可以搜集到细节还处于一些混杂层面的信息。在这些资源中，某些将被用来进行深入的分析，其他的则被用于较高层面信息的分析。为了发现候选的可重用资产，系统工程师将在库资源中进行查找。然后，系统工程师将对当前的需求与过去设计每一个资产时的需求进行逐一比较。

B.10 库管理人员

重用库管理人员所执行的活动与传统的图书馆管理人员十分类似。他们在本地库中找到或搜集到一些资产，并且加以分类。搜集资产的活动可以多种方式来进行，大多数情况下是专门设立的方式。用户可以描述一个资产的特征，库管理人员可以对该请求进行规范化。

要使用一个互操作重用库网络，库管理人员需要知道有关互操作重用库网络的资源的、尽可能多的知识。负有库管理职责的人知道他所管理的那个本地库是怎样与一个互操作重用库网络环境适配的。有一些知识是非常重要的，例如由外部重用资源所提供的重用产品与服务的类型，关于每一种类型的产品与服务怎样可以使用户受益，等等。库管理人员必须能够以对本地用户有意义的那些方式，来传达这种映射的知识。这种映射的知识的价值在于与用户相关，并且要求与用户进行若干次对话，来理解用户的环境和内在的操作概念。互操作重用库网络资源之间的标准化程度将影响到库管理人员的工作量。库管理人员对本地的内容有着超越他人的知识，但在给定的主题领域中，库管理人员的知识通常不如在该领域中工作的用户。因此，期望库管理人员不需要付出额外的浏览、查找或者从用户的角度进行评价等方面的努力，就通常能够满足用户的重用要求，这是不切实际的。

参 考 文 献

[1] IEEE Std 1430-1996:IEEE Guide for Information Technology—Software Reuse—Concept of Operations for Interoperating Reuse Libraries.

[2] ITU-T X.500 信息技术 开放系统互连 目录.

ICS 35.080
L 76

中华人民共和国国家标准化指导性技术文件

GB/Z 26248.1—2010/ISO/IEC TR 22250-1:2002

信息技术
文档描述和处理语言
用于XML的规则语言描述(RELAX)
第1部分:RELAX核心

Information technology—
Document description and processing languages—
Regular language description for XML(RELAX)—
Part 1:RELAX Core

(ISO/IEC TR 22250-1:2002,IDT)

2011-01-14 发布　　　　2011-05-01 实施

中华人民共和国国家质量监督检验检疫总局
中国国家标准化管理委员会　发布

前言

GB/Z 26248 在总标题《信息技术　文档描述和处理语言　用于 XML 的规则语言描述(RELAX)》下,由下列 2 个部分组成:

——第 1 部分:RELAX 核心;

——第 2 部分:RELAX 命名空间。

本指导性技术文件为 GB/Z 26248 的第 1 部分。

本指导性技术文件等同采用 ISO/IEC TR 22250-1:2002《信息技术　文档描述与处理语言　用于 XML 的规则语言描述(RELAX)　第 1 部分:RELAX 核心》。根据 GB/T 1.1—2000 的要求,本指导性技术文件仅作如下编辑性修改:

——依据 GB/T 1.1 修改了文本中项目编号;

——GB/T 14814—1993 和 GB/T 18793—2002 等同采用国际标准,本指导性技术文件对其引用不影响本指导性技术文件等同采用国际标准。

本指导性技术文件的附录 A、附录 B 是资料性附录。

本指导性技术文件由全国信息技术标准化技术委员会提出并归口。

本指导性技术文件起草单位:中国电子技术标准化研究所、北京信息科技大学。

本指导性技术文件主要起草人:方春燕、马楠、李幸、宋慧驹、袁媛、姜瑜涛、吴倩、刘鑫、李文坤、田娟。

信息技术 文档描述和处理语言 用于 XML 的规则语言描述(RELAX) 第 1 部分:RELAX 核心

1 范围

本指导性技术文件给出了形式化说明基于 XML 语言的语法的机制。例如,可以在 RELAX 中规定 XHTML1.0 的语法。

与 DTD 相比,RELAX 具有如下优势:

——RELAX 规范使用了 XML 实例(即,文档)语法;

——RELAX 提供了丰富的数据类型,以及;

——RELAX 是命名空间敏感的。

RELAX 规范由两部分组成,即 RELAX 核心和 RELAX 命名空间。本指导性技术文件给出了 RELAX 核心,它可用于描述有唯一 XML 命名空间的置标语言。GB/Z 26248 的第 2 部分给出了 RELAX 命名空间,可用于描述包含多个 XML 命名空间的置标语言,由多个 RELAX 核心文档组成。

称为 RELAX 核心处理器的软件模块给定一个元素序列,将其与 RELAX 核心规范进行比较并报告结果。RELAX 核心处理器可以由用户直接触发,也可以由其他称为 RELAX 命名空间处理器的软件模块触发。

RELAX 可与 DTD 结合使用。特别是,RELAX 可以约束由 DTD 声明的记法和实体。

本指导性技术文件也给出了 RELAX 核心的子集,其被限定在 DTD 特性加数据类型范围内。该子集易于实现,除数据类型信息异常外,在子集与 XML DTD 结果之间可进行无信息丢失的转换。

注 1:由于 XML 是 Web SGML(GB/T 14814—1993 中的 TC2)的一个子集,因此 RELAX 适用于 SGML。

注 2:OASIS 的 RELAX NG TC 正在开发 RELAX 核心的后续标准。

2 规范性引用文件

下列文件中的条款通过本指导性技术文件引用而成为本指导性技术文件的条款。凡是注日期的引用文件,其随后所有的修改单(不包括勘误的内容)或修订版均不适用于本指导性技术文件,然而,鼓励根据本指导性技术文件达成协议的各方研究是否可使用这些文件的最新版本。凡不注日期的引用文件,其最新版本适用于本指导性技术文件。

GB/T 14814—1993 信息处理 文本和办公系统 标准通用置标语言(SGML)(eqv ISO 8879:1986)

GB/T 18793—2002 信息技术 可扩展置标语言(XML)1.0(W3C RFC xml:1998,NEQ)

ISO 8879:1986/Cor2:1999 信息处理 文本和办公系统 标准通用置标语言(SGML) 技术勘误 2

W3C 建议书 W3C XML 命名空间 http://www.w3.org/TR/REC-xml-names,1999

W3C 建议书 W3C XML 信息集 http://www.w3.org/TR/xml-infoset,2001

W3C 建议书 W3C XML Schema 第 2 部分 http://www.w3.org/TR/xmlschema-2,2001

IETF RFC2396:1998 统一资源标识符(URI):通用语法

3 术语和定义

3.1 XML 1.0

XML1.0 中界定的下列术语和定义适用于本指导性技术文件。

a) 开始标记 (start tag)
b) 结束标记 (end tag)
c) 空元素标记 (empty-element tag)
d) 属性 (attribute)
e) 属性名称 (attribute name)
f) 内容 (content)
g) 内容模型 (content model)
h) 属性列表声明 (attribute-list declaration)
i) DTD (DTD)
j) XML 处理器 (XML processor)
k) 有效性 (validity)
l) 有效性验证处理器 (validating processor)
m) 非有效性验证处理器 (non-validating processor)
n) 空白 (whitespace)
o) 孩子 (child)
p) 参数实体 (parameter entity)
q) 匹配 (match)

注 3:以上含义在 XML1.0 中给出,"匹配"有另外的含义(见 5.8)。

3.2 XML 命名空间

"XML 命名空间"界定的下列术语和定义适用于本指导性技术文件。

a) 命名空间 (namespace)
b) 命名空间名称 (namespace name)

3.3 XML Schema 第 2 部分

"XML Schema 第 2 部分"界定的下列术语和定义适用于本指导性技术文件。

a) 词法表述 (lexical representation)
b) 刻面 (facet)
c) 数据类型 (datatype)
d) 内置数据类型 (built-in datatype)

3.4 XML 信息集

"XML 信息集"界定的下列术语和定义适用于本指导性技术文件。

a) 信息集 (information set)
b) 文档信息项 (docunmet information item)
c) 元素信息项 (element information item)
d) 特性 (property)
e) 核心特性 (core property)
f) 引用略过实体信息项 (reference to skipped entity information item)
g) 实体信息项 (entity information item)
h) 记法信息项 (notation information item)

3.5 RELAX 核心的特定定义

3.5.1 标记名称 tag name

开始标记名称,结束标记名称,空元素标记名称(GB/T 14814—1993 中的通用标识符)。

注 4:这个术语来源于 DOM。

3.5.2 树篱 hedge

元素和字符数据的有序序列。

4 记法

为了说明 RELAX 模块的语法,本指导性技术文件使用了 DTD。然而,因为 DTD 不支持 XML 命名空间,本部分只使用了可能在 DTD 中出现的一些构件。

为了说明元素允许的内容,本指导性技术文件使用了一些内容模型,其匹配 XML1.0 中的非终结符号 contentspec。

示例 1:以下内容模型说明了一个元素被约束为以下序列,其始于 frontmatter 元素,随后有一个 body 元素,最后是可选的 backmatter 元素。

```
(frontmatter,body,backmatter?)
```

为了详细说明元素允许的属性,本指导性技术文件使用了属性列表声明的片段,其匹配 XML1.0 中的非终结符号 AttDef。

示例 2:以下属性列表片段说明了一个元素有可选的属性 class,而且任何字符串都可以作为属性值。

```
class CDATA #IMPLIED
```

表示 RELAX 模块的元素应属于命名空间"http://www.xml.gr.jp/xmlns/relaxCore"。不属于该命名空间的子元素不受约束,保留的属性也不受约束。

5 基本概念

5.1 设计原则

RELAX 核心的设计原则是:

a) RELAX 核心应简单而强大;

b) 设计应准备迅速;

c) 设计应正式而简明;

d) 应可使用已存在的 XML 文档 API(如,SAX 和 DOM)实现 RELAX 核心;

e) RELAX 核心应向上兼容 DTD;

f) RELAX 核心应有这样的子集,与 DTD 之间的转换不丢失除数据类型之外的信息;

g) RELAX 核心数据类型兼容 XML Schema 第 2 部分。

注 5:"如何 RELAX"[3]是对 RELAX 核心的指南。

5.2 实例、schema 和元 schema

5.2.1 实例

文档信息项被视为一个实例。当实例满足 RELAX schema 所表述的条件时,该实例被视为遵循或符合 RELAX schema 的。如果不存在混淆,在无需提及 RELAX schema 前提下可认为该实例是符合的。

注 6:XML1.0 定义的有效的文档(为了使其精确,文档信息项由该文档表示)不必符合 RELAX schema;符合 RELAX schema 的实例(为了使其精确,文档由该实例表示)不必是有效的。

5.2.2 RELAX schema

RELAX schema 描述了允许的元素、属性、以及它们的结构关系。

5.2.3 RELAX 元 schema

RELAX 元 schema 是说明 RELAX 语法的 RELAX schema。任何 RELAX schema 都符合

RELAX元schema。

5.3 模块和框架

符合RELAX核心的文档信息项被视为RELAX模块。RELAX模块在单一命名空间中提出了元素及其属性和内容。

符合RELAX命名空间的文档信息项被视为RELAX框架。通过说明每个命名空间的RELAX模块,RELAX框架提出了多命名空间。

单命名空间RELAX schema由一个框架和一个单模块组成。因为框架不能引用其他模块,该模块提供了完整的schema定义。

多命名空间RELAX schema由一个框架和从该框架中引用的模块组成。

5.4 岛和实例

一个多命名空间实例与包含多个模块的RELAX schema相对应。该实例首先分解为多个岛,每个岛是一个单命名空间树篱。每个岛对应一个单RELAX模块(见图1)。

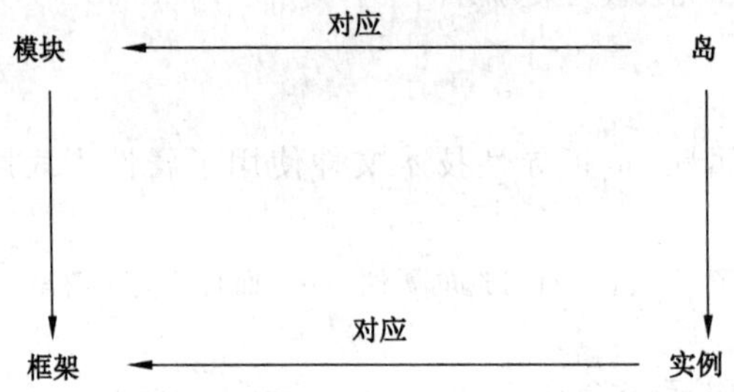

图1 模块/框架和岛/实例之间的关系

单命名空间实例也是一个岛,因此不需要另外分解。

5.5 RELAX核心处理器的行为

RELAX核心处理器是一个软件模块,该模块给定一个岛和一个RELAX模块,将岛和RELAX模块进行比较从而决定该岛是否符合该RELAX模块(见图2)。

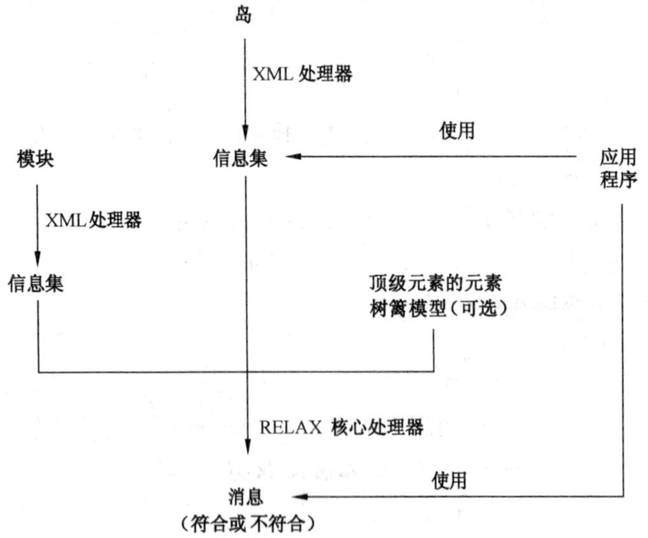

图2 RELAX核心处理器、XML处理器和应用程序

RELAX核心处理器应从XML处理器中获取接收岛和RELAX模块作为信息集合。RELAX核心处理器应使用信息集合中的信息项的核心特性,而不使用其他特性。

注7:RELAX核心处理器获得信息集是通过API(如,SAX或DOM)实现的。

RELAX核心处理器也可能获得树篱模块,该树篱模块约束岛的顶层元素。

经过比较,RELAX核心处理器应输出有关岛符合或不符合的消息。RELAX核心处理器也可能输出其他消息。

除了这些消息,RELAX核心处理器没有其他输出。应用程序从XML处理器中获取信息集,也可从RELAX核心处理器中获取消息。

有效性验证处理器和非有效性验证处理器都可能被RELAX核心处理器所使用。

当RELAX核心处理器获取到被略过实体信息项的引用时,应由用户选择输出一个消息,并且有可能停止正常的处理。

5.6 数据类型

RELAX核心使用XML Schema第2部分的内置数据类型。数据类型可以用作属性条件或树篱模块。

RELAX核心中的数据类型表示字符串的集合。给定字符串和数据类型,可以决定字符串是否属于该数据类型表示的字符串集合。

示例3:称为integer的数据类型定义了表示整数的字符串集合。可以决定字符串是否表示一个整数。

数据类型引用可能有称为刻面的附加条件。

示例4:integer数据类型引用可能有这样的刻面,说明该值宜不小于10,且不大于20。

RELAX核心处理器不会将字符串转换到数据(如,字符串"1"转换为整数1)。这种转换交给应用用程序完成。

注8:典型地,应用程序仅仅触发转换库。

5.7 角色和条款

在RELAX核心中,标记名称和属性的条件是由角色和条款决定的。角色是一个名称,并且由条款描述。条款没有名称。

条款或者是tag或者是attPool,tag说明了允许的标记名称,而attPool没有。当tag或attPool说明了允许的属性时,该属性被视为由tag或attPool声明的。

每个角色最多有一个条款。

条款可通过角色引用其他条款。条款不可直接或间接引用自己。被引用的条款由attPool描述;而不是由tag描述。

条款不可以多次直接或间接(通过其他条款)引用其他条款。

条款不可以多次直接或间接(通过其他条款)声明一个属性。

5.8 产生规则,标签和树篱模型

5.8.1 概述

在RELAX核心中,元素结构的条件是由标签和产生规则决定的。一个标签就是一个名称,是由一个产生规则描述的。产生规则没有名称。

产生规则或者是elementRule,或者是hedgeRule。elementRule是一组标签,角色和树篱模型的三元组。hedgeRule是由标签和树篱模型组成的对。

由elementRule引用的角色是由tag条款描述的。elementRule不引用由attPool条款描述的角色。

多个elementRule可共享一个标签,多个hedgeRule也可共享一个标签。然而,elementRule和hedgeRule不能共享一个标签。

多个elementRule可共享一个角色。

注9:正则语法包含产生规则和产生字符串的集合。产生规则的左侧是非终结符号;右侧或者是一个终结符号或者是非终结符号,其中终结符号跟随着一个非终结符号。RELAX核心是这样一种正则语法的扩展,由它产生逻辑结构集合。标签对应左侧的非终结符号,角色对应终端符号。树篱模块扩展了右侧的非终结符号,以至于elementRule提出的是子树而非字符串。

元素允许的内容由树篱模块描述。树篱模块或者是一个元素树篱模块(混合型树篱模块),或者是数据类型引用。

当多个 elementRule 一起共享标签和角色时,需要满足以下条件之一:

a) 它们都具有元素树篱模块;

b) 它们都具有混合型树篱模块;或者

c) 它们都引用同样的数据类型,可能有不同刻面。

5.8.2 元素树篱模型

元素树篱模型产生一个标签序列的规则集。该集合中的任何标签序列,包括可在序列前端、中间或后端添加空白符,都被视为匹配该元素的树篱模型。

5.8.3 混合树篱模型

混合树篱模型是带 mixed 封装的元素树篱模型。该集合中由封装元素树篱模型产生的任何标签序列,包括可在序列前端、中间或后端添加任意字符的,都被视为是匹配该混合树篱模型的。注意不仅允许空白字符,也允许非空白字符。

5.8.4 数据类型引用

数据类型引用说明了数据类型名称。另外,还可进一步说明称为刻面的附加条件。如果字符序列属于被引用的数据类型且满足伴随的刻面(如果有的话),则该字符序列与数据类型引用匹配。

5.9 名字的分类和出现

RELAX 核心使用 5 种类型的名称。它们是数据类型名称、标记名称、属性名称、角色和标签。不同类型的名称不会相互冲突。例如,尽管有数据类型称为 integer,也可使用“integer”作为标记名称或标签。

表 1 显示了实例中出现的名称类型以及它们在 RELAX 模块中出现的位置。

表 1 名称类型及其在实例及 RELAX 模块中的出现

名称类型	实例中	RELAX 模块中
数据类型名称	不出现	作为属性或树篱模型的条件出现(数据类型引用)
标记名称	出现	作为条款的一部分出现
属性名称	出现	作为条款的一部分出现
角色	不出现	在条款中出现(描述角色) 在条款中出现(引用角色)
标签	不出现	在产品规则中出现(描述标签) 在产品规则中出现(引用标签)

6 模块构造

6.1 module

module 表示整体模块,提供有关模块的管理信息。

module 有 moduleVersion 属性,relaxCoreVersion 属性和 targetNamespace 属性。

moduleVersion CDATA #IMPLIED

relaxCoreVersion CDATA #REQUIRED

targetNamespace CDATA #IMPLIED

该模块的版本由 moduleVersion 属性指出。

RELAX 核心的版本由 relaxCoreVersion 属性指出。版本号“1.0”用于指出符合 RELAX 核心的 1.0 版本;如果不符合 RELAX 核心的 1.0 版本,则文档使用值“1.0”是错误的。

注 10:编辑委员会的意图是给出该规范不同于“1.0”的最新版本号,但是并不意味着委员会将提交 RELAX 核心的任何未来版本，即使有也不一定会使用任何特殊编号模式。因为未来版本并不清楚，提供这种构造是为了在必要时能有一种方法允许自动识别版本。

如果得到了标有不被支持版本的文档，RELAX 核心处理器可能发出错误。它可以继续或中断正常处理。

targetNamespace 属性说明了一个目标命名空间，本模块所描述的元素属于该命名空间。当说明该属性且其他模块包含该模块时，实际上该属性的值由该模块的目标命名空间进行标识。当没有说明该属性且其他模块包含该模块时，该模块的目标命名空间实际上应被用作目标命名空间。当没有说明该属性但是 RELAX 框架或模块没有引用该模块时，“”被用作目标命名空间。

假定模块中的所有元素属于命名空间“http://www.xml.gr.jp/xmlns/relaxCore”，module 元素应声明该命名空间。

模块的每个元素都应属于命名空间“http://www.xml.gr.jp/xmlns/relaxCore”。因此，该模块元素应当声明该命名空间。

以下内容模型描述了 module 元素允许的内容：

```
(annotation?,interface?,
(tag|attPool|elementRule|hedgeRule|div|include) * )
```

示例 5：下面给出了一个 module 元素的示例。为了清晰省略其子元素。

```
<module
      moduleversion = "1.2"
      RELAX CoreVersion = "1.0"
      xmlns = "http://www.xml.gr.jp/xmlns/relaxCore">
      ...
</module>
```

6.2 interface

interface 提供了模块和 RELAX 框架之间的接口信息。如果 RELAX 框架仅有单一的命名空间，interface 提供了关于实例允许的根元素的信息。

interface 没有属性。

以下内容模型描述了 interface 元素允许的内容：

```
(annotation?,(export|div) * )
```

6.3 export

export 指出从 RELAX 框架中可以引用哪些信息。

export 有 label 属性。

label NMTOKEN #REQUIRED

label 属性揭示了由 elementRule 描述 RELAX 框架的标签。如果 RELAX 框架有唯一的单命名空间，该属性显示了实例的根可有一个说明的标签。

以下内容模型描述了 export 元素允许的内容：

```
(annotation?)
```

示例 6：以下显示了 export 的示例。

```
<export label="doc"/>
```

6.4 tag

tag 说明了元素扮演一个特定角色的条件，包括标记名称的条件，属性值的条件和对其他角色的引用。

tag 有 role 属性和 name 属性。

role NMTOKEN #IMPLIED

name NMTOKEN #IMPLIED

name 属性说明了标记名称。role 属性说明了 tag 描述的角色。

当 tag 不是 elementRule 的子元素时，应当说明 name 属性但是不需要说明 role 属性。如果没有说明 role 属性，则假设其值与 name 属性相同。

当 tag 是 elementRule 的子元素时，不需要说明 name 属性且不应说明 role 属性。不与其他角色冲突的一个适当 role 的属性值是由 RELAX 核心处理器产生。如果没有说明 name 属性，则假设它与父亲 elementRule 的 label 属性相同。

以下内容模型描述了 tag 元素允许的内容。从属 ref 说明 role 属性。

(annotation?,(ref|attribute) *)

如果以下三个条件得以满足，元素 e 扮演由 role 属性说明的角色：

a) e 的标记名称匹配 name 属性值；

b) 属性的每个条件(由从属 attribute 元素表示)都被 e 的一些属性所满足；

c) e 扮演了由从属 ref 元素所引用的所有角色。

注意 e 满足这些条件，即使它有属性未被 tag 声明。

示例 7：下面显示了 tag 的示例。bar1 角色被从属 ref 元素引用。

```
〈tag name="foo" role="bar"〉
    〈ref role="bar1"/〉
〈/tag〉
```

6.5 attPool

attPool 说明了元素扮演特定角色的条件，通过结合属性值和引用其他角色的条件来实现。

attPool 有 role 属性。

role NMTOKEN #REQUIRED

role 属性说明了 attPool 描述了什么角色。

以下内容模型描述了 attPool 元素允许的内容。从属 ref 说明 role 属性。

(annotation?,(ref|attribute) *)

如果以下两个条件得以满足，元素 e 扮演了由 role 属性说明的角色。

a) 属性的每个条件(由从属 attribute 元素表示)都由 e 的一些属性所满足。

b) e 扮演了由从属 ref 元素所引用的所有角色。

示例 8：以下显示了 attPool 的示例。bar1 角色由一个从属的 ref 元素所引用。

```
〈attPool role="bar"〉
    〈ref role="bar1"/〉
〈/attPool〉
```

6.6 带 role 属性的 ref

带有 role 属性的 ref 引用了一个由 attPool 描述的角色。

带有 role 属性的 ref 没有其他属性。

role NMTOKEN #REQUIRED

以下内容模型描述了有角色属性的 ref 元素允许的内容：

EMPTY

tag 和 attPool 的示例中也包含了带有 role 属性的 ref 的示例。

6.7 attribute

attribute 描述了属性名称和值的条件。它还另外指出了属性是否是可选的。

attribute 有 name 属性，required 属性和 type 属性。名称属性是强制的。

name NMTOKEN #REQUIRED

required (true) #IMPLIED

type NMTOKEN #IMPLIED

name 属性说明了属性名称。required 属性显示了该属性是否是可选的。如果说明为"true",该属性是强制的。

tag 元素或 attPool 元素中的多 attribute 元素直接或间接地被该 tag 引用,并没有说明相互匹配名称。

type 属性说明了数据类型名称。如果省略 type 属性,则假定为内置的数据类型 string。

以下内容模型描述了 attribute 元素允许的内容。假定所有元素类型表示的刻面由"|"连接,并且声明为刻面参数实体的值。

(annotation?.(%facet;)*)

type 属性说明了数据类型名称,子元素说明了刻面,数据类型名称和刻面共同构成了数据类型引用。name 属性说明的属性值被要求匹配该数据类型的引用。

示例 9:以下显示了 attribute 的示例。attribute 元素用作 tag 的子元素。

```
<tag name="a">
      <attribute name="href" type="anyURI"/>
</tag>
```

注 11:在 XML1.0 中,没有属性的元素类型不需要属性列表声明。然而,在 RELAX 核心中,出现在实例中的标记名称往往需要 tag 元素。

6.8 elementRule

elementRule 表示了包括一组包括标签,角色和树篱模型的产生规则。

elementRule 有角色属性,label 属性和 type 属性。当 elementRule 没有从属 tag 时,应说明 role 属性,而 label 属性不需要说明。当忽略 label 属性时,则假定为与 role 属性有相同的值。当 elementRule 有从属 tag 时,应当说明 label 属性,而不要说明 role 属性。

role NMTOKEN #IMPLIED

label NMTOKEN #IMPLIED

type NMTOKEN #IMPLIED

role 属性说明了一个角色。label 属性说明了该 elementRule 描述了什么标签。type 属性引用一个数据类型。当该 elementRule 有一个元素树篱模型或混合树篱模型时,不要说明 type 属性。

以下内容模型描述了 elementRule 元素允许的内容。假定所有元素类型表示的刻面由"|"连接,并且声明为刻面参数实体的值。从属 ref 说明了 label 属性。

(annotation?,tag?,

((ref|hedgeRef|choice|sequence|element|none|empty|mixed)

|(%facet;)*))

在 8.5 中描述了从属 tag 元素的处理。

如果 elementRule 含有以下任一子元素 ref,hedgeRef,choice,sequence,element,none 或者 empty,则 elementRule 有元素树篱模型。

如果 mixed 被说明为子元素,elementRule 被视为有混合树篱模型。

如果 elementRule 没有元素树篱模型或混合树篱模型,type 属性会说明一个数据类型引用。当 elementRule 有数据类型引用时,刻面可被说明为 elementRule 的内容。数据类型和刻面在第 7 章中描述。

6.9 hedgeRule

hedgeRule 表示包括一对标签和树篱模型的产生规则。

hedgeRulelabel 属性。

label NMTOKEN #REQUIRED

label 属性说明了 hedgeRule 描述了什么标签。

以下内容模型描述了 hedgeRule 元素允许的内容。从属 ref 说明了标签属性：

(annotation?,

(ref|hedgeRef|choice|sequence|element|none|empty))

6.10 带标签属性的 ref

带 label 属性的 ref 表示一个元素树篱模型，该模型引用未由 hedgeRule 描述的标签。

带 label 属性的 ref 元素有 occurs 属性。

label NMTOKEN #REQUIRED

occurs CDATA #IMPLIED

occurs 属性的值或者是"*","+"或者"?"。

以下内容模型描述了带 label 属性的 ref 元素所允许的内容：

EMPTY

让/作为 ref 的 label 属性引用的标签。当没有说明 occurs 属性时，该 ref 产生一个标签序列，该序列仅由/的一次出现来构成。当说明了 occurs 属性时，"*"重复序列零次或多次，"+"重复序列一次或多次，"?"重复序列零次或一次。

6.11 hedgeRef

hedgeRef 表示引用了由某些 hedgeRule 元素描述的标签的元素树篱模型。

hedgeRef 有 occurs 属性。

label NMTOKEN #REQUIRED

occurs CDATA #IMPLIED

occurs 属性的值是"*","+"或"?"。

以下内容模型描述了 hedgeRef 元素允许的内容：

EMPTY

hedgeRef 被 hedgeRule 元素的元素树篱模型代替，那些 hedgeRule 描述了被该 hedgeRef 引用的标签(详见 8.4)。

6.12 sequence

sequence 表示使元素树篱模型相互联系的元素树篱模型。

sequence 有 occurs 属性。occurs 属性的允许值与语义和有 label 属性的 ref 一样。

occurs CDATA #IMPLIED

以下内容模型描述了 sequence 元素的允许内容：

(ref|hedgeRef|choice|sequence|element|none|empty)*

假设 sequence 的子元素是 $c_1, c_2, \cdots, c_m$。再假设 c_1 产生标签序列 $l_{11}, l_{12}, \cdots, l_{1i}$，$c_2$ 产生标签序列 $l_{21}, l_{22}, \cdots, l_{2j}$；$c_3$ 及以下子元素也产生类似序列，c_m 产生标签序列 $l_{m1}, l_{m2}, \cdots, l_{mk}$。当没有说明 occurs 属性时，该 sequence 产生 $l_{11}, l_{12}, \cdots, l_{1j}, l_{21}, l_{22}, \cdots, l_{2j}, \cdots, l_{m1}, l_{m2}, \cdots, l_{mk}$。当说明了 occurs 属性时，"*"将重复序列零或多次，"+"将重复序列一次或多次，"?"将重复序列零次或一次。

6.13 choice

choice 表示元素树篱模型中选择的元素树篱模型。

choice 有 occurs 属性。occurs 属性的允许值与语义和有 label 属性的 ref 一样。

occurs CDATA #IMPLIED

以下内容模型描述了 choice 元素的允许内容：

(ref|hedgeRef|choice|sequence|element|none|empty)*

假设 choice 的子元素是 $c_1, c_2, \cdots, c_m$。再假设 c_1 产生标签序列 $l_{11}, l_{12}, \cdots, l_{1i}$，$c_2$ 产生标签序列 $l_{21}, l_{22}, \cdots, l_{2j}$；$c_3$ 及以下子元素也产生类似序列，c_m 产生标签序列 $l_{m1}, l_{m2}, \cdots, l_{mk}$。当没有说明 occurs 属性

时,该 choice 产生以下序列中的任意一种:标签序列 l_{11},l_{12},…,l_{1i},标签序列 l_{21},l_{22},…,l_{2j},…,或者标签序列 l_{m1},l_{m2},…,l_{mk}。当说明了 occurs 属性时,“*”将重复序列零或多次,“+”将重复序列一次或多次,“?”将重复序列零次或一次。

6.14 empty

empty 表示匹配空标签序列的元素树篱模型。

empty 没有属性。

以下内容模型描述了 empty 元素的允许内容:

EMPTY

6.15 none

none 表示不匹配标签序列的元素树篱模型。

none 没有属性。

以下内容模型描述了 none 元素的允许内容:

EMPTY

6.16 mixed

mixed 提供了混合树篱模型。

mixed 没有属性。

以下内容模型描述了 mixed 元素的允许内容:

(ref|hedgeRef|choice|sequence|element|none|empty)

假设元素树篱模型是混合树篱模型的子模型,该元素树篱模型会产生一些标签序列。该标签序列匹配混合树篱模型,它可被添加到任意字符的前驱、中间或后续部位。

6.17 element

element 提供一种方便的速记,它扩展了 ref、tag 和 elementRule。

element 有 name 属性,type 属性和 occurs 属性。应说明 name 属性和 type 属性。occurs 属性的允许值与语义和带有 label 属性的 ref 一样。

name NMTOKEN #REQUIRED

type NMTOKEN #REQUIRED

occurs CDATA #IMPLIED

以下内容模型描述了 element 允许的内容。在该内容模型中,假设表示刻面的所有元素类型由“|”连接,并声明为刻面参数实体的值。

(annotation?,(%facet;)*)

element 根据以下规则扩展了 ref,tag 和 elementRule:

a) ref 元素应被创建,并替换 element。将不会与其他规则冲突的适当的标签创建为该 ref 的 label 属性值。如果 element 有 occurs 属性,应复制到 ref;
b) elementRule 元素应被创建,并添加到该模块。将不会与其他角色发生冲突的适当的角色创建为 elementRule 的 role 属性值。label 属性的值是在 a)中创建的标签。elementRule 的树篱模型应是数据类型引用。被引用的数据类型名称应是 element 的 type 属性值。element 内容应是 element 的内容;
c) tag 元素应被创建,并添加到该模块。该 tag 的 role 属性值应是在 b)中创建的角色。该 tag 的 name 属性值应是原 element 的 name 属性值。

6.18 include

include 提供了引用其他模块的机制。

include 有 moduleLocation 属性。

moduleLocation CDATA #REQUIRED

moduleLocation 属性通过 URI 引用(IETF RFC 2396)引用了另一个模块。URI 引用不应包含片段标识符。

以下内容模型描述了 include 元素的允许内容：

```
(annotation?)
```

包括 include 的模块被视为引用模块，由 moduleLocation 属性引用的模块被视为被引用模块。被引用模块和引用模块必须由 targetNamespace 属性说明相同的值。

6.19 div

div 被引进为一种机制来组合条款、产生规则和 include 元素，并在 interface 元素中组合 export 元素。

div 没有属性。

以下内容模型描述了 div 元素的允许内容。当且仅当 interface 是 div 的祖先时，div 可有从属 export。当 div 元素没有 interface 祖先时，它可包含从属条款、产生规则和 include 元素。

```
(annotation?,div*,
   (((elementRule|hedgeRule|tag|attPool|include),
      (element|hedgeRule|tag|attPool|include|div)*)
   |
   (export,(export|div)*))?)
```

6.20 annotation

annotation 被引进为一种在模块中嵌入注释的机制。

annotation 没有属性。

以下内容模块描述了 annotation 元素允许的内容：

```
(appinto|documentation)*
```

6.21 documentation

documentation 被引进为给人阅读的注解。

documentation 有 source 属性。

```
source CDATA #IMPLIED
```

当说明了 source 属性时，其值应是 URI 引用(见 IETF RFC 2396)。

以下内容模型描述了 documentation 元素的允许内容：

```
(#PCDATA)
```

documentation 元素说明了 source 属性应是空元素。非空 documentation 元素不应说明 source 属性。

6.22 appinfo

appinfo 是一种为处理模型的用户程序嵌入信息的机制。

appinfo 有 source 属性。

```
source CDATA #IMPLIED
```

当说明 source 属性时，其值应是 URI 引用(见 IETF RFC 2396)。

```
(#PCDATA)
```

appinfo 元素说明了 source 属性应是空元素。非空 appinfo 元素不应说明 source 属性。

7 数据类型

7.1 概要

本部分的数据类型或者是 XML Schema 第 2 部分的内置数据类型，或者是 RELAX 核心说明的数据类型。

注 12：目前不允许用户定义新的数据类型。

7.2 XML schema 第 2 部分的内置数据类型

XML Schema 第 2 部分的内置数据类型是可用的。强烈推荐支持以下数据类型：

a) string
b) boolean
c) float
d) double
e) anyURI
f) normalizedString
g) token
h) language
i) NMTOKEN
j) NMTOKENS
k) Name
l) NCName
m) ID
n) IDREF
o) long
p) int
q) short
r) byte
s) unsingedLong
t) unsingedInt
u) unsingedShort，和
v) unsingedByte

ID、IDREF、IDREFS、ENTITY、ENTITIES、NOTATION、NMTOKEN、NMTOKENS 数据类型可以被 attribute 的 type 属性引用，但是不能被 elementRule 或 element 的 type 属性引用。

tag 元素和那些从该 tag 中直接或间接引用的 attPool 元素不应声明多个 ID 属性。

如果共享相同标签名称的多 tag 元素直接或间接地声明了 ID 属性，这些属性应由单 attPool 元素的某些 attribute 元素进行声明，单 attPool 元素应由每个 tag 元素直接或间接引用。如果共享相同标签名称的多 tag 元素直接或间接声明了 IDREF 属性，这些属性应由单 attPool 元素的 attribute 元素进行声明，每个都应由 tag 元素直接或间接地引用。如果共享相同标签名称的多 tag 元素直接或间接声明了 IDREFS 属性，这些属性应由单 attPool 元素的 attribute 元素进行声明，每个都应由 tag 元素直接或间接地引用。

在文档信息项中，多个元素信息项不应说明与 ID 的属性值相同的名称。换句话说，ID 属性值应唯一标识元素信息项。IDREF 属性值应匹配文档信息项中的某 ID 属性值。IDREFS 属性值应由匹配文档信息项中的某些 ID 属性值组成。

ENTITY 属性值应匹配文档信息项中的一些实体信息项的名称。ENTITIES 属性值应由匹配文档信息项中的一些实体信息项的名称组成。

NOTATION 属性值应匹配文档信息项中的一些记法信息项的名称。

7.3 RELAX 的特定数据类型

7.3.1 none

本数据类型表示空字符串集合。没有字符的字符串属于该数据类型。该数据类型没有适用的刻面。

7.3.2 emptyString

本数据类型表示包含空字符串的唯一集合。该数据类型没有适用的刻面。

7.4 facets

XML Schema 第2部分中的内置数据类型的刻面是可用的。强烈推荐支持以下刻面：

a) length

b) minLength

c) maxLength

d) enumeration

e) maxInclusive

f) maxExclusive

g) minInclusive

h) minExclusive

8 参考模型

8.1 概要

本指导性技术文件规定了参考模型，它用于阐明决定岛是否符合 RELAX 模块及可选的元素树篱模型的准则。

注 13：该参考模型不约束执行。

8.2 创建元素树篱模型

在岛的顶层元素缺乏元素树篱模型时，应从给定模块的 export 元素的 label 属性创建元素树篱。

首先，对于每个由这些 export 元素的 label 属性说明的标签，应创建引用该标签的 ref 元素。其次，元素树篱模型应通过封装这些 ref 元素的 choice 元素来创建。该 ref 元素和 choice 不应有 occurs 属性。

8.3 include 扩展

每个 include 元素应扩展被引用的模块。当被引用模块另外引用了其他模块时，被引用模块中的 include 元素应提前扩展。

8.4 element 扩展

元素树篱模型中的 element 应扩展 ref、elementRule 和 tag。

8.5 module 扩展

每个 hedgeRef 元素应由被 hedgeRef 引用的 hedgeRule 元素的元素树篱模型替代。细节如下：

a) 定位全部 hedgeRule 元素，这些元素描述了被该 hedgeRef 元素引用的标签；

b) 通过 choice 元素封装这些 hedgeRule 元素的树篱模型；

c) 复制 hedgeRef 元素的 occurs 属性给该 choice 元素；

d) 用该 choice 元素替换 hedgeRef 元素；

如果在 choice 元素中出现了其他 hedgeRef 元素，它们应递归扩展。

8.6 嵌入 elementRule 的 tag 扩展

在 elementRule 中嵌入的每个 tag 元素以使其成为该 elementRule 的兄弟元素。应创建不与其他角色发生冲突的角色，并将其说明为 tag 和 elementRule 的 role 属性值。如果 tag 没有 name 属性，它应有 elementRule 的 label 属性值。

8.7 解释

树篱的解释是从该树篱每个元素到角色和标签的映射。

如果至少有一个可靠的解释，则树篱是符合的。如果满足以下条件，则解释是可靠的：

a) 每个元素扮演相关角色；

b) 每个元素的演化是正确的;

c) 与顶层元素相联系的标签序列与给出的元素树篱模型相匹配。

考虑元素 e 及其子元素 e_1,e_2,…,e_n,在 e 中令 t_0 为 e_1 前的字符序列,令 t_i 为出现在 e_i 与 e_{i+} 之间的字符序列,令 t_n 为 e_n 后的字符序列。根据定义,t_0,e_1,t_1,e_2,t_2,…,e_n,t_n 提供了 e 的内容。

令 l 为与 e 相关联的标签,令 l_1,l_2,…,l_n 为分别与 e_1,e_2,…,e_n 相关联的标签。如果存在一些 elementRule,例如其标签属性值为 l,role 属性值是与 e 相关联的角色,t_0,l_1,t_1,l_2,t_2,…,l_n,t_n 匹配其树篱模型,则 e 的来源是正确的。

根据用户选择,当描述与 e 相关联角色的 tag 元素没有直接或间接地声明 e 的一些属性时(通过一些 attPool),RELAX 核心处理器应输出消息。

当满足以下条件时,hedgeRule 非描述的标签 l_1 和 l_2 被视为上下文不可分:

a) 某些 elementRule p1 的树篱模型引用 l_1;

b) 某些 elementRule p2 的树篱模型引用 l_2;

c) 或者 p1 和 p2 是相同的,或者它们的 role 和 label 属性分别说明了同样的角色和标签。

注 14:如果每个标签都是由 elementRule 描述且由一些树篱模型引用的,则其本身的上下文是不可分的。

如果可能构造同时扮演 r_1 和 r_2 的元素,它们就被视为同时共存。

注 15:每个角色都是与其本身同时共存的。

如果一些 elementRule 的 role 和 label 属性各自说明了角色 r 和标签 l,r 被视为引导 l 的。

当 RELAX 模块没有满足以下唯一条件时,RELAX 核心处理器应该但不需要继续正常处理。

a) 如果标签 l_1 和 l_2 是上下文不可分的,角色 r_1 和 r_2 是同时共存的,且 r_1 和 r_2 分别引导 l_1 和 l_2,那么 l_1 和 l_2 是等同的,r_1 和 r_2 是等同的。

当 RELAX 核心处理器获取到不满足该唯一条件的 RELAX 模块时,则可输出消息并停止正常处理。当唯一条件没有得到满足时,RELAX 核心处理器应输出警告消息。

9 符合性

9.1 概要

本指导性技术文件定义了 RELAX 模块的符合性级别和 RELAX 核心处理器的符合性级别。

9.2 RELAX 模块的符合性级别

本指导性技术文件定义了 RELAX 模块的两种符合性级别:"经典"和"完全 relaxed"。

"经典"符合性级别应有以下约束:

a) elementRule 不应有 label 属性;

b) 一个以上 elementRule 不应说明相同角色;

c) 一个以上 hedgeRule 不应说明相同标签;

d) tag 不应说明 role 属性;

e) 一个以上 tag 不应说明相同标签名称;

f) 不应存在 element;

g) elementRule 的子元素中不应存在 tag;

h) mixed 的子元素应是有 label 属性、hedgeRef 或 choice 的 ref。它们应说明 occurs 属性的值为"*"。当 choice 是子元素时,应用 l)项。当 hedgeRef 是子元素时,应用 j)项;

i) 这些在 h)项中显示的 choice 元素的子元素应是带有 label 属性或 hedgeRef 的 ref。这些子元素不应说明 occurs 属性。当 hedgeRef 是子元素时,应用 j)项;

j) 由这些在 h)项和 l)项显示的 hedgeRef 元素引用的 hedgeRule 应有带有标签属性、hedgeRef 或 choice 的 ref 作为树篱模型。它不应说明 occurs 属性。当 hedgeRef 是树篱模型时,其条款应递归应用;

k) 数据类型应约束为 string、boolean、float、double、long、int、short、byte、ID、IDREF、ENTITY、NOTATION、IDREFS、ENTITIES、NMTOKEN 和 NMTOKENS;

l) 刻面应约束为 enumeration、maxInclusive、maxExclusive、minInclusive 和 minExclusive。"完全 relax"符合性级别不应有以上任何约束。

9.3 RELAX 核心处理器的符合性级别

本指导性技术文件定义了 RELAX 模块的两种符合性级别:"经典"和"完全 relaxed"。

如果 RELAX 核心处理器可以正确处理遵循"经典"符合性级别的模块,则遵循"经典"符合性级别。假定模块包含了超出经典符合性层次范围之外的特性时,RELAX 核心处理器可能停止正常处理,并且根据用户选择提供适当的消息。

如果 RELAX 核心处理器可以正确地处理任何 RELAX 模块,则其符合"完全 relaxed"符合性级别。

当 RELAX 模块有语法错误(例如,不是文档信息项或不满足本指导性技术文件说明的条件),将不会做进一步处理。根据用户选择,RELAX 核心处理器应报告这些语法错误。

附　录　A
（资料性附录）
RELAX 核心的 DTD

A.1 RELAX 核心的内核

```
<?xml version="1.0" encoding="UTF-8"?>
<!--RELAX 核心(版本 1.0)的 DTD-->
<!-- ****************************************************** -->
<!--                                                         -->
<!--                合格名称的参数实体                         -->
<!--                                                         -->
<!-- ****************************************************** -->
<!ENTITY % corePrefix "">
<!ENTITY % interface "%corePrefix;interface">
<!ENTITY % export "%corePrefix;export">
<!ENTITY % div "%corePrefix;div">
<!ENTITY % tag "%corePrefix;tag">
<!ENTITY % elementRule "%corePrefix;elementRule">
<!ENTITY % module "%corePrefix;module">
<!ENTITY % include "%corePrefix;include">
<!ENTITY % attPool "%corePrefix;attPool">
<!ENTITY % hedgeRule "%corePrefix;hedgeRule">
<!ENTITY % ref "%corePrefix;ref">
<!ENTITY % hedgeRef "%corePrefix;hedgeRef">
<!ENTITY % choice "%corePrefix;choice">
<!ENTITY % sequence "%corePrefix;sequence">
<!ENTITY % element "%corePrefix;element">
<!ENTITY % none "%corePrefix;none">
<!ENTITY % empty "%corePrefix;empty">
<!ENTITY % anyOtherElement "%corePrefix;anyOtherElement">
<!ENTITY % anyOtherAttribute "%corePrefix;anyOtherAttribute">
<!ENTITY % mixed "%corePrefix;mixed">
<!ENTITY % attribute "%corePrefix;attribute">
<!ENTITY % annotationCore "%corePrefix;annotationCore">
<!ENTITY % appinfoCore "%corePrefix;appinfoCore">
<!ENTITY % documentationCore "%corePrefix;documentationCore">
<!-- ****************************************************** -->
<!--                                                         -->
<!--                引用的数据类型.mod                         -->
<!--                                                         -->
<!-- ****************************************************** -->
```

```
<! ENTITY % p "">
<! ENTITY % restriction1 "not_supported">
<! ENTITY % attrDecls "not_supported">
<! ENTITY % annotation "%annotationCore;">
<! ENTITY % datatype-definitions SYSTEM "datatypes.dtd">
%datatype-definitions;
<! -- ****************************************************** -->
<! --                                                          -->
<! --                RELAX模块的整体结构                       -->
<! --                                                          -->
<! -- ****************************************************** -->
<! ELEMENT %interface; ((%annotation;)?, (%export;|%div;)*)>
<! ENTITY % clause "%tag;|%attPool;">
<! ENTITY % rule "%elementRule;|%hedgeRule;">
<! ENTITY %module; ((%annotationCore;)?,(%interface;)?,(%clause;|%rule;|%div;|%in-
clude;)*)>
<! ATTLIST %module;
                moduleVersion       CDATA       #IMPLIED
                relaxCoreVersion    CDATA       #REQUIRED
                targetNameSpace     CDATA       #IMPLIED
                xmlns               CDATA       #FIXED
                                    "http://www.xml.gr.jp/xmlns/relaxCore"
>
<! -- ****************************************************** -->
<! --                                                          -->
<! --                          div                             -->
<! --                                                          -->
<! -- ****************************************************** -->
<! ELEMENT %div;((%annotationCore;)?,
                 (%div;)*,
                 (((%rule;|%clause;|%include;),
                 (%rule;|%clause;|%include;|%div;)*)
                 |
                 (%export;,(%export;||%div;)*))?)>
<! --
当在模块内出现了div时,使用(%rule;|%clause;|%include;|%div;)*,
而当在接口元素中出现div时,使用(%export;|%div;)*
-->

<! -- ****************************************************** -->
<! --                                                          -->
<! --                          接口                            -->
<! --                                                          -->
```

```
〈! -- ******************************************************* --〉

〈! ELEMENT % export; ((%annotationCore;)?)〉
〈! ATTLIST % export; label NMTOKEN #REQUIRED〉
〈! -- ******************************************************* --〉
〈! --                                                          --〉
〈! --                        包含                              --〉
〈! --                                                          --〉
〈! -- ******************************************************* --〉
〈! ELEMENT % include; ((%annotationCore;)?)〉
〈! ATTLIST % include; moduleLocation CDATA #REQUIRED〉
〈! -- ******************************************************* --〉
〈! --                                                          --〉
〈! --                      树篱模型                            --〉
〈! --                                                          --〉
〈! -- ******************************************************* --〉
〈! --参数实体“particle”用于描述元素树篱模型。也用作
〈sequence〉,〈choice〉,〈mixed〉的附属。--〉
〈! ENTITY % particle "%ref;|%hedgeRef;|%choice;|%sequence;|%element;
               |%none;|%empty;"〉
〈! ENTITY % hedgeModel "(%particle;|%mixed;)"〉
〈! --参数实体“repeatable”用于说明“occurs”属性,
这是与其他元素共享的。允许的值有“?”、“+”或者“*”。--〉
〈! ENTITY % repeatable "occurs      CDATA      #IMPLIED"〉
〈! ELEMENT % hedgeRef; EMPTY〉
〈! ATTLIST % hedgeRef;
                label       NMTOKEN        #REQUIRED
                    %repeatable;
〉
〈! ELEMENT % ref; EMPTY〉
〈! ELEMENT % ref;
                label       NMTOKEN        #IMPLIED
                role        NMTOKEN        #IMPLIED
                    %repeatable;
〉
〈! ELEMENT % empty; EMPTY〉
〈! ELEMENT % choice; (%particle;)*〉
〈! ATTLIST % choice; %repeatable;〉
〈! ELEMENT % sequence; (%particle;)*〉
〈! ATTLIST % sequence; %repeatable;〉
〈! ELEMENT % none; EMPTY〉
〈! ELEMENT % mixed; (%particle;)〉
〈! ELEMENT % element; ((%annotationCore;)?,(%facet;)*)〉
```

```
<! ATTLIST %element;
                name        NMTOKEN     #REQUIRED
                type        NMTOKEN     #REQUIRED
                        %repeatable;
>

<! -- ****************************************************** -->
<! --                                                          -->
<! --                          规则                            -->
<! --                                                          -->
<! -- ****************************************************** -->
<! ELEMENT %elementRule;((%annotationCore;)?,(%tag;)?,
                              ((%hedgeModel;)|(%facet;)*)))
<! ATTLIST %elementRule;
      role     NMTOKEN       #IMPLIED
      label    NMTOKEN       #IMPLIED
      type     NMTOKEN       #IMPLIED
>
<! ELEMENT %hedgeRule;((%annotationCore;)?,(%particle;)))
<! ATTLIST %hedgeRule;
      label    NMTOKEN       #IMPLIED
>

<! -- ****************************************************** -->
<! --                                                          -->
<! --                          条                              -->
<! --                                                          -->
<! -- ****************************************************** -->
<! ENTITY % clauseBody "(%annotationCore;)?,(%ref;|%attribute;)*">
<! ELEMENT %tag;(%clauseBody;))
<! ATTLIST %tag;
      role     NMTOKEN       #IMPLIED
      name     NMTOKEN       #IMPLIED
>
<! ELEMENT %attPool;(%clauseBody;))
<! ATTLIST %attPool;
      role     NMTOKEN       #REQUIRED
>
<! ELEMENT %attribute; ((%annotationCore;)?,(%facet;)*))
<! ATTLIST %attribute;
      name       NMTOKEN      #REQUIRED
      required   (true)       #IMPLIED
      type       NMTOKEN      #IMPLIED
```

```
〉

〈! -- ************************************************************ --〉
〈! --                                                                --〉
〈! --                         注释                                   --〉
〈! --                                                                --〉
〈! -- ************************************************************ --〉

〈! ELEMENT %annotationCore;(%appinfoCore;|%documentationCore;)*〉
〈! ELEMENT %appinfoCore; ANY〉        〈! --太约束--〉
〈! ATTLIST %appinfoCore;
          source    CDATA        #IMPLIED〉
〈! ELEMENT %documentationCore; ANY〉        〈! --太约束--〉
〈! ATTLIST %documentationCore;
          source    CDATA        #IMPLIED〉
```

A.2 数据类型

RELAX 核心使用了 XML Schema 第 2 部分附录 B 中的"datatypes.dtd",它定义了引用数据类型和刻面的语法。本 DTD 的 URL 是"http://www.w3.org/2001/datatypes.dtd"。

附　录　B
（资料性附录）
RELAX 核心的 RELAX 模块

B.1　RELAX 核心的内核

```
<?xml version="1.0" encoding="UTF-8"?>
<!DOCTYPE module SYSTEM "relaxCore.dtd">
<!--RELAX 核心(版本 1.0)模块-->
<module moduleversion="1.0" relaxCoreVersion="1.0" targetNamespace="http://www.xml.gr.
jp/xmlns/relaxCore" xmlns="http://www.xml.gr.jp/xmlns/relaxCore">
        <interface>
            <export label="module"/>
        </interface>
        <include moduleLocation="datatypes.rxm"/>
        <div>
            <annotation>
                <documentation>RELAX 模块的整体结构</documentation>
            </annotation>
            <elementRule role="module">
                <sequence>
                  <ref label="annotation" occurs="?"/>
                  <ref label="interface" occurs="?"/>
                  <choice occurs="*">
                      <hedgeRef label="clause"/><!--向前引用是可以的-->

                      <hedgeRef label="rule"/><!--向前引用是可以的-->

                      <ref label="divInModule"/>
                      <ref label="include"/>
                  </choice>
                </sequence>
              </elementRule>
              <tag name="module">
                  <attribute name="moduleVersion" type="string"/>
                  <attribute name="relaxCoreVersion" type="string" required="true">
                      <enumeration value="1.0"/>
                  </attribute>
                  <attribute name="targetNamespace" type="anyURI"/>
              </tag>
              <elementRule role="interface">
                  <sequence>
```

```
        <ref label="annotation" occurs="?"/>
            <choice occurs="*">
                <ref label="export"/>
                <ref label="divInInterface"/>
            </choice>
        </sequence>
    </elementRule>
    <tag name="interface"/>
    <hedgeRule label="clause">
        <choice>
            <ref label="tag"/>
            <ref label="attPool"/>
        </choice>
    </hedgeRule>
    <hedgeRule label="rule">
        <choice>
            <ref label="elementRule"/>
            <ref label="hedgeRule"/>
        </choice>
    </hedgeRule>
    <elementRule role="divInModule">
        <annotation>
            <documentation>模块中的 div 元素</documentation>
        </annotation>
        <tag name="div"/>
        <sequence>
            <ref label="annotation" occurs="?"/>
            <choice occurs="*">
                <hedgeRef label="rule"/>
                <hedgeRef label="clause"/>
                <ref label="divInModule"/>
                <ref label="include"/>
            </choice>
        </sequence>
    </elementRule>
</div>
<div>
    <annotation>
        <documentation>接口</documentation>
    </annotation>
    <elementRule role="export">
        <ref label="annotation" occurs="?"/>
    </elementRule>
```

```
    <tag name="export">
        <attribute name="label" required="true" type="NCName"/>
        </tag>
        <elementRule role="divInModule">
            <annotation>
                <documentation>接口中的 div 元素</documentation>
            </annotation>
            <tag name="div"/>
            <sequence>
                <ref label="annotation" occurs="?"/>
                <choice occurs=" * ">
                    <ref label="divInModule"/>
                    <ref label="include"/>
                </choice>
            </sequence>
        </elementRule>
</div>
<div>
    <annotation>
        <documentation>包含</documentation>
    </annotation>
    <elementRule role="include">
        <ref label="annotation" occurs="?"/>
    </elementRule>
    <tag name="include">
        <attribute name="moduleLocation" type="anyURI" required="true"/>
    </tag>
</div>
<div>
    <annotation>
        <documentation>树篱模型</documentation>
    </annotation>
    <hedgeRule label="particle">
        <annotation>
          <documentation>
                用于描述元素树篱模型。也用作 sequence、choice 和 mixed 的附属。
          </documentation>
        </annotation>
        <choice>
            <ref label="refWithLabel"/>
            <ref label="hedgeRef"/>
            <ref label="choice"/>
            <ref label="sequence"/>
```

```
            〈ref label = "element"/〉
            〈ref label = "none"/〉
            〈ref label = "empty"/〉
        〈/choice〉
    〈/hedgeRule〉
    〈hedgeRule〉
        〈choice〉
            〈hedgeRef label = "particle"/〉
            〈ref label = "mixed"/〉
        〈/choice〉
    〈/hedgeRule〉
    〈attPool role = "repeatable"〉
        〈annotation〉
            〈documentation〉
                用于说明“occurs”属性，这是几个元素共享的。
            〈/documentation〉
        〈/annotation〉
        〈attribute name = "occurs" type = "string"〉
            〈enumeration value = "?"/〉
            〈enumeration value = " * "/〉
            〈enumeration value = " + "/〉
        〈/attribute〉
      〈/attPool〉
      〈elementRule role = "hedgeRef" type = "emptyString"/〉
      〈tag name = "hedgeRef"〉
        〈ref role = "repeatable"/〉
        〈attribute name = "label" required = "true" type = "NCName"/〉
      〈/tag〉
      〈elementRule role = "refWithLabel"〉
        〈annotation〉
            〈documentation〉有 label 属性的 ref 元素〈/documentation〉
      〈/annotation〉
      〈tag name = "ref"〉
            〈ref role = "repeatable"/〉
            〈attribute name = "label" required = "true" type = "NCName"/〉
            〈attribute name = "role" type = "none"/〉
      〈/tag〉
    〈/elementRule〉
    〈elementRule role = "empty" type = "emptyString"/〉
    〈tag name = "empty"/〉
    〈elementRule role = "choice"〉
          〈hedgeRef label = "particle" occurs = " * "/〉
    〈/elementRule〉
```

```
    〈tag name = "choice"〉
        〈ref role = "repeatable"/〉
    〈/tag〉
    〈elementRule role = "sequence"〉
    〈hedgeRef label = "particle" occurs = " * "/〉
  〈/elementRule〉
  〈tag name = "sequence"〉
      〈ref role = "repeatable"/〉
  〈/tag〉
  〈elementRule role = "none" type = "emptyString"/〉
  〈tag name = "none"/〉
  〈elementRule role = "mixed"〉
      〈hedgeRef label = "particle"/〉
  〈/elementRule〉
  〈tag name = "mixed"/〉
  〈elementRule role = "element"〉
      〈annotation〉
          〈documentation〉有 type 属性〈/documentation〉
      〈/annotation〉
      〈tag name = "element"〉
          〈ref role = "repeatable"/〉
          〈attribute name = "name" required = "true" type = "NCName"/〉
          〈attribute name = "type" required = "true" type = "NCName"/〉
      〈/tag〉
      〈sequence〉
          〈ref label = "annotation" occurs = "?"/〉
          〈hedgeRef label = "facet" occurs = " * "/〉
      〈/sequence〉
    〈/elementRule〉
〈/div〉
〈div〉
    〈annotation〉
      〈documentation〉规则〈/documentation〉
    〈/annotation〉
    〈elementRule role = "elementRule"〉
      〈annotation〉
          〈documentation〉没有嵌入的标记元素〈/documentation〉
          〈documentation〉有类型属性〈/documentation〉
      〈/annotation〉
      〈tag name = "elementRule"〉
          〈attribute name = "role" required = "true" type = "NCName"/〉
          〈attribute name = "label" type = "NCName"/〉
          〈attribute name = "type" required = "true" type = "NCName"/〉
```

```
    〈/tag〉
    〈sequence〉
        〈ref label = "annotation" occurs = "?"/〉
        〈hedgeRef label = "facet" occurs = " * "/〉
    〈/sequence〉
    〈/elementRule〉
    〈elementRule role = "elementRule"〉
        〈annotation〉
            〈documentation〉有嵌入的标记元素〈/documentation〉
            〈documentation〉有类型属性〈/documentation〉
        〈/annotation〉
        〈tag name = "elementRule"〉
            〈attribute name = "role" type = "none"/〉
            〈attribute name = "label" required = "true" type = "NCName"/〉
            〈attribute name = "type" required = "true" type = "NCName"/〉
        〈/tag〉
        〈sequence〉
            〈ref label = "annotation" occurs = "?"/〉
            〈ref label = "tagInRule"/〉
            〈hedgeRef label = "facet" occurs = " * "/〉
        〈/sequence〉
    〈/elementRule〉
    〈elementRule role = "elementRule"〉
        〈annotation〉
            〈documentation〉没有嵌入的标记元素〈/documentation〉
            〈documentation〉有树篱模型〈/documentation〉
        〈/annotation〉
        〈tag name = "elementRule"〉
            〈attribute name = "role" required = "true" type = "NCName"/〉
            〈attribute name = "label" type = "NCName"/〉
            〈attribute name = "type" type = "none"/〉
        〈/tag〉
        〈sequence〉
            〈ref label = "annotation" occurs = "?"/〉
            〈hedgeRef label = "hedgeModel"/〉
        〈/sequence〉
〈/elementRule〉
〈elementRule role = "elementRule"〉
        〈annotation〉
            〈documentation〉有嵌入的标记元素〈/documentation〉
            〈documentation〉有类型属性〈/documentation〉
        〈/annotation〉
        〈tag name = "elementRule"〉
```

```
            〈attribute name = "role" type = "none"/〉
            〈attribute name = "label" required = "true" type = "NCName"/〉
            〈attribute name = "type" type = "none"/〉
        〈/tag〉
        〈sequence〉
            〈ref label = "annotation" occurs = "?"/〉
            〈ref label = "tagInRule"/〉
            〈hedgeRef label = "hedgeModel"/〉
        〈/sequence〉
    〈/elementRule〉
    〈elementRule role = "hedgeRule"〉
        〈sequence〉
            〈ref label = "annotation" occurs = "?"/〉
            〈hedgeRef label = "hedgeModel"/〉
        〈/sequence〉
    〈/elementRule〉
    〈tag name = "hedgeRule"〉
        〈attribute name = "label" required = "true" type = "NCName"/〉
    〈/tag〉
〈/div〉
〈div〉
    〈annotation〉
        〈documentation〉条〈/documentation〉
    〈/annotation〉
    〈hedgeRule label = "clauseBody"〉
        〈sequence〉
          〈ref label = "annotation" occurs = "?"/〉
          〈choice occurs = " * "〉
                〈ref label = "refWithRole"/〉
                〈ref label = "attribute"/〉
          〈/choice〉
        〈/sequence〉
    〈/hedgeRule〉
    〈elementRule role = "tag"〉
        〈hedgeRef label = "clauseBody"/〉
    〈/elementRule〉
    〈tag name = "tag"〉
        〈attribute name = "role" type = "NCName"/〉
        〈attribute name = "name" required = "true" type = "NCName"/〉
    〈/tag〉
    〈elementRule label = "tagInRule"〉
        〈annotation〉
            〈documentation〉在 elementRule 中嵌入的标记元素〈/documentation〉
```

```
            </annotation>
            <tag name="tag">
                <attribute name="role" type="none"/>
                <attribute name="name" type="NCName"/>
            </tag>
        </elementRule>
        <elementRule role="attPool">
        <hedgeRef label="clauseBody"/>
    </elementRule>
    <tag name="attPool">
        <attribute name="role" required="true" type="NCName"/>
    </tag>
    <elementRule label="refWithRole" type="emptyString">
        <annotation>
            <documentation>有 role 属性的 ref 元素</documentation>
        </annotation>
        <tag name="ref">
            <attribute name="role" required="true" type="NCName"/>
            <attribute name="label" type="none"/>
        </tag>
    </elementRule>
    <elementRule role="attribute">
        <sequence>
            <ref label="annotation" occurs="?"/>
            <hedgeRef label="facet" occurs="*"/>
        </sequence>
    </elementRule>
    <tag name="attPool">
        <attribute name="name" required="true" type="NCName"/>
        <attribute name="type" type="NCName"/>
        <attribute name="required" type="NMTOKEN">
            <enumeration value="true"/>
        </attribute>
    </tag>
</div>
<div>
    <annotation>
        <documentation>注释</documentation>
    </annotation>
    <elementRule role="annotation">
        <choice occurs="*">
            <ref label="appinfo"/>
            <ref label="documentation"/>
```

```
        </choice>
      </elementRule>
      <tag name="annotation"/>
      <elementRule role="appinfo" type="string"/>
      <tag name="appinfo">
          <attribute name="source" type="string"/>
      </tag>
      <elementRule role="documentation" type="string"/>
      <tag name="documentation">
          <attribute name="source" type="string"/>
      </tag>
    </div>
</module>
```

B.2 数据类型

本模块是资料性内容。官方描述是XML Schema第2部分的附录A中的数据类型定义的schema。

```
<?xml version="1.0" encoding="UTF-8"?>
<!--XML Schema的模块:第2部分:数据类型-->
<!DOCTYPE module SYSTEM "relaxCore.dtd">
<module moduleversion="1.0" relaxCoreVersion="1.0" targetNamespace="http://www.xml.gr.jp/xmlns/relaxCore" xmlns="http://www.xml.gr.jp/xmlns/relaxCore">
      <hedgeRule label="minBound">
          <choice>
              <ref label="minInclusive"/>
              <ref label="minExclusive"/>
          </choice>
      </hedgeRule>
      <hedgeRule label="maxBound">
          <choice>
              <ref label="maxInclusive"/>
              <ref label="maxExclusive"/>
          </choice>
      </hedgeRule>
      <hedgeRule label="bounds">
          <choice>
              <ref label="minBound"/>
              <ref label="maxBound"/>
          </choice>
      </hedgeRule>
      <hedgeRule label="numeric">
          <choice>
              <ref label="totalDigits"/>
              <ref label="fractionDigits"/>
```

```
        </choice>
    </hedgeRule>
    <hedgeRule label="ordered">
        <choice>
            <ref label="bounds"/>
            <ref label="numeric"/>
        </choice>
    </hedgeRule>
    <hedgeRule label="unordered">
        <choice>
            <ref label="pattern"/>
            <ref label="enumeration"/>
            <ref label="whiteSpace"/>
            <ref label="length"/>
            <ref label="maxLength"/>
            <ref label="minLength"/>
        </choice>
    </hedgeRule>
    <hedgeRule label="facet">
        <choice>
            <ref label="ordered"/>
            <ref label="unordered"/>
        </choice>
    </hedgeRule>
    <attPool role="facetAttr">
        <attribute name="value" required="true"/>
    </attPool>
    <attPool role="fixedAttr">
        <attribute name="fixed" type="boolean"/>
    </attPool>
    <hedgeRule label="facetModel">
        <ref label="annotation" occurs="?"/>
    </hedgeRule>
    <elementRule role="maxExclusive">
        <hedgeRef label="facetModel"/>
    </elementRule>
    <tag name="maxExclusive">
        <ref role="facetAttr"/>
        <ref role="fixedAttr"/>
    </tag>
    <elementRule role="minExclusive">
        <hedgeRef label="facetModel"/>
    </elementRule>
```

```
<tag name = "minExclusive">
    <ref role = "facetAttr"/>
    <ref role = "fixedAttr"/>
</tag>
<elementRule role = "maxInclusive">
    <hedgeRef label = "facetModel"/>
</elementRule>
<tag name = "maxInclusive">
    <ref role = "facetAttr"/>
    <ref role = "fixedAttr"/>
</tag>
<elementRule role = "minInclusive">
    <hedgeRef label = "facetModel"/>
</elementRule>
<tag name = "minInclusive">
    <ref role = "facetAttr"/>
    <ref role = "fixedAttr"/>
</tag>
<elementRule role = "totalDigits">
    <hedgeRef label = "facetModel"/>
</elementRule>
<tag name = "totalDigits">
    <ref role = "facetAttr"/>
    <ref role = "fixedAttr"/>
</tag>
<elementRule role = "fractionDigits">
    <hedgeRef label = "facetModel"/>
</elementRule>
<tag name = "fractionDigits">
    <ref role = "facetAttr"/>
    <ref role = "fixedAttr"/>
</tag>
<elementRule role = "length">
    <hedgeRef label = "facetModel"/>
</elementRule>
<tag name = "length">
    <ref role = "facetAttr"/>
    <ref role = "fixedAttr"/>
</tag>
<elementRule role = "minLength">
    <hedgeRef label = "facetModel"/>
</elementRule>
<tag name = "minLength">
```

```
        <ref role="facetAttr"/>
        <ref role="fixedAttr"/>
    </tag>
    <elementRule role="maxLength">
        <hedgeRef label="facetModel"/>
    </elementRule>
    <tag name="maxLength">
        <ref role="facetAttr"/>
        <ref role="fixedAttr"/>
    </tag>
    <elementRule role="enumeration">
        <hedgeRef label="facetModel"/>
    </elementRule>
    <tag name="enumeration">
        <ref role="facetAttr"/>
        <ref role="fixedAttr"/>
    </tag>
    <elementRule role="whiteSpace">
        <hedgeRef label="facetModel"/>
    </elementRule>
    <tag name="whiteSpace">
        <ref role="facetAttr"/>
        <ref role="fixedAttr"/>
    </tag>
    <elementRule role="pattern">
        <hedgeRef label="facetModel"/>
    </elementRule>
    <tag name="pattern">
        <ref role="facetAttr"/>
        <ref role="fixedAttr"/>
    </tag>
</module>
```

参 考 文 献

[1] W3C(World Wide Web Consortium), XML Schema Part 0: Premier, W3C Recommendation, http://www.w3.org/TR.xmlschema-0,2001.

[2] W3C(World Wide Web Consortium), Document Object Model(DOM) Level 2 Core Specification Version 1.0, W3C Recommendation, http://www.w3.org/TR/DOM-Level-2-Core/,2000.

[3] MURATA Makoto, HOW TO RELAX, http://www.xml.gr.jp/relax/,2000.

ICS 71.100.20
G 86

中华人民共和国国家标准

GB/T 26249—2010

电子工业用气体　硒化氢

Gases for electronic industry—Hydrogen selenide

2011-01-14 发布　　　　2011-05-01 实施

中华人民共和国国家质量监督检验检疫总局
中国国家标准化管理委员会　发布

前 言

本标准的附录A和附录B为规范性附录。附录C为资料性附录。

本标准由全国半导体设备和材料标准化技术委员会(SAC/TC 203)提出。

本标准由全国半导体设备和材料标准化技术委员会气体分技术委员会(SAC/TC 203/SC 1)归口。

本标准起草单位:中国计量科学研究院、西南化工研究设计院、上海华爱色谱分析技术有限公司、河北保定市北方特种气体有限公司。

本标准主要起草人:周泽义、方华、庄鸿涛、李建浩、周鹏云、徐少兵。

电子工业用气体　硒化氢

1　范围

本标准规定了硒化氢的技术要求，试验方法以及包装、标志、贮运及安全。

本标准适用于硒铝、硒镁合金化合物水解、单质硒与氢高温反应等方法获得并经精制得到的硒化氢产品。它主要用于太阳能电池、半导体和集成电路生产的外延、离子注入和掺杂。

分子式：H_2Se。

相对分子质量：80.975 88（按2007年国际相对原子质量计算）。

2　规范性引用文件

下列文件中的条款通过本标准的引用而成为本标准的条款。凡是注日期的引用文件，其随后所有的修改单（不包括勘误的内容）或修订版均不适用于本标准，然而，鼓励根据本标准达成协议的各方研究是否可使用这些文件的最新版本。凡是不注日期的引用文件，其最新版本适用于本标准。

GB 190　危险货物包装标志

GB/T 3723　工业用化学产品采样安全通则

GB 5099　钢质无缝气瓶

GB/T 5832.1　气体中湿度的测定　第1部分：电解法

GB 7144　气瓶颜色标志

GB/T 8984　气体中一氧化碳、二氧化碳和碳氢化合物的测定　气相色谱法

GB/T 11640　铝合金无缝气瓶

GB 14193　液化气体气瓶充装规定

GB/T 26571　特种气体储存期规范

《气瓶安全监察规程》（国家质量监督检验检疫总局发布，2000年）

3　技术要求

硒化氢的技术要求应符合表1的规定。

表1　技术指标

项　　目		指　　标
硒化氢（H_2Se）纯度（体积分数）/10^{-2}	≥	99.99
氢（H_2）含量（体积分数）/10^{-6}	≤	20
氧＋氩（O_2＋Ar）含量（体积分数）/10^{-6}	≤	10
氮（N_2）含量（体积分数）/10^{-6}	≤	20
一氧化碳（CO）含量（体积分数）/10^{-6}	≤	10
二氧化碳（CO_2）含量（体积分数）/10^{-6}	≤	10
总烃（以甲烷计）含量（体积分数）/10^{-6}	≤	10
硫化氢（H_2S）含量（体积分数）/10^{-6}	≤	10
水（H_2O）含量（体积分数）/10^{-6}	≤	10

4 试验方法

4.1 检验规则

4.1.1 硒化氢产品应逐一检验并验收。当检验结果有任何一项指标不符合本标准技术要求时，则判该产品不合格。

4.1.2 硒化氢采样安全应符合 GB/T 3723 的相关规定。

4.2 硒化氢纯度

硒化氢纯度按式(1)计算：

$$\Phi = 100 - (\Phi_1 + \Phi_2 + \Phi_3 + \Phi_4 + \Phi_5 + \Phi_6 + \Phi_7 + \Phi_8) \times 10^{-4} \quad \cdots\cdots\cdots\cdots\cdots\cdots (1)$$

式中：

Φ——硒化氢纯度(体积分数)，10^{-2}；

Φ_1——氢含量(体积分数)，10^{-6}；

Φ_2——氧＋氩含量(体积分数)，10^{-6}；

Φ_3——氮含量(体积分数)，10^{-6}；

Φ_4——一氧化碳含量(体积分数)，10^{-6}；

Φ_5——二氧化碳含量(体积分数)，10^{-6}；

Φ_6——总烃含量(体积分数)，10^{-6}；

Φ_7——硫化氢含量(体积分数)，10^{-6}；

Φ_8——水含量(体积分数)，10^{-6}。

4.3 放空

测定硒化氢中的杂质含量时，应对放空的硒化氢试样进行处理，推荐采用活性炭和稀碱溶液进行吸收中和。

4.4 氢、氧＋氩、氮的测定

4.4.1 氢、氧＋氩、氮的测定见附录 A。

4.4.2 允许采用其他等效的方法测定硒化氢中的氢、氧＋氩、氮含量。当对测定结果有异议时，以本标准 4.4.1 规定的方法为仲裁方法。

4.5 一氧化碳、二氧化碳、总烃(以甲烷计)的测定

按 GB/T 8984 规定并采用预切割技术测定硒化氢中的微量一氧化碳、二氧化碳和总烃含量。

预分离柱：长约 2.5 m，内径 2 mm 的不锈钢管，内装粒径为 0.18 mm～0.25 mm 的 Porapak QS，色谱柱在 180 ℃通载气活化约 2 h。或其他等效色谱柱。

允许采用其他等效的方法测定硒化氢中的微量一氧化碳、二氧化碳和总烃含量。当对测定结果有异议时，以 GB/T 8984 规定的方法为仲裁方法。

气体标准样品：组分含量(体积分数)为 1×10^{-6}～10×10^{-6}，其平衡气为氦。

4.6 硫化氢含量的测定

4.6.1 硫化氢的测定见附录 B。

4.6.2 允许采用其他等效的方法测定硒化氢中的硫化氢含量。当对测定结果有异议时，以本标准 4.6.1规定的方法为仲裁方法。

4.7 水分含量的测定

按 GB/T 5832.1 执行。

仪器检测限：0.1×10^{-6}(体积分数)。

允许采用其他等效的方法测定硒化氢中水分含量。当对测定结果有异议时，以 GB/T 5832.1 规定的方法为仲裁方法。

5 包装、标志、贮运及安全

5.1 包装、标志及贮运

5.1.1 硒化氢的充装及贮运应符合《气瓶安全监察规程》的相关规定。

5.1.2 包装硒化氢的气瓶应符合 GB 5099、GB/T 11640 的规定。

5.1.3 推荐使用经过内表面处理的气瓶。推荐使用 CGA350 瓶阀。

5.1.4 应防止瓶口被污染和泄漏。

5.1.5 硒化氢的充装应符合 GB 14193 的相关规定。

5.1.6 气瓶颜色标志应符合 GB 7144 的规定。

5.1.7 运输时,硒化氢气瓶上应附有 GB 190 中指定的标志。

5.1.8 包装容器上应标明"电子硒化氢"字样。

5.1.9 瓶装硒化氢的最大充装量按式(2)计算;

$$m = F_r \cdot V \qquad (2)$$

式中:

m——气瓶内硒化氢的质量,单位为千克(kg);

V——气瓶标明的内容积,单位为升(L);

F_r——硒化氢的充装系数,1.5 kg/L。

5.1.10 硒化氢的充装量按实际称量的质量计。

5.1.11 硒化氢的保存期限按 GB/T 26571 规定执行。

5.1.12 硒化氢出厂时应附有质量合格证,其内容至少应包括:

——产品名称,生产厂名称;

——生产日期或批号,充装质量(kg);

——本标准号及技术指标,检验员号。

5.1.13 硒化氢产品应存放在阴凉、干燥、通风的库房内,严禁暴晒,远离热源。

5.2 安全警示

5.2.1 硒化氢在常温常压下为具有令人不愉快臭味的无色有毒气体,在干燥空气中稳定,于 160 ℃分解成 H_2 和 Se;在潮湿空气中可分解成硒;在空气中燃烧时发出青色火焰,并生成 SeO_2 白色粉末;如果空气供给不充分,则析出单体硒;与硝酸激烈反应,也和氧化物猛烈反应,且有火灾及爆炸的危险;与烷基卤化物形成复盐;能与橡胶中的硫磺作用使橡胶变质;自催化性强,一旦分解形成金属覆盖膜,则急速分解,所以硒化氢的容器、管道的内表面应清洁平滑;能溶于水、二硫化碳和光气;溶于水形成水合物,水溶液呈弱酸性;在水溶液中与硫磺反应生成硫化氢与硒。

5.2.2 与硒化氢接触时,不应使用明火、不应有火花和不应吸烟;不应与高温表面接触;若发生火灾,应切断气源,如对周围环境无危险,让火自行燃烧完全。其他情况用干粉、二氧化碳灭火。

5.2.3 时间加权平均接触限值:0.3×10^{-6}(体积分数)。短期接触限值:1×10^{-6}(体积分数)。最高容许含量:0.1×10^{-6}(体积分数),0.14 mg/m^3。

时间加权平均接触限值:正常 8 h 工作日或 40 h 工作周的时间加权平均含量。

短期接触限值:每次接触时间不得超过 15 min 的时间加权平均接触限值。

5.2.4 硒化氢吸入体内将造成伤害。硒化氢对上呼吸道粘膜和眼结膜有强烈的刺激作用。接触数分钟至 3 h 内,陆续出现中毒症状:流泪、咽喉痛、咳嗽、伴有胸闷、胸痛。重者进一步发展为化学性肺炎或中毒性肺水肿,患者出现呼吸困难,心跳加快,面色苍白,皮肤粘膜紫绀。

5.2.5 长期接触硒化氢可引起角膜坏死,皮肤烧伤,皮炎等症状。

5.2.6 冻伤时应用大量水冲洗,不应脱去衣物,应及时治疗。

5.2.7 泄漏时,应迅速撤离泄露污染区人员至上风处,并隔离直至气体散尽。切断火源、气源。用稀碱液中和，注意处理废水。然后抽排(室内)或强力通风(室外)。

5.2.8 接触硒化氢时，推荐使用带有隔绝式呼吸器的气密式化学防护服。

5.2.9 分析系统应保证密闭。取样、置换过程的硒化氢尾气，都应经解毒处理后再放空。设备、仪器在通硒化氢之前，应用干燥的惰性气体或氮气吹洗，管线应经过检漏。

5.2.10 硒化氢的物理化学性质参见附录C。

5.2.11 硒化氢生产企业应为用户提供安全技术说明书。

附 录 A
（规范性附录）
硒化氢中氢、氧＋氩、氮的测定

A.1 仪器

采用配备氦离子化检测器的气相色谱仪测定硒化氢中的氢、氧＋氩、氮。

检测限：0.1×10^{-6}（体积分数）。

A.2 方法提要

以高纯氦经净化后作载气，采用配备氦离子化检测器的气相色谱仪，对样品应用主组分切割（除）等处理后采用气相色谱法定量、定性分析样品中的目标组分。

A.3 测定条件

A.3.1 载气：高纯氦，经纯化器纯化。其流量参照相应的仪器说明书。

A.3.2 辅助气：需要采用辅助气的仪器按仪器说明书使用辅助气。

A.3.3 色谱柱：

预分离柱：长约 2.5 m，内径 2 mm 的不锈钢管，内装粒径为 0.18 mm～0.25 mm 的 Porapak QS，色谱柱在 180 ℃通载气活化约 2 h。或其他等效色谱柱。该柱用于预分离。

分析柱：长约 2 m，内径 2 mm 的不锈钢管，内装粒径为 0.18 mm～0.25 mm 的 13X 分子筛，色谱柱在 280 ℃～300 ℃通载气活化约 4 h。或其他等效色谱柱。该柱用于分析硒化氢中氢、氧＋氩、氮组分。

A.3.4 气体标准样品：

气体标准样品中的组分含量（体积分数）为 5×10^{-6}～30×10^{-6}，平衡气为氦。

A.3.5 其他条件：进样气体管路应为不锈钢材质，保证气密性良好。载气净化器温度、色谱柱温度、检测器温度、样气流量等其他条件参考仪器说明书。

A.3.6 参考的切割气路流程示意图见图 A.1。

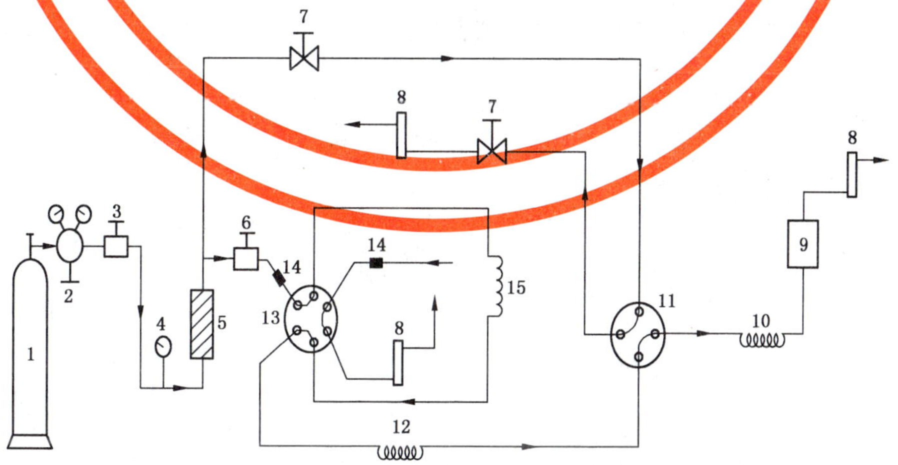

1——高纯氦载气钢瓶；
2——钢瓶减压器；
3——稳压阀；
4——压力表；
5——净化管；
6——稳流阀；
7——流量调节阀；
8——流量计；
9——检测器；
10——分析柱；
11——切割阀；
12——预分离柱；
13——六通阀；
14——过滤器；
15——定体积量管。

图 A.1 切割气路流程示意图

A.4 分析步骤

开启仪器至稳定后按仪器说明书的操作步骤完成样品分析。

平行测定气体标准样品和样品气各至少两次，记录色谱响应值，直至相邻两次测定的响应值相对偏差不大于10%，取其平均值。

A.5 结果处理

氢、氧＋氩、氮含量按式(A.1)计算：

$$\Phi_i = \frac{A_i}{A_s} \times \Phi_s \qquad \cdots\cdots (A.1)$$

式中：

Φ_i——样品气中被测组分的含量(体积分数)，10^{-6}；

A_i——样品气中被测组分的响应平均值；

A_s——气体标准样品中相应已知组分的响应平均值；

Φ_s——气体标准样品中相应已知组分的含量(体积分数)，10^{-6}。

附　录　B
（规范性附录）
硒化氢中硫化氢的测定

B.1　仪器

采用配备火焰光度检测器的气相色谱仪测定硒化氢中的硫化氢。

检测限：0.1×10^{-6}(体积分数)。

B.2　原理

硫化物在富氢火焰中生成激发态的S^{2+}分子，当其返回基态时发射出350 nm～450 nm的特征分子光谱，在394 nm处有最大峰值，经滤光片除去其他波长的光线后，用光电倍增管把光信号转换成电信号并加以放大给出色谱响应信号，其响应与硫含量的平方成正比。

B.3　测定条件

B.3.1　载气：高纯氮。

B.3.2　燃气：纯氢。

B.3.3　助燃气：氧气或空气。

B.3.4　色谱柱：长约1.5 m、内径3 mm的聚四氟乙烯柱，内装粒径为0.18 mm～0.25 mm的GDX-301高分子多孔微球载体，色谱柱在100 ℃～120 ℃通载气活化约8 h。或其他等效色谱柱。

B.3.5　气体标准样品：

气体标准样品中的组分含量(体积分数)为1×10^{-6}～15×10^{-6}，平衡气为氮。

B.3.6　其他条件：色谱柱温度、检测器温度、样气流量等其他条件参考仪器说明书。

B.4　分析步骤

开启仪器至稳定后按仪器说明书的操作步骤完成样品分析。

在完全相同的条件下，平行测定标准样品和试验样品各至少两次，记录色谱响应值，直至相邻两次测定的响应值相对偏差不大于10%时，取其平均值。

B.5　结果处理

硫化氢的响应与含量的关系如式(B.1)。

$$R=KX^2 \quad \cdots\cdots (B.1)$$

式中：

R——硫化氢的响应值；

X——硫化氢含量(体积分数)，10^{-6}；

K——常数。

采用多点硫化氢标准样品的响应值的对数对其含量的对数制作工作曲线。

根据试样的响应值，从工作曲线查得该响应值对应的硫化氢含量。

附 录 C
（资料性附录）
硒化氢的物理化学性质

硒化氢的物理化学性质见表C.1。

表C.1 硒化氢的物理性质

1	名称	硒化氢
2	化学式	H_2Se
3	CAS注册号	7783-07-5
4	熔点	209.15 K，−64 ℃
5	沸点，101.325 kPa时	232.05 K，−41.1 ℃
6	临界温度	411.1 K，137.95 ℃
7	临界压力	83.44×10^5 Pa
8	临界体积	112.24 cm^3/mol
9	临界密度	0.721 5 g/cm^3
10	临界压缩系数	0.274
11	偏心因子	0.064
12	液体密度，25 ℃时	1.766 g/cm^3
13	液体热膨胀系数，25 ℃时	0.002 261/℃
14	表面张力，25 ℃时	0.016 94 N/m
15	气体密度，101.325 kPa和21.1 ℃时	3.354 kg/m^3
16	气体相对密度，101.325 kPa和21.1 ℃时（空气＝1）	2.796
17	汽化热，沸点下	242.79 kJ/kg
18	气体定压比热容 c_p，25 ℃时	0.435 kJ/(kg·K)
19	气体定容比热容 c_V，25 ℃时	0.333 kJ/(kg·K)
20	气体比热容之比，c_p/c_V	1.309
21	液体比热容，25 ℃时	0.961 kJ/(kg·K)
22	固体比热容，−103 ℃时	0.569 kJ/(kg·K)
23	气体生成熵，25 ℃时	46.29 J/(mol·K)
24	气体生成焓，25 ℃时	29.7 kJ/mol
25	气体吉布斯生成能，25 ℃时	15.9 kJ/mol
26	液体体积	40.433 cm^3/mol
27	在水中的溶解度，25 ℃时	$6\,412.6\times10^{-6}$ g/g

表 C.1（续）

28	在水中的亨利定律常数，25 ℃时	64 551.1 kPa/mol
29	气体黏度，25 ℃时	1.635 3 $\times 10^{-5}$ Pa·s
30	液体黏度，25 ℃时	1.31 $\times 10^{-4}$ Pa·s
31	气体热导率，25 ℃时	0.010 12 W/(m·K)
32	液体热导率，25 ℃时	0.131 4 W/(m·K)

ICS 71.100.20
G 86

中华人民共和国国家标准

GB/T 26250—2010

电子工业用气体　砷化氢

Gases for electronic industry—Arsine

2011-01-14 发布　　2011-05-01 实施

中华人民共和国国家质量监督检验检疫总局
中国国家标准化管理委员会　发布

前　言

本标准的附录 A 和附录 B 为规范性附录。

本标准由全国半导体设备和材料标准化技术委员会(SAC/TC 203)提出。

本标准由全国半导体设备和材料标准化技术委员会气体分技术委员会(SAC/TC 203/SC 1)归口。

本标准起草单位:西南化工研究设计院、上海华爱色谱分析技术有限公司、光明化工研究设计院。

本标准主要起草人:孙福楠、方华、周鹏云、庄鸿涛、李建浩。

电子工业用气体　砷化氢

1　范围

本标准规定了砷化氢的技术要求、试验方法以及包装、标志、贮运及安全。

本标准适用于砷化合物与酸反应获得的砷化氢。在半导体器件制备过程中，砷化氢用于掺杂以及化合物半导体外延。

分子式：AsH_3。

相对分子质量：77.945 42（按 2007 年国际相对原子质量计算）。

2　规范性引用文件

下列文件中的条款通过本标准的引用而成为本标准的条款。凡是注日期的引用文件，其随后所有的修改单（不包括勘误的内容）或修订版均不适用于本标准，然而，鼓励根据本标准达成协议的各方研究是否可使用这些文件的最新版本。凡是不注日期的引用文件，其最新版本适用于本标准。

GB 190　危险货物包装标志

GB/T 3723　工业用化学产品采样安全通则

GB 5099　钢质无缝气瓶

GB/T 5832.1　气体湿度的测定　第 1 部分：电解法

GB 7144　气瓶颜色标志

GB/T 8984　气体中一氧化碳、二氧化碳和碳氢化合物的测定　气相色谱法

GB/T 11640　铝合金无缝气瓶

GB 14193　液化气体气瓶充装规定

GB/T 26571　特种气体储存期规范

《气瓶安全监察规程》（国家质量监督检验检疫总局发布，2000 年）

3　技术要求

砷化氢的质量应符合表 1 的要求。

表 1　技术指标

项　　目		指　　标
砷化氢（AsH_3）纯度（体积分数）/10^{-2}	≥	99.999
氧（O_2）＋氩（Ar）含量（体积分数）/10^{-6}	<	1
氮（N_2）含量（体积分数）/10^{-6}	<	3
一氧化碳（CO）含量（体积分数）/10^{-6}	<	1
二氧化碳（CO_2）含量（体积分数）/10^{-6}	<	1
甲烷（CH_4）含量（体积分数）/10^{-6}	<	1
水（H_2O）含量（体积分数）/10^{-6}	<	3
磷化氢（PH_3）含量（体积分数）/10^{-6}	<	0.5
总杂质含量（体积分数）/10^{-6}	≤	10
颗粒		供需双方商定
金属离子		供需双方商定

4 试验方法

4.1 检验规则

4.1.1 砷化氢产品应逐一检验并验收。当检验结果有任何一项指标不符合本标准技术要求时,则判该产品不合格。

4.1.2 砷化氢采样安全应符合GB/T 3723的相关规定。

4.2 砷化氢纯度

砷化氢纯度按式(1)计算:

$$\Phi = 100 - (\Phi_1 + \Phi_2 + \Phi_3 + \Phi_4 + \Phi_5 + \Phi_6 + \Phi_7) \times 10^{-4} \quad \cdots\cdots(1)$$

式中:

Φ——砷化氢纯度(体积分数),10^{-2};

Φ_1——氧+氩含量(体积分数),10^{-6};

Φ_2——氮含量(体积分数),10^{-6};

Φ_3——一氧化碳含量(体积分数),10^{-6};

Φ_4——二氧化碳含量(体积分数),10^{-6};

Φ_5——甲烷含量(体积分数),10^{-6};

Φ_6——水含量(体积分数),10^{-6};

Φ_7——磷化氢含量(体积分数),10^{-6}。

4.3 放空

测定砷化氢中的杂质含量时,应有砷化氢尾气解毒处理措施。

4.4 氧+氩、氮的测定

4.4.1 氧+氩、氮的测定见附录A。

4.4.2 允许采用其他等效的方法测定砷化氢中的氧+氩、氮含量。当对测定结果有异议时,以本标准4.4.1规定的方法为仲裁方法。

4.5 一氧化碳、二氧化碳、甲烷的测定

按GB/T 8984规定并采用预切割技术测定砷化氢中的微量一氧化碳、二氧化碳、甲烷含量。

预分离柱:长约0.5 m、内径2 mm的不锈钢柱,内装粒径为0.18 mm～0.25 mm的Porapak QS,色谱柱在180 ℃通载气活化约2 h。或其他等效色谱柱。

允许采用其他等效的测定方法。当对测定结果有异议时,以GB/T 8984规定的方法为仲裁方法。

4.6 气体标准样品

组分含量的体积分数为1×10^{-6}～5×10^{-6},平衡气为氦。

4.7 水含量的测定

按GB/T 5832.1规定的方法或其他等效的方法测定砷化氢中的水含量。当对测定结果有异议时,以GB/T 5832.1规定的方法为仲裁方法。

4.8 磷化氢含量的测定

4.8.1 磷化氢的测定见附录B。

4.8.2 允许采用其他等效的方法测定砷化氢中的磷化氢含量。当对测定结果有异议时,以本标准4.8.1规定的方法为仲裁方法。

4.9 金属离子含量的测定

采用等离子发射光谱-质谱检测仪(ICP-MS)测定。

4.10 颗粒的测定

采用光散射原理设计的颗粒计数器测定。

5 包装、标志、贮运及安全

5.1 包装、标志及贮运

5.1.1 砷化氢的充装及贮运应符合《气瓶安全监察规程》的相关规定。

5.1.2 包装砷化氢的气瓶应符合 GB 5099、GB/T 11640 的规定。

5.1.3 推荐使用进行内表面处理的气瓶。瓶阀推荐使用 DISS632。

5.1.4 应防止瓶口被污染和泄漏。

5.1.5 砷化氢的充装应符合 GB 14193 的相关规定。

5.1.6 气瓶颜色标志应符合 GB 7144 的规定。

5.1.7 运输时,砷化氢气瓶上应附有 GB 190 中指定的标志。

5.1.8 包装容器上应标明“电子砷化氢”字样。

5.1.9 瓶装砷化氢的最大充装量按式(2)计算:

$$m = F_r \cdot V \qquad \cdots\cdots(2)$$

式中:

m——气瓶内砷化氢的质量,单位为千克(kg);

V——气瓶标明的内容积,单位为升(L);

F_r——砷化氢的充装系数,1.16 kg/L;

5.1.10 砷化氢的充装量按实际称量的质量计。

5.1.11 砷化氢的保存期限按 GB/T 26571 规定执行。

5.1.12 砷化氢出厂时应附有质量合格证,其内容至少应包括:

——产品名称,生产厂名称;

——生产日期或批号,充装质量(kg);

——本标准号及技术指标,检验员号。

5.1.13 砷化氢产品应存放在阴凉、干燥、通风的库房内,严禁暴晒,远离热源。

5.2 安全警示

5.2.1 砷化氢是一种无色具有大蒜臭味的剧毒气体;加热时和在光与潮湿空气的作用下,分解生成砷有毒烟雾;与强氧化剂反应,有爆炸的危险;受撞击、摩擦和震动时,可能发生爆炸性分解。

5.2.2 与砷化氢接触时,不应使用明火、不应有火花和不应吸烟。着火时,应喷雾状水保持钢瓶冷却,应用干粉、二氧化碳灭火。

5.2.3 砷化氢可能对血液有影响,导致血红细胞破坏和肾衰竭。液体迅速蒸发可能引起冻伤。接触可能导致死亡。砷化氢是致癌物。

5.2.4 接触限值:0.05×10^{-6}(体积分数)(时间加权平均值)。

时间加权平均接触限值:正常 8 h 工作日或 40 h 工作周的时间加权平均浓度。

5.2.5 冻伤时应用大量水冲洗,不应脱去衣物,应及时治疗。

5.2.6 泄漏时,人员应撤离危险区域!移除全部引燃源。如果为液态,应关闭钢瓶或转移到露天和安全场所。不应冲入下水道。不应直接向液体上喷水。不应让砷化氢进入环境。

5.2.7 接触砷化氢时,推荐使用带有隔绝式呼吸器的气密式化学防护服。

5.2.8 储存条件应为阴凉场所。保持通风。

5.2.9 分析系统应保证密闭。取样、置换过程的砷化氢尾气,都应经解毒处理后再放空。设备、仪器在通砷化氢之前,应用干燥的载气吹洗,管线应经过检漏。

5.2.10 砷化氢生产企业应为用户提供安全技术说明书。

附　录　A
（规范性附录）
砷化氢中氧＋氩、氮的测定

A.1　仪器

采用配备氦离子化检测器的气相色谱仪测定砷化氢中的氧＋氩、氮。

仪器检测限：0.1×10^{-6}（体积分数）。

A.2　方法提要

以高纯氦经净化后作载气，采用配备氦离子化检测器的气相色谱仪，对样品应用主组分切割(除)等处理后采用气相色谱法定量、定性分析样品中的目标组分。

A.3　测定条件

A.3.1　载气：高纯氦，经纯化器纯化。其流速参照相应的仪器说明书。

A.3.2　辅助气：需要采用辅助气的仪器按仪器说明书使用辅助气。

A.3.3　色谱柱：

预分离柱：长约 0.5 m、内径 2 mm 的不锈钢柱，内装粒径为 0.18 mm～0.25 mm 的 Porapak QS，色谱柱在 180 ℃通载气活化约 2 h。或其他等效色谱柱。该柱用于预分离。

分析柱：长约 2 m、内径 2 mm 的不锈钢柱，内装粒径为 0.18 mm～0.25 mm 的 13X 分子筛，色谱柱在 280 ℃～300 ℃通载气活化约 4 h。或其他等效色谱柱。该柱用于分析氧＋氩、氮组分。

A.3.4　气体标准样品：

气体标准样品中的组分含量(体积分数)为 $1\times10^{-6}\sim5\times10^{-6}$，平衡气为氦。

A.3.5　其他条件：载气净化器温度、色谱柱温度、检测器温度、样气流量等其他条件参考仪器说明书。

A.3.6　参考的切割气路流程示意图请见图 A.1。

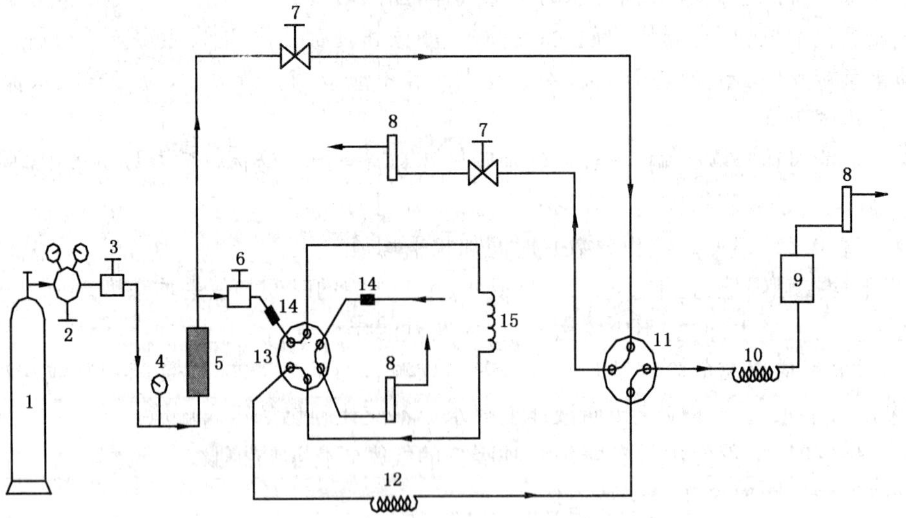

1——高纯氦载气钢瓶；
2——钢瓶减压器；
3——稳压阀；
4——压力表；
5——净化管；
6——稳流阀；
7——流量调节阀；
8——流量计；
9——检测器；
10——分析柱；
11——切割阀；
12——预分离柱；
13——六通阀；
14——过滤器；
15——定体积量管。

图 A.1　切割气路流程示意图

A.4 分析步骤

开启仪器至稳定后按仪器说明书的操作步骤完成样品分析。

平行测定气体标准样品和样品气至少两次，记录色谱响应值，直至相邻两次测定的相对偏差不大于10×10^{-2}，取其平均值。

A.5 结果处理

氧(氩)、氮的含量按式(A.1)计算：

$$\Phi_i=\frac{A_i}{A_s}\times\Phi_s \qquad \text{(A.1)}$$

式中：

Φ_i——样品气中被测组分的含量(体积分数)，10^{-6}；

A_i——样品气中被测组分的响应值；

A_s——气体标准样品中相应已知组分的响应值；

Φ_s——气体标准样品中相应已知组分的含量(体积分数)，10^{-6}。

附 录 B
（规范性附录）
砷化氢中磷化氢的测定

B.1 仪器

采用配备火焰光度检测器的气相色谱仪测定砷化氢中的磷化氢。

检测限：0.01×10^{-6}（体积分数）。

B.2 原理

磷化物在富氢火焰中生成激发态的 HPO^{+} 分子，当其返回基态时发射出 480 nm～580 nm 的特征分子光谱，在 526 nm 处有最大峰值，经滤光片除去其他波长的光线后，用光电倍增管把光信号转换成电信号并加以放大给出色谱响应信号。响应与磷化氢的含量成正比。

B.3 测定条件

B.3.1 载气：高纯氮。

B.3.2 燃气：纯氢。

B.3.3 助燃气：空气或氧气。

B.3.4 色谱柱：长约 1.5 m、内径 3 mm 的聚四氟乙烯柱，内装粒径为 0.18 mm～0.25 mm 的 GDX-301 高分子多孔微球载体，色谱柱在 100 ℃～120 ℃通载气活化约 8 h。或其他等效色谱柱。

B.3.5 气体标准样品

气体标准样品中的组分含量（体积分数）为 1×10^{-6}～5×10^{-6}，平衡气为氮。

B.3.6 其他条件：色谱柱温度、检测器温度、样气流量等其他条件参考仪器说明书。

B.4 分析步骤

开启仪器至稳定后按仪器说明书的操作步骤完成样品分析。

平行测定气体标准样品和样品气至少两次，记录色谱响应值，直至相邻两次测定的相对偏差不大于 10%时，取其平均值。

B.5 结果处理

磷化氢的含量按式（B.1）计算：

$$\Phi_i = \frac{A_i}{A_s} \times \Phi_s \quad \cdots\cdots\cdots\cdots (B.1)$$

式中：

Φ_i——样品气中被测组分的含量（体积分数），10^{-6}；

A_i——样品气中被测组分的响应值；

A_s——气体标准样品中相应已知组分的响应值；

Φ_s——气体标准样品中相应已知组分的含量（体积分数），10^{-6}。

ICS 71.100.20
G 86

中华人民共和国国家标准

GB/T 26251—2010

氟和氟氮混合气

Fluorine and mixed gases of fluorine-nitrogen

2011-01-14 发布　　2011-05-01 实施

中华人民共和国国家质量监督检验检疫总局
中国国家标准化管理委员会　发布

前　言

本标准的附录 A 为规范性附录。

本标准由全国半导体设备和材料标准化技术委员会(SAC/TC 203)提出。

本标准由全国半导体设备和材料技术委员会气体分技术委员会(SAC/TC 203)归口。

本标准起草单位:中核红华特种气体股份有限公司、上海华爱色谱分析技术有限公司、山东锐华氟业有限公司、核工业理化工程研究院、西南化工研究设计院。

本标准主要起草人:杜伟华、贺国武、李建浩、李春晓、倪志强、邓建平、周鹏云。

氟和氟氮混合气

1 范围

本标准规定了氟和氟氮混合气的技术要求,试验方法以及包装、标志、贮运及安全的要求。

本标准适用于电解无水氟化氢并经过纯化工艺处理后获得的氟。氟用于制备六氟化铀、六氟化硫、三氟化硼、二氟化银、三氟化钴和三氟化镁等氟化物,也可用于激光气或塑料氟化处理等领域。

氟氮混合气制备采用压力法。混合气主要用于汽车、制药工业中材料氟化处理。

氟的分子式:F_2。

氟的相对分子质量:37.996 806 4(按 2007 年国际相对原子质量计算)。

2 规范性引用文件

下列文件中的条款通过本标准的引用而成为本标准的条款。凡是注日期的引用文件,其随后所有的修改单(不包括勘误的内容)或修订版均不适用于本标准,然而,鼓励根据本标准达成协议的各方研究是否可使用这些文件的最新版本。凡是不注日期的引用文件,其最新版本适用于本标准。

GB 190 危险货物包装标志

GB/T 3723 工业用化学产品采样安全通则

GB 5099 钢质无缝气瓶

GB 7144 气瓶颜色标志

GB/T 8979 纯氮、高纯氮和超纯氮

GB/T 11640 铝合金无缝气瓶

GB 14194 永久气体气瓶充装规定

GB/T 26571 特种气体储存期规范

《气瓶安全监察规程》(国家质量监督检验检疫总局发布,2000 年)

3 技术要求

3.1 氟的技术要求应符合表 1 的规定。

表 1 氟的技术指标

项目		指标
氟(F_2)纯度(体积分数)/10^{-2}	≥	99.0
氧(O_2)+氮(N_2)含量(体积分数)/10^{-2}	≤	0.45
四氟化碳(CF_4)含量(体积分数)/10^{-2}	≤	0.05
氟化氢(HF)含量(体积分数)/10^{-2}	≤	0.50

3.2 氟氮混合气的技术要求应符合表 2 的规定。

表 2 氟氮混合气的技术指标

项目	指标
氟(F_2)含量(体积分数)/10^{-2}	20
氮(N_2)含量(体积分数)/10^{-2}	80

表 2（续）

项　目		指 标
氧(O_2)含量(体积分数)/10^{-2}	≤	0.08
四氟化碳(CF_4)含量(体积分数)/10^{-2}	≤	0.03
氟化氢(HF)含量(体积分数)/10^{-2}	≤	0.50

3.2.1　配制氟氮混合气所用的原料氮应符合 GB/T 8979 高纯氮的规定。氟氮混合气配制允差为氟公称含量的±0.5%。

3.2.2　允许氟氮混合气的比例按供需双方确定的要求。

4　试验方法

4.1　检验规则

4.1.1　氟的检验规则

氟气应逐一检查验收。当检验结果有一项指标不符合本标准表 1 要求时，则判该产品不合格。

4.1.2　氟氮混合气的检验规则

连续稳定生产的混合气构成一批，每批随机抽检 1 瓶。当检验结果有任何一项不符合本标准表 2 要求时，应自该批产品中重新加倍抽样检验，若仍有一项指标不符合要求，则该批产品为不合格。

4.1.3　氟和氟氮混合气的采样安全应符合 GB/T 3723 的相关规定。

4.2　氧、氮、四氟化碳、氟化氢以及氟的测定

4.2.1　氧、氮、四氟化碳、氟化氢及氟的测定见附录 A。

4.2.2　允许采用其他等效的方法测定氧、氮、四氟化碳、氟化氢及氟含量。当测定结果有异议时，以本标准 4.2.1 规定的方法为仲裁方法。

4.2.3　测定氟和氟氮混合气时，应对放空的尾气进行处理，推荐采用三氧化二铝吸收。

5　包装、标志、贮运及安全

5.1　包装、标志及贮运

5.1.1　氟和氟氮混合气的充装及贮运应符合《气瓶安全监察规程》的相关规定。

5.1.2　包装氟和氟氮混合气的气瓶应符合 GB 5099 或 GB/T 11640 的规定。

5.1.3　推荐使用经过内表面处理的气瓶。推荐使用 CGA679 瓶阀。

5.1.4　应防止瓶口被污染和泄漏。

5.1.5　充装氟和氟氮混合气的气瓶应进行彻底清洗、脱脂和干燥处理。

5.1.6　氟和氟氮混合气的充装应符合 GB 14194 的相关规定。

5.1.7　气瓶颜色标志应符合 GB 7144 的规定。

5.1.8　运输时，氟和氟氮混合气的气瓶上应附有 GB 190 中指定的标志。

5.1.9　包装容器上应标明“氟”或“氟氮混合气”字样。

5.1.10　瓶装氟的成品压力在 20 ℃时不高于 2 MPa。瓶装氟氮混合气的成品压力在 20 ℃时不高于 10 MPa。

5.1.11　氟和氟氮混合气的充装量按实际称量的质量计。

5.1.12　氟和氟氮混合气的保存期限按 GB/T 26571 执行。

5.1.13　氟和氟氮混合气出厂时应附有产品质量合格证，其内容至少应包括：

——产品名称，生产厂名称；

——生产日期或批号，充装压力(MPa)或充装量(kg)；

——本标准号及技术指标，检验员号。

5.1.14 氟和氟氮混合气产品应存放在阴凉、干燥、通风的库房内，严禁暴晒，远离热源。

5.2 安全警示

5.2.1 氟气是黄色压缩气体，有刺鼻气味；是一种强氧化剂，与可燃物质和还原性物质激烈反应；与水激烈反应，生成臭氧和氟化氢；与氨、金属、氧化剂和许多其他物质激烈反应，有着火和爆炸的危险。

5.2.2 氟气不可燃，但可助燃。不应与水、可燃物质和还原剂接触。着火时，应使用干粉和二氧化碳灭火。喷雾状水保持钢瓶冷却，但应避免氟与水接触。

5.2.3 氟严重腐蚀眼睛、皮肤和呼吸道。吸入气体可能引起肺水肿。液态氟可能引起冻伤。

5.2.4 时间加权平均接触限值：1×10^{-6}（体积分数）。短期接触限值：2×10^{-6}（体积分数）。

时间加权平均接触限值：正常 8 h 工作日或 40 h 工作周的时间加权平均浓度。

短期接触限值：每次接触时间不得超过 15 min 的时间加权平均接触限值。

5.2.5 皮肤烧伤时应用大量水冲洗，然后脱去污染的衣物并再次冲洗，应及时治疗。

5.2.6 泄漏时，人员应撤离危险区域！保持通风。

5.2.7 接触氟和氟氮混合气时，推荐使用带有隔绝式呼吸防器的气密式化学防护服。

5.2.8 氟和氟氮混合气生产企业应为用户提供安全技术说明书。

附 录 A
（规范性附录）
氧、氮、四氟化碳、氟化氢以及氟的测定

A.1 仪器

A.1.1 采用配备双热导检测器的气相色谱仪测定氧、氮、四氟化碳、氟化氢及氟。

检测限：0.01×10^{-2}（体积分数）。

A.1.2 采用配备氟化钠为吸附剂的取样系统。吸附剂用于吸附氟化氢，吸附罐约为 2 L。

A.2 原理

样品经取样系统后 HF 被吸收，经六通取样阀进色谱分析，样品气经转化柱，其中的 F_2 转化为 Cl_2，氟氯油柱分离氧、氮和 Cl_2，Cl_2 在氟氯油柱上分离定量，F_2 含量可由 Cl_2 换算，所测得 Cl_2 含量可表达 F_2 含量。通过切换阀将氧、氮、CF_4 流入分子筛柱分析。HF 含量通过差减法计算得出。

A.3 测定条件

A.3.1 载气：高纯氦。流量参照相应的仪器说明书。

A.3.2 桥电流：参照相应的仪器说明书。

A.3.3 色谱柱：

氟氯油柱：长 1.5 m，内径 4 mm，内装粒径为 0.18 mm～0.25 mm 的聚四氟氯乙烯担体，担体涂敷三氟氯乙烯，失效后更换，或其他等效色谱柱。该柱用于分离氧、氮和 Cl_2，并分析 Cl_2。

分子筛柱：长 3 m，内径 4 mm，内装粒径为 0.18 mm～0.25 mm 的 5A 分子筛，色谱柱在 280 ℃～300 ℃通载气活化约 4 h。或其他等效色谱柱。该柱用于分析氧、氮、四氟化碳。

A.3.4 转化柱：长 1 m，内径 4 mm，内装粒径为 0.18 mm～0.25 mm 的氯化钾，失效后更换，或其他等效柱。该柱用于将 F_2 转化为 Cl_2。

A.3.5 吸收柱：

金属柱：长 1 m，内径 4 mm，内装粒径为 0.18 mm～0.25 mm 的 Ag，失效后更换，或其他等效柱。该柱用于吸收氟气和氯气。

三氧化二铝柱：长 1 m，内径 4 mm，内装粒径为 0.18 mm～0.25 mm 的三氧化二铝，失效后更换，或其他等效柱。该柱用于吸收氟化氢。

A.3.6 气体标准样品：

气体标准样品中的组分含量与样品气中相应组分含量相近，氯气代替氟气，含量为 70×10^{-2}（体积分数），氯气不应液化。余气为氦。

A.3.7 其他条件：进样气体管路应采用耐腐蚀的特殊处理不锈钢。色谱柱温度、检测器温度、样气流量等其他条件参考仪器说明书。

A.3.8 参考的气路流程示意图请见图 A.1。

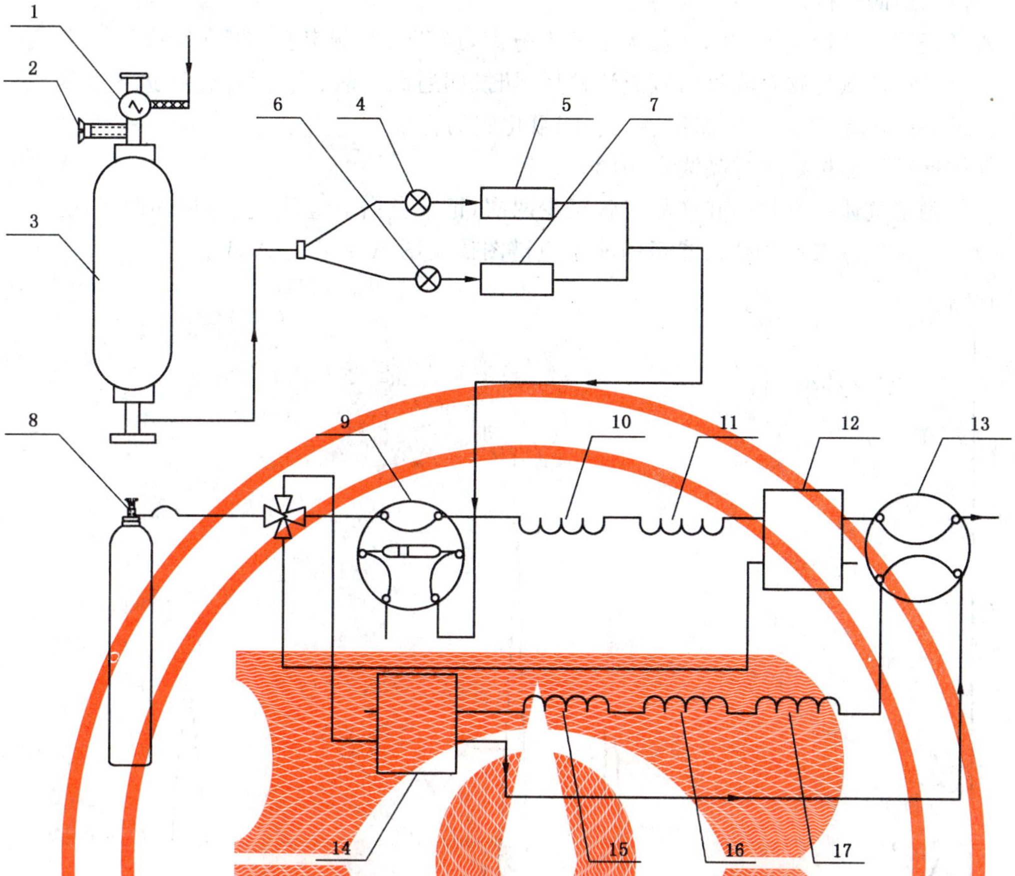

1——球阀；
2——传感器；
3——吸附罐；
4——电磁阀1；
5——泵1；
6——电磁阀2；
7——泵2；
8——载气；
9——六通阀；
10——转化柱；
11——氟氯油柱；
12——热导检测器(TCD1)；
13——四通阀；
14——热导检测器(TCD2)；
15——分子筛柱；
16——三氧化二铝柱；
17——金属柱。

图A.1 气路流程示意图

A.4 分析步骤

A.4.1 关闭球阀，开启电磁阀和真空泵，将吸附罐和连接管道都抽空，压力达到－85 kPa。

A.4.2 开启球阀，调节样气流量，充分吹洗定量管。

A.4.3 切换六通阀进样。

A.4.4 氟气经转化柱转化为 Cl_2，在氟氯油柱上分离，经 TCD1 测定 $Cl_2(F_2)$ 含量。

A.4.5 当氧、氮、四氟化碳合峰流出氟氯油柱后，切换四通阀。氧、氮、四氟化碳进入金属柱、三氧化二铝柱、分子筛柱后分离，经 TCD2 测定氧、氮、四氟化碳的含量。

A.4.6 气体标准样品标定与样品测定相同。

A.4.7 平行测定气体标准样品和样品气各至少两次，记录色谱响应值，直至相邻两次测定的响应值相对偏差不大于 10%，取其平均值。参考的典型色谱图请见图 A.2 和图 A.3。

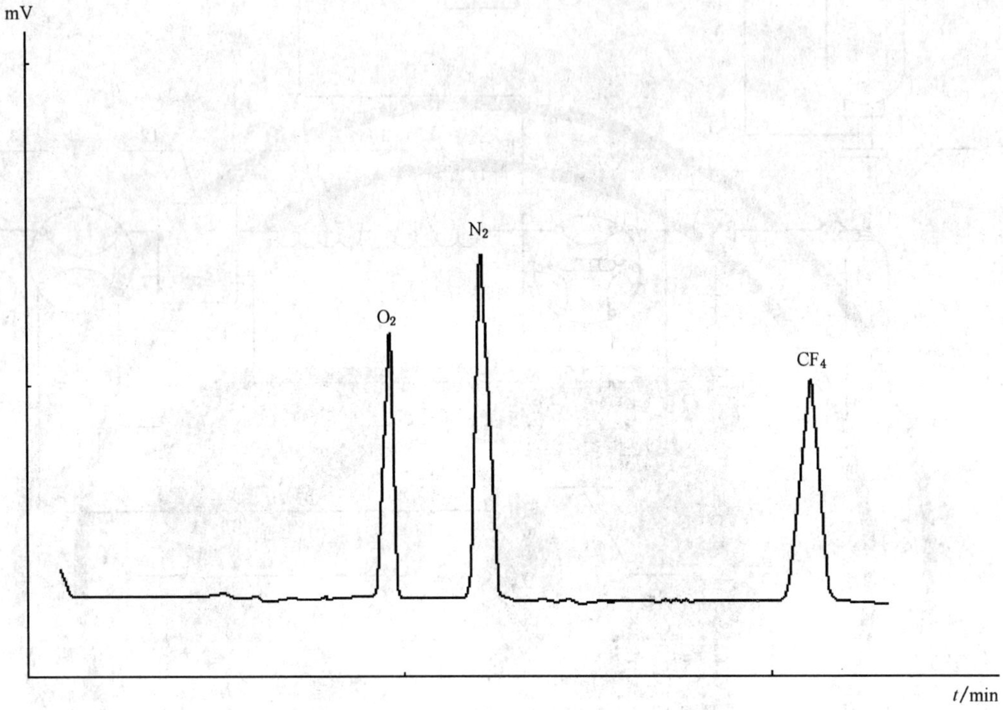

图 A.2 典型色谱图 1

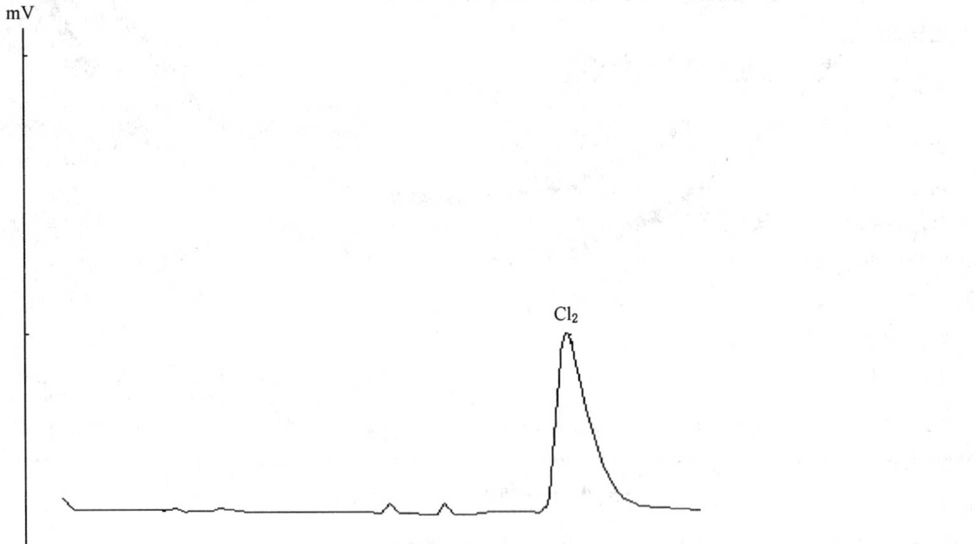

图 A.3 典型色谱图 2

A.5 结果处理

A.5.1 氟、氧、氮、四氟化碳的含量

氟、氧、氮、四氟化碳含量按式(A.1)计算：

$$\Phi_i = \frac{A_i}{A_s} \times \Phi_s \qquad \cdots\cdots\cdots(A.1)$$

式中：

Φ_i——样品气中被测组分的含量(体积分数)，10^{-2}；

A_i——样品气中被测组分的响应平均值；

A_s——气体标准样品中相应已知组分的响应平均值；

Φ_s——气体标准样品中相应已知组分的含量(体积分数)，10^{-2}。

A.5.2 氟化氢的含量

氟化氢含量按式(A.2)计算：

$$\Phi_4 = 100 - (\Phi + \Phi_1 + \Phi_2 + \Phi_3) \times 100 \qquad \cdots\cdots\cdots(A.2)$$

式中：

Φ——氟含量(体积分数)，10^{-2}；

Φ_1——氧含量(体积分数)，10^{-2}；

Φ_2——氮含量(体积分数)，10^{-2}；

Φ_3——四氟化碳含量(体积分数)，10^{-2}；

Φ_4——氟化氢含量(体积分数)，10^{-2}。

ICS 33.160
M 63

中华人民共和国国家标准

GB/T 26252—2010

VHF/UHF 频段地面数字电视广播频率规划准则

Frequency planning criteria for digital terrestrial television broadcasting in the VHF/UHF bands

2011-01-14 发布　　2011-06-01 实施

中华人民共和国国家质量监督检验检疫总局
中国国家标准化管理委员会　发布

前　言

本标准的附录 A、附录 B、附录 C、附录 D、附录 E、附录 F、附录 G 为规范性附录，附录 H 为资料性附录。

本标准由国家广播电影电视总局提出。

本标准由全国广播电影电视标准化技术委员会归口。

本标准起草单位：国家广播电影电视总局数字(高清晰度)电视标准工作组、数字电视地面传输国家标准特别工作组、广播电视规划院、北京北广电子集团有限责任公司、北京同方吉兆科技有限公司。

本标准主要起草人：章之俭、逯贵祯、冯景锋、高凤吉、高少君、管云峰、何剑辉、李国松、李庆国、李熠星、栾鹤峰、梅剑平、潘长勇、钱岳林、王京玲、韦博荣、张小良、张晓林、周新权、朱云怡。

引　言

我国地面数字电视广播传输标准 GB 20600—2006《数字电视地面广播传输系统帧结构、信道编码和调制》已经正式发布，并于 2007 年 8 月 1 日强制实施。考虑到目前 VHF/UHF 电视频段在我国已经用于模拟电视广播业务，在今后一定时期内，模拟电视广播将继续运行，为了确保地面数字电视广播业务的开展，科学、有效地进行地面数字电视覆盖网规划，需要制定符合 GB 20600—2006 的 VHF/UHF 频段地面数字电视广播频率规划准则。

VHF/UHF 频段地面数字电视广播频率规划准则

1 范围

本标准规定了符合 GB 20600—2006 的地面数字电视频率规划用参数及方法。

本标准适用于 VHF/UHF 频段的地面数字电视广播系统覆盖网规划。

2 规范性引用文件

下列文件中的条款通过本标准的引用而成为本标准的条款。凡是注日期的引用文件，其随后所有的修改单(不包括勘误的内容)或修订版均不适用于本标准，然而，鼓励根据本标准达成协议的各方研究是否可使用这些文件的最新版本。凡是不注日期的引用文件，其最新版本适用于本标准。

GB 3174—1995 PAL-D 制电视广播技术规范

GB/T 14433—1993 彩色电视广播覆盖网技术规定

GB 20600—2006 数字电视地面广播传输系统帧结构、信道编码和调制

3 术语和定义、缩略语

3.1 术语和定义

下列术语和定义适用于本标准。

3.1.1

欲收信号 wanted signal

带有需要接收信息的无线电射频信号。

3.1.2

非欲收信号 unwanted signal

与所需接收信息无关的其他无线电射频信号。

3.1.3

射频保护率 RF protection ratio

保证正常接收条件下，欲收信号与非欲收信号的最小功率比，通常在接收机输入端测量，以分贝(dB)值表示。

3.1.4

时间概率 time probability

当信号随时间变化时，在任一测量位置上，信号场强达到或超过某给定值的时间相对于观测时间的百分率。

3.1.5

地点概率 location probability

信号场强随测量位置的移动而变化时，在测量的小区域内(典型值为 100 m×100 m)，能达到或超过某给定值的位置百分率。

3.1.6

最小等效场强 minimum equivalent field strength

在无其他信号干扰情况下，保证地面数字电视接收机正常接收所需的最低场强。

注：宽带信号的功率谱密度在整个信号带宽内是变化的，因此一般采用“等效场强”替代“场强”。等效场强是与宽带信号等功率的单一非调制信号的辐射场强。

3.1.7

最小中值等效场强 minimum median equivalent field strength

考虑欲收信号场强随时间、地点变化等统计因素，保证地面数字电视接收机正常接收所需的最低中值场强。

3.2 缩略语

以下缩略语适用于本标准。

BER Bit Error Rate 误比特率

C/N Carrier-noise ratio 载噪比

MFN Multiple Frequency Network 多频网

PR Protection Ratio 保护率

QAM Quadrature Amplitude Modulation 正交幅度调制

SFN Single Frequency Network 单频网

TS Transport Stream 传送流

4 地面电视系统

4.1 地面数字电视系统

本标准中所涉及的地面数字电视系统符合 GB 20600—2006 的规定。地面数字电视广播系统的基本性能见表 1。

表 1 地面数字电视广播系统基本性能

映射方式	前向纠错编码效率	载噪比门限 dB			系统净码率 Mbps		
		高斯信道	莱斯信道	瑞利信道	PN420	PN595	PN945
4QAM	0.4	2.5	3.5	4.5	5.414	5.198	4.813
16QAM	0.4	8.0	9.0	10.0	10.829	10.396	9.626
64QAM	0.4	14.0	15.0	16.0	16.243	15.593	14.438
4QAM	0.6	4.5	5.0	7.0	8.122	7.797	7.219
16QAM	0.6	11.0	12.0	14.0	16.243	15.593	14.438
64QAM	0.6	17.0	18.0	20.0	24.365	23.390	21.658
4QAM-NR	0.8	2.5	3.5	4.5	5.414	5.198	4.813
4QAM	0.8	7.0	8.0	12.0	10.829	10.396	9.626
16QAM	0.8	14.0	15.0	18.0	21.658	20.791	19.251
32QAM	0.8	16.0	17.0	21.0	27.072	25.989	24.064
64QAM	0.8	22.0	23.0	28.0	32.486	31.187	28.877

地面数字电视信号的功率定义为在信号带宽内信号功率的平均值。欲收地面数字电视信号的所有保护率值在接收机输入功率为 −60 dBm，以 TS 输出端口 BER 大于 3×10^{-6} 作为接收失败判据进行测量。

地面数字电视系统的保护率适用于模拟电视信号连续干扰和对流层干扰两种干扰。

对于地面数字电视系统作为干扰系统时的保护率，是指欲收和非欲收数字电视信号两者不同步和/或它们不具有相同节目源这种情况下的保护率。

4.2 地面模拟电视系统

本标准所涉及的地面模拟电视系统应符合 GB 3174—1995 的规定。

模拟图像已调制信号的电平定义为调制包络峰值上图像载波功率的均方根(r. m. s.)值。欲收地面模拟电视信号的所有保护率值在−39 dBm(75 Ω 上电压 70 dBμV)的接收机输入功率下达到规定的接收图像损伤等级时进行测量。3 分损伤等级(有些讨厌)和 4 分损伤等级(可感知,但不讨厌)分别适用于对流层干扰和连续波干扰。

欲收地面模拟电视系统图像信号保护率的测量,可按附录 C 内说明的采用参考干扰源评估模拟电视系统保护率的主观比较法进行。

欲收信号为模拟电视信号时,应考虑 2 个保护率值,一个为图像信号的保护率,另一个为伴音信号的保护率。两者中采用较严格的保护率值。

在特别强的欲收输入信号下,由于接收机工作的非线性效应,将要求更高的保护率值。

5 地面数字电视信号的保护率

5.1 地面数字电视信号对地面数字电视信号干扰的保护率

对高斯(Gaussian)、莱斯(Ricean)、瑞利(Rayleigh)3 种类型的传输信道,分别给出其保护率,应根据应用环境考虑选用莱斯信道或瑞利信道的保护率值。

表 2 和表 3 分别给出了地面数字电视信号受同频和上、下邻频地面数字电视信号干扰的保护率值。

5.1.1 同频道信号干扰的保护率

表 2 地面数字电视信号受地面数字电视信号干扰的同频保护率

映射方式	前向纠错编码效率	高斯信道 dB	莱斯信道 dB	瑞利信道 dB
4QAM	0.4	3	4	5
16QAM	0.4	9	10	11
64QAM	0.4	15	16	17
4QAM	0.6	5	6	8
16QAM	0.6	12	13	15
64QAM	0.6	17	18	20
4QAM-NR	0.8	3	4	5
4QAM	0.8	7	8	13
16QAM	0.8	14	15	19
32QAM	0.8	16	17	21
64QAM	0.8	22	23	29

5.1.2 上、下邻频道信号干扰的保护率

表 3 地面数字电视信号受上、下邻频地面数字电视信号干扰的保护率

映射方式	前向纠错编码效率	高斯信道 dB	莱斯信道 dB	瑞利信道 dB
4QAM	0.4	−36	−35	−33
16QAM	0.4	−31	−30	−29
64QAM	0.4	−27	−26	−24
4QAM	0.6	−33	−33	−31
16QAM	0.6	−30	−28	−27

表 3（续）

映射方式	前向纠错编码效率	高斯信道 dB	莱斯信道 dB	瑞利信道 dB
64QAM	0.6	−23	−23	−22
4QAM-NR	0.8	−36	−35	−33
4QAM	0.8	−30	−30	−27
16QAM	0.8	−28	−27	−24
32QAM	0.8	−25	−24	−22
64QAM	0.8	−20	−20	−17

5.2 地面数字电视信号受地面模拟电视信号干扰的保护率

表 4、表 5 和表 6 分别给出了地面数字电视信号受同频、下邻频和上邻频地面模拟电视信号干扰的保护率值。

5.2.1 同频道信号干扰的保护率

表 4 地面数字电视信号受地面模拟电视信号干扰的同频保护率

映射方式	前向纠错编码效率	高斯信道 dB	莱斯信道 dB	瑞利信道 dB
4QAM	0.4	−8	−7	−6
16QAM	0.4	−6	−5	−3
64QAM	0.4	−4	0	2
4QAM	0.6	−5	−4	−3
16QAM	0.6	−4	−2	3
64QAM	0.6	2	5	10
4QAM-NR	0.8	−8	−7	−6
4QAM	0.8	−1	0	1
16QAM	0.8	2	3	5
32QAM	0.8	4	5	7
64QAM	0.8	13	14	20

5.2.2 下邻频道信号干扰的保护率

表 5 地面数字电视信号受下邻频地面模拟电视信号干扰的保护率

映射方式	前向纠错编码效率	高斯信道 dB	莱斯信道 dB	瑞利信道 dB
4QAM	0.4	−46	−45	−41
16QAM	0.4	−46	−45	−41
64QAM	0.4	−46	−45	−41
4QAM	0.6	−46	−45	−41
16QAM	0.6	−46	−45	−41

表 5（续）

映射方式	前向纠错编码效率	高斯信道 dB	莱斯信道 dB	瑞利信道 dB
64QAM	0.6	−42	−42	−40
4QAM-NR	0.8	−46	−45	−41
4QAM	0.8	−46	−45	−41
16QAM	0.8	−44	−43	−38
32QAM	0.8	−39	−39	−33
64QAM	0.8	−39	−37	−30

5.2.3 上邻频道信号干扰的保护率

表 6 地面数字电视信号受上邻频地面模拟电视信号干扰的保护率

映射方式	前向纠错编码效率	高斯信道 dB	莱斯信道 dB	瑞利信道 dB
4QAM	0.4	−53	−52	−51
16QAM	0.4	−51	−50	−49
64QAM	0.4	−47	−46	−45
4QAM	0.6	−53	−52	−51
16QAM	0.6	−49	−48	−46
64QAM	0.6	−43	−43	−40
4QAM-NR	0.8	−53	−52	−51
4QAM	0.8	−50	−49	−43
16QAM	0.8	−45	−44	−40
32QAM	0.8	−43	−42	−37
64QAM	0.8	−38	−36	−30

6 地面模拟电视信号受地面数字电视信号干扰的保护率

6.1 地面模拟电视图像信号受地面数字电视信号干扰的保护率

表 7、表 8、表 9 和表 10 分别给出了地面模拟电视信号受同频、上下邻频和镜频地面数字电视信号干扰的保护率值。表中给出的保护率值基于地面数字电视发射机频道的带外频谱要求，应符合 GB 20600—2006 的规定。

6.1.1 同频道信号干扰的保护率

表 7 地面模拟电视图像信号受地面数字电视信号干扰的同频保护率

欲收信号	非欲收信号：地面数字电视信号	
	对流层干扰 dB	连续干扰 dB
PAL-D	34	40

6.1.2 下邻频道信号干扰的保护率

表 8 地面模拟电视图像信号受下邻频地面数字电视信号干扰的保护率

欲收信号	非欲收信号:地面数字电视信号	
	对流层干扰 dB	连续干扰 dB
PAL-D	−9	−5

6.1.3 上邻频道信号干扰的保护率

表 9 地面模拟电视图像信号受上邻频地面数字电视信号干扰的保护率

欲收信号	非欲收信号:地面数字电视信号	
	对流层干扰 dB	连续干扰 dB
PAL-D	−8	−5

6.1.4 镜像频道信号干扰的保护率

表 10 地面模拟电视图像信号受镜像频道地面数字电视信号干扰的保护率

欲收模拟系统	非欲收信号:地面数字电视信号	
	对流层干扰 dB	连续干扰 dB
PAL-D	−19	−15

6.2 地面模拟电视声音信号受地面数字电视信号干扰的保护率

在同频道和上、下邻频道地面数字电视信号干扰情况下，地面模拟电视声音信号受干扰的保护率均低于地面模拟电视图像信号受干扰所对应的保护率，因此，在规划时不再考虑地面模拟电视声音信号受地面数字电视信号干扰的保护率要求。

7 地面数字电视信号接收的最小等效场强和最小中值等效场强

7.1 地面数字电视信号室外固定接收的最小等效场强

表 11 给出了在 3 种给定的载噪比门限值情况下 65 MHz、200 MHz、500 MHz 和 700 MHz 频段(分别对应波段Ⅰ/Ⅱ、波段Ⅲ、波段Ⅳ和波段Ⅴ)，室外固定接收的最小等效场强值，计算公式见附录 A。特定系统工作模式的其他载噪比门限值情况下的最小等效场强可以通过相关给定载噪比门限值的最小等效场强值内插得到。

表 11 地面数字电视室外固定接收最小等效场强的计算

频率/MHz	65			200			500			700		
接收机噪声系数 F dB	5	5	5	5	5	5	7	7	7	7	7	7
接收所需载噪比 (C/N) dB	8	14	20	8	14	20	8	14	20	8	14	20
馈线损耗 L dB	1	1	1	3	3	3	3	3	3	5	5	5
天线增益 G dBd	3	3	3	5	5	5	10	10	10	12	12	12

表 11(续)

固定接收的最小等效场强 E_{min}[a] dBμV/m	17	23	29	27	33	39	32	38	44	35	41	47
[a] 计算公式见附录 A。												

7.2 地面数字电视信号移动接收的最小中值等效场强

计算最小中值等效场强的公式见附录 A。计算中的输入数值可在本条内和附录 B 中得到。移动接收的计算中应达到 99%的地点概率。

7.2.1 移动接收所需的平均 *C/N*

对于给定的地面数字电视模式,一定质量水平所需的平均 C/N 是多普勒频率的函数,可以画出图 1 中所示的一种大致的曲线。

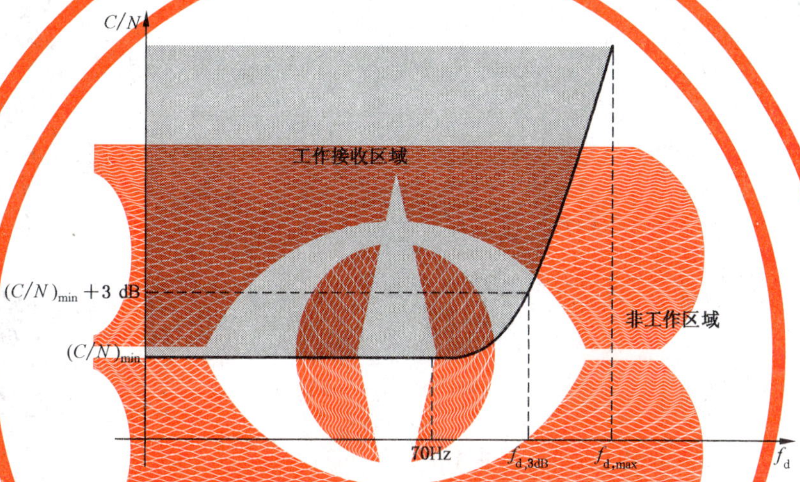

图 1 移动传输信道所需的平均 *C/N*

移动接收中,所需平均 C/N 的最小值 $(C/N)_{min}$ 及平均 C/N 等于 $(C/N)_{min}+3$ dB 的多普勒频率和最大多普勒(速度)限值见表 12。$(C/N)_{min}+3$ dB 时的速度限值在 4 个频率点(65 MHz、200 MHz、500 MHz和 700 MHz)给出。平均 C/N 值 $(C/N)_{min}+3$ dB,适合于计算欲收场强。表 12 给出非分集接收场合所需平均 C/N 和速度限制的值。各数值均基于表 13 中示出的"典型市区"内的典型信道特性情况。测试中失败判据为 5 min 内的误码秒所占百分比超过 5%。

表 12 非分集接收场合移动接收的所需平均 *C/N* 和速度限值

映射方式	前向纠错编码效率	系统净荷数据率 Mbps	f_d=70 Hz $(C/N)_{min}$ dB	$(C/N)_{min}+$3 dB 的 f_d Hz	$(C/N)_{min}+3$ dB 的 f_d 对应的速度 km/h			
					65 MHz	200 MHz	500 MHz	700 MHz
4QAM	0.4	5.414	6	162	2 692	875	350	250
16QAM	0.4	10.829	12	134	2 226	724	290	207
4QAM	0.6	8.122	10	148	2 459	799	320	228
16QAM	0.6	16.243	17	116	1 927	626	251	179
4QAM-NR	0.8	5.414	6	162	2 692	875	350	250
4QAM	0.8	10.829	14	123	2 044	664	266	190

表 13 地面数字电视接收的"典型市区"内对移动接收测量所需平均 C/N 时的信道模型

路径	延时 μs	相对幅度 dB	多普勒类别
路径 1	0	−3	莱斯
路径 2	0.2	0	莱斯
路径 3	0.5	−2	莱斯
路径 4	1.6	−6	莱斯
路径 5	2.3	−8	莱斯
路径 6	5	−10	莱斯

7.2.2 接收机噪声系数

车载移动接收机的噪声系数为 7 dB。

附　录　A
（规范性附录）
最小等效场强和最小中值等效场强的计算

最小等效场强和最小中值等效场强值采用下面公式计算。

$$P_n = F + 10\lg(kT_0B)$$

$$P_{s\,min} = C/N + P_n$$

$$A_a = G + 10\lg(1.64\lambda^2/4\pi)$$

$$\varphi_{min} = P_{s\,min} - A_a + L_f$$

$$E_{min} = \varphi_{min} + 10\lg(120\pi) + 120 = \varphi_{min} + 145.8$$

$$E_{med} = E_{min} + P_{mmn} + C_l\text{，室外固定接收}$$

$$E_{med} = E_{min} + P_{mmn} + C_l + L_h\text{，移动接收}$$

$$E_{med} = E_{min} + P_{mmn} + C_l + L_h + L_b\text{，室内固定接收}$$

$$C_l = \mu \cdot \sigma_t$$

$$\sigma_t = \sqrt{\sigma_b^2 + \sigma_m^2}$$

式中：

P_n——接收机噪声输入功率，dBW；

F——接收机噪声系数，dB；

k——玻耳兹曼常数，$k=1.38\times10^{-23}$(J/K)；

T_0——绝对温度，$T_0=290$(K)；

B——接收机噪声带宽，7.56×10^6 Hz；

$P_{s\,min}$——接收机最小输入功率，dBW；

C/N——系统所需的接收机输入端射频载噪比，dB；

A_a——接收天线有效孔径，dBm^2；

G——接收天线相对于半波偶极子的天线增益，dBd；

λ——信号波长，m；

φ_{min}——接收地点的最小功率通量密度，dBW/m^2；

L_f——馈线损耗，dB；

E_{min}——接收地点的最小等效场强，dBμV/m；

E_{med}——最小中值等效场强，规划值，dBμV/m；

P_{mmn}——人为噪声容限，dB；

L_h——高度损耗（接收点在地面以上 1.5 m），dB；

L_b——建筑物穿透损耗，dB；

C_l——地点校正因子，dB；

σ_t——总均方差，dB；

σ_m——大尺度均方差（$\sigma_m=5.5$ dB）；

σ_b——建筑物穿透损耗均方差，dB；

μ——分布因子，地点概率 70%时为 0.52，90%时为 1.28，95%时为 1.64 以及 99%时为 2.33。

附 录 B
（规范性附录）
其他规划因素

B.1 场强随地点的分布

数字电视信号的场强地点分布不同于模拟电视信号的场强地点分布。图 B.1 给出了 VHF 和 UHF 频段数字系统（带宽大于 1.5 MHz）传播的研究结果，其中 50% 地点接收概率场强的标准偏差为 5.5 dB。这些结果可用来预测地点概率非 50% 时的数字电视信号传播特性。

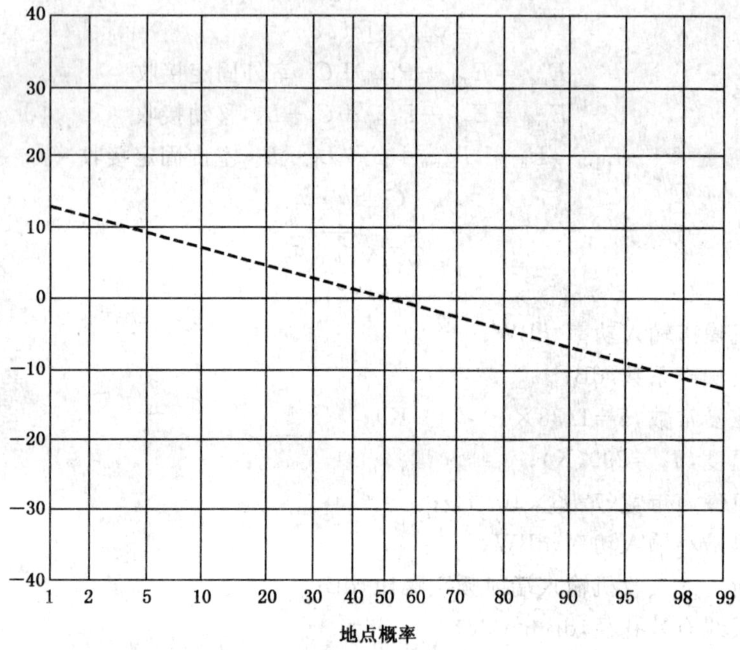

图 B.1 任意地点概率接收场强与 50% 地点概率接收场强之比（dB）

B.2 移动接收和室内固定接收

B.2.1 高度损耗：L_h

GB/T 14433—1993 中的曲线给出了接收天线高度为参考高度时的场强预测值，参考高度是指接收天线高出周围地面的高度。在市区接收天线的参考高度 R 取 20 m，在稠密市区取 30 m，在郊区取 10 m，在海域取 10 m。

当接收天线高度与上述高度不同时，首先重新定义修正的参考地物高度 R' 如下：

$$R' = R \quad \text{m} \qquad \text{当 } h_1 < 6.5d + R$$

$$R' = (1\,000dR - 15h_1)/(1\,000d - 15) \quad \text{m} \qquad \text{当 } h_1 > 6.5d + R$$

式中：

R——接收天线参考高度，m；

h_1——发射天线高度，m；

d——接收天线与发射点距离，km。

各种环境下，高度损耗修正如下：

a) 对于城市环境

$$L_h=(6.03h_2/R')-J(v) \qquad 当 h_2<R'$$
$$L_h=K_{h_2}\lg(h_2/R') \qquad 当 h_2\geqslant R'$$

式中：

h_2——接收天线高度；

$K_{h_2}=3.2+6.2\lg(f)$；

$J(v)=\left[6.9+20\lg\left(\sqrt{(v-0.1)^2+1}+v-0.1\right)\right]$

其中：

$v=K_{nu}\sqrt{h_{dif}\theta_{clut}}$；

$h_{dif}=R'-h_2\text{m}$；

$\theta_{clut}=\arctan(h_{dif}/15)$；

$K_{nu}=0.010\,8\sqrt{f}$；

f——频率，MHz。

b） 对于郊区环境/开阔环境

$$L_h=K_{h_2}\lg(h_2/R')$$

c）对于海域环境

$$L_h=K_{h_2}\lg(h_2/10) \qquad 当 h_2>10$$
$$L_h=0.0 \qquad 当 h_2<10, d\leqslant d_{h_2}$$
$$L_h=(C_{10})\lg(d/d_{h_2})/\lg(d_{10}/d_{h_2}) \qquad 当 h_2<10, d_{h_2}<d\leqslant d_{10}$$

其中：

$C_{10}=K_{h_2}\lg(h_2/10)$；

$d_{10}=D_{06}(f,h_1,10)$；

$d_{h_2}=D_{06}(f,h_1,h_2)$；

$D_{06}(f,h_1,h_2)=\dfrac{0.000\,038\,9fh_1h_2\cdot 4.1(\sqrt{h_1}+\sqrt{h_2})}{0.000\,038\,9fh_1h_2+4.1(\sqrt{h_1}+\sqrt{h_2})}$。

B.2.2 建筑物的穿透损耗：L_b

电波进入建筑物的传播损耗主要取决于建筑材料、电波入射角和频率，还要区分接收点是在楼内深处的房间或是靠近大楼外墙处的房间。建筑物的穿透损耗定义为建筑物内给定高度的平均场强与该建筑物外同等高度处的平均场强之差(dB)。现在没有一个统一的公式来计算建筑物穿透损耗。根据大量测试得到有用的统计信息，表 B.1 列出了建筑物的平均穿透损耗和均方差。

表 B.1 UHF 频带Ⅳ/Ⅴ波段建筑物穿透损耗

室内接收成功率	建筑物平均穿透损耗 dB	均方差(σ_b) dB
高	7	5
中	11	6
低	15	7

不同建筑物中室内接收的成功率分 3 种情况：

高成功率：

——郊区无金属化玻璃窗的住宅；

——市区公寓楼内靠外墙有窗的房间；

中成功率：

——市区靠外墙有金属化玻璃窗的房间；

——市区公寓不靠外墙的房间；

低成功率：

——办公大楼里不靠外墙的房间；

——如果有更精确的基于当地测量得到的结果，这些结果可以作为当地规划的依据。

B.3 接收天线的方向隔离度与极化隔离度

在欲收信号与非欲收信号极化方式(水平或者垂直)相同的情况下，图 B.2 给出了定向接收天线在波段Ⅰ～Ⅴ的方向隔离度。在欲收信号与非欲收信号极化方式相互正交的情况下，欲收信号和非欲收信号的隔离度不是天线方向隔离度与极化隔离度的简单相加，此时对任意天线指向欲收信号和非欲收信号的隔离度均取 16 dB。

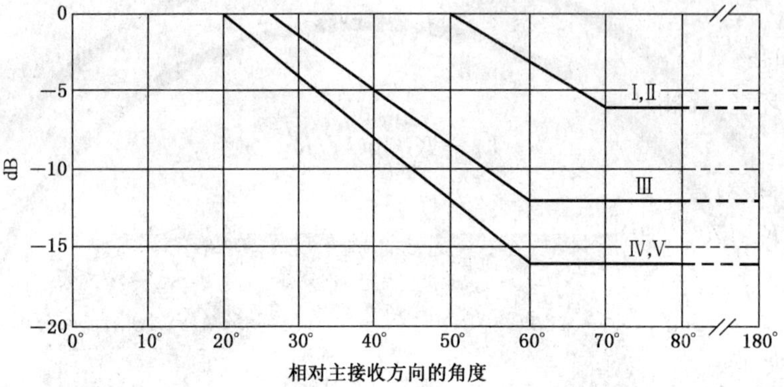

图 B.2 欲收信号和非欲收信号隔离度与定向接收天线方向性的关系

附 录 C
（规范性附录）
采用参考干扰源评估模拟电视系统保护率的主观比较法(SCM)

C.1 引言

评估损伤等级的主观方法涉及广泛的测试，十分耗时，要求有大量观看者，考虑到全部损伤等级范围。

评估保护率只需要两种固定的损伤类型，对流层干扰大约对应3分的图像质量，连续波干扰大约对应4分的图像质量，见表C.1。

本附录提供一种评估欲收模拟电视系统保护率的方法，它基于将一个干扰信号引起的损伤与参考干扰信号引起的损伤做主观比较。只需要少数的观看者和一个静止图像就能得到有用和可靠的结果。主观比较方法适合于估值任何非欲收数字或模拟传输系统对欲收模拟电视频道的干扰。

通过应用规定的固定式参考干扰信号，可以获得可复现、低偏差（大约±1 dB均方差）数据集。评估时只需要3至5名观看者，专家或非专家皆可。

可应用两种参考干扰信号：

——正弦波干扰；

——高斯噪声干扰。

测试表明，对于非欲收数字电视系统，噪声参考干扰信号能改善观看者的评估判定。应用噪声参考干扰信号给出了与规定的正弦波干扰信号相同的结果。但缺点在于，可能需要较复杂些的测试。

C.2 评估保护率用的SCM方法

C.2.1 总体说明

图C.1示出用正弦波干扰信号进行主观比较的布置图。下面3个方框是主要的信号通路，即所需视频源、电视发射机和待测电视接收机。参考视频干扰信号是简单的正弦波信号，正弦波发生器的幅度可在对流层干扰与连续波干扰所对应的值之间切换。非欲收的射频干扰信号加到欲收信号通路中。干扰信号的幅度和频率应参考ITU-R BT.655建议书附件1第2.3条中给出的射频参考干扰信号计算得到。

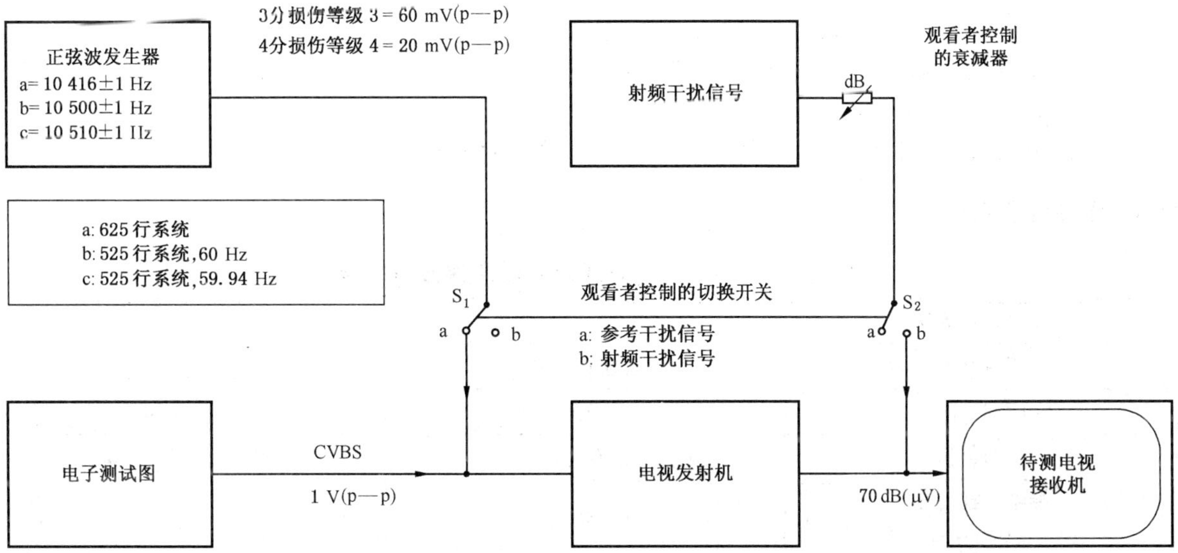

图C.1 评估保护率的SCM方法

通过观看者控制的衰减器，可改变射频干扰信号的强度。调节射频干扰信号的强度，以使得观看者在电视屏幕上比较受干扰的图像时能得到像参考干扰信号那样相同的损伤等级。

射频保护率即是接收机输入端上欲收信号与非欲收信号电平之差。可以通过设计调定测试系统，使得在衰减器上直接给出以 dB 为单位的保护率值。

C.2.2 参考干扰信号的实现

625 行系统中，参考损伤电平对应于欲收与非欲收图像载波之间的频率偏置接近 2/3 行频并调整到最大损伤时得到的 30 dB 和 40 dB 的同频道保护率。精确的载波频率差为 10 416 Hz。这两个 dB 值近似对应于 3 分图像质量的损伤（干扰稍有讨厌）和 4 分图像质量的损伤（干扰可感知，但不讨厌），并分别适用于对流层干扰（1%时间）和连续波干扰（50%时间）。给定的视频基带参考干扰信号的损伤等级不依赖于模拟电视制式，也不依赖于射频调制参数，诸如调制极性和残留载波边带等。

射频参考干扰信号可以用图 C.1 中示出的简单正弦波信号来实现。正弦波参考干扰信号具有固定频率，625 行系统中为 10 416 Hz，60 Hz 的 525 行系统中为 10 500 Hz，59.94 Hz 的 525 行系统中为 10 510 Hz。幅度方面，相对于 700 mV(p—p)的黑—白电平或 1 V(p—p)的 CVBS（彩色全电视信号）电平来说，是 60 mV(p—p)或 20 mV(p—p)。这两个幅度值分别对应于 30 dB 或 40 dB 的射频保护率（2/3 行频偏置时）。正弦波发生器的频率稳定度应在±1 Hz 之内。

C.2.3 测试条件

欲收视频信号：需要电子测试图。

观看条件：符合 GY/T 134—1998 中的规定。

观看距离：图像高度的 5 倍。

测试接收机：可达 5 种不同的家用接收机，使用不超过 5 年，同频道干扰的测量可应用专业用接收机。

接收机输入信号：−39 dBm(70 dBμV，75 Ω)。

观看者：需要 5 名专家或非专家观看者。初始测试时，可以少于 5 名观看者。每个单项测试应只对一位观看者进行。对各位观看者应介绍评估方法。

C.2.4 结果的表述

结果表述中，应同时提供下面的资料：

——保护率值统计分布的平均值和均方差；

——测试配置，测试图，图像源类型；

——观看者人数；

——参考干扰信号类型；

——非欲收信号（射频干扰信号）频谱，包括频道外的频谱；

——接收机输入端上使用的欲收信号射频电平（对于家用接收机，应采用 75 Ω 上 −39 dBm（70 dBμV的输入电压）；

——使用家用接收机时，它们的类型、显示器尺寸和生产年份。

C.3 重要参数表

表 C.1 SCM 方法的基本术语和评分等级关系

质量损伤等级	3 级	4 级
干扰类型	对流层干扰	连续波干扰
时间容限	1%～5%时间	50%时间
主观损伤	稍有讨厌	可感知，但不讨厌
参考干扰信号 mV(p—p)	60	20
射频保护率 dB	30	40

附 录 D
（规范性附录）
欲收数字地面信号保护率测试方法

我国地面数字电视系统保护率基于在 LDPC 解码之后，以 TS 输出端口 BER 大于 3×10^{-6} 作为接收失败判据测量得到。在类似噪声的干扰信号场合下，可认定该 BER 值对应于受训观察员在 1 min 的时间内看不到图像上出现一次以上的图像损伤，这也被称为可视门限（TOV）。

对于家用接收机，不可能测量 BER 值，所以统一使用 TOV 的方法测量保护率。欲收信号的射频保护率值等于接收机输入端上的欲收信号与干扰信号电平差，并四舍五入取整。

测试时，使用较小的步进（通常为 0.1 dB）调整欲收信号和干扰电平。对于“类似噪声”干扰信号，按 BER 大于 3×10^{-6} 作为接收失败判据的方法和 TOV 方法测得的保护率之差小于 1 dB。欲收数字电视信号保护率值的测量都是在接收机输入端功率电平为 −60 dBm 时进行。

附 录 E
（规范性附录）
对流层干扰和连续干扰

采用保护率进行频率规划时，必须要确定具体环境中应考虑的干扰是对流层干扰还是连续干扰，这可以通过比较两种状况的有害场强来实现。

连续干扰的有害场为：

$$E_C = E(50,50) + P + A_C$$

对流层干扰的有害场为：

$$E_T = E(50,t) + P + A_T$$

式中：

$E(50,t)$——干扰时间超过 t% 的干扰发射机在的场强(dBμV/m)，归一化到 1 kW；

P——干扰发射机的 e.r.p.，dBkW；

A——保护率，dB；

C 和 T——分别表示连续干扰和对流层干扰。

当连续干扰的有害场强大于对流层干扰的有害场强时，也即 $E_C > E_T$ 时，就采用连续干扰的保护率。

这意味着，当下式成立时，在所有场合下应采用连续干扰的保护率 A_C：

$$E(50,50) + A_C > E(50,t) + A_T$$

附 录 F
（规范性附录）
数字电视测量功率与场强换算

广播电视的频率规划中，广播电视覆盖通常使用场强表达覆盖区域内广播电视信号的强度。在数字电视广播中，由于信号均匀分布在一个有限的带宽范围内，因此通常测量广播电视信号的功率。以下计算公式给出了接收天线输出端信号功率换算为接收点场强的计算方法。

$$A_a = G + 10\lg(1.64\lambda^2/(4\pi))$$

$$\begin{aligned}\varphi &= P_r + L_f - A_a - 30 \\ &= P_r + L_f - G - 10\lg(1.64\lambda^2/(4\pi)) - 30\end{aligned}$$

$$\begin{aligned}E &= \varphi + 120 + 10\lg(120\pi) \\ &= \varphi + 145.76 \\ &= P_r + L_f - G - 10\lg(1.64\lambda^2/(4\pi)) + 115.76 \\ &= P_r + L_f - G + 20\lg f + 75.06\end{aligned}$$

式中：

P_r——接收天线输出端信号功率，dBm；

A_a——天线有效孔径，dBm^2；

L_f——馈线损耗，dB；

φ——接收点的功率通量密度，dBW/m^2；

E——接收地点的最小等效场强，dBμV/m；

λ——信号波长，m；

G——相对于半波偶极子的天线增益，dBd；

f——信号中心频率，MHz。

附 录 G
（规范性附录）
干扰场强合成方法

G.1 *k*-LNM 方法

假设 n 个需合成的信号对数场强 F_i 服从高斯分布（参数$\overline{F}_i,\sigma_i,i=1\cdots n$），相应的功率服从对数正态分布。本方法用于确定功率和的近似对数正态分布参数，或等效的确定相应对数场强和的高斯分布参数。

第一步：将参数$\overline{F}_i,\sigma_i,i=1\cdots n$ 的 dB 单位转换为奈培单位：

$$X_{\text{Neper}}=\frac{1}{10\lg(\text{e})}\cdot X_{\text{dB}}$$

第二步：评估 n 个功率分布的各均值 M_i 和各差值 S_i^2：

$$M_i=\text{e}^{\overline{F}_i+\frac{\sigma_i^2}{2}},S_i^2=\text{e}^{2\overline{F}_i+\sigma_i^2}\cdot(\text{e}^{\sigma_i^2}-1),i=1\cdots n \qquad \text{（奈培单位）}$$

第三步：确定功率和分布的均值 M 和差值 S^2：

$$M=\sum_{i=1}^{n}M_i,S^2=\sum_{i=1}^{n}S_i^2 \qquad \text{（奈培单位）}$$

第四步：确定近似对数正态和分布的分布参数$\overline{F}_\Sigma$ 和 σ_Σ，k 取 0.6：

$$\sigma_\Sigma^2=\ln\left(k\frac{S^2}{M^2}+1\right),\overline{F}_\Sigma=\ln(M)-\frac{\sigma_\Sigma^2}{2} \qquad \text{（奈培单位）}$$

第五步：将$\overline{F}_\Sigma$ 和 σ_Σ 变量从奈培单位转换为 dB 单位：

$$X_{\text{dB}}=10\lg(\text{e})\cdot X_{\text{Neper}}$$

$\overline{F}_\Sigma$ 和 σ_Σ 分别是近似对数正态分布的场强和的均值和均方差。

附 录 H
（资料性附录）
信道模型参数

莱斯信道和瑞利信道的模型参数分别见表H.1和表H.2。

表 H.1 莱斯信道模型参数

路径	相对幅度 dB	延时 μs	相位 度
主径	0	0	0
回波 1	−19.2	0.518 650	336.0
回波 2	−36.2	1.003 019	278.2
回波 3	−26.4	5.422 091	195.9
回波 4	−21.8	2.751 772	127.0
回波 5	−23.1	0.602 895	215.3
回波 6	−35.6	1.016 585	311.1
回波 7	−27.9	0.143 556	226.4
回波 8	−26.1	3.324 886	330.9
回波 9	−19.3	1.935 570	8.8
回波 10	−22.0	0.429 948	339.7
回波 11	−20.5	3.228 872	174.9
回波 12	−23.0	0.848 831	36.0
回波 13	−24.3	0.073 883	122.0
回波 14	−26.7	0.203 952	63.0
回波 15	−27.9	0.194 207	198.4
回波 16	−23.8	0.924 450	210.0
回波 17	−30.1	1.381 320	162.4
回波 18	−24.5	0.640 512	191.0
回波 19	−23.1	1.368 671	22.6

表 H.2 瑞利信道模型参数

路径	相对幅度 dB	延时 μs	相位 度
回波 1	−7.8	0.518 650	336.0
回波 2	−24.8	1.003 019	278.2
回波 3	−15.0	5.422 091	195.9
回波 4	−10.4	2.751 772	127.0
回波 5	−11.7	0.602 895	215.3
回波 6	−24.2	1.016 585	311.1

表 H.2（续）

路径	相对幅度 dB	延时 μs	相位 度
回波 7	−16.5	0.143 556	226.4
回波 8	−25.8	0.153 832	62.7
回波 9	−14.7	3.324 886	330.9
回波 10	−7.9	1.935 570	8.8
回波 11	−10.6	0.429 948	339.7
回波 12	−9.1	3.228 872	174.9
回波 13	−11.6	0.848 831	36.0
回波 14	−12.9	0.073 883	122.0
回波 15	−15.3	0.203 952	63.0
回波 16	−16.5	0.194 207	198.4
回波 17	−12.4	0.924 450	210.0
回波 18	−18.7	1.381 320	162.4
回波 19	−13.1	0.640 512	191.0
回波 20	−11.7	1.368 671	22.6

参 考 文 献

［1］ GB/T 7400.2 广播电视名词术语 无线电广播

［2］ GB/T 7400.11 数字电视术语

［3］ ITU-R BT. 419 Directivity and polarization discrimination of antennas in the reception of television broadcasting

［4］ ITU-R BT. 655 Radio-frequency protection ratios for AM vestigial sideband terrestrial television systems interfered with by unwanted analogue vision signals and their associated sound signals

［5］ ITU-R BT. 1368-6 Planning criteria for digital terrestrial television services in the VHF/UHF bands

［6］ ITU-R P. 1546 Method for point-to-area predictions for terrestrial services in thefrequency range 30 MHz to 3 000 MHz

［7］ ETS 300744 "DiGital Video BroadcastinG (DVB) FraminG Structure, Channel CodinG and modulation for diGital Terrestrial television",ETSI EN 300744 V1.4.1(2001.01)

